21 世纪高等教育环境科学与工程类系列教材

环境修复工程

主编 赵景联 刘萍萍
参编 沈振兴

U0257610

机械工业出版社

本书系统论述了环境修复的基本原理与工程技术，全面介绍了受污染土壤、污染水体、污染大气和固体废物污染的各种环境修复工程。全书共13章，包括绪论、污染土壤环境修复工程概论、污染土壤的物理修复工程、污染土壤的化学修复工程、污染土壤的植物修复工程、污染土壤的微生物修复工程、污染土壤的生态修复工程、污染水环境修复工程概论、污染湖泊水库水环境修复工程、污染河流水环境修复工程、污染地下水环境修复工程、污染大气环境修复工程、固体废物污染环境修复工程。

本书可作为高等院校环境类专业相关课程的教材，也可作为其他专业相关课程的教学参考书，还可作为环境保护、生命科学、土壤学、水文学的研究人员及工程设计人员的参考书。

图书在版编目（CIP）数据

环境修复工程/赵景联，刘萍萍主编. —北京：机械工业出版社，2020.3（2024.1重印）

21世纪高等教育环境科学与工程类系列教材
ISBN 978-7-111-64455-2

Ⅰ.①环…　Ⅱ.①赵…②刘…　Ⅲ.①生态恢复-高等学校-教材
Ⅳ.①X171.4

中国版本图书馆 CIP 数据核字（2020）第 005057 号

机械工业出版社（北京市百万庄大街 22 号　邮政编码 100037）
策划编辑：马军平　责任编辑：马军平　臧程程
责任校对：张玉静　封面设计：张　静
责任印制：张　博
北京中科印刷有限公司印刷
2024 年 1 月第 1 版第 4 次印刷
184mm×260mm·31 印张·766 千字
标准书号：ISBN 978-7-111-64455-2
定价：79.00 元

电话服务　　　　　　　　　网络服务
客服电话：010-88361066　　机　工　官　网：www.cmpbook.com
　　　　　010-88379833　　机　工　官　博：weibo.com/cmp1952
　　　　　010-68326294　　金　书　网：www.golden-book.com
封底无防伪标均为盗版　机工教育服务网：www.cmpedu.com

前言

　　人类文明自诞生之日起，就面临着环境问题的困扰与挑战。环境问题与人类的生存与发展息息相关，该问题处理得妥当与否，直接关系着文明的走向与最终命运。

　　环境问题虽然自古有之，但农业文明时代人类对自然的开发和改造规模相对较小，环境与发展的矛盾尚未激化。工业革命以来，人类生产力水平发生了翻天覆地的变革与飞跃。现代工业文明像一把双刃剑，人类在享受其带来的便利与高效之时，也不得不面对环境问题因之而愈加严重的事实。高速发展的科学技术赋予了人类前所未有的改造环境的能力，也冲毁了人类在大自然面前的最后一点矜持与敬畏。在发展高于一切的浮躁情绪中，被科技武装起来的人类无视环境的承载能力，随心所欲地对其进行盲目的干扰与破坏。如此一来，环境矛盾日渐尖锐，影响范围不断扩大，危害程度更是愈发严重。

　　污染是环境问题中的重要组成部分，也是对人类影响最直接的一方面。中国作为发展中国家，在经济腾飞的起步阶段面临相当的发展压力，对于环境问题特别是污染的考虑以往比较欠缺。事实上，我国目前的环境污染情况非常严重，环境形势十分严峻。据统计，目前我国 20% 以上的耕地受到重金属、有机物和化学品的污染，由此造成每年出产的含污染粮食多达 1200 万 t。土地横遭厄运之时，水体也未能幸免。我国 75% 以上的湖泊、90% 以上的城市河流、50% 以上的地下水都受到不同程度的污染。从长江到黄河，从西南的滇池到东北的松花江，从东部的淮河到西部的渭河等，城市与工业企业排放的污染物都在源源不断地涌入其中。一泓碧水已经难觅，苍苍蒹葭生于其中的图景更是幻灭为诗文中残存的意象。秋水之上的蔚蓝长空，也在工业废气的"熏陶"下褪去了其原本的色彩。我国一些主要城市的大气污染物浓度远远超过国际标准，雾霾的天空已经成为许多城市人习以为常的体验。急剧增加的固体废物产量，将一座座现代城市化为垃圾包围中的火山口，不断向外喷发新的废物，卡尔维诺笔下的利奥尼亚，已然是如今城市的写实画面。环境污染严重影响着我国的生态环境和人民身体健康，已成为限制我国社会经济可持续发展的重大障碍之一。

　　污染物是引起环境恶化的最根本原因之一，解决环境问题的关键是对污染物的控制与处理。污染预防工程着眼于从源头上遏制排放；传统的环境工程（即"三废"治理工程）则侧重于将污染物通过转化或再利用的方法进行消减。以上两种方法在污染控制上发挥着重要的作用，但对于已经遭受污染的环境却无能为力。实际上，工业污染物大多具有严重的毒性，且不易降解，在环境中性质稳定，毒性持久并具有累积效应。对已污染环境的治理，同预防与遏制一样重要。环境修复工程正是针对这方面的需求发展起来的。污染预防工程、传统的环境工程和污染环境的修复工程分别属于污染物控制的产前、产中和产后三个环节，三者共同构成污染物控制的全过程体系，是可持续发展在环境方面的重要体现。

　　环境修复工程是一门介于基础学科与工程应用学科之间的新兴边缘学科，也是当今环境科学与工程研究的热点领域。该学科主要研究如何对被污染环境采取物理、化学与生物学技术措施，使存在于环境中的污染物质浓度减少、毒性降低乃至完全无害化，从而将环境部分或全部恢复到原始状态。自20世纪末以来，环境修复科学与工程技术发展甚为迅速，国内众多高等院校都将环境修复作为环境科学与工程专业的主干必修课程。

为适应现代教学和科学技术发展的需要，及时反映环境修复研究的新进展，近期环境污染修复的新技术和工程案例等，培养合格的环保事业人才，并为学生后续学习和科研工作打下良好、扎实的基础，结合西安交通大学2017年度研究生教育改革项目研究成果，编写了本书。

本书由西安交通大学赵景联教授、刘萍萍博士主持编写，沈振兴教授参与编写。研究生袁晓声、张益菱、任华蕊、马牧笛、马倩参与了资料的整理和图表绘制，在此表示感谢。

本书在编写过程中参考了大量相关领域的著作，我们尊重资料作者的工作成果，在每一章后均列出引文出处以明示读者。在此，编者向参考文献的作者致以诚挚的谢意！

由于环境修复工程是一门新兴学科，可供参考的图书资料尚比较匮乏。限于编者的水平，书中难免有不完善之处，恳请读者予以批评指正。

赵景联
于西安交通大学

目录

第 1 章

绪论

1.1 环境概述

1.1.1 环境的概念

"环境（Environment）"是一个应用广泛的名词或术语，它的含义和内容极其丰富，又随各种具体状况而不同。从哲学上来说，环境是一个相对于主体而言的客体，它与其主体相互依存，它的内容随着主体的不同而不同。在不同的学科中，环境一词的科学定义也不尽相同，其差异源于主体的界定。对于环境科学而言，"环境"的定义是："以人类社会为主体的外部世界的总体。"这里所说的外部世界主要指：人类已经认识到的，直接或间接影响人类生存与社会发展的周围事物。它既包括未经人类改造的自然界众多要素，如阳光、空气、陆地（山地、平原等）、土壤、水体（河流、湖泊、海洋等）、天然森林和草原、野生生物等；又包括经过人类社会加工改造的自然界，如城市、村落、水库、港口、公路、铁路、空港、园林等。它既包括这些物质性的要素，又包括由这些要素所构成的系统及其所呈现出的状态。目前，还有一类为适应某些方面工作的需要，而给"环境"下的定义，它们大多出现在世界各国颁布的环境保护法规中。例如，《中华人民共和国环境保护法》中规定："本法所称环境，是指影响人类生存和发展的各种天然的和经过人工改造的自然因素的总体，包括大气、水、海洋、土地、矿藏、森林、草原、野生生物、自然遗迹、人文遗迹、自然保护区、风景名胜区、城市和乡村等。"这是一种把环境中应当保护的要素或对象界定为环境的一种工作定义，其目的是从实际工作的需要出发，对环境一词的法律适用对象或适用范围做出规定，以保证法律的准确实施。

1.1.2 环境的分类

环境是一个非常复杂的体系，目前尚未形成统一的分类方法。一般按照环境的主体、环境的范围、环境要素、人类对环境的利用或环境的功能进行分类。

（1）按照环境的主体来分 此种分类目前有两种体系。一种是以人或人类作为主体，其他的生命物体和非生命物质都被视为环境要素，即环境就指人类生存的环境，或称人类环境（Human environment）。在环境科学中，大多数人采用这种分类法。另一种是以生物体（界）作为环境的主体，不把人以外的生物看成环境要素。在生态学中，往往采用这种分类法。

（2）按照环境的范围大小来分　此种分类比较简单。如把环境分为特定空间环境（如航空、航天的密封舱环境等）、车间环境（劳动环境）、生活区环境（如居室环境、院落环境等）、城市环境、区域环境（如流域环境、行政区域环境等）、全球环境和星际环境等。

（3）按照环境要素来分　此种分类则比较复杂。如按环境要素的属性可分成自然环境（Natural environment）和社会环境（Social environment）两类。目前地球上的自然环境，虽然由于人类活动而产生了巨大变化，但仍按自然的规律发展着。在自然环境中，按其主要的环境组成要素，可再分为大气环境、水环境（如海洋环境、湖泊环境等）、土壤环境、生物环境（如森林环境、草原环境等）、地质环境等。社会环境是人类社会在长期的发展中，为了不断提高人类的物质和文化生活而创造出来的。社会环境常按人类对环境的利用或环境的功能再进行下一级的分类，分为聚落环境（如院落环境、村落环境、城市环境）、生产环境（如工厂环境、矿山环境、农场环境、林场环境、果园环境等）、交通环境（如机场环境、港口环境）、文化环境（如学校及文化教育区、文物古迹保护区、风景游览区和自然保护区）等。

1.1.3　环境的基本特性

环境的基本特性（Environmental characteristics）可概括为以下五个方面：

（1）环境的整体性（Integrity of the environment）　环境是一个系统。自然环境的各要素间相互联系、相互制约。局部地区的污染或破坏，总会对其他地区造成影响和危害。所以人类的生存环境及其保护，从整体上看是没有地区界线、省界和国界的。

（2）环境资源的有限性（Limitations of environmental resources）　环境是资源，但这种资源不是无限的。环境中的自然资源可分为非再生资源和再生资源两大类，前者指一些矿产资源，如铁、煤炭等。这类资源随着人类的开采其储量不断减少。生物属再生资源，如森林生态系统的树木被砍伐后还可以再生。水域生态系统中只要捕获量适度并保证生存环境不被破坏，就可以源源不断地向人类提供鱼类等各种水产品；但由于受各种因素（如生存条件、繁衍速度、人类获取的强度等）所制约，在具体时空范围内，对人类来说各类资源都不可能是无限的。水是可以循环的，也属再生资源，但因其大部分的循环更替周期太长，加之区域分布不均匀和季节降水差异性大，淡水资源已出现危机。就是洁净的新鲜空气也并非是取之不尽的。

（3）环境的区域性（Regional characteristics of the environment）　这是自然环境的基本特征。由于纬度的差异，地球接受的太阳辐射能不同，热量从赤道向两极递减，形成了不同的气候带。即便是同一纬度，因地形高度的不同，也会出现地带性差异，一般说来，距海平面一定高度内，地形每升高100m，气温下降0.5~0.6℃。经度也有地带性差异，这是由地球内在因素造成的，如受海、陆分布格局和大气环流特点的影响，我国就形成了自东南沿海的湿润地区向西北内陆的半湿润地区、半干旱和干旱地区的有规律的变化。不同区域自然环境的这种多样性和差异性具有特别重要的生态学意义，它是自然资源多样性的基础和保证。因此，保护生态环境的多样性不仅保护了自然环境的整体性，也为自然资源的永续利用提供了基本的物质保证。

（4）环境的变动性和稳定性（Volatility and stability of the environment）　环境的变动性是指环境要素的状态和功能始终处于不断的变化中。从大的时间尺度看，今天人类的生存环境与早期人类的生存环境有很大的差别；从小的时间尺度看，我们生活的区域环境的变化更是显而易见的。因此，环境的变动性就是自然的、人为的或两者共同作用的结果。但在一定的时间尺度或条件下，环境又有相对稳定的特性。所谓环境的稳定性，其实质就是环境系统对超出一定强度的干扰的自我调节，使环境在结构或功能上基本无变化或变化后得以恢复。环境的稳定性和变动性是相辅相成的，变动是绝对的，稳定是相对的：没有变动性，环境系统的功能就无法实现，生物的进化和生物的多样性就不会存在，社会的进步就不能实现。但没有环境的稳定性，环境的结构和功能就不会存在，环境的整体功能就无法实现。

（5）危害作用的时滞性（The harmful effects of time lag）　自然环境一旦被破坏或被污染，许多影响的后果是潜在、深刻和长期的，例如，一片森林被砍伐后，对区域气候的明显影响能被人们立即和直接感受到。而对于由此而引发的其他许多影响，一是不能很快地反映出来，如水土流失将会加剧；二是对其影响的范围和放大程度还很难认识清楚，如生物多样性的改变等；三是恢复时间较长。污染的危害也是如此，日本汞污染引发的水俣病是污染排放后 20 年才显现出来的。污染危害的这种时滞性，一是由于污染物在生态系统各类生物中的吸收、转化、迁移和积累需要时间；二是与污染物的化学性质有关，如半衰期的长短、化学物质的寿命等。人类合成的用作制冷剂的氟氯碳化物（CFCs）类化学物质，是能破坏臭氧层的化学制剂，它们的存留期平均在 90 年左右。这意味着，即使人类现在停止使用，这些污染物还将在大气层中存在很长一段时间，并将继续对臭氧层构成破坏。

20 世纪 80 年代开始，对环境的资源功能的认识有了很大进步，人们开始认识到环境价值的存在。到 20 世纪 90 年代，环境资源价值性的研究成为环境科学的热点，是现代环境科学的一个重要标志。它的意义首先在于，人们承认了环境资源并非是取之不尽、用之不竭的，树立了珍惜资源的意识，促进了科学技术的发展；其次，认识到了良好的生态环境条件是社会经济可持续发展的必要条件，增强了环境保护的意识。

1.2　环境问题

1.2.1　环境问题的概念

环境问题（Environmental problems）就其范围大小而论，可从广义和狭义两个方面理解。从广义理解，由自然力或人力引起生态平衡破坏，最后直接或间接影响人类的生存和发展的一切客观存在的问题，都是环境问题；从狭义理解，环境问题是指由于人类的生产和生活活动，使自然生态系统失去平衡，反过来影响人类生存和发展的一切问题。

最初人们对环境问题的认识只局限在环境污染或公害的方面，因此那时把环境污染（Environmental pollution）等同于环境问题，把地震、水、旱、风灾等认为是自然灾害（Natural hazard）。近几十年来，自然灾害发生的频率及受灾的人数都在增加。以水灾为例，全世界 20 世纪 60 年代平均每年受水灾人数达 244 万人，而 70 年代则为 1540 万人，即受水灾人数增加 4.3 倍。1998 年夏季，中国南方出现罕见的多雨天气，持续不断的大雨以逼人的气势铺天盖地地压向长江，使长江无须臾喘息之机地经历了自 1954 年以来最大的洪水。加上东北的松花江、嫩江泛滥，包括受灾最重的江西、湖南、湖北、黑龙江四省，共有 29 个省、市、自治区都遭受了这场无妄之灾，受灾人数上亿，近 500 万所房屋倒塌，2000 万 hm² 土地被淹，经济损失达 1600 多亿元人民币。2013 年"雾霾（Fog haze）"成为中国年度关键词。这一年的1月，4次雾霾过程笼罩30个省（区、市）。这些都是由人类活动引起的自然灾害，进而也都是环境问题。

1.2.2　环境问题分类

从引起环境问题的根源考虑，可以将环境问题分为两类。由自然力引起的为原生环境问题，又称为第一环境问题（Primary environmental problems），它主要指火山活动、地震、台风、洪涝、干旱、滑坡等自然灾害问题。对于这类环境问题，目前人类的抵御能力还很脆弱。由人类活动引起的为次生环境问题，也称为第二环境问题（Secondary environmental problems），它又可分为环境污染（Environmental pollution）和生态环境破坏（Ecological environmental destruction）两类。

环境污染是指人类活动产生并排入环境的污染物或污染因素超过了环境容量（Environmental capacity）和环境自净能力（Self-purification ability of environment），使环境的组成或状态发生了改变，环境质量恶化，从而影响和破坏了人类正常的生产和生活。如工业"三废"排放引起的大气、水体、土壤污染。

生态环境破坏是指人类开发利用自然环境和自然资源的活动超过了环境的自我调节能力，使环境质量恶化或自然资源枯竭，影响和破坏了生物正常的发展和演化，以及可更新自然资源的持续利用。如砍伐森林引起的土地沙漠化、水土流失、一些动植物物种灭绝等。

有时把污染和生态破坏统称为环境破坏，有的国家则统称为环境公害（Environmental hazards）。环境问题的分类如图1-1所示。

原生和次生两类环境问题都是相对的。它们常常相互影响，重叠发生，形成所谓的复合效应。例如，大面积毁坏森林可导致降雨量减少；大量排放 CO_2 可使温室效应加剧，使地球气温升高、干旱加剧。目前，人类对第一类环境问题尚不能有效防治，只能侧重于监测和预报。

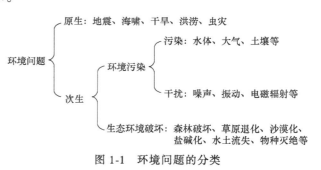

图1-1　环境问题的分类

1.2.3　环境问题产生与发展

环境问题是伴随着人类的出现、生产力的发展和人类文明的进步而产生的，并从小范围、低程度危害，发展到大范围、对人类生存环境造成不容忽视的危害，即由轻度污染、轻度破坏、轻度危害向重度污染、重度破坏、重度危害方向发展。依据环境问题产生的先后和轻重程度，环境问题的产生和发展大致可分为生态环境的早期破坏与环境问题的产生，"公害"加剧与城市环境问题的产生，全球环境恶化与当代环境问题的产生三个阶段。

（1）生态环境的早期破坏与环境问题的产生阶段　这个阶段从人类出现开始直到工业革命，与后两个阶段相比，是一个漫长的时期。但总的说来，这一阶段的人类活动对环境的影响还是局部的，没有达到影响整个生物圈的程度。

（2）"公害加剧"与城市环境问题的产生阶段　这个阶段从工业革命开始到20世纪80年代发现南极上空的臭氧洞为止。工业革命（从农业占优势的经济向工业占优势的经济的迅速过渡）是世界史上一个新时期的起点，此后的环境问题也开始出现新的特点并日益复杂化和全球化。这一阶段的环境问题与工业和城市同步发展，同时伴随着严重的生态破坏。著名的"八大公害事件"大多发生在这一阶段，见表1-1。

表1-1　世界著名八大公害事件

事件和地点	时间	概况	主要原因
马斯河谷事件 比利时马斯河谷工业区	1930年12月初	出现逆温、浓雾，工厂排出有害气体在近地层积累，一周内约60多人死亡	刺激性化学物质损害呼吸道
多诺拉事件 美国工业区	1948年10月底	受反气旋逆温控制，污染物积累不散，4天内死亡约17人，病5900人	主要为SO_2及其氧化产物损害呼吸系统
伦敦烟雾事件 英国伦敦	1952年12月初	浓雾不散，尘埃质量浓度为4.46mg/cm^3，SO_2质量分数为1.34×10^{-6}，3天内死亡4000人	尘埃中的Fe_2O_3等金属化合物催化SO_2转化成硫酸烟雾
洛杉矶光化学烟雾 美国洛杉矶	1946~1955年	城市保有汽车250万辆，耗油1600万L/d，1955年事件中，65岁以上的老人死亡约400人，刺激眼睛，损害呼吸系统	HCN、NO_x、CO等汽车排放物在日光下形成以O_3为主，并伴有醛类、过氧硝酸酯等的污染物
水俣事件 日本熊本县水俣市	1953~1956年	动物与人出现语言、动作、视觉等异常，死60余人，病约300人	化工厂排出含汞废水，无机汞转化为有机汞，主要是甲基汞，通过食物链转移、浓缩
痛痛病事件 日本富山县神通川下游	1955~1972年	矿山废水污染河水，居民骨损害、肾损害，疼痛，死81人，患者130余人	铅锌冶炼厂排出的含镉废水，污染稻米，危害人群
四日市哮喘事件 日本四日市	1961~1972年	日本著名的石油城，哮喘发病率高，患者800余人	降尘酸性高，SO_2含量高，导致呼吸系统受损
米糠油事件 日本北九州受知县	1968年	食用米糠油后中毒，死16人，患者5000余人	生产米糠油过程中，多氯联苯作为脱臭工艺中的热载体混入米糠油中

（3）全球环境恶化与当代环境问题的产生阶段　从1984年英国科学家发现、1985年美国科学家证实南极上空出现的"臭氧洞"（Ozone hole）开始，人类环境问题发展到当代环境问题阶段。这一阶段环境问题主要集中在酸雨（Acid rain）、臭氧层（Ozone layer）破坏和全球变暖（Greenhouse effect）三大全球性大气环境问题上。与此同时，发展中国家的城市环境问题和生态破坏、一些国家的贫困化愈演愈烈，水资源短缺在全球范围内普遍发生，其他资源（包括能源）也相继出现将要耗竭的信号。环境污染与公害发生的频率越来越高、强度越来越大，表1-2列出了近40年来发生的严重公害事件。

表1-2　近40年来发生的严重公害事件

事件	发生时间	发生地点	产生危害	产生原因
阿摩柯卡的斯油轮泄漏	1978年3月	法国西北部布列塔尼半岛	藻类、潮间带动物、海鸟灭绝	油轮触礁，2.2×10^5t原油入海
三里岛核电站泄漏	1979年3月	美国宾夕法尼亚州	直接损失超过10亿美元	核电站反应堆严重失水

（续）

事件	发生时间	发生地点	产生危害	产生原因
威尔士饮用水污染	1985 年 1 月	英国威尔士州	200 万居民饮用水污染，44%的人中毒	化工公司将酚排入迪河
墨西哥油库爆炸	1984 年 11 月	墨西哥	4200 人受伤，400 人死亡，10 万人被疏散	石油公司油库爆炸
博帕尔农药泄漏	1984 年 12 月	印度中央邦博帕尔市	2 万人严重中毒，1408 人死亡	45t 异氰酸甲酯泄漏
切尔诺贝利核电站泄漏	1986 年 4 月	苏联乌克兰	203 人受伤，31 人死亡，直接经济损失 30 亿美元	4 号反应堆机房爆炸
莱茵河污染	1986 年 11 月	瑞士巴塞尔市	事故段生物绝迹，160km 内鱼类死亡，480km 内的水不能饮用	化学公司仓库起火，30t 硫、磷、汞等剧毒物进入河流
莫农格希拉河污染	1988 年 11 月	美国	沿岸 100 万居民生活受到严重影响	石油公司油罐爆炸，$1.3 \times 10^4 m^3$ 原油进入河流
"埃克森·瓦尔迪兹"号油轮泄漏	1989 年 3 月	美国阿拉斯加	海域严重污染	漏油 $4.2 \times 10^4 t$

　　为了解决环境恶化这个全球性的问题，1992 年 6 月 3 日至 14 日，联合国环境与发展大会在巴西的里约热内卢举行。会议通过了《里约宣言》和《21 世纪议程》两个纲领性文件以及关于森林问题的原则性声明。这是联合国成立以来规模最大、级别最高、影响最为深远的一次国际会议。它标志着人类在环境和发展领域自觉行动的开始，可持续发展已经成为人类的共识。人类开始学习掌握自己的发展命运，摒弃了那种不考虑资源、不顾及环境的生产技术和发展模式。

1.2.4　全球环境问题

　　当前人类所面临的主要问题是人口问题、资源问题、生态破坏问题和环境污染问题。它们之间相互关联、相互影响，成为当今世界环境科学所关注的主要问题。

1. 人口问题

　　人口的急剧增加可以认为是当前环境的首要问题。近百年来，世界人口的增长速度达到了人类历史上的最高峰，预计 2025 年人口将达 80 亿。人类生产消费活动需要大量的自然资源来支持，随着人口增加、生产生活规模的扩大，一方面所需要的资源急剧增多；另一方面排出的废物量也相应剧增，因而加重了环境污染。地球上一切资源都是有限的，特别是土地资源，不仅总面积有限，而且还是不可迁移的和不可重叠利用的。这样，有限的资源，必将限定地球上的人口数量。如果人口数量急剧增加，超过了地球环境的合理承载能力，则必造成生态破坏和环境污染。所以，从环境保护和合理利用环境以及持续发展的角度来看，根据人类各个阶段的科学技术水平，计划和控制相应的人口数量，是保护环境持续发展的主要措施。

2. 资源问题

　　资源问题是当今人类发展所面临的另一个主要问题。众所周知，自然资源是人类生存发展所不可缺少的物质依托和条件，然而，随着全球人口数量的增长和经济的发展，对资源的需求与日俱增，人类正受到某些资源短缺或耗竭的严重挑战。全球资源匮乏和危机主要表现在：土地资源在不断减少和退化，森林面积在不断缩小，淡水资源出现严重不足，生物物种在减少，某些矿产资源濒临枯竭等。

土地资源损失，尤其是可耕地资源损失，已成为全球性的问题，发展中国家尤为严重。目前，人类开发利用的耕地和牧场，由于各种原因正在不断减少或退化，而全球可供开发利用的后备资源已很少，许多地区已经近于枯竭。随着世界人口数量的快速增长，人均占有的土地资源在迅速下降，这对人类的生存构成了严重威胁。据联合国环境规划署的资料，1975—2000 年全球有 $3 \times 10^6 km^2$ 耕地被侵蚀，另有 $3.1 \times 10^7 km^2$ 被新的城镇和公路占用。由此可见，土地资源问题的严重性。

世界森林资源的总量在减少。历史上森林植被变化最大的是温带地区。自从大约 8000 年前开始农业开垦以来，温带落叶林已减少了 33% 左右。近几十年中，世界毁林事件主要集中于热带地区，热带森林面积正以前所未有的速度在减少。据估计，1981—1990 年全世界每年平均损失森林面积达 $1.69 \times 10^5 km^2$，每年再植森林约 $1.05 \times 10^5 km^2$。所以森林资源减少的形势仍是严峻的。

目前，世界上有 43 个国家和地区缺水，占全球陆地面积的 60%。约有 20 亿人用水紧张，10 亿人得不到良好的饮用水。此外，严重的水污染更加剧了水资源的紧张程度。水资源短缺已成为许多国家经济发展的障碍和全世界普遍关注的问题。当前，水资源正面临着水资源短缺和用水量持续增长的矛盾。正如联合国早在 1977 年所发出的警告："水不久将成为一项严重的社会危机，石油危机之后下一个危机是水。"

3. 生态破坏问题

全球性的生态破坏主要包括：土地退化、水土流失、土地沙漠化、生物物种消失等。

土地退化（Land degradation）是当代最为严重的生态环境问题之一，它正在削弱人类赖以生存和发展的基础。土地退化的根本原因在于人口增长、农业生产规模扩大和强度增加、过度放牧以及人为破坏植被，从而导致水土流失、土地沙漠化、土地贫瘠化和土地盐碱化。

水土流失（Water and soil loss）是当今世界上一个普遍存在的生态环境问题。据最新估计，全世界现有水土流失面积 $2.5 \times 10^7 km^2$，占全球陆地面积的 16.8%，每年流失的土壤高达 $2.57 \times 10^{10} t$。目前，世界水土流失区主要分布于干旱、半干旱和半湿润地区。

土地沙漠化（Land desertification）是指非沙漠地区出现的以风沙活动、沙丘起伏为主要标志的沙漠景观的环境退化过程。目前全球有 $3.6 \times 10^7 km^2$ 干旱土地受到沙漠化的直接危害，占全球干旱土地的 70%。沙漠化的扩展使可利用土地面积缩小，土地产出减少，降低了养育人口的能力，成为影响全球生态环境的重大问题。

生物物种消失（Biological species disappear）是全球普遍关注的重大生态环境问题。物种濒危和灭绝一直呈发展趋势，而且越到近代，物种灭绝的速度越快。

4. 环境污染问题

环境污染作为全球性的重要环境问题，主要指的是温室气体过量排放造成的气候变化、广泛的大气污染和酸雨、臭氧层破坏、有毒有害化学物质的污染危害及其越境转移、海洋污染等。

由于人类生产活动的规模空前扩大，向大气层排放了大量温室气体（如 CO_2、CH_4、

N_2O、O_3 等），导致大气微量成分的改变，从而引起温室效应增强，并造成全球气候变化。

处于大气平流层中的臭氧层是地球的一个保护层，它能阻止过量的紫外线到达地球表面，以保护地球生命免遭过量紫外线的伤害。然而，自1958年以来，发现高空臭氧有减少趋势，20世纪70年代以来，这种趋势更为明显。1985年在南极上空首次观察到臭氧减少现象，并称其为"臭氧空洞"。后来又报道在北极上空也出现臭氧空洞。多年来的研究表明，平流层臭氧含量减少10%，地球表面的紫外线强度将增加20%，这将对人类和生物产生严重危害。造成臭氧层破坏的主要原因，是人类向大气中排放的某些痕量气体（如氯化亚氮、四氯化碳、甲烷和氯氟烷烃等）能与臭氧起化学反应，以致消耗臭氧层中臭氧。

酸雨导致的环境酸化是20世纪最大的环境污染问题之一。随着人口数量的快速增长和工业化进程，酸雨和环境酸化问题一直呈发展趋势，影响地域逐渐扩大，由局地问题发展成为跨国问题，由工业化国家扩大到发展中国家。现在，世界酸雨主要集中在欧洲、北美和中国西南部三个地区。酸雨主要是由人类排入大气中的 NO_x 和 SO_2 的影响所形成的。

海洋污染是目前海洋环境面临的最重大问题。海洋污染主要发生在受人类活动影响广泛的沿岸海域。据估计，输入海洋的污染物，有40%是通过河流输入的，30%是由空气输入的，海运和海上倾倒各占10%左右。海洋污染引起浅海或半封闭海域中氮、磷等营养物聚集，促使浮游生物过量繁殖，以致发生赤潮。因此，赤潮的广泛发生可以看作是世界海洋污染广泛、污染加重和海洋环境质量退化的一个突出特征。

1.2.5　我国的环境问题

我国正处于迅速推进工业化和城市化的发展阶段，对自然资源的开发强度不断加大，加之采取粗放型的经济增长方式，技术水平和管理水平较落后，污染物排放量不断增加。从全国总的情况来看，我国的环境污染仍在加剧，环境形势不容乐观。

我国是发展中国家的一员，工业化程度总体水平不高。近些年来，在改革开放进程中，我国政府逐步改变了单项突击、片面追求产量和产值的传统战略倾向，确定了"注重效益，提高质量，协调发展，稳定增长"的经济指导方针；提出了"经济社会与环境保护协调发展"的战略思想，大大促进了我国的经济发展。如按可比价格计算，1991—2015年，国内生产总值年均增长速度为9.6%，在供给侧结构性改革扎实推进，质量效益实现新提高，经济结构不断优化背景下，2017年仍增长6.9%，远远高于同期美国3.4%和2.2%的速度。因此，当前我国的环境建设和环境问题，与其他发展中国家具有许多共同点，同时又有其自身的特点。用一句话概括，我国环境保护工作成就很大，但城市水、气、声、渣的环境污染和自然生态的破坏仍相当严重，不容忽视。

1. 生态环境问题

（1）森林生态功能仍然较弱　经过40多年的努力，我国的森林覆盖率，据第三次全国森林资源清查，已增加到13.4%，林地面积达12867万 hm^2，但由于历史和自然条件的限制，我国森林生态功能仍然较弱，人均林地面积仅 $0.11hm^2$，只有世界人均水平的11.3%，人均占有森林蓄积量约 $8.4m^3$，只有世界人均水平的10.9%。因此，森林资源的供求矛盾仍将十分突出。

（2）草原退化与减少的状况难以根本改变　长期以来，由于不合理开垦，过度放牧，重用轻养，使本处于干旱、半干旱地区的草原生态系统，遭受严重破坏而失去平衡，造成生产能力下降，产草减少和质量衰退。目前，全国退化草原面积已达 8700 万 hm²。草原生态建设的投资大，周期长，见效慢，而工农业的发展又将占用大量草地。此外，草原生产力明显受气候因素影响，特别是近年地球气温变暖，我国北方草原地区降雨量下降。例如，内蒙古东部地区，20 世纪 80 年代与 60 年代相比，年均降雨量由 400 ~ 450mm 下降到 250 ~ 350mm，严重影响产草的质量。广大边远地区的农牧民，为解决生活燃料的短缺，不得不砍伐和采挖荒漠上仅存的一点林木和植被，更增加了我国草原复原的难度，进而影响我国畜牧业的发展。

（3）水土流失、土壤沙化、耕地减少　我国水土流失严重，每年流失表土量达 50 亿 t，相当于我国耕地每年被刮去 1cm 厚的沃土层，由此流失的氮、磷、钾大约相当于 4000 多万 t 化肥。我国水土流失最严重的是黄土高原，面积达 4300 万 hm²，占该区总面积的 75%，每平方公里土壤的侵蚀量为 5000~10000t；由此，黄河水中的含沙量为世界之最，每立方米河水含沙达 37kg 以上。长江流域的水土流失面积也有 3600 万 hm²，占流域总面积的 20%，造成每立方米江水含沙 1kg，已跃居世界大河泥沙含量的第四位。此外，土壤风蚀在我国一些地区也极为严重。甘肃河西走廊发生黑风暴的次数逐年增多，1970 仅 1 次，而 1979 年达 12 次。

近几十年来，土壤沙化的发展很快。我国沙漠面积几乎扩大了 1 倍，从 6667 万 hm² 扩展到 13000 万 hm²，约占国土面积的 13.5%；还有近 670 万 hm² 耕地和 1/3 的天然草场不同程度地受到沙漠化的威胁与影响。

我国耕地因人口增加、经济发展和城市建设而被大量侵占。1957 ~ 1980 年，被侵占耕地约 0.23 亿 hm²，平均每年减少 150 万 hm² 左右，相当于一个福建省的耕地面积。中华人民共和国成立初期我国的人均耕地面积为 0.18hm²，如今仅为 0.085hm²，不及那个时候的一半。这充分说明我国农业生态环境有恶化的危险。

（4）水旱灾害日益严重　我国是个水旱灾害多发的国家：全国二分之一的人口、三分之一的耕地和主要大城市处于江河的洪水位之下，工农业产值占全国三分之二的地区受到洪水的威胁。这种状况目前远未根本改变，致使水旱灾害日益严重。全国平均受灾面积 20 世纪 60 年代高于 50 年代，70 年代高于 60 年代，而 80 年代又高于 70 年代。全国年均成灾面积，80 年代是 50 年代的 2.1 倍，是 70 年代的 1.7 倍。这种情况的产生与水土流失造成湖泊淤积和盲目围湖造田，使湖泊水面大幅度减少有关。据统计，从 20 世纪 50 年代到 80 年代，我国共减少湖泊 500 多个，水面缩小 186 万 hm²，蓄水量减少 513 亿 m³。

（5）水资源短缺　据统计，全国有近 300 个城市缺水，占城市总数的 60%，受影响的城镇人口占全国总人口的 29%；日缺水量达 1240 万 t 以上，其中严重缺水的城市有 50 多个。水资源短缺，不仅影响工业生产和城镇居民生活，也对农牧业造成影响。据统计，每年因缺水而不得不缩小灌溉面积和有效的灌溉次数，造成粮食减产 50 多亿 kg。现在，我国北方和西北地区的农村，尚有 5000 多万人口和 3000 多万头牲畜得不到饮水保障。由于缺水，不得不进一步大量抽取地下水，结果使北京、上海、天津、西安、常州、宁波等 20 多个城市出现地面沉降。

2. 环境污染严重

我国目前环境污染的程度，较发达国家要严重得多。

（1）大气污染仍十分严重　我国是一个以煤为主要能源的国家，2017 年的原煤产量仍超过 35.2 亿 t，煤炭占商品能源总消费的 66%。燃煤造成严重的大气污染。例如，2011 年我国大气 SO_2 排放量达 2228.2 万 t，城市大气中二氧化硫的年日平均值，北方城市为 $0.092mg/m^3$，南方城市为 $0.088mg/m^3$，均远高于我国空气环境质量二级标准；在监测的 51 个城市雨水中，pH 年均值低于 5.6 的占 59%；而降水中出现酸雨的城市，比上年度增长 7.8%。

（2）水污染状况远未根本解决　据国家环境保护部公布，2015 年，全国废水排放总量为 735.3 亿 t，工业废水 199.5 亿 t，占比为 27.1%，其中造纸、化工、纺织、钢铁合计排放占比约为 48%，成为工业废水最主要的排放来源，排放量虽比上年度下降，但仍有近 80% 的工业废水未经处理直接排入江河湖海，使流经城市的河段受到严重污染。城镇生活污水排放量为 535.2 亿 t，占比为 72.8%。2014 年对七大水系总河长 43562km 的评价中，符合地面水水质 4 类和 5 类的，仅占约半数，达 44%；其中辽河水系和海河水系污染最严重。

此外，近年来一些海域富营养化加重，赤潮灾害增多。1990 年，在中国沿岸海域从南到北，相继发生了较大面积的赤潮 34 起，为 1961～1980 年均的 30 倍。其发生范围之广，对养殖业危害之重，前所未见。

（3）城市噪声污染严重　2013 年监测的 49 个城市，其平均等效声级均在 55dB（A）以上，16 个城市高于 60dB（A）；其中居民文教区的噪声超标率达 97%。

（4）工业固体废物增加　据统计，1991 年全国工业固体废物产生量达 32.7 亿 t，其中工业危险废物产生量 4573.69 万 t，倾倒丢弃量 3.94 万 t。此外，全国还有带来水、气、声和渣污染的 57.3 万个乡镇企业，更是不容忽视的污染源。

由此可见，我国的环境保护事业，任重道远。无论世界范围还是我国，也无论是发展中国家还是发达国家，除了某些方面或局部区域的环境问题获得不同程度的解决外，就总体而言，当代的世界环境问题仍然十分严重，特别是解决全球性大气环境问题，已到了刻不容缓的时候，以致环境保护工作者不得不大声疾呼"人类只有一个地球"，这已获得国际社会的全面认同。

1.2.6　解决环境问题的根本途径

人口激增、经济发展和科技进步，是产生和激化环境问题的根源。因此，解决环境问题必须依靠控制人口，加强教育，提高人口素质，增强环境意识，强化环境管理，依靠强大的经济实力和科技进步。

1）控制人口对于解决当代环境问题，有着特殊重要的作用。与此同时，还要加强教育，普遍提高群众的环境意识，促使人们在进行任何一种社会活动、生产生活活动、科技活动与发明创造时，都能考虑到是否会对环境造成危害，或能否采取相应的措施，使对环境的危害降到最低限度。这些措施包括各种技术手段，以及环境管理。特别是加强环境管理，是一种低投入，高效益的解决环境问题的根本途径。

2）解决环境问题必须要有相当的经济实力，即需要付出巨大的财力、物力，并且需要经过长期的努力。初步估计，要把目前我国的城市污水全部进行二级处理，按 20 世纪 80 年代中期的不变价格估算，至少需要 300 亿元；如果把控制工业和城市大气污染、防治生态环境破坏的资金也计算在内，至少需要几千亿元的资金。目前，我国用于环保的投资每年大约 100 多亿元，是当年国民生产总值的 0.7%。显然，我国有限的环保投资，对于我们这样一个幅员广大、有几千年人类活动的历史、环境污染和生态破坏的欠账都十分巨大的国家来说，远不能达到有效控制污染和生态环境破坏的目的。因此，更有必要借助科技的进步解决环境问题。

3）科技进步与发展，虽然会产生各种各样的环境问题，但环境问题的解决仍离不开科技进步。如由燃煤带来的环境污染（大气和水污染及固体废物污染，全球变暖和酸沉降，人造化学物氟氯烃等的应用造成臭氧层的破坏等环境问题），需要改善和提高燃煤设备的性能和效率，寻找洁净能源或氟氯烃的替代物，从根本上清除污染源或降低污染源的危害强度，以及研制和生产高效、低能耗的环保产品，治理污染；或者通过科学规划，以区域为单元，制定区域性污染综合防治措施等，都可以实现在较低的或在有限的环保投资下，获得较佳的环保效益。

1.3　环境修复概述

1.3.1　环境修复的概念

修复（Remediation）本来是工程上的一个概念，它是指借助外界作用力使某个受损的特定对象部分或全部恢复到原初状态的过程。严格说来，修复包括恢复、重建、改建三个方面的活动。恢复（Restoration）是指使部分受损的对象向原初状态发生改变；重建（Reconstruction）是指使完全丧失功能的对象恢复至原初水平；改建（Renewal）则是指使部分受损的对象进行改善，增加人类所期望的"人造"特点，减小人类不希望的自然特点。它们三者的关系如图1-2所示。

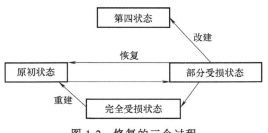

图1-2　修复的三个过程

环境意义上的修复是指对被污染的环境采取物理、化学与生物学技术措施，使存在于环境中的污染物质含量减少或毒性降低或完全无害化。因此，为了更好地理解环境修复，有必要从下面三方面进行理解。

首先要界定污染环境与健康环境。众所周知，所谓环境污染（Environment pollution），是指任何物质或能量因子的过分集中，超过了环境的承载能力，从而对环境表现出有害的现象。环境污染的实质是人类活动不当所引起的环境质量的下降和环境功能的衰退。与污染环境相对应的是健康环境（Healthy environment）。最健康的环境当然是具有原始背景值的环境，但当今地球上似乎很难找到一块未受人类活动影响的"净土"，即使人类足迹罕至的南极、珠穆朗玛峰也可检测到农药的存在。因此健康环境只是相对的，特指存在于其中的各种物质或能量都低于有关环境质量标准。

其次要界定环境修复（Environmental remediation）与环境净化（Environmental self-purification）。环境有一定的自净能力。污染因子进入环境中，并非一定会产生污染，而是只有当环境污染因子的载荷量超过了环境净化容量时才导致污染。环境中存在各种各样的净化机制，如稀释、扩散、沉降、挥发等物理机制，氧化还原、中和、分解、化合、吸附解吸、离子交换等化学（含物理化学）机制，有机生命体新陈代谢等生物学机制。这些机制共同作用于环境，致使污染物的数量或性质向有利于环境安全的方向发生改变。

环境修复与环境净化之间既有共同的一面，也有不同的一面。它们两者的目的都是使进入环境中的污染因子的总量减少或强度降低或毒性下降。但环境净化强调的是环境中内源因子对污染物质或能量的清除过程，是一种自然的、被动的过程；环境修复则强调人类有意识的外源活动对污染物质或能量的清除过程，是一种人为的、主动的过程。

再次要界定环境修复与"三废"治理。传统"三废"（废水、废气、废渣）治理是环境工程的核心内容，强调的是点源治理，即工厂排污口的治理，需要建造成套的处理设施，在最短的时间内，以最快的速度和最低的成本，将污染物净化去除。而环境修复是最近几十年才发展起来的环境工程技术，它强调的是面源治理，即对人类活动的环境进行治理，它不可能建造把整个修复对象包容进去的处理系统。如采用传统治理净化技术，即使对于局部小系统的修复，其运行费用也将是天文数字。环境修复和"三废"处理都是控制环境污染，只不过"三废"处理属于环境污染的产中控制，环境修复属于产后控制，而我们常说的污染预防则属于产前控制，它们共同构成污染控制的全过程体系，是可持续发展在环境中的重要体现。

1.3.2 环境修复的类型

1. 按环境修复的对象分类

依照环境修复的对象可以将环境修复分为土壤环境修复、水体环境修复、大气环境修复、固体废物环境修复类型。

（1）土壤环境修复 土壤污染就是指人为因素有意或无意地将对人类或其他生命体有害的物质施加到土壤中，使土壤中某种成分的含量明显高于原有含量并引起土壤环境质量恶化的现象。土壤环境修复就是对污染的土壤实施修复，以阻断污染物进入食物链，防止对人体健康造成危害，促进土地资源的保护与可持续发展。根据处理土壤的位置是否改变，土壤环境修复技术可分为原位修复和易位修复两种。原位修复较土壤挖出来后再进行修复更为经济有效，对污染物就地处置，使之得以降解和减毒，不需要建设昂贵的地面环境工程基础设施和远程运输，操作维护也比较简单，且可以对深层次污染的土壤进行修复。与原位修复技术相比，易位修复技术的环境风险较低，系统处理的预测性高于原位修复。

（2）水体环境修复 内陆水环境是由水体（水文、水力和水质）、水体中的生物（水生植物、动物和微生物等）、水体下的沉积物、水体周围的岸边湖滨带及水体上的空间构成的，在一定范围内具有自身结构和功能的有机体系。由于自然变迁和人类不合适的生产、生活活动，造成了水环境不同程度的改变和损害，而且到目前为止受到损害的速率远远大于其自身的及人工的修复速率。同时，水环境的破坏必然导致水资源的损耗，造成人类生存质量下降和生存空间的缩小。水体环境修复是利用物理的、化学的、生物的和生态的方法减少存于水环境中有毒有害物质的含量或使其完全无害化，使污染了的水环境能部分或完全恢复到原始状态的过程。

（3）大气环境修复 人类的生活、生产活动和自然界中局部的质能转换向大气排放各种污染物，当污染物超过环境所能允许的极限（环境容量）时，大气质量就会恶化，使人们的生活、工作、健康、精神状态、设备财产及生态环境等遭受到恶劣影响和破坏，这种现象就是大气污染。大气环境修复是指采取一定的措施包括物理、化学和生物的方法来减少大气环境中有毒有害化合物。

（4）固体废物环境修复 固体废物是指在生产建设、日常生活和其他活动中产生，在一定时间和地点无法利用而被丢弃的污染环境的固体、半固体废弃物质。固体废物的修复指的就是利用化学、物理或者生物的方法对污染环境的固体废物进行处理，以达到减少污染，无害化处理的过程。

2. 按环境修复方法分类

环境修复的类型还可以按照环境修复的方法来分类，污染环境的修复方法包括物理方法、化学方法和生物方法等三大类。其中生物修复方法已成为环境保护技术的重要组成部分。

3. 按环境修复技术分类

环境修复技术是指人类修复环境时所采用的手段。环境修复的对象是自然界，相应的技术作用对象也是自然界。技术的基本作用在于改变自然界的运动形式和状态，由此形成了工程技术、物理技术、化学技术与生物技术四类基本技术。

工程技术（Engineering technology）是指广义的机械技术，是一个人工的机械自然过程，被用来改变自然界的机械运动状态和自然物的形态。物理技术（Physical technology），是一个人工的物理自然过程，被用来改变自然物的物理性质。化学技术（Chemical technology）是一个人工的化学自然过程，被用来改变自然界物质的化学组成。生物技术（Biotechnology）是一个人工的生命运动过程，被用来改变生命体的运动状态与性质。

以此为基础，环境修复可分为工程修复、物理修复、化学修复、生物修复四大类型。

环境物理修复技术是一项借助物理手段将污染物从环境中提取分离出来的技术，工艺简单，费用低。这些分离方式没有高度的选择性。通常情况下，物理分离技术被作为初步的分选。一般来说，物理分离技术未能充分达到环境修复的要求。

环境化学修复技术相对于其他修复技术来讲发展较早，也相对成熟。目前，化学修复技术主要涵盖化学淋洗、溶剂浸提、化学氧化修复和化学还原与还原脱氯修复等方面。

相比较而言，化学氧化技术是一种快捷、积极，对污染物类型和含量不是很敏感的修复方式；尤其对于土壤修复中，化学还原和还原脱氯法则作用于分散在地表下较大、较深范围内的氯化物等对还原反应敏感的化学物质，将其还原、降解；原位化学淋洗技术对去除低溶解度和吸附力较强的污染物更加有效。

环境生物修复是利用生物的生命代谢活动减少存于环境中有毒有害物质的浓度或使其完全无害化，使污染了的环境能部分或完全恢复到原始状态的过程。

1.3.3　环境修复的产生与发展

工业革命极大地改变了人类社会文明发展的进程，使人们在享受工业文明创造的丰硕果实时，也遭受了随之而来的环境污染和生态破坏的危害。目前我国20%以上的耕地、90%以上的城市河流、75%以上的湖泊、50%以上的地下水都受到不同程度的污染；海洋赤潮频繁发生；燃煤烟气污染尚未解决，光化学污染已露端倪；垃圾围城、白色污染和危险废物问题十分突出。这些已经严重影响到我国的生态环境和人民身体健康。

尽管环境污染日益加剧，污染状态更加复杂，但人们对环境质量的要求却越来越高。不仅要集中治理生产区、生活区内产生的污染，还要治理因生产、生活及事故等原因造成的土壤、河流、湖泊、海洋、地下水、废气和固体废物堆置场的污染，这就是污染环境的修复工程。自"九五"以来，我国已开始花大力气重点整治三湖（大湖、巢湖、滇池）、三河（淮河、海河、辽河）、两区（酸雨控制区、二氧化硅控制区）、一市（北京市）、一湾（环渤海湾）等，并取得了明显的成效，为污染环境的修复积累了大量的经验。

污染环境的修复技术不外乎物理方法、化学方法和生物方法等三大类，鉴于生物在污染物的吸收、转运、降解、转化、固定等过程中发挥着强大的作用，生物修复具有投资少、运行费用低、最终产物少等优点，因此我国污染环境的修复工程应采取生物修复为主、物理化学修复为辅的策略。

1.3.4　环境修复的对象和任务

环境修复的对象是各种需要修复的环境要素。环境污染的对象主要可以划分为土壤污染、水污染、大气污染和固体废物污染等。相应的，环境修复研究的主要内容和任务也就可以分为污染土壤的环境修复、污染水体的环境修复、污染大气的环境修复及固体废物污染的环境修复等主要大类。

1. 污染水体的环境修复

我国在今后相当一个时期内，仍将处于发展阶段。水污染将是一个长期存在的问题，局部水污染甚至还将进一步恶化。水环境污染问题也有相当一部分是自改革开放以来不断排放的污染物质的积累造成的。从 2015 年来看，全国废水排放总量为 735.3 亿 t，其中工业废水排放量为 199.5 亿 t，城镇生活污水排放量为 535.2 亿 t。根据住建部最新数据，2015 年年底我国共有 1943 座城市污水处理厂，处理能力为 1.41 亿 m^3/日，城市污水处理率达 91.9% 以上，但是被排放出去的污染物质绝大部分都是难降解污染物质，对水环境具有长期的潜在危害；全国城市生活污水处理效率仍然比较低，80% 未经处理就直接排入水环境，是当前主要污染源；我国已经认识到农业面源对水环境的严重影响，但是尚没有采取全面的管理和工程措施进行有效的治理。根据监测调查，我国 90% 以上的城市水环境污染比较严重，有的城市水环境仍然在恶化。

水环境中的污染物质直接破坏水体和土壤的功能，使其变得不适宜各种生物的生存，或者污染物质通过"食物链"影响植物、动物和人类；或者污染物质抑制了分解者的活性，导致污染物质在环境中的积累。总之，污染物质的毒性说明其不能够与环境兼容，而去除或者降解环境中的污染物质则需要对受污染的水体和土壤进行修复处理。对水环境进行修复是我国迫切的需要。

环境修复工程（Environmental remediation project）所遵循的原则不同于传统的环境工程学。在传统环境工程领域，处理对象能够从环境中分离出来，例如废水或者废弃物，需要建造成套的处理设施，在最短的时间内，以最快的速度和最低的成本，将污染物净化去除。而在水环境修复领域，所修复的水体对象是环境的一部分，不可能建造能将整个修复对象包容进去的处理系统。如果采用传统治理净化技术，即使对于局部小系统的修复，其运行费用也将是天文数字。在水环境修复的过程中，需要保护周围环境。水环境修复比传统环境工程需要的专业面更广，包括环境工程、土木工程、生态工程、化学、生物学、毒理学、地理信息和分析监测等，需要将环境因素融入技术中。

2. 污染土壤的环境修复

我国的地下水和土壤污染相当严重，主要污染物是重金属离子和有毒有害有机物。据调查，农村地区的土壤和地下水污染是由粗放式农业耕作和乡镇工业造成的。尽管当前我国环境工作的重点仍然是废水、大气和固体废物的处理与处置，然而随着这些问题逐渐得到解决，受污染土壤和地下水的修复将会得到重视。

发达国家已经投入大量资金对受污染环境进行修复。相关的修复技术在国外也得到了迅速开发。修复技术基本上分为两类：物理化学类型和生物学类型。物理化学修复技术包括隔离、泵抽取和地上处理、土壤清洗、萃取、固化和稳定化等；生物修复技术包括地上生物处理和地下现场生物修复等。

物理化学类型的修复技术一般是将受污染的土壤或地下水移走，再进行适当的处理和处置。这类技术能够彻底清除土壤和地下水中的污染，其缺点是严重影响土壤的结构和地下水所处的生态环境，而且成本非常高。相比较而言，现场生物修复技术不会破坏生态环境，但其修复过程非常缓慢、效率低，不能满足快速修复的需要，尤其是在较密实的土壤中，修复所需的活性微生物、辅助药剂等很难输送至受污染的区域。

3. 固体废物污染的环境修复（以矿山污染的环境修复为例）

靠开发矿产、森林等自然资源来急速发展经济，对环境造成了很大的破坏，造成了巨大的环境灾害（特别是人为的地质灾害），如 1966 年，在英国南威尔士阿贝芬，由于以前堆积在山上的煤矸石突然崩塌，向山下倾泻，摧毁了山下村庄的一座学校，造成 116 个孩子和 26 个成人全部死亡的惨剧，也淹埋了山下大片农田。我国因采煤对农田的破坏极其严重，至 1999 年年底至少有 207 万亩（1 亩 = 666.6 m²）良田成为绝产或半绝产的废弃地，如何使面积如此广阔的废弃地再现生机，使它成为可耕、可林、可渔的园地，这就是矿山环境修复工程中一门新的学科——恢复生态学的任务。在应用这一技术前，首先要在当地进行详细的野外调查，寻找先锋种群，确定先锋种群的组合，并进行优化筛选，然后确定种植的种类，进行全区域播种或种植，使这些先锋植被迅速地覆盖煤矸石山及其他一些难以复垦的废弃地，以期达到迅速修复环境的目的。

思 考 题

1. 什么叫环境？环境是如何分类的？

2. 试分析人类环境的组成、结构、功能和特性等诸方面因素的内在联系。

3. 环境有哪些基本特性？

4. 什么叫环境问题？它如何产生？又是如何发展的？它与社会经济的发展有何关系？

5. 环境问题有哪些分类方法？分几类？

6. 环境问题有哪些性质？其实质是什么？

7. 何谓全球环境问题？当前世界关注的全球环境问题有哪些？

8. 当前我国环境问题的特点是什么？

9. 解决环境问题的根本途径是什么？

10. 什么叫环境修复科学？它如何产生？又是如何发展的？它与其他科学有何关系？

11. 环境修复科学研究的内容、对象和任务是什么？

参考文献

[1] 赵景联，史小妹. 环境科学导论 [M]. 2版. 北京：机械工业出版社，2017.

[2] 赵景联. 环境修复原理与技术 [M]. 北京：化学工业出版社，2006.

[3] 崔龙哲，李社峰. 污染土壤修复技术与应用 [M]. 北京：化学工业出版社，2016.

[4] 赵勇胜. 地下水污染场地的控制与修复 [M]. 北京：科学出版社，2015.

[5] 周启星，宋玉芳. 污染土壤修复原理与方法 [M]. 北京：科学出版社，2018.

[6] 庄国泰. 土壤修复技术方法与应用 [M]. 北京：中国环境科学出版社，2011.

[7] 周怀东. 水污染与水环境修复 [M]. 北京：化学工业出版社，2006.

[8] 张锡辉. 水环境修复工程学原理与应用 [M]. 北京：化学工业出版社，2002.

[9] 罗育池，等. 地下水污染防控技术：防渗、修复与监控 [M]. 北京：科学出版社，2017.

[10] 盛连喜. 现代环境科学导论 [M]. 2版. 北京：化学工业出版社，2011.

[11] 刘培桐. 环境科学基础 [M]. 北京：化学工业出版社，1987.

[12] 何强，等. 环境学导论 [M]. 北京：清华大学出版社，2003.

[13] MACKENZIE L DAVIS, DAVID A CORNWELL. Introduction to Environmental Engineering [M]. 3rd ed. New York：The McGraw-Hill Companies, Inc, 2000.

[14] 林肇信. 环境保护概论 [M]. 北京：高等教育出版社，1999.

[15] 王光辉，丁忠浩. 环境工程导论 [M]. 北京：机械工业出版社，2006.

[16] CLAIR N SAWYER. 环境化学 [M]. 北京：清华大学出版社，2000.

[17] 刘兆荣. 环境化学教程 [M]. 2版. 北京：化学工业出版社，2017.

[18] 鞠美庭. 环境学基础 [M]. 2版. 北京：化学工业出版社，2010.

[19] 崔灵周，王传华，肖继波. 环境科学基础 [M]. 北京：化学工业出版社，2014.

第 2 章

污染土壤环境修复工程概论

2.1 土壤概述

国际标准化组织（ISO）将土壤定义为具有矿物质、有机质、水分、空气和生命有机体的地球表面物质。

2.1.1 土壤的组成

土壤（Soil）是由固态岩石经风化而成，由固、液、气三相物质组成的多相疏松多孔体系（图 2-1）。土壤固相包括土壤矿物质和土壤有机质。土壤矿物质占土壤固体总质量的 90% 以上。土壤有机质约占固体总质量的 1%～10%，一般可耕性土壤有机质含量占土壤固体总质量的 5%，且绝大部分在土壤表层。土壤液相是指土壤中水分及其水溶物。气相是指土壤孔隙所存在的多种气体的混合物。典型的土壤约有 35% 的体积是充满空气的孔隙。此外，土壤中还有数量众多的微生物和土壤动物等。因此，土壤是一个以固相为主的不匀质多相体系（Heterogeneous）。

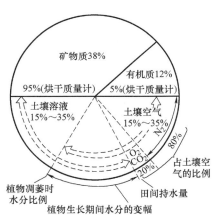

图 2-1　土壤三相物质组成

1. 土壤矿物质

土壤矿物质（Mineral）主要是由地壳岩石（母岩）和母质继承和演变而来，其成分和物质对土壤的形成过程和理化性质都有极大的影响。按成因可将土壤矿物质分为原生矿物和次生矿物两类。

（1）原生矿物（Primary mineral）　它们是各种岩石受到程度不同的物理风化而未经化学风化的碎屑物，其原来的化学组成和结晶构造未改变。原生矿物是土壤中各种化学元素的最初来源。土壤中最主要的原生矿物有硅酸盐类、氧化物类、硫化物类和磷酸盐类四类。硅酸盐矿物常见的有长石类、云母类、辉石类和角闪石类等，它们较易风化而释放出 K、Na、Ca、Mg、Fe 和 Al 等元素供植物吸收，同时形成新的次生矿物；氧化物类矿物有石英（SiO_2）、赤铁矿（Fe_2O_3）、金红石（TiO_2）、蓝晶石（Al_2O_3）等，它们相当稳定，不易风化，对植物养分意义不大；土壤中通常只有铁的硫化物类矿物，即黄铁矿和白铁矿，它们易风化，是土壤中硫元素的主要来源；土壤中分布最广的磷酸盐类矿物是磷灰石，包括氟磷灰

石 [$Ca_5(PO_4)_3F$] 和氯磷灰石 [$Ca_5(PO_4)_3Cl$]，其次是磷酸铁、磷酸铝及其他的磷化物，是土壤中无机磷的主要来源。

（2）次生矿物（Secondary minerals） 它们大多数是由原生矿物经化学风化后形成的新矿物，其化学组成和晶体结构都有所改变。土壤次生矿物颗粒很小，粒径一般小于 0.25m，具有胶体性质。土壤的许多重要物理性质（如黏结性、膨胀性等）和化学性质（如吸收、保蓄性等）都与次生矿物密切联系。通常土壤次生矿物可根据性质和结构分为简单盐类、氧化物类和次生铝硅酸盐类三类。简单盐类属水溶性盐，易淋溶，一般土壤中较少，多存在于盐渍土中。如方解石（$CaCO_3$）、白云石 [$CaCO_3 \cdot Mg(CO_3)_2$ 或 $CaMg(CO_3)_2$]、石膏（$CaSO_4 \cdot 2H_2O$）等，是原生矿物经化学风化后的最终产物结晶，构造较简单，常见于干旱和半干旱地区土壤中。氧化物类如针铁矿（$Fe_2O_3 \cdot H_2O$）、三水铝石（$Al_2O_3 \cdot 3H_2O$）、褐铁矿（$Fe_2O_3 \cdot nH_2O$）等，是硅酸盐矿物彻底风化后的产物，结晶构造简单，常见于湿热的热带和亚热带地区土壤中。次生铝硅酸盐类是由长石等原生硅酸盐矿物风化后形成的，在土壤中普遍存在，种类很多，是土壤黏粒的主要成分。在干旱和半干旱气候条件下，风化程度较低，处于脱盐基初级阶段，主要形成伊利石；在温暖湿润或半湿润条件下，脱盐基作用增强，多形成蒙脱石和蛭石；在湿热气候条件下，原生矿物迅速脱盐基、脱硅，主要形成高岭石。

2. 土壤有机质

土壤有机质（Soil organic matter）是土壤中有机化合物的总称，包括腐殖质、生物残体和土壤生物。腐殖质是土壤有机质的主要部分，约占有机质总质量的 50%~65%，它是一类特殊的有机化合物，主要是动植物残体经微生物作用转化而成的。土壤有机质在土壤中可以呈游离的腐殖酸盐类状态存在，也可以铁、铝的凝胶状态存在，还可以与黏粒紧密结合，以有机-无机复合体等形态存在。这些存在形态对土壤的物理化学性质有很大影响。

3. 土壤水分

土壤水分主要来自大气降水和灌溉。在地下水位接近地面的情况下，地下水也是上层土壤水分的重要来源。空气中水蒸气冷凝也会成为土壤水分。土壤水分并非纯水，而是土壤中各种成分溶解形成的溶液，不仅含有 Na^+、K^+、Mg^{2+}、Ca^{2+}、Cl^-、NO、SO_4^{2-}、HCO_3^- 等离子及有机物，还含有有机和无机污染物。因此，土壤水分既是植物养分的主要来源，也是进入土壤的各种污染物向其他环境圈层（如水圈、生物圈）迁移的媒介。

4. 土壤空气

土壤空隙中存在的各种气体混合物称为土壤空气。这些气体主要来自大气，组成与大气基本相似，主要成分都是 N_2、O_2、CO_2 及水蒸气等，但是又与大气有着明显的差异。首先表现在 O_2 和 CO_2 含量上。土壤空气中的 CO_2 含量远高于大气中，大气中的 CO_2 含量为 0.02%~0.03%，而土壤中一般为 0.15%~0.65%，甚至高达 5%，这主要来自生物呼吸及各种有机质分解。土壤空气中的 O_2 含量则低于大气，这是由于土壤中耗氧细菌的代谢、植物根系的呼吸和种子发芽等因素所致。其次，土壤空气的含水量一般总比大气高得多，并含有某些特殊成分，如 H_2S、NH_3、H_2、CH_4、NO_2、CO 等，这是由于土壤中生物化学作用的结果。另外，一些醇类、酸类及其他挥发性物质也通过挥发进入土壤。最后，土壤空气是不连续的，而是存在于相互隔离的孔隙中，这导致了土壤空气组成在土壤各处都不相同。

5. 土壤生物

在土壤中生活着一个生物群体。生物不但积极参与岩石的风化作用，并且是成土作用的主导因素。土壤生物是土壤的重要组成部分和影响物质与能量转化的重要因素。这个生物群体，特别是微生物群落，是净化土壤有机污染物的主力军。

土壤生物可分微生物区系和动物区系两大类。土壤中包含细菌、放线菌、真菌与藻类四种重要的微生物类群。土壤微生物的数量十分庞大。微生物参与下的氮、碳、硫、磷等环境污染物质的转化对环境自净功能起重要作用。土壤动物包括原生动物、蠕虫动物（线虫类和蚯蚓等）、节肢动物（蚁类、蜈蚣、螨虫等）、腹足动物（蜗牛等）及栖居土壤的脊椎动物。

2.1.2　土壤剖面形态

典型的土壤随深度呈现不同的层次（图 2-2）。最上层为覆盖层（A_0），由地面上的枯枝落叶所构成，第二层为淋溶层（A），是土壤中生物最活跃的一层，土壤有机质大部分在这一层，金属离子和黏土颗粒在此层中被淋溶得最显著。第三层为溶积层（B），它受纳来自上一层淋溶出来的有机物、盐类和黏土类颗粒物质。C 层也叫母质层，是由风化的成土母岩构成，母质层下面为未风化的基岩，常用 D 层表示。

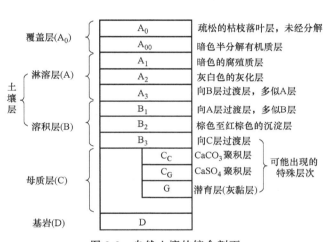

图 2-2　自然土壤的综合剖面

以上这些层次统称为发生层。土壤发生层的形成是土壤形成过程中物质迁移、转化和积聚的结果，整个土层称为土壤发生剖面。

2.1.3　土壤的机械组成与质地分组

土壤中的矿物质由岩石风化和成土过程形成的不同大小的矿物颗粒组成。矿物颗粒的化学组成和物理化学性质有很大区别，大颗粒常由岩石、矿物碎屑或原生矿物组成，细颗粒主要由次生矿物组成。为研究方便，根据矿物颗粒直径大小，将大小相近、性质相似的加以归类称之为粒级分级，一般可分为砾石、砂粒、粉砂粒和黏粒四级。土壤中各粒级所占的相对百分比或质量分数叫作土壤矿物质的机械组成或土壤质地。一般可分为三或四大类，即砂土、壤土、黏壤土和黏土。土壤质地是影响土壤环境中物质与能量交换、迁移与转化的重要因素。

2.1.4　土壤性质

1. 土壤的吸附性质

土壤的吸附性质（Adsorbability）与土壤中胶体有关。土壤胶体（Soil colloid）是指土壤中颗粒直径小于 $1\mu m$，具有胶体性质的微粒。一般土壤中的黏土矿物和腐殖质都具有胶体性质。土壤胶体可按成分及来源分为三大类：

（1）有机胶体（Organic colloid） 主要是生物活动的产物，是高分子有机化合物，呈球形、三维空间网状结构，胶体直径为 20～40nm。

（2）无机胶体（Inorganic colloid） 主要包括土壤矿物和各种水合氧化物，如黏土矿物中的高岭石、伊利石、蒙脱石等，以及铁、铝、锰的水合氧化物。

（3）有机-无机复合体（Organic-inorganic colloid） 它是由土壤中一部分矿物胶体和腐殖质胶体结合在一起所形成。这种结合可能是通过金属离子桥键，也可能通过交换阳离子周围的水分子氢键来完成。

土壤胶体具有巨大的比表面和表面能，从而使土壤具有吸附性。无机胶体中以蒙脱石表面积最大（600～800m^2/g），不仅有外表面并且有巨大的内表面，伊利石次之，高岭石最小（7～30m^2/g）。有机胶体具有巨大的外表面（约 700m^2/g），与蒙脱石相当。物质的比表面越大，表面能也越大，吸附性质表现也越强。

土壤胶体微粒具有双电层（Double electrode layer），微粒的内部称微粒核（Particles nuclear），一般带负电荷，形成一个负离子层，其外部由于电性吸引而形成一个正离子层，合称为双电层。也有的土壤胶体带正电，其外部则为负离子层。土壤胶体表面吸附的离子可以和溶液中相同电荷的离子以离子价为依据做等价交换，称为离子交换吸附（Ion exchange adsorption）。鉴于胶体所带电荷性质不同，离子交换作用包括阳离子交换吸附和阴离子交换吸附两类作用。土壤中常见阳离子交换能力顺序如下：

$$Fe^{3+}>Al^{3+}>H^+>Ba^{2+}>Sr^{2+}>Ca^{2+}>Mg^{2+}>Pb^+>K^+>NH_4^+>Na^+$$

土壤中阴离子交换吸附顺序如下：

$$F^->草酸根>柠檬酸根>PO_4^{3-}>AsO_4^{3-}>硅酸根>HCO_3^->H_2BO_3^->醋酸根>SCN^->SO_4^{2-}>Cl^->NO_3^-$$

土壤胶体还具有凝聚性（Flocculation）和分散性（Dispersity）。由于胶体比表面和表面能都很大，为减小表面能，胶体具有相互吸引、凝聚的趋势，这就是胶体的凝聚性。但是在土壤溶液中，胶体常带负电荷，具有负的电动电位，所以胶体微粒又因相同电荷而相互排斥。电动电位越高，排斥越强，胶体微粒呈现出的分散性也越强。

2. 土壤的酸碱性

土壤的酸碱性（Soil acidity and basicity）是土壤的重要理化性质之一，主要决定于土壤中含盐基的情况。土壤的酸碱度一般以 pH 值表示。我国土壤的 pH 值大多为 4.5～8.5，呈"东南酸，西北碱"的规律。

（1）土壤酸度（Soil acidity） 土壤中的 H^+ 存在于土壤孔隙中，易被带负电的土壤颗粒吸附，具有置换被土粒吸附的金属离子的能力。酸雨、化肥和土壤微生物都会给土壤带来酸性。土壤酸度可分为：①活性酸度（Active acidity），又称有效酸度，是土壤溶液中游离 H^+浓度直接反映出的酸度，通常用 pH 值表示；②潜性酸度（Potential Acidity），来源于土壤胶体吸附的可代换性离子，当这些离子处于吸附状态时不显酸性，但当它们通过离子交换进入土壤溶液后，可增大土壤溶液 H^+浓度，使 pH 值降低。土壤中活性酸度和潜性酸度是一个平衡体系中的两种酸度。有活性酸度的土壤必然会导致潜性酸度的生成，有潜性酸度存在的土壤也必然会产生活性酸度。

（2）土壤碱度（Soil basicity） 当土壤溶液中 OH^-浓度超过 H^+浓度时就显示碱性。土壤溶液中存在着弱酸强碱性盐类，其中最多的弱酸根是碳酸根和重碳酸根，因此常把碳酸根和重碳酸根的含量作为土壤液相碱度指标。

（3）土壤的缓冲性能（Soil buffer capacity） 土壤具有缓和酸碱度激烈变化的能力。首先，土壤溶液中有碳酸、硅酸、腐殖酸和其他有机酸等弱酸及其盐类，构成了一个良好的酸碱缓冲体系。其次，土壤胶体吸附各种阳离子，其中盐基离子和氢离子能分别对酸和碱起缓冲作用。土壤胶体数量和盐基代换量越大，土壤缓冲性能越强，在代换量一定的条件下，盐基饱和度越高，对酸缓冲力越大；盐基饱和度越低，对碱缓冲力越大。

3. 土壤的氧化-还原性能

土壤中有许多有机和无机的氧化性和还原性物质，而使土壤具有氧化-还原特性。这对土壤中物质的迁移转化具有重要影响。

土壤中主要的氧化剂有土壤中氧气、NO_3^-离子和高价金属离子，如 Fe^{3+}、Mn^{4+}、Ti^{6+}等。土壤中主要的还原剂有有机质和低价金属离子（如 Fe^{2+}、Mn^{2+}等）。此外，植物根系和土壤生物也是土壤中氧化还原反应的重要参与者。

土壤氧化-还原能力（Soil oxido-reduction ability）的大小常用土壤的氧化还原电位（Eh）衡量，其值是以氧化态物质与还原态物质的相对浓度比为依据的。一般旱地土壤 Eh 值为 +400～+700mV，水田 Eh 值为-200～+300mV。根据土壤 Eh 值可确定土壤中有机质和无机物可能发生的氧化还原反应和环境行为。

4. 土壤的生物活性

土壤中的生物成分使土壤具有生物活性（Biological activity），这对于土壤形成中物质和能量的迁移转化起着重要的作用，影响着土壤环境的物理化学和生物化学过程、特征和结果。土壤的生物体系由微生物区系、动物区系和微动物区系组成，其中尤以微生物最为活跃。

土壤环境为微生物的生命活动提供了矿物质营养元素、有机和无机碳源、空气和水分等，是微生物的重要聚集地。土壤微生物种类繁多，主要类群有细菌、放线菌、真菌和藻类，它们个体小，繁殖迅速，数量大，易发生变异。据测定，土壤表层每克土含微生物数目，细菌为 $10^8～10^9$ 个，放线菌为 $10^7～10^8$ 个，真菌为 $10^5～10^6$ 个，藻类为 $10^4～10^5$ 个。

土壤微生物（Soil microorganisms）是土壤肥力发展的决定性因素。自养型微生物（Autotrophic microorganism）可以从阳光或通过氧化无机物摄取能源，通过同化 CO_2 取得碳源，构成有机体，从而为土壤提供有机质。异养微生物（Heterotrophic microorganism）通过对有机体的腐生、寄生、共生和吞食等方式获取食物和能源，成为土壤有机质分解和合成的主宰者。土壤微生物能将不溶性盐类转化为可溶性盐类，把有机质矿化为能被吸附利用的化合物。固氮菌能固定空气中氮素，为土壤提供氮；微生物分解和合成腐殖质可改善土壤的理化性质。此外，微生物的生物活性在土壤污染物迁移转化进程中起着重要作用，有利于土壤的自净过程，并能减轻污染物的危害。

2.1.5 土壤环境质量及其功能

1. 土壤环境

土壤环境（Soil environment）是由植物和土壤生物及其生存环境要素，包括土壤矿物质和有机质、土壤空气和土壤水构成的一个有机统一整体。土壤的各种组成部分并不是孤立的，它们相互作用并互相连接，构成完整的土壤结构系统。这个复杂系统的各种性质是相互影响和相互制约的。当环境向土壤输入物质和能量时，土壤系统可通过本身组织的反馈作用进行调节与控制，保持系统的稳定状态。

2. 土壤环境背景值

土壤环境背景值（Background value of soil environment）是指未受或少受人类活动（特别是人为污染）影响的土壤本身的化学元素组成及其含量。

土壤环境背景值是一个相对的概念：当今的工业污染已充满了整个世界的每一个角落，农用化学品的污染也是在世界范围内广为扩散的。因此，"零污染"土壤样本是不存在的。现在所获得的土壤环境背景值只能是尽可能不受或少受人类活动影响的数值，是代表土壤环境发展的一个历史阶段的相对数值。

土壤环境背景值是一个范围值，而不是确定值。这是因为数万年来人类活动的综合影响，风化、淋溶和沉积等地球化学作用的影响，生物小循环的影响，母质成因、地质和有机质含量等影响使地球上不同区域，从岩石成分到地理环境和生物群落都有很大的差异，所以土壤的背景含量有一个较大的变化幅度，不仅不同类型的土壤之间不同，同一类型土壤之间相差也很大。

土壤环境背景值是环境科学的基础数据，广泛应用于环境质量评价、国土规划、土地资源评价、土地利用、环境监测与区划、作物灌溉与施肥，以及环境医学和食品卫生等领域。首先，土壤环境背景值是土壤环境质量评价，特别是土壤污染综合评价的基本依据。如判别土壤是否发生污染及污染程度均须以区域土壤背景值为对比基础数据。其次，土壤环境背景值是制定土壤环境质量标准的基础。第三，土壤环境背景值是研究污染元素和化合物在土壤环境中化学行为的依据。因为污染物进入土壤环境后的组成、数量、形态与分布都需与土壤环境背景值加以比较分析和判断。最后，在土地利用和规划，研究土壤、生态、施肥、污水灌溉、种植业规划，提高农、林、牧、副、渔业生产水平和品质质量，卫生等领域，土壤环境背景值也是重要的参比数据。

3. 土壤环境容量

土壤环境容量（Soil environment capacity）是指土壤环境单元所允许承纳的污染物质的最大负荷量。由定义可知，土壤环境容量等于污染起始值和最大负荷值之差，若以土壤环境标准作为土壤环境容量最大允许值，则土壤环境标准值减去背景值就应该是土壤环境容量计算值。但是在土壤环境标准尚未制定时，环境工作者往往通过环境污染的生态效应试验来拟定土壤环境最大允许污染物量。这个量值可称为土壤环境的静容量，相当于土壤环境的基本容量。但是土壤环境静容量尚未考虑土壤的自净作用和缓冲性能，即外源污染物进入土壤后通过吸附与解吸、固定与溶解、累积与降解等迁移转化过程而毒性缓解和降低。这些过程处于不断的动态变化之中，其结果会影响土壤环境中污染物的最大容纳量。因此，目前环境学界认为，土壤环境容量应当包括静容量和这部分净化量。所以将土壤环境容量进一步定义："一定土壤环境单元，在一定范围内遵循环境质量标准，既维持土壤生态系统的正常结构与功能，保证农产品的生物学产量与质量，也不使环境系统污染的土壤环境所能容纳污染物的最大负荷值。"

通过对土壤环境容量的研究，有助于我们控制进入土壤污染物的数量。因此，土壤环境容量在土壤质量评价、制定"三废"排放标准、灌溉水质标准、污泥使用标准、微量元素累积施用量等方面均发挥着重要的作用。土壤环境容量充分体现了区域环境特征，是实现污染物总量控制的重要基础，有利于人们经济合理地制定污染物总量控制规划，也可充分利用土壤环境的容纳能力。

4. 土壤自净作用

土壤环境的自净作用（Soil self-purification）是指在自然因素作用下，通过土壤自身的作用，使污染物在土壤环境中的数量、浓度或毒性、活性降低的过程。按照不同的作用机理可将土壤自净作用划分为物理净化作用、物理化学净化作用、化学净化作用和生物净化作用等四个方面。

（1）物理净化作用（Physical purification）　土壤是一个多相疏松的多孔体系，因而引入土壤中的难溶性固体污染物可被土壤机械阻留；可溶性污染物可被土壤水分稀释而减少毒性，还可被土壤固相表面吸附，还可随水迁移至地表水或地下水，特别是那些成负吸附的污染物（如硝酸盐和亚硝酸盐）及呈中性分子态和阴离子态存在的农药等，极易随水迁移。另外，某些挥发性污染物可通过土壤空隙迁移、扩散到大气中。以上过程均属于物理过程，相对于该地区则统称为物理净化作用。但物理净化只能使污染物在土壤环境中浓度降低或转至其他环境介质，而不能彻底消除这些污染物。

（2）物理化学净化作用（Physico-chemical purification）　物理化学净化作用指污染物的阴、阳离子与土壤胶体表面原来吸附的阴、阳离子通过离子交换吸附而浓度降低的作用。这种净化能力的大小取决于土壤阴、阳离子交换量。增加土壤中胶体含量，特别是有机胶体含量，可提高土壤的这种净化能力。物理化学净化也没有从根本上消除污染物，因为，经交换吸附到土壤胶体上的污染物离子，还可被其他相对交换能力更大或浓度较大的其他离子替换下来，而重新进入土壤溶液恢复其原有的毒性。因此，物理化学净化实质是污染物在土壤环境中的积累过程，具有潜在性和不稳定性。

（3）化学净化作用（Chemical purification）　污染物进入土壤环境后可能发生诸如凝聚、沉淀、氧化-还原、络合-螯合、酸碱中和、同晶置换、水解、分解-化合等一系列化学反应，或经太阳能、紫外线辐射引起光化学降解反应等。通过这些化学反应，一方面，可使污染物稳定化，即转化为难溶性、难解离性物质，从而使其毒性和危害程度降低；另一方面，可使污染物降解为无毒物质。土壤环境的化学净化作用机理十分复杂，不同的污染物在不同的环境中有不同的反应过程。

（4）生物净化作用（Biological purification）　土壤是微生物生存的重要场所，这些微生物（细菌、真菌、放线菌等）以分解有机质为生，对有机污染物的净化起着重要的作用。土壤中的微生物种类繁多，各种有机污染物在不同的条件下存在多种分解形式。主要有氧化-还原、水解、脱羧、脱卤、芳环异构化、环裂解等过程，并最终将污染物转化为对生物无毒性的残留物和二氧化碳。一些无机污染物也可在土壤微生物参与下发生一系列化学反应，而失去毒性。

土壤动植物也有吸收、降解某些污染物的功能。如蚯蚓可吞食土壤中的病原体，还可富集重金属。土壤植物根系和土壤动物活动有利于构建适于土壤微生物生活的土壤微生态系，对污染物的净化起到了良好的间接作用。

以上四种自净作用过程是相互交错的，其强度共同构成了土壤环境容量基础。尽管土壤环境具有多种自净功能，但净化能力是有限的。人类还要通过多种措施来提高其净化能力。

5. 土壤环境的缓冲性能

近年来国内外学者从环境化学的角度出发，提出了土壤环境对污染物的缓冲性研究。将过去土壤对酸碱反应的缓冲性延伸为土壤对污染物的缓冲性（Buffering effect of soil）。初步将其定义为：土壤因水分、温度、时间等外界因素变化抵御污染物浓（活）度变化的性质。

其数学表达式为

$$\delta = \Delta X / (\Delta T, \Delta t, \Delta w) \tag{2-1}$$

式中，δ 为土壤缓冲性；ΔX 为某污染物浓（活）度变化；ΔT，Δt，Δw 为温度、时间和水分变化。

土壤污染物缓冲性主要是通过土壤吸附-解吸，沉淀-溶解等过程实现的。其影响因素包括土壤质量、黏粒矿物、铁铝氧化物、$CaCO_3$、有机质、土壤 pH 值和 Eh、土壤水分和温度等。

6. 土壤功能

1）营养库的作用：土壤是陆地生物所必需的营养物质的重要来源。

2）生物支撑作用：包括对绿色植物的机械支撑，同时在土壤中还拥有种类繁多、数量巨大的生物类群，支持地下生物在这里生活和繁育。

3）雨水涵养作用：对水体和溶质流动起调节作用。

4）养分转化和循环作用，实现营养元素和生物之间的循环和周转，保持生物生命周期的生息和繁衍。

5）稳定和缓冲环境变化作用：包括对外界环境温度、湿度、酸碱性、氧化还原性变化的缓冲能力，对有机、无机污染物的过滤、缓冲、降解、固定和解毒作用。

6）保持生物活性、多样性和生产性。

2.2　土壤污染

2.2.1　土壤污染定义

土壤污染（Soil pollution）是指人类活动产生的污染物质通过各种途径输入土壤，其数量和速度超过了土壤净化作用的速度，破坏了自然动态平衡，使污染物质的积累逐渐占据优势，导致土壤正常功能失调，土壤质量下降，从而影响土壤动物、植物、微生物的生长发育及农副产品的产量和质量的现象。

从上述定义可以看出，土壤污染不但要看含量的增加，还要看后果，即进入土壤的污染物是否对生态系统平衡构成危害。因此，判定土壤污染时，不仅要考虑土壤背景值，更要考虑土壤生态的变异，包括土壤微生物区系（种类、数量、活性）的变化、土壤酶活性的变化、土壤动植物体内有害物质含量、生物反应和对人体健康的影响等。

有时土壤污染物超过土壤背景值，却未对土壤生态功能造成明显影响；有时土壤污染物虽未超过土壤背景值，但由于某些动植物的富集作用，却对生态系统构成明显影响。因此，判断土壤污染的指标应包括两方面，一是土壤自净能力，二是动植物直接或间接吸收污染物而受害的情况（以临界浓度表示）。

2.2.2　土壤污染物

通过各种途径进入土壤环境的污染物（Pollutants）种类繁多，并可通过迁移转化，污染大气和水体环境，可通过食物链最终影响人类健康。从污染物的属性考虑，一般可分为有机污染物、无机污染物、生物污染物和放射性污染物四大类。

（1）有机污染物（Organic pollutants）　主要有合成的有机农药、酚类化合物、腈、石油、稠环芳烃、洗涤剂及高浓度的可生化性有机物等。有机污染物进入土壤后可危及农作物生长和土壤生物生存。如稻田因施用含二苯醚的污泥曾造成稻田的大面积死亡和泥鳅、鳝鱼的绝迹。农药在农业生产中起到良好的效果，但其残留物却在土壤中积累，污染了土壤和食物链。近年来农用塑料地膜得到广泛应用，由于管理不善，部分被遗弃田间成为一种新的有机污染物。

（2）无机污染物（Inorganic pollutants）　土壤中无机物有的是随地壳变迁、火山爆发、岩石风化等天然过程进入土壤，有的则是随人类生产和生活活动进入土壤。如采矿、冶炼、机械制造、建筑、化工等行业每天都排放出大量的无机污染物质，生活垃圾也是土壤无机污染物的一项重要来源。这些污染物包括重金属、有害元素的氧化物、酸、碱和盐类等。其中尤以重金属污染最具潜在威胁，一旦污染，就难以彻底消除，并且有许多重金属易被植物吸收，通过食物链，危及人类健康。

（3）生物污染物（Biological pollutants）　一些有害的生物，如各类病原菌、寄生虫卵等从外界环境进入土壤后，大量繁殖，从而破坏原有的土壤生态平衡，并可对人畜健康造成不良影响。这类污染物主要来源于未经处理的粪便、垃圾、城市生活污水、饲养场和屠宰场的废弃物等。其中传染病医院未经消毒处理的污水和污物危害最大。土壤生物污染不仅危害人畜健康，还能危害植物，造成农业减产。

（4）放射性污染物（Radioactive pollutants）　土壤放射性污染是指各种放射性核素通过各种途径进入土壤，使土壤的放射性水平高于本底值。这类污染物来源于大气沉降、污灌、固废的埋藏处置、施肥及核工业等方面。污染程度一般较轻，但污染范围广泛。放射性衰变产生的 α、β、γ 射线能穿透动植物组织，损害细胞，造成外照射损伤或通过呼吸和吸收进入动植物体，造成内照射损伤。土壤环境主要污染物质见表2-1。

表 2-1　土壤环境主要污染物质

污染物种类		主要污染物
无机污染物	重金属	
	汞（Hg）	制烧碱、汞化物生产等工业废水和污泥、含汞农药、汞蒸气
	镉（Cd）	冶炼、电镀、染料等工业废水、污泥和废气，肥料杂质
	铜（Cu）	冶炼、铜制品生产等废水、废渣和污泥，含铜农药
	锌（Zn）	冶炼、镀锌、纺织等工业废水和污泥、废渣、含锌农药、磷肥
	铅（Pd）	颜料、冶金工业废水，汽油防爆燃烧排气，农药
	铬（Cr）	冶炼、电镀、制革、印染等工业废水和污泥
	镍（Ni）	冶炼、电镀、炼油、染料等工业废水和污泥
	砷（As）	硫酸、化肥、农药、医药、玻璃等工业废水、废气，农药
	硒（Se）	电子、电器、油漆、墨水等工业的排放物

（续）

污染物种类			主要污染物
无机污染物	放射性元素	铯（^{137}Cs）	原子能、核动力、同位素生产等工业废水、废渣、核爆炸
		锶（^{90}Sr）	原子能、核动力、同位素生产等工业废水、废渣、核爆炸
	其他	氟（F）	冶炼、氟硅酸钠、磷酸和磷肥等工业废水、废气、肥料
		盐、碱	纸浆、纤维、化学等工业废水
		酸	硫酸、石油化工、酸洗、电镀等工业废水、大气酸沉降
有机污染物	有机农药		农药生产和使用
	酚		炼焦、炼油、合成苯酚、橡胶、化肥、农药等工业废水
	氰化物		电镀、冶金、印染等工业废水、废气
	苯并[a]芘		石油、炼焦等工业废水、废气
	石油		石油开采、炼油、输油管道漏油
	有机洗涤剂		城市污水、机械工业污水
	有害微生物		厩肥、城市污水、污泥、垃圾

2.2.3　土壤污染源

土壤是一个开放的体系，土壤与其他环境要素间不断地进行着物质与能量的交换，因而导致污染物质来源十分广泛，既有天然污染源，也有人为污染源。天然污染源是指自然界的自然活动（如火山爆发向环境排放的有害物质）。人为污染源是指人类排放污染物的活动。后者是土壤环境污染研究的主要对象。根据污染物进入土壤的途径可将土壤污染源分为污水灌溉、固体废物的土地利用、农药和化肥等农用化学品的施用及大气沉降等方面。

（1）污水灌溉（Sewage irrigation）　污水灌溉是指利用城市生活污水和某些工业废水或生活和生产排放的混合污水进行农田灌溉。由于污水中含有大量作物生长需要的 N、P 等营养物质，使得污水可以变废为宝，因而污水灌溉曾一度推广。然而在污水中营养物质被再利用的同时，污水中的有毒有害物质却在土壤中不断积累导致了土壤污染。如沈阳的张氏灌区在 20 多年的污水灌溉中产生了良好的农业经济效益，但却造成了超过 2500hm^2 的土地受到镉污染，其中超过 330hm^2 的土壤镉含量高达 5~7mg/kg，稻米含镉 0.4~1.0mg/kg，有的高达 3.4mg/kg。又如京津塘地区污水灌溉导致北京东郊 60% 土壤遭受污染。污染的糙米样品数占监测样品数的 36%。

（2）固体废物的土地利用（Land utilization of solid waste）　固体废物包括工业废渣、污泥、城市生活垃圾等。由于污泥中含有一定养分，因而常被用作肥料施于农田。污泥成分复杂，与灌溉相同，施用不当势必造成土壤污染，一些城市历来都把垃圾运往农村，这些垃圾通过土壤填埋或施用农田得以处置，但对土壤造成了污染与破坏。

（3）农药和化肥等农用化学品的施用（Use of agricultural chemicals such as pesticides and fertilizers）　施用在作物上的杀虫剂大约有一半左右流入土壤。进入土壤中的农药虽然可通过生物降解、光解和化学降解等途径得以部分降解，但对于有机氯等这样的长效农药来说降解过程却十分缓慢。

化肥的不合理施用可促使土壤养分平衡失调，如硝酸盐污染。有毒的磷肥，如三氯乙醛磷肥，是由含三氯乙醛的废硫酸生产而成的，施用后三氯乙醛可转化为三氯乙酸，两者均可毒害植物。磷肥中的重金属，特别是镉，也是不容忽视的问题。世界各地磷矿含镉一般在 $1 \sim 110 \, \text{mg/kg}$，甚至有个别矿高达 $980 \, \text{mg/kg}$。据估计，我国每年随磷肥进入土壤的总镉含量约为 37t，因而应认为含镉磷肥是一种潜在的污染源。

（4）大气沉降（Atmospheric sedimentation） 在金属加工过程集中地和交通繁忙的地区，往往伴随有金属尘埃进入大气（如含铅污染物）。这些飘尘自身降落或随雨水接触植物体或进入土壤后被动植物吸收。通常在大气污染严重的地区会有明显的由沉降引起的土壤污染。酸沉降也是一种土壤污染源。我国长江以南的大部分地区属于酸性土壤，在酸雨作用下，土壤进一步酸化、养分淋溶、结构破坏、肥力下降、作物受损，从而破坏了土壤的生产力。其他重金属、非金属和放射性有害散落物也可随大气沉降造成土壤污染。

2.2.4 土壤环境污染的危害

1. 重金属污染及其特点

重金属是相对密度等于或大于 5.0 的金属，如 Fe、Mn、Cr、Pb、Cu、Zn、Cd、Hg、Ni、Co 等，As 是一种准金属，但由于其化学行为与重金属多有相似之处，故往往也将其归为重金属。由于土壤中 Fe、Mn 含量较高，一般认为它们不是土壤的污染元素，而 Cd、Hg、Cr、Pb、Ni、Zn、Cu 等对土壤的污染则应特别关注。目前工业锰渣的污染也很严重。

重金属元素可通过重金属的采掘、冶炼、矿物燃烧、污水灌溉、农药、化肥及人工饲料等农用化学品的使用而进入农田土壤。它们与其他一类污染物（无机离子或有机污染物）不同，在土壤中一般不易迁移，也不能被生物降解，相反却可能在土壤或生物体内富集，有些重金属还能在土壤中转化为毒性更大的甲基化合物（如无机汞在厌氧微生物作用下转化为甲基汞）。一旦重金属进入土壤，便会通过吸附、沉淀、络合、氧化-还原、酸-碱反应等过程产生价态与形态的变化，不同价态和形态的重金属的活性、迁移性和生物毒性均不同。重金属进入环境的初期，不易表现出毒害效应，当积累到一定程度后毒害效应就表现出来，且难以整治与恢复。如 20 世纪 50 年代日本的水俣（汞中毒）事件和 60 年代的富山县痛痛病（镉中毒）事件，至今仍无经济有效的方法彻底清除。

2. 重金属的土壤化学与生物化学行为

重金属在土壤环境中的迁移、转化决定了其在土壤中的存在形态、累积状况、污染程度和毒性效应。重金属在土壤中的迁移、转化形式十分复杂，往往是多种形式错综复杂地混合在一起，概括起来有物理迁移、物理化学与化学迁移和生物固定与活化等。

（1）物理迁移（Physical migration） 物理迁移指重金属的机械搬运。土壤溶液中的重金属离子或络合物随径流作用向侧向和地下运动，从而导致重金属元素水平与垂直分布特征；水土流失和风蚀作用引起的重金属随土壤颗粒发生机械搬运；有的随土壤空气发生运动，如汞蒸气；有的因其相对密度大而发生沉淀或积蓄于其他有机和无机物沉积之中。

（2）物理化学与化学迁移（Physico-chemical migration） 物理化学与化学迁移指重金属在土壤中通过吸附、解吸、沉淀、溶解、氧化、还原、络合、螯合和水解等一系列物理化学与化学过程而发生的迁移、转化，这是重金属在土壤中的主要运动形式。

1）被无机胶体吸附固定。

① 交换吸附（Exchange adsorption）。这种作用主要是电荷符号不同引起的静电吸附作

用。土壤胶体表面一般带有负电荷，因此在其表面吸附了很多阳离子，如 H^+、Al^{3+}、Ca^{2+}、Mg^{2+}等，这些阳离子易被竞争性大的重金属离子替换出来。如二价重金属 Cd^{2+}、Pb^{2+}、Cu^{2+}、Zn^{2+}等吸附竞争性均大于土壤中通常存在的 Ca^{2+}、Mg^{2+}、NH_4^+等离子，因此可以发生交换吸附，方式可由下式表示：

$$黏粒—Ca^{2+} + M^{2+} = 黏粒—M^{2+} + Ca^{2+} \qquad (2-2)$$

在酸性土壤中由于对吸附位较强的阳离子（H^+、Fe^{3+}、Fe^{2+}、Al^{3+}等）浓度高，使外源性重金属阳离子趋于游离，而使之活性增强。此外，带正电荷的水合氧化铁胶体离子可以吸附 PO_4^{3-}、VO_4^{3-}、AsO_4^{3-}等。

② 专性吸附（Specific adsorption）。重金属离子可以被水合氧化物牢固吸附，因为这些离子能进入氧化物的金属原子配位壳中，发生内海姆荷兹层的键合，与—OH 配位基重新配位，通过共价键或配位键结合在胶体颗粒表面，这种结合称为专性吸附。被专性吸附的重金属离子是不可交换态的，即不能被 NaOH 或 $CaAc_2$ 等盐置换，只能被亲和力更强和性质更相似的元素解吸，或在较低 pH 值下水解。因此，专性吸附能减少重金属的生物有效性。在重金属浓度很低时，专性吸附的量所占比例较大。

③ 与无机络合剂（Inorganic complexing agent）作用。土壤中还存在许多无机配位体，如 Cl^-、SO_4^{2-}、NH_4^+、CO_3^{2-} 等，能与部分重金属发生络合反应。对带负电荷的吸附表面，络合作用降低了吸附表面对重金属的吸附强度，甚至可以产生负吸附，使重金属的吸附量下降。但对带正电的吸附表面（如铁铝氧化物），络合作用会降低重金属离子的正电性而增加吸附。

2）与有机胶体吸附固定（Organic colloid adsorption fixed）。有机胶体可与重金属发生离子吸附、络合或螯合作用。胶态有机质对金属离子有较强的亲和势，所以对重金属的保持能力往往与有机质含量有良好的相关性。从吸附作用看，有机胶体对重金属的吸附能力最强，每千克土可达 15～70mg（当量），平均为 30～40mg（当量）。有机胶体对重金属的吸附顺序是：$Pb^{2+}>Cu^{2+}>Cd^{2+}>Zn^{2+}>Hg^{2+}$。

有机胶体主要是指相对分子负量不同的有机酸、氨基酸和腐殖质物质等，这些物质含有许多能与重金属发生络合或螯合的官能团，如羧基、醇羟基、烯醇羟基及不同类型的羰基结构。一般来说，在重金属浓度低或污染初期，主要以与有机质络合和螯合作用为主，而在重金属浓度进一步加大或污染时间进一步延长时，交换吸附开始占主导地位。络合物的稳定性随 pH 值的增加而增加，这是由于增加了官能团的电离作用引起的。Cu 在一个很广的 pH 值范围内都能形成非常稳定的化合物，其他一些重金属的络合物稳定性顺序为：$Fe^{2+}>Pb^{2+}>Ni^{2+}>Co^{2+}>Mn^{2+}>Zn^{2+}$。并不是所有有机质与重金属的络合或螯合作用都能增加重金属的稳定性，大量的研究表明，土壤有机质腐解产生的小分子有机酸或有机络合剂，可与重金属形成可溶性物质，增强其迁移性和活性。如与富里酸络合或螯合的重金属迁移能力和活性将增强，而与胡敏酸络合或螯合的重金属迁移性和活性将下降。

3）沉淀-沉积（Precipitation-deposition）。重金属进入土壤后能与土壤中多种化学成分发生溶解和沉淀作用，与重金属发生沉淀作用的阴离子主要有 OH^-、CO_3^{2-}、S^{2-} 等。这种作用是土壤环境中重金属化学迁移转化的重要形式，控制着土壤中重金属的迁移转化，而这种过程受土壤 pH 值、CO_2 分压、Eh 和络合离子的制约。当 pH<6 时迁移能力强的主要是土壤中以中性离子存在的重金属；当 pH>6 时迁移能力强的主要是土壤中以阴离子形态存在的重金属。当 pH = 5~8 时，多数重金属元素溶解度较高；酸性土壤 pH 值可能低于 4，碱性土壤 pH 值可能高达 11，此时多数重金属元素形成了难溶的氢氧化物。从 Eh 的影响来看，有的重金属（如 Cd、Zn、Cu 等）随 Eh 的降低，其随水迁移性和对作物造成的危害可能随之减少，有的（如 As 等）则具有相反的趋势。这与与其发生化学反应的土壤阴离子有关，以土壤中的 S 为例，当 Eh 较低时，其形态以 S^{2-} 为主，可与重金属发生反应生成硫化物沉淀；而当 Eh 升高时，则其形态以 SO_4^{2-} 为主，重金属元素多以溶解度较大的硫酸盐形式存在。

土壤中存在着各种各样的带有配位基的物质，如羟基、氯离子和腐殖酸物质等，各配位基的性质和浓度及金属离子与络合离子的亲和力决定了络合形式，进而决定了金属化合物的溶解度。如 Cl 可与重金属络合成 MCl^+、MCl_2^0、MCl_3^-、MCl_4^{2-}，Cl 浓度决定了以其中哪种络合态存在，且其与重金属的络合顺序为：$Hg^{2+} > Cd^{2+} > Zn^{2+} > Pb^{2+}$，氯离子与重金属形成络离子可大大提高重金属的溶解度，进而使其活性增大，迁移能力提高。

（3）生物固定与活化　生物体可从土壤中吸收重金属，并在体内积累（Accumulation）起来。植物可以通过根系从土壤中吸收有效态重金属，有效态主要指可溶态和可交换态重金属，难溶态一般不易被植物吸收利用。土壤微生物和土壤动物也可以吸收并富集某些重金属。某些陆生动物啃食重金属含量较高的表土也是重金属发生生物迁移的一种途径。土壤 pH 值、Eh 和并存的各种络合离子及其他金属离子对生物吸收重金属有很大影响。如 pH 值越高，植物吸收重金属数量减少；旱地 Eh 高于水田，所以其重金属活性较水田高；Zn 的存在可以促进水稻对 Cd 的吸收，而 Fe 的存在可以抑制水稻对 Mo 的吸收。生物对重金属的迁移作用，一方面可以使重金属进入食物链危害生物乃至人体健康；另一方面人们可有效利用这种作用使土壤污染得以缓解。

3. 化学农药污染危害

农药（Pesticide）是土壤环境中毒性最大、影响面最广、与人类生活关系最为密切的面源"污染物"。自从卡尔逊（Carlson）《寂静的春天》于 1962 年出版以后，人们开始普遍关注农药引起的环境公害，农药环境污染已成为农业可持续发展要解决的重要问题之一。

农药对环境的污染是多方面的，而且危害后果严重。农药对大气、水体和土壤的污染，可导致综合环境质量下降，特别是对地下水的污染问题引起了人们广泛的重视；农药污染对生态效应的影响十分深远，在有效去除病、虫、草等对农作物的危害时，还可能对农作物本身及土壤动物、土壤微生物、昆虫、鸟类甚至鱼类带来潜在的危害，影响生物多样性，使生态系统功能下降；农药还将通过食物链给人体健康带来损害，特别是"三致"效应和对人体生殖性能的影响，如导致男子不孕症，使人类健康和生存繁衍面临着挑战与威胁，如图 2-3 所示。

土壤是农药的集散地，施入农田的农药大部分残留于土壤环境介质。一般来说，使用的农药有 80%~90% 的量最终进入土壤环境。农药的使用虽抑制了病虫草害，却导致了 90% 以上的蚯蚓死亡，进而破坏了土壤生态系统的功能，严重威胁着土壤环境安全。我国农业商品基地粮食和蔬菜的农药污染非常严重，对 117 个基地县调查发现，农药污染的粮食达 8.18 亿 kg，占总量的 1.12%，名特优农副产品有机磷检出率达 100%，六六六检出率为 95.1%。

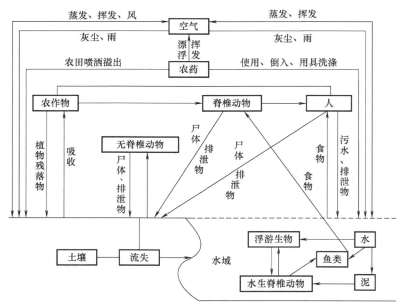

图 2-3 农药对环境的危害

4. 化学农药迁移转化

农药对土壤环境的污染与农药自身理化性质、使用历史及施药地区自然环境条件（如土壤质地和有机质含量、环境中微生物种类与数量、光照、降水等）密切相关，这些因素决定了其在土壤中的残留（Residual）、迁移（Migration）和转化（Transformation）。

进入土壤环境中的农药，将发生被土壤胶粒及有机质吸附、随水分向四周运动（地表径流）或向深层土壤移动（淋溶）、向大气中挥发扩散、被动植物吸收、被土壤微生物降解等一系列物理、化学和生物化学过程。

（1）向大气与水体的迁移

1）大量资料证明，不仅非常易挥发的农药，而且不易挥发的农药都能从土壤及植物表面进入大气环境。农药在土壤中挥发作用的大小主要决定于农药本身的溶解度和蒸气压，还与土壤温度、湿度、质地和结构等因素有关。如有机磷和氨基甲酸酯类农药的蒸气压高于DDT、获氏剂和林丹的蒸气压，所以前者的挥发作用高于后者。

2）农药能以水为介质进行迁移，其主要方式有两种：一是直接溶于水中，如甲胺磷、乙草胺；二是被吸附于土壤固体细粒表面随水分移动而进行机械迁移，如难溶性农药DDT。一般说来，农药在吸附性能小的砂性土壤中容易迁移，而在黏粒含量高或有机质含量多的土壤中则不易迁移，大多积累在土壤表层30cm土层内，通过土壤侵蚀经降水、灌溉和农耕等随地表径流进入水体。

（2）吸附。进入土壤中的化学农药可以经过物理吸附（Physical absorption）、化学吸附（Chemical adsorption）、氢键结合（Hydrogen bonding）及配位键结合（Coordination bond）等方式吸附在土壤颗粒表面。农药被土壤吸附后，其移动性和生理毒性均会随之下降，所以土壤对农药的吸附在某种程度上说就是对农药的脱毒与净化，但这种作用是不稳定的，也是暂时的，只是在一定条件下的缓冲作用，实际上是农药在土壤中的积累作用。

进入土壤中的农药一般被解离为有机阳离子，为带负电荷的有机胶体所吸附。其吸附容量往往与土壤胶体的阳离子吸附容量有关。研究表明，土壤胶体对农药吸附能力的顺序是：有机胶体>蛭石>蒙脱石>伊利石>高岭石。土壤胶体的阳离子组成对农药的吸附交换也有影响。如钠饱和的蛭石对农药的吸附能力比钙饱和的要大，K^+可将吸附在蛭石上的杀草快代换出98%，而对吸附在蒙脱石上的杀草快仅能代换出44%。

除土壤胶体的种类和数量以及胶体的阳离子组成外，土壤对化学农药的吸附作用还取决于农药本身的化学性质。在各种农药分子结构中，带—OH、—$CONH_2$、—NHNOR、—NHR、—OCOR功能团的农药，都能增强其被土壤吸附的能力，特别是带—NH_2的农药被土壤吸附能力更为强烈，并且同类农药中相对分子质量越大，吸附能力越强。在溶液中溶解度小的农药，土壤对其吸附能力则越大。

土壤pH值能够影响农药离解为有机阳离子或有机阴离子，从而决定其被带负电或带正电的土壤胶体所吸附。

（3）光化学降解 土壤表面接受太阳辐射的活化和紫外线的能量引起的农药完全分解或部分降解。农药吸收光能后产生光化学反应（Photochemical reaction），使农药分子发生光解（Photolysis）、光氧化（Photooxidation）、光水解（Light induced hydrolysis）和异构（Isomerization）等，使农药分子结构中的碳碳键和碳氢键发生断裂，从而引起农药分子结构的转变。如有机磷杀虫剂对硫磷能光解为对氧磷、对硝基酚和乙基对硫磷等。值得注意的是，光解产物的毒性可能比原化合物毒性大，如对氧磷毒性大于对硫磷。不过，这些光解产物在环境中仍在不断分解，最终转化为低毒或无毒成分。由于紫外光难于穿透土壤，所以光化学降解解毒主要对土壤表面与土壤结合的农药起作用，而对土表以下的农药作用很小。

（4）化学降解（Chemical degradation） 化学降解主要是指与微生物无关的水解和氧化作用。许多有机磷农药进入土壤后，便可发生水解，如马拉硫磷和丁烯磷便可发生碱水解，二嗪磷则可发生酸水解，且有机磷农药的加碱水解过程能导致其脱毒。水解的强度随土壤温度升高、土壤水分加大而加强。许多含硫和含氯农药在土壤中可以氧化，如对硫磷可以被氧化为对氧磷，艾氏剂可以被氧化为狄氏剂等。

（5）生物转化与降解 生物的生命活动可将农药分解为小分子化合物或转化为毒性较低化合物，包括微生物、植物和动物降解。其中微生物降解是最重要的途径，目前所说的生物降解主要是指微生物降解（Microbial degradation）。微生物具有氧化-还原作用、脱羧作用（Decarboxylation）、脱氨作用（Deamination）、水解作用（Hydrolysis）和脱水作用（Dehydration）等各种化学作用能力，且对能量利用比高等生物体更有效；同时，微生物具有种类多、分布广、个体小、繁殖快、比表面积大和高度繁殖与变异性等特点，使其能以最快的速度适应环境的变化。当环境中存在新的化合物时，有的微生物就能逐步通过各种调节机制来适应变化了的环境，它们或通过自然突变形成新的突变种，或通过基因调控产生诱导酶以适应新的环境条件。产生新酶体系的微生物就具备了新的代谢功能，从而能降解或转化那些原来不能被生物降解的污染物。

微生物能以多种方式代谢农药（表2-2）。凡影响土壤微生物正常活动的因素（如温度、水分、有机质含量、Eh和pH值等）及农药本身性质都将影响微生物对农药的代谢。因此，就一种微生物和一种农药而言，不同的环境条件可能会有不同的降解解毒方式。

表 2-2　微生物代谢农药的方式

A. 酶促反应	1. 不以农药为能源的代谢 （a）通过广谱酶（水解酶、氧化酶等）进行作用 （i）农药作为底物 （ii）农药作为电子受体或供体 （b）共代谢 2. 分解代谢：以农药为能源的代谢，多发生在农药浓度较高且农药的化学结构适合于微生物降解及作为微生物的碳源被利用 3. 解毒代谢：微生物抵御外界不良环境的一种抗性机制
B. 非酶方式	1. 以两种方式促进光化学反应的进行 （i）微生物的代谢物作为光敏物吸收光能并传递给农药分子 （ii）微生物的代谢物作为电子的受体或供体 2. 通过改变 pH 而发生作用 3. 通过产生辅助因子促进其他反应进行

微生物降解农药的途径主要有脱卤作用（Dehalogenation）、氧化还原作用、脱烷基作用（Dealkylation）、水解作用和环裂解作用（Ring pyrolysis）等。如 DDT 经脱氯作用和脱氢作用转化为 DDD 和 DDE，并可进一步氧化为 DDA；带硝基的农药可被还原为氨基衍生物；氨基甲酸酯类、有机磷类和苯酰胺类农药可经过酯酶、酰胺酶和磷酸酶发生水解；苯酚则可经过细菌和真菌的作用发生环裂解而转化为脂肪酸。总之，农药的生物降解是农药从土壤环境中去除的最为重要的途径。

此外，农药可通过与土壤中的原生动物、节肢动物、环节动物、软体动物等及各种植物的相互接触而被其中一些生物吸收利用，从而降解转化为毒性较低的物质或完全从土壤环境中消失。但大量的研究表明，动植物参与农药的降解多是通过与土壤微生物发生协同作用来进行的。如植物根系和土壤动物体分泌的胞外酶，可促进农药的微生物降解；蚯蚓可吞食土壤中的微生物和农药，蚯蚓的消化系统可分泌大量的消化酶，从而促进消化道内的微生物降解农药。

（6）在土壤中的残留　进入土壤中的农药，由于性质不同，其降解速度与难易程度不同，这直接制约了农药在土壤中的残留时间。农药在土壤中的残留时间常用半减（衰）期（Half life）和残留量（Residues）来表示。所谓半减期是指施入土壤中的农药因降解等原因使其浓度减少一半所需要的时间；而残留量是指土壤中农药因降解等原因含量减少而残留在土壤中的数量，单位是 mg/kg，残留量 R 可用下式表示：

$$R = c_0 e^{-kt} \tag{2-3}$$

式中，c_0 为农药在土壤中初始含量；t 为农药在土壤中的衰减时间；k 为常数。

实际上，由于影响农药在土壤中残留的因素很多，故农药在土壤中含量变化实际上不像上式那么简单。一般而言，农药在土壤中降解越慢，残留期越长，越易导致对土壤环境的污染。表 2-3 列出不同类型农药品种在土壤中的大致残留时间。

表 2-3　不同类型农药品种在土壤中的大致残留时间

农药品种	大致半减期/年	农药品种	大致半减期/年
铅、砷、铜、汞	10～30	三嗪类除草剂	1～2
有机氯杀虫剂	2～4	苯氧羧酸类除草剂	0.2～2

（续）

农药品种	大致半减期/年	农药品种	大致半减期/年
有机磷杀虫剂	0.02～0.2	脲类除草剂	0.2～0.8
氨基甲酸酯	0.02～0.1	氯化除草剂	0.1～0.4

残留农药可通过食物链由低营养级向高营养级转移，同时可能发生生物浓缩作用。日本曾对 216 种食品进行调查，发现有 84 种食品含有 DDT 残留，37 种有六六六残留，45 种有荻氏剂残留。我国 1988—1989 年曾对河南省污染现状进行调查，发现尽管六六六已停止使用，但其在肉、蛋、奶和植物中的检出率仍为 100%，超标率为 12.5%～30%。目前，有机磷杀虫剂的残留污染日益严重，特别是在蔬菜与水果中残留较为突出。

2.2.5 土壤污染预防

（1）控制和消除土壤污染源 采取措施控制进入土壤中的污染物的数量和进入速度，同时利用和强化土壤本身的净化能力来达到消除污染物的目的。

1）控制和消除工业"三废"的排放。大力推广循环工业、实现无毒工艺、倡导清洁生产和生态工业的发展；对可利用的工业"三废"进行回收利用，实现化害为利；对于不可利用又必须排放的工业"三废"，则要进行净化处理，实现污染物达标排放。

2）合理施用化肥和农药等农用化学品。禁止和限制使用剧毒、高残留农药，大力发展高效、低毒、低残留农药。根据农药特性合理施用，指定使用农药的安全间隔期。发展生物防治措施，实现综合防治，既要防止病虫害对农作物的威胁，又要做到高效经济地把农药对环境和人体健康的影响限制在最低程度。合理使用化肥，严格控制本身含有有毒物质的化肥品种的适用范围和数量。合理经济地施用硝酸盐和磷酸盐肥料，以避免使用过多造成土壤污染。

3）加强土壤污灌区的监测和管理。对于污水灌溉和污泥施肥的地区则要经常检测污水和污泥及土壤中污染物质成分、含量和动态变化情况，严格控制污水灌溉和污泥施肥施用量，避免盲目地污灌和滥用污泥，以免引起土壤的污染。

（2）增强土壤环境容量和提高土壤净化能力 通过增加土壤有机质含量，利用砂掺黏来改良砂性土壤，以增加土壤胶体的种类和数量，从而增加土壤对有毒有害物质的吸附能力和吸附量，来减小污染物在土壤中的活性。另外，通过分离和培育新的微生物品种，改善微生物的土壤环境条件，以增加微生物的降解作用，提高土壤的净化功能。

2.3 污染土壤环境修复

1. 污染土壤修复概述

污染土壤修复技术（Remediation technology of contaminated soil）是指通过物理、化学、生物和生态学等的方法和原理，并采用人工调控措施，使土壤污染物浓（活）度降低，实现污染物无害化和稳定化，以达到人们期望的解毒效果的技术和措施。对污染土壤实施修复，可阻断污染物进入食物链，防止对人体健康造成危害，对促进土地资源的保护和可持续发展具有重要意义。

2. 污染土壤修复技术

污染土壤修复分类与技术体系可概括见表2-4。一般来说，按照修复场地可以将污染土壤修复分为原位修复和异位修复。按照技术类别可以将污染土壤修复方法分为物理修复、化学修复、生物修复、生态工程修复和联合修复几大类。

表 2-4　污染土壤修复分类与技术体系

分类		技术方法
按修复场地	原位修复	蒸气浸提、生物通风、原位化学淋洗、热力学修复、化学还原处理墙、固化/稳定化、电动力学修复、原位微生物修复等
	异位修复	蒸气浸提、泥浆反应器、土壤耕作法、土壤堆腐、焚烧法、预制床、化学淋洗等
按技术类别	物理修复	物理分离、蒸气浸提、玻璃化、热力学、固化/稳定化、冰冻、电动力学等技术
	化学修复	化学淋洗、溶剂浸提、化学氧化、化学还原、土壤性能改良等技术
	生物修复	微生物修复：生物通风、泥浆反应器、预制床等 植物修复：植物提取、植物挥发、植物固化等技术
	生态工程修复	生态覆盖系统、垂直控制系统和水平控制系统等技术
	联合修复	物理化学-生物联合修复：淋洗-生物反应器联合修复等、植物-微生物联合修复、菌根-菌剂联合修复等

原位修复是对土壤污染物的就地处置，使之得以降解和减毒，不需要建设昂贵的地面环境工程基础设施和运输，操作维护比较简单，特别是可以对深层次污染的土壤进行修复。

异位修复是污染土壤的异地处理，与原位修复技术相比，技术的环境风险较低，系统处理的预测性高，但其修复过程复杂，工程造价高，且不利于异地对大面积的污染土壤进行修复。近年来，原位修复技术显示出旺盛的生命力，在美国超基金支持的修复计划中，原位修复技术所占的比例呈上升趋势，从1985—1988年的28%上升到1995—1999年的51%。随着环境工程技术人员及政府对环境修复技术的信赖度不断提高，促使了修复技术在生物学、化学、物理和生态学等多领域的进一步研发和应用推广。

3. 污染土壤修复现场的调查与评价

开展污染土壤修复之前需要对修复现场进行调查与评价，包括污染物特性、现场环境、土壤生物过程、修复过程与控制的调查和评价等方面，以确定土壤修复的适应性。污染物特性的调查与评价需基本弄清污染物的性质、污染物的浓度和分布、污染物迁移时间，预测化学品注入后的土壤化学反应等情况。现场环境的调查与评价需弄清地下水的地质概况、水文概况和水力条件、氧化-还原电位等。土壤生物过程的调查与评价需弄清微生物可利用的碳源和能源、可利用的受体和氧化还原条件、现有的微生物活性和可能的毒性和营养物的有效性等。修复过程与控制的调查与评价需弄清流体的流向和流速，评价含水层导水率变化流体的流向、污染物迁移时间、养分迁移、捕获百分率和确定运行中注入或回收速率等。

通过污染土壤修复现场的调查与评价可以获得足够的数据，便于工程设计。现场调查的目的一是收集使土壤修复过程最优化的信息，二是收集控制环境条件使之维持最佳条件的信息。因此，第一阶段是收集有关修复原理的数据，第二阶段是收集有关工程设计和过程控制等数据。调查分析的目的是收集和综合评价与土壤修复过程及工程设计相关联的环境信息。

4. 污染土壤修复的可处理性研究

所谓污染土壤修复的可处理性研究，是指在实际工程建设之前，进行的小试和中试实验研究，通过可处理性研究为土壤修复工程设计提出标准、费用和运行方案等。目的是节省修复项目建设工程的投资，一个造价千万美元的土壤修复工程一般可处理性研究费用为 5~20 万美元，可以节省 100 万美元的工程建设费用。

可处理性研究的目标包括以下方面：评价整个过程的可行性；确定修复可以达到的浓度；确定处理过程的设计标准；估算处理过程的设备和运行费用；决定控制参数和最优化实施的限制条件；评价物料供应处理技术与设备；证实现场运行情况和污染物的最终归趋；评价处理过程中存在的问题；提供修复工程连续运行的最优化方法。

可处理性研究分为三个阶段，第一个阶段是修复方法的筛选；第二个阶段是修复方法的挑选；第三个阶段是修复方法调查和可行性研究计划进行（中试）。

5. 污染土壤修复技术的工作过程

污染土壤修复技术的工作流程概括如图 2-4 所示，即在现场调查、分析和评价及可处理性研究基础上实施具体的修复计划，包括净化处理和稳定化处理两方面的各项具体操作。

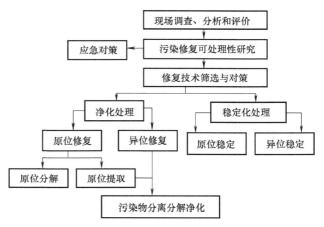

图 2-4 污染土壤修复技术的工作流程

6. 污染土壤修复的意义与技术发展

近年来，随着各类修复技术手段的研究和应用不断发展，污染土壤修复技术有向多方法联合修复方向发展的趋势。目前，已经开发出许多高效的联合修复方法，如植物-微生物结合的菌根-菌剂联合修复、物理-化学-生物联合稳定化修复技术、物理化学和生物法结合的淋洗-反应器联合修复等。

现有的各种污染土壤修复技术都有一定的适用范围限制，并或多或少地存在某些问题，其中有些甚至是难以克服的技术难点。如何解决这些技术难点，如何走出目前研究的困境和误区，如何在生态安全的前提下从技术概念进行整体意义上的创新和技术再造，是当前迫切需要解决的一大科学难题。污染土壤修复的研究及有关科学难题的解决，必将推动我国环境土壤学的发展，使土壤资源的保护和利用进入一个新的阶段。

思 考 题

1. 简述土壤的组成、形态、性质及环境质量。
2. 简述土壤污染及其危害预防。
3. 简述污染土壤修复的分类体系。
4. 简述污染土壤修复技术的工作流程。

参考文献

［1］　赵景联，史小妹. 环境科学导论［M］. 2版. 北京：机械工业出版社，2017.

［2］　赵景联. 环境修复原理与技术［M］. 北京：化学工业出版社，2006.

［3］　崔龙哲，李社峰. 污染土壤修复技术与应用［M］. 北京：化学工业出版社，2016.

［4］　周启星，宋玉芳. 污染土壤修复原理与方法［M］. 北京：科学出版社，2018.

［5］　夏立江，王宏康. 土壤污染及其防治［M］. 上海：华东理工大学出版社，2001.

［6］　环境保护部，国土资源部. 全国土壤污染状况调查公报［R］. 北京：环境保护部，国土资源部，2014.

［7］　毕润成. 土壤污染物概论［M］. 北京：科学出版社，2014.

［8］　李素英. 环境生物修复技术与案例［M］. 北京：中国电力出版社，2015.

［9］　2017年中国土壤修复行业发展现状分析及未来发展前景预测［EB/OL］. （2017-09-05）. http：// mhuanbao. bjx. com. cn/mnews/20170905/847792. shtml.

［10］　我国土壤修复行业发展现状分析［EB/OL］. （2016-06-12）. http：//www. ocn. com. cn/chanye/ 201606/csjcu12154101. shtml.

［11］　沈慧. 《土壤污染防治行动计划》解读：为土壤"刮毒疗伤"［N］. 经济日报，2016-06-02.

［12］　张乃明. 环境土壤学［M］. 北京：中国农业大学出版社，2013.

［13］　庄国泰. 土壤修复技术方法与应用：第1，2辑［M］. 北京：中国环境科学出版社，2011.

第 3 章

污染土壤的物理修复工程

3.1 物理修复概述

3.1.1 物理修复的概念

物理修复（Physical remediation）是最传统的修复方法，主要利用污染物与环境之间各种物理特性的差异，达到将污染物从环境中去除、分离的目的。物理修复具有高效、快捷、积极、修复时间较短、操作简便、对周围环境干扰少、对污染物的性质和浓度不是很敏感等特点，所以应用范围很广。近年来物理修复在污染土壤的治理方面得到了较大的发展，但相对于近年来迅速发展的生物修复技术也暴露出不少缺点，如修复效果不尽如人意、所需费用较高、耗人力物力较多、有可能引起二次污染等。

3.1.2 物理修复的技术类型

物理修复作为一大类污染土壤修复技术，根据处理对象的位置是否改变，可以分为原位物理修复（In-situ physical remediation）和异位物理修复（Ex-situ physical remediation）两种。原位物理修复更为经济有效，对污染物就地处置，使之得以降解和解毒，无需建设昂贵的地面环境工程基础设施和远程运输，操作维护简单，还可以对深层次污染的土壤进行修复。与原位物理修复技术相比，异位物理修复技术的环境风险较低，系统处理的预测性高于原位物理修复。

根据处理技术原理，物理修复主要分为基本物理分离修复、蒸气浸提修复、固化/稳定化修复、电动力学修复及热力学修复等技术，各技术的方法和所需设备见表3-1。

表 3-1　污染土壤的物理修复技术的方法和所需设备

类型		技术方法描述	所需设备
物理分离	粒径分离	分离结合污染物的一定粒径大小的颗粒物	筛子、过滤器
	密度分离	分离结合污染物的一定密度大小的颗粒物或分离不同密度的污染物和土壤颗粒	振动筛、螺旋富集器、摇床、比目床、沉淀池、离心机
	浮选分离	利用黏土、铁氧化物和含碳物质的表面特性差异分离污染物	空气浮选室（塔）
	磁分离	根据不同土壤颗粒的不同磁化系数分离污染物	磁过滤器、电磁装置
	水动力学	根据不同土壤颗粒的不同水动力学特性分离污染物	澄清池、淘选机、水力旋风分离器、机械粒度分级机

（续）

类型	技术方法描述	所需设备
蒸气浸提	应用负气压和一定程度的加热,促使污染物挥发与土壤颗粒分离	鼓风机、浸提井、真空系统、监测井、气体处理系统
固化/稳定化	防止和降低污染土壤释放有害污染物	固化剂储存和施用设备、混合器、尾渣和尾气处理设备
玻璃化修复	通过高温挥发、热解和熔化冷却来分离和固定污染土壤	电力系统、封闭系统、逸出气体冷却和处理系统、控制站、石墨电极
热力学	利用热传导和辐射加热使污染物蒸发和气化迁移	热传导或电磁加热系统、尾气收集和处理系统
热解吸	通过热交换使污染介质与污染物分离	加热系统(旋转干燥器和热螺旋),尾气收集和处理系统
电动力学	利用电极在污染土壤两端形成的低压直流电场富集和回收带不同电荷的污染物	两个电极、电源、AC/DC转换器
冰冻	通过冰冻土层容纳和屏障污染物,防止污染物扩散,用于环境无害的冰冻介质(干冰或水)冻结土壤	地下冷冻管网、冷凝厂或车间、绝缘材料和覆膜

3.2 物理分离修复

3.2.1 物理分离修复概述

物理分离修复（Physical separation remediation）技术是一项借助物理手段将污染物分离开来的技术，工艺简单，费用低。通常情况下，物理分离技术被作为初步的分选，以减少待处理被污染物的体积，优化以后的序列处理工作。一般来说，物理分离技术不能充分达到环境修复的要求。物理分离技术原理上主要是基于介质及污染物的物理特征而采用不同的操作方法：①依据粒径大小，采用过滤或微过滤的方法进行分离；②依据分布、密度大小，采用沉淀或离心分离；③依据磁性有无或大小，采用磁分离的手段；④根据表面特性，采用浮选法进行分离。物理分离修复技术的主要属性见表 3-2。

表 3-2 物理分离修复技术的主要属性

技术种类	粒径分离 （筛选）	水动力学分析 （分类）	密度分离 （重力）	泡沫浮选分离	磁分离
技术优点	设备简单,费用低廉,可持续高处理产出	设备简单,费用低廉,可持续高处理产出	设备简单,费用低廉,可持续高处理产出	尤其适合细粒级的处理	如果采用高梯度的磁场,可以恢复较宽范围的污染介质
局限性	筛子可能会被塞住,细格筛很容易损坏,干筛过程产生粉尘	当土壤中有较大比例的黏粒、粉粒和腐殖质存在时很难操作	当土壤中有较大比例的黏粒、粉粒和腐殖质存在时很难操作	颗粒必须以较低的浓度存在	处理费用比较高
所需设备	筛子,过滤器,矿石筛(湿或干)	澄清池,淘选机,水力旋风分离器	振荡床、螺旋浓缩器	空气悬浮室或塔	电磁装置,磁过滤器

物理分离修复技术有许多优点，但在具体分离过程中，其技术的有效性要考虑各种内在和外在因素的影响。例如：物理分离技术要求污染物具有较高的浓度，并且存在于具有不同物理特征的相介质中；筛分干的污染物时会产生粉尘；固体基质中的细粒径部分和废液中的污染物需要进行再处理。

3.2.2　物理分离修复过程

根据物质的颗粒特性，如粒级、形状、密度或磁性，可达到对污染物的分离，主要分离过程包括以下方面：

1）针对不同土壤颗粒粒级（如粗砂、细砂和细粒等）、粒径或形状，可通过不同大小、形状网格的筛子（如格筛、振动筛）进行分离（图3-1）。

2）依据颗粒水动力学原理，将不同密度的颗粒，通过其重力作用导致的不同沉降、沉淀速率进行分离。

3）根据颗粒表面特性的不同，采用浮选法，将其中一些颗粒吸引到目标泡沫上进行分离。

4）一些物质具有磁性，或者污染物本身具有磁感应效应，尤其是一些重金属，可采用磁分离法进行分离。

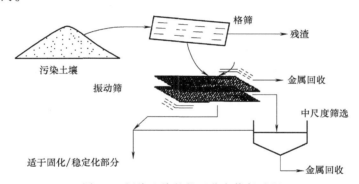

图3-1　污染土壤的物理分离修复过程

物理分离技术通常需要挖掘土壤，因此修复工作所耗费的时间取决于设备的处理速度和待处理土壤的体积。通常，都是在流动的单元内原位开展修复工程，它的修复能力是每天能处理 $9 \sim 450 m^3$ 的土壤。

3.2.3　物理分离修复原理

1. 粒径分离（Particle size separation）

根据颗粒直径分离固体（也称筛分或过滤）是将固体通过特定网格大小的线编织筛的过程。大于筛子网格的部分留在筛子上，粒径小的部分通过筛子。这个分离过程不是绝对的，大的不对称形状颗粒也可能通过筛子；小的颗粒也可能由于筛子的部分堵塞或黏在大颗粒表面而无法通过。如果让大颗粒在筛子上堆积，有可能将筛孔堵住。因此，筛子通常要有一定的倾斜角度，使大颗粒滑下。筛子或者是静止的，或者采取某种运动方式将堵塞筛孔的大颗粒除去。图3-2是一种常用的滚筒式筛分设备。

（1）干筛分　大多数修复地点都需要筛分干的土壤，将石砾、树枝或其他较大的物质

从土壤中分离出去。只要待处理物质是干
的，干筛分方式就能成功处理大或中等的
土壤颗粒。在现场应用时，天然土壤总是
含有水分，使处理小于 0.06～0.09mm 粒
级的情况变得很困难，这样易发生阻塞。
如果要采用较细的筛子，土壤就要在过筛
前事先干燥，否则就要采用湿筛分方式。

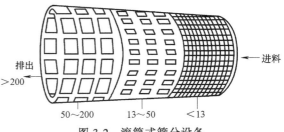

图 3-2　滚筒式筛分设备

（2）湿筛分　选择湿筛分手段通常
有一个问题，就是在修复过程中会产生一定数量的污水，还需要进行排放前处理。尽管脱水
步骤可以使水再循环，但是在最后一批土壤修复工作完成后，仍然存留一定量的废液。另一
个问题是湿筛分过程使土壤变湿，使接下来的化学处理难以进行。因此，必须在开展湿筛分
技术前充分权衡利弊。图 3-3 是一种跳汰式湿筛分工艺。

一般来说，采用湿筛分技术要遵循以下原则：

1）当大量重金属以颗粒状存在时，特别推荐
采用湿筛分方式。此时，湿筛分手段能够使土壤无
害化，不需要进一步处理；同时，应用少量的化学
试剂就将废液中重金属颗粒的体积减少到一定预期
水平。

2）如果接下来的化学处理需要水，如采用土
壤清洗或淋洗技术，那么也推荐用湿筛分技术。

3）如果处理得到的重金属可以循环再利用，
或废液不需要很多的化学处理试剂，也适合采用湿
筛分方法。

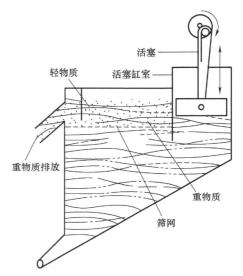

图 3-3　跳汰式湿筛分工艺

（3）摩擦-洗涤　摩擦洗涤器不是真正的颗粒
分离设备，但经常作为颗粒或密度方式分离的前处
理。摩擦洗涤器能够打碎土壤团聚体结构，将氧化
物或其他胶膜从土壤胶体上洗下来。土壤洗涤不仅
要靠颗粒与颗粒之间的摩擦和碰撞，也要靠设备和颗粒间的摩擦。摩擦洗涤器通过内置的两
个方向相反、呈倾斜角、直径较大的推进器集中混合和洗涤土壤。有时还要配置挡板以引导
土壤的行进方向。同时，要根据预计达到的土壤处理量设计相应的单室或多室处理设备。

一些摩擦洗涤器与机械粒度分级机类似，它们都包括一个盆状容纳装置，内有单个或多
个带有挡板的转轴。这些设备能够将土壤团聚体结构打破，成为分散的土壤颗粒，使接下来
的粒度分级变得容易。如果没有打破土壤团聚体结构这一步骤，土壤中的黏土矿物会在筛分
和分级过程中黏结在一起。土壤的摩擦洗涤主要是通过颗粒之间的摩擦和颗粒与挡板之间的
摩擦来完成的。

2. 水动力学分离（Hydrodynamic separation）

水动力学分离（或粒度分级）是基于颗粒在流体中的移动速度将其分成两部分或多部
分的分离技术。颗粒在流体中的移动速度取决于颗粒大小、密度和形状。通过强化流体在与
颗粒运动方向相反的方向上的运动，可以提高分离效率。

如果落下的颗粒低于有效筛分的粒径要求（通常是 200μm），采用粒度分级法。同筛分一样，粒度分级也依赖于颗粒大小。与筛分方式不同的是，粒度分级还与颗粒密度有关。湿粒度分级机（水力分级机）比空气分级机更常用一些。分级机适用于较宽范围内颗粒的分离。过去用大的淘选机从废物堆积场中分离直径几毫米的汽车蓄电池铅，其他分级机（如螺旋分级机和沉淀筒）也被用来从泥浆中分离细小颗粒。水力旋风分离器也能够分离极小的颗粒，常用于 5~150μm 粒级的分离。水力旋风分离器体积较小、价格便宜。为了提高处理能力，通常要并联使用多个水力旋风分离器。

（1）淘选机　淘选机是一个盛装水的竖直圆柱体，水从底部流向顶部，待处理的土壤从顶部或顶部稍下处进入。落下的颗粒由它们的粒径、形状和密度不同分别达到不同的最终速度。调整到达底部的水流速率，使最终速率低于水流速率的颗粒又随水流上升。水和较细、较轻颗粒组成的混合物称为黏泥或残留物。较大、较重的颗粒沉降速率较快，克服水的流速最终到达底部。在柱体的不同高度可收集期望获得的沉降颗粒。通常情况下，要使用一系列的柱体，使每一柱体有不同的水流速率，以获得更多的某一特定粒级的土颗粒。

（2）机械粒度分级机　水动力学分离过程也可以在机械粒度分级机中以机械方式完成，将土壤和水的混合泥浆引入一个倾斜的槽内。质地较粗的颗粒迅速从泥浆中沉淀下来，落到槽的底部。黏泥从槽的较低一端溢出，大的颗粒在摩擦（摩擦分级机）或转动（螺旋分级机）的作用下沿斜面爬升并最终清除。图 3-4 是螺旋分级机（沙螺旋）的工作原理。

（3）水力旋风分离器　水力旋风分离器是连续操作的设备，利用离心力加速颗粒的沉降。水力旋风分离器包括一个竖直的圆锥筒（图 3-5），土壤以泥浆的方式在顶部沿切线方向加入。水力旋风分离器是通过在圆锥筒内沿竖直轴形成低压区，产生涡流。快速沉降颗粒（粒径较大或密度较高的颗粒）在离心力的作用下，向筒壁方向加速，并以螺旋的方式沿筒壁向下落到底部开口处。沉降速率较慢的颗粒（如细质颗粒）则聚集到轴两侧的低压区内，并由中间叫涡流发现器的一根管子吸出筒体外。水力旋风分离器都是比较小的设备，如果想得到更高的处理能力，就要并联使用多个水力旋风分离器。

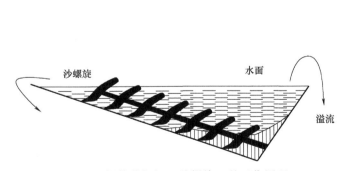

图 3-4　螺旋分级机（沙螺旋）的工作原理

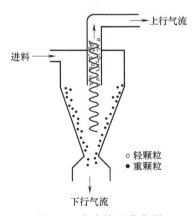

图 3-5　水力旋风分离器

3. 密度（或重力）分离（Density separation）

基于物质密度，采用重力富集方式分离颗粒。在重力和其他一种或多种与重力方向相反的作用力同时作用下，不同密度的颗粒产生的运动行为也有所不同。尽管密度不同是重力分离的主要标准，但是颗粒大小和形状也影响分离。一般情况下，重力分离对粗颗粒比较有效。

重力分离技术对于粒径在 $10\sim50\mu m$ 范围的颗粒仍然有效，用相对较小的设备可能达到更高的处理能力。在重力富集器中，振动筛能够分离出 $150\mu m\sim5cm$ 的粗糙颗粒，这个范围也可以放宽到 $75\mu m\sim5cm$。对于颗粒密度差异较大的未分级（粒径范围较宽）的土壤，或者颗粒密度差异不大但事先经过分级（粒径范围较窄）的土壤，设备处理性能都会相应提高。重力分离设备包括振动筛、螺旋富集器、摇床和比目床等。图 3-6 是几种重力分离设备的工作原理。

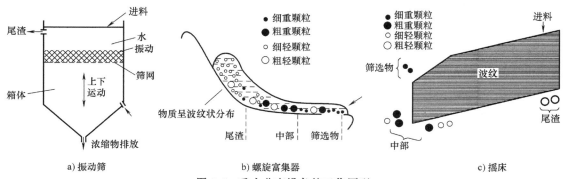

a) 振动筛   b) 螺旋富集器   c) 摇床

图 3-6 重力分离设备的工作原理

4. 脱水分离（Dehydration separation）

除了干筛分方式，物理分离技术大多要用到水，以利于固体颗粒的运输和分离。脱水是为了满足水的循环再利用的需要，水中还含有一定量的可溶或残留态重金属，因而脱水步骤是很有必要的。通常采用的脱水方法有过滤、压滤、离心和沉淀等。表 3-3 概述了常见脱水分离修复的主要技术特征。当这些方式联合使用，能够获得更好的脱水效果。

表 3-3 常见脱水分离修复的主要技术特征

技术	过滤	压滤	离心	沉淀
基本原理及影响	通过多孔介质	压缩流体通过可渗透的多孔介质	重力沉降	重力沉降
因素	取决于颗粒粒径	颗粒粒径	粒径、形状、密度以及流体密度	粒径、形状、密度和流体密度，可以借助浮选剂
技术优点	操作简单，分离可具有较高的选择性	可处理难以泵送的泥浆物质，处理过的固体含水量比较低	处理能力较大，速度较高	设备简单、便宜，处理能力较大
局限性	序批式操作特性，清晰较为困难	需要高压力，有时增加流体的阻力	价格较贵，设备结构复杂	慢
设备类型举例	转鼓、转盘、水平过滤器	序批式操作、需要持续的压力	固体沉降容器、离心多孔筐	圆筒形连续粒度分级机、耙、溢流设备、刮板、深锥形浓集器
典型的实验室规模设备	真空过滤器、压滤机	压滤机、压力设备	工作台或落地离心分离机	圆筒形管、有倾口容器、浮选剂

（1）过滤和压滤（Filtration and pressure filtration）　过滤的过程就是将泥浆通过可渗透介质，阻滞固体，使液体通过。压滤的处理过程是压缩液体，使液体从可渗透多孔介质中通过。在使用过滤或压滤时，固体在过滤介质上聚集成结块，使水难以流动。过滤设备有多种不同类型可供选择。最常用到的是压滤机，它由交错排列的一排盘状物和框架组成，每个盘子上覆盖有滤布。泥浆被加入空框架中，通过螺旋或水力驱动的活塞，盘子互相挤压，这样水由滤布压榨出来，进入盘子的槽中，最后去除。架子上的固体结块可以清洗，同时可以将盘子彼此分离开来，将盘内的结块排除出去。滤布上通常还要覆盖一层辅助过滤物，如硅藻土，防止阻塞。图 3-7 是自动板框压滤机的工作原理。

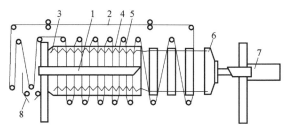

图 3-7　自动板框压滤机的工作原理
1—主梁　2—滤布　3—固定压板　4—滤板　5—滤池框
6—活动压板　7—压紧机构　8—洗刷槽

（2）沉淀（Precipitation）　由于非常小的颗粒沉降速率很慢，因此必须加入絮凝剂集结颗粒来加速沉降。依赖于不同的预期处理性能，沉淀要在特别的容器（如澄清器或浓缩器）中进行。如果目的是从液体中去除固体，要采用澄清器，再从顶部将液体从澄清器中缓缓倒出；如果目的是从固体中去除液体，就要利用浓缩器，通过不断地向浓缩器中心注入泥浆，浓缩沉降的固体，让液体从边缘溢出，再从容器底部移去浓缩的泥浆物质。

（3）离心（Centrifugation）　离心的过程是以滚筒的旋转产生离心力达到分离目的，固体颗粒沉降在滚筒的边缘，螺旋传送带将它们运送到较小的一端。为了使离心过程得以持续，通常要用到滚筒式离心设备。另一种类型的离心设备是篮式离心机，它与滚筒式离心设备略有区别，固体沉降到旋转篮的边缘并被收集。图 3-8 是圆筒型离心机构造及工作原理。

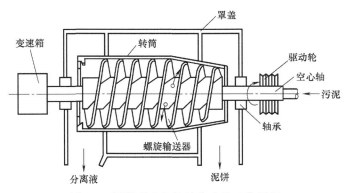

图 3-8　圆筒型离心机的构造及工作原理

5. 泡沫浮选分离（Froth flotation separation）

泡沫浮选法是基于不同矿物有不同表面特性的原理进行粒度分级。通过向含有矿物的泥浆中添加合适的化学试剂，人为地强化矿物的表面特性而达到分离的目的。气体由底部喷射进入含有泥浆的池体，特定类型矿物选择性地黏附在气泡上并随着气泡上升到顶部，形成泡沫，这样就可以收集到这种矿物。成功的浮选要选择表面多少具有一些憎水性的矿物，这样矿物才能趋近空气气泡。同时，如果在容器顶部气泡仍然能够继续黏附矿物颗粒，所形成泡沫就相当稳定。加入浮选剂就可以满足这些要求。图3-9是机械搅拌式浮选机构造及工作原理。

6. 磁分离（Magnetic separation）

磁分离基于各种矿物磁性上的区别，尤其是针对将铁从非铁材料中分离出来的技术。磁分离设备通常是将传送带或转筒运送过来的移动颗粒流

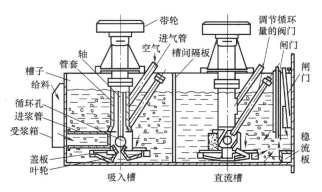

图 3-9　机械搅拌式浮选机的构造及工作原理

连续不断地通过强磁场，最终达到分离目的。图 3-10 是磁分离设备的工作原理。

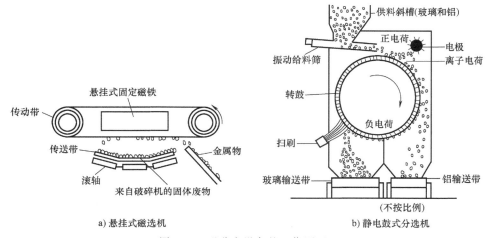

a) 悬挂式磁选机　　　　　　　b) 静电鼓式分选机

图 3-10　磁分离设备的工作原理

3.2.4　物理分离修复技术应用

物理分离技术主要应用在污染土壤中无机污染物的修复技术上，它最适合用来处理小范围射击场污染的土壤，从土壤、沉积物、废渣中分离重金属，清洁土壤，恢复土壤正常功能。

物理分离技术在应用过程中有许多局限性，例如：用粒径分离时易塞住或损坏筛子；用水动力学分离和重力分离时，当土壤中有较大比例的黏粒、粉粒和腐殖质存在时很难操作；用磁分离时处理费用比较高等。这些局限性决定了物理分离修复技术只能在小范围内应用，不能被广泛推广。

1. 射击场污染土壤物理分离修复

射击场土壤的密度差异性和粒度特征使子弹残留的重金属易于通过物理分离的方式分离去除。射击过程涉及的铜铅混合物碎片和氧化物通常比土壤介质的密度高，且许多弹头还完整地留于土壤中，因此一般先采用干筛分方式去除原装或仅有少部分缺损的弹头，再用其他更复杂的物理分离方法分离比土壤颗粒较重的重金属混合物。通常射击场污染土壤物理分离修复技术的开展是基于颗粒直径的，各技术的适用粒径范围见表3-4。大多数技术都较适于

中等粒径范围（100~1000μm）土壤的修复，少数适于细质土壤。泡沫浮选技术最大粒度限制要根据气泡能支持的颗粒直径或质量来确定。

表 3-4　物理分离技术的适用粒径范围

分离技术		粒径范围/μm
粒径分离	干筛分	>3000
	湿筛分	>150
水动力学分离	淘选机	>50
	水力旋风分离器	5~15
	机械密度分级机	5~100
密度分离	振动筛	>150
	螺旋富集器	75~3000
	摇床	75~3000
	比目床	5~100
泡沫浮选		5~500

2. 炮台港射击场污染土壤物理分离修复

美国路易斯安那州炮台港射击场的受到铅和其他重金属污染的土壤就是用物理分离和酸淋洗结合的方法加以修复的。图 3-11 是其物理分离修复方案，先通过摩擦清洗器解除团聚结构，再通过粒度分级将土壤分为粗质（大于 175 目）和细质（小于 175 目）部分。筛子将弹头、大块金属残留物及用其他石砾筛除，将粗质通过矿物筛，以重力分离方式去除较小的颗粒状存在的金属物。最后用乙酸清洗液冲洗这部分土壤，去除较细粒状存在或以分子及离子形式吸附于土壤基质上的吸附态重金属。

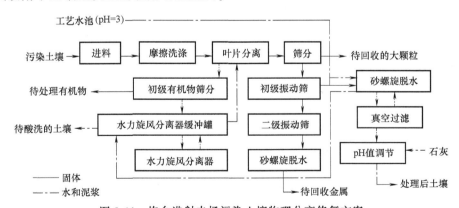

图 3-11　炮台港射击场污染土壤物理分离修复方案

3.3　土壤蒸气浸提修复

土壤蒸气浸提（Soil Vapor Extraction，SVE）修复技术是指通过降低土壤空隙蒸气压，把土壤中的污染物转化为蒸气形式而加以去除的技术，是利用物理方法有效去除不饱和土壤中挥发性有机组分（VOCs）污染的一种修复技术。该技术早期主要适用于非水相液体

（Non-Aqueous Phase Liquids，NAPLs）污染物的去除，也陆续应用于高挥发性化学成分（High volatile chemical composition）污染的土壤体系，近年来主要用于苯系物和汽油类污染的土壤修复。

3.3.1　蒸气浸提修复原理

1. 基本过程

土壤蒸气浸提修复技术是在污染土壤中引入清洁空气产生驱动力，利用土壤固相、液相和气相之间的**浓度梯度**，通过降低土壤孔隙的蒸气压，将有机污染物转化为气态的污染物排出土壤的过程。典型的土壤蒸气浸提修复过程与装置如图 3-12 所示。在污染土壤设置气相抽提井，采用真空泵产生负压驱使空气流过污染的土壤孔隙而解吸并夹带有机组分流向抽提井，由抽提井抽取排出，最终于地上进行处理。为增加压力梯度和空气流速，很多情况下在污染土壤中也安装若干空气注射井。

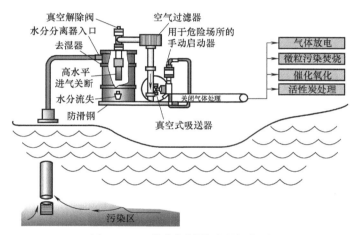

图 3-12　土壤蒸气浸提过程与装置

土壤蒸气浸提修复技术的显著特点是：①能够原位操作，比较简单，对周围的干扰能够限定在尽可能小的范围之内；②非常有效地去除挥发性有机物；③在可接受的成本范围之内能够处理尽可能多的受污染的土壤；④系统容易安装和转移；⑤容易与其他技术组合使用。

蒸气浸提研究的一个重要的方向是原位空气注射技术，该技术将土壤蒸气浸提修复技术的应用范围拓展到对饱和层土壤及地下水有机污染的修复。操作上用空气注入地下水，空气上升后将对地下水及水分饱和层土壤中有机组分产生挥发、解吸及生物降解作用，之后空气流将携带这些有机组分继续上升至不饱和层土壤，在那里通过常规的 SVE 系统回收有机污染物。尽管原位空气注射技术使用不过十年时间，但因其高效、低成本的修复优点，使之正在取代泵抽取地下水的常规修复手段。为提高有机组分挥发性，扩大土壤蒸气浸提修复技术的使用范围，还开发了热量增强式土壤蒸汽浸提修复技术（Thermally enhanced SVE），包括热空气注射（Hot air injection）和蒸汽注射（Steam injection）等。

2. 原位土壤蒸气浸提修复原理

原位土壤蒸气浸提修复技术是利用真空通过布置在不饱和土壤层中的提取井向土壤中导入气流，气流经过土壤时，挥发性和半挥发性的有机物挥发，随空气进入真空井，气流经过之后，土壤得到修复。根据受污染地区的实际地形、钻探条件或者其他现场具体因素的不同，可选用垂直或水平提取井进行修复。原位土壤蒸气浸提修复系统如图3-13所示。

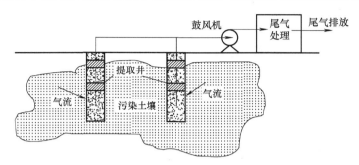

图3-13　原位土壤蒸气浸提修复系统示意图

原位土壤蒸气浸提修复技术主要用于挥发性有机卤代物和非卤代物的修复，通常应用的污染物是那些亨利系数大于0.01或蒸气压大于66.66Pa的挥发性有机物，有时也应用于去除环境中的油类、重金属及其有机物、多环芳烃等污染物。原位土壤蒸气浸提修复技术运行和维护所需时间一般为6~12个月。

原位土壤蒸气浸提修复技术应用效果的限制因素主要有：①下层土壤的异质性会引起气流分配的不均匀；②低渗透性的土壤难于进行修复处理；③地下水位太高（地下1~2m）会降低土壤蒸气提取的效果；④排出的气体需要进行进一步处理；⑤黏土、腐殖质含量较高或本身极其干燥的土壤，由于其本身对挥发性有机物的吸附性很强，采用原位土壤蒸气提取时，污染物的去除效率很低；⑥对饱和土壤层的修复效果不好，但降低地下水位可增加不饱和土壤层体积，从而改善这一状况；⑦采用真空提取时，会引起地下水位上涨，此时可以利用低压水泵控制地下水位或者加深渗流层深度。原位土壤蒸气浸提修复技术的应用条件见表3-5。

表3-5　原位土壤蒸气浸提修复技术的应用条件

项目		有利条件	不利条件
污染物	存在形态	气态或蒸发态	被土壤强烈吸附或成固态
	水溶解度	<100mg/L	>100mg/L
	蒸气压	>1.33×10^4Pa	<1.33×10^4Pa
土壤性质	温度	>20℃	<10℃
	湿度	<10%	>10%
	组成	均一	不均一
	空气传导率	>10^{-4}cm/s	<10^{-6}cm/s
	地下水位	>20m	<1m

3. 异位土壤蒸气浸提修复原理

异位土壤蒸气浸提修复技术是指利用真空通过布置在堆积着的污染土壤中开有狭缝的管道网络向土壤中引入气流，促使挥发性和半挥发性的污染物挥发进入土壤中的清洁空气流，进而被提取脱离土壤。这项技术还包括尾气处理系统。其系统如图3-14所示。

异位土壤蒸气浸提修复技术相比原位土壤蒸气浸提修复技术有一些优点：①挖掘过程可以增加土壤的气流通道；②浅层地下水不会影响处理过程；③使泄漏收集变得可能；④使检

测过程变得容易进行。

异位土壤蒸气浸提修复技术主要用于挥发性有机卤代物或非卤代物的修复。有时，也用于去除土壤中的油类、重金属及其有机物、多环芳烃（PAHs）或二噁等污染物。这是因为土壤蒸气浸提修复涉及向土壤中引入连续空气流，这样促进了土壤环境中一些低挥发性化合物的生物好氧降解过程。

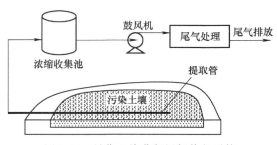

图3-14 异位土壤蒸气浸提修复系统

异位土壤蒸气浸提是对挖掘出来的土壤进行批处理的过程，所以运行和维护所需时间依赖于处理速度和处理量。处理速度与单批处理的时间和单批处理量有关。通常每批污染土壤的处理需要4~6个月，处理量与所用的设备有关，临时处理设备通常单批处理量大约在380m³。根据修复工作目标要求、污染物浓度及有机物的挥发性大小、土壤性质（包括颗粒尺寸、分布和空隙状况），永久处理设备的设计能力通常要大一些。

综合考虑，影响异位土壤蒸气浸提修复技术发挥有效性的主要因素包括：挖掘和物料处理的过程中容易出现气体泄漏；运输过程中有可能导致挥发性物质释放；占地空间要求大；处理前直径大于60mm的块状碎石需提前去除；黏质土壤影响修复效率；腐殖质含量过高会抑制挥发过程。

4. 多相浸提修复原理

多相浸提修复技术（Multi-phase extraction）（图3-15）是土壤蒸气浸提修复技术的强化，与蒸气浸提不同的是同时对地下水和土壤蒸气进行提取。随着地下水位的降低，浸提过程就可以应用到新露出的土壤层中。多相浸提技术特别适于处理中、低渗透性地层及地下水中的挥发性有机卤化物污染物，对于非卤化挥发性有机卤

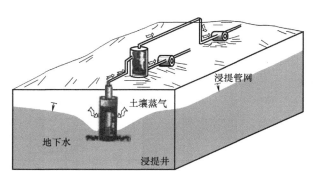

图3-15 污染土壤的多相浸提修复技术

化物和石油烃化合物的修复效果也不错。该技术通常应用于地下水位以下，也可以在地下水位上、下同时应用。

多相浸提修复技术的应用效果与污染场地特性有关，不适于高渗透性和主要含有砾石和卵石的场地，不适于地下水流过高的污染土壤修复场地。多相浸提技术包括两相浸提技术（TPE）和两重浸提技术（DPE）。

两相浸提技术（图3-16）是指利用蒸气浸提或者生物通风技术向不饱和土壤中输送气流，以修复挥发性有机物和

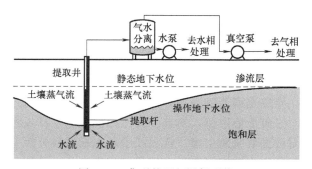

图3-16 典型的两相浸提系统

油类污染物污染土壤的过程。气流同时也可以将地下水提到地上进行处理，两相提取井同时位于土壤饱和层和土壤不饱和层，施以真空后进行提取。在提取井附近产生锥形真空低压区，形成压力梯度，引导气流将先前饱和土壤中的挥发性有机污染物抽提出来。待挥发性有机污染物提取到地上后，对污染物蒸气与水分进行分离处理。真空提取管的位置在地下水位以下，随着真空提取的进行，更多的污染土壤被暴露了出来，又可以通过蒸气浸提加以修复。

与两相浸提技术相比，两重浸提技术（图 3-17）既可以在高真空条件下，也可以在低真空条件下使用潜水泵或者空气泵工作。DPE 通常不受地下水产生速率的影响，但含水层需要脱水，且不受目标污染物深度的影响。而 TPE 适于地下水产生速率小于 5g/min 的场地，当地下水流速小于 2g/min 时，可处理目标污染物的最大深度为 150m，当地下水流速为 2~5g/min 时，可处理目标污染物的

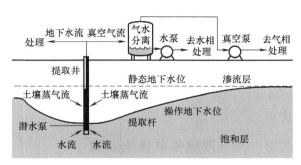

图 3-17　典型的两重浸提系统

最大深度为 60~90m。低真空 DPE 可在渗透性较好的场合使用，适于砂质到淤沙，地下水位以上土壤透气性为中渗透性（渗透率大于 $1×10^{-3}$mD，$1mD = 0.987×10^{-3}$μm^2）的场地；高真空 DPE 和 TPE 则适于沙质淤泥到黏土，地下水位以上土壤透气性为低渗透性（渗透率小于 $1×10^{-2}$mD）的场地。

受修复目标、处理量、污染物浓度及分布、现场特性（如渗透性、各项异质性等）、地下水抽取影响半径和地下水抽取半径等条件的限制，多相浸提技术修复土壤的时间为 6 个月至几年不等。

3.3.2　蒸气浸提修复系统构成

土壤蒸气浸提修复技术优点之一是体系设计相对简单。SVE 系统的设计基于气相流通路径与污染区域交叉点的相互作用过程，其运行以提高污染物的去除效率及减少费用为原则。SVE 系统中的关键组成部分为抽提系统，抽提系统的选择常见方法有：竖井、沟壕或水平井、开挖土堆。其中竖井应用最广，具有影响半径大、流场均匀和易于复合等特点，适用于处理污染至地表以下较深部位的情况。工程应用中根据污染源性质及现场状况可以确定抽提装置的数目、尺寸、形状及分布，并对抽气流量及真空度等操作条件加以控制。实验系统组成如图 3-18 所示，包括气体抽提井、真空泵、观察点（至少三个）、气相后净化处理系统、取样点、取样装置、分析仪器等。

（1）SVE 系统运行　土壤中 VOCs 的抽提速率通过尾气或流动中的取样测量单位

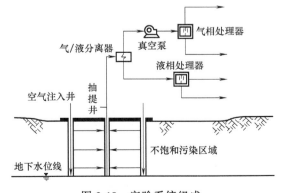

图 3-18　实验系统组成

时间的质量流量获得。许多研究显示，VOCs 的抽提速率开始很高，但由于传质及扩散的限制随时间增加会逐渐减少，由于扩散速率慢于流动速率，连续操作的去除速率随时间增加而下降。

（2）SVE 系统监测　SVE 的运行必须进行监测，以保证系统有效运行及确定关闭系统的合适时间。一般推荐测量和记录以下参数：测量日期和时间；采用不同的流量计测量每个抽提井及注射井的气相流动速率；采用压力计或真空表测量每个抽提井及注射井的压力；采用 VOCs 检测及分析仪测定每个抽提井、注射井的气相 VOCs 浓度及组成；土壤及环境空气温度；通过安装在检查井内的电子传感器进行水位升提监测；气压、蒸发量及相关气象数据。

（3）气/水分离装置及排放控制系统的设置　气/水分离装置的设立是为了防止气相中的水或沉泥进入真空泵或引风机而影响系统的运行。排放控制系统是 SVE 系统收集的气相中的污染物在排放到大气之前进行处理的系统，采用各种合适的挥发性有机污染气体的常用处理技术。

3.3.3　蒸气浸提修复影响因素

1. 土壤的渗透性

土壤的渗透性影响土壤中空气流速及气相运动，直接影响 SVE 技术的处理效果。土壤的渗透性越高，气相运动越快，被抽提的量越大。如图 3-19 所示，土壤的渗透性与土壤的粒径分布相关，土壤的粒径分布也决定了 SVE 技术的适应性，如果土壤粒径过小，土壤的平均孔隙也会越小，阻碍土壤中空气流动，使得气相抽提污染物无法进行。因此，气体在土壤中的通透性是 SVE 技术的主要影响因素，是设计 SVE 装置的主要参数。土壤种类不同，其固有渗透系数 K 差异很大，一般为 $10^{-16} \sim 10^{-3}$ cm/s，土壤的渗透系数不仅与土壤的种类有关，而且随着水分的增加而变小，尤其对黏土等超细土影响大。SVE 技术的适用性：$K > 10^{-8}$ cm/s，适用；10^{-8} cm/s $\geq K \geq 10^{-10}$ cm/s，一般；$K < 10^{-10}$ cm/s，不适用。

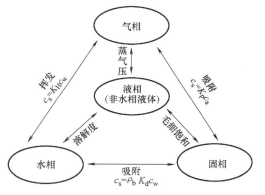

图 3-19　土壤的渗透性与土壤的粒径分布

c_a、c_w 和 c_s—VOC 在空气、水、固体中的浓度

K_H—亨利常数　　K_p—气-固两相中的分配系数

K_d—液-固两相中的分配系数　　ρ_b—土壤颗粒密度

2. 蒸气压与环境温度

SVE 技术受到有机污染物蒸气压的影响很大，即使气体流动性好，污染物的挥发性低，也不能够使土壤中的 VOCs 随气流挥发出去，因此低挥发性有机污染物不易使用 SVE 技术修复。

饱和蒸气压（Saturated vapor pressure）是指在一定温度下，与液体或固体处于相平衡的蒸气所具有的压力。同一物质在不同温度下有不同的蒸气压，并随着温度的升高而增大，饱和蒸气压越高越有利于 SVE 技术的实施。气相抽提一般适用于饱和蒸气压大于 0.5mmHg（1mmHg＝133.322Pa）的污染物，一般来说，SVE 技术对汽油等高挥发性有机污染物去除效果佳，对柴油等低挥发性有机污染物去除效果一般，不适用于绝缘油、润滑油等污染土壤的修复。表 3-6 列出了常见石油类化合物的饱和蒸气压。

表 3-6 常见石油类化合物的饱和蒸气压

石油类化合物	饱和蒸气压/mmHg(20℃)	石油类化合物	饱和蒸气压/mmHg(20℃)
甲基丁基醚(methyl-butyl ether)	245	乙苯(ethylbenzene)	7
苯(benzene)	76	二甲苯(xylene)	6
甲苯(toluene)	22	萘(naphthalene)	0.5
二溴化乙烯(ethylene dibromide)	11	四乙铅(tetraethyl lead)	0.2

沸点也是评估石油类污染物挥发性的重要指标，世界卫生组织对 VOCs 的定义为熔点低于室温而沸点为 50~260℃ 的挥发性有机化合物的总称。石油类污染物往往组成复杂，含有多种化合物，不同种类油品的沸点范围：汽油，40～205℃；煤油，175～325℃；柴油，200~338℃；重油，大于275℃；润滑油，难挥发。沸点小于 250~300℃ 的油品污染土壤适合采用 SVE 技术，重油、润滑油等沸点较高油品污染土壤不适合采用 SVE 技术，需采用其他强化技术。

亨利定律描述了 VOCs 在气液相的分配规律，在环境科学与工程领域中有着广泛应用，亨利常数也是表征有机污染物挥发性的一种指标。通过查询文献与 USEPA 等数据库可以得到大部分 VOCs 的亨利常数 (HLC)，但是环境领域中的许多 VOCs 还没有基于实验获得的亨利常数，目前通过实验测得 VOCs 亨利常数的方法分为两大类：动态平衡系统的气提技术与静态动力学方法。一般认为污染物的亨利常数大于 100atm （1atm = 101.325kPa） 时才采用 SVE 技术。表 3-7 列出了一些常见石油类污染物的亨利常数。

表 3-7 常见石油类污染物的亨利常数

石油类化合物	亨利常数/atm	石油类化合物	亨利常数/atm
四乙铅(tetraethyllead)	4700	甲苯(toluene)	217
乙苯(ethylbenzene)	359	萘(naphthalene)	72
二甲苯(xylene)	266	二溴化乙烯(ethylene)	34
苯(benzene)	230	甲基丁基醚(methyl-butyl)	27

除了污染物固有特性外，环境温度也是影响 VOCs 蒸气压的主要因素，温度对纯有机物蒸气压的影响可由安托因 （Antoine） 方程决定。

安托因方程是一个简单的用来描述纯液体饱和蒸气压的三参数方程。它是由工程经验总结而得到的，该方程适用于大多数化合物，其一般形式为

$$\lg p = A - B/(t+C) \tag{3-1}$$

式中，A，B，C 为物理常数，不同物质对应不同的 A，B，C 的值；p 为温度 t 对应下的纯液体饱和蒸气压 （mmHg）；t 为温度 （℃）。

对于另一些只需常数 B 与 C 值的物质，则可采用下式进行计算。

$$\lg p = -52.23B/T + C \tag{3-2}$$

式中，p 为温度 t 对应下的纯液体饱和蒸气压（mmHg）；T 为绝对温度（K）。有关物性数据可在各种手册中查到。

由表 3-8 得出，苯的蒸气压为：
$$\lg p_A = 6.023 - \frac{1206.35}{T+220.4} \tag{3-3}$$

甲苯的蒸气压为：
$$\lg p_B = 6.078 - \frac{1343.94}{T+219.58} \tag{3-4}$$

表 3-8　苯和甲苯的物性常数

组分	A	B	C
苯	6.023	1206.35	220.4
甲苯	6.078	1343.94	219.58

3. 地下水深度及土壤湿度

土壤的地下水位随季节波动很大，有时也会有可观的日变化。一般情况下，地下水深度小于 1m 不适合采用 SVE 技术，地下水深度大于 3m 有利于采用 SVE 技术，介于二者之间时可根据地块及污染物特性合理选择。土壤湿度对 SVE 修复效果影响也很大。一方面，土壤含水率的增加会降低土壤通透性，而且水分也会蒸发进入气流中，不利于有机污染物的挥发；另一方面，土壤水分的增加降低了土壤颗粒表面对有机分子的吸附程度，促进污染物的去除。因此，SVE 技术合适的土壤水分含量一般为 20%~30%。

4. 土壤结构和分层

土壤结构和分层（土壤结构的多向异性）影响气相在土壤基质中的流动程度及路径。其结构特征（如夹层、裂隙的存在）导致优先流的产生，若不正确引导就会使修复效率降低。

5. 气相抽提流量和达西流速

不考虑污染物由土壤中迁移过程的限制，去污速率将正比于抽提流量。Crow 和 Fall 等在汽油泄漏处设计了现场去污通风系统，结果表明：随着气流增加，汽油蒸气去除率也增加。根据达西定律，土壤气相渗流速度与抽提的压力梯度成正比。

对含有机化合物和 VOCs 的土壤进行原位修复使用气相抽提系统时，通过一些改进可提高剩余有机物的去除。这包括在污染区域的外围地区设置流入井，在污染区域内设置抽取井，并在抽取井上安装真空泵或抽吸式吹风器，以形成从流入井穿过土壤空隙进入抽取井的空气环流。这一改进提高了空气的流速，加强了空气作用，有利于将污染物从土壤表面和空隙中去除，从而提高了污染物的去除率，缩短了运行时间，节约了成本。

粗粒径土壤对有机污染物的吸附容量较低，如沙地和砂砾，与细粒径土壤相比，污染物更易被真空抽提法去除。通风效果受污染物的水溶性和土壤性质（如空气导电率、温度及湿度）的影响。高温可促进挥发，因而在真空抽提井周围的渗流区中输入热量，可增加污染物的蒸气压，提高污染物的去除率，还可以采用电加热或热空气等技术来提高土壤温度。

3.3.4　蒸气浸提修复技术适用性

1. 一般要求

1）所治理的污染物必须是挥发性的或者是半挥发性有机物，蒸气压不能低于 0.5Torr

（lTorr＝1mmHg）。

2）污染物必须具有较低的水溶性，并且土壤湿度不可过高。

3）污染物必须在地下水位以上。

4）被修复的污染土壤应具有较高的渗透性，而对于松密度大、土壤含水量大、孔隙度低 或渗透速率小的土壤，土壤蒸气迁移会受到很大限制。

为了评估该技术在特定污染点的可行性，首先应对该污染点的土壤特性进行分析，包括控制污染土壤中空气流速的物理因素和决定污染物在土壤与空气之间分配数量的化学因素，如土壤松密度、总孔隙度（土壤颗粒之间的空隙）、充气孔隙度（由空气所占的那部分土壤孔隙）、挥发性污染物的扩散率（在一定时间内通过单位面积的挥发性污染物的数量）、土壤湿度（由水填充的那部分空间所占百分比）、气体渗透率（空气穿过土壤的难易程度）、质地、结构、黏土矿物、表面积、温度、有机碳含量、均一性、空气可渗入区的深度和地下水埋深等。表3-9概述了影响土壤气相抽提技术应用的条件。

表3-9 影响土壤气相抽提技术应用的条件

条件		适宜的条件	不利的条件
污染物	主要形态	气态或蒸发态	固态或强烈吸附于土壤
	蒸气压	>100mmHg	<10mmHg
	水中溶解度	<100mg/L	>1000mg/L
	亨氏常数	>0.01	<0.01
土壤	温度	>20℃（通常需要额外加热）	<10℃（通常在北方气候下）
	湿度	<10%（体积）	>10%（体积）
	空气传导率	>10^{-1}cm/s	<10^{-6}cm/s
	组成	均匀	不均匀
	土壤表面积	<1m^2/g（土壤）	>0.1m^2/g（土壤）
	地下水深度	>20m	<1m

2. 适用性评价

首先要根据污染土壤的渗透性和污染物的挥发性快速确定SVE技术的适用性，如图3-20所示，一般来说砂石性土壤比黏土或淤泥为主的细土壤更加有利于SVE技术的有效实施，汽油等挥发性高的污染物质比柴油等更加有利于SVE。

在初步选定SVE技术之后，要进行进一步的适用性评价，主要评价土壤渗透性、土壤和地层结构、水分含量、土壤pH值、地下水位等影响土壤渗透性的因素，以及蒸气压、污染物质构成和升华温度、亨利常数等影响污染物挥发特性的因素。

3. 适用范围及局限性

SVE技术通过机械作用使气流穿过土壤多孔介质并携带出土壤中挥发性或半挥发性有机污染物，该法较适合于由汽油、JP-4型石油、煤油或柴油等挥发性较强的石油类污染物所造成的土壤污染。SVE技术受土壤均匀性、透气性及污染物类型限制。

针对VOCs和油类污染物的净化，SVE适用于亨利系数大于0.01或者蒸气压大于0.5mmHg的污染物的去除，同时也要考虑土壤渗透性、含水率、地下水深度、污染物浓度等。原位SVE技术不适合去除重油、重金属、PCBs、二噁英等污染物。有机质含量高或非

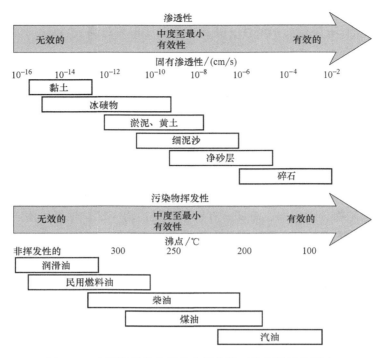

图 3-20 土壤渗透性和污染物挥发性对修复效果的影响

常干的土壤对 VOCs 的吸附能力很强，从而导致 SVE 技术的去除效率降低。

从原位 SVE 系统排放的废气需要进一步处理，以消除对公众和周边环境的影响。

3.3.5 蒸气浸提修复技术应用

SVE 技术最早由英国 Terra Vac 公司（图 3-21）于 1984 年开发成功并获得专利权，逐渐

图 3-21 英国 Terra Vac 公司 SVE 工程

发展成为 20 世纪 80 年代最常用的土壤及地下水有机物污染的修复技术。据不完全统计，到 1991 年为止，美国共有几千个地点使用该技术。综合 SVE 的应用效果，该技术有成本低、可操作性强、可采用标准设备、处理有机物的范围宽、不破坏土壤结构、处理周期短、可与其他技术联用等优点。但是也存在对含水率高和透气性差的土壤效率低下，处理效率很难高于 90% 而且连续操作的去除速率随时间的推移而下降，达标困难，二次污染等缺点。早期对 SVE 技术的研究集中在现场条件的开发和设计，这主要依赖于场址状况、工程类型、操作参数等与有机物性质和污染程度的关系。

在马萨诸塞州的 Nyanza 超级基金场地附近的 43 户家庭中，蒸气入侵消除系统正在降低蒸气入侵可能造成的健康风险（图 3-22）。1910—1978 年，该地的地下水被染料生产所遗留的三氯乙烯（TCE）及其他化学物质所污染。到 20 世纪 80 年代，地下水的污染羽已扩散到附近居民区的下方。室内空气、地下气体及地下水采样均表明已经发生了蒸气入侵，并且三氯乙烯的浓度已经对一些住户造成了健康风险。

图 3-22 马萨诸塞州家庭蒸气入侵消除系统

因此，美国环保署在最可能发生蒸气入侵的，被污染最严重的地下水上方的房屋内安装了负压系统（Depressurization system）。在 2007 年系统安装前，美国环保署密封了地下室墙面和地面的缝隙并覆盖了排水渠。在土坯的地下室中，他们还用混凝土浇筑了地面或铺设了防潮层。每个负压系统安装后都进行了测试以确保其正常工作。每年都要对系统进行例行检查，以确保其持续工作。

3.3.6 气体抽提增强技术

1. 空气喷射（Air Sparging，AS）

AS 又叫土壤曝气，是与土壤气相抽提互补的一种技术，其主要原理是通过开挖地下井，压缩新鲜空气到受污染的土壤中，加快土壤污染物的生物降解，将污染物变成无毒的物质。该技术主要用于低渗透性受到污染的黏土地质，采用生物技术分解污染物从而达到修复作用。该项技术工艺复杂度高，主要应用在欧洲和美国地区，对开挖地下井空气流通通道的分布有严格要求，适用于湿度较低的土壤。

仅使用 SVE 技术即可有效去除吸附在不饱和土壤表面的 VOCs，但地下水位的波动会影响碳氢化合物的去除率。配合采用空气喷射法可有助于去除饱和土壤和地下水中的 VOCs 以及未受 SVE 系统影响的地表区域内的碳氢化合物。在空气喷射中，压缩空气喷入地下水位以下的污染带，通过气、液两相间的传质过程，污染物从土壤或地下水中挥发到空气中，含有污染物的空气在浮力的作用下不断上升，到达地下水位以上的非饱和区域，在抽提的作用下，这些含污染物的空气被抽出，并于地上处理，从而达到修复的目的。另外，喷入的空气还能为饱和土壤中的好氧生物提供足够的氧气，促进污染物的生物降解，饱和土壤和地下水中的挥发性有机污染物的去除率可以高达 98%。

AS 技术是修复饱和区有机污染物很有效的一种方法，但它也受许多因素限制，如当渗透率低时，空气扩散就非常困难。对于非挥发性污染物，空气喷射不但不能够有效去除污染物，反而将污染物驱赶向其他区域，导致污染区域进一步扩大。一种 AS 技术的改进方式是生物曝气。生物曝气技术是通过鼓气方法提高地下水中溶解氧水平，这可以提高微生物活性，从而借助生物过程降解去除非挥发性的有机物。由于采用 AS 技术去除可挥发性有机污染物的过程是一个多相传质过程，因而其影响因素很多。目前，人们普遍认为采用 AS 技术去除有机物的效率主要依赖于空气喷射所形成的影响区域的大小。影响此区域的因素主要有以下三个方面：

（1）土壤的特性　主要包括土壤的类型、土壤的均匀性和土壤粒径大小。土壤的非均匀性导致其在各方向都存在不同的粒径分布和渗透率，对于均质土壤，无论何种空气流动方式，其流动区域都是通过喷射点垂直轴对称的。对于非均质土壤，空气流动不是轴对称的，这说明空气通道对土壤的非均匀性很敏感。因此，在空气喷射过程中，喷射空气可能会沿着阻力较小的路径通过饱和区土壤，根本就不经过渗透率较低的土壤区域，从而影响污染物的去除效果。此外，土壤粒径极大地影响采用 AS 技术去除有机污染物的效率。当有效粒径超过边界值 0.2mm 时，采用 AS 技术去除有机物的效率和粒径为线性关系，当有效粒径低于 0.2mm 时，采用 AS 技术去除有机物所需的时间将大大增加。

（2）空气的流量和压力　空气喷入土壤中需要一定的压力，压力的大小对于采用 AS 技术去除有机污染物的效率有一定程度的影响。空气喷射压力越大，所形成的空气通道就越密，羽状体就越宽，一方面，空气流量的大小将直接影响土壤中水和空气的饱和度，影响气液两相间的传质，从而影响土壤中有机污染物的去除。另一方面，空气流量的大小决定了可向土壤提供的氧含量，决定了有机物的有氧生物降解过程。空气流量的增加将有助于增加有机物和氧的扩散梯度，有利于有机物的去除。

（3）地下水的流动　在渗透率较高的土壤中，如粗砂和砂砾，地下水的流速一般较高，影响空气的流动，从而破坏污染物羽状体的形状和大小。反之，空气喷入土壤中不仅造成有机污染物的挥发，而且影响通过羽状体的地下水的流动。这两种流体（空气和水）的相互作用可能对空气喷射过程不利。

2. 生物通风（Bioventing，BV）

SVE 和 BV 技术都是用于去除不饱和区有机污染物的土壤原位修复方法。BV 是在 SVE 基础上发展起来的，实际上是一种生物增强式 SVE 技术。1989 年美国 Hill 空军基地对燃料油泄漏污染的 SVE 修复中，经研究意外发现现场微生物具有很大的降解活性，去除的污染物中有 5%~20% 由生物降解完成，随后采用提高土壤湿度、增加营养元素等促进生物降解措施后，生物降解贡献率上升至 40%。此后 BV 技术受到广泛关注，成为最流行的土壤修复技术之一。近年来对 BV 技术的现场设计、分析控制手段及复杂机理研究方面都有了突破性进展。BV 技术还包括厌氧生物通风技术，主要用于对三氯乙烯的去除。

SVE 和 BV 技术使用了相同的设施，但系统的结构和设计目的有很大不同。SVE 系统将注射井和抽提井放在被污染区域的中心，而在 BV 系统中，注射井和抽提井放在被污染区域的边缘往往更有效。SVE 技术的目的是在修复污染物时使空气抽提速率达到最大，利用挥发性去除污染物；而 BV 技术的目的是优化氧气的传送和氧的使用效率，创造好氧条件来促进原位生物降解。因此，BV 技术使用相对较低的空气速率，以使气体在土壤中的停留时间增长，促进微生物降解有机污染物。两者的适用情况也不同，其比较见表 3-10。

表 3-10 常规 SVE 与 BV 技术基本使用情况比较

参数	常规 SVE 技术	BV 技术	参数	常规 SVE 技术	BV 技术
污染物类型	室温下具有挥发性	具有可降解性	抽提井位置	污染区域内	污染区域外
蒸气压	>100mmHg	—	单井抽提流量	50~700L/s	5~25L/s
无量纲亨利常数	>0.01	—	土壤水饱和度优化值	约 0.25	约 0.75
水溶度	<100mg/L	—	营养物优化比例	—	C∶N∶P=100∶10∶1
污染物浓度	>1mg/kg 土壤	<1000mg/kg 土壤	土壤气相中氧含量	—	>2%
土壤的气相渗透系数	>1×10⁻⁴cm/s	—	致毒性	—	小或无

BV 技术可应用于挥发性有机物，也可应用于半挥发性和不挥发性有机污染物，受污染的土壤可以是大面积的面源污染，但污染物必须是可生物降解的，且在现场条件下其降解速率可被有效检测出来。

生物通风影响因素有：

（1）土壤湿度　一般来说土壤湿度大，生物降解速率增加，但也有结果表明，湿度增加太大，效果并不明显，甚至由于阻止了氧气的传递而使生物通风特性消失。

（2）土壤温度　土壤温度对 BV 技术的影响主要是因为增加土壤温度后可提高生物降解的活性，加快有机污染物的降解速率。在土壤温度成为主要限制因素的寒冷地区，提高土壤温度尤其显得重要，加热方法主要有热空气注射、蒸气注射、电加热和微波加热等。

（3）电子受体　合适的电子受体是生物修复成功的最关键因素之一。许多种电子受体都可以被土壤中微生物利用来完成有机污染物的氧化，包括氧、硝酸盐、硫酸盐、二氧化碳和有机碳。其中氧能提供给微生物的能量最高，几乎是硝酸盐的两倍，比硫酸盐、二氧化碳和有机碳所释放的能量多出一个数量级；其次，土壤环境中利用氧的微生物非常普遍，并且从工程观点上，加速的生物降解大部分发生在好氧条件下而非厌氧条件下，因此，氧是最好的电子受体。

（4）生物营养盐　适当添加营养物可以促进生物降解，如调节被有机农药等污染的土壤的 C∶N∶P 有益于污染物的生物降解，增加氮和磷酸盐有利于生物通风操作。

（5）共代谢基质　一些单独存在不易被微生物降解的顽固污染物在与其他介质共存时，便容易被降解，这就是共代谢。近年来，共代谢生物通风引起许多研究者的重视。

（6）加入优势菌　土壤有机污染物的生物降解与土壤中可降解菌的含量有密切关系，土壤中加入降解优势菌能大大提高生物降解速度，如白腐真菌对许多有机污染物都有很好的降解效果，将生物通风与应用优势菌相结合，效果十分明显。

3. 直接钻入（Directional Drilling，DD）

DD 技术的原理是安装取污井和注入井，直接钻孔抽取土壤中的污染物。直接钻入井可分为水平井和垂直井，一般垂直井造价低，但短路回流风险高。水平井造价相对高昂，但修复效果有待提高，得益于工艺的进步，其效果可进一步提高，造价也持续走低。直接钻井技术在 20 世纪 80 年代就开始流行，技术和规模逐年增长。但由于是直接钻井，要求土壤区域长而窄、土壤各异性高，且也存在钻井工具安装困难等缺点。

4. 热强化（Thermal Enhancement，TE）

TE 技术也叫土壤原位加热技术。加热方式主要为微波、热空气和电波加热、蒸汽注入加热等，热效应能加快土壤中挥发性有机物的气化挥发，从而减小土壤中重油类和轻油类的含量，减小土壤毒性，特别适合在突然性燃油泄漏时采用。但其缺点也较为明显，热效应只针对挥发性强的有机物，对于那些低挥发性物质，热强化修复技术不仅不会起到土壤修复的目的，反而加快这些污染物在土壤中的扩散。

3.4 土壤电动力学修复

3.4.1 电动力学修复概述

电动力学技术（Technology of electrodynamics）早期在土木工程中用于水坝和地基的脱水和夯实，应用于油类提取工业和土壤脱水方面已经有几十年了，近年来也开始应用于原位土壤修复和受污染地下水修复方面，是刚发展起来的一种新兴原位物理修复技术。电动力学技术主要用于低渗透性土壤（由于水力传导性问题，传统的技术应用受到限制）的修复，适用于大部分无机污染物的治理，也可用于放射性物质及吸附性较强的有机物的治理。

3.4.2 电动力学修复原理

电动力学修复技术（Electrokinetic remediation）的基本原理类似电池（Battery），利用插入介质（土壤或沉积物）中的两个电极在污染介质两端加上低压直流电场，在低强度直流电的作用下，水溶的或者吸附在土壤颗粒表层的污染物根据各自所带电荷的不同而向不同的电极方向运动：阳极附近的酸开始向介质的毛隙孔移动，打破污染物与介质的结合键，此时，大量的水以电渗透方式在介质中流动，土壤等介质毛隙孔中的液体被带到阳极附近，这样就将溶解到介质溶液中的污染物吸收至土壤表层得以去除。通过电化学和电动力学的复合作用，土壤中的带电颗粒在电场内做定向移动，土壤污染物在电极附近富集或者被回收。污染物去除主要涉及电迁移、电渗析、电泳和酸性迁移四种电动力学过程，如图 3-23 所示。

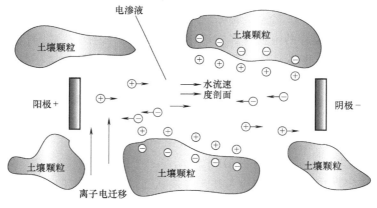

图 3-23　电动力学过程

1. 电迁移（Electromigration）

电迁移是指带电离子在电场中的迁移运动，和带电离子的淌度（在单位电场梯度中的迁移速度）有关。电迁移量与离子浓度和电位梯度成正比关系。在无限稀释的溶液中，离子淌度为 $1×10^{-8}\sim10×10^{-8}\mathrm{m}^2/(\mathrm{V·cm})$；在土壤中，由于孔隙的作用迁移的路径长而曲折，实际淌度大约为 $3×10^{-9}\sim10×10^{-8}\mathrm{m}^2/(\mathrm{V·cm})$。

2. 电渗析（Electrodialysis）

土壤孔隙表面带有负电荷，与孔隙水中的离子形成双电层。扩散双电层引起孔隙水沿电场从阴极向阳极方向流动称为电渗析。孔隙水流动速度与双电层厚度（土壤孔隙表面的 Zeta 电位）或者说与水流所携带的动电电流成正比，而与水流中电解质的浓度关系不大。土壤颗粒表面的双电层厚度一般约为 10nm。不同类型的土壤带有的电荷及形成的双电层厚度是不同的：砂土<细砂土<高岭土<蒙脱土。

电渗析流与外加电压梯度成正比：在电压梯度为 1V/cm 时，电渗析流量可高达 $10^{-4}\mathrm{cm}^3/(\mathrm{cm}^2·\mathrm{s})$。电渗析流用以下方程描述：

$$Q = k_e i_e A \tag{3-5}$$

式中，Q 为体积流量；k_e 为电渗析导率系数，一般为 $1×10^{-9}\sim10×10^{-9}\mathrm{m}^2/(\mathrm{V·s})$，$i_e$ 为电压梯度；A 为截面积。

电渗析在土壤孔隙中产生的水流比较均匀，流动方向容易控制。图 3-24 形象地比较了土壤孔隙水的电渗析流动与水力流动。对于结合紧密的黏性土壤，电渗析产生的水流渗透率高于水力学渗透率的几个数量级，而且动力消耗低。电渗析流的速度一般约为 2.5cm/d。通过电渗析方法，密实土壤中的污染物可以被抽取出来

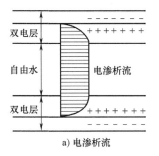 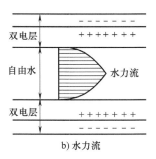

图 3-24　土壤孔隙水的电渗析流动与水力流动比较

以便进行适当的处理。但是，电渗析流也容易引起土壤夯实或裂缝，不易稳定地长期操作。

3. 电泳（Electrophoresis）

土壤中带电胶体颗粒（包括细小土壤颗粒、腐殖质和微生物细胞等）的迁移运动称为电泳。土壤中胶体粒子包括细小土壤颗粒、腐殖质和微生物细胞等。运动的方向和大小取决于电场和毛细孔隙的直径等因素。

4. 酸性迁移（Acid migration）

在电动力学技术运行中，电极表面可能发生电解。阳极电解产生氢气和氢氧根离子，阴极电解产生氢离子和氧气。

阴极反应：　　　　$2H_2O-4e \longrightarrow O_2\uparrow + 4H^+$　　　　$E_o = -1.23\mathrm{V}$ 　　　(3-6)

阳极反应：　　　　$2H_2O+2e \longrightarrow H_2\uparrow + 2OH^-$　　　　$E_o = -0.83\mathrm{V}$ 　　　(3-7)

电解反应导致阴极附近 pH 值呈酸性，pH 值可能低至 2，带正电的氢离子向阳极迁移；而阳极附近呈碱性，pH 值可高至 12，带负电的氢氧根离子向阴极迁移。氢和氢氧根离子的迁移速度比一般其他离子迁移速度高一个数量级，这是因为该两种离子与水容易离合，传递速度快。其中，氢离子因为半径小，其迁移速度又是氢氧根离子的两倍，加之氢离子的迁移与电渗析流同向，容易形成酸性迁移带。酸性迁移带的好处是氢离子与土壤表面的金属离子发生置换反应，有助于沉淀的金属重新离解为离子而进行迁移。但酸性迁移带也影响土壤表

面的离子交换容量、吸附能力、Zeta 电位的大小甚至符号。

因此，如果对酸性迁移带不加控制，将导致电渗析流减弱。这是因为相应 pH 值的变化总是降低电渗析流效应，无论电渗析流方向是向阴极或阳极。例如，如果 Zeta 电位开始是负的，向阳极的流动将把低 pH 值的水从阴极方向带过来，导致 Zeta 电位降低，甚至使 Zeta 电位反转而变为正的。相反，如果 Zeta 电位开始是正的，电渗析流是流向阴极，那么阳极附近的高 pH 值的水将流进来，使得 Zeta 电位向负值方向变化。这种现象也导致操作电压的升高和能耗的增加。

土壤类型和性质是影响污染物的迁移速度及去除效率的主要因素。高水分、高饱和度、低反应活性的土壤适合污染物的迁移。反之，具有反应活性的土壤容易导致污染物的吸附和表面化学反应等，不利于污染物通过迁移而去除。污染物与土壤组分相互之间的复杂作用随着土壤颗粒表面及孔隙水的化学性质而发生变化。

电压和电流是电动力学过程的主要参数。尽管较高的电流强度能够加快污染物的迁移速度，但是能耗也迅速升高。电能耗与电流的平方成正比。一般采用的电流强度范围约为 $10\sim100\mathrm{mA/cm^2}$，电压梯度约为 $0.5\mathrm{V/cm}$。对特定的污染物和土壤，需要根据土壤特性、电极构型和处理时间等因素通过具体实验确定。

电极材料也是一个重要因素。选择电极材料的因素包括导电性、材料易得、容易加工、安装方便及成本低廉等。阴极材料要求避免酸性条件下离解或者发生腐蚀现象，阳极材料要求避免在碱性条件下腐蚀。此外，电极一般是多孔或者是中空的，以方便污染物的抽取或者调节液的注入。电极可以垂直安装也可以水平安装，在大多数实例中采用垂直安装。

电动力学修复技术的基本原理和图 3-25 所示。实际操作系统可能包括阴极、阳极、电源、收集井（一般在阳极一侧）、注入井及循环液罐等。

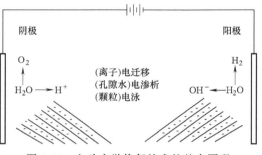

图 3-25　电动力学修复技术的基本原理

3.4.3　电动力学修复系统构成

（1）电极材料　电动修复中所使用的电极材料包括石墨、铁、铂、钛铱合金等。由于在阳极发生的是失电子反应，且水解反应阳极始终处于酸性环境，因此阳极材料很容易被腐蚀。而阴极相对于阳极则只需有良好的导电性能即可。能作为电极的材料需满足条件为：良好的导电性能、耐腐蚀、便宜易得等。由于场地污染修复的规模较大，电极材料的成本和经济性需要认真考虑。在场地污染土壤电动修复中，通常要对修复过程中的电解液进行循环处理，因此电极要加工成多孔和中空的结构，所以电极的易加工和易安装性能也非常重要。通常石墨和铁都是选用较多的电极材料。

（2）电极设置方式　在大量的电动修复室内研究和野外试验中，正负电极的设置一般采取简单的一对正负成对电极（即一维设置方式），形成均匀的电场梯度，很少关注电极设置方式对污染物去除效率和能耗等的影响。在实际的场地污染土壤中，由于污染场地面积大、土壤性质复杂，因此采取合适的电极设置方式直接关系到修复成本和污染物去除效率。二维电极设置方式通常在田间设置成对的片状电极，形成均匀的电场梯度，是比较简单、成本较低的电极设置方式。但这种电极设置方式会在相同电极之间形成一定面积电场无法作用的土壤，从而影响部分污染土壤的修复。在二维电极设置方式中，可在中心设置阴极/阳极，四周环绕阳极/阴极，带正电/带负电污染物在电场作用下从四周迁移到中心的阴极池中。电极设置形状可分为六边形、正方形和三角形等。这种电极设置方式能够有效扩大土壤的酸性区域而减少碱性区域，但形成的电场是非均匀的。三种电极设置方式如图 3-26 所示。一般情况下，六边形是最优的电极设置方式，可同时保持系统稳定性和污染物去除均匀性。在三种电极设置方式中，通常阴极和阳极都是固定设置的，电动处理过程中土壤中的重金属等污染物会积累到阴极附近的土壤中，完全迁移出土体往往需要耗费较多时间，同时阳极附近土壤中重金属已经完全迁移出土体，此时继续施加电场也会浪费电能。

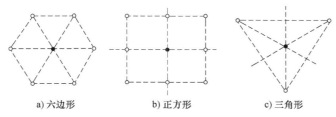

a) 六边形　　　　b) 正方形　　　　c) 三角形

图 3-26　二维电极设置方式

○—阳极　●—阴极

（3）供电模式　一般电动修复中采取稳压和稳流两种供电方式。在稳压条件下，电动修复过程中电流会随土壤电导率的变化而发生变化，由于在电动修复过程中土壤导电粒子会在电场作用下向阴阳两极移动，土壤的电导率会逐渐下降，电流逐渐减小，因此修复过程中的电流不会超过直流电源的最大供电电流。在稳流条件下，电动修复过程中电压会随着土壤电导率的逐渐下降而升高，有时电压会超过直流电源的最大供电电压，这对直流电源的供电电压要求比较高。一般而言，电动修复中的电场强度为 $50\sim100\mathrm{V/m}$，电流密度为 $1\sim10\mathrm{A/m^2}$，在实际的操作中采用较多的是稳压供电模式，具体采用的供电模式和施加电场大小要根据实际情况确定。近年也有新的供电方式，即通过原电池或太阳能作为电源供应进行污染土壤电动修复，这些方式充分利用自然能源，降低了电能消耗，但其对电动修复的效率和稳定性仍需进一步研究。

3.4.4　电动力学修复影响因素

影响电动修复的因素有许多，电解液的组分和 pH 值，土壤的电导率和电场强度，土壤的 Zeta 电势，土壤的含水率，土壤的结构，重金属污染物的存在形态电极特性、分节和组织等，都可能对电动修复过程和效率产生影响。

1. 电解液的组分和 pH 值

电解液的组分随着修复的时间不断发生变化：阳极产生 H^+，阴极产生 OH^-；土壤中的重金属污染物、离子（H^+、Na^+、Ca^{2+}、Mg^{2+}、Al^{3+}、$Cr_2O_2^{2-}$、OH^-、Cl^-、SO_4^{2-} 等）在电场的作用下，分别进入阴、阳极液中；H^+、M^{n+}（如 Cu^{2+}、Pb^{2+} 和 Cd^{2+} 等）分别在阴极发

生还原反应，生成 H_2（气体）和金属单质（固体）；OH^- 在阳极发生氧化反应，生成 O_2（气体）。

电解水是电动修复的重要过程。电解水产生 H^+（阳极）和 OH^-（阴极），它们导致阳极区附近的土壤酸化，阴极区附近的土壤碱化。土壤 pH 值的变化对土壤产生一系列的影响，如土壤毛细孔溶液的酸化可能会导致土壤中的矿物溶解。Grim 发现随着电解的进行，土壤溶液中的 Mg^{2+}、Al^{3+} 和 Fe^{3+} 等的离子浓度增加。

电动力学修复过程中，阳极产生一个向阴极移动的酸区；阴极产生一个向阳极移动的碱区。由于 H^+ 的离子淌度 $[36.25m^2/(V \cdot s)]$ 大于 OH^- 的离子淌度 $[20.58m^2/(V \cdot s)]$，所以酸区的移动速度大于碱区的移动速度。除了土壤为碱化、土壤具有很强的缓冲能力时，或者用铁作为阳极时，通常通电一段时间后，土壤中邻近阳极的大部分区段都会呈酸性。酸区和碱区相遇时 H^+ 和 OH^- 反应生成水，并产生一个 pH 值的突跃。这将导致污染物的溶解性降低，进一步降低污染物的去除效率。

对特殊的金属污染物来说，在不同的 pH 值条件下，它们都能以稳定的离子形态存在。如锌在酸性条件下，它以 Zn^{2+} 形态稳定存在；在碱性条件下，它以 ZnO_2^{2-} 形态稳定存在。pH 值突跃点，即离子（大部分以氢氧化物沉淀的形式存在）浓度最低点，这种现象类似于等电子聚焦。在实验过程中，很多种金属离子产生这种现象，如 Pb^{2+}、Cd^{2+}、Zn^{2+}、Cu^{2+}。由于重金属污染物能不能去除与污染物在土壤中是否以离子状态（液相）存在直接相关，因而，控制土壤 pH 值是电动力学修复重金属污染土壤的关键。

对于一些有机污染物来说，必须考虑有机物的离解反应平衡。如苯酚在弱酸性环境下基本上以中性分子形式存在，它的迁移方式以向阴极流动的电渗流为主。然而，当 pH>9 时，大部分苯酚以 $C_6H_5O^-$ 形式存在，在电场力的作用下将向阳极迁移。因而，电动力学土壤修复必须根据污染物的性质来控制 pH 值。

2. 土壤的电导率和电场强度

由于土壤电动力学修复过程中，土壤的 pH 值和离子强度在不断地变化，致使不同土壤区域的电导率和电场强度也随之变化，尤其是阴极区附近土壤的电导率显著降低、电场强度明显升高。这些现象是由于阴极附近土壤的 pH 值突跃及重金属的沉降引起的。

阴极区的土壤高电场强度将引起该区域的 Zeta 电势（为负号）增加，进一步导致这一区域产生逆向电渗，并且逆向电渗通量有可能大于其他土壤区域产生的向阳极迁移的物质通量，从而整个系统的污染物流动产生动态平衡，再加上阳极产生的向阴极迁移的酸区，降低整个土壤中污染物的迁移量，以及重金属氢氧化物和氢气的绝缘性最终使得整个土壤中的物质流动逐渐降为最小。

当土壤溶液中离子浓度达到一定程度时，土壤中的电渗量降低甚至为零，离子迁移将主导整个系统的物质流动。然而，由于 pH 值的改变，引起在阴极附近土壤中的离子被中和、沉降、吸附和化合，导致电导率迅速下降，离子迁移和污染物的迁移量也随之下降。但在一些以实际污染土壤为样品的实验中，可能是由于离子溶解和土壤温度升高，导致土壤电导率随着时间增加逐渐升高。

3. 土壤的 Zeta 电势

Zeta 电势是指胶体双电层之间的电势差。Helmholtz 设想胶体的双电层与平行板电容器相似，即一边是胶体表面的电荷，另一边是带相反电荷的粒子层。两电层之间的距离与一个分子的直径相当，双电层之间电势呈直线迅速降低。对于带电荷的胶体，其双电层的构造如图 3-27 所示。

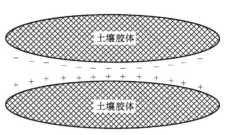

图 3-27 土壤胶体双电层

Smoluchowski 和 Perrin 根据静电学的基本定理，推导出双电层的基本公式为

$$\zeta = \frac{4\pi\sigma d}{D} \qquad (3-8)$$

式中，ζ 为两电层之间的电势差；σ 为表面电荷密度；d 为两电层之间的距离；D 为介质的介电常数。

Gouy、Chapman 和 Stern 先后对双电层理论进行了完善，其中尤其以 Stern 的理论最为流行。他认为双电层是由紧固相表面的密致层和与密致层连接的逐渐向液相延伸的 扩散层 两部分组成。

根据胶体双电层的概念，胶体电层内的电势随着离胶体表面的距离增大而减小。当胶体颗粒受外力而运动时，并不是胶体颗粒单独移动，而是与固相颗粒结合着的一层液相和胶体颗粒一起移动。这一结合在固相表面上的液相固定层与液体的非固定部分之间的分界面上的电势，即是胶体的 Zeta 电势。Zeta 电势可以用动电实验方法测量出来，其大小受电解质浓度、离子价数、专性吸附、动电电荷密度、胶体形状、胶体大小和胶粒表面光滑性等因素影响。

由于土壤表面一般带负电荷，所以土壤的 Zeta 电势通常为负。这使得土壤溶液电渗流方向一般是向阴极迁移。然而，土壤酸化通常会降低 Zeta 电势，有时甚至引起 Zeta 电势改变符号，进一步导致逆向电渗。

4. 土壤的化学性质

土壤的化学性质对土壤电动力学修复也会产生一定的影响，如土壤中的有机物和铁锰氧化物含量等。土壤的化学性质可以通过吸附、离子交换和缓冲等方式来影响土壤污染物的迁移。离子态重金属污染物首先必须脱附以后，才能迁移。实验发现：当土壤中重金属浓度超过土壤的饱和吸附量时，重金属更容易去除；由于伊利土和蒙脱土比高岭土饱和吸附量高，在相同条件下，它们中的重金属污染物更难被去除。土壤 pH 值的改变也会影响土壤对污染物的吸附能力。阳极产生的 H^+ 在土壤中迁移的过程中，置换土壤吸附的金属阳离子；同样，阴极产生的 OH^- 置换土壤吸附的 CrO_4^{2-}。H^+ 和 OH^- 对污染物的脱附作用又取决于土壤的缓冲能力。由于实验室常用的土壤都是纯高岭土，而实际土壤通常具有一定的缓冲能力，因而电动力学修复技术在实际应用中还必须进行一定的改进。

5. 土壤的含水率

水饱和土壤的含水率是影响土壤电渗速率的因素之一。在电动力学修复过程中，土壤的不同区域有着不同的 pH 值，pH 值的差异导致不同区域的电场强度和 Zeta 电势不同，进一步使得不同土壤区域的电渗速率不同，这就使得土壤中水分分布变得不均匀，并产生负毛孔压力。电动力学修复过程中，土壤温度升高引起的水分蒸发也会对土壤中的水分含量产生影响。尽管温度升高可以加快土壤中的化学反应速率，但是在野外和大型试验中，通常会导致土壤干燥。

6. 土壤的结构

电动力学土壤修复过程中，土壤的结构和性质会发生改变。有些黏土土壤（如蒙脱土）由于失水和萎缩，物理化学性质都会发生很大的变化。重金属离子和阴极产生的氢氧根离子化合产生的重金属氢氧化物堵塞土壤毛细孔从而阻碍物质流动。如土壤中铝在酸的作用下转化为 Al^{3+}，Al^{3+} 在阴极区附近生成氢氧化物沉淀，对土壤毛细孔造成堵塞。因此，电动力学土壤修复过程中，必须尽量减少重金属污染物在土壤内沉降和转化为难溶化合物。

7. 重金属在土壤中的存在形态

土壤中的重金属有水溶态、可交换态、碳酸盐结合态、铁锰氧化物结合态、有机结合态、残留态六种存在形态。不同的存在形态具有不同的物理化学性质。Zagury 的研究表明：电动力学修复效率与重金属的存在形态有关。除了 Zn 以外，Cr、Ni 和 Cu 的残留态含量在实验前后几乎没有变化。

8. 电极特性、分布和组织

电极材料能影响电力学土壤修复的效果，但是在实际应用中由于受成本消耗的限制，常用电极必须具备以下特点：易生产、耐腐蚀、不引起新的污染。有时为了特殊需要也采用还原性电极（如铁电极）作为阳极。实验室和实际应用中最常用的电极是石墨电极，镀膜钛电极在实际中也有一些应用。电极的形状、大小、排列及极距，都会影响电动力学修复效果。ALshawabkeh 曾用一维和二维模型研究过电极的排列对电动力学土壤修复的影响，但关于这些参数优化的研究不足，而此后也未见相关研究的报道。

3.4.5 电动力学修复技术适用性

（1）优点 电动力学修复技术可以适用于其他修复技术难以实现的污染场地，可以去除可交换态、碳酸盐和以金属氧化物形态存在的重金属，不能去除以有机态、残留态存在的重金属。Reddy 等研究发现土壤中以水溶态和可交换态存在的重金属较易被电动修复，去除率可达 90%，而以硫化物、有机结合态和残渣态存在的重金属较难去除，去除率约为 30%。

（2）缺点 电动力学修复技术只适用于污染范围小的区域，但是受污染物溶解和脱附的影响，不适于酸性条件。该项技术虽然在经济上是可行的，但是由于土壤环境的复杂性，常会出现与预期结果相反的情况，从而限制了其运用。

（3）修复存在的问题

1）修复过程中土壤 pH 值的突变。电动力学修复过程中，如果 pH 值的突变发生在待处理土壤内部，则向阴极迁移的重金属离子会在土壤中沉淀下来，堵塞土壤孔隙而不利于迁移，从而严重影响其去除效率，这一现象称为聚焦效应（Focusing effect）。以该区域为界线将整个治理区划分为酸性带和碱性带。在酸性带，重金属离子的溶解度大，有利于土壤中重金属离子的解吸，但同时低 pH 值会使双电层的 Zeta 电位降低，甚至改变符号，从而发生反渗流现象，导致去除带正电荷的污染物需要更高的电压和能耗，增加重金属离子迁移的单位耗电量，降低了电流的利用效率。

2）极化现象。电极的极化作用增加了电极上的分压，使电极消耗的电量增加，降低电动修复的能量效率。极化现象包括以下三类。①活化极化（Activation polarization）：电极上水的电解产生气泡（H_2 和 O_2）会覆盖在电极表面，这些气泡是良好的绝缘体，从而使电极的导电性下降，电流降低。②电阻极化（Resistance polarization）：在电动力学过程中会在阴极上形成一层白色膜（其成分是不溶盐类或杂质），这层白膜吸附在电极上会使电极的导电性下降，电流降低。③浓差极化（Concentration polarization）：由于电动力学过程中离子迁移的速率缓慢，使得电极附近的离子浓度小于溶液中的其他部分，从而使电流降低。

3.4.6 电动力学修复技术应用

电动力学修复技术是向污染土壤中插入两个电极，形成低压直流电场，通过电化学和电动力学的复合作用，使水溶态和吸附于土壤的颗粒态污染物根据自身带电特性在电场内做定向移动，在电极附近富集或回收而去除的过程。技术一般由两个电极、电源、AC/DC 转换器组成，图 3-28 为污染土壤电动力学修复的装置与过程。

电动力学修复技术的应用方法通常有原位修复、序批修复、电动栅修复三种。原位修复是直接将电极插入受污染土壤，污染修复过程对现场的影响最小；序批修复是将污染土壤输送到修复设备分批处理；电动栅修复是在受污染土壤中依次排列一系列电极，用于去除地下水中的离子态污染物。一般人们倾向于采用原位修复方法，但是各种方法的适用性最终取决于现场土壤条件和污染物的特性。

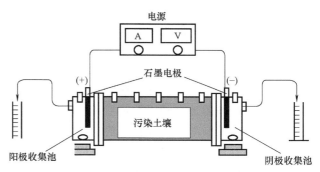

图 3-28　污染土壤电动力学修复的装置与过程

鉴于该技术对重金属修复有独特的优势，几乎不需要化学药剂的投入，对环境无任何负面影响，并且成本低、效率高，目前不断地受到重视和关注。由于其是近几年刚发展起来的新型修复技术，仍然需要全面的实验研究，以确定不同场地和污染物情况下该技术的适用性。在应用之前要进行实验研究以确定该场地是否适于电动力学技术的应用（表 3-11）。首先，要进行现场电导性调查，看是否有高电导性沉积物存在；其次，要进行不饱和土壤水质化学分析，分析溶解的阴阳离子和污染物的成分、浓度，水的电导性和 pH 值，从而评估污染物的传输系数；再次，要进行土壤化学分析，确定土壤的性质和缓冲性能。

表 3-11　电动力学修复现场所需信息

需求信息	基础/应用
水力传导性	匀质、渗透性和含水量高的场合(如黏土含量高)应用效果较好
地下水位	饱和层和不饱和层土壤应用的技术方法不同
污染空间分布	确定电极和回收井的位置
电渗析渗透性能	估计产生水流和污染物的迁移速率
阳离子交换能力	阳离子交换能力低的场合应用效果较好
金属分析	水溶性污染物(非极性有机物除外)应用效果较好
盐分分析	盐分低的场合应用效果较好
半电池电势	用以分析可能的化学反应
污染物传输系数	用以确认修复所需的电流
孔隙水的 pH 值	孔隙水的 pH 值影响污染物的价态，导致污染物不易于沉降

电动力学修复已经经历了试验阶段，在美国、荷兰等国该技术的研究已进入了现场示范阶段。该技术的一个有名范例是美国能源署和国家环保局支持的用"烤宽面条（Lasagna）"

法对三氯乙烯污染土壤的成功修复。

1. 去除重金属污染

电动力学技术可以有效地去除地下水和土壤中的重金属离子。在施加直流电场后，带正电荷的重金属离子开始向阳极迁移，其迁移速度比同方向流动的电渗析流快得多。金属离子的迁移速度与离子半径有关。离子尺寸越小，迁移速度越快，如 Na>K>Ca>Ni。

在处理过程中，首先需要将一系列电极按预定的设计置于污染区地下。电极材料一般是惰性的碳电极，以避免额外物质的导入。极区附近的水流需要进行循环，主要目的是输入需要的络合剂，强化离子的传输，控制电极上的反应，避免极化现象，避免氢氧化物的沉淀。输入的循环液还能够协助重金属脱附和溶解。重金属离子最终可能沉淀在电极上，或者被抽取出来另行处置。

在操作过程中，适当添加一些络合剂，如 EDTA 能够保持金属离子呈溶解状态并随电渗析流迁移。络合剂的选择随污染物质和土壤结构而异，需要通过实验具体评定。在阳极室加入乙酸，也可以控制阳极的极化反应。

电动力学修复技术主要用于均质土壤以及渗透性和含水率较高的土壤修复。电动力学技术对大部分无机污染物污染土壤的修复是适用的，也可用于放射性物质和吸附性较强的有机污染物。大量试验结果证明，其对铬、汞、镉、铅、锌、锰、钼、铜、镍和铀等无机金属，苯酚、乙酸、六氯苯、三氯乙烯和一些石油类污染物处理效果很好（最高去除率可达 90%以上）。电动力学技术修复重金属污染的优势和限制因素见表 3-12。

表 3-12　电动力学技术修复重金属污染的优势和限制因素

修复重金属污染的优势	限 制 因 素
（1）对现有景观、建筑和结构等的影响小 （2）土壤本身的结构不会遭到破坏，且该过程不受土壤低渗透性的影响 （3）金属离子从根本上被去除 （4）对于不能原位修复的现场，可以采用异位修复的方法 （5）可能对饱和、不饱和层都有效 （6）水力传导性较低特别是黏土含量高的土壤适用性较强 （7）对有机和无机污染物都有效	（1）污染物的溶解性和污染物从土壤胶体表面的脱附性能对该技术的成功应用有重要的影响 （2）需要电导性的孔隙流体来活化污染物 （3）埋藏的地基、碎石、大块金属氧化物、大石块等会降低处理效率 （4）金属电极电解过程中发生溶解，产生腐蚀性物质，因此电极需采用惰性物质如碳、石墨、铂等 （5）污染物的溶解性和脱附能力限制技术的有效应用 （6）土壤含水量低于 10%的场合，处理效果大大降低 （7）非饱和层水的引入会将污染物冲洗出电场影响区域，埋藏的金属或绝缘物质会引起土壤中电流的变化 （8）当目标污染物的浓度相对于背景值（非污染物浓度）较低时，处理效率降低

2. 去除有机物

近年来，电动力学开始用以抽取地下水和土壤中的有机污染物，或者用清洁的流体置换受污染的地下水和洗刷受有机物污染的土壤。实验表明，这种方法用于去除吸附性较强的有机物效果也比较好。例如，对苯酚和乙酸，在高岭土中，当电压是 60V/m 时，对浓度为 $450×10^{-6}$ 的苯酚，使用土壤孔隙体积 1.5 倍的水置换，苯酚去除率大于 94%；对 0.5mol/L 的乙酸，使用 1.5 倍孔隙体积的水流置换，95%的乙酸能够被去除。

pH 值对去除极性有机物的影响比较大。因为，pH 值能够改变有机物的极性或存在形式，影响其吸附特性。添加表面活性剂，有助于有机物从土壤表面脱附，保持在孔隙水流中，提高有机物的浸出率。表面活性剂的极性也可能导致电动力学现象进一步复杂化，改变电渗析流的方向和速率。

3.4.7　电动力学修复改进技术

最新的发展趋向是将电动力学技术与其他技术相结合，强化电动力学修复。图 3-29 概括了电动力学技术强化的原理。

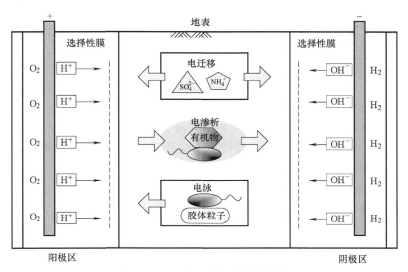

图 3-29　电动力学技术强化原理

1. 生物电动修复技术（Electrokinetic Bioremediation Technique，EBT）

生物电动修复技术是活化污染土壤中的休眠微生物族群，并通过电动技术向土壤中的活性微生物和其他生物注入营养物，促进微生物的生长、繁殖及代谢以转化有机污染物，并利用微生物的代谢作用改变重金属离子的存在状态，从而增强迁移性或降低其毒性；同时，在施加电场的作用下可加速传质过程，提高微生物与重金属离子的接触效率，并可以将改变形态的重金属离子去除。图 3-30 是电动力学生物强化修复原理。

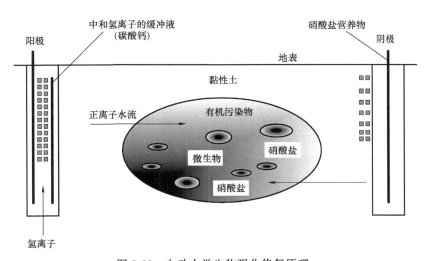

图 3-30　电动力学生物强化修复原理

电动生物修复技术的优点为：经济性好，不需外加微生物和营养剂，能均匀地扩散到污染土体或直接加在特定的地点，可以降低营养剂的成本且避免了微生物穿透细致土壤时所衍生的问题。其缺点为：高于毒性受限阈值的有机污染物浓度将限制微生物族群，混合的有机污染物的生物修复可能产生对微生物有毒性的副产品，从而限制微生物的降解。电动生物修复技术存在的问题：缺少电场作用下微生物在土壤中的活动情况研究；如何避免重金属离子和其他阴离子对微生物造成的不利影响；缺少异养微生物在直流电场下行为的有效数据，以及如何刺激微生物的新陈代谢。当前，生物电动修复技术是电动法修复土壤的主要方向之一，且有广阔的应用前景。

2. Lasagna 技术

Lasagna 技术是一种综合的土壤原位修复技术。该技术是在污染土壤中建立近似断面的渗透性区域，通过向里面加入适当的物质（吸附剂、催化剂、微生物、缓冲剂）将其变成处理区，然后采用电动力学法使污染物（如重金属）从土壤迁移至处理区，在吸附、固定等作用下得到去除。该技术适用于低渗透性土壤或者是包含低渗透性区域的非均相土壤。

Lasagna 技术在美国由两个学术团体发展，各自采用不同的电极装置。美国环保署（USEPA）和辛辛那提（Cincinnati）大学致力于论证在污染土壤下安装水平方向上的电极的可行性；美国能源部（DOE）及其工业合伙人则致力于发展安装垂直方向上的电极装置。两个学术团体已经在现场先后进行了小规模和大规模的试验，论证了 Lasagna 技术的处理效果。

（1）电极的水平结构　一般来说，水平结构的电极装置适用于超固结黏土，该装置结构如图 3-31 所示。在垂直方向上，污染土壤的上面和下面插入石墨电极形成垂向电场。另外，可以向中间加入试剂来提高处理效果。水平结构电极的缺点是在处理过程中，电极产生的气体向上运动穿过污染土壤，这样会增大土壤的电阻，提高处理成本。这种装置在现场运行时要注意地下水位，以免影响处理效果。

（2）电极的垂直结构　这种结构的电极装置适用于浅层土壤污染（<15m）及土壤不是超固结状态时，装置结构如图 3-32 所示。电极垂直插入污染土壤的两端，形成一个水平方向上的直流电场。这种结构可以和其他的处理方法结合起来以提高处理效果。

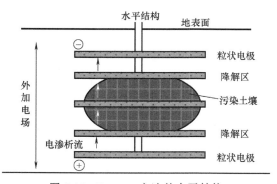

图 3-31　Lasagna 方法的水平结构

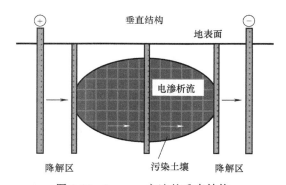

图 3-32　Lasagna 方法的垂直结构

（3）技术的优点与缺陷　优点：在低渗透性土壤中效果显著；污染物可以在地下去除；操作起来无噪声污染；安装迅速；处理时间相对较少。缺陷：设计和操作过程中要考虑的因素太多，如处理区的间距、化学试剂的选择、垂直粒状电极的放置方法等；有可能处理土壤中多种污染物，但是对于某种污染物要采用特定的方法以确保这种处理的兼容性；电极的水平结构利用水力压裂及加入泥浆可以处理深层区域的土壤污染，但是要考虑电极的接触问题和电解产生的气体的去除。将来可考虑生物处理技术与 Lasagna 技术结合使用。

3. 阴极区注导电性溶液技术

（1）装置　当用电动力学法处理重金属污染的土壤时，土壤中会产生酸性迁移带和碱性迁移带。酸性迁移带会促进重金属离子从土壤中分离；而碱性迁移带会促使重金属离子沉淀，这样会降低重金属离子的去除效率。为了解决这个问题，有些学者研究出一种新的方法：在处理土壤和阴极之间注入导电

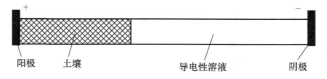

图 3-33　导电性溶液注入阴极和土壤之间

性溶液，把由于碱性迁移带产生的高 pH 值区控制在土壤和阴极之间的导电性溶液中，装置如图 3-33 所示。这种装置的好处是不需要额外的水循环系统，可以使处理系统简单化，还可能适用于一个可移动的土壤原位修复。实验结果显示，Cu 和 Zn 在砂土中 5d 内的去除效率可达 96% 以上。

该方法应用于原位修复时，把这么多的导电性溶液注入地下是不实际的，因此可以采用图 3-34 所示装置，将导电性溶液和阴极放在地表以上的容器中。

（2）优点及不足　这种方法使重金属的处理效率大为提高，并且装置简单。但位于处理土壤和阴极之间的导电性溶液的长度至少要两倍于处理土壤的长度，且 pH 值缓冲容量、介质的阳离子交换能力及导电性溶液与土壤的相互反应可能影响酸碱迁移带的前进和 pH 值跃迁的位置；导电性溶液要放在一个特殊的容器中，这可能会增大处理成本。

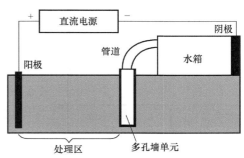

图 3-34　阴极区注导电性溶液技术现场应用

（3）阳离子选择性透过膜　鉴于阴极区注入导电性溶液处理方法的缺点，有学者发展了一种新的方法：将一个阳离子选择性透过膜放在土壤中靠近阴极的地方（图 3-35），H^+ 和金属阳离子可以通过阳离子选择性透过膜，而 OH^- 无法通过。这样可以把高 pH 值区限制在靠近阴极的地方，提高重金属离子的去除效率。实验结果表明，重金属的去除率可达 90% 以上。另外，为了提高处理效果，还可向这种装置的阴极区加入酸性溶液（如乙酸）来控制 pH 值。试验结果显示，加入酸性溶液后的重金属离子的去除效率要高于仅使用阳离子选择性透过膜的去除效率。

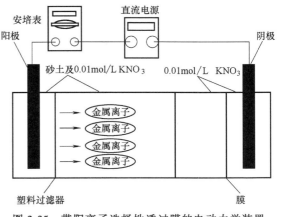

图 3-35　带阳离子选择性透过膜的电动力学装置

4. 其他电动力学修复改进技术

1）电化学地质氧化（Electrochemical geological oxidation）技术，是给插入地表的电极通以直流电，引用电流产生的氧化还原反应使电极间的土壤及地下水的有机物矿化或无机物固定化。

2）电化学离子交换（Electrochemical ion exchange）技术，是由电动修复技术和离子交换技术相结合去除自然界中的离子污染物，其原理是在污染土壤中插入一系列的电极棒使电极棒置于可循环利用的电解质的多孔包覆材料中，离子化的污染物被捕集至这些电解质中并抽取至地表。被回收的溶液在地表穿过电化学离子交换材料后，将污染物交换出来，电解质经离子交换后回至电极周围以循环利用。

3）电动分离（Electrical separation）技术，是通以直流电的电极放置于受污染土壤的两侧，在电极添加或散布调整液，如适当的酸以促进污染土壤的修复，离子或孔隙流体流动的同时将从污染土壤中去除污染物，污染物向电极移动。

4）电动吸附（Electrical adsorption）技术，是在电极表面涂装高分子聚合物（polymer）形成圆筒状电极棒组，电极放置于土壤开孔中通以直流电且在高分子聚合物中充满 pH 值缓冲试剂，以防止因 pH 值变化而产生的胶凝，离子在电流的影响下穿过孔隙水在电极棒高分子上富集。高分子聚合物可含有离子交换树脂或其他吸收物质，将污染物离子在到达电极前加以捕集。

5）电动配置氧化还原（Electric configuration oxidation reduction）技术，是通过向污染土壤中加入氧化还原剂，使低溶解度或沉淀态的污染物转化为溶解性的物质得以去除。限于篇幅，具体内容可阅读相关文献，改进技术工艺汇总见表 3-13。

表 3-13　改进技术工艺汇总

修复技术	技术特点	适用土壤	适用修复	主要优点	主要缺点
电动力学生物修复	通过生物电技术向土壤土著微生物加入营养物	饱和及非饱和土壤	原位	不需要外加微生物群体	高浓度污染物会毒害微生物，需要的修复时间长
电吸附	电极外包聚合材料以捕获向电极迁移的离子	不详	原位	聚合材料内的填充物可调节 pH 值，防止其突变	仍有必要进一步研究其经济性
电化学自然氧化	利用土壤中催化剂作污染物的氧化降解剂	不详	原位	不需外加催化剂，而利用天然存在的铁、镁、钛和碳元素	需要的修复时间长
Electroklean	向土壤外加电压时加入增强剂（主要是酸类）	饱和及非饱和土壤	原位或异位	去除范围广，可去除重金属离子、放射性核素和挥发性污染物	对缓冲能力高的土壤和存在多种污染物的土壤去除效果差
Lasagna	由几个渗透反应区组成	饱和黏性土	原位	循环利用阴极抽出水，成本相对较低	电解产生的气泡覆盖在电极上，使电极导电性降低

3.5 土壤固化/稳定化修复

3.5.1 固化/稳定化修复概述

固化/稳定化（Solidification/Stabilization，S/S）修复技术是将污染土壤与黏结剂或稳定剂混合，使污染物实现物理封存或发生化学反应形成固体沉淀物（如形成氢氧化物或硫化物沉淀等），从而防止或者降低污染土壤释放有害化学物质过程的一组修复技术，通常用于重金属和放射性物质污染土壤的无害化处理。

固化/稳定化技术包含了两个概念。固化是指将污染物包被起来，使之呈颗粒状或大块状存在，进而使污染物处于相对稳定的状态。在通常情况下，它主要是将污染土壤转化成固态形式，也就是将污染物封装在结构完整的固态物质中的过程。封装可以是对污染土壤进行压缩，也可以是由容器来进行封装。固化不涉及固化物或者固化的污染物之间的化学反应，只是机械地将污染物固定约束在结构完整的固态物质中，通过密封隔离含有污染物的土壤，或者大幅降低污染物暴露的易泄漏、释放的表面积，从而达到控制污染物迁移的目的。稳定化是指将污染物转化为不易溶解、迁移能力或毒性变小的状态和形式，即通过降低污染物的生物有效性，实现其无害化或者降低其对生态系统危害性的风险。稳定化不一定改变污染物及其污染土壤的物理、化学性质。通常，磷酸盐、硫化物和碳酸盐等都可以作为污染物稳定化处理的反应剂。许多情况下，稳定化过程与固化过程不同，稳定化结果使土壤中的污染物具有较低的泄漏、淋失风险。

固化/稳定化技术一般常采用的方法为：先利用吸附质如黏土、活性炭和树脂等吸附污染物，浇上沥青，然后添加某种凝固剂或粘接剂，使混合物成为一种凝胶，最后固化为硬块，图3-36是污染土壤的固化/稳定化修复。

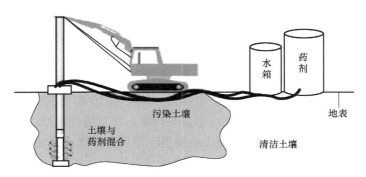

图 3-36 污染土壤的固化/稳定化修复

固化/稳定化技术可用于处理大量的无机污染物，也可用于处理部分有机污染物。与其他技术相比，该技术突破了将污染物从土壤中分离出来的传统思维，转而将其固定在土壤介质中或改变其生物有效性，以降低其迁移性和生物毒性；其处理后所形成的固化物（称S/S产物）可被建筑行业所采用（路基、地基、建筑材料），而且具有费用低、修复时间短、易操作等优点，是一种经济有效的污染土壤修复技术。

但固化/稳定化技术最主要的问题在于它不破坏、不减少土壤中的污染物，而仅仅是限制污染物对环境的有效性。随着时间的推移，被固定的污染物有可能重新释放出来，对环境造成危害，因此它的长期有效性受到质疑。

3.5.2 固化/稳定化修复原理

固化/稳定化是用物理-化学方法将污染物固定或包封在密实的惰性基材中，使其稳定化的一种过程。其固化过程有的是将污染物通过化学转变或引入某种稳定的晶格中的过程，有的是将污染物用惰性材料加以包容的过程，有的兼有上述两种过程。

固化/稳定化技术既可以将污染介质（主要包括土壤和沉积物等）提取或挖掘出来，在地面混合后，投放到适当形状的模具中或放置到空地，进行稳定化处理，称为异位固化/稳定化技术；也可以在污染介质原位稳定处理。相比较而言，现场原位稳定处理比较经济，并且能够处理深达 30m 处的污染物。图 3-37 和图 3-38 分别为异位和原位固化/稳定化修复污染土壤。

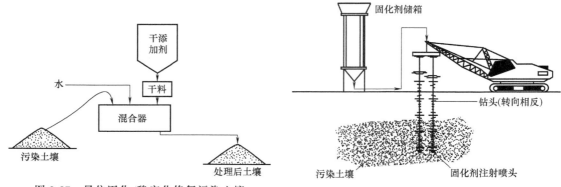

图 3-37 异位固化/稳定化修复污染土壤　　　　图 3-38 原位固化/稳定化修复污染土壤

固化/稳定化处理之前，针对污染物类型和存在形态，有些需要进行预处理，特别要注意金属的氧化还原状态和溶解度等。如六价铬溶解度大，在环境中的迁移能力高于三价铬，毒性也较强，因此在采用该技术修复铬污染土壤时，首先要改变铬的价态，将铬从六价还原为三价。

固定/稳定化技术处理的一般步骤包括：①中和过量的酸度；②破坏金属络合物；③控制金属的氧化还原状态；④转化为不溶性的稳定形态；⑤采用固化剂形成稳定的固体形态物质。

固化/稳定化技术具有以下一些特点：①需要污染土壤与固化剂/稳定剂等进行原位或异位混合，与其他固定技术相比，无需破坏无机物质，但可能改变有机物质的性质；②稳定化可能与封装等其他固定技术联合应用，并可能增加污染物的总体积；③固化/稳定化处理后的污染土壤应当有利于后续处理；④现场应用需要安装全部或部分设施，如原位修复所需的螺旋钻井和混合设备、集尘系统、挥发性污染物控制系统、大型储存池。

3.5.3 固化/稳定化修复技术

1. 原位固化/稳定化技术

原位固化/稳定化修复技术是指直接将修复物质注入污染土壤中进行相互混合，通过固态形式利用物理方法隔离污染物或者将污染物转化成化学性质不活泼的形态，从而降低污染物质的毒害程度。原位固化/稳定化修复不需要将污染土壤从污染场地挖出，其处理后的土壤仍留在原地，用无污染的土壤进行覆盖，从而实现对污染土壤的原位固化/稳定化。原位固化/稳定化修复技术是少数几个能够原位修复重金属污染土壤的技术之一，由于有机物不稳定易于反应，原位固化/稳定化技术一般不适用于有机污染物污染土壤的修复。固化/稳定化技术一度用于异位修复，近年来才开始用于原位修复。图3-39虚线框内为原位土壤固化/稳定化修复的工艺流程。

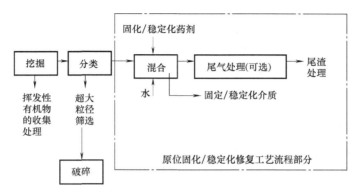

图3-39 异位（原位）土壤固化/稳定化修复的工艺流程

影响原位土壤固化/稳定化修复的应用和有效性的发挥因素，主要包括：①许多污染物固化/稳定化过程相互复合作用的长期效应尚未有现场实际经验可以参考；②污染物的埋藏深度会影响、限制一些具体的应用过程；③必须控制好黏结剂的注射和混合过程，防止污染物扩散进入清洁土壤区域；④与水的接触或者结冰/解冻循环过程会降低污染物的固化/稳定化效果；⑤黏结剂的输送和混合要比异位固化/稳定化过程困难，成本也相对高许多。

为克服上述因素对原位土壤固化/稳定化修复有效性的影响，一些新型固化/稳定化技术修复得到了研制。主要有：①螺旋搅拌土壤混合，即利用螺旋土钻将黏结剂混合进入土壤，随着钻头的转动，黏结剂通过土钻底部的小孔进入待处理的土壤中与之混合，这一技术处理土壤的地下深度可达45m；②压力灌浆，利用高压管道将黏结剂注射进入待处理土壤孔隙中。

2. 异位固化/稳定化技术

异位固化/稳定化土壤修复技术通过将污染土壤与黏结剂混合形成物理封闭（如降低孔隙率等）或者发生化学反应（如形成氢氧化物或硫化物沉淀等），从而达到降低污染土壤中污染物活性的目的。这一技术的主要特征是将污染土壤或污泥挖出后，在地面上利用大型混合搅拌装置对污染土壤与修复物质（如石灰或水泥等）进行完全混合，处理后的土壤或污泥再被送回原处或者进行填埋处理。异位固化/稳定化用于处理挖掘出来的土壤，操作时间决定于处理单元的处理速度和处理量等，通常使用移动的处理设备，目前一般处理能力为$8 \sim 380 m^3/d$。

在异位固化/稳定化过程中，许多物质都可以作为黏结剂，如硅酸盐水泥、火山灰、硅酸酯、沥青及各种多聚物等。硅酸盐水泥及相关的铝硅酸盐（如高炉熔渣、飞灰和火山灰等）是最常使用的黏结剂。利用黏土拌和机、转筒混合机和泥浆混合器等将污染土壤、水泥和水混合在一起。有时可能会根据需要，适当地加入一些添加剂以增强具体污染物质的稳定性，防止随时间推移而发生的某些负面效应。

异位固化/稳定化通常用于处理无机污染物质，对于半挥发性有机物质及农药杀虫剂等污染物污染的情况，进行修复的适用性有限。不过，目前正在进行能有效处理有机污染物的黏结剂的研究，可望在不久的将来也能应用于有机污染物污染土壤的修复。

影响异位土壤固化/稳定化修复的应用和有效性的发挥因素，主要包括：①最终处理时的环境条件可能会影响污染物的长期稳定性；②一些工艺可能会导致污染土壤或固体废物体积显著增大（甚至为原始体积的两倍）；③有机物质的存在可能会影响黏结剂作用的发挥；④VOCs通常很难固定，在混合过程中就会挥发逃逸；⑤对于成分复杂的污染土壤或固体废物还没有发现很有效的黏结剂；⑥石块或碎片比例太高会影响黏结剂的注入和与土壤的混合，处理之前必须除去直径大于60mm的石块或碎片。原位/异位土壤固化/稳定化修复的工艺流程如图3-39所示。

3.5.4　固化/稳定化修复常用系统

固化/稳定化修复技术常用的胶凝材料可以分为：无机黏结物质，如水泥、石灰、碱激发胶凝材料等；有机黏结剂，如沥青等热塑性材料；热硬化有机聚合物，如尿素、酚醛塑料和环氧化物等；化学稳定药剂。

由于技术和费用问题，水泥和石灰等无机材料在污染土壤修复的应用最为广泛，占项目总数的94%，水泥或石灰为基础的无机黏结物质固化/稳定化修复技术可以通过以下机制稳定污染物：在添加剂表面发生物理吸附；与添加剂中的离子形成沉淀或络合物；污染物被新形成的晶体或聚合物所包被，减小了与周围环境的接触界面。

1. 水泥固化/稳定化

水泥是由石灰石和黏土在水泥窑中高温加热而成的，其主要成分为硅酸三钙和硅酸二钙。水泥是水硬性胶凝材料，加水后能发生水化反应，逐渐凝结和硬化。水泥中的硅酸盐阴离子是以孤立的四面体存在，水化时逐渐连接成二聚物及多聚物-水化硅酸钙，同时产生氢氧化钙。水化硅酸钙是一种由不同聚合度的水化物所组成的固体凝胶，是水泥凝结作用的最主要物质，可以对土壤中的有害物质进行物理包裹吸附，化学沉淀形成新相以及离子交换形成固溶体等作用，是污染物稳定化的根本保证。同时其强碱性环境有利于重金属转化为溶解度较低的氢氧化物或碳酸盐，从而对固化体中重金属的浸出性能有一定的抑制作用。其类型一般可分为普通硅酸盐水泥、火山灰质硅酸盐水泥、矿渣硅酸盐水泥、矾土水泥及沸石水泥等，可根据污染土壤的具体性质，根据需要对其进行有效选择。

水泥固化有着独特的优势：固化体的组织比较紧实，耐压性好；材料易得、成本低；技术成熟，操作处理比较简单；可以处理多种污染物，处理过程所需时间较短，已有大量的工程应用。

水泥固化也有一定的局限性，其增容很大，一般可达1.5~2，这主要是由于硫酸钠、硫酸钾等多种硫酸盐都能与硅酸盐水泥浆体所含的氢氧化钙反应生成硫酸钙，或进一步与水化铝酸钙反应生成钙矾石，从而使固相体积大大增加，造成膨胀；且水泥固化/稳定化污染土壤，仅仅是一种暂时的稳定过程，属于浓度控制，而不是总量控制，我国很多地区酸雨较严重，硅酸盐水泥的不抗酸性使得经水泥固化的重金属在酸性环境中重新溶出，其长期有效性受到怀疑。

2. 石灰固化/稳定化

石灰是一种非水硬性胶凝材料，其中的钙能够和土壤中的硅酸盐形成水化硅酸钙，起到固定/稳定污染物的作用。与水泥相似，以石灰为基料的固化/稳定化系统也能够提供较高的pH值，但是石灰的强碱性并不利于两性元素的固化/稳定化。另外，该系统的固化产品具有多孔性，有利于污染物质的浸出，且抗压强度和抗浸泡性能不佳，因而较少单独使用。

石灰可以激活火山灰类物质中的活性成分以产生黏结性物质，对污染物进行物理和化学稳定，因此石灰通常与火山灰类物质共用。石灰/火山灰固化技术指以石灰、水泥窑灰及熔矿炉炉渣等具有波索来反应（Pozzolanic reaction）的物质为固化基材而进行的固化/稳定化修复方法。火山灰质材料属于硅酸盐或铝硅酸盐体系，当其活性被激发时，具有类似水泥的胶凝特性，包括天然火山灰质材料和人工火山灰质材料。根据波索来反应，在有水的情况下，细火山灰粉末能在常温下与碱金属和碱土金属的氢氧化物发生凝结反应。在适当的催化环境下进行波索来反应，可将污染土壤中的重金属成分吸附于所产生的胶体结晶中。

3. 土聚物固化/稳定化

土聚物（Soil polymer）是一种新型的无机聚合物，其分子链由Si、O、Al等以共价键连接而成，是具有网络结构的类沸石，通常是以烧结土（偏高岭土）、碱性激活剂为主要原料，经适当工艺处理后，通过化学反应得到的具有与陶瓷性能相似的一种新材料，能长期经受辐射及水作用而不老化；聚合后的终产物具有牢笼型结构，它对金属元素的固化是通过物理束缚和化学键合双重作用而完成的。因此，如能把含重金属污泥制备成土聚水泥，以土聚物的形式来固化重金属，则会取得比硅酸盐水泥更令人满意的效果。同时，由于它的渗滤性低，对重金属元素既能物理束缚也能化学键合，加上它的强度又比由硅酸盐水泥制成的混凝土高出许多，因此其固化物及产物可被应用于道路或其他建设领域，作为资源化应用具有广阔的发展前景。

4. 化学药剂稳定化

化学药剂（Chemical agent）稳定法一般通过化学药剂和土壤所发生的化学反应，使土壤中所含有的有毒有害物质转化为低迁移性、低溶解性、低毒性物质。药剂稳定法中所使用药剂一般可分为有机和无机两大类，根据污染土壤中所含重金属种类，最常采用的无机稳定药剂有硫化物（硫化钠，硫代硫酸钠）、氢氧化钠、铁酸盐以及磷酸盐等。有机稳定药剂一般为螯合型高分子物质，如乙二胺四乙酸二钠盐（一种水溶性螯合物，简称EDTA），它可以与污染土壤中的重金属离子进行配位反应从而形成不溶于水的高分子络合物，进而使重金属得到稳定。还有一种应用较多的有机稳定药剂硫脲（H_2NCSNH_2），其稳定机理和硫化钠及硫代硫酸钠基本相同，主要是利用污染土壤中的重金属与其所生成的硫化物的沉淀性能来对其实现有效固化/稳定化，但当达到相同稳定效果时，其用量为硫化钠最佳用量的1/2。

3.5.5　固化/稳定化修复影响因素

无机材料在污染土壤修复过程中的水化作用是其凝固和硬化的必要条件，因此影响水化反应的因素都会影响污染土壤固化/稳定化的效果。根据污染土壤的理化性质主要可以分为以下几类。

（1）土壤pH值特征　水泥或石灰为基料的系统在凝结及硬化阶段都需要碱性环境（pH>10），高碱度环境能加强水泥水化反应进程，促使较多水化产物（水化硅酸钙及水合硫铝酸钙等）的产生。有研究表明，将重金属以硝酸盐形式加入水泥浆体固化时，铜元素会以氢氧化物形式出现，或与钙反应生成更复杂的化合物；体系中 pH>8 时，锌会以氢氧化物形式 $[Zn(OH)_4^{2-}$ 或 $Zn(OH)_5^{3-}]$ 出现，或与钙反应生成 $CaZn_2(OH)_6 \cdot H_2O$；在 pH 值较低时，铅以溶解状态 $[Pb^{2+}$、$Pb(OH)^+$ 或 $Pb(OH)_3^-]$ 出现，但随着系统 pH 值的升高，铅同样会以氢氧化物沉淀出现，或为更难溶的 PbO 形式，这表明介质的碱性特征也有利于重金属的沉淀反应，对重金属固化的长期稳定性起到十分重要的作用。因此，不同重金属离子的吸附与其存在系统的 pH 值也密切相关，为了保证碱性环境，固化前需要添加相应的碱性物质（如石灰、粉煤灰等），而土壤 pH 值特征将关系到碱性物质的用量。

（2）土壤物质组成

1）物理组成影响。在固化/稳定化处理重金属危险废弃物时，其固化效果和固化体的微观结构密切相关，尤其是固化体的孔径尺寸分布和其孔结构，直接影响着固化体的强度和抗渗透性。另外，重金属离子的扩散系数与半径小于 2nm 的胶凝孔数量也密切相关。

2）化学组成影响。与其他污染介质相似，土壤中的 Mn、Zn、Cu 和 Pb 的可溶性盐类会延长水泥的凝固时间并大大降低其物理强度。Cr^{6+} 能够与水泥中的 Ca^{2+} 发生反应形成 $CaCrO_4$，从而抑制水泥的水化过程。硫酸盐可以与水泥反应生成"水泥杆菌"，这种晶体较强的体积膨胀会使混凝土受到破坏；硝酸盐、硫酸盐也会强烈地影响水泥固化体的水化和硬化。有机污染物会抑制水泥的凝固和硬化，影响固化体中晶体结构的形成；由于极性的差异，有机污染物不易与无机固化剂发生反应，因此在无机材料固化体中的稳定性不高，通常需要添加有机改性石灰和黏土等物质来屏蔽这些影响。

（3）土壤氧化还原电势　氧化还原电势会影响污染物的沥出性，而且在不同的氧化还原条件下，不同污染物的可溶性不同，这就加大了固化难度。

3.5.6　固化/稳定化修复工艺

胶凝材料和添加剂的品种与用量、水分掺量、混合工艺及养护条件等因素均对固化体的性能有很大的影响。

（1）胶凝材料和添加剂的品种与用量　不同的污染物需要选择不同的胶凝材料，如对 As 而言，石灰比水泥更加有效。添加剂是实现污染物稳定化的重要保证，根据作用不同分为金属稳定剂、有机污染物吸附剂和过程辅助剂三类。金属稳定剂可以通过物理吸附、控制介质的 pH 值和氧化还原电位、与污染物形成沉淀或络合物等方式实现污染物稳定化，常用的有可溶性碳酸盐、硅酸盐、磷酸盐、硫化物、氧化还原剂、络合剂、黏土矿物及火山灰类物质；有机污染物吸附剂主要通过物理吸附作用限制污染物的迁移，屏蔽它们对胶凝材料水化的不利影响，如活性炭、有机改性石灰和黏土、表面活性剂；促凝剂、减水剂和膨松剂等过程辅助剂可以改善胶凝材料的水化和凝硬过程，优化固化体的物理特性。氧化剂和还原剂多用于处理变价金属。在 As 污染土壤固化之前常先用 H_2O_2 等进行氧化处理，使其从三价转化为五价，水泥和石灰固化，产生 Ca 或 Fe 的砷酸盐及亚砷酸盐。Cr 在固化前常加入还原物质使其从六价转化成三价。在氧化或还原条件下，非毒性有机物可能变为有毒物质，因此要针对不同的污染物类型科学设置处理过程。火山灰物质本身不能发生凝硬反应，但有水时可被碱性物质激活。水泥和火山灰物质联合使用是一种理想的固化模式。水泥水化产生的氢氧化钙激活火山灰类物质的活性氧化硅生成水化硅酸钙，水化硅酸钙不仅能够堵塞水泥固化遗留的空隙，增加固化体的致密度，还能对污染物起到稳定作用。与水泥单独使用不同的是水化硅酸钙生成反应不易受到其他物质的影响。固化技术发展起来以后，火山灰类物质通常作为水泥或石灰的添加剂，实现了废物的资源化利用。高炉渣能够还原 Cr^{6+}，广泛应用于 Cr 污染介质的固化/稳定化。

固化剂用量对重金属污染土壤的固化效果是十分重要的。氢氧化物是固化体中重金属的重要存在形式，它们的溶解度受到介质 pH 值的影响，即在碱性的某个 pH 值具有最小的溶解度，当 pH 值升高或降低时其溶解度就增大。胶凝材料掺量越多，水化硅酸钙凝胶及钙矾石等硅酸盐矿物对重金属的稳定起重要作用的水化产物越多，固化体则越密实，从而重金属浸出浓度越低。固化剂常具有较强碱性，会强烈影响固化体的 pH 值，因此加入量太大会对重金属的稳定效果产生负面影响。

（2）水分含量　水是水化反应的物质基础，但过量的水会阻碍固化过程。另外，水化反应后剩余水分会逐渐蒸发造成固化体毛细孔道增多，增加固化体的渗透性及污染物的移动性，不利于污染物的稳定，且固化体密度和强度会有所降低。为保证水泥进行正常的水化反应，水与水泥的比值一般维持在 0.25。

（3）混合均匀程度　混匀是固化/稳定化过程中至关重要的步骤，目的是保证固化剂和污染物之间的紧密接触，有时要借助相应的仪器设备。在大多数情况下，混合程度是用肉眼判断的，因此试验结果在一定程度上受到主观经验的影响。

（4）养护条件　固化体的养护一般是在 95% 以上相对湿度，(20 ± 2)℃ 条件下进行养护 28d。混合处理后的两周时间是硬化和结构形成的重要阶段，该阶段的养护条件直接关系到固化体的结构孔隙和密实程度，影响污染物的浸出效应，因此对固化/稳定化效果至关重要。

3.5.7　固化/稳定化修复技术应用

在对污染土壤进行修复工程前首先要在恒定温度和湿度环境条件下进行实验室内的可行性研究，确定固化特定污染土壤的最佳固化剂，现场小型试验之后再应用于污染场地处置工程的实施，它通常包括以下阶段。

（1）修复材料　固化/稳定化技术使用的修复材料，根据其化学性质分为三类：无机黏合剂、有机黏合剂和专用添加剂。无机黏合剂是最主要的黏合剂，有水泥、火山灰质材料、石灰、磷灰石和矿渣等；有机黏合剂包括有机黏土、沥青、环氧化物、聚酯和蜡类等；专用添加剂包括活性炭、pH 值调节剂、中和剂和表面活性剂等。针对不同类型的污染物质，有机黏合剂和无机黏合剂会单独使用也可混合使用，专用添加剂通常与其他两种黏合剂混用以加速修复过程、稳定修复结果。

（2）土壤样品采集　污染样品采集为了全面了解研究区的土壤污染状况和机械特性等性质，需要采集足够数量的土壤样本。场地历年的使用状况资料对掌握其污染类型和范围是十分重要的。值得注意的是，当采集挥发性有机物污染土壤样品时，要尽量减少这些物质的损失或变化。也有研究者根据污染土壤的特征，利用模拟土壤进行实验室固化试验，这种方法可能会导致模拟土壤与现场土壤的差异，给污染场地土壤修复工程带来困难。

（3）土壤物理化学性质分析　一般而言，土壤酸碱度、含水量、机械组成、污染物质种类和含量是主要指标。在分析结果的基础上确定主要关注的土壤污染物种类，为后续处理确立目标污染物。

（4）固化/稳定化修复工艺确定　根据目标污染物性质，确定样品前处理过程。设置多种胶凝材料和添加剂的批量试验，根据评价指标来确定最佳组合。由于影响因素太多，为了抓住最主要因素，简化试验过程，目前的大多数实验研究通常采用恒定的水分添加量，固定的混合手段、养护温度和养护时间。

（5）固化/稳定化效果评价　目前，对于固化/稳定化处理效果的评价，主要可从固化体的物理性质、污染物的浸出毒性和浸出率、形态分析与微观检测、小型试验等方面予以评价。

1）物理性质。经过固化/稳定化处理后的固化体可以进行资源化利用，通常可以把它们作为路基或者一些建筑材料，因此处理后的固化体应具有良好的抗浸出性、抗渗透性及足够的机械强度等，同时，为了节约成本，固化过程中材料消耗要低，增容比也要低。增容比是指所形成的固化体体积与被固化有害废物体积的比值。抗压强度和增容比是评价固化体作为路基、建筑材料或者填埋处理的主要指标。

2）浸出毒性。目前主要是通过污染物的浸出效应来评价添加剂对污染物的固化/稳定化效果。固体废物遇水浸淋，浸出的有害物质迁移转化，污染环境，这种危害特性称为浸出毒性。判别一种废物是否有害的重要依据是浸出毒性，为了评价固体废物遇水浸溶浸出的有害物质的危害性，我国颁布了 HJ 557—2010《固体废物　浸出毒性浸出方法　水平振荡法》、HJ/T 299—2007《固体废物　浸出毒性浸出方法　硫酸硝酸法》和 HJ/T 300—2007《固体废物　浸出毒性浸出方法　醋酸缓冲溶液法》，浸出液中任一种污染物的浓度超过 GB 5085.3—2007《危险废物鉴别标准　浸出毒性鉴别》规定的浓度限值，则判定该固体废物是具有浸出毒性特征的危险废物。毒性特性浸出程序（Toxicity Characteristic Leaching Procedure，TCLP）是 EPA 指定的重金属释放效应评价方法，用来检测在批处理试验中固体、水体和不同废物中重金属元素迁移性和溶出性，应用最广泛。其采用乙酸作为浸提剂，土水比为 1：20，浸提时间为 18h。

有害废物经过固化处理后所形成的固化体应具有良好的抗渗透性、抗浸出性、抗干湿性、抗冻融性及足够的机械强度等，最好能作为资源加以利用。固化过程中材料和能量消耗要低，增容比也要低。浸出率指固化体浸于水中或其他溶液中时，其中有毒（害）物质的浸出速度。浸出率的数学表达式如下：

$$R_{\text{in}} = (a_r / A_0) / [(F/M) t] \tag{3-9}$$

式中，R_{in} 为标准比表面的样品每天浸出的有害物质浸出率 $[\text{g}/(\text{d} \cdot \text{m}^2)]$；$a_r$ 为浸出时间内浸出有害物质的量（mg）；A_0 为样品中有害物质的量（mg）；F 为样品暴露的表面积（cm^2）；M 为样品质量（g）；t 为浸出时间（d）。

3）形态分析与微观检测。形态分析是表征重金属生物有效性的一种间接方法，利用萃取剂提取重金属可以明确重金属在土壤中的化学形态分布及可被溶出的能力。Tessier 法是目前应用最广泛的方法。通过形态分析可以了解土壤中重金属的转化和迁移，还可以预测其生物有效性，间接地评价重金属的环境效应。通过分析土壤中重金属在固定前后微观结构上的变化，可以推测固化/稳定剂与重金属之间的相互作用及结合机制。X 射线衍射可以分析固化体矿物组成，扫描电子显微镜可以测定固化体的形貌、组成、晶体结构等，这两种分析手段已被众多研究者用于测定新物质的形态和研究不同添加剂对重金属离子的固化机理，结合形态分析的结果，可以发现固定后各种形态分布比例的变化。

（6）盆栽试验、现场小型试验 盆栽试验是评估原位修复效果最常用的方法，通过观察植物生长状况以及测定植物生物量和植物组织中重金属浓度，可以确定经过固化/稳定化修复后土壤中重金属毒性的变化。此外，由于现场试验的环境因素与室内试验有一定差别，因此，在污染现场开展大型处置工程之前，可以进行现场小型试验，并与实验室研究结果进行验证，并在一定阶段对固化体进行代表采样分析，可评估其固化/稳定化效果。

（7）污染场地处置实例 美国威斯康星州德马尼托沃克河的一段受多环芳烃和重金属严重污染的底泥曾采用原位固化/稳定化修复技术加以治理。该河段水深 6m，工程采用长7.6m、直径 1.8m 的空心钢管为混合器和泥浆注射管（图 3-40），钢管深入沉积层 1.5m，矿渣水泥灰浆则通过钢管注入底泥与之混合，每平方米底泥大约混合 237kg 水泥泥浆。但是该工程在修复过程中产生了诸多技术问题，如搅拌导致的底泥中大量油类和其他液态污染物进入上层水体；大量泥浆注入导致钢管内沉积层上升 1~1.2m，并处于半固化状态；钢管内水面比河流高出 1.8m，大量底泥悬浮上升导致需长时间沉降；钢管顶部安装气囊加速沉降时压力过大导致混合过程中底部底泥翻涌溢出等。他们总结经验

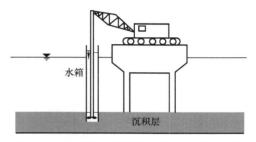

图 3-40 利用潜水箱原位固化修复污染底泥

教训认为导致上述问题的原因是注入矿渣水泥、灰浆的物料平衡考虑不周和混合条件及温度控制不利。这为今后采用类似方法加以污染修复提供了可以借鉴的经验。

3.6 土壤玻璃化修复

3.6.1 玻璃化修复概述

玻璃化修复技术（Vitrification remediation technology）是指通过高强度能量输入，使污染土壤熔化，将含有挥发性污染物的蒸气回收处理，同时污染土壤冷却后成玻璃状团块固定，图 3-41 是玻璃化修复的工艺流程。

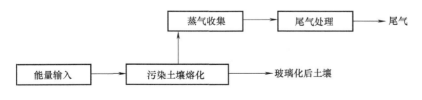

图 3-41 玻璃化修复的工艺流程

玻璃化技术包括原位和异位玻璃化两个方面。其中，原位玻璃化技术的发展源于 20 世纪五六十年代核废料的玻璃化处理技术，近年来该技术被推广应用于污染土壤的修复治理。1991 年，美国爱达荷州工程实验室把各种重金属废物及挥发性有机组分填埋于 0.66 m 地下后，使用原位玻璃化技术，证明了该技术的可行性。

3.6.2　玻璃化修复基本原理

1. 原位玻璃化技术

原位玻璃化技术是指通过向污染介质中插入电极，对污染介质固体组分给予 1600～2000℃ 的高温处理，使有机污染物和一部分无机化合物如硝酸盐、硫酸盐和碳酸盐等得以挥发或热解而从污染环境中去除的过程（图 3-42）。其中，有机污染物热解产生的水分和热解产物由气体收集系统收集进行进一步处理。熔化的污染废物冷却后形成化学惰性的、非扩散的整块坚硬玻璃体，有害无机离子得到固定化。原位玻璃化技术适用于含水量较低、污染物深度不超过 6m 的土壤。图 3-43 是原位玻璃化修复原理。

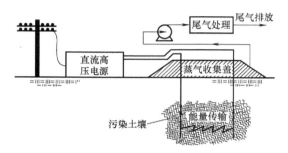

图 3-42　污染土壤的原位玻璃化修复过程

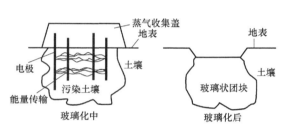

图 3-43　原位玻璃化修复原理

2. 异位玻璃化技术

异位玻璃化技术使用等离子体、电流或其他热源在 1600～2000℃ 的高温熔化土壤及其中的污染物，有机污染物在如此高温下被热解或者蒸发去除，有害无机离子则得以固定化，产生的水分和热解产物则由气体收集系统收集进一步处理。熔化的污染介质（如土壤或废物）冷却后形成化学惰性的、非扩散的整块坚硬玻璃体。图 3-44 是异位玻璃化修复过程。

3.6.3　玻璃化修复技术应用

1. 原位玻璃化技术

原位玻璃化技术的处理对象可以是放射性物质、有机物、无机物等多种干

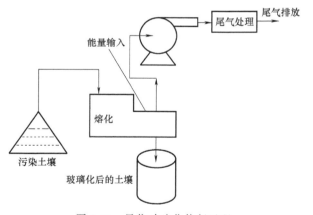

图 3-44　异位玻璃化修复过程

湿污染物质。通常情况下，原位玻璃化系统包括电力系统、封闭系统（使逸出气体不进入大气）、逸出气体冷却系统、逸出气体处理系统、控制站和石墨电极。现场电极大多为正方形排列，间距约为 0.5m，插入土壤深度为 0.3～1.5m。电加热可以使介质（如土壤或废弃物）局部温度高达 1600～2000℃，玻璃化深度为 6m，逸出气体经冷却后进入封闭系统，处理后达标排放。

经验表明，原位玻璃化技术可以破坏、去除污染土壤、污泥等泥土类物质中的有机污染物和固定化大部分无机污染物。这些污染物主要是挥发性有机物、半挥发性有机物、其他有

机物，包括二噁英/呋喃、多氯联苯、金属污染物和放射性污染物等。

原位玻璃化技术适用于含水量低、污染物深度不超过 6m 的介质（土壤或沉积物）。它对污染介质的修复时间较长，一般为 6~24 个月。许多因素对这一技术的应用效果产生影响，见表 3-14。

表 3-14　玻璃化修复技术影响因素

技术分类	影响因素
原位玻璃化技术	埋设的导体通路；质量分数超过 20% 的砾石；土壤加热引起的污染物向清洁土壤的迁移；易燃易爆物质的累积；土壤或者污泥中可燃有机物的质量分数超过 5%~10%；固化的物质可能会妨碍今后现场的土地利用与开发；低于地下水位的污染物修复需要采取措施防止地下水反灌；湿度太高会影响成本
异位玻璃化技术	需要控制尾气中的有机污染物以及一些挥发的重金属蒸气；需要处理玻璃化的残渣；湿度太高会影响成本

2. 异位玻璃化技术

异位玻璃化技术对于降低土壤等介质中污染物的活动性非常有效，玻璃化物质的防泄漏能力也很强，但不同系统方法产生的玻璃态物质的防泄漏能力则有所不同，以淬火硬化的方式急冷得到的玻璃态物质与风冷形成的玻璃体相比更易于崩裂。使用不同的稀释剂产生的玻璃体强度也有所不同，被玻璃化的土壤成分对此也有一定影响。

异位玻璃化技术可以破坏、去除污染土壤、污泥等泥土类介质中的有机污染物和大部分无机污染物，对于降低土壤的介质中污染物的活动性非常有效，玻璃化物质的防泄漏能力也很强。其影响因素见表 3-14。

玻璃化修复技术处理可以破坏和去除土壤和污泥等泥土类污染介质中的有机污染物和固定化大部分无机污染物。处理对象可以是放射性物质、有机物（如二噁英、呋喃和多氯联苯）、无机物（重金属）等多种污染物。

3.7　土壤热力学修复

3.7.1　热力学修复概述

热力学修复（Thermodynamic remediation）技术是利用热传导（热毯、热井或热墙等）或热辐射（无线电波加热）等实现对污染土壤的修复。如高温（>100℃）原位加热修复技术、低温（<100℃）原位加热修复技术和原位电磁波加热技术等。与玻璃化技术所不同的是，热力学修复技术即使是高温加热修复，其温度也相对较低。图 3-45 是土壤热力学修复系统图。

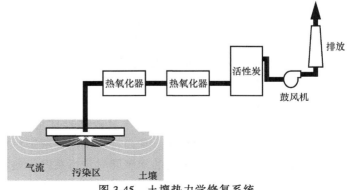

图 3-45　土壤热力学修复系统

3.7.2　热力学修复原理

1. 高温原位加热修复

高温原位加热与标准土壤蒸气提取过程类似，利用气提井和鼓风机（适用于高温情况的）将水蒸气和污染物收集起来，通过热传导加热，可以通过加热毯从地表进行加热（加热深度可达到地下 1m 左右），也可以通过安装在加热井中的加热器件进行，可以处理地下深层的土壤污染。在土壤不饱和层利用各种加热手段甚至可以使土壤温度升至 1000℃。如果系统温度足够高，地下水流速较低，输入的热量足以将进水很快加热至沸腾蒸汽，那么即使在土壤饱和层，也可以达到这样的高温。图 3-46 和图 3-47 分别是污染土壤高温加热修复流程和修复过程。

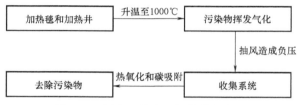

图 3-46　污染土壤高温加热修复流程

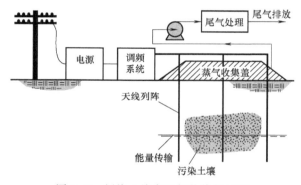

图 3-47　污染土壤高温加热修复过程

2. 低温原位加热修复

低温原位加热修复是利用蒸汽井加热，包括蒸汽注射钻头、热水浸泡或者依靠电阻加热产生蒸汽加热（如六段加热），可以将土壤加热到 100℃。蒸汽注射加热可以利用固定装置井进行，也可以利用带有钻井装置的移动系统进行。

固定系统将低湿度蒸汽注射进入竖直井加热土壤，从而蒸发污染物，使非水质液体（若有的话）进入提取井，再利用潜水泵收集流体，真空泵收集气体，送至处理设施。移动系统用带有蒸汽注射喷嘴的钻头钻入地下进行土壤加热，低湿度的蒸汽与土壤混合后使污染物蒸发进入真空收集系统。

热水浸泡，利用热水和蒸汽（含水量较高）注射以强化控制污染物的可移动性。热水和蒸汽降低了油类污染物的黏度。从而将非水溶性液态污染物带入提取井。热水浸泡系统需要很复杂的提取井系统，在不同的深度同时进行蒸汽、热水和凉水的注射，蒸汽注入污染层下部以加热非水溶性液态稠密污染物，升温后的非水溶性液态稠密污染物的密度稍低于水的密度，在热水的作用下向上运动，因此热水注入位置就在污染土壤层周围，借以提供一个封闭环境并引导非水溶性液态稠密污染物向提取井运动。凉水注射位置在污染层上部，以形成一个吸收层和冷却覆盖层，同时吸收层在竖直方向上提供屏障防止上升孔隙中的流体溢出并冷却来自污染层的气体。

3. 原位电磁波加热修复

电磁波加热主要是利用发射器发射的无线电波中的电磁能量进行加热，过程无须土壤的热传导，电磁能量通过埋在钻孔中的电极导入土壤介质。发射器的发射频率根据污染范围和土壤的介电性质进行确定，一般使用频率为 2~2450MHz 的电磁波绝缘加热。

3.7.3 热力学修复技术

1. 高温加热修复技术

高温加热修复是通过加热毯或加热井中的加热器件进行热传导加热，并通过气提井和鼓风机将水蒸气和污染物收集起来加以处理。加热毯和加热井的加热元件，可以升温至1000℃，使污染物挥发气化，通过抽风造成负压，使之迁移到收集系统，再通过热氧化和碳吸附等过程去除污染物。

（1）**热毯系统** 热毯系统采用覆盖在土壤表层的标准组件加热毯进行加热，每一块标准组件加热毯上面都覆盖一层防渗膜，内部设有管道和气体排放收集口。各个管道的气体由总管引至真空管。土壤加热以及加热毯地下面抽风机造成的负压，使得污染物蒸发，气化迁移到土壤层中，再利用管道将气态的污染物引至热处理设施进行氧化处理。为了保护抽风机，高温气流需要进行冷却，然后再穿过碳处理床除去残余的未氧化的有机物，最后排放到大气。

（2）**热井系统** 热井系统需将电子元器件埋藏至间隔 2~3m 的竖直加热井中（图 3-48），加热井升温至 1000℃ 来加热周围的土壤，与热地毯系统相似，热量从井中向周围的土壤传递靠热传导，井中都安装了有孔的筛网，所有加热井的上部都由特殊装置连接到一个总管，利用真空将气流引入处理设施进行氧化、碳吸附等过程去除有机物。

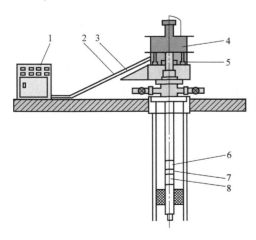

图 3-48 热井系统

1—电控柜 2—电缆 3—二次电缆 4—送电转换器 5—驱动装置 6—空心杆 7—变相接头 8—螺杆泵

2. 低温加热修复技术

低温加热修复是利用蒸汽井（包括蒸汽注射钻头、热水浸泡或依靠电阻加热产生蒸汽）加热土壤，温度可达 100℃，蒸发污染物，使非水质液体进入提取井，再利用潜水泵收集流体，真空泵收集气体，送至处理设施进行处理。

利用电阻加热，直接电阻加热（又称欧姆加热），是一种很有发展潜力的方法，它直接通过电流将热量送至污染土壤层。通过安装电极并施以足够的电压在土壤中产生电流实现土壤加热过程。当电流流过土壤时，电流热效应使土壤升温。土壤中的水分是电流的主要载体，而热量使水分不断地从土体中蒸发出来，因此电阻加热要求不断补充水分，以保证土壤中水的含量，正因为土壤中水的存在，电阻加热的最高温度为 100℃，挥发性和半挥发性的有机物在蒸汽提取和升高的蒸汽压作用下挥发成气体，进而由真空提取井收集至处理设施进行处理。图 3-49 为污染土壤低温加热修复过程。

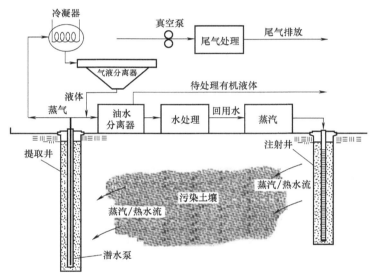

图 3-49 污染土壤低温加热修复过程

3. 电磁波加热修复技术

电磁波加热修复系统应包括无线电能量辐射布置系统、无线电能量发射传播和监控系统、污染物蒸气屏障包容系统和污染物蒸气回收处理系统四部分。图 3-50a 是原位电磁波加热修复技术平面示意图，图 3-50b 是污染土壤电磁波加热修复技术剖面图。

3.7.4 热力学修复技术应用

高温原位加热技术主要处理的污染物有半挥发性的卤代有机物和非卤代有机物、多氯联苯以及密度较高的非水质的液体有机物。低温原位加热主要处理的污染物有半挥发性的卤代物和非卤代物以及浓的非溶性的液态物质，挥发性有机物也可以用此方法进行处理。

原位电磁波加热修复技术属于高温原位加热技术，主要用于用以加快 VOCs 的去除速率，或去除标准土壤蒸气浸提技术中较难处理的所谓"半挥发性有机组分（Semi-VOCs）"。除非饱和含水层土壤中的水分得到有效的去除，电磁波频率加热一般只能应用于地下水位以下的污染地带。

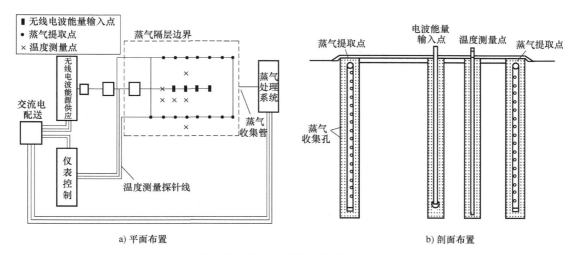

a) 平面布置   b) 剖面布置

图 3-50 原位电磁波加热修复技术

热力学修复技术的适用性和应用限制因素见表 3-15。

表 3-15 热力学修复技术的适用性和应用限制因素

类别	适用性	影响因素
高温加热修复	半挥发性卤代有机物和非卤代有机物、多氯联苯以及密度较高的非水质液体有机物等	地下土壤的异质性会影响处理的均匀度;提取挥发性弱一些的有机物效果取决于处理过程选择的最高温度;加热和蒸气收集系统必须严格设计和严格操作,以防污染物扩散入清洁土壤;高温可能会改变土壤结构;如处理饱和层土壤,需将水分加热至沸腾,这会大幅度提高成本;含有大量黏性土壤以及腐殖质的土壤对挥发性有机物具有较高吸附性,会导致去除速率降低;需要尾气收集处理系统
低温加热修复	半挥发性的卤代有机物和非卤代有机物以及浓的非水溶性液态物质	地下土壤的异质性会影响处理的均匀程度;渗透性能低的土壤难于处理;在不考虑重力的情况下,会引起蒸汽绕过非水溶性液态稠密污染物;地下埋藏的导体,会影响电阻加热的应用效果;必须严格设计和操作流体注射和蒸气收集系统,以防污染物扩散进入清洁土壤;蒸气、水和有机液体必须回收处理;需要尾气收集处理系统
电磁波加热修复	挥发性和难处理的半挥发性有机组分	含水量高于25%的土壤能耗大,水的蒸发降低了系统的效率;对非挥发性有机物、无机物、金属以及重油无效;深于15m的地下土层,某些特定的电磁波加热技术的运行效果不明显;黏性土壤吸附的污染物难于去除,会降低电磁波加热系统性能

3.8 土壤热解吸修复

3.8.1 热解吸修复概述

热解吸修复（Thermal desorption remediation）技术是通过直接或间接的热交换,将污染介质及其所含的有机污染物加热到足够的温度（通常被加热到 150~540℃）,使有机污染物从污染介质上得以挥发或分离的过程。空气、燃气或惰性气体常被作为被蒸发成分的传递介质。热解吸系统是将污染物从一相转化成另一相的物理分离过程，热解吸并不是焚烧，因为修复过程并不出现对有机污染物的破坏作用，而是通过控制热解吸系统的床温和物料停留时间可以有选择地使污染物得以挥发，而不是氧化、降解这些有机污染物。因此，人们通常认为，热解吸是一物理分离过程，而不是一种焚烧方式。热解吸技术处理污染土壤流程如图3-51所示。

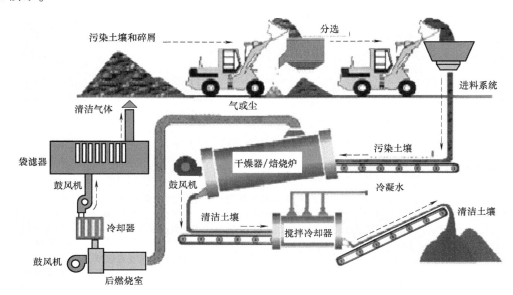

图 3-51　热解吸技术处理污染土壤流程

3.8.2　热解吸修复基本原理

热解吸过程可分为两步，即加热污染介质使污染物挥发和处理废气防止污染物扩散到大气。污染土壤热解吸修复过程如图3-52所示。

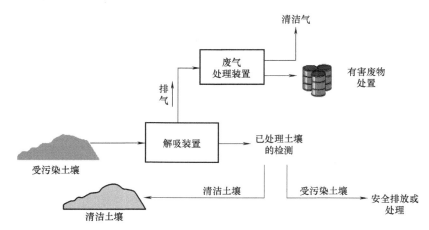

图 3-52　污染土壤热解吸修复过程

根据土壤和沉积物的加热温度可分为高温热解吸（315~540℃）和低温热解吸（150~

315℃）技术。根据加热方式可以分为直接和间接加热系统，直接加热可采用火焰加热和直接接触对流加热，包括直接火焰和直接接触加热热解吸系统。间接加热则可采用物理阻隔（如钢板）将热源和加热介质分开加热，包括间接火焰和间接接触加热热解吸系统。根据给料方式可将热解吸系统分为连续给料和批量给料系统。

3.8.3　热解吸修复系统

用于污染土壤修复的热解吸系统很多，图 3-53 所示的热解吸系统每小时处理量为 10~25t，图 3-54 所示的热解吸系统每小时处理量为 40~160t。

图 3-53　每小时处理量 10~25t 的热解吸系统

图 3-54　每小时处理量 40~160t 的热解吸系统

1. 直接接触热解吸修复系统

直接接触热解吸系统是一个连续给料系统，已经过了三个发展阶段。第一代直接接触热解吸系统采用最基础的处理单元，依次为旋转干燥机、纤维过滤设备和喷射引擎再燃装置，这些设备价格便宜，也容易操作。但该系统只适用于低沸点（低于 315℃）的非氯代污染物的修复处理，整个系统加热温度大致为 150~200℃。该系统流程如图 3-55 所示。限于过滤设备在系统的位置，该系统不能处理高沸点有机物，因为相对分子量较高的化合物可能会发生浓缩，从而提高设备的低压。

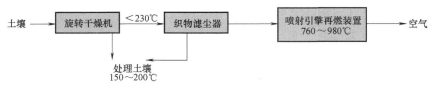

图 3-55　第一代直接接触热解吸系统流程

第二代直接接触热解吸系统在原来的基础上，扩大了可应用范围，对高沸点（大于315℃）的非氯代污染物也适用，系统中依次包括旋转干燥机、喷射引擎再燃装置、气流冷却设备和纤维过滤设备等基本组成部分，系统流程如图 3-56 所示。由于系统中的干燥设备能够把污染物加热到很高的温度而不破坏过滤装置，因此可以用来处理高沸点的有机污染物。把过滤设备放在链上的最后位置，是因为这样才能在把污染物颗粒释放到废气中的同时，保持空气流的温度在 230~260℃ 范围内。

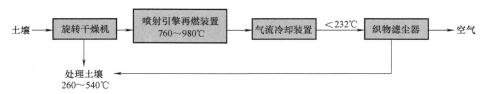

图 3-56　第二代直接接触热解吸系统流程

第三代直接接触热解吸系统是用来处理高沸点氯代污染物的，旋转干燥机内的物料通常被加热到 260~650℃；接下来，处理尾气在 760~980℃ 的温度下被氧化，有时温度可达1100℃；然后，尾气被冷却，通过过滤装置。与第二代直接接触热解吸系统不同的是，第三代直接接触热解吸系统在处理流程的最后，包括一个酸性气体中和装置，以控制盐酸向大气的释放。一个利用富含化学降解剂的水喷淋设备，湿气体清洗器是最常用到的气体控制系统。图 3-57 是第三代直接接触热解吸系统的典型流程，这一代处理系统能够处理较大范围的潜在有害污染物，包括重油和氯代化合物。

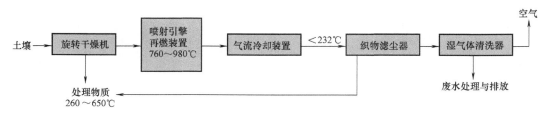

图 3-57　第三代直接接触热解吸系统流程

2. 间接接触热解吸修复系统

间接接触热解吸系统也是连续给料系统，它有多种设计方案。其中有一种双板旋转干燥机，在两个面的旋转空间中放置几个燃烧装置，它们在旋转时加热包含污染物的内部空间。由于燃烧装置的火焰和燃烧气体都不接触污染物或处理尾气，可以认为这种热解吸系统采用的是非直接加热的方式。只要燃烧气体采用的是相对清洁的燃料，燃烧产物就可以直接排到大气中。在直接接触旋转干燥热解吸系统中，内板的旋转动作将物料打碎成小块，以此提高热量传递，并将土壤最后输送到干燥器的下倾角行进线路（图3-58）。

在这个单元中，处理尾气温度限制在230℃，因为尾气一离开旋转干燥机就要一次穿过过滤系统。气体处理系统采用浓缩和油水分离步骤去除尾气中的污染物。这样，最后得到的浓缩污染物需要进一步进行原位或异位修复处理，最后将其降解为无害的组分，流程如图3-59所示。

图 3-58　间接接触热解吸系统

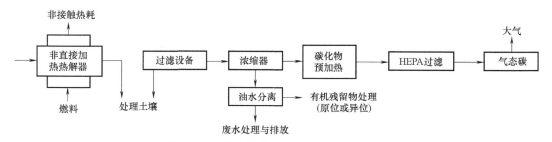

图 3-59　间接接触旋转干燥热解吸系统流程

间接接触热解吸修复包括两个阶段：在第一阶段，污染物被解吸下来，也就是在相对低的温度下使污染物与污染介质相分离；在第二阶段，它们被浓缩成浓度较高的液体形式，适合运送到特定地点的工厂做进一步的传统处理。在这类热解吸修复中，污染物不通过热氧化方式降解，而是从污染介质中分离出来在其他地点做后续处理。这种处理方法减少了需要进一步处理的污染物的体积。

热螺旋是另一种间接接触热解吸系统。这种设计也是一种真正意义上的间接接触方式，热传递流体如油等在不同热处理室的小炉子中分别加热，然后热油被泵到遮蔽槽，水平上升到内部有一对中空螺旋锥的热处理室中，热油沿着螺旋锥的内部流淌，也流到槽的外部去。含有污染物的土壤被送进第一段槽内部的末端，随着螺旋的扭动，将其运送到外端的末端，落入位于前已处理单元下部的第二段槽内。热油在第一段槽内与污染土壤的运动方向相反，在第二段相同。借助于另一气流的清除作用，尾气离开槽，并浓缩成液体形式等待进一步处理或热氧化。整个系统设计简洁、标准，流程如图3-60所示。

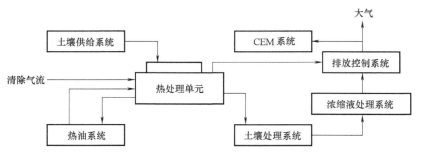

图 3-60 间接接触热螺旋解吸系统流程

3.8.4 热解吸修复技术

热解吸技术分成两大类：土壤或沉积物加热温度为 150～315℃ 的技术为低温热解吸技术，温度达到 315～540℃ 的为高温热解吸技术。目前，许多此类修复工程已经涉及的污染物包括苯、甲苯、乙苯、二甲苯或石油烃化合物（TPH）。对这些污染物采用热解吸技术，可以成功并很快达到修复目的。通常，高温修复技术费用较高，并且对这些污染物的处理并不需要这么高的温度，因此利用低温修复系统就能满足要求。

1. 原位热解吸技术

原位热解吸技术（In-situ thermal desorption technology）是石油污染土壤原位修复技术中一项重要手段，主要用于处理一些比较难开展异位环境修复的区域，如深层土壤及建筑物下土壤的污染修复。原位热解吸技术是将污染土壤加热至目标污染物的沸点以上，通过控制系统温度和物料停留时间有选择地促使污染物气化挥发，使目标污染物与土壤颗粒分离、去除。热解吸过程可以使土壤中的有机化合物产生挥发和裂解等物理化学变化。当污染物转化为气态之后，其流动性将大大提高，挥发出来的气态产物通过收集和捕获后进行净化处理。土壤原位热解吸工艺流程如图 3-61 所示。

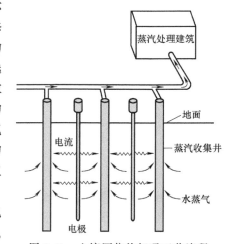

图 3-61 土壤原位热解吸工艺流程

原位热解吸技术特别适合重污染的土壤区域，包括高浓度、非水相的、游离的及源头的有机污染物。目前，原位热解吸技术可用于处理的污染物主要为含氯有机物（CVOCs）、半挥发性有机物（SVOCs）、石油烃类（TPH）、多环芳烃（PAHs）、多氯联苯（PCBs）及农药等。热解吸技术在石化工厂、地下油库、木料加工厂和农药库房等区域及在一些污染物源头修复治理工作中广泛应用。原位热解吸技术不仅可以用于修复大型石化厂，针对一些小的区域污染也可以进行修复，如干洗店甚至有居民居住的建筑物等，但是在修复过程中必须要对室内的空气质量进行全程的监控，防止污染物超标。

原位热解吸技术最大的优势就是可以省去土壤的挖掘和运输，这样可以减少大部分的费用。然而，原位热解吸需要的时间比异位热处理要长很多，而且由于土壤的多样性及蓄水层的特性，很难用一种加热方式进行土壤原位热解吸处理，需要根据实际情况进行技术选择。

目前，主要应用的原位热解吸技术为电阻热解吸技术（ERH）、热传导热解吸技术（TCH）及蒸汽热解吸技术（SEE）。在实际应用过程中，基于复杂的土壤水文地质环境，往往是 SEE 和 ERH、SEE 和 TCH 联合处理污染土壤，其中 SEE 一般为补充热源。此外，TCH 技术也在土壤异位热解吸过程中成熟应用。

1）电阻热解吸技术。电阻热解吸技术是以一个核心电极为中心，周围建立一组电极阵，这样所有电极与核心电极形成电流。由于土壤是天然的导体，靠土壤电阻产生热量，进行热解吸处理。一般电阻热解吸技术可以使土壤温度高于 100℃，然后通过地面的抽提设备将产生的气态污染物导出。电阻热解吸技术是一个非常有效的、快速的土壤和地下水污染修复技术，一般修复时间少于 40d。

2）热传导热解吸技术。传导热解吸技术是在土壤中设置不锈钢加热井或者用电加热布覆盖在土壤表面，这样使得土壤中的污染物发生挥发和裂解反应。一般不锈钢加热井用于土壤深层污染修复，而电加热布用于表层污染治理。一般情况下，会配有载气或者进行气相抽提对挥发的水分和污染物进行收集和处理。

3）蒸汽热解吸技术。蒸汽热解吸技术不仅可以使土壤和地下水中有机物黏度降低，加速挥发，释放有机污染物，而且热蒸汽可以使一些污染物结构发生断裂等化学反应。一般情况下，热蒸汽从注射井中喷出，成放射状扩展。在土壤饱和区中，蒸汽使污染物向地下水中转移，从而通过对地下水的抽提进而达到污染物回收；而在通气区域，则是通过对气态挥发物的气相抽提进行污染物回收处理。

4）空气热解吸技术。空气热解吸技术是将热空气通入土壤水中，通过加热土壤使污染物挥发。在深层土壤修复阶段，往往采用的热空气压力较高，存在一定的技术风险。

5）水热解吸技术。水热解吸技术采用注射井将热水注入土壤和地下水中，加强其中有机污染物的汽化，降低非水相和高浓度的有机污染物黏度，使其流动性更好，从而可以更好地进行污染物回收。

6）高频热解吸技术。高频热解吸技术是采用电磁能对土壤进行加热，可以通过嵌入不同的垂直电极对分散的土壤区域进行分别加热处理。一般被加热的土壤由两排电极包围，能量由中间第三排电极来提供，整个三排电极类似一个三相电容体。一旦供能，整个电极由上向下开始对土壤介质进行加热，一般情况下土壤温度可达到 300℃ 以上。

2. 异位热解吸技术

异位热解吸技术的主要实施过程如下：

1）土壤挖掘。对地下水位较高的场地，挖掘时需要降水使土壤湿度符合处理要求。

2）土壤预处理。对挖掘后的土壤进行适当的预处理，例如筛分、调节土壤含水率、磁选等。

3）土壤热解吸处理。根据目标污染物的特性，调节合适的运行参数（解吸温度、停留时间等），使污染物与土壤分离。

4）气体收集。收集解吸过程产生的气体，通过尾气处理系统对气体进行处理后达标排放。异位热解吸技术工艺流程如图 3-62 所示。

3. 其他热解吸技术

1）加热灶热解吸系统。加热灶热解吸系统是批量给料系统。解吸室类似一个烤箱，短

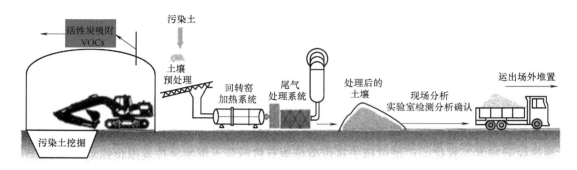

图 3-62 异位热解吸技术工艺流程

时间（通常 1~4h）加热后可以进行少量（4~15m³）的土壤热解吸。系统如图 3-63 所示。

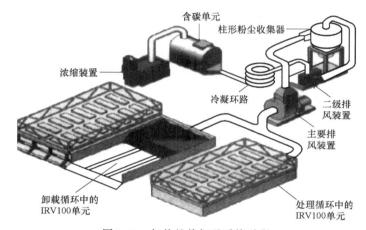

图 3-63 加热灶热解吸系统过程

2）热空气浸提热解吸系统。热空气浸提（HAVE）热解吸系统是批量给料系统。它是将热、堆积和气体浸提技术结合起来，以除去和降解土壤中的烃类污染物，使污染土壤得以修复的过程（图 3-64）。

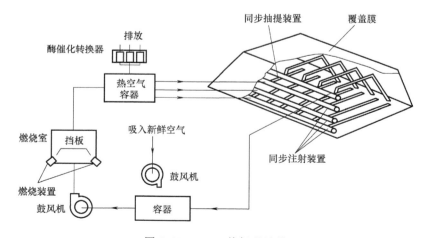

图 3-64 HAVE 热解吸过程

3）热毯。热毯是一种电子加热"毯"，面积为 2.5m×9m，覆盖在污染土层表面（图 3-65）。热毯的温度可达 1000℃，并且通过与污染物的直接接触式热传导将地表下 1m 深土层中污染物变成气态。在热毯表面还覆盖着不可通透、带有真空排放口的膜，有时也可同时采用几个真空排放口，连接在热毯上，并连同引导-拖曳吹风系统。当污染物变成气态后，它们由引流通道离开污染区域。当污染物进入蒸气流以后，它们被位于处理区附近的热氧化器高温氧化。然后，气流被冷却，以保护引流系统不受损伤，并要通过一个收集痕量但未被氧化有机物的碳"床"，防止污染物进入大气。

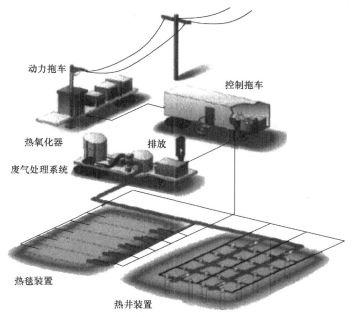

图 3-65 土壤异位热解吸过程

4）热井。热井技术则是将电子浸透加热元件埋入地下 2~3m 深的土层，修复从地下 1m 到地下水位线深度污染区的土壤。然后，热元件被升到 1000℃ 加热土壤。与热毯系统相似，热井系统（图 3-66）的热传输也是通过传导方式进行。在井的外部放置有气孔的遮盖

图 3-66 热井系统地面布置

物。一般来讲，所有井的出口顶端都要连接到抽气设备上，与热毯系统相似，气流被引导到处理系统中，去除解吸下来的污染物（图3-67）。

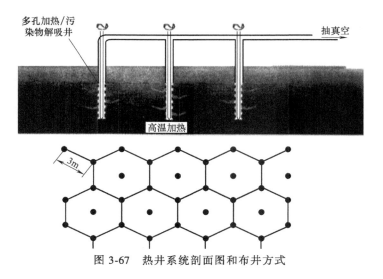

图3-67　热井系统剖面图和布井方式

3.8.5　热解吸修复系统构成

热解吸系统可分为直接热解吸和间接热解吸，也可分为高温热解吸和低温热解吸。

1. 直接热解吸

直接热解吸由进料系统、解吸系统和尾气处理系统组成：

（1）进料系统　通过筛分、脱水、破碎、磁选等预处理，将污染土壤从车间运送到解吸系统中。

（2）解吸系统　污染土壤进入热转窑后，与热转窑燃烧器产生的火焰直接接触，被均匀加热至目标污染物气化的温度以上，达到污染物与土壤分离的目的。

（3）尾气处理系统　富集气化污染物的尾气通过旋风除尘、焚烧、冷却降温、布袋除尘、碱液淋洗等环节去除尾气中的污染物。

2. 间接热解吸

间接热解吸由进料系统、解吸系统和尾气处理系统组成。与直接热解吸的区别在于解吸系统和尾气处理系统：

（1）解吸系统　燃烧器产生的火焰均匀加热转窑外部，污染土壤被间接加热至污染物的沸点后，污染物与土壤分离，废气经燃烧直排。

（2）尾气处理系统　富集气化污染物的尾气通过过滤器、冷凝器、超滤设备等环节去除尾气中的污染物。气体通过冷凝器后可进行油水分离，浓缩、回收有机污染物。

主要设备包括：①进料系统，如筛分机、破碎机、振动筛、链板输送机、传送带、除铁器等；②解吸系统，回转干燥设备或是热螺旋推进设备；③尾气处理系统，旋风除尘器、二燃室、冷却塔、冷凝器、布袋除尘器、淋洗塔、超滤设备等。

3.8.6　热解吸修复影响因素

应用热解吸系统应考虑的问题：场地特性、水分含量、土壤粒级分布与组成、土壤密度、土壤渗透性与可塑性、土壤均一性、热容量、污染物与化学成分。热解吸技术的影响因素主要包括土壤特性和污染物特性两类。

1. 土壤特性

（1）土壤质地　土壤质地一般划分为沙土、壤土、黏土。沙土质疏松，对液体物质的吸附力及保水能力弱，受热易均匀，故易热解吸；黏土颗粒细，性质正好相反，不易热解吸。

（2）水分含量　水分受热挥发会消耗大量的热量。土壤含水率为 5%~35%，所需热量约为 117~286kcal/kg（1cal=4.1868J）。为保证热解吸的效能，进料土壤的含水率宜低于 25%。

（3）土壤粒径分布　如果超过 50% 的土壤粒径小于 200 目，细颗粒土壤可能会随气流排出，导致气体处理系统超载。最大土壤粒径不应超过 5cm。

2. 污染物特性

（1）污染物浓度　有机污染物浓度高会增加土壤热值，可能会导致高温损害热解吸设备，甚至发生燃烧爆炸，故排气中有机物浓度要低于爆炸下限 25%。有机物含量高于 1%~3% 的土壤不适用于直接热解吸系统，可采用间接热解吸处理。

（2）沸点范围　一般情况下，直接热解吸处理土壤的温度范围为 150~650℃，间接热解吸处理土壤温度为 120~530℃。

（3）二噁英的形成　多氯联苯及其他含氯化合物在受到低温热破坏时或者高温热破坏后低温过程易生产二噁英。故在废气燃烧破坏时还需要特别的急冷装置，使高温气体的温度迅速降低至 200℃，防止二噁英的生成。

3.8.7　热解吸修复技术适用性

热解吸技术具有污染物处理范围宽、设备可移动、修复后土壤可再利用等优点，特别对 PCBs 这类含氯有机物，非氧化燃烧的处理方式可以显著减少二噁英生成。目前欧美国家已将土壤热解吸技术工程化，广泛应用于高污染场地有机污染土壤的异位或原位修复，但是诸如相关设备价格昂贵、解吸时间过长、处理成本过高等问题尚未得到很好解决，限制了热解吸技术在持久性有机污染土壤修复中的应用。发展不同污染类型土壤的前处理和解吸废气处理等技术，优化工艺并研究相关的自动化成套设备正是共同努力的方向。

热解吸技术可以用在广泛意义上的挥发态有机物、半挥发态有机物、农药甚至高沸点氯代化合物如 PCBs、二噁英和呋喃类污染土壤的治理与修复上。待修复物除了土壤外，也包括污泥、沉积物等。但是，热解吸技术不适用于无机物污染土壤（汞除外），也不适用于腐蚀性有机物、活性氧化剂和还原剂含量较高的土壤。

3.8.8　热解吸技术应用

1. 系统设计及其考虑因素

（1）修复处理过程　大多数情况下，采用土壤异位热解吸技术修复污染土壤的主要过程如图 3-68 所示。整个过程强调热解吸是一个分离过程，使有机污染物脱离污染土壤进入处理单元的过程。处理后土壤中的污染物含量必须达标，使其能够回填并重新生长植被。

不管采用什么样的热解吸系统，污染土壤修复的成功与否在很大程度上取决于土壤本身的特性和加热温度、污染物种类及其与污染土壤亲近程度。总的来说，如果有充足的停留时间、气流及足够高的温度，处理系统通常都很有效。这里的时间是指污染土壤在处理系统中

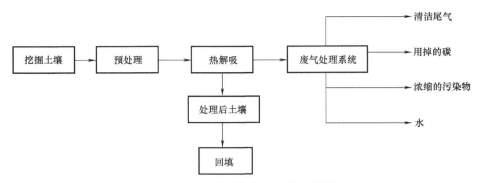

图 3-68　土壤异位热解吸修复过程

的停留时间，它与污染土壤的处理量有关。处理过程中的有效性取决于污染土壤的加热温度。热解吸单元采用燃料如天然气、液态丙烷和石油等加热土壤，反复加热土壤将提高处理费用。一些化学物质土壤处理温度范围和热解吸技术的使用温度范围如图 3-69 所示。

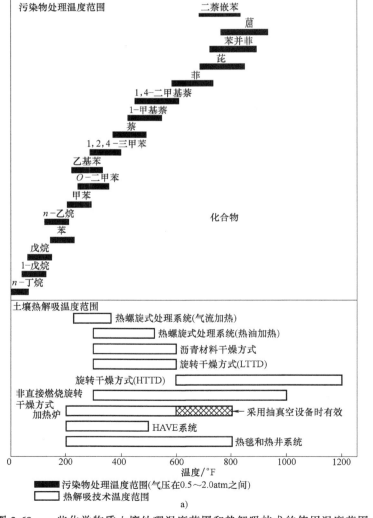

图 3-69　一些化学物质土壤处理温度范围和热解吸技术的使用温度范围

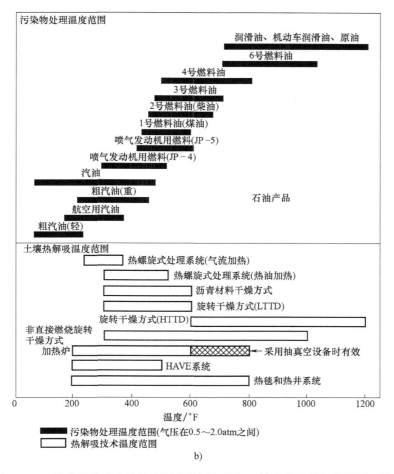

图 3-69 一些化学物质土壤处理温度范围和热解吸技术的使用温度范围 (续)

注：$\dfrac{t}{^\circ\mathrm{C}} = \dfrac{5}{9}\left(\dfrac{\theta}{^\circ\mathrm{F}} - 32\right)$，$t$、$\theta$ 分别表示摄氏温度、华氏温度。

（2）**系统设计性能** 热解吸技术可分为两个大的类别：连续给料技术和批量给料技术。这两种技术的设计要点及典型参数见表 3-16 和表 3-17。

表 3-16 连续给料热解吸系统的典型设计参数

项目	直接接触旋转干燥加热	间接接触旋转干燥加热	间接接触螺旋式加热
最大土壤粒径	<2mm	<2mm	<2mm
污染物最大浓度	2%~4%	50%~60%	50%~60%
热源	直接接触燃烧	间接接触燃烧	间接接触热油或蒸汽
处理温度范围	150~650℃	120~540℃	90~230℃
预期处理能力	20~160t/h	10~20t/h	5~10t/h
尾气处理系统	后燃器	冷凝器	冷凝器
废气清洁系统	织物滤尘器,有时包括湿式洗涤器	织物滤尘器,过滤器和碳床	织物滤尘器,碳床
活化时间	1~4周	1~2周	1~2周
工程所需面积	小:20m×30m 大:45m×60m	21m×24m	15m×30m

表 3-17　批量给料热解吸系统的典型设计参数

项目	异位加热炉	热气抽提系统	热毯	热井
最大土壤粒径	<2mm	—	—	—
污染物最大浓度	2%~4%	50%~60%	50%~60%	—
热源	间接接触燃烧	直接接触燃烧	电阻加热	电阻加热
处理温度范围	90~260℃	65~200℃	估计值 90~260℃	估计值 90~260℃
批量给料体积	一室:4.5~20m³	270~900m³, 最理想:690 m³	一个模块:2.5~3m³	—
处理时间	1~4h	12~14d	4d	不确定
尾气处理系统	浓缩系统	后燃装置	后燃装置	后燃装置
废气清洁系统	过滤器和碳床	酶催化氧化装置	碳床	碳床
活化时间	1~2周	1周	—	—
工程所需面积	(4 单元起始)	(土壤)	可变	随井数而变

从表 3-15、表 3-16 不难得出以下结论：①连续给料热解吸系统比批量给料热解吸系统的土壤处理能力更高，因此也更适合较大的工程；②几乎所有技术都强调土壤的前处理过程，连续给料系统最大土壤允许粒径为 2mm，因此大的土壤团粒结构必须要先行破碎、筛分，再通过热解吸系统；③连续给料热解吸技术更适合需要处理温度高的污染物；④批量给料热解吸系统需要更小的工程施展空间和更短的活化时间。

2. 应用实例

热解吸技术在国外始于 20 世纪 70 年代，被广泛应用于工程实践，该技术较为成熟。热解吸修复技术在美国已经有很多的应用，见表 3-18。

表 3-18　美国热解吸修复技术应用实例

项目	应用修复技术和温度	结　果
NBM 项目	直接接触旋风干燥在 672℃下修复农药污染土壤	处理后 4 种农药艾氏剂、狄氏剂、异狄氏剂和氯丹分别由 44~70mg/kg、88mg/kg、710mg/kg 和 1.8mg/kg 降到 0.01mg/kg 以下，去除率大于 99%
南峡谷瀑布	间接接触旋风干燥在 330℃下修复多氯联苯污染土壤	土壤中 PCBs 的平均浓度为 500mg/kg 处理后浓度达到 0.286mg/kg,去除率大于 99%
	原位热毯在 200℃修复多氯联苯污染土壤	土壤中 PCBs 的浓度从 75~1262mg/kg 降至小于 2mg/kg，去除率大于 99%
某军队新兵训练营	间接接触螺旋式加热系统在 160℃下修复苯、TCE、PCE 和二甲苯等污染土壤	处理后苯、TCE、PCE 和二甲苯浓度分别由 586.16mg/kg、2678mg/kg、1422mg/kg 和 27.192mg/kg 降至 0.73mg/kg、1.8mg/kg、1.4mg/kg 和 0.55mg/kg,去除率均大于 99%

总的来说，如果对污染场地进行充分的调研和评估，选择合适的热解吸系统加以修复通常都很有效。

3.9　土壤水泥窑协同处置

水泥窑协同处置（Co-operation of cement kiln）是将满足或经过预处理后满足入窑要求

的固体废物投入水泥窑（图3-70），在进行水泥熟料生产的同时实现对废物的无害化处置的过程。水泥窑协同处置具有焚烧温度高、停留时间长、焚烧状态稳定、良好的湍流、碱性的环境气氛、没有废渣排出、固化重金属离子、焚烧处置点多和废气处理效果好等特点，其作为一种成熟的处理废物的技术，在国内外均得到了广泛的研究和应用。水泥窑协同处置技术由于受污染土壤性质和污染物性质影响较小，焚毁去除率高和无废渣排放等特点，而成为一项极具竞争力的土壤修复技术。废弃物中的有机质高温分解率达到99.99%，重金属被固定在熟料晶格中，达到无害化、资源化处置。

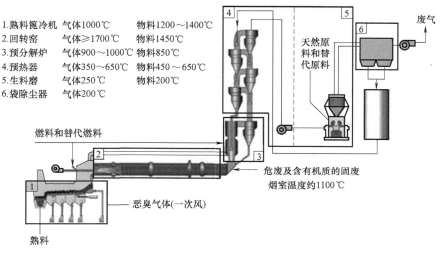

图3-70 水泥熟料烧成系统温度分布及协同处置

3.9.1 水泥窑协同处置基本原理

水泥窑协同处置技术的基本原理是利用水泥回转窑内的高温、气体长时间停留、热容量大、热稳定性好、碱性环境、无废渣排放等特点，在生产水泥熟料的同时，焚烧固化处理污染土壤。有机物污染土壤从窑尾烟气室进入水泥回转窑，窑内气相温度最高可达1800℃，物料温度约为1450℃，在水泥窑的高温条件下，污染土壤中的有机污染物转化为无机化合物，高温气流与高细度、高浓度、高吸附性、高均匀性分布的碱性物料（CaO、CaCO$_3$等）充分接触，有效地抑制酸性物质的排放，使得硫和氯等转化成无机盐类固定下来；重金属污染土壤从生料配料系统进入水泥窑，使重金属固定在水泥熟料中。水泥窑协同处置技术不宜用于汞、砷、铅等重金属污染较重的土壤；由于水泥生产对进料中氯、硫等元素的含量有限值要求，在使用该技术时需慎重确定污染土的添加量。

3.9.2 水泥窑协同处置系统

水泥窑协同处置技术包括污染土壤储存、预处理、投加、焚烧和尾气处理等过程。在原有的水泥生产线基础上，需要对投料口进行改造，还需要必要的投料装置、预处理设施、符合要求的储存设施和实验室分析能力。水泥窑协同处置主要由土壤预处理系统、上料系统、水泥回转窑及配套系统、监测系统组成。土壤预处理系统在密闭环境内，主要包括密闭储存设施（如充气大棚），筛分设施（筛分机），尾气处理系统（如活性炭吸附系统等），预处理系统产生的尾气经过尾气处理系统处理后达标排放。上料系统主要包括存料斗、板式喂料机、皮带计量秤、提升机，整个上料过程处于密闭环境中，避免上料过程中污染物和粉尘散发到空气中，造成二次污染。水泥回转窑及配套系统主要包括预热器、回转式水泥窑、窑尾高温风机、三次风管、回转燃烧器、篦式冷却机、窑头袋收尘器、螺旋输送机、槽式输送机。监测系统主要包括氧气、粉尘、氮氧化物、二氧化碳、水分、温度在线监测以及水泥窑尾气和水泥熟料的定期监测，保证污染土壤处理的效果和生产安全（图3-71）。

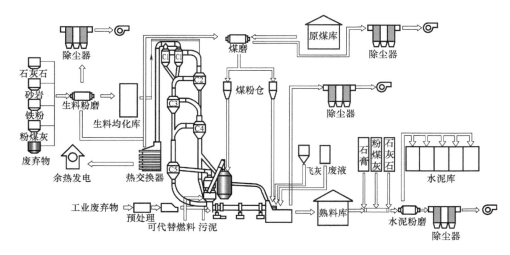

图 3-71　水泥窑协同处置技术原理

3.9.3　水泥窑协同处置影响因素

水泥窑协同处置影响因素有：

（1）水泥回转窑系统配置　采用配备完善的烟气处理系统和烟气在线监测设备的新型干法回转窑，单线设计熟料生产规模不宜小于2000t/d。

（2）污染土壤中碱性物质含量　污染土壤提供了硅质原料，但由于污染土壤中 K_2O、Na_2O 含量高，会使水泥生产过程中中间产品及最终产品的碱当量高，影响水泥品质，因此，在开始水泥窑协同处置前，应根据污染土壤中的 K_2O、Na_2O 含量确定污染土壤的添加量。

（3）重金属污染物初始浓度　入窑配料中重金属污染物的浓度应满足 HJ 662—2013《水泥窑协同处置固体废物环境保护技术规范》的要求。

（4）污染土壤中的氯元素和氟元素含量　应根据水泥回转窑工艺特点，控制随物料入窑的氯和氟投加量，以保证水泥回转窑的正常生产和产品质量符合国家标准，入窑物料中氟元素含量不应大于0.5%，氯元素含量不应大于0.04%。

（5）污染土壤中硫元素含量　水泥窑协同处置过程中，应控制污染土壤中的硫元素含量，配料后的物料中硫化物硫与有机硫总含量不应大于0.014%。从窑头、窑尾高温区投加的全硫与配料系统投加的硫酸盐硫总投加量不应大于3000mg/kg。

（6）污染土壤添加量　应根据污染土壤中的碱性物质含量，重金属含量，氯、氟、硫元素含量及污染土壤的含水率，综合确定污染土壤的投加量。

3.9.4 水泥窑协同处置工艺

（1）技术应用基础和前期准备　在利用水泥窑协同处置污染土壤前，应对污染土壤及土壤中污染物质进行分析，以确定污染土壤的投加点及投加量。污染土壤分析指标包括污染土壤的含水率、烧失量、成分等，污染物质分析指标包括污染物质成分、重金属、氯、氟、硫元素含量等。

（2）主要实施过程　水泥窑协同处置工艺流程（图3-72）：①将挖掘后的污染土壤在密闭环境下进行预处理（去除掉砖头、水泥块等影响工业窑炉工况的大颗粒物质）；②对污染土壤进行检测，确定污染土壤的成分及污染物含量，计算污染土壤的添加量；③污染土壤用专门的运输车转运到喂料斗，为避免卸料时扬尘造成的二次污染，卸料区密封；④计量后的污染土壤经提升机由管道进入投料口；⑤定期监测水泥回转窑烟气排放口污染物浓度及水泥熟料中污染物含量。

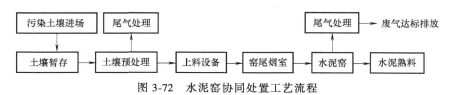

图 3-72　水泥窑协同处置工艺流程

（3）运行维护和监测　因水泥窑协同处置是在水泥生产过程中进行的，协同处置不能影响水泥厂正常生产、不能影响水泥产品质量、不能对生产设备造成损坏，因此水泥窑协同处置污染土壤过程中，除了需按照新型干法回转窑的正常运行维护要求进行运行维护外，为了掌握污染土壤的处置效果及对水泥品质的影响，还需定期对水泥回转窑排放的尾气和水泥熟料中特征污染物进行监测，并根据监测结果采取应对措施。

（4）修复周期及参考成本　水泥窑协同处置技术的处理周期与水泥生产线的生产能力及污染土壤投加量相关，而污染土壤投加量又与土壤中污染物特性、污染程度、土壤特性等有关，一般通过计算确定污染土壤的添加量和处理周期，添加量一般低于水泥熟料量的4%。水泥窑协同处置污染土壤在国内的工程应用成本为 $800\sim1000$ 元/m^3。

（5）技术应用　水泥窑是发达国家焚烧处理工业危险废物的重要设施，已得到了广泛应用，即使难降解的有机废物（包括 POPs）在水泥窑内的焚毁去除率也可达到 99.99%～99.9999%。从技术上水泥窑协同处置完全可以用于污染土壤的处理，但由于国外其他污染土壤修复技术发展较成熟，综合社会、环境、经济等多方面考虑，国外水泥窑协同处置技术在污染土壤处理方面应用相对较少。

3.10　土壤冰冻修复

3.10.1　土壤冰冻修复概述

土壤冰冻修复（Frozen remediation）技术是通过适当的管道布置，在地下以等距离的形式围绕已知的污染源垂直安放，然后将对环境无害的冰冻剂溶液送入管道而冻结土壤中的水分，形成地下冻土屏障，防止土壤或地下水中的污染物扩散。冻土屏障提供了一个与外界土壤隔离的"空间"，另外还需要一个冷冻厂或车间来维持冻土屏障层的温度低于0℃。

冰冻土壤修复技术可以用在隔离和控制饱和土层中的辐射性物质、金属和有机污染物的迁移。研究表明，在饱和土层中，可以形成低水力穿透性（$<4\times10^{-10}$cm/s）的冻土层屏障。在干燥的土层中，需要合适的方法均匀引入水分，使得土壤达到饱和，以便于现有的技术的应用。需保证冻土层不与含污染物的溶液相接触，以免污染物对冻土层产生破坏作用。冰冻土壤修复技术最好用于中短期的修复项目（20年或者更短一些）。在需要长期对污染土壤进行隔离时，则需要其他辅助措施加以联合应用。修复后，需将隔离层及时去除。冰冻土壤修复技术的优点和限制因素见表3-19。

表3-19　冰冻土壤修复技术的优点和限制因素

技术优点	限制因素
1. 提供与外界相隔离的独立"空间" 2. 冰冻介质（水和冰）是于环境无害的物质 3. 冻土层屏蔽可以通过升温熔化容易地完全去除 4. 冻土层屏蔽出现破损时，泄漏处可以通过原位注水加以修复	1. 需要电力来维持冻土层的存在，而且为了保证修复过程中不出现故障，还必须有备用的发电设施 2. 用于体积较大的污染土地，不利于一般性污染土壤修复，而且溶解性的污染成分可能会对饮水水源产生危害作用 3. 尽管尽量使用于环境无害的制冷剂，但制冷剂及其有害成分的泄漏，仍然是人们关心的问题，许多制冷剂如果流失到环境中，会造成严重的环境问题 4. 在能够引入水分使干燥土壤中的水分达到饱和的技术形成之前，尚不应用在干燥/沙质土壤 5. 在构筑物（地下池槽等）周围的细质土壤中应用，必须考虑土壤水分运动的影响 6. 在受低凝固点污染物污染的场所，需要较昂贵的制冷工艺 7. 安装制冷管道需要非常细心，以保证冻土层屏障的完整性

3.10.2　土壤冰冻修复设计需要关注的问题

关于冰冻土壤修复技术的应用，除了上面提到的一些技术限制性之外，还存在一些人们普遍关注的涉及问题：

1）运转系统的安全问题。要求设计使用对环境无害的物质（如水、冰）及无毒或低毒的制冷剂，以防止制冷管道泄漏，并利用各种探测技术保证冰冻土层屏障的完整。

2）设计过程要考虑尽量降低环境不良效应的问题。也就是说，该技术要求必须钻井安装制冷管道，铺设地表管道系统以及供应修复系统所需的制冷剂，还要求降低压缩机的噪声污染。若在水力传导性较高（砂质）的土壤修复中，则需增加土壤湿度，还必须考虑到通过设计阻断污染物向下游扩散迁移的问题。

3）需要在制冷管道内安装温度测量装置，以提供冻土层形成状况及制冷设备运行状况的监控信息。

由于现场水文学、水力学等条件的复杂性，冰冻土壤修复技术还需要发展原位地下探测技术（如雷达探测、地震波探测、声波探测、电势分析和示踪等），以探测地下冻土层的结构状况，防止泄漏的发生。此外，不同的土壤扩散特性、不同污染物、不同污染浓度及污染物溶液对冻土层退化的影响等问题，需要进一步从理论和实践两个方面进行研究。

3.10.3　土壤冰冻修复技术应用

1994年美国田纳西州进行了一项土壤原位修复的试验研究，试验场地构筑了"V"形结构的冰冻"容器"（长 17m×宽 17m×深 8.5m），采用 200mg/L 的若丹明溶液为假想污染物，考察了冻土层的整体性特征。结果表明，对于饱和土壤层的铬酸盐（400mg/kg）和三氯乙烯（6000mg/kg），冰冻技术可形成有效的冰冻层。通过同位素示踪试验显示无明显的扩散现象发生，整体防渗性能良好（水力渗透能力 $<4×10^{-10}$cm/s）。利用冰冻土壤的低电导率特性进行电动势研究表明，通过冰冻层的颗粒运动速度很低，表明冰冻层也是很好的防止离子扩散的屏蔽。

思 考 题

1. 试述物理修复的概念和优势。

2. 试述物理分离修复、蒸气浸提修复、固化/稳定化修复、玻璃化修复、热力学修复及电动力学修复等技术的原理及技术过程。

3. 物理分离修复、蒸气浸提修复、固化/稳定化修复、玻璃化修复、热力学修复及电动力学修复等技术的适用对象有哪些？

4. 物理分离修复、蒸气浸提修复、固化/稳定化修复、玻璃化修复、热力学修复及电动力学修复等技术应用时的限制因素有哪些？

5. 对于复合污染物产生的环境污染，如何应用不同的物理方法进行修复？

6. 根据自己的理解绘制异位和原位土壤固化/稳定化修复的工艺流程，并说明两者有何不同。

7. 试述水泥窑协同处置修复的特点及工艺。

参考文献

[1] 赵景联. 环境修复原理与技术 [M]. 北京：化学工业出版社，2006.

[2] 赵景联，史小妹. 环境科学导论 [M]. 2 版. 北京：机械工业出版社，2017.

[3] 周启星，宋玉芳. 污染土壤修复原理与方法 [M]. 北京：科学出版社，2018.

[4] 崔龙哲，李社峰. 污染土壤修复技术与应用 [M]. 北京：化学工业出版社，2016.

[5] 夏立江，王宏康. 土壤污染及其防治 [M]. 上海：华东理工大学出版社，2001.

[6] 黄国强，李凌，李鑫钢. 土壤污染的原位修复 [J]. 环境科学动态，2000，37（3）：25-27.

[7] 林君锋，杨江帆，杨广. 污染土壤动电修复技术研究动态 [J]. 江西农业大学学报，2005，27（1）：134-138.

[8] 王新，周启星. 土壤 Hg 污染及修复技术研究 [J]. 生态学杂志，2002，21（3）：43-46.

[9] 张乃明. 重金属污染土壤修复理论与实践 [M]. 北京：化学工业出版社，2017.

[10] 张锡辉，罗启仕. 电动力学技术在受污染地下水和土壤修复中的新进展 [J]. 水科学进展，2001，12（2）：249-255.

[11] 周启星. 污染土地就地修复技术研究进展及展望. 1998，11（4）：207-211.

[12] 毕润成. 土壤污染物概论 [M]. 北京：科学出版社，2014.

[13] 刘志阳. 水泥窑协同处置污染土壤的应用和前景 [J]. 污染防治技术，2015. 28（2）：35-36，50.

[14] 王磊，等. 用于土壤及地下水修复的多相抽提技术研究进展 [J]. 生态与农村环境学报，2014，30（2）：137-145.

[15] 叶增辉，尹国勋. 污染土壤的物理化学修复现状与展望 [J]. 山西建筑，2010（13）：333-335.

[16] 庄国泰. 土壤修复技术方法与应用：第 1，2 辑 [M]. 北京：中国环境科学出版社，2011.

第4章

污染土壤的化学修复工程

4.1 化学修复概述

4.1.1 化学修复概念

化学修复（Chemical remediation）技术主要是通过化学添加剂清除和减少污染环境中污染物的方法。针对污染物的特点，选用合适的化学清除剂和合适的方法，利用化学清除剂的物理化学性质及对污染物的吸附、吸收、迁移、淋溶、挥发、扩散和降解，改变污染物在环境中的残留累积，清除污染物或降低污染物的含量至安全标准范围，且所施化学药剂不对环境系统造成二次污染。相对于其他污染修复技术来讲，化学修复技术发展较早，也相对成熟。它既是一种传统的修复方法，同时由于新材料、新试剂的发展，它也是一种仍在不断发展的修复技术。但是由于化学修复引入的化学助剂可能对生态系统有负面影响，人们对它们在生态系统中的最终行为和环境效应还不完全了解，大规模的实地应用还是十分有限。

4.1.2 化学修复分类

化学修复技术可以按照不同的方法来进行分类。按照修复技术分为土壤性能改良、化学淋洗法、化学氧化法、化学还原法、可渗透反应墙和溶剂浸提修复等方法。按照修复的地点分为原位化学修复（In-site chemical remediation）和异位化学修复（Ex-site chemical remediation）。原位化学修复是指在污染土地的现场加入化学修复剂与土壤或地下水中的污染物发生各种化学反应，从而使污染物得以降解或通过化学转化机制去除污染物的毒性以及对污染物进行化学固定，使其活性或生物有效性下降的方法。一般原位化学修复不需抽提含有污染物的土壤溶液或地下水到污水处理厂或其他特定的处理场所进行再处理这样一个代价昂贵的环节。异位化学修复主要是把土壤或地下水中的污染物通过一系列化学过程，甚至通过富集途径转化为液体形式，然后把这些含有污染物的液状物质输送到污水处理厂或专门的处理场所加以处理的方法，因此该方法通常依赖于化学反应器甚至化工厂来最终解决问题。有时，这些经过化学转化的含有污染物的液状物质被堆置到安全的地方进行封存。表 4-1 列举了污染土壤化学修复的一些较为典型的方法。

表 4-1 污染土壤化学修复的一些较为典型的方法

方法	化学修复剂	适用性	过程描述
土壤性能改良(一般为原位修复)	石灰、厩肥或其他有机质、污泥活性炭、离子交换树脂等	主要是无机污染物,包括重金属(如锡、铜、镍、锌)、阳离子和非金属及腐蚀性物质	石灰以粉状或以溶液的形式加入土壤,使土壤 pH 值升高,可促使土壤颗粒对重金属的吸附量增加,使许多重金属的生物有效性降低;有机质的作用在于对污染物有强烈的吸附、固定作用;对于酸性土壤来说,施石灰还包括酸碱反应等
氧化作用过程	氧化剂	氰化物、有机污染物	失去电子的过程,这时原子、离子或分子的化合价增加;对于有机污染物来说,氧化过程通常是分子中加入氧,最终结果是产生二氧化碳和水
燃烧过程(高温氧化)		有机污染物	有机污染物在高温作用分子中加入氧,最终产生二氧化碳和水
催化氧化过程	催化剂	酯类、酰胺、氨基甲酸酯、磷酸酯和农药等	在催化剂的作用下失去电子的过程
还原作用过程	还原剂(如多硫碳酸钠、多硫代碳酸乙酯、硫酸铁和有机物质等)	六价铬、六价硒、含氯有机污染物、非饱和芳香烃、多氯联苯、卤化物和脂肪族有机污染物等	得到电子的过程,这时原子、离子或分子的化合价下降,如 $Cr^{6+} \rightarrow Cr^{3+}$;对于有机污染物来说,这通常是分子中加入氢的过程
水解作用过程	水或盐溶液	有机污染物	有机污染物与水的反应使其有机分子功能团(X)被羟基(—OH)所取代 $$RX+H_2O \rightarrow ROH+HX$$ 环境 pH、温度、表面化学及催化物质的存在,对该过程发生影响
降解作用过程		易降解有机污染物	通过化学降解,污染物最终转化为二氧化碳和水
聚合作用过程	聚合剂	含氧有机物、脂肪化合物	几个小分子的结合形成更为复杂大分子的过程,即所谓聚合作用;不同分子的联合,为共聚合作用
质子传递过程	质子供体	TCDD、酮类、PCBs 等	通过质子传递改变污染物的毒性或生物有效性
脱氯反应	碱金属氢氧化物(如氢氧化钾)等	PCBs,二噁英、呋喃,含卤有机污染物,挥发性/半挥发性有机污染物	主要涉及含卤有机污染物的还原,如 PCBs 被还原为甲烷和氯化氢,往往通过升高温度(有时达到 850℃ 以上)、使用特定化学修复剂、热还原过程实现
其他	挥发促进剂	专性有机污染物	促进有机污染物的挥发作用以达到修复的目的

4.2　土壤性能改良修复

4.2.1　土壤性能改良原理

污染土壤可以通过改良土壤性质的方法使污染物转变为难迁移、低活性物质或从土壤中去除。根据土壤和污染物的性质，可通过施用改良剂和调节土壤的氧化-还原电位（Eh）。两种方式改良土壤性能。土壤性能改良技术主要是针对重金属污染而言的，又被称为重金属的钝化，在轻度污染的土壤中应用十分有效，部分措施也可以用于有机污染土壤的改良。土壤性能改良技术是原位修复技术，且不需要原地搭建复杂的工程装备，是一类经济有效的污染土壤修复技术。

1. 施用改良剂

对于污染程度较轻的土壤，根据污染物在土壤中的存在特性，可以向土壤中添加石灰性物质、有机物和黏土矿物、离子拮抗剂等改良剂来改良土壤的性能，修复被重金属污染的土壤。

（1）石灰性物质　石灰性物质能够提高土壤 pH 值，促使重金属（如镉、铜、锌）形成氢氧化物沉淀，因此可作为土壤改良剂施加到重金属污染的土壤中去，减少植物对重金属的吸收。

经常采用的石灰性物质有熟石灰、碳酸钙、硅酸钙和硅酸镁钙等。使用这些石灰性物质的目的在于中和土壤酸性，提高土壤的 pH 值，降低重金属污染物的溶解度，达到钝化重金属活性的目的，一般当土壤的 pH 值提高到 7 左右，对重金属的抑制效果便可达到 70%~80%。例如，石灰与酸性土壤黏粒的交换性 Al^{3+} 或有机质中的羧基功能团相互作用，反应式为

$$2Al^{3+}—黏粒+3CaCO_3 \longrightarrow 2Al(OH)_3+3Ca^{2+}—黏粒+3H_2O+3CO_2 \tag{4-1}$$

$$2R—COCH+CaCO_3 \longrightarrow H_2O+CO_2+R—COO^- \diagdown Ca^{2+} \diagup R—COO^- \tag{4-2}$$

从上述反应式可见，加入 1mol $CaCO_3$ 可与土壤中 2mol H^+ 或 2/3mol Al^{3+} 中和，也就是 1mol $CaCO_3$ 能够中和酸性土壤中 2mol 的酸，同时参与中和反应的土壤 H^+ 或 Al^{3+} 还可以通过交换反应将土壤黏粒交换点上原有的非活动性 Ca^{2+} 变成有效 Ca^{2+}。这样，石灰性物质能够通过与钙的共沉淀反应促进金属氢氧化物的形成。

石灰性物质对土壤的改良作用主要体现在：①施用石灰能够在很大程度上改变土壤固相中的阳离子构成，使氢被钙取代，从而增加土壤阳离子的交换量；②钙能改善土壤结构，增强土壤胶体的凝聚性，增强在植物根表面对重金属离子的拮抗作用。因此，石灰性物质对重金属污染土壤起到了积极的保护作用。

向土壤施入石灰性物质的效果依赖于土壤特性和石灰性物质的状态。为保证土壤与石灰性物质的充分接触，可将石灰性物质磨成粒径很细的粉状来提高颗粒的比表面积，试验表明细粒径石灰性物质在施入土壤后几小时就能发挥功效。

把石灰当成土壤改良剂来修复土壤并不是普遍适用的技术，事实上这种方式还是比较有限的。例如，向土壤施入石灰可能会导致某些植物营养元素的缺乏，此时还要考虑向土壤施加植物微肥。

（2）有机物和黏土矿物　向土壤中添加有机物和黏土矿物不仅能改善土壤肥力，还能增强土壤对重金属离子和有机污染物的吸附能力，通过有机物质与重金属的络合、螯合作用，黏土矿物对重金属离子和有机污染物产生强力的物理、化学吸附作用，使污染物分子失去活性，从而减轻土壤污染对植物和生态系统的伤害。有机物质中的含氧功能团，如羧基、酚羟基和羰基等，能与金属氧化物、金属氢氧化物及矿物的金属离子形成化学和生物学稳定性不同的金属-有机配合物。

各种有机物质包括生物体排泄物（如动物粪便、厩肥）和泥炭类物质、污泥等。生物体排泄物中含有一定的微生物，可以加速植物残体的矿化过程，丰富土壤的微生物群落。厩肥含有较多胡敏酸胶体，它能与黏粒结合，形成团粒。泥炭类有机物能够增大土壤的吸附容量和持水能力。

有机物质对重金属污染的缓冲和净化机制主要表现在：①参与土壤离子交换反应；②稳定土壤结构；③提供微生物活性物质；④提供微生物活动基质及能源；⑤通过形成重金属螯合剂等方式来缓冲和净化污染土壤。

（3）离子拮抗剂　化学性质相似的元素之间，可能会因为竞争植物根部同一吸收点而产生离子拮抗作用。因此在改良被重金属污染的土壤时，还可以利用金属间的拮抗作用，添加一种化学性质相似又不污染土壤的元素来控制另一种污染性的重金属毒性。例如，锌和镉化学性质相似，在被镉污染的土壤，比较便利的改良措施之一便是以合适的锌/镉浓度比施入植物肥料，缓解镉对农作物的毒害作用。

（4）化学沉淀剂　磷酸盐化合物很容易与重金属形成难溶态沉淀产物，因此可利用这一化学反应改良被铅、铁、锰、铬、锌污染的土壤。向土壤施加磷酸盐化合物，一方面可改善土壤缺磷状况；另一方面也可作为化学沉淀剂降低重金属的溶解度，减轻毒害，因此不失为一种一举两得的方法。土壤施磷的效果依磷酸盐种类的不同而不同，溶磷效果最好，因为它含有的钙、镁作为共沉淀剂可促进重金属的沉淀。

2. 调节土壤的 Eh

由于土壤中重金属的迁移行为与土壤的 Eh 值密切相关，因此可采用调节土壤 Eh 值的方法控制重金属的迁移。

一般土壤中多种重金属元素在还原条件下，随淹水时间延长，与产生的 H_2S 结合成难溶的硫化物沉淀，因此，可采用淹水栽培、向水中施用促进还原的物质、提供 H_2S 的来源来降低重金属的活性，减轻毒害作用。如被 Cd 和 Mo 污染的土壤便可采用长期淹水，避免落干、烤田和间歇灌水的方法抑制其毒性效应。而被 As 污染的土壤不能采用此法，因为 As 在还原条件下可转化为亚砷酸，反而会增加它的毒性效应。

土壤中的铬主要以重铬酸盐（$Cr_2O_4^{2-}$）、铬酸盐（$HCrO_4^-$、$Cr_2O_4^{2-}$）等阴离子形式存在，其存在形式有：沉淀形式或与各种配位体如羟基、腐殖酸、磷酸等紧密结合，或取代磁铁矿中的两个铁原子以 $FeCr_2O_4$ 的形式存在，还可以取代黏土矿物中的八面体铝。铬在土壤中的环境行为包括：Cr^{3+} 被低相对分子质量的有机酸（如柠檬酸）活化，配位的 Cr^{3+} 与带负电的 MnO_2 作用生成 Cr^{6+}。Cr^{6+} 的活性较高，是致癌物质，因此需要考虑保持土壤的还原环境，降低人类健康风险。

砷虽是一种非金属元素，但具有一定的金属性质，对人类有毒害作用，因此在环境科学中把它归于重金属污染中。砷可以多种氧化态存在于土壤中，其中亚砷酸盐（As^{3+}）及三氢化砷（AsH₃）等对人体的毒性要比砷酸盐（As⁵⁺）高得多。土体中的氧化锰（Ⅲ/Ⅳ）能氧化 As³⁺ 为 As⁵⁺，反应式为

$$HAsO_2 + MnO_2 \longrightarrow (MnO_2)HAsO_2 \tag{4-3}$$

$$(MnO_2)HAsO_2 + H_2O \longrightarrow H_3AsO_4 + MnO \tag{4-4}$$

$$H_3AsO_4 \longrightarrow H_2AsO_4^- + H^+ \tag{4-5}$$

$$H_2AsO_4^- \longrightarrow HAsO_4^{2-} + H^+ \tag{4-6}$$

$$(MnO_2)HAsO_2 + 2H^+ \longrightarrow H_3AsO_4 + Mn^{2+} \tag{4-7}$$

在式（4-4）中，氧发生转移，$HAsO_2$ 氧化为 H_3AsO_4，在 pH 值为 7 的条件下，占优势的是亚砷酸根（$HAsO_2$），氧化产物 H_3AsO_4 会分解生成等量的 $H_2AsO_4^-$ 和 $HAsO_4^{2-}$［式（4-5），式（4-6）］。每氧化 1mol 的 As³⁺ 释放出 1.5mol 的 H⁺，产生的 H⁺ 与吸附于 MnO_2 表面的 $HAsO_2$ 反应生成 H_3AsO_4，使 Mn⁴⁺ 还原。

砷在土壤中的氧化-还原状态与土壤的 Eh 值密切相关。

$$H_3AsO_4 + 2H^+ + 2e \longrightarrow HAsO_2 + 2H_2O \tag{4-8}$$

旱地土壤通气良好，土壤 Eh 值可达到 500~700mV，砷以 As⁵⁺ 形式存在。处于淹水条件下的土壤，Eh 值较低，砷主要以亚砷酸根形式存在，而作物对 As³⁺ 的吸收多于对 As⁵⁺ 的吸收，因此适当控制土壤的水分含量、透气性能，将土壤调整到氧化状态或水田改旱田有利于降低砷的毒性。

4.2.2 土壤性能改良技术应用

美国的石头山环境修复有限公司在实验室研究的基础上开发了 Envirobond™ 技术。该技术能有效降低重金属在土壤中的移动性，以降低淋溶试验中土壤淋洗液的金属含量，从而减少环境和人类健康的暴露风险。

Envirobond™ 技术主要是通过一定组成和配比的络合剂（属专利技术）与污染土壤、污泥、废弃矿场中的重金属形成化学键，将淋溶态重金属转化为稳定态、无害的金属络合物，从而达到污染土壤修复的目的。在络合反应中至少有两个非金属官能团与一个金属离子作用形成多环稳定的链状结构。

1998 年该公司在俄亥俄州 Rosebille 两处被铅污染的土壤使用了土壤改良的 Envirobond™ 技术，修复结果表明，土壤中铅的质量浓度由 382mg/L 降到 1.4mg/L，降幅达到了 99%，同时修复后土壤还减少了 12.1%的铅的生物可利用性。采用 Envirobond™ 技术后，分析人员对土壤中铅的长期稳定性和修复程度进行了监测和试验评估。pH、Eh、硝酸铅盐、氢氟酸铅和总磷酸铅的分析数据显示出该技术修复的有限性，但淋溶试验、铅形态顺序提取及阳离子代换量的测试结果却证明了该技术是比较稳定和有效的。该技术通过了美国国家环保局的超基金创新技术项目的评估认可。

4.3 化学淋洗修复

4.3.1 化学淋洗修复概述

化学淋洗修复（Chemical leaching and flushing/washing remediation）技术指将能够促进土

壤中污染物溶解或迁移作用的溶剂注入或渗透到污染土层中，使其穿过污染土壤并与污染物发生解吸、螯合、溶解或络合等物理化学反应，最终形成迁移态的化合物，再利用抽提井或其他手段把包含污染物的液体从土层中抽提出来进行处理的技术。土壤淋洗主要包括三阶段：向土壤中施加淋洗液、下层淋出液收集及淋出液处理。在使用淋洗修复技术前，应充分了解土壤性状、主要污染物等基本情况，针对不同的污染物选用不同的淋洗剂和淋洗方法进行可处理性实验，才能取得最佳的淋洗效果，并尽量减少对土壤理化性状和微生物群落结构的破坏。

由于化学淋洗过程的主要技术手段是向污染土壤注射溶剂或"化学助剂"，因此，提高污染土壤中污染物的溶解性和它在液相中的可迁移性是实施该技术的关键。这种溶剂或"化学助剂"应该是具有淋洗、增溶、乳化或改变污染物化学性质的作用。化学淋洗技术适用性很广，可用来处理有机、无机污染物。一项设计成功的化学淋洗技术，应该预先考虑许多变量并具有污染区域特异性。到目前为止，化学淋洗技术主要围绕着用表面活性剂处理有机污染物，用螯合剂或酸处理重金属来修复被污染的土壤。与其他处理方法相比，淋洗法不仅可以去除土壤中大量的污染物，限制有害污染物的扩散范围，还具有投资及消耗相对较少，操作人员可不直接接触污染物等优点。

4.3.2　化学淋洗修复技术分类

土壤化学淋洗修复按处理土壤的场地位置可以分为原位化学淋洗修复和异位化学淋洗修复；按淋洗液类型可以分为清水淋洗、无机溶液淋洗、有机溶液淋洗和有机溶剂淋洗；按机理可分为物理淋洗和化学淋洗；按运行方式分为单级淋洗和多级淋洗。

单级淋洗的主要原理是物质分配平衡规律，即在稳态淋洗过程中从土壤中去除的污染物质的量应等于积累于淋洗液中污染物质的量。单级淋洗又可分为单级平衡淋洗和单级非平衡淋洗。当淋洗浓度受平衡控制时，淋洗只有达到平衡状态，才可能实现最大去除率，这就是单级平衡淋洗。污染物的去除不受平衡条件限制时，淋洗速率就成了一个重要因子，这种条件下的淋洗称为单级非平衡淋洗。当淋洗受平衡条件限制时，通常需要采用多级淋洗的方式来提高淋洗效率，多级淋洗主要有两种运行方式。

1）反向流淋洗（Counter current leaching）。这种运行方式下，土壤和淋洗液的运动方向相反，但难点在于使土壤和淋洗液向相反的方向流动。反向流淋洗可以把土壤固定于容器内，让淋洗液流过含土壤的容器，并逐步改变入流和出流点来实现。当土壤固体颗粒较大、流速符合条件时，可以采用固化床淋洗技术实现反向流淋洗（图4-1）。

图 4-1　反向流淋洗

2）交叉流淋洗（Cross-current washing）。这是多级淋洗的另一种形式，由几个单级淋洗组合而成（图4-2）。

4.3.3　原位化学淋洗修复

1. 基本原理

原位化学淋洗修复是通过注射井等向污染土壤施加冲洗剂，使其向下渗透，穿过污染土

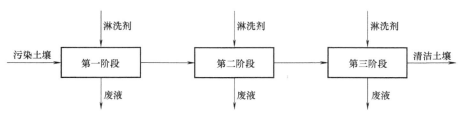

图 4-2　交叉流淋洗

壤并与污染物相互作用。在这个相互作用过程中，冲洗剂或化学助剂从土壤中去除污染物，并与污染物结合，通过淋洗液的解吸、螯合、溶解或络合等物理化学作用，最终形成可迁移态化合物。含有污染物的溶液可以用梯度井或其他方式收集、储存，做进一步处理，以再次用于处理被污染的土壤。从污染土壤性质来看，原位化学淋洗修复适用于多孔隙、易渗透的土壤；从污染物性质来看，原位化学

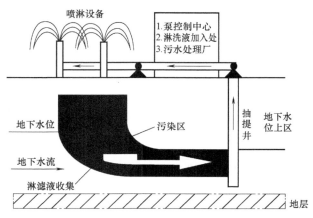

图 4-3　原位化学淋洗技术流程

淋洗修复适用于重金属、具有低辛烷-水分配系数的有机化合物、羟基类化合物、低分子量醇类和羟基酸类等污染物。图 4-3 是原位化学淋洗技术流程。

　　原位化学淋洗修复污染土壤有很多优点，如长效性、易操作性、高渗透性、费用合理性（依赖于所利用的淋洗助剂），治理的污染物范围很广泛。与其他大多数修复技术一样，原位化学淋洗修复技术不适用于所有污染土壤，但它是土壤清洁技术中比较好的一种类型。

　　对位于地下水位线以下的污染区，淋洗液或土壤活化液通过喷灌或滴流设备喷淋到土壤表层，再由淋出液向下将污染物从土壤基质中洗出，并将包含溶解态污染物的淋出液输送到收集系统中。收集系统通常是一个缓冲带或截断式排水沟，将淋出液排放到泵抽提井附近。

2. 淋洗系统构成

　　原位化学淋洗操作系统的装备由三个部分组成：①向土壤施加淋洗液的设备；②下层淋出液收集系统；③淋出液处理系统。同时，有必要把污染区域封闭起来，通常采用物理屏障或分割技术。图 4-4 为原位土壤淋洗系统的基本组成。

　　土壤淋洗技术或者在地面表层实施，或者通过下表面注射。地面实施方式包括漫灌、挖池和沟渠、喷洒等，这些方式适用于处理深度在 4m

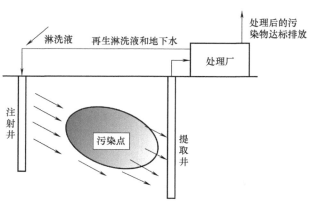

图 4-4　原位土壤淋洗系统的基本组成

以内的污染物。地面实施土壤淋洗技术除了要考虑地形因素外，还要人为构筑地理梯度，以保证流体的顺利加入和向下穿过污染区的速率均一。当采用地面实施方法时，地势倾斜度要小于3%，要求地势相对平坦，没有山脉和峡谷。砂性土壤最适合采用地面实施方法，水力学传导系数大于10^{-3}cm/s的土壤也推荐在地表进行土壤淋洗。

挖沟渠方式仅在当地地形限制了其他修复方法的实施，或其整个表面土壤不需要湿润时才采用，大多数沟渠的形状是平底较浅的，以尽量充分运送和分散淋洗液。喷淋方式能够覆盖整个待治理区域的下层土壤，据报道喷洒系统可湿润地下15m深处的土壤。

下表面重力输送系统采用浸渗沟和浸渗床，它是一些挖空土壤后再充满多孔介质（粗砂砾）的区域，能够把淋洗液分散到污染区去。浸渗渠道主要是地穴，淋洗液以此为途径在横向和纵向分散。压力驱动的分散系统也可用来加快淋洗液的分散，这些压力系统或者利用开—关管道来控制，或者采取狭口管。压力分散系统适用的土地类型是水力学传导系数大于10^{-4}m/s、孔积率高于25%的土壤。一些在地表和下表面实施的淋洗液分散系统的例子如图4-5所示。

收集淋洗液-污染物混合体的系统一般包括屏障、下表面收集沟及恢复井。许多实地工程往往对这三种措施一并采用。下表面土壤环境越复杂，收集系统的设计就越繁杂，其实在多数修复点，收集系统类似于传统的泵-处理装置。图4-6是注射井和抽提井。图4-7是典型的布井模式。

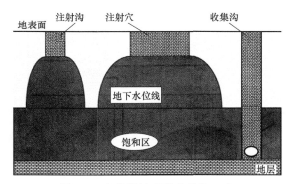

图4-5　土壤淋洗系统中的沟、穴

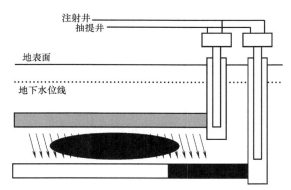

图4-6　注射井和抽提井

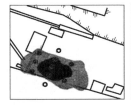
a) 分散状线形布井模式

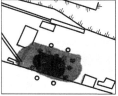
b) 重复分散状线形布井模式

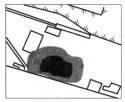
c) 线形布井模式

图4-7　典型的布井模式

控制注射井和抽提井的装置包括注射泵、进水设备、管道、阀门、填充物、浮尺和水位感应器、总控制面板、过滤器、容器罐和安全设施等。

处理装置随污染物的特征而变，如果污染物是易挥发态，那么就要设计一个蒸气系统以使污染物更有效地去除。蒸气装置通常是采用土壤淋洗技术中泵-处理系统常见的活性炭柱作为污染物收集设施。即使污染物不易挥发，也经常被采用活性炭柱。但是，从水中去除污染物要比从气相中移走污染物困难得多。

3. 淋洗系统设计

（1）设计依据 污染土壤修复处理系统随污染物种类、浓度及淋洗液作用方式等不同而不同，其主要影响因子有挥发性、生物降解性、浓度。总体来讲，有机污染物向上述 3 个因子中的哪个倾斜得多，设计一个成功的处理系统都相应容易些。

对于重金属，主要的设计依据是重金属的离子形态。如果金属离子形态不复杂，那么大多数处理技术都能适用；但如果金属离子形态很复杂，则处理方式就只能局限于选择性沉淀和离子交换技术。

总的土壤淋洗系统工作效率基于修复工程实施后淋出液中总的污染物浓度。理想的土壤淋洗系统应该是在相对短的时间内，收集来的淋出液中含有较高的污染物浓度，效率不高的处理系统在较长的时间内得到的污染物浓度都较低。

（2）设计框架 土壤淋洗修复技术既是经典的，又是创新的。经典的土壤淋洗修复技术被定义为包括以下几个过程的技术：①在地下水位以上布井并进行污染物收集；②饱和区的泵-处理系统；③泵-处理系统和地下水自然流扩散措施的结合。

而创新的土壤淋洗技术还包括第二和第三步的淋洗液处理、修复系统。其实，土壤淋洗系统的过程设计就是把许多亚系统（图 4-8）组合在一起。创新的土壤淋洗技术内容应包括污染物包围屏障系统、淋洗液施加系统、污染物-淋出液收集系统、淋出液再生及循环系统、污染物处理及排放系统。

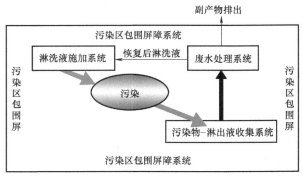

图 4-8 土壤淋洗技术各亚系统

（3）设计参数

1）污染物阻隔屏障。待修复点的污染土壤通常用阻断墙或水动力学控制装置设置物理屏障。延伸展开的墙或泥浆墙可被用来控制水的流动。注射井和用泵抽吸的井也是这种阻隔、包围污染物的最常用手段。

2）淋洗液的使用。淋洗液的施入系统必须与污染土壤达到最大程度的接触。绘制地下水模型和 VOC 浓度图有助于解决这个问题。要想得到最佳的淋洗效果，就要对待修复的点的污染历史和地质学、土壤学特征进行全面的了解与把握。最好的淋洗液是地点特异性的，随污染物类型、土壤类别和水文学特征而变化。总体来讲，淋洗液施入系统越灵活多变，修复的效率就越高。就 NAPLs 而言，脉冲式加入系统证明比一成不变的加入方式更有效。因此如果 NAPLs 是主要的污染物的话，最好设计一个交替加入淋洗液的装置。

3）淋洗液的处理。在实施污染土壤的原位淋洗技术时，应该考虑采用有效的淋出液处理方法，以及是在处理现场进行处理，还是运输到污水处理厂或其他污染修复点对淋出液进行集中处理，这些都要有可实施的具体方案。一般对来自污染土壤的淋出液的处理，石油和它的烃蒸馏产物可采用空气浮选法，如果浓度足够高，对烃基类化合物可以采用生物手段来处理淋出液，如其他有机物一样。表 4-2 给出了土壤淋洗技术中经常用到的淋出液处理措施。

表 4-2 土壤淋洗技术中经常用到的淋出液处理措施

污染物类型	中间处理措施	所需的最后处理措施
易挥发有机物	通风	活性炭柱
难挥发有机物	过滤	活性炭柱
难挥发有机物	过滤	生物处理
重金属	调节 pH 值	化学沉淀
重金属	过滤	离子交换
重金属络合物	氢氧化沉淀	硫化沉淀

4）淋出液治理与循环系统。如果以上物理屏障和淋洗液加入系统设计合理，那么接下来就涉及对淋出液治理系统的要求，经常是土壤污染区的下梯度工程设施，如沟、穴、收集井等最常用到的手段。当地的水文地理特征是最重要的因素，收集系统的设计要能够最大限度地应付待修复区的水流问题。如果要收集的水流过量，就要用到沿污染区上梯度的阻隔墙，上梯度墙可以提高系统的总效率。图 4-9 是用阻隔墙减少淋洗液流失。

梯度墙在污染区的应用有很多好处：①减小收集系统的体积；②淋洗液与污染土壤的接触时间更长；③收集来的地下水中污染物浓度更高；④对整个系统控制更有利。

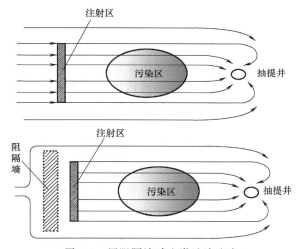

图 4-9 用阻隔墙减少淋洗液流失

淋洗液的治理和再循环设计数据来源于室内试验或小规模的现场试验。每用一次，溶剂或"化学助剂"的效用就要相应降低。当淋洗液穿过污染土壤介质时，它与土壤-地下水复合体中任何物质都互相接触，如果碰到酸或碱，淋洗液再循环与再利用的可能性都会微乎其微。因此，淋洗柱试验和小规模现场试验是获得设计淋出液治理与循环系统必需数据的最好方式。在室内对淋洗液进行测试，就可估测出污染物解吸的效率。

4. 化学淋洗液种类

污染物的种类决定了使用淋洗液的类型。对于污染土壤修复而言，淋洗过程包括了淋洗液向土壤表面扩散、对污染物质的溶解、淋洗出的污染物在土壤内部扩散、淋洗出的污染物从土壤表面向液体扩散等过程。所以，化学淋洗的总体效率既与淋洗剂和污染物之间的作用有关，也与淋洗剂本身的物理化学性质及土壤对污染物、化学淋洗剂的吸附作用等有关。在环境修复中应用较多的化学淋洗液主要有以下几种：

（1）清水 水淋洗处理中一般优先选择清水作为淋洗液，以避免淋洗液可能带来的二次污染。

（2）无机溶剂　酸、碱、盐等无机化合物相对其他淋洗剂具有成本较低，效果好，作用速度快等优点。无机溶剂淋洗修复环境的主要机制是通过酸解、络合或离子交换作用来破坏土壤表面官能团与污染物的结合，从而将污染交换解吸下来，进而从土壤溶液中溶出。对于镉、胺、苯胺、醚等物质污染的土壤，酸是高效的淋洗液。对于锌、铅、锡等重金属污染的土壤及氰化物和酚类化合物污染的土壤，碱是较好的淋洗液。酸加盐溶液对重金属污染的土壤修复有较好的效果。但使用无机溶剂带来的负面影响也是相当严重的，如破坏土壤微团聚体结构，产生大量废液，增加后处理成本等，所以，限制了无机溶剂在实际修复中的应用。

（3）螯合剂　常用的螯合剂大致可分为人工螯合剂和天然螯合剂两类。人工螯合剂包括乙二胺四乙酸（EDTA）、羟乙基替乙二胺三乙酸（HEDTA）、二乙基三乙酸（NTA）、乙二醇双四乙酸（EGTA）、乙二胺二乙酸（EDDHA）、环己烷二胺四乙酸（CDTA）等。天然有机螯合剂包括柠檬酸、苹果酸、丙二酸、乙酸、组氨酸及其他类型天然有机物质等。螯合剂对于金属污染的土壤淋洗效果较好。其中，EDTA 是最有效的螯合提取剂。EDTA 能在很宽的 pH 值范围内与大部分金属特别是过渡金属形成稳定的复合物，不仅能解吸被土壤吸附的金属，也能溶解不溶性的金属化合物。但人工螯合剂不但价格昂贵，而且生物降解性也较差，若在淋洗过程中残留在土壤里很容易造成土壤的二次污染，同时还可能对地下水造成污染。有机酸等天然螯合剂主要通过与重金属形成络合物而促进难溶态重金属的溶解，从而增加了重金属元素在土壤中的转化。天然有机酸除了对土壤中重金属有一定清除能力外，其生物降解性也很好，对环境不产生污染，因此应用前景广阔。

（4）表面活性剂　表面活性剂可分为非离子表面活性剂、阴离子表面活性剂、阳离子表面活性剂、阴-非离子混合表面活性剂及生物表面活性剂等类型。表面活性剂通过增加疏水性有机物的溶解度及生物可利用性、离子交换、吸附、配合等作用对污染环境进行修复。人工合成表面活性剂由于生物降解性差，在淋洗过程中容易残留，易造成二次污染。所以，由微生物、植物或动物产生的生物表面活性剂通常比合成表面活性剂的化学结构更为复杂和庞大，单个分子占据更大的空间，临界胶束浓度较低，清除环境中一些种类的重金属效果较好，且具有阴离子特性，低成本，易降解，表面活性大的特点。因而生物表面活性剂有更好的应用前景。以重质非水相液体（DNAPLs）为例，表面活性剂的作用过程如图 4-10 所示。

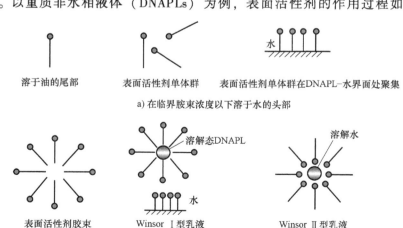

图 4-10　表面活性剂的作用过程

图 4-11 是表面活性剂原位淋洗系统。

5. 原位化学淋洗影响因素

（1）土壤质地特征 从污染土壤性质来看，原位化学淋洗技术最适用于多孔隙、易渗透的土壤，研究表明，水传导系数大于 10^{-3} cm/s 的土壤，可被推荐用土壤淋洗技术来进行修复。由于土壤淋洗法对黏土含量 20% 以上的黏质土壤效果不佳，因此，应用土壤淋洗法时，必须先做可行性研究，对于砂质土、壤质土、黏土的处理采用不同的淋洗方法。对于质地过细的土壤可能需要使土壤颗粒凝聚来增加土壤的渗透性。在某些土壤淋洗实践中，还需要打碎大粒径土壤，缩短土壤淋洗过程中污染物和淋洗液的扩散路径。

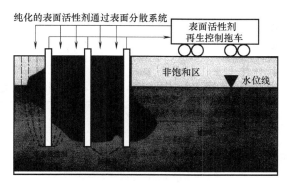

图 4-11 表面活性剂原位淋洗系统

（2）污染物类型及赋存状态 对于土壤淋洗来说，污染物的类型及赋存状态也是一个重要影响因素。污染物可能以一种微溶固体形态覆盖于或吸附于土壤颗粒物表层，或通过物理作用与土壤结合，甚至可能通过化学键与土壤颗粒表面结合。土壤内多种污染物的复合存在也是影响淋洗效果的因素之一。当土壤受到复合污染时，由于污染物类型多样，存在状态也有差别，常常导致淋洗法只能去除其中某种类型的污染物。污染物在土壤中分布不均也会影响土壤淋洗的效果。例如当采集污染土壤时，为了确保所有污染土壤都被有效处理，必须额外采集污染土壤周围的未污染土壤。当土壤污染历史较长时，通常难于被修复，因为污染物有足够的时间进入土壤颗粒内部，通过物理或化学作用与土壤颗粒结合，其中长期残留的污染物都是土壤自然修复难以去除的物质，具有较高的难挥发性、难降解性。

污染土壤的物质可分为有机污染物和无机污染物两大类，而无机污染物包括重金属等。原位化学淋洗技术最适合于重金属、易挥发卤代有机物及非卤代有机物污染土壤的处理与修复（表 4-3）。在有机污染物中，具有低辛烷-水分配系数的有机化合物比较适合采用这种技术。另外，羟基类化合物、低相对分子质量乙醇和羧基酸类等污染物也能够通过化学淋洗技术从土壤中除去，以达到修复的目的。该技术不适用于非水溶态液态污染物，如强烈吸附于土壤的呋喃类化合物、极易挥发的有机物及石棉等。

表 4-3 原位土壤淋洗技术适用的污染物种类

污染物	相关工业
重金属（镉、铬、铅、铜、锌）	金属电镀、电池工业
芳烃（苯、甲苯、甲酚、苯酚）	木材加工
石油类	汽车、油脂业
卤代试剂（TCE、三氯烷）	干结产业、电子生产线
多氯联苯和氯代苯酚	农药、除草剂、电力工业

（3）淋洗剂的类型 淋洗剂的选择取决于污染物的性质和土壤的特征。通常有以下三种类别的淋洗液：水、水加添加剂、有机溶剂。酸和螯合剂通常被用来淋洗有机物和重金属污染土壤；氧化剂（如过氧化氢和次氯酸钠）能改变污染物化学性质，促进土壤淋洗的效

果；有机溶剂常用来去除疏水性有机物。土壤淋洗过程包括了淋洗液向土壤表面扩散、对污染物质的溶解、淋洗出的污染物在土壤内部扩散、淋洗出的污染物从土壤表面向流体扩散等过程。淋洗剂在土壤中的迁移及其对污染物质的溶解也受到了多种阻力作用，能影响淋洗效果（表4-4）。

表 4-4　影响淋洗效果的一些机制

油膜质量转移	淋洗液向土壤表面扩散
	污染物从土壤表面扩散
土壤空隙内扩散	淋洗液在土壤空隙内的扩散
	污染物在土壤空隙内的扩散
土壤颗粒的破碎	增加表面积，缩短扩散途径
	被束缚污染物的暴露

（4）淋洗液的可处理性和可循环性　土壤淋洗法通常需要消耗大量淋洗液，而且这一方法从某种程度上说只是将污染物转入淋洗液中，因此要对淋洗液进行处理及循环利用，否则难于发挥土壤淋洗法的优势。有些污染淋洗液可送入常规水处理厂进行污水处理，有些需要特殊处理。对于土壤重金属洗脱废水，一般采用铁盐+碱沉淀的方法去除水中的重金属，加酸回调后可回用增效剂；有机物污染土壤的表面活性剂洗脱废水可采用溶剂增效等方法去除污染物并实现增效剂回用。

（5）水土比　采用旋流器分级时，一般控制给料的土壤浓度在10%左右；机械筛分根据土壤机械组成情况及筛分效率选择合适的水土比，一般为（5~10）：1。增效洗脱单元的水土比根据可行性试验和中试的结果来设置，一般为（3~10）：1。

（6）洗脱时间　物理分离的物料停留时间根据分级效果及处理设备的容量来确定；洗脱时间一般为20min~2h，延长洗脱时间有利于污染物去除，但也增加了处理成本，因此应根据可行性试验、中试结果及现场运行情况选择合适的洗脱时间。

（7）洗脱次数　当一次分级或增效洗脱不能达到既定土壤修复目标时，可采用多级连续洗脱或循环洗脱。

6. 原位化学淋洗适用性

决定化学淋洗工程是否有效、是否可实施，以及处理费用的关键因素是土壤的渗透性。土壤渗透性不是它的基础性质之一，而是依赖许多重要的因素，包括团粒大小分布、团粒形状及质地、土壤矿物组成、孔隙度、饱和度、土壤结构、流体性质、流动类型及温度等。对特定土壤类型，前三个因素是没有变化的，而土壤矿物组成及饱和度依赖于土壤所在地区，后三个与流体有关的因素与流经土壤的水体密切相关。具体影响因子见表4-5。

表 4-5　土壤淋洗技术的关键参数

是否选择土壤淋洗技术的关键因子	原位处理的最佳条件	基本原则	需要的数据
污染物在土壤和淋洗液间的平衡分配情况	—	污染物向淋洗液分配系数越高，效果越好	平衡分配系数
污染物组成的复杂性	—	污染物组成的复杂性增加了研制淋洗液的难度	污染物组成
特定土壤比表面积	$<0.1m^2/g$	高比表面积增加了污染物的土壤吸附性	土壤比表面积
污染物水溶性	$>1000mg/L$	易溶化合物可被淋洗液迁移走	污染物溶解度

（续）

是否选择土壤淋洗技术的关键因子	原位处理的最佳条件	基本原则	需要的数据
辛烷-水分配系数 K_o/w	$10 \sim 1000$	易溶污染物可被自然过程驱动迁移	辛烷-水分配系数
污染物组成的空间变异性	—	污染物组成的变化可能需要重新考虑淋洗液的配方	污染物容量的数学统计模型
水力传导性能	$>10^{-3}$ cm/s	高的水传导性能够促进淋洗液更好地分配	水的地理学流动态势
黏粒含量	—	低黏粒含量较好，黏粒增加污染物吸附，阻碍流动	土壤组成、颜色以及质地、颗粒分布
阳离子代换量（CEC）	—	推荐低 CBC 值，CBC 增加，吸附量增加，解吸量降低	CBC
淋洗液特性	低毒、低费用、可处理及再利用性	毒性增加人类健康风险，不可再利用增加处理费用	流体特性，实验室内的测试
土壤有机碳含量 TOC	质量<1%	淋洗技术更适用于低有机碳含量的土壤	土壤全有机碳含量
污染物蒸气压	1.33×10^3 Pa	NAPL 等易挥发化合物能扩散到气相中	工作环境温度下的污染物蒸气压
流体黏度	0.002Pa·s	低流体黏度增强它的土壤穿透力	工作环境温度下的污染物黏度
有机污染物密度	>2g/cm³	预测污染物的迁移性	工作环境温度下的污染物密度

　　土壤团粒大小分布在很大程度上影响着土壤的渗透性。随着土壤团粒体积的降低，土壤渗透性也相应降低，因为水的流动被小的颗粒所阻隔。不仅土壤团粒大小影响渗透性，土壤颗粒形状及质地也能影响渗透性，延伸状或不规则形状的土壤团粒形成非流线型的孔径，因此影响水的流动。质地粗糙的土壤，对水的流动增加了摩擦力，也降低了土壤的渗透性。由于各地土壤的特性和理化性质都不同，因此在决定对污染地点实施土壤淋洗技术并安装泵-处理设施之前，要对以上这些影响因素做全面的测试与分析。

4.3.4 异位化学淋洗修复

1. 基本原理

　　异位化学淋洗修复是指把污染土壤挖出来，通过筛分去除超大的组分并把土壤分为粗料和细料，然后用水或溶于水的化学试剂来清洗、去除污染物，再处理含有污染物的废水或废液，然后洁净的土壤可以回填或运到其他地点。

　　通常情况下，异位化学淋洗修复首先根据处理土壤的物理状况，将其分成不同的部分（石块、砂砾、砂、细砂及黏粒），然后根据二次利用的用途和最终处理需求，采用不同的方法将这些不同部分清洁到不同的程度，最后是将处理后土壤置于恰当的位置。

　　该技术操作的核心是通过水力学方式机械地悬浮或搅动土壤颗粒，土壤颗粒尺寸的下限是 9.55mm。通常将异位土壤淋洗技术用于降低受污染土壤量的预处理，主要与其他修复技术联合使用。当污染土壤中砂粒与砾石含量超过 50% 时，异位土壤淋洗技术就会十分有效。而对于黏粒、粉粒含量超过 30%，或者腐殖质含量较高的污染土壤，异位土壤淋洗技术分离去除效果较差。

土壤淋洗异位修复包括如下步骤：①污染土壤的挖掘；②污染土壤的淋洗修复处理；③污染物的固液分离；④残余物质的处理和处置；⑤最终土壤的处置。在处理之前应先分选出粒径大于 5cm 的土壤和瓦砾，然后土壤进行清洗处理。由于污染物不能强烈地吸附于砂质土，所以砂质土只需要初步淋洗；而污染物容易吸附于土壤的细质地部分，所以壤土和黏土通常需要进一步修复处理。在固液分离过程及淋洗液的处理过程中，污染物或被降解破坏，或被分离。异位化学淋洗修复技术示意和流程如图 4-12 和图 4-13 所示。

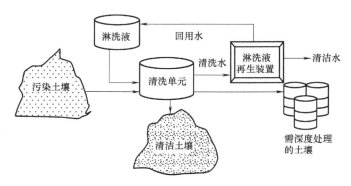

图 4-12　异位化学淋洗修复技术

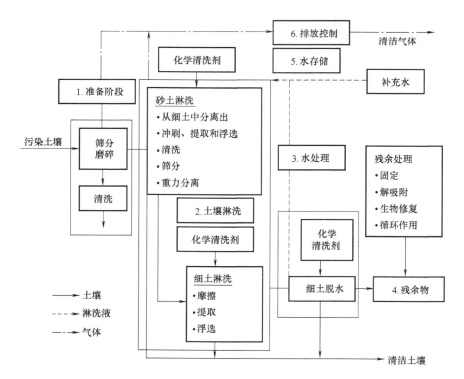

图 4-13　异位化学淋洗修复技术流程

2. 异位化学淋洗系统设计

（1）设计原理　异位土壤化学淋洗系统由一系列物理操作单元和化学过程组成。在这一过程中，采用水分离和清洗土壤不同粒级的方法。这些工作要在安全、体积可控的反应器中进行，所有从土壤中洗下来的污染物被转移到了液相中，这样废水被处理后，留下了污染物的残余富集流，类似于工业废水处理好后的废液。

与原位化学淋洗技术不同的是，异位化学淋洗技术要把污染土壤挖掘出来，用水或溶于水的化学试剂来清洗、去除污染物，再处理含有污染物的废水或废液，然后洁净的土壤可以回填或运到其他地点。通常情况下，根据处理土壤的物理状况，先将其分为不同的部分，分开后再基于二次利用的用途和最终处理需求，清洁到不同的程度。按土壤颗粒不同的分离工作，是进行土壤修复一系列操作前的必要步骤。这样，不同的分级颗粒可以分开清洗。

在有些异位土壤淋洗修复工程中，并非所有分离开的土壤都要清洗。如果大部分污染物被吸附于某一土壤粒级，并且这一粒级只占全部土壤体积的一小部分，那么直接处理这部分土壤是最经济的选择。异位土壤淋洗通常产生污染物的富集液或富集污泥，因此还需要一些最终处理手段。

异位土壤化学淋洗工作在某种容器中进行，技术人员可以控制操作流程和进行结果分析。在多数情况下，污染物集中在土壤混合体中的细粒级部分，它只占处理体积中很小的百分比。

（2）设计目标　异位土壤化学淋洗系统的设计和操作依赖于修复目标和清洁后土壤需要达到的污染物水平，这涉及一场究竟什么样的土壤算是洁净土壤的争论。美国国家环保局（EPA）和州管理机构通常以地点不同建立不同的标准，而荷兰则发展了本地的 A/B/C 标准。A/B/C 标准规定了 50 种常见有机物和无机元素的浓度上限，A 标准用于不严格的土地再利用，B 标准用于有限再利用地点的污染物残留浓度。表 4-6 列举了异位化学淋洗技术中心常见污染物应达到的浓度水平。

表 4-6　异位化学淋洗技术中心常见污染物应达到的浓度水平

	污染物	荷兰 B 标准/（mg/kg）		污染物	荷兰 B 标准/（mg/kg）
重金属	铬（Cr）	250	有机物	总 PAHs	20
	镍（Ni）	100		致癌 PAHs	2
	锌（Zn）	500		PCBs	1
	砷（As）	30		农药	<1
	镉（Cd）	5		总石油类碳氢化合物（TPH）	100
	汞（Hg）	2			
	铅（Pb）	150			

3. 异位化学淋洗系统装备

适合操作异位化学淋洗技术的装备通常是可运输的，可随时随地搭建、拆卸、改装，一般采用单元操作系统，包括矿石筛、离心装置、摩擦反应器、过滤压榨机、剧烈环绕分离器、流化床淋洗设备和悬浮生物泥浆反应器等。该技术流程如图 4-14 所示。

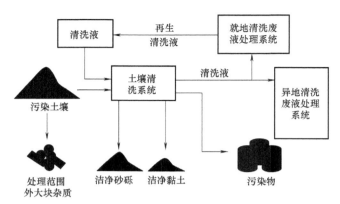

图 4-14　异位化学淋洗技术流程

原位和异位土壤化学淋洗技术比较见表 4-7。

表 4-7　原位和异位土壤化学淋洗技术比较

项目	原位土壤淋洗	异位土壤淋洗
适用性	均质,渗透性土壤	砂质含量至少 50%
工艺特点	通过注射井投加淋洗剂	不同粒径土壤分别清洗
优点	无须污染土壤进行挖掘、运输	污染物去除效率高
缺点	去除效果受制于场地水文地质情况	有土壤质地的损失

4. 异位化学淋洗技术的适用范围

（1）土壤类型　一般而言，异位化学淋洗技术更适合用于污染物集中于大粒级土壤的情况，砂砾、砂和细砂以及相似土壤组成中的污染物更容易处理，黏土较难清洗，一般来讲，对于含有 25% 以上黏粒的土壤不采用这项技术。

（2）污染物类型　异位化学淋洗技术具有灵活方便、有利于技术推广、适用于各种类型污染物治理等特点。对重金属、放射性元素、石油烃、易挥发有机物、多氯联苯及多环芳烃等都有良好的淋洗效果。土壤异位化学淋洗技术必须在处理可行性研究的基础上，依照特定的污染物土壤或沉积物"量身定做"，清洗液也需要经过仔细研究才能确定。

（3）清洗液　清洗液由水和加入的其他试剂构成，可以把酸、碱洗洁剂、络合剂或其他化合物溶合到水中。不同的清洗液被用到不同的土壤粒级或清洗过程的不同阶段。

5. 异位化学淋洗应用实例

（1）欧洲和北美国家　欧洲和北美国家已有很多实际应用的成功例子（表 4-8），其中许多以全方位修复了被污染的土壤。

表 4-8　超基金项目中采用异位化学淋洗技术的应用实例

地点(美国)	状态	待处理对象类型	污染物
新泽西 Myers 不动产开发地	设计中	土壤,沉积物	重金属
新泽西受化学品污染的葡萄地	设计中	土壤	重金属
GE wiring Dvices,PR	设计中	土壤,沉积物	重金属
Cabot Carbon/Koppers,FL	设计中	土壤	半挥发有机物(SVOCs),多环芳烃(PAHs),重金属

（续）

地点（美国）	状态	待处理对象类型	污染物
Whitehous waste oil pits	设计前	土壤，沉积物	易挥发性有机物（VOCs），PCBs，PAHs，重金属
Caper Fear Wood Preserving	设计完成	土壤	
Moss American	设计前	土壤	PAHs，重金属
ArKwood，AR	设计完成	土壤，沉积物	

（2）美国新泽西州 Winslow 镇土壤修复工程 美国的新泽西州 Winslow 镇有 4hm² 土壤层被用于工业处理废物的循环中心，导致周围土壤受到砷、铍、镉、铬、铜、铅、镍和锌污染，其中铬、铜和镍是产生较大环境问题的污染物，在污泥中的最大含量均超过 10000mg/kg。美国国家环保局在经过实验室和小规模现场可行性试验后，开始进行大规模的异位清洗修复，修复系统运用了筛分、剧烈水力分离、空气浮选等一系列污泥浓集和脱水程序，对接近 19000t 的污染土壤和污泥进行土壤清洗修复，清洗后土壤中的镍、铬和铜含量分别为 25mg/kg、73mg/kg 和 110mg/kg。这是美国超基金项目中非常有名的清洗修复实例，也是美国国家环保局首次全方位采用清洗技术修复污染土壤成功的示范实例。

（3）美国马萨诸塞州 Monsanto 地区土壤修复工程 美国马萨诸塞州 Monsanto 地区有 34hm² 棕色田地受到萘、BEHP、砷、铅和锌污染，1996 年技术人员在该地搭建了处理能力为 15t/h 的清洗工厂对该地进行了长达 6 个月的异位土壤淋洗修复工程。该工程首先将待处理土壤分成含有 RAPR 污染物、大于 2mm 的土壤和小于 2mm 的泥土，再将湿泥浆通过剧烈水力分离单元分开粗粒级和细粒级，粗粒级土壤检验合格后可作为清洁土壤回填，而细粒级土壤则需要生物泥浆反应器加以进一步修复。本工程共修复土壤 9600t，污染物去除率达 93%，土壤清洗和生物修复总费用为 90 万美元。

4.3.5 化学淋洗修复应用

（1）美国国家超级金项目修复土壤危险污染物 目前，采用化学淋洗修复技术治理可溶性污染物所造成的土壤污染已进入实施应用阶段，在美国许多超级金计划支持的污染处理地点和废弃矿区都采用这个技术来修复土壤。表 4-9 列出了美国国家超级金项目修复修复点所针对土壤危险污染物种类，包括重金属、氰化物、放射性物质、多环芳烃、多氯联苯和烃类物质等。

表 4-9 美国国家超级金项目修复修复点所针对土壤危险污染物种类

危险污染物种类	修复点/个	危险污染物种类	修复点/个
重金属	47	PNAs	1
铬	9	油、脂	11
砷	8	VOCs	6
铅	7	有机氯农药	5
锌	5	微溶有机物	64
镉	4	芳烃	
铁	3	苯	9
铜	2	卤代烃化合物	

（续）

危险污染物种类	修复点/个	危险污染物种类	修复点/个
汞	2	三氯乙烯	11
硒	2	其他	15
镍	1	甲苯	8
矾	1	二氯乙烯	6
粉尘	1	二甲苯	5
镀金业废弃物	1	乙烯基氯化物	4
其他无机物	26	其他芳烃	3
氰化物	6	次甲基氯	3
放射性物质	3	亲水有机物	20
酸	7	乙醇	4
碱	6	石炭酸	12
难溶有机物	38	其他亲水有机物	4
PCBs	15	未区别的有机溶剂和其他化合物	30

（2）美国铬生产地土壤的修复工程　位于美国俄勒冈州 Cirvallis 地区的一个铬生产基地，采用土壤淋洗技术对铬污染土壤和地下水进行治理。在实施治理工程前，监测发现土壤铬含量超过 60000mg/kg，地下水的铬含量也严重超标，污染土层深度达 5.5m。土壤颗粒组成主要是粗砂和细砂。具体治理行动主要包括以下几个方面的措施：①挖掘 1100t 土壤并从该点移走处理；②布置 23 口抽提井，12 口监测井；③在最高污染区布下两个盆状过滤点；④建造两条穿透污染斑块的过滤沟；⑤建设废水（淋出液）处理设施以去除铬；⑥改变地表排水状况，使排水渠绕过处理地点。在天气干燥季节，盆状过滤点的过滤速率分别为 28766L/d 和 11355L/d，但如果天气湿润，过滤速率将下降 50%。过滤沟的过滤速率为 9500L/d。滤出液中的铬采用还原、化学沉淀方法来去除。具体处理过程中的一些数据见表 4-10，这些数据来源于 1988 年 8 月到 12 月期间的监测结果。

表 4-10　美国超基金计划修复俄勒冈州 Cirvallis 地区铬污染土壤

参数	总量	每日量
地下水抽提	26000000L	44000L
流出液中铬(VI)的浓度范围	146～19233mg/L	
铬(VI)的去除量	12000kg	19kg
填充物容量	18000000L	30000L
流出液中平均铬(VI)浓度		1.7mg/L
产生的污泥(25%固体)	170m^2	0.28m^2

（3）加拿大波士顿军事基地土壤修复工程　加拿大波士顿军事基地土壤受四氯乙烯（PCE）污染，从 1990 年 6 月到 1991 年 8 月采取了淋洗液加表面活性剂的泵-处理系统进行化学淋洗修复试验。试验在体积为 27m^3 的狭窄土壤空间进行，该空间能够自我封闭，采用了 5 个注射井和 5 个抽提井。先直接抽提去除自由态的 PCE，然后用水漫灌淋洗取出自由态和溶解态的 PCE，此时 50% PCE 被去除，其余的 PCE 再用表面活性剂冲洗得以去除。

4.4 化学氧化修复

4.4.1 化学氧化概述

化学氧化修复（Chemical oxidation remediation）主要是向污染环境中加入化学氧化剂，依靠化学氧化剂的氧化能力，分解破坏污染环境中污染物的结构，使污染物降解或转化为低毒、低移动性物质的一种修复技术如图 4-15 所示。化学氧化修复技术是降解水中污染物的有效方法。对于污染土壤来说，化学氧化修复技术不需要将污染土壤全部挖掘出来，而只是在污染区的不同深度钻井，将氧化剂注入土壤中，通过氧化剂与污染物的混合、反应使污染物降解或导致形态的变化，达到修复污染环境的目

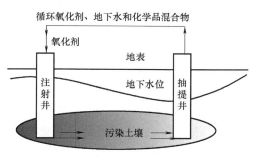

图 4-15 污染土壤的化学氧化修复

的。化学氧化修复技术能够有效地处理土壤及水环境中的铁，锰和硫化氢，三氯乙烯（TCE）、四氯乙烯（PCE）等含氯溶剂，以及苯、甲苯、乙苯和二甲苯（BTEX），这些都是生物修复法难以处理的污染物。除了单独使用外，化学氧化修复技术还可与其他修复技术（如生物修复）联合使用，作为生物修复或自然生物降解之前的一个经济而有效的预处理方法。

4.4.2 化学氧化修复剂

一般来说，化学氧化技术中的氧化剂应遵循以下原则进行选择：①反应必须足够强烈，使污染物通过降解、蒸发及沉淀等方式去除，并能消除或降低污染物毒性；②氧化剂及反应产物应对人体无害；③修复过程应是实用和经济的。

1. 二氧化氯

二氧化氯（ClO_2）的标准还原电位为 1.50V，其氧化能力仅次于臭氧。ClO_2 因具有较强的氧化能力和较为稳定的化学性质，生产简单，成本低等特点逐渐引起广泛关注。在水环境修复应用中，ClO_2 具有突出的优点：氯化脱色能力强，可将水中酚类、氯酚、氰化物、硫化物、胺类化合物、腐殖酸等成分氧化去除，同时又不会与水中氨及硝酸根等反应；在较大的 pH 值范围（6~10）内消毒杀菌表现出高效性；不会与水中有机物质反应生成致癌的THMs；在中性或略偏碱性的水中可迅速氧化水中的铁锰离子，生成不溶于水的 $Fe(OH)_3$ 和 MnO_2 沉淀析出，从而达到去除目的。在土壤修复中，它通常以气体的形式直接进入污染区，氧化其中的有机污染物。

2. 高锰酸钾

高锰酸盐（$KMnO_4$）又名过锰酸钾，其中锰元素的化合价为 +7 价，标准还原电位为1.491V，是一种较强的固体氧化剂，能有效去除受污染环境中的多种有机污染物，还能显著地控制氯化副产物，使环境中有机污染物的数量和含量均有显著降低。由于具有较大的水溶性，高锰酸钾可通过水溶液的形式导入土壤的受污染区。高锰酸钾不仅对三氯乙烯、四氯

乙烯等含氯溶剂有很好的氧化效果，且对烯烃、酚类、硫化物和甲基叔丁基醚（MTBE）等污染物也很有效。高锰酸钾通过提供氧原子进行氧化反应，因此反应受 pH 值的影响较小，且具有更高的处理效率。当土壤环境中含有大量碳酸根、碳酸氢根等 HO· 自由基清除剂时，高锰酸钾的氧化作用也不会受到影响。高锰酸钾对微生物无毒，可与生物修复联用。但高锰酸钾的氧化性弱于臭氧、过氧化氢等其他氧化剂，难于氧化降解苯系物等常见的有机污染物，且不能将有机物完全氧化为 CO_2 和 H_2O，往往生成许多中间产物，对地表水中腐殖类物质的氧化甚至可能产生少量 THMs 先质。但是作为固体，它的运输和存储也较为方便，具有 pH 值适用范围广、氧化剂持续生效、不产生热、尾气等二次污染物的优点。

3. 臭氧

臭氧（O_3）是氧气（O_2）的同素异形体。在常温下，它是一种有特殊臭味的淡蓝色气体。臭氧主要存在于距地球表面 $20\sim35km$ 的同温层下部的臭氧层中。在常温常压下，稳定性较差，可自行分解为氧气。臭氧具有青草的味道，吸入少量对人体有益，吸入过量对人体健康有一定危害，氧气通过电击可变为臭氧。

臭氧（O_3）是活性非常强的化学物质，标准还原电位为 2.07V，是一种强氧化剂，氧化能力在天然元素中仅次于氟，能迅速而广泛地氧化分解环境中的大部分有机物，有效去除色、浊、臭味、铁锰、硫化物、酚、农药、石油制品等。O_3 在水中的溶解度是氧气的 12 倍，在土壤修复中可快速进入土壤水分中，因此，一般在现场通过氧气发生器和臭氧发生器制备臭氧，然后通过管道注入污染土层中，另外也可以把臭氧溶解在水中注入污染土层中。使用的臭氧混合气体中臭氧的体积分数在 5% 以上，臭氧可以直接降解土壤中的有机污染物，也会溶解于地下水中，与土壤和地下水中的有机污染物发生氧化反应，自身分解为氧气，也可以在土壤中一些过渡金属氧化物的催化下产生氧化能力更强的羟基自由基，分解难降解有机污染物。

臭氧氧化法可以降解 BTEX、PAHs、MTBE 等难降解有机污染物。O_3 自身分解产生的氧气可为土壤中的微生物所利用；O_3 氧化效率高，可减少修复时间，降低成本。但是，在 O_3 投量有限的情况下，不可能完全去除水中的微量有机物。同时，臭氧在水处理过程中也可与溴酸根作用生成"三致"物质，因此 O_3 氧化与其他方法的联用技术去除水中有机污染物效果较好，如臭氧-生物活性炭技术（O_3—BAC 技术）、臭氧-过氧化氢混合氧化（O_3—H_2O_2）。臭氧的氧化途径包括臭氧直接氧化和自由基氧化。在直接氧化过程中臭氧分子直接加成在反应分子上，形成过渡型中间产物，再转化成反应产物。

4. 过氧化氢、芬顿试剂及其组合的高级氧化法

（1）双氧水　纯过氧化氢（H_2O_2）是淡蓝色的黏稠液体，可任意比例与水混合。过氧化氢水溶液俗称双氧水，是一种无色透明液体。在一般情况下，H_2O_2 会缓慢分解成水和氧气。H_2O_2 是一种强氧化剂，能直接氧化水中的有机污染物，同时本身只含 H、O 两种元素，使用时不会引入杂质，H_2O_2 在水处理中具有广泛的应用。H_2O_2 具有产品稳定、没有腐蚀性、与水完全混溶、无二次污染、氧化选择性高等优点。在水环境中，H_2O_2 分解速度很慢，同有机物作用温和，可保证较长时间的残留氧化作用，也可作为脱氯剂（还原剂），不会产生卤代烃，是较为理想的水环境氧化剂。

（2）芬顿试剂　为了提高双氧水的氧化能力，在双氧水中加入亚铁离子形成芬顿试剂，生成的 HO· 自由基是一种很强的氧化剂，具有很高的电负性或亲电子性，可通过脱氢反

应、不饱和烃加成反应、芳香环加成反应及与杂原子氮、磷、硫的反应等方式与烷烃、烯烃和芳香烃等有机物进行氧化反应。所以，HO·自由基能无选择性地攻击有机物分子中的C—H键，对有机溶剂如酯、芳香烃及农药等有害有机物的破坏能力高于H_2O_2本身。

芬顿试剂反应机理如下：

$$Fe^{2+}+H_2O_2 \longrightarrow Fe^{3+}+ \cdot OH+OH^- \tag{4-9}$$

$$Fe^{2+}+ \cdot OH \longrightarrow Fe^{3+}+OH^- \tag{4-10}$$

$$Fe^{3+}+H_2O_2 \longrightarrow Fe^{2+}+OH_2 \cdot +H^+ \tag{4-11}$$

$$OH_2 \cdot +H_2O_2 \longrightarrow O_2+H_2O+ \cdot OH \tag{4-12}$$

$$RH+ \cdot OH \longrightarrow \cdots \longrightarrow CO_2+H_2O \tag{4-13}$$

$$4Fe^{2+}+O_2+4H^+ \longrightarrow 4Fe^{3+}+ 2H_2O \tag{4-14}$$

$$Fe^{3+}+ OH^- \longrightarrow Fe(OH)_3（胶体） \tag{4-15}$$

生成的$Fe(OH)_3$胶体具有絮凝作用，其絮凝的最佳pH值为3.5～5.0，可使水中的悬浮固体凝聚沉淀。

（3）电芬顿试剂法　电芬顿试剂法是利用电化学法产生的Fe^{2+}和H_2O_2作为芬顿试剂的持续来源，两者产生后立即作用而生成具有高度活性的羟基自由基，使有机物得到降解，其实质就是在电解过程中直接生成芬顿试剂。与传统芬顿试剂法相比，电芬顿试剂法有它独特的优点：①不需或只需加入少量化学药剂，可以大幅度降低处理成本；②处理过程清洁，不会对水质和土壤产生二次污染；③设备相对简单，电解过程需控制的参数只有电流和电压，易于实现自动控制；④电芬顿试剂法中Fe^{2+}和H_2O_2以相当的速率持续地产生，起初有机物降解的速率较慢，但是能保证长时间持续有效的降解，有机物能得到更加完全的氧化；⑤导致有机物降解的因素较多，除羟基自由基的氧化作用外，还有阳极氧化，电吸附等，所以处理效率比传统芬顿试剂法高；⑥占地面积小，处理周期短，条件要求不苛刻；⑦易于和其他方法结合，便于废水的综合治理。

电芬顿试剂法可按Fe^{2+}和H_2O_2产生方式的不同，分为以下几种：

1）电芬顿-H_2O_2法。H_2O_2由O_2在阴极还原产生，Fe^{2+}由外界加入，在电解池的阴极（氧扩散阴极）上曝氧气或空气，O_2在阴极上发生二电子还原反应（在酸性条件下）生成H_2O_2，H_2O_2与加入的Fe^{2+}发生芬顿反应，这样形成一个循环。另外还有部分有机物直接在阳极上被氧化成一些中间产物（CO_2和H_2O）。电解槽内的电极反应机制如图4-16所示。

2）电芬顿-Fe^{2+}氧化法。Fe^{2+}由Fe在阳极氧化产生，H_2O_2由外界加入。电解槽通电时，Fe阳极失去两个电子被氧化成Fe^{2+}，Fe^{2+}加入的H_2O_2发生芬顿反应生成·OH。在该体系中导致有机物降解的因素除·OH外，还有$Fe(OH)_2$、$Fe(OH)_3$的絮凝作用，即阳极氧化产生的活性Fe^{2+}、Fe^{3+}可水解成对有机物有强络合吸附作用

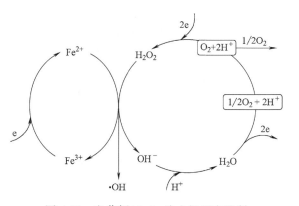

图4-16　电芬顿-H_2O_2法电极反应机制

的 $Fe(OH)_2$、$Fe(OH)_3$。该法对有机物的去除效果高于电芬顿法，但需加 H_2O_2，且耗电能，故成本比传统芬顿法高。

电解槽内的电极反应如下：

阳极：
$$Fe-2e = Fe^{2+} \tag{4-16}$$
$$2H_2O-4e = O_2+4H^+ \tag{4-17}$$

阴极：
$$2H_2O+2e = H_2+2OH^- \tag{4-18}$$

溶液中：
$$Fe^{2+}+H_2O_2 = \cdot OH+OH^-+Fe^{3+} \tag{4-19}$$
$$Fe^{3+}+3OH^- = Fe(OH)_3 \tag{4-20}$$

3）电芬顿-Fe^{2+}还原法。Fe^{2+} 由 Fe^{3+} 在阴极还原产生，H_2O_2 由外界加入。电芬顿-Fe^{2+}还原系统将一个芬顿反应器和一个 $Fe(OH)_3$ 还原为 Fe^{2+} 的电解装置合并成一个反应器，反应装置如图4-17所示。Fe^{3+}借助于 $Fe_2(SO_4)_3$ 或 $Fe(OH)_3$，污泥产生。每次投加一定量原水，循环泵回流以保证电解槽内的混合效果；初期运行时，加入浓 $Fe_2(SO_4)_3$，溶液与废水相混合，以满足初期 Fe^{3+} 浓度的要求；H_2O_2 通过进料泵连续投加。反应过程中形成的 $Fe(OH)_3$，经过絮凝和 pH 值调节后可重新使用，系统产生的污泥量少。

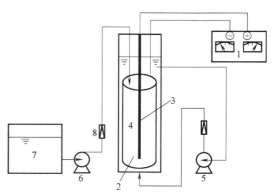

图4-17 电芬顿-Fe^{2+}还原装置
1—直流电源 2—阴极 3—阳极 4—电解槽
5—循环泵 6—H_2O_2 进料泵
7—H_2O_2 贮槽 8—流量计

电解槽内的电极反应如下：

阴极：
$$Fe^{3+}+e = Fe^{2+} \tag{4-21}$$
$$2H_2O+2e = H_2+2OH^- \tag{4-22}$$

阳极：
$$2H_2O-4e = O_2+4H^+ \tag{4-23}$$

溶液中
$$Fe^{2+}+H_2O_2 = \cdot OH+OH^-+Fe^{3+} \tag{4-24}$$

4）电芬顿-Fe^{2+}氧化-H_2O_2法。Fe^{2+} 由 Fe 在阳极氧化产生，H_2O_2 由 O_2 在阴极还原产生。以平板铁或铁网为阳极，多孔碳电极（或炭棒）为阴极，在阴极通以氧气或空气。通电时，在阴阳极上将进行相同电化学当量的电化学反应，因为阳极上 $Fe \to Fe^{2+}$ 和阴极上 $O_2 \to H_2O_2$ 均为二电子反应，因此理论上在相同的时间内电解槽内将生成相同摩尔数的 Fe^{2+} 和 H_2O_2，从而使得随后进行的生成芬顿试剂的化学反应得以实现。反应中生成的三价铁离子将与溶液中的氢氧根离子结合生成絮状的 $Fe(OH)_3$，$Fe(OH)_3$ 将包裹有机物共沉积，经过滤后从滤渣中除去。为了减少阴阳极生成的 Fe^{2+} 和 H_2O_2 在溶液中传输过程的浓差极化，可对电解槽中的溶液进行搅拌。

为了增大反应初期溶液的导电能力，加一定浓度的 Na_2SO_4 作为支持电解质。

电解槽内的电极反应如下：

阳极：
$$Fe-2e = Fe^{2+} \tag{4-25}$$
$$2H_2O-4e = O_2+4H^+ \tag{4-26}$$

阴极：
$$O_2+2H^++2e \Longrightarrow H_2O_2 \tag{4-27}$$
$$2H_2O+2e \Longrightarrow H_2+2OH^- \tag{4-28}$$
溶液：
$$Fe^{2+}+H_2O_2 \Longrightarrow \cdot OH+OH^-+Fe^{3+} \tag{4-29}$$
$$Fe^{3+}+3OH^- \Longrightarrow Fe(OH)_3 \tag{4-30}$$

5）电芬顿-Fe^{2+}还原-H_2O_2法。Fe^{2+}和H_2O_2分别由Fe^{3+}和O_2在阴极还原产生。通电时，O_2在阴极得到2个电子被还原为H_2O_2，同时由外界加入的Fe^{3+}，也在阴极还原生成Fe^{2+}，Fe^{2+}和H_2O_2组成芬顿试剂。

另外，还有一种电芬顿法用三维电极取代上述电芬顿法中的二维电极，称之为三维电极电芬顿法，其基本原理如下：

如图4-18所示，反应装置是一个单室三维电极电化学反应器。它主要由两个平板电极（阳极和阴极），粒子电极，压缩空气和载体组成。粒子电极为一种高效、无毒和廉价的颗粒状专用材料，它们作为工作电极被填充在两个平板电极间形成三维电极。所用的粒子电极主要有金属粒子、镀上金属的玻璃球或塑料球、金属氧化物、石墨或活性炭等。压缩空气通过反应器底部的多孔板向该反应器内曝气。外加电压以直流脉冲方式供给。

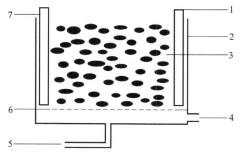

图4-18 三维电极电化学反应

1—阳极 2—器壁 3—粒子电极 4—压缩空气进口 5—反应器出水口 6—微孔板 7—阴极

在三维电极电化学反应器中，羟基自由基是按照以下电化学反应机理产生的：
$$O_2+2H^++2e \Longrightarrow H_2O_2 \tag{4-31}$$
$$Fe^{2+}+H_2O_2 \Longrightarrow \cdot OH+OH^-+Fe^{3+} \tag{4-32}$$
$$Fe^{3+}+e \Longrightarrow Fe^{2+} \tag{4-33}$$

首先，氧在阴极上通过两电子还原产生H_2O_2，生成的过氧化氢迅速与溶液存在的Fe^{2+}反应产生$\cdot OH$和Fe^{3+}，Fe^{3+}可在阴极上于O_2的还原过程中还原再生为Fe^{2+}。分子氧在电氧化过程中起了很大作用，一方面通过捕获电子产生H_2O_2；另一方面，增加了$\cdot OH$和其他反应物的传质效应。

三维电极来代替二维电极，大大增加了单元槽体积的电极面积，而且由于每个微电解池的阴极和阳极距离很近，传质非常容易，因此大大提高了处理效率。

5. 光催化氧化

光催化氧化技术是近20年才出现的污染水体和土壤处理新技术。光催化氧化作为一种高级氧化技术，以太阳光为潜在的辐射源，激发半导体催化剂，产生空穴和电子对，具有很强的氧化还原作用。当用于降解水中有机物时，光生空穴将产生羟基自由基（$\cdot OH$）等强氧化性自由基，可以成功地分解水中包括难降解有机物在内的大多数污染物。它还具有将水中微量的有机物分解的功能。

目前，研究最多的半导体材料有TiO_2、ZnO、CdS、WO_3、SnO_2等。由于TiO_2的化学稳定性高、耐光腐蚀，并且具有较深的价带能级，催化活性好，可以使一些吸热的化学反应在光辐射的TiO_2表面得到实现和加速，加之TiO_2对人体无毒无害，并且通常成本较低，所以尤以纳米二氧化钛的光催化研究最为活跃。

当入射光的能量大于半导体本身的带隙能量（Band gap）时，在光的照射下半导体价带（Valence band）上的电子吸收光能而被激发到导带（Conduction）上，即在导带上产生带有很强负电性的高活性电子，同时在价带上产生带正电的空穴，从而产生具有很强活性的电子—空穴对，形成氧化还原体系。这些电子—空穴对迁移到催化剂表面后，与溶解氧及H_2O发生作用，最终产生具有高度化学氧化活性的羟基自由基，利用这种高度活性的羟基自由基便可参与加速氧化还原反应的进行，可以氧化包括生物氧化法难以降解的各类有机污染物并使之完全无机化，多相光催化降解有机物的原理表示于图4-19。

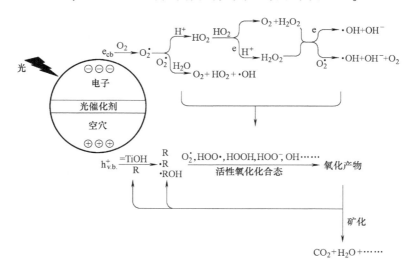

图 4-19 光催化降解有机物的原理

由于光催化氧化法对于水中的烃、卤代有机物（包括卤代脂肪烃、卤代羧酸、卤代芳香烃）、羧酸、表面活性剂、除草剂、染料、含氮有机物、有机磷杀虫剂等有机物以及氰离子、金属离子等无机物均有很好的去除效果，一般经过持续反应可达到完全无机化。所以半导体光催化氧化技术作为一种高级氧化技术，与生物法和其他高级化学氧化法相比，具有以下显著优势：①以太阳光为最终要求的辐射能源，把太阳能转化为化学能加以利用，大大降低了处理成本，是一种节能技术；②光激发空穴产生的羟基自由基是强氧化自由基，可以在较短的时间内成功地分解水中包括难降解有机物在内的大多数有机物，它还具有将水中微量有机物分解的作用，因此是一种具有普遍实用性的高效处理技术；③半导体光催化剂具有高稳定性、耐光腐蚀、无毒的特点，并且在处理过程中不产生二次污染，从物质循环的角度看，有机污染物能被彻底地无机化，因此是一种洁净的处理技术；④对环境要求低，对pH值、温度等没有特别要求；⑤处理负荷没有限制，既可以处理高浓度废水，也可以处理微污染水源水。

可见，半导体光催化技术既可以在处理废水时单独使用，也可作为对生物处理法的补充和完善，两种方法可以结合起来使用。

6. 过硫酸盐

过硫酸盐也称为过二硫酸盐（$H_2S_2O_8$），常温常压下为白色晶体，65℃熔化并有分解，有强吸水性，极易溶于水，热水中易水解，在室温下慢慢地分解，放出氧气。过硫酸盐具有强氧化性，酸及其盐的水溶液都是强氧化剂。

过硫酸盐技术处理有机污染物也受环境温度、pH 值、反应中间产物、过渡金属等因素的影响，在不同 pH 值下活化过硫酸盐氧化降解有机污染物的效率会不同；过硫酸盐氧化的有机污染物不同，pH 值对反应过程的影响效果也不同，其产生的中间产物也不同。过硫酸盐氧化技术除了降解有机污染物外，还产生了大量硫酸，使 pH 值可达 5 甚至是 3。pH 值太低会使土壤中的金属向地下水中析出，增大金属的迁移性。过硫酸盐在一定的活化条件下可产生硫酸自由基，具有强氧化性，它在环境污染治理领域的应用前景越来越广，所以有关它的研究十分有意义。但是目前有关活化过硫酸盐氧化技术的研究还主要集中在试验规模上，缺少应用实例。

4.4.3 化学氧化系统构成和主要设备

（1）原位化学氧化　原位化学氧化修复系统由药剂制备/储存系统、药剂注入井（孔）、药剂注入系统（注入和搅拌）、监测系统等组成。其中，药剂注入系统包括药剂储存罐、药剂注入井、药剂混合设备、药剂流量计、压力表等。药剂通过注入井注入污染区，注入井的数量和深度根据污染区的大小和污染程度进行设计。在注入井的周边及污染区的外围还应设计监测井，对污染区的污染物及药剂的分布和运移进行修复过程中及修复后的效果监测。可以通过设置抽水井，促进地下水循环以增强混合，有助于快速处理污染范围较大的区域。

（2）异位化学氧化　异位化学氧化修复系统包括：

1）预处理系统。对开挖出的污染土壤进行破碎、筛分或添加土壤改良剂等。该系统设备包括破碎筛分铲斗、挖掘机、推土机等。

2）药剂混合系统。将污染土壤与药剂进行充分混合搅拌，按照设备的搅拌混合方式，可分为两种类型：采用内搅拌设备，即设备带有搅拌混合腔体，污染土壤和药剂在设备内部混合均匀；采用外搅拌设备，即设备搅拌头外置，需要设置反应池或反应场，污染土壤和药剂在反应池或反应场内通过搅拌设备混合均匀。该系统设备包括行走式土壤改良机、浅层土壤搅拌机等。

3）防渗系统。防渗系统为反应池或是具有抗渗能力的反应场，能够防止外渗，并且能够防止搅拌设备对其损坏，通常做法有两种，一种是采用抗渗混凝土结构，另一种是采用防渗膜结构加保护层。

4.4.4 化学氧化影响因素

化学氧化技术主要影响因子见表 4-11。

表 4-11　化学氧化技术主要影响因子

土壤特性	污染物特性
渗透系数	污染物种类
土壤及土层结构	化学性质
水力梯度	溶解度
地下水中溶解的铁等还原性物质	分配系数

（1）土壤的渗透性　土壤渗透系数 k 是一个代表土壤渗透性强弱的定量指标，也是渗流计算时必须用到的一个基本参数。不同种类的土壤，k 值差别很大，一般在 $10^{-16} \sim 10^{-3} \mathrm{cm/s}$。化学氧化技术适用于渗透系数大于 $10^{-9} \mathrm{cm/s}$ 的土壤。土壤的非均质性也会影响氧化剂、催化剂和活化剂在土层中的扩散，如在砂质土壤、淤泥和黏土混杂土壤中，砂质土壤中的污染物相对比较容易被氧化去除。如果淤泥和黏土层较厚而且污染较重，氧化剂会向砂土层扩散，净化达不到预期效果，采用芬顿试剂或者臭氧时，还容易使污染扩散，加大修复难度。很多土壤中黏土、淤泥和砂质土壤混杂在一起，需要调查污染物分别在各种土质中的分布，考虑不同土质中的净化效率，以判断是否能够到达总净化效率目标。化学氧化剂在土壤中的输送扩散还与地下水水力梯度相关，土壤多孔介质中，流体通过整个土层横截面积的流动速度叫作渗流速度，渗流速度与地下水水力梯度和水力渗透系数成正比，与土壤孔隙体积成反比。地下水中的还原态物质，如二价铁和氧化剂反应后容易产生沉淀，堵塞土壤微孔，影响氧化剂的输送和扩散。

（2）土壤有机碳　有机污染物种类繁多，如油类污染物质就由成百上千种碳水化合物组成，由于其结构不同其被氧化分解的特性也不同，上述所有氧化剂都可以氧化分解除苯系物以外的大部分油类碳水化合物，氧化剂对苯系物和甲基叔丁基醚（MTBE）等污染物的实际现场修复经验还远远不足。大部分油类污染物在水中的溶解度都较低，油类污染物的相对分子质量越小、极性越大，其溶解度也越高；水中溶解度低的物质在土壤中的吸附能力较强，而且更难以用化学氧化法降解。污染物在地下水中的溶解度和土壤中有机碳吸附之间的相关关系称为有机碳分配系数（K_{OC}），有机碳分配系数由污染物的性质和土壤中有机碳含量所决定，一般表土中有机碳含量为 $1\% \sim 3.5\%$，深层土为 $0.01\% \sim 0.1\%$，因此同一污染物在不同土壤中的分配系数也不尽相同。化学氧化技术更适用于溶解度高、有机碳分配系数小的有机污染土壤的修复。

（3）氧化剂　化学氧化剂、催化剂和活化剂等注入土壤饱和带后，在输送和扩散过程中，不断与土壤和地下水中有机质和还原性物质反应而消耗，从而在计算氧化剂投加量时，要考虑上述自然需氧量（NOD，Natural Oxidant Demand）。自然需氧量与土壤中有机质（NOM，Natural Organic Material）和地下水中还原性物质含量相关，实际工程中很难准确估算自然需氧量。为了达到土壤修复目标，往往要注入高出 $3 \sim 3.5$ 倍理论值的氧化剂。常见化学氧化剂的优点见表 4-12。

表 4-12　常见化学氧化剂的优点

优点	H_2O_2/芬顿	高锰酸盐	臭氧	过硫酸盐
快速	√			
不产生尾气	√	√		√
持续生效		√		
人体健康风险小		√		√
增加氧气含量	√		√	
可氧化 MTBE 和苯	√		√	√
可自动化			√	
不能氧化 MTBE 和苯		√		

（续）

优点	H_2O_2/芬顿	高锰酸盐	臭氧	过硫酸盐
产生尾气,人体健康风险小	√		√	
扰动污染物分布形态	√		√	
氧化剂注入缓慢	√	√	√	√
需要氧化剂储罐	√	√		
需要臭氧产生系统			√	
在土壤中产生副产物	√	√	√	√
产生沉淀堵塞孔隙	√	√		√

4.4.5 化学氧化适用性

采用化学氧化技术修复有机污染土壤时，针对土壤和污染物特性，首先快速判断化学氧化技术处理目标污染土壤的可行性，然后通过实验室试验，研究各种影响因子，评价化学氧化的技术和经济可行性，进而考察各种设计参数的可靠性，最后充分考虑试运行、调试、运营、监理、监控指标、应急预案等。

（1）原位化学氧化技术　原位化学氧化技术能够有效处理的有机污染物包括：挥发性有机物如二氯乙烯（DCE）、三氯乙烯（TCE）、四氯乙烯（PCE）等氯化溶剂，以及苯、甲苯、乙苯和二甲苯（BTEX）等苯系物；半挥发性有机化学物质，如农药、多环芳烃（PAHs）和多氯联苯（PCBs）等。对含有不饱和碳键的化合物（如石蜡、氯代芳香族化合物）的处理十分高效且有助于生物修复作用。

（2）异位化学氧化技术　异位化学氧化技术可处理石油烃、BTEX（苯、甲苯、乙苯、二甲苯）、酚类、MTBE（甲基叔丁基醚）、含氯有机溶剂、多环芳烃、农药等大部分有机物。异位化学氧化不适用于重金属污染土壤的修复，对于吸附性强、水溶性差的有机污染物应考虑必要的增溶、脱附方式。

4.4.6 化学氧化修复技术应用

图 4-20 是修复井的一般构造。化学氧化修复技术主要用于修复在土壤中污染期长和难生物降解的污染物，如油类、有机溶剂、多环芳烃（如萘）、PCP、农药及非水溶态氯化物（如三氯乙烯，TCE）等。

化学氧化技术的关键要素为化学氧化剂和分散技术。

（1）氧化剂　最常用的氧化剂有液态的 H_2O_2、K_2MnO_4 和气态的 O_3。根据待处理土壤和污染物质的特性可以选择不同的氧化剂。有时，在应用氧化剂的同时可以加入催化剂增大氧化能力和反应速率。常用氧化

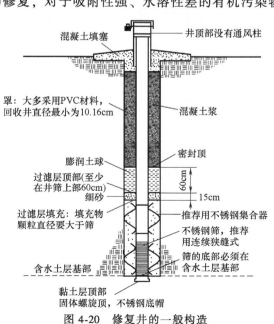

图 4-20　修复井的一般构造

剂修复技术的特征见表 4-13。

表 4-13 常用氧化剂修复技术的特征

氧化剂	过氧化氢	高锰酸钾	臭氧
适用修复污染物	适于氯代试剂、多环芳烃及油类产物,不适于饱和脂肪烃		
最适 pH 值	2~4	7~8	中性
其他物质影响	系统中任何还原性物质都耗用氧化剂。天然存在和人类活动产生的有机物对氧化剂的修复效率有较大影响		
土壤渗透性影响	适于高渗性土壤,但先进的氧化剂分散系统(如土壤深度混合和土壤破碎技术)在低渗性土壤上也能开展工作		
氧化剂的降解	与土壤和地下水接触后很快降解	比较稳定	在土壤中的降解很有限
催化剂	需加入 $FeSO_4$ 以形成芬顿试剂	—	—
潜在的不利影响	加入氧化剂后可能形成逸出气体、有毒副产物,使生物量减少或影响土壤中重金属的存在形态		
优势	催化反应不需光照;没有污染物浓度的限制;无毒、经济和高效	无环境风险;稳定和容易控制;在氧化有机物方面显得更有效	分散能力高于液态氧化剂;不需将目标污染物转化为气态;省时和经济

（2）氧化剂分散技术 传统的氧化剂分散技术有竖直井、水平井、过滤装置和处理栅等。这些均已通过现场应用证明了其有效性。其中,竖直井和水平井都可用来向非饱和区的土壤注射气态氧化剂。据报道,在向非饱和土壤分散臭氧方面,水平井比竖直井更有效。一些分散系统的示意图如图 4-21 所示。

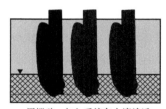
用搅动、加入系统向土壤渗透 H_2O_2、K_2MnO_4

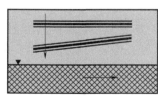
向裂碎土壤填充 K_2MnO_4 的两个水平井

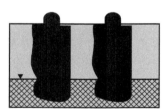
土壤与 H_2O_2、K_2MnO_4 混合

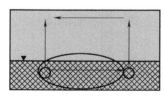
两个水平井向土壤漫灌 K_2MnO_4

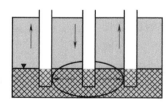
竖直井向土壤漫灌 K_2MnO_4

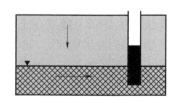
使 K_2MnO_4 固体与土壤隔绝的围栅

图 4-21 一些氧化剂的分散系统

修复剂良好的分散效果依赖于细心的工程设计和分散设备的正确建造。不论哪种化学分散技术,其建造注射系统的材料必须要与氧化剂相匹配。近年来,针对低渗透性污染土壤开发出新的分散技术,如深度土壤混合技术和液压破裂技术。深度土壤混合技术是利用特别的钻和混合板,通过它们的旋转达到混合土壤的目的。据报道深度混合技术已经能够将臭氧疏

散到土壤表层下 7.5m。液压破裂技术是通过高压破裂土壤结构，将水和空气泵到土壤表层去。

在美国应用化学氧化修复技术成功地进行了许多原位修复的小规模试验，表 4-14 为一些典型的应用实例。

表 4-14 美国化学氧化修复技术应用实例

项目	氧化剂	污染物	过程与结果
俄亥俄州 Piketon 地区 DOCPortsmouth 煤气输送场 X-231B 号修复地点	H_2O_2	易挥发有机物（VOCs）	H_2O_2 稀释液从周围空气压缩系统注射到空气运送管道，在地下 4.6m 深处延续修复 75min，大约 70% VOCs 被氧化降解
俄亥俄州 Piketon 地区 DOCPortsmouth 煤气输送场 X-701B 号修复地点	$KMnO_4$	氯化溶剂，主要是 TCE	将地下水从一个水平井抽提出来，加入 $KMnO_4$ 后注入距离大约 27m 的平行井中，一个月处理时间内，$KMnO_4$ 溶液体积占土壤总毛孔体积的 77%。处理后 8~12 周，地下水监测井的监测数据表明 TCE 浓度由 7000000μg/L 降到不足 5μg/L
Savannah 河流域 A/M 地区	芬顿试剂	DNAPLs，主要是 TCE 和 PCE	将芬顿试剂注射到土壤中后，连续处理 6d，DNAPLs 由初始含量 272kg 降到 18kg，大约 90% 的目标污染物被降解
堪萨斯州 Hutchinson 干洁设备公司	O_3	PCE	O_3 以 0.086m^3/min 流量注入含有 PCE 污染的含水土层，对离注射井 3m 远的多点采样分析表明 91% 的 PCE 被去除
加利福尼亚州 Sonoma 地区废弃工厂土地	O_3	PCP 和多环芳烃（PAHs）	O_3 以流量（在大流量为 0.28m^3/min）变换的方式经注射井注入污染土壤地下水位以上的区域，大约一个月后，10 个采样点的数据表明 1800mg/kg 的 PAHs 和 3300 mg/kg 的 PCP 分别被去除 67%~99.5% 和 39%~98%

4.5 化学还原与还原脱氯修复

4.5.1 化学还原与还原脱氯概述

化学还原与还原脱氯修复（Chemical reduction and reductive dehalogenation remediation）技术是利用化学还原剂（Reductant）将污染环境中的污染物质还原，从而去除的方法，多用于地下水的污染治理，是目前在欧美等国家新兴起来的用于原位去除污染水中有害组分的方法。通常，对地下水具有污染效应的化学物质经常在土壤下层较深较大范围内呈斑块状扩散，这使常规的修复技术往往难以奏效。一个较好的方法，是构建化学活性反应区或反应墙（见图 4-22），当污染物通过这个特殊区域的时候被降解，或者转化成固定态，从而使污染物在土壤环境中的迁移性和生物可利用性降低，称为原位化学还原与还原脱氯修复技术。化学还原修复技术主要修复地下水中对还原作用敏感的污染物，如铬酸盐、硝酸盐和一些氯代

试剂，通常这个反应区设在污染土壤的下方或污染源附近的含水土层中。

4.5.2 还原修复剂

根据所采用的还原剂，可以将化学还原修复技术分为活泼金属还原法和催化还原法。前者是以铁、铝、锌等金属单质为还原剂，后者以氢气及甲酸、甲醇等为还原剂，一般都必须有催化剂存在才能使反应进行。常用的还原剂有 SO_2、H_2S 气体和 Fe^0 胶体等。

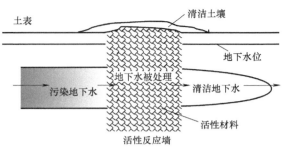

图 4-22 可透性化学活性反应墙

1. SO_2 还原剂

利用 SO_2 产生系列反应，使土壤矿物结构中的 Fe^{3+} 被还原成 Fe^{2+}，由 Fe^{2+} 还原迁移态的敏感污染物，使之成为活性反应区。

还原活性反应区的 SO_2、Fe^{2+}、Fe^{3+} 通常存在于含水土层中的黏土矿物中。通常，可以认为 SO_2 是两个 SO_2^-·由 S—S 键连接而成的，而 $S_2O_4^{2-}$ 分子中的 S—S 键比典型的 S—S 键更长，键能要弱一些，因此 $S_2O_4^{2-}$ 有分离成两个 SO_2^-·的倾向。尽管黏土矿物中的 Fe^{3+} 也能直接被 SO_2 还原，但是最有可能的还是 Fe^{3+} 被活性更强的 SO_2^-·还原。

$$2Ca_{0.3}(Fe^{3+}Al_{1.4}Mg_{0.6})Si_8O_{20}(OH)_4 \cdot nH_2O + 2Na + S_2O_4^{2-} + 2H_2O$$
$$\Longleftrightarrow 2NaCa_{0.3}(Fe^{3+}Fe^{2+}Al_{1.4}Mg_{0.6})Si_8O_{20}(OH)_4 \cdot nH_2O + 2SO_3^{2-} + 4H^+ \quad (4-34)$$

$$黏土\text{-}Fe^{3+} + 4SO_2^- \cdot \Longleftrightarrow 黏土\text{-}Fe^{2+} + 2S_2O_4 + H_2O \quad (4-35)$$

在反应中，为了把黏土矿物中的 Fe^{3+} 还原为 Fe^{2+}，通常将 SO_2 溶解在碱性溶液中，以碳酸盐和重碳酸盐作为缓冲溶液注入污染土壤。反应后，氯代试剂分子结构由还原脱氯作用而发生变化；铬酸盐被还原成三价铬氢氧化物或铁、铬氢氧化沉淀后，在周围环境中转变为固定态，很难被再度氧化。

2. H_2S 还原剂

影响原位化学处理技术修复污染土壤、地下水的一个主要障碍是向污染区恰当地分散处理剂。活性气体混合物能克服这个障碍，使分散处理剂、控制处理过程及处理后从土壤中去除未反应气体变得很容易。H_2S 作为还原剂可以原位修复 Cr^{6+} 污染土壤，使 Cr^{6+} 还原成 Cr^{3+}，并继续转化成氢氧化铬沉淀，H_2S 本身转化成硫化物。

$$8CrO_4^{2-} + H_2S + 10H^+ + 4H_2O \Longleftrightarrow 8Cr(OH)_3 + 3SO_4^{2-} \quad (4-36)$$

由于硫化物被认为是没有危险的，三价铬氢氧化物的溶解度又非常低，因此反应产物不会导致环境问题。但是气态 H_2S 有毒，所以现场工作人员要采取特别的防护措施。

3. Fe^0 胶体还原剂

Fe^0 胶体是很强的还原剂，能够还原硝酸盐为亚硝酸盐，继而被还原为氮气或氨氮。Fe^0 胶体能够脱掉很多氯代试剂中的氯离子，并将可迁移的含氧阴离子（如 CrO_4^{2-}）及含氧阳离子（如 UO_2^{2+}）转化成难迁移态。Fe^0 既可以通过井注射，也可以放置在污染物流经的路线上，或者直接向天然含水土层中注射微米甚至纳米 Fe^0 胶体。注射微米、纳米 Fe^0 胶体后，由于反应的活性表面积增大，用少剂量的还原剂就可达到设计的处理效率。

一般认为，在零价铁处理有机氯化物体系中存在三种还原剂：金属铁（Fe^0）、亚铁离子（Fe^{2+}）和氢（H_2）。金属铁对有机氯化物的还原脱氯包括三种可能的反应路径：氢解、还原消除、加氢还原及吸附作用等。

（1）金属铁表面的电子直接转移至有机氯化物

$$Fe^0-2e \longrightarrow Fe^{2+}, \quad E^0(Fe^{2+}Fe^0)=-0.440V, \quad RCl+2e+H^+ \longrightarrow RH+Cl^- \tag{4-37}$$

并得到总反应方程为

$$Fe^0+RCl+H^+ \longrightarrow Fe^{2+}+RH+Cl^- \tag{4-38}$$

（2）金属铁腐蚀产生的 Fe^{2+} 还原作用使部分有机氯化物脱氯

$$Fe^0+2H_2O \longrightarrow Fe^{2+}+H_2+2OH^-, \quad Fe^{2+}+RCl+H^+ \longrightarrow Fe^{3+}+RH+Cl^- \tag{4-39}$$

（3）Fe^0—H_2O 体系互相反应产生的氢气使有机氯化物还原

$$H_2+RCl \longrightarrow RH+H^++Cl^- \tag{4-40}$$

（4）吸附 研究发现，氯代烯烃的反应性随卤化度的增加而显著降低，说明 Fe^0 对有机氯化物的转化是与脱氯还原反应在金属铁表面的吸附过程同时进行的。因此，铁的效率不仅取决于铁的含量、溶液的 pH 值，还与零价铁颗粒的表面积有关。铁的表面积是控制还原反应速率的重要参数，增加铁的表面积可以提高修复速度。

以上三种还原剂的特征比较见表 4-15。

表 4-15 化学还原与还原脱氯修复常用还原剂比较

还原剂	二氧化硫	气态硫化氢	零价铁胶体
适用污染物	对还原敏感的元素（如铬、铀、钍等）及散布范围较大的氯化溶剂	对还原敏感的重金属元素，如铬等	对还原敏感的元素（如铬、铀、钍等）及氯化溶剂
修复对象	通常是地下水		
适宜 pH 值	碱性	不受限制	高 pH 值导致铁表面形成覆盖膜的可能，降低还原效率
天然有机质的影响	未知		有促进铁表面形成覆盖膜的可能
适宜的土壤渗透性	高渗透性	高渗和低渗	依赖于铁胶体的渗透技术
其他因素	在水饱和区较有效	以 N_2 为载体	要求高的土壤水含量和低氧量
潜在危害	可能产生有毒气体，系统运行较难控制		有可能产生有毒中间产物

4.5.3 化学还原与还原脱氯修复技术设计

化学还原和还原脱氯修复的过程涉及注射、反应和将试剂与反应物抽提出来三个阶段。

在设计过程中，比较重要的设计因素包括：当地水文特征、布井点的选择、还原剂的浓度、注射和抽提速度及每一阶段持续时间等。图 4-23 描述了建造污染土壤修复还原反应区的技术设计。

由于土壤下层物质复杂和非均一性，在每一阶段都可能出现不可预见的反应和交互作用。因此必须在仔细、有计划的小规模试验基础上，确定当地水文学特征参数（如土壤空隙度、水力传导各向异性和含水层厚度等），以选择布井点和计算还原剂的浓度和体积、注射和抽提速度、每一阶段维持的时间等工艺参数，最终提出理想的设计方案（见图 4-24）。

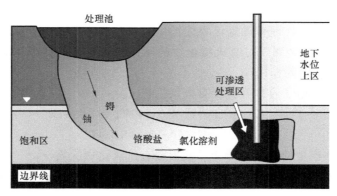

图 4-23　建造污染土壤修复还原反应区的技术设计

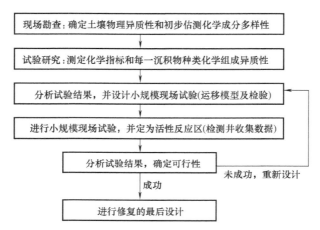

图 4-24　原位化学修复技术设计的方法

注射气态还原剂与液态物质的工程设计是不同的，整套装置类似于土壤排气系统。图 4-25 是采用气态还原剂的原位化学还原处理工艺流程设计。

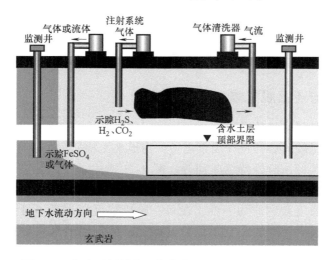

图 4-25　气态还原剂的原位化学还原处理工艺流程设计

4.5.4　原位可渗透反应墙

1. 技术介绍

污染组分是通过天然或人工的水力梯度被运送到经过精心放置的处理介质中，形成一个污染地下水斑块。这种污染地下水斑块流经反应墙，经过介质的降解、吸附、淋滤等，去除溶解的有机质、金属、放射性及其他的污染物质（图 4-26）。

墙体的构筑是基于污染物和填充物之间化学反应的不同机制进行的，墙体可能包含一些反应物用于降解挥发的有机质，螯合剂用于滞留重金属，营养及氧气用于提高微生物的生物降解作用等。这些化学

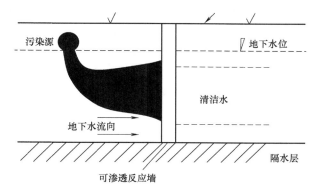

图 4-26　典型的可渗透反应墙系统的剖面图

活性物质与其处理的污染物之间的反应也是可预知的，通过在处理墙内填充不同的活性物质，可以使多种无机和有机污染物原位吸附而失活。为了确保系统的有效，活性物质必须满足以下基本条件：当污染地下水流经反应墙或反应器时，污染组分与活性物质之间应有一定的物理、化学或生物反应性，从而确保其流经系统时，污染组分能全部被清除；处理区的活性物质应能大量获得，以确保处理系统能长期有效地发挥功用；活性物质不应产生二次污染。

根据污染物的特征，可分别采用不同活性物质，如活性铝、活性炭、有机黏土、沸石、泥炭、褐煤、煤、膨润土、磷酸盐、石灰石、胶态 Fe^0、锯屑、离子交换树脂、三价铁氧化物和氢氧化物、磁铁、钛氧化物和某些微生物等，使污染物通过离子交换、表面络合、表面沉淀以及对非亲水有机物而言的厌氧分解作用等不同机制吸附、固定。目前可渗透反应墙最常用的材料是金属铁（铁粉或铁屑），因其能有效吸附和降解多种重金属和有机污染物（如PCE、DCE 等），容易取材、价格便宜，得到广泛的重视和实际应用。

活性物质去除污染组分的机理包括：

1）通过改变地下环境的 pH 值，影响对污染物中 pH 值或氧化还原电位敏感的组分的溶解度及衰减反应的速率。如铬在氧化条件下的溶解度要大于还原条件下的溶解度，这样就可以通过产生还原环境的办法使铬在反应材料中析出；一些种类的有机物，如从汽油中提炼的芳香烃，在好氧条件下比在厌氧条件下更容易生物衰减，因此可以通过改变氧化还原条件来增加这些有机化合物的生物衰减速度。

2）通过土壤中矿物颗粒的溶解和沉淀析出作用，达到处理污染组分的目的。如采用羟磷灰石（磷酸钙）作为活性物质，羟磷灰石的溶解导致磷酸根离子浓度增大，磷酸根离子与铅结合形成磷酸铅颗粒并在水中析出，从而达到去除污染成分铅的目的。

3）吸附作用。如通过活性炭的吸附作用去除憎水性的有机组分，采用沸石或合成的离子交换树脂去除地下水中的离子型污染组分，采用注入阳离子表面活性剂到地下水中，增大有孔介质对憎水性有机质的吸附能力。

4）为微生物降解作用提供养料，达到去除污染物的目的。在自然环境下微生物的生长及其新陈代谢总是受电子给体（electron donors）、电子受体（electron acceptors）和其他养料的限制。对于污染地下水环境而言，由于污染地下水一般有机组分含量较大，可以作为微生物活动电子给体，因此，其主要的限制来自于电子受体（如氧、硝酸根、硫酸根以及三价铁等）或者必要的养分（如氮、钾以及磷酸盐等）。生物降解的基本机理就是消除污染环境中的微生物生长和新陈代谢的这些限制，从而增大污染组分的降解速度。例如，采用锯末来提供溶解的有机碳，作为硝化细菌的营养物质，从而增大硝酸根的降解速度，使其转化为亚硝酸根或氮气。

5）采用一些物理过程来去除污染组分。如对一些挥发性的有机污染组分可以通过曝气法来达到清除的目的。

2. 可渗透反应墙修复影响因素

无论采用哪种结构，可渗透反应墙的修复效果受到多种因素的影响。其中，水文地质学研究是这一技术得以实施的关键。同时，为使反应墙长期有效，设计方案要考虑众多的自身因素和影响因子，设计施工时应考虑以下几个方面：

（1）墙体水力特征 墙体的渗透性是最主要的考虑因素。需要根据地下水流的走向，把具有较低渗透性的化学活性物质形成的活性栅处理装置安置在"污染斑块"的地下水走向的下游地带的含水层内。它要求"污染斑块"的地下水走向的下游地带的土壤具有相对良好的水力学传导性，在该渗透能力较好的土体下埋有弱透水性的岩体。尤其重要的是，要根据水文地质学知识，捕捉污染斑块内污染物的"走向"，使其顺利通过"漏斗/阀门"装置并进入污染物处理区。一般要求墙体的渗透性是含水层的两倍，但是最好是含水层的十倍以上。

（2）化学活性物质 墙体的构筑是基于污染物和填充物之间化学反应的不同机制进行的，需要根据所要处理的污染物的种类对化学活性物质、墙体材料、墙体厚度进行选择，保证修复效果。这些化学活性物质与其处理的污染物之间的反应也是可预知的，理想的墙体材料除了要能够有效进行物理化学反应外，还要保证不会产生毒性更强、危害更大的副产物。

（3）监测 便于技术人员进行检查和监测，更新墙体材料，安装相应的量测设施监控墙体发生的物理化学情况，如在浸提井的下方位置安装一监测系统，即监测井。

（4）安全 能够保持墙体的长期安全运行和不对当地生态环境造成不良影响。

4.5.5 化学还原与还原脱氯技术应用

以 Fe^0 胶体活性反应栅（见图4-27）为例，可通过一系列的井构造活性反应墙。Fe^0 胶体首先被注射到第一口井中，然后第二口井用来抽提地下水，这样 Fe^0 胶体向第二口井移动，当第一口井和第二口井之间的介质被 Fe^0 胶体饱和时，第二口井转换为注射井，第三口井作为抽提井抽提地下水并使 Fe^0 胶体运动到它附近，其余井重复以上过程，就构造了活性反应墙系统。为使 Fe^0 胶体快速分散到待修复位点，通常采用高黏性液体为载体高速注入。

欧美一些国家是化学还原与还原脱氯技术的主要倡导者，他们在运用化学处理墙还原作用修复污染土壤的小规模试验中取得了许多经验，表4-16为一些典型的应用实例。

图 4-27 零价铁胶体活性栅系统

表 4-16 化学还原与还原脱氯技术应用实例

项 目	还原剂与污染物	工艺过程与结果
加拿大安大略 Sudbury 镍采矿污染点	还原剂:有机碳 污染物:镍、铁和硫酸盐 反应类型:沉淀与吸附	沿地下水流连续安装由市政垃圾堆肥、腐叶及木屑组成的可渗透反应墙(15m 长,3.7m 宽,4.3m 深),对地下水 1～9 个月监测分析表明,硫酸盐、镍和铁的质量浓度分别从 2400～3800mg/L、10mg/L 和 740～1000mg/L 降至 110～1900mg/L、0.1mg/L 和 1～91mg/L
美国北卡罗来纳州 Elizabeth 市海岸警卫飞机场污染点	还原剂:Fe^0 胶体 污染物:Cr^{6+} 和 TCE 反应类型:沉淀与吸附	建造 45m 长,0.6m 宽,5.5m 深全方位反应墙修复污染斑块覆盖范围达 3000 多 m^2 的污染土壤,多层土壤采样分析结果表明 TCE 的质量浓度由 4320μg/L 降至 5μg/L,Cr^{6+} 浓度也有大幅度下降
美国北卡罗来纳州 Elizabeth 市海岸警卫飞机场污染点	还原剂:Fe^0、洁净粗砂和含水土层物质混合物 污染物:Cr^{6+} 反应类型:沉淀与吸附	构筑 21 个地下穴道,填充还原反应物构成深 6.7m,面积 5.5m^2 的处理墙,处理后地下水 Cr^{6+} 的质量浓度由 1～3mg/L 降至 0.01mg/L
美国田纳西州橡树龄国家实验室 Y-12 修复点	还原剂:Fe^0 胶体 污染物:铀、锝和 HNO_3 反应类型:沉淀与吸附	在地下水流向的两个区域安装一个连续的地沟和烟囱-门形状的处理系统,早期的调查结果表明放射性核素铀、锝被有效去除,HNO_3 被降解为 NH_4^+、N_2O 和 N_2
美国犹他州 FlyCanyon 修复点	还原剂:Fe^0 胶体、非结晶态离子氧化物和 PO_4^{3-} 污染物:铀 反应类型:沉淀与吸附	3 个系列构成的烟囱-门形状处理墙,依次填含 PO_4^{3-} 的骨头焚烧物、泡沫 Fe^0 和非结晶态离子氧化物。试验结果表明,穿过 PO_4^{3-}、Fe^0 和非结晶态离子氧化物系列,铀的质量浓度分别从 3035～3920μg/L、1510～8550μg/L 和 14900～17600μg/L 降至 10μg/L、0.06μg/L 和 500μg/L
美科罗拉多州 Durango 地区 UMTRA 修复点	还原剂:Fe^0 不锈钢丝团、泡沫 Fe^0 污染物:硝酸盐、铀、钼 反应类型:原位降解	建立了两个箱式和两个水平床式共 4 个处理墙,修复后 NO_3^-、铀、钼的质量浓度分别从 27～32mg/L、2.9～5.9mg/L 和 0.9mg/L 降至 20mg/L、0.4mg/L 和 0.02mg/L
美国科罗拉多州 Lackwood 地区联邦住房管理局修复点	还原剂:Fe^0 污染物:TCA、1,1-DCE、TCE、cDCE 反应类型:原位降解	用 1 个 317m 长的烟道和 4 个 12m 宽的反应室组成烟囱-门形反应墙,安于无边际含水层中。原流水中含有 700μg/L 的 1,1-DCE 和 TCE,处理后除 1,1-DCE 的质量浓度为 8μg/L 外,余污染物的质量浓度都在 5μg/L 以下

（续）

项 目	还原剂与污染物	工艺过程与结果
北爱尔兰 Belfast 地区工业污染点	还原剂：Fe^0 污染物：1,2-cDCE、TCE 反应类型：原位降解	用两个 30m 长的膨润土-水泥泥浆墙将水引导到半径 1.3m、内容 4.8m 厚的 Fe^0 的钢管中。结果 97% 的 1,2-cDCE 和 TCE 被还原，且没有检测到乙烯基氯化物
美国加利福尼亚州 Inersil 半导体工业污染点	还原剂：Fe^0 污染物：TCE、cDCE、VC、Freon 113 反应类型：原位降解	采用充 Fe^0 颗粒的 1.2m 宽、11m 长和 6m 深的处理墙，处理后 TCE、cDCE、VC 分别从 50~200mg/L、450~1000mg/L、100~500mg/L 降至 5mg/L、6mg/L 和 0.5mg/L，地下水 VOC 的含量降低到污染物最大容许量之下
美国科罗拉多州 Lowry 空军基地污染点	还原剂：Fe^0 污染物：TCE 反应类型：原位降解	有 2 个 4.3m 薄堆积墙和 1 个填充 Fe^0 的 3m 宽、1.5m 深反应室构成的烟囱-门处理系统，结果显示氯代碳氢化合物 TCE 在墙表面 60cm 内就完全降解，经 18h 滞缓时间后，所有催化剂都降解到浓度允许范围内，且中间裂解产物也被降解

4.6 溶剂浸提修复

4.6.1 溶剂浸提概述

溶剂浸提修复技术（Solvent extraction）是一种利用溶剂将有害化学物质从污染土壤中提取出来或去除的技术。属于土壤异位处理，一般先要将污染土壤中大块岩石和垃圾等杂质分离去除，然后将污染土壤放置于提取罐或箱（除排除口外密封严密的罐子）中，清洁溶剂从存储罐运送到提取罐，以慢浸方式加入土壤介质，以便于土壤污染物全面接触，在其中进行溶剂与污染物的离子交换等反应。图 4-28 是土壤溶剂浸提修复技术示意。

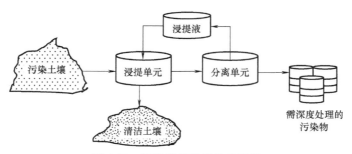

图 4-28 溶剂浸提修复技术示意

溶剂类型和浸泡时间则根据土壤特性和污染物的化学结构选择和确定。根据监测和采样分析判断浸提进程情况，用泵抽出浸提液并导入恢复系统以再生利用，污染土壤中污染物浓度达到预期指标后可就地回填。其过程如图 4-29 所示。

溶剂萃取过程可分为以下五个部分：①预处理（土壤、沉积物和污泥）；②萃取；③污染物与溶剂的分离；④土壤中残余溶剂的去除；⑤污染物的进一步处理。

溶剂浸提修复技术设计和运用得当，是比较安全、快捷、有效、便宜和易于推广的技术。该技术适用于多氯联苯（PCBs）、石油类碳水化合物、氯代碳氢化合物、多环芳烃、多氯二苯-p-二噁英以及多氯二苯呋喃（PCDF）等有机污染物，此外对一些有机农药污染土壤

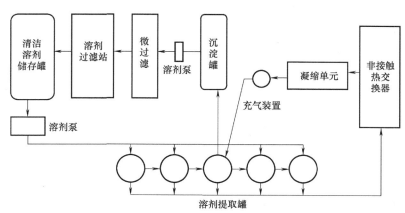

图 4-29　溶剂浸提修复技术过程

的修复也很有效。一般不适于重金属和无机污染物的修复。低温和土壤黏粒含量高（质量分数大于 15%）是不利于溶剂浸提修复的。因为低温不利于浸提液流动和达到浸提效果，黏粒含量高则导致污染物被土壤胶体强烈吸附，妨碍浸提溶剂渗透。

4.6.2　溶剂浸提系统构成

如图 4-30 所示，溶剂萃取系统构成包括污染土壤收集与杂物分离系统、溶剂萃取系统、油水分离系统、污染物收集系统、萃取剂回用系统、废水处理系统等。

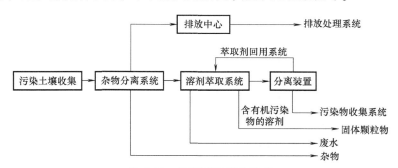

图 4-30　溶剂萃取系统构成

4.6.3　溶剂浸提影响因素

在溶剂萃取过程中，对污染物的萃取效率通常会受到很多因素的影响，如溶剂类型、溶剂用量、水分含量、污染物初始浓度等。吸收剂必须对被去除的污染物有较大的溶解性，吸收剂的蒸气压必须足够低，被吸收的污染物必须容易从吸收剂中分离出来，吸收剂要具有较好的化学稳定性且无毒无害，吸收剂摩尔质量尽可能低，使它吸收能力最大化。其他影响因素还有黏土含量、土壤有机质含量等。

4.6.4　溶剂萃取中常用的萃取溶剂

溶剂萃取技术中常用的萃取溶剂有三乙胺、丙酮、甲醇、乙醇、正己烷等。表 4-17 为溶剂萃取技术在污染土壤修复方面相关萃取溶剂。溶剂萃取具有选择性高、分离效果好和适应性强等特点。溶剂萃取技术同样用来修复被石油烃污染的土壤。

此外，表4-17所列的萃取溶剂具有毒性较低的特点，且大部分研究主要集中在去除一种或者几种污染物上，如多环芳烃、多氯联苯等。这些污染物有一个共同特点，那就是相对分子质量较低，一般在300Da以下，较易溶于常用的溶剂中，且这些物质通常可以用气相色谱或气质联用色谱技术在石油轻组分中检测出来。然而，对于石油污染土壤，其中所含的石油污染物是一个由大量烃类物质组成的复杂混合物，且其中含有大量的重油组分胶质和沥青质，这些重油组分在溶剂中的溶解性较差。在通常情况下，像正庚烷、丙酮、石油醚、乙醇等毒性相对较低的溶剂对这些重油组分的去除效率较差。

表 4-17　溶剂萃取技术的萃取溶剂

污染物类型	萃取溶剂	污染物类型	萃取溶剂
除草剂(环丙氟等)	乙腈-水	烃类污染物	丙酮-乙酸乙酯-水
除草剂(丙酸等)	甲醇、异丙醇	石油烃污染物	三氯乙烯,正庚烷
五氯苯酚	乙醇-水	含氯化合物	丙酮-乙酸乙酯-水
PCBs,PAHs	丙酮,乙酸乙酯	PAHs	环糊精
2,4-二硝基甲苯	丙酮	五氯苯酚	乳酸
PCBs	烷烃	PAHs石油烃	超临界乙烷
PCBs(PCB 1016)	丙酮,正己烷	二噁英	乙醇
PAHs	植物油	燃料油(柴油等)	甲基乙基酮

由于溶剂萃取过程中所用的大部分有机溶剂具有一定的毒性，且具有易挥发和易燃易爆的特点，因此，在萃取过程中任何溶剂的挥发以及萃取后土壤中任何溶剂的存在都会对人类健康和环境带来一定的风险。在实际的萃取操作过程中，通常大部分萃取设备的运行都在密闭条件下进行。另外，萃取后滞留在土壤中的残余溶剂，要通过相应的处理方法来进行去除和回收。如使用土壤加热处理的方法，使残余溶剂由液态变成气态而从土壤中逸出，冷却后又变成液态，从而达到残余溶剂去除和再生的目的。最后，要监测修复后的土壤中污染物和溶剂的含量是否已经降到所要求的标准以下。如果已经达到预期目标，这些土壤才可以进行原位回填。通过适当的设计和操作，溶剂萃取技术是一种非常安全的土壤修复技术。

4.6.5　溶剂浸提工艺举例

基于溶剂萃取的高浓度石油污染土壤修复工艺路线如图4-31所示。工艺路线中的主要设备有萃取塔、水洗装置、精馏塔和油水分离器等。总体的操作流程为：石油污染土壤从萃取塔顶部进入，而溶剂从萃取塔底部进入，溶剂与污染土壤在萃取塔内经过高效逆流接触后，土壤中的大部分石油污染物被萃取到溶剂中。萃取塔顶出料为含有石油污染物的石油和溶剂混合物，萃取塔底出料为去除大部分石油污染物后的土壤（含少量溶剂）。其中塔顶的石油和溶剂混合物需要进行石油的回收和溶剂的再生循环利用，在精馏塔中采用精馏操作将溶剂与石油分离，从精馏塔顶得到溶剂，实现再生和循环利用；从精馏塔底则可得到从土壤中回收的具有一定经济价值的原油。含少量溶剂的土壤从萃取塔底部进入水洗装置后，通过搅拌装置和循环装置的辅助作用，土壤与表面活性剂溶剂经过充分接触，可以将土壤中残余的少量溶剂脱除。然后泥浆混合物进入旋流分离器进行固液分离，旋流分离器顶部出料为去除土壤颗粒后的溶剂和表面活性剂溶液混合物，旋流分离器底部出料为去除溶剂和大量表面活性剂溶液后的浓缩泥浆。其中溶剂和表面活性剂溶液混合物经过油水分离器处理后，分别得到溶剂和表面活性剂溶液。溶剂经过精馏操作后可实现再生循环利用，大部分表面活性剂溶剂也可进行重复利用。浓缩的泥浆进一步通过静置、通风处理后，最后可得到去除石油污染物和残余溶剂后的干净土壤。

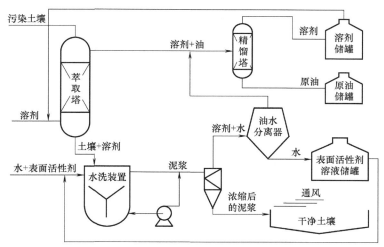

图 4-31 基于溶剂萃取的高浓度石油污染土壤修复工艺路线

思 考 题

1. 什么是化学修复？化学修复如何分类？

2. 化学氧化修复常用氧化剂有哪几种？比较分析应用它们进行土壤修复的异同点。

3. 简述化学淋洗修复、化学固定修复、化学氧化修复、化学还原修复、原位可渗透反应墙、化学浸提修复等技术的原理。

4. 试述化学淋洗修复、化学固定修复、化学氧化修复、化学还原修复、原位可渗透反应墙、化学浸提修复等技术的适用对象。

5. 化学淋洗修复、化学固定修复、化学氧化修复、化学还原修复、原位可渗透反应墙、化学浸提修复等技术应用时的限制因素有哪些？

6. 对于复合污染物产生的环境污染，如何应用不同的化学方法进行修复？

参考文献

［1］ 赵景联. 环境修复原理与技术 ［M］. 北京：化学工业出版社，2006.

［2］ 崔龙哲，李社峰. 污染土壤修复技术与应用 ［M］. 北京：化学工业出版社，2016.

［3］ 周启星，宋玉芳. 污染土壤修复原理与方法 ［M］. 北京：科学出版社，2018.

［4］ 周启星. 污染土地就地修复技术研究进展及展望 ［J］. 污染防治技术，1998，11（4）：207-211.

［5］ 巩宗强，等. 污染土壤的淋洗法修复研究进展 ［J］. 环境污染治理技术与设备，2002，3（7）：45-50.

［6］ 郭观林，等. 重金属污染土壤原位化学固定修复研究进展 ［J］. 应用生态学报，2005，16（10）：

1990-1996.

［7］　郭明，等. 土壤农药残留的化学修复探索 ［J］. 农业环境科学学报，2003，22（3）：368-370.

［8］　纪录，张晖. 原位化学氧化法在土壤和地下水修复中的研究进展 ［J］. 环境污染治理技术与设备，2003，4（6）：37-42.

［9］　可欣，等. 重金属污染土壤修复技术中有关淋洗剂的研究进展 ［J］. 生态学杂志，2004，23（5）：145-149.

［10］　束善治，袁勇. 污染地下水原位处理方法：可渗透反应墙 ［J］. 环境污染治理技术与设备，2002，3（1）：47-51.

［11］　杨秀丽，王学杰. 重金属污染土壤的化学治理和修复 ［J］. 浙江教育学院学报，2002（2）：55-61.

［12］　于颖，等. 污染土壤化学修复技术研究与进展 ［J］. 环境污染治理技术与设备，2005，6（7）：1-7.

［13］　周启星，林海芳. 污染土壤及地下水修复的 PRB 技术及展望 ［J］. 环境污染治理技术与设备，2001，2（5）：48-53.

［14］　朱利中. 土壤及地下水有机污染的化学与生物修复 ［J］. 环境科学进展，1999，17（2）：67-73.

［15］　顾继光，等. 土壤重金属污染的治理途径及其研究进展 ［J］. 应用基础与工程科学学报，2003，11（2）：143-151.

第 5 章

污染土壤的植物修复工程

5.1 植物修复概述

5.1.1 植物修复的概念

植物修复（Phytoremediation）是以植物忍耐（Plant patience）和超量积累（Super-accumulation）某种或某些化学元素的理论为基础，利用植物和其根际圈微生物体系的吸收、挥发、降解和转化作用来清除环境中污染物质的一项新兴的污染治理技术。具体地说，植物修复就是利用植物本身特有的利用、分解和转化污染物的作用，植物根系特殊的生态条件加速根际圈微生态环境中微生物的生长繁殖，以及某些植物特殊的积累与固定能力，提高对环境中某些无机和有机污染物的脱毒和分解能力。植物修复的提出，使之前只利用微生物降解（Microbial degradation）与转化（Transformation）机制来治理有机污染物的生物修复丰富为包括微生物修复和植物修复在内的广义生物修复。

广义的植物修复包括利用植物修复重金属污染的土壤、利用植物净化空气和水体、利用植物清除放射性核素和利用植物及其根际微生物共存体系净化土壤中的有机污染物。基于植物自身的特点，目前植物修复主要指利用植物及其根际圈微生物体系清洁污染土壤，其中利用重金属超积累植物的提取作用去除污染土壤中的重金属又是植物修复的核心技术。因此狭义的植物修复技术主要指利用植物清除污染土壤中的重金属。

一般来说，植物对土壤中的无机污染物和有机污染物都有不同程度的吸收、挥发和降解等修复作用，有的植物甚至同时具有上述几种作用。根据修复植物在某一方面的修复功能和特点可将植物修复分为 6 种基本类型（图 5-1）。

（1）植物净化空气（Plant purification）植物对空气的净化修复将在第 12 章污染大气环境修复工程中详细叙述。

（2）植物提取修复（Phytoextraction）利用重金属超积累的陆生或水生植物从污染土壤或水体中超量吸收、积累一种或几种重金属元素，并富集运移到植物根部可收割部分和地上枝条部位，之后将植物整体（包括部分根）收获并集中进行热处理、化学处理或微生物处理；然

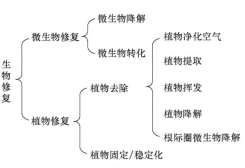

图 5-1 植物修复与生物修复
的关系及主要修复方式

后继续种植超积累植物，以使土壤或水体中重金属含量降低到可接受的水平。

（3）植物挥发修复（Phytovolatilization） 利用植物将水体和土壤中的一些挥发性污染物吸收到植物体内，然后将其转化为气态物质释放到大气中，从而对污染水体和土壤起到治理的作用。这方面的研究主要集中在易挥发性重金属的修复方面，如对汞、硒、砷污染的修复。

（4）植物降解修复（Phytodegradation） 利用某些植物特有的转化和降解作用去除水体和土壤中有机污染物质。其修复途径主要有两方面：①污染物质被吸收到体内后，植物将这些化合物及分解产物通过木质化作用储藏在新的植物组织中，或者使这些化合物矿化为二氧化碳和水，从而将污染物转化为毒性小或无毒的物质；②植物根分泌的物质可直接降解根际圈内有机污染物。植物降解一般对某些结构比较简单的有机污染物质去除效率很高，这可能与降解植物能够针对某一种污染物质分泌专一性降解酶有关，但对结构复杂得多的污染物质则无能为力。

（5）植物固定（Phytostabilization）/稳定化修复（Phytostabilization） 一方面，通过耐性植物根系分泌物质来积累和沉淀根际圈附近的污染物质，使之失去生物有效性，减少其毒害作用；另一方面，利用耐性植物在污染土壤上的生长来减少污染土壤的风蚀和水蚀，防止污染物质向下迁移或向四周扩散污染地下水和周围环境。能起到上述两种或两种作用之一的植物通常称为固化植物，这一类植物尽管对污染物质吸收积累量并不是很高，但它们可以在污染物质含量很高的土壤上正常生长。这方面的研究也是偏重于重金属污染土壤的固定/稳定化修复，如废弃矿山的复垦工程，铅、锌尾矿库的植被重建等。

（6）根际圈微生物降解修复（Bio-degradation of rhizosphere） 利用植物根际圈菌根真菌、专性或非专性细菌等微生物的降解作用来转化有机污染物，降低或彻底消除其生物毒性，从而达到有机污染水体或土壤修复的目的。植物能为根际圈微生物持续提供营养物质和良好的生长环境。具体地说，植物为其共存微生物体系（如菌根真菌、根瘤细菌及根面细菌等）提供水分和养料，并通过根分泌物为其他非共存微生物体系提供营养物质，对根际圈降解微生物起到活化的作用。此外，根分泌的一些有机物质也是细菌通过共代谢降解有机污染物质的原料。这种修复方式实际上是微生物与植物的联合作用过程，其中微生物在降解过程中起主导作用。实践证明，根际圈微生物降解有机污染物质的效率明显高于单一利用微生物降解有机污染物质的效率。目前，根际圈微生物修复已成为原位生物修复有机污染物的一个新热点。

5.1.2 植物修复的优势及存在的问题

植物修复具有很多其他方法不可比拟的优势，可概括为以下几点：

（1）植物修复的开发和应用潜力巨大 首先，就世界范围来看，植物资源相当丰富，筛选修复植物的潜力巨大。其次，人类在长期的农业生产中积累了丰富的作物栽培与耕作、品种选育与改良及病、虫害防治等经验，而日益成熟的生物技术的应用和微生物研究的不断深入，为植物修复在实践中应用提供了良好的技术保障。

（2）植物修复符合可持续发展战略的理念 植物修复以太阳能作为驱动力，能耗较低；修复植物的稳定作用可以防止污染土壤因风蚀或水土流失而带来的污染扩散；修复植物的蒸腾作用可以防止污染物质对地下水的二次污染；利用修复植物的提取、挥发、降解作用可以永久性地解决土壤或水体污染问题，有利于生态环境的改善和野生生物的繁衍；经植物修复过的土壤或水体，其有机质含量和肥力会增加，适于农作物种植和灌溉；重金属超积累植物所积累的重金属在技术成熟时可进行回收，创造经济效益。

（3）植物修复过程易于为社会接受 植物修复属于原位修复的范畴，具有原位修复的许多优点。植物修复利用修复植物和根际圈微生物的新陈代谢活动来提取、挥发、降解、固定污染物质，使土壤中十分复杂的修复情形简化成以植物为载体的原位处理过程。修复工艺操作简单，成本低，比物理化学处理费用低几个数量级，并且可以尽可能少地减少对环境的扰动。从技术应用过程来看，植物修复是环境可靠的相对安全的技术，也是绿化环境的过程。

鉴于植物修复的一些特性，其又存在以下两方面的问题：

（1）具有不确定性和多学科交叉性 修复植物的正常生长需要光、温、水、气、热等适宜的环境因素，同时会受到病、虫、草害的影响，这就决定植物修复的影响因素很多，具有极大的不确定性。植物及微生物的生命活动十分复杂，要使植物修复达到比较理想的效果，要运用植物学、微生物学、植物生理学、植物病理学、植物毒理学、作物栽培学与耕作学、作物育种学、植物保护学、基因工程和生物技术等方面的科学技术来不断地强化和改进，因此又具有多学科交叉的特点。

（2）受植物栽培与生长的限制 植物修复必须通过修复植物的正常生长来实现修复目的，因而传统的农作经验及现代化的栽培措施可能会发挥重要作用，具有作物栽培学与耕作学的特点。首先，要针对不同污染种类、污染程度的土壤选择不同类型的植物，一种植物通常只忍耐或吸收一种或两种重金属元素，对土壤中其他含量较高的重金属则表现出某些中毒症状，从而限制了植物修复技术在多种重金属污染土壤治理方面的应用。其次，植物一个生长周期往往需要几周、几个月甚至几年才能完成，因而研究周期较长。修复植物单季生物量积累有限，往往要经过几个生长季甚至几年的种植才能达到修复要求，因而修复时间也较长。再次，用于净化重金属的植物器官往往会通过腐烂、落叶等途径使重金属元素重返土壤，因此必须在植物落叶前收割植物器官，并将其无害化处理。

总之，植物修复技术具有其他技术不可比拟的优势，日益受到人们的重视，但其仍然是个新兴的研究领域，在理论及技术应用上仍很不成熟，可借鉴的经验很少。利用这一技术进行污染物的生物修复仍然面临着许多严峻的考验。

5.2 植物对污染物的修复原理

植物修复的原理如图 5-2 所示，主要是通过植物自身的光合作用（Photosynthesis）、呼吸作用（Respiration）、蒸腾作用（Transpiration）和分泌（Secretory）等代谢活动与环境中的污染物质和微生态环境发生交互反应，从而通过吸收、分解、挥发、固定等过程使污染物达到净化和脱毒的修复效果。

5.2.1 植物吸收、排泄与积累

修复植物对污染土壤和水体的治理是通过其自身的新陈代谢活动来实现的，在修复植物的新陈代谢过程中始终伴有对污染物质的吸收、排泄和积累过程。

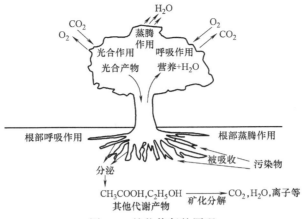

图 5-2 植物修复的原理

1. 植物吸收（Plant absorption）

植物为了维持正常的生命活动，必须不断地从周围环境中吸收水分和营养物质。植物体的各个部位都具有一定的吸收水分和营养物质的能力，其中根是最主要的吸收器官，能够从其生长介质土壤或水体中吸收水分和矿质元素。植物对土壤或水体中污染物质的吸收具有广泛性，这是因为植物在吸收营养物质的过程中，除对少数几种元素表现出选择性吸收外，对大多数物质并没有绝对严格的选择作用，对不同的元素来说只是吸收能力大小不同而已。植物对污染物质的吸收能力除受本身的遗传机制影响外，还与土壤的理化性质、根际圈微生物体系的组成、污染物质在土壤溶液中的含量等因素有关，其吸收机理是主动吸收还是被动吸收尚不清楚。研究表明其情形可能有三种：一是植物通过适应性调节后，对污染物质产生耐性，吸收污染物质。植物虽能生长，但根、茎、叶等器官及各种细胞器受到不同程度的伤害，生物量下降，这种情形可能是植物对污染物被动吸收的结果。二是完全的"避"作用，这可能是当根际圈内污染物质含量低时，根依靠自身的调节功能完成自我保护，也可能无论根际圈内污染物质含量有多高，植物本身就具有这种"避"机制，可以免受污染物质的伤害，但这种情形可能很少。三是植物能够在土壤污染物质含量很高的情况下正常生长，完成生活史，而且生物量不下降，如重金属超积累植物和某些耐性植物等。

2. 植物排泄（Plant excretion）

植物也像动物一样需要不断地向外排泄体内多余的物质和代谢废物，这些物质的排泄常常是以分泌物或挥发的形式进行。所以在植物界，排泄与分泌、挥发的界限一般很难分清。分泌是细胞将某些物质从原生质体分离或将原生质体的一部分分开的现象。分泌的器官主要是植物的根系，其他的还有茎、叶表面的分泌腺。分泌的物质主要有无机离子、糖类、植物碱、单宁、萜类、树脂、酶和激素等生理上有用或无用的有机化合物，以及一些不再参加细胞代谢活动而去除的物质，即排泄物。挥发性物质除随分泌器官的分泌活动排出体外，主要是随水分的蒸腾作用从气孔和角质层中间的孔隙扩散到大气中。植物排泄的途径通常有两条：一条途径是经过根吸收后，再经叶片或茎等地上器官排出去。另一条途径是经叶片吸收后，通过根分泌排泄。植物根从土壤或水体中吸收污染物后，经体内运输会转移到各个器官中去，当这些污染物质含量超过一定临界值后，就会对植物组织、器官产生毒害作用，进而抑制植物生长甚至导致其死亡。在这种情况下，植物为了生存，也常会分泌一些激素（如脱落酸）来促使积累高含量污染物质的器官如老叶加快衰老速度而脱落，重新长出新叶用以生长，进而排出体内有害物质，这种"去旧生新"的方式也是植物排泄污染物质的一条途径。

3. 植物积累（Plant accumulation）

进入植物体内的污染物质虽可经生物转化过程成为代谢产物经排泄途径排出体外，但大部分污染物质与蛋白质或多肽等物质具有较高的亲和性而长期存留在植物的组织或器官中，在一定的时期内不断积累增多而形成富集现象，还可在某些植物体内形成超富集（Hyperaccumulation），这是植物修复的理论基础之一。超富集植物在超量积累重金属的同时还能够正常生长，这可能是液泡的区室化作用和植物体内某些有机酸对重金属螯合作用起到解毒的结果。通常用富集系数来表征植物对某种元素或化合物的积累能力，即

$$富集系数 = 植物体内某种元素含量/土壤中该种元素含量 \tag{5-1}$$

用位移系数（Translocation Factor，TF）来表征某种重金属元素或化合物从植物根部到植物地上部的转移能力，即

$$位移系数 = 植物地上部某种元素含量/植物根部该种元素含量 \tag{5-2}$$

富集系数越大，表示植物积累该种元素的能力越强。同样，位移系数越大，说明植物由根部向地上部运输重金属元素或化合物的能力越强，对某种重金属元素或化合物位移系数大的植物显然利于植物提取修复。不同植物对同一种污染物质积累能力不同；同一种植物对不同污染物质及同一种植物的不同器官对同一种污染物质的积累能力也不同，而且积累部位表现出不均一性。富集系数可以是几倍乃至几万倍，但富集系数并非可以无限地增大。当植物吸收和排泄的过程呈动态平衡时，植物虽然仍以某种微弱的速度在吸收污染物质，但在体内的积累量已不再增加，而是达到了一个极限值，称为临界含量，此时的富集系数称为平衡富集系数。

4. 植物吸收、排泄和积累间的关系

植物对污染物质的吸收、排泄和积累的过程始终是一个动态过程（图 5-3），在植物生长的某个时期可能会达到某种平衡状态，随后因一些影响条件的改变而打破，并随植物生育时期不断建立新的平衡，直到植物体内污染物质含量达到临界含量，即吸收达到饱和状态时，植物对污染物质的积累才基本不再增加。

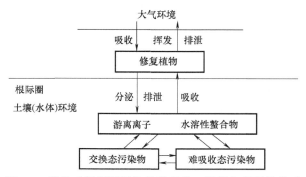

图 5-3 植物对根际圈污染物质吸收、排泄与积累的关系

影响植物吸收、排泄和积累的因素很多，如土壤因素、水分因素、光照因素及植物本身的因素等。其中植物根系与根际圈污染物质间的相互作用是较为重要的影响因素。这是因为

植物根系只能吸收根际圈内溶解于水溶液中的元素，这些元素既包括碳、氢、氧、氮、磷、钾、钙、镁、硫、铁、锰、硼、锌、铜、钴、氯等必需元素，也包括镉、汞、铅、铬等有害重金属元素。它们以有机化合物、无机化合物或有机金属化合物的形式存在于土壤中。根据植物根对土壤中污染物质吸收的难易程度，可将土壤中污染物大致分为可吸收态、交换态和难吸收态三种状态。土壤溶液中的污染物如游离离子及螯合离子易为植物根所吸收，为可吸收态；残渣态等难为植物吸收的为难吸收态；而介于两者之间的便是交换态，主要包括被黏土和腐殖质吸附的污染物。可吸收态、交换态和难吸收态污染物之间经常处于动态平衡，可溶态部分的重金属一旦被植物吸收而减少时，便主要从交换部分来补充，而当可吸收态部分因外界输入而增多时，则促使交换态向难吸收态部分转化，这三种形态在某一时刻可达到某种平衡，但随着环境条件（如植物吸收、螯合作用及温度、水分变化等）的改变而不断地发生变化。

5.2.2　植物根的生理作用

根是植物体重要的器官，它具有固定植株，吸收土壤中水分和矿质营养，合成和分泌有机物等生理特性。

首先，植物根具有深纤维根效应，根的形态可以影响污染物的生物可利用性和降解程度。研究表明，根际环境会因根的深度和分枝的伸展模式不同而不同。植物根系的生长能不同程度地打破土壤的物理化学结构，使土壤产生大小不等的裂缝和根槽，这可以使土壤通风，并为土壤中挥发和半挥发性污染物质的排出起到导管的作用。很显然，植物修复需要理想的扩散面积大的复杂根系环境。如大草原上的深根系统可改善土壤微生物的活动，根毛-土壤界面可使微生物与污染物有较大、较多的接触空间，根际圈的细菌与真菌合作可产生较高的多种代谢率，根际分泌物可以诱导高分子有机污染物的共代谢，从而加强了其生物降解。而浅根和低扩散的根，即使能支持一个具有高降解能力的微生物群的生长与繁衍，但却满足不了亚表层土壤中污染物的生物降解与修复的需要。

其次，根可以通过吸收和吸附作用在根部积累大量的污染物质，加强了对污染物质的固定，其中根系对污染物质的吸收在污染土壤修复中起重要作用。根际圈内较高的有机质含量可以改变有毒物质的吸附、改变污染物的生物可利用性和淋溶性。根际圈微生物可促进有毒物质与腐殖酸的共聚作用，如氯酚和多环芳烃与土壤有机质的关系都直接或间接地受根际微生物的影响。另外，植物本身受到果胶和木质素保护，可以去除或吸附高分子疏水化合物，阻止这些污染物进入植物的根。

再次，根还有生物合成的作用，可以合成多种氨基酸、植物碱、有机氮和有机磷等有机物，同时向周围土壤中分泌有机酸、糖类物质、氨基酸和维生素等有机物，这些分泌物能不同程度地降低根际圈内污染物质的可移动性和生物有效性，减少污染物对植物的毒害。植物根分泌物因植物种类不同而异，并与环境因素有关。调查表明，缺铁的双子叶植物和单子叶植物，它们的根都能累积有机酸，但只有双子叶植物具有较强的将质子释放到根部的能力。

最后，植物具有多种物理和生化防范功能阻止有毒物质的浸入，并排斥根表的多种非营养物质进入植物体。这样，一旦有机毒物进入植物根部，它们可以被代谢或通过分室储存，形成不溶性盐，以与植物组分络合或键合为结构聚合物的方式固定下来。

5.2.3 植物根际圈生态环境对污染修复的作用

1. 植物根际圈

植物根际圈指由植物根系和土壤微生物之间相互作用而形成的独特圈带。植物根部具有一个良好的适应微生物群落生长的生态环境。植物根不断地向根际圈输入光合产物，并且枯死的根细胞和植物分泌物的积累使根际圈演变成一块十分富饶的土壤，使根际圈成为由土壤为基质，以植物的根系为中心聚集了大量的细菌、真菌等微生物和蚯蚓、线虫等一些土壤动物的独特的"生态修复单元"。根际圈包括根系、与之发生相互作用的生物，以及受这些生物活动影响的土壤。它的范围一般是指离根轴表面几毫米到几厘米的圈带，但实际上由于根系的性质多变而难以区分，通常用模拟方法进行研究和划分，如根际箱（Rhizobox）或根际袋（Rhizobag）等。

2. 植物-微生物-污染物在根际圈的相互作用

植物的根系从土壤中吸收水分、矿质营养时，向根系周围土壤分泌大量的有机物质，本身也产生一些脱落物，这些物质促使某些土壤微生物和土壤动物在根系周围大量繁殖和生长，使根际圈内微生物和土壤动物数量远远大于根际圈外的数量，而微生物的生命活动（如氮代谢、发酵和呼吸作用及土壤动物的活动等）对植物根也产生重要影响，它们之间形成了互生、共生、协同及寄生的关系。

生长于污染土壤中的植物首先通过根际圈与土壤中污染物质接触，根际圈通过植物根及其分泌物质和微生物、土壤动物的新陈代谢活动对污染物（重金属和难以降解的多环芳烃等有机污染物）产生吸收、吸附和降解等一系列活动。大量研究表明，有害物质在多种植物根际圈被微生物降解。这种根际微生物群落提供的外部保护对微生物和植物双方是互利互惠的。微生物受益于植物的营养供给，反过来，植物受益于由根际圈微生物伴随的土壤中有机有毒物质的脱毒作用。以根分泌物形式存在的光合产物维系了正常非压力条件下的微生物群落。当土壤中因化学品出现而产生压力时，植物的响应是增加根际圈的分泌物，其结果导致微生物群落增加了对毒性物质的转化率。微生物的响应是增加微生物数量，这时合成脱毒酶的数量增加，降解污染物的根际圈微生物基质相对丰度也发生变化。于是，植物通过诱导根际圈微生物群落的代谢能力而获得保护。根际圈作为微生物活动较强的地带，可以加强污染物的降解和转化。

3. 植物根际圈的生物降解

植物根际圈为好氧、兼性厌氧及厌氧微生物的同时生存提供了有利的生境，各种微生物可利用不同有机污染物为营养源进行生长繁殖。首先，植物发达的根系为微生物附着提供了巨大的表面积，易于形成生物膜，促进污染物被微生物降解利用；其次，植物自身的光合作用，借助于光能这一清洁能源为推动力，能将部分可溶性污染物及被微生物分解的污染物同化吸收。同时，光合过程中生成的 O_2 可通过茎根输向水体或土壤，使根区周围依次形成多个好氧、缺氧与厌氧小区，为好氧、兼性厌氧及厌氧微生物生存提供良好生境。研究表明，对同一种污染物的矿化而言，混合微生物群落比单一微生物群落更为有效。污染物有时不能被氧化它们的那组微生物所同化，却可以被其他微生物种群转化。这种共栖关系可以大大增强难降解污染物的矿化，从而防止有机有害污染物中间体的产生与积累。

微生物矿化污染物的能力还可以通过遗传改性的方式得到加强。细菌的基因转化可自然发生。通过结合、转导和转变等过程，质粒转变可以使细菌在它们的环境中快速变化。通过传播遗传信息，合成降解新基质所必需的酶，可使细菌降解外来污染物，降解酶的合成是微生物有利控制环境质量的原因之一。此外，有毒有机污染物还可以通过微生物的腐殖化作用转变为惰性物质被固定下来，达到脱毒的目的。

5.3 影响植物修复的环境因子

影响植物修复的环境因子包括环境的酸碱度、氧化还原电位、共存物质、污染物的交互作用、生物因子等。以下以重金属污染的植物修复为例，阐述影响植物修复的环境因子。

1. 酸碱度

pH 值是影响土壤重金属活性的一个重要因素。土壤酸度对重金属化合物的溶解与沉淀平衡的影响较为复杂，土壤中绝大多数重金属是以难溶态存在的，其可溶性受 pH 值限制，即土壤重金属随着 pH 值增加而发生沉淀，进而影响到植物的吸收与利用。

随土壤溶液 pH 值降低，大多数重金属元素在土壤固相的吸附量和吸附能力减弱，重金属元素的离子活度升高，易于被生物利用。如在不同 pH 值处理的受 Zn、Cd 污染的花园和山地土壤盆栽试验中，超积累植物 *T. caerulescens* 吸收的 Zn、Cd 量的大小随土壤 pH 值下降而增加。但有些重金属则相反，如类金属 As 在土壤中以阴离子形式存在，提高 pH 值将使土壤颗粒表面的负电荷增多，从而减弱 As 在土壤颗粒上的吸附作用，增大土壤溶液中的 As 含量，植物对 As 的吸收增加。需要说明的是，土壤溶液 pH 值对重金属的植物利用性影响可能不是单一的递增或递减关系。经过对土水体系中 pH 值对 Cd 的有效性影响研究，在 pH 值 6 以下 Cd 的有效性随 pH 值的升高而增加。而在 pH 值 6 以上则相反。

2. 氧化还原电位（Redox Potentiometry）

重金属是过渡元素，在不同的氧化还原状态下，有不同的形态。硫化物是重金属难溶化合物的主要形态。

$$硫的氧化还原电位: Eh = -0.139 + 0.074 \times \lg c_{SO_4^{2-}} / c_{\Sigma H_2 S}$$

式中，$c_{SO_4^{2-}}$、$c_{\Sigma H_2 S}$ 分别为土壤溶液中 SO_4^{2-} 及全部 $H_2 S$ 的浓度。

随着 Eh 的减小，硫化物大量形成，土壤溶液中的重金属离子就减少，如镉污染区水稻抽穗一周后 Eh 为 416mV 时糙米的含镉量是 Eh 为 165mV 时的 2.5 倍。湿润条件下水稻根的含镉量为淹水条件下的 2 倍，茎叶是 5 倍，糙米是 6 倍。因为在淹水还原条件下，Fe^{3+} 还原成 Fe^{2+}，Mn^{4+} 还原成 Mn^{2+}，SO_4^{2-} 还原成硫化物，结果形成难溶的 FeS、MnS 和 CdS。在砷含量相同的土壤中，水稻易受害，而对旱地作物几乎不产生毒害。这是因为在流水条件下易形成还原态的 As（Ⅲ），而旱地常以氧化态的 As（Ⅴ）存在，As（Ⅲ）的毒性比 As（Ⅴ）高。

3. 共存物质（Coexistence of material）

（1）络合-螯合剂 络合-螯合剂首先与土壤溶液中的可溶性金属离子结合，以防止金属沉淀或吸附在土壤上。随着自由离子的减少，被吸附态或结合态的金属离子开始溶解，以补偿平衡的移动。在 Pb 含量为 2500mg/kg 的污染土壤上，种植玉米、豌豆，加入 EDTA 后，植物地上部 Pb 的含量从 500mg/kg 提高到 10000mg/kg。EDTA 还能大大提高 Pb 从根系到地上部的运输能力，按 1.0g/kg 加入 1.0g EDTA 至土壤，24h 后玉米木质部中 Pb 含量是对照值的 100 倍，从根系到地上部的运输转化是对照值的 120 倍。

（2）表面活性剂　表面活性剂对土壤中微量重金属阳离子具有增溶作用和增流作用。用五种表面活性剂修复铬污染土壤，发现静态吸附中，单独使用阴离子型 DOWFAX™ D-800 对 Cr（Ⅵ）的浸提率比对照水的浸提率高 2.0～2.5 倍；当与螯合剂二苯卡巴肼复合使用时，其浸提率比水浸提高 9.3～12.0 倍，比单独使用 DOWFAX™ D-800 高 3.5～5.7 倍。动态淋洗过程中，DOWFAX™ D-800 与螯合剂二苯卡巴肼复合使用，Cr（Ⅵ）比去离子水高 2.13 倍。使用阴离子型 SDS、阳离子型 CTAB、非离子型 TX100 三种表面活性剂及 EDTA 和 DPC（二苯基硫卡巴腙）两种螯合剂修复 Cd、Pb、Zn 污染土壤，发现 SDS、TX100 能显著促进重金属的解吸，而 CTAB 则相反。在表面活性剂浓度低于 CMC 临界胶束浓度时，对重金属的去除率随浓度的增加而线性增加，超过 CMC 时则保持相对稳定。

（3）污染物间的复合效应　在现实环境中，单种污染物对环境的孤立影响比较少见，在大多情况下，往往是多种污染物对环境产生复合污染，如锌能拮抗凤眼莲对镉的吸收。未加锌时，用浓度分别为 1.0mg/L 和 5.0mg/L 的镉处理 30d，凤眼莲的镉含量分别为 459.5mg/kg 和 1760.5mg/kg；当加入浓度为 1.0mg/L 的锌后，凤眼莲的镉含量分别下降至 209.1mg/kg 和 191.1mg/kg。但当镉浓度超过 5mg/L 后再加锌，锌又能促进植物对镉的吸收。例如，用浓度为 10mg/L 的镉单独处理 30d，凤眼莲的含镉量为 2070.1mg/kg，当加入浓度为 1.0mg/L 的锌后，镉的含量上升至 5540.5mg/kg。同时，镉也能抑制植物对锌的吸收。对水稻的研究结果表明，在锌、镉共存时，植株中的锌含量减少而镉明显增加；缺锌时镉的吸收量增加，但缺锌时加施镉则使植株中的锌含量提高。

（4）植物营养物质　养分是影响植物吸收重金属的要素，有些已成为调控重金属植物毒性的途径与措施。磷肥大多含有 Cd，施用磷肥能够增加植物体内的 Cd 含量已成共识，但完全不含 Cd 的硝酸铵也能促进小麦对 Cd 的吸收，其实这是氮肥促进了植物生长，而且 NH_4^+ 进入土壤后将发生硝化作用，短期内可使土壤 pH 值明显下降，增加了 Cd 的生物有效性，更重要的是 NH_4^+ 还能与 Cd 形成络合物而降低土壤对 Cd 的吸附。改变土壤腐殖质的构成也可强化植物对重金属的吸收。重金属非常容易与土壤中有机质形成有机螯合物，一般情况下，水溶性有机物和重金属形成络合物，可增加重金属的移动性和植物利用性。

（5）植物激素　植物激素是在植物体内合成的、对植物生长发育产生明显调节作用的微量生理活性物质。研究报道，在土壤镍、镉污染条件下，向玉米幼苗喷施植物激素类除草剂 2，4-D，发现低剂量除草剂使植物体内 Ni、Cd 含量分别较单独施用 Ni、Cd 分别增加 22.2% 和 26.1%，高剂量则分别增加 68.27% 和 17.1%，即植物激素类除草剂强化了植物对重金属的吸收。

（6）生物因子　菌根真菌作为直接连接植物根系与土壤的微生物，能改变植物对重金属的吸收与转移。在施用污泥的土壤中，接种菌根能显著增加植物的生长、根瘤数与质量，提高植物体内的 Zn、Mn、Cu、Ni、Cd、Pb 等含量，降低土壤的重金属含量；而且发现菌根化幼苗中 Cu、Zn 含量增加，而非菌根化幼苗中较低。当把浓度分别为 1mg/kg，10mg/kg，100mg/kg 的 Cd 加入土壤中时，菌根化植物吸收 Cd 的量比非菌根化植物分别高 90%，127% 和 131%。很明显，菌根化植物对重金属有很强的吸收能力。在被 ^{137}Cs 和 ^{90}Sr 污染的土壤中接种菌根 *G. mosseae* 可以促进草本植物 *Paspalum notatum*、*Sorghum helpense*（石茅高粱）、*Panicum virginatum*（柳枝稷）的生长，接种处理与不接种相比，植株体内的 ^{137}Cs

和 ^{90}Sr 含量显著提高。

5.4　有机污染物的植物修复

植物修复用于有机污染物的治理时常与其他清除方法结合使用，可用于石油化工污染、炸药废物、燃料泄漏、氯代溶剂、填埋淋溶液和农药等有机污染物的治理。

5.4.1　植物对有机污染物的修复作用

植物修复有机污染有三种机制，即直接吸收并在植物组织中积累非植物毒性的代谢物；释放促进生物化学反应的酶；强化根际（根-土壤界面）的矿化作用。

1. 有机污染物的直接吸收和降解

植物根对中度憎水有机污染物有很高的去除效率，中度憎水有机污染物包括 BTX（即苯、甲苯、乙苯和二甲苯的混合物）、氯代溶剂和短链脂肪族化合物等。植物将有机污染物吸入体内后，可以通过木质化作用将其储藏在新的组织结构中，也可以代谢或矿化为二氧化碳和水，还可以将其挥发掉。最常用的预测植物根对根际圈有机物吸收能力的参数是辛醇-水分配系数（K_{ow}），中度憎水有机污染物（$0.5 \leqslant \lg K_{ow} \leqslant 3.0$）易被植物根系吸收，憎水有机物（$\lg K_{ow} > 3.0$）和植物根表面结合得十分紧密，很难从根部转移到植物体内，水溶性物质（$\lg K_{ow} < 0.5$）不会充分吸着到根上，也很难进入植物体内。根系对有机污染物的吸收程度取决于有机污染物在土壤水溶液中的含量、植物的吸收率和蒸腾速率。

通过遗传工程可以增加植物本身的降解能力，如把细菌中的降解除草剂基因转移到植物中产生抗除草剂的植物。使用的基因还可是非微生物来源，如哺乳动物的肝和抗药的昆虫。

2. 酶的作用

一般来说，植物根系对有机污染物吸收的强度不如对无机污染物如重金属的吸收强度大。植物根系对有机污染物的修复，主要是依靠根系分泌物对有机污染物产生的配合和降解等作用，以及根系释放到土壤中酶的直接降解作用得以实现。植物能够分泌特有酶来降解根际圈有机污染物质。特别值得提出的是，植物根死亡后向土壤释放的酶仍可继续发挥分解作用，如据美国佐治亚州 Athens 的 EPA 实验室研究，从沉积物中鉴定出的脱卤酶、硝酸还原酶、过氧化物酶、漆酶和腈水酶均来自植物的分泌作用。硝酸还原酶和漆酶能分解炸药废物（TNT）并将破碎的环状结构结合到植物材料中或有机物残片中，变成沉积有机物的一部分。植物来源的脱卤酶，能将含氯有机溶剂三氯乙烯还原为氯离子、二氧化碳和水。

3. 根际的生物降解

植物以多种方式帮助微生物转化，根际在生物降解中起着重要作用。根际可以加速许多农药及二氯乙烯和石油烃的降解。植物根的微生物区系和内生微生物也有降解能力。

植物提供了微生物生长的生境，可向土壤环境释放大量分泌物（糖类、醇类和酸类等），其数量占年光合作用产量的 10% ~ 20%，细根的迅速腐解也向土壤中补充了有机碳，这些都加强了微生物矿化有机污染物的速率。如阿特拉津（Mmdne）的矿化与土壤中有机碳的含量有直接关系。根上有菌根菌生长，菌根菌和植物共生具有的独特的代谢途径可以使自生细菌不能降解的有机物得以分解。

5.4.2 典型有机污染物的植物修复

植物对农药等有机物的代谢转化作用是很强的，许多有机物如酚、氰等进入植物体后，可以被降解为无毒的化合物，甚至降解为二氧化碳和水。植物对 SO_2 的氧化作用也很典型。SO_2 在植物体内能够形成一种毒性很强的亚硫酸，但在植物体内又很快被氧化成硫酸根离子，使毒性降低。

1. 植物对农药的分解转化作用

一般说来，耐药性植物具有分解转化除草剂、杀虫剂和杀菌剂等化学农药的作用。在高等植物体内导致农药毒性降低的基本生化反应包括氧化反应、水解作用、还原反应、异构化作用和轭合作用等。植物对一种农药的分解转化涉及许多代谢作用，是许多反应的综合结果，其中既有氧化还原作用，也有羟基化或脱烷基作用等。

农药的氧化作用在植物体内非常普遍，常常是导致农药毒性降低的主要反应。主要的氧化反应有芳香族羟基化作用、N-脱烃作用、烃基氧化作用、环氧化作用、硫氧化作用和 O-脱氢作用等。2,4-D 在禾本科杂草和阔叶植物种类中发生芳基的羧基化作用，形成 4-羧基-2,5-D，这是 2,4-D 代谢的主要途径。4-羧基-2,5-D 没有像其母体 2,4-D 那样的生长素活性，被认为是解毒作用的一个产物。N-脱烃作用也是除草剂代谢中非常普遍的氧化作用。灭草隆的 N-脱甲基作用是在植物体内的氧化酶作用下的解毒反应。植物对农药的水解作用也较普遍，如对酯、酰胺等类除草剂的水解作用。许多羧酸酯类除草剂在植物中易于水解成为游离酸的形式。

2. 植物对其他有机污染物的分解转化作用

藻类和高等植物具有分解转化石油、洗涤剂、塑料、造纸、印染等工业生产带来的有毒污染物的作用。如塑料和橡胶等化工产品的增塑剂邻苯二甲酸酯类和印染工业中的燃料苯胺广泛使用人工合成有机物。试验证实，蛋白小球藻、斜生栅藻对邻苯二甲酸酯类和苯胺有很强降解能力，藻类降解有机污染物的动力学方程如下：

$$-\mathrm{d}c/\mathrm{d}t = kNr \tag{5-3}$$

$$c = -0.5kN^2 + c_0 \tag{5-4}$$

式中，k 为二级反应动力学常数；N 为藻细胞浓度；r 为藻生长速度；c_0 为有机污染物起始浓度。

目前，植物降解有机污染物的研究多集中在水生植物方面，这可能是因为水生植物具有大面积的富脂性表皮，易于吸收亲脂性有机污染物。对水系统中的水生植物伊乐藻和陆生植物野葛的研究表明，它们将 P,P-DDT 和 O,P-DDT 降解为 DDD 的半衰期仅为 3d；无菌条件下水生植物伊乐藻和浮萍、鹦鹉毛在 6d 内可富集水中全部的 DDT，并能将 1%~13% 的 DDT 降解为 DDD 和 DDE。

5.5 重金属的植物修复

植物修复技术利用重金属超积累植物的提取作用、挥发植物的挥发作用及固化植物的固定/稳定化作用，在稳定污染土壤，减少风蚀、水蚀及防止地下水二次污染的同时，使污染土壤得到修复，既不破坏污染现场土壤结构、培肥地力，又减少修复费用，已成为世界各国竞相研究的热点。

5.5.1　重金属对植物的伤害机理

土壤中过量的重金属元素对植物生长的胁迫超过植物的忍耐限度（Endurance limit）时就会对植物产生伤害，影响植物生长和繁殖，甚至导致植物死亡。

重金属对植物的影响主要表现在：抑制植物种子萌发；抑制植物的生长，表现为植株矮小，生长缓慢，生物量减小；抑制植物生殖，表现为生育期推迟，严重时会使生殖生长完全停止，甚至不开花结果。作物受重金属胁迫时叶面积指数、分蘖数、根系长度、发根能力、根吸收表面积等形态指标都明显劣于未受胁迫的植株，同时叶片变黄或变红，表现出明显的受害症状，功能叶片寿命也变短，结实率、千粒重下降，作物严重减产。

重金属对植物造成伤害的生物学机理可能在于大量的重金属离子进入植物体内后，参与各种生理生化反应，使原有的代谢活动受到干扰，从而导致物质的吸收、运输、合成等生理活动受到阻碍，尤其是重金属离子与核酸、蛋白质和酶等大分子的结合，甚至取代某些蛋白质和酶的特定功能元素，使其变性或活性降低，从而使植物生长受到抑制。主要表现在以下方面：①细胞膜的结构与功能受到破坏；②光合作用会受到抑制；③呼吸作用发生紊乱；④糖类和氮素代谢受到影响；⑤细胞核核仁遭到破坏；⑥植物激素发生变化。

此外，重金属还通过影响根系微生态环境及产生营养胁迫而对植物造成伤害。主要表现在以下方面：①对根际土壤微生物产生毒害作用；②全部或部分地抑制土壤生化反应；③与矿物元素发生拮抗和协同作用。

重金属对植物的伤害，从表观现象到分子机理都是十分复杂的过程，有时是单一重金属元素造成的伤害，有时是几种重金属元素共同造成伤害作用。

5.5.2　植物对重金属的抗性机制

虽然土壤中重金属含量过高会限制植物的正常生长和发育，仍有许多种植物能在高含量重金属的土壤环境中生长，表明植物对重金属具有某种抗性机制（Resistance mechanism），表现为植物不受伤害或受伤害程度较小（如植株变得矮小），并能够完成生活史。其主要途径有：

（1）阻止重金属进入体内　一些植物通过根部的某种机制将大量重金属离子阻止在根部，限制重金属向根内及地上部位运输，从而使植物免受伤害或减轻伤害。现已证实，植物可通过根分泌的有机酸等物质来改变根际圈的 pH 值及氧化还原电位梯度，并通过分泌物中的螯合剂抑制重金属的跨膜运输。

（2）将重金属排出体外　植物将重金属吸收入体内后，再通过某些机理排出体外以达到解毒的目的。如以排泄的形式将毒物排出体外，或通过衰老的方式（如分泌一些脱落酸促进老叶或受毒害叶片脱落等作用）把重金属排出体外。

（3）对重金属的活性钝化　有些植物将重金属如铅、铜、锌、镉等大量沉积在细胞壁上，以阻止重金属对细胞内溶物的伤害。植物还可以利用液泡的区域化作用将重金属与细胞内其他物质隔离开来，而且液泡里含有的各种有机酸、蛋白质、有机碱等都能与重金属结合而使其生物活性钝化。此外，细胞质中的谷胱甘肽（GSH）、草酸、组氨酸和柠檬酸盐等小分子物质与金属螯合作用也能降低重金属的毒性。

（4）抗氧化防卫系统　重金属污染能导致植物体内产生大量的 O_2^{2-}、OH^-、NO_3^-、HOO、RO、ROO^-、O_2、H_2O_2、$ROOH$ 等活性氧，使蛋白质和核酸等生物大分子变性、膜脂过氧化，从而伤害植物。植物在生物系统进化过程中，细胞也形成了清除这些活性氧的保卫体系，酶性清除剂主要有超氧化物歧化酶（SOD）、脱氢氧化物酶（POD）、过氧化氢酶（CAT）、抗坏血酸过氧化物酶（AsAPOD）、脱氢酸抗坏血酸还原酶（DHAR）、谷胱甘肽还原酶（GR）、谷胱甘肽过氧化物酶（GP）、单脱氢抗坏血酸还原酶（MDAR）等。非酶性抗氧化剂主要有还原性谷胱甘肽（GSH）、抗坏血酸（AsA）、类胡萝卜素（CAR）、半胱氨酸（Cys）等。这些抗氧化剂多数都是重金属胁迫下诱导产生的，在活性氧大量产生时活性较高，并随着活性氧的消除，活性逐渐减弱，最终达到平衡状态。其中，SOD、POD 和 GSH 的防卫功能非常显著。

（5）生态型的改变　植物在重金属污染土壤上也常采取改变生态型的方式而生存下来，常表现为植物生长得特别肥大或矮小。如在新西兰生长的灌木海桐花（*Pittosporum rigidium*）在正常条件下生长到近 5m 高，而在含镍、铬高的蛇纹岩地区株高只有几十厘米，呈垫状植物。在土壤中硼含量中等时，植物莱克蒿（*Artemissia lerbaceana*）、伏地肤（*Kochia prostrata*）和海蓬子（*Salicornia hetbacea*）比生长在正常硼含量的土壤上肥大，在硼含量较高土壤则更肥大，而植物伏若（*Eurotia ceratoides*）则植株变矮，有的分枝增多，平卧态变得显著。由此可见，植物通过生态型改变以适应重金属胁迫，增强对重金属的抗性，进而得以在重金属污染土壤上生存下来，形成了重金属污染土壤（或金属矿区）特有的植物区系，甚至演化成变种或新种。

5.5.3　重金属的植物修复机理

1. 植物对重金属的运移

（1）重金属到达植物根（或叶）表面　重金属到达根表面，主要有两条途径：一条是质体流途径，即污染物随蒸腾拉力，在植物吸收水分时与水一起到达植物根部；另一条是扩散途径，即通过扩散而到达根表面。在土壤中，重金属的扩散一般遵循 Fick 的第二法则，它的平均扩散距离为

$$d = \sqrt{2DT} \tag{5-5}$$

式中，D 为扩散系数（cm^2/s）；T 为时间（s）。

如 Zn^{2+}、Mn^{2+} 在土壤中的扩散系数分别为 $3 \times 10^{-10} cm^2/s$、$3 \times 10^{-8} cm^2/s$，根根上式可以计算出 100d 内 Zn^{2+}、Mn^{2+} 移动的平均距离分别为 0.72mm、7.2mm。结果证明两种重金属移动速度（扩散）是很慢的，只有靠近根部的重金属才能通过扩散作用到达根表面。可见，重金属主要通过质体流途径到达根表面。

（2）重金属跨根细胞膜运输　植物吸收环境中的重金属有两种方式：一种是细胞壁等质外空间的吸收；一种是重金属透过细胞质膜进入细胞的生物过程。重金属透过细胞膜的过程，可以用物理化学的原理进行解释。

1）不带电荷分子的跨膜扩散。假设分子从膜一侧通过膜进入另一侧的速度为 v，则

$$v = PA(c_1 - c_2) \tag{5-6}$$

式中，P 为膜的扩散系数；A 为脂质区域的面积；c_1 和 c_2 为膜外侧与膜内侧的溶质浓度。

另有研究表明，溶质分子在有机相的溶解度与膜对溶质分子的透性相关；溶质分子的大小也是一个非常重要的因素，它能影响溶质的扩散系数 D，即：

$$D = D_0 M^{-1.22} \tag{5-7}$$

式中，D_0 为单位分子质量的溶质扩散系数；M 为相对分子质量。

溶质分子进入细胞的速度受水—生物膜之间的分配系数和相对分子质量制约，具有相同分配系数而又有较小相对分子质量的溶质则通透性较快。

2）带电离子的跨膜扩散。金属离子（或水合离子）从膜的外侧进入膜时，要从介电常数较高的水溶液进入介电常数较低的类脂双层膜，这要克服很高的位垒。根据两相（水相和脂质相）中吉布斯自由能的变化，可得到金属离子在水溶液中和磷脂双分子层间的分配系数：

$$K = c_{mem}/c_{wat} = e^{(u_{wi}^0 - u_{mi}^0)}/RT \tag{5-8}$$

式中，c_{mem} 和 c_{wat} 为膜相、水相中的金属离子浓度；u_{wi}^0 为水溶液中的标准化学势；u_{mi}^0 为磷脂膜表面的标准化学势；R 为气体常数；T 为绝对温度。

在 $1.01 \times 10^5 Pa$、298K 时，K^+ 的分配系数为 $10^{-44.6}$，其他金属离子的分配系数更小。离子的电荷与半径是决定分配系数的重要因素。仅仅靠扩散，金属离子是很难进入和通过生物膜的。一般说来，金属离子的跨膜运输是需要能量的。跨膜运输有两种方式：其一是顺电化学梯度的被动运输，能量主要来源于产生并保持膜两侧的电化学梯度；其二是逆电化学梯度的主动运输。促进离子运输的驱动力是化学势、电位差及其具有电特性的力如摩擦力等。

超积累植物对重金属的吸收具有很强的选择性，只吸收和积累生长介质中一种或几种特异性金属。例如，Ni 超积累的庭荠属植物 *Alyssum Bertolonii* 的地上部分优先积累 Ni，而对 Co、Zn 的积累能力差。同样，Zn 超积累植物 *T. caerulescens* 能够积累溶液中的 Zn、Mn、Co、Ni、Cd、Mo 等，而不能积累 Ag、Cr、Al、Fe、Pb。这种选择性积累的可能机制是：在金属跨根细胞膜进入根细胞共质体或跨木质部薄壁细胞的质膜装载进入木质部导管时，由专一性运输体或通道蛋白调控。

3）重金属在植物体内的运移

a）重金属在根共质体内运输。重金属一旦进入根系，可储存在根部或运输到地上部。从根表面吸收的重金属能横穿根的中柱，被送入导管，进入导管后随蒸腾拉力向地上部移动。一般认为穿过根表面的金属离子到达内皮层可能有两条通路：第一条为非共质体（质外体）通道，即金属离子和水在根内横向迁移，到达内皮层是通过细胞壁和细胞间隙等质外空间；第二条是共质体通道，即通过细胞内原生质流动和通过细胞之间相连接的细胞质通道。

b）重金属在木质部运输。金属离子从根系转移到地上部分主要受两个过程的控制，即从木质部薄壁细胞转载到导管和在导管中运输，后者主要受根压和蒸腾流的影响。目前对于阳离子在木质部的装载过程还不十分明确，但研究者一致认为，它是与根细胞吸收离子相独立的一个过程。

木质部细胞壁的阳离子交换能量高，能够严重阻碍重金属离子向上运输，故非离子态的金属螯合复合体（如 Cd-柠檬酸复合体）在蒸腾流中的运输更有效。有机分子在超积累植物体内重金属运输中有重要作用。理论研究推断，伤流液中大部分 Zn^{2+} 和 Fe^{2+} 与柠檬酸结合。

Cu^{2+}则与氨基酸（如组氨酸和天门冬酰胺）结合。X射线衍射吸收精细结构分析法研究发现，印度芥菜伤流液中Cd与氧或氮原子配位，表明有机酸参与了Cd在木质部的运输；但没有发现Cd与S配位，表明植物螯合态或含巯基的配位体没有直接参与Cd在木质部的运输。

此外，可能还有其他螯合物参与超积累植物体内重金属的长途运输。如植物中普遍存在的非蛋白氨基酸烟酰胺能与各种二价阳离子（如Cu^{2+}、Ni^{2+}、Co^{2+}、Zn^{2+}及Mn^{2+}）配位结合。有关氨基酸或有机酸等在木质部重金属的装载和运输中的作用，目前具有很大的推测性，需要更多的试验证据来支持。

c）重金属在叶细胞中运输及分室化。研究发现，在低Zn浓度下（10μmol/L和100μmol/L），T. Caerulescens和T. arvense的叶片和离体的叶细胞原生质体对Zn的吸收没有差异。而当介质中Zn浓度为1μmol/L时，显著促进了前者的叶片和原生质体对Zn的吸收。原生质体吸收Zn的动力学曲线为平滑的非饱和曲线，可分为最初快速吸收和随后缓慢吸收两个阶段，分别代表质膜表面负性基团吸附的Zn和真正跨质膜进入胞质溶胶的Zn。

研究还表明，在组织和细胞水平，重金属在超积累植物的叶片中部存在区隔化分布。在组织水平上，重金属主要分布在表皮细胞、亚表皮细胞和表皮毛中；在细胞水平上，重金属主要分布在质外体和液泡。利用电子探针和X射线微分析法发现，T. Caerulescens叶片中Zn主要以晶粒形态积累在表皮细胞和亚表皮细胞的液泡中，但目前还不明确其结构和化学组成。采用能量分散X射线分析法和单细胞液提取法发现，T. Caerulescens成熟叶片中的Zn主要积累在表皮细胞，叶肉细胞含Zn量很低，前者比后者高5~6.5倍；表皮细胞中相对含Zn量与叶细胞长度直线相关，表明表皮细胞的液泡化促进了其对Zn的优先积累；但没有发现Zn的积累与P或S之间的相关性，说明Zn主要以可溶态存在表皮细胞的液泡中。有研究表明，T. Caerulescens地上部积累的Zn主要与有机酸共价结合，其次依次为水合离子态、组氨酸结合态和与细胞壁结合态。以上研究结果说明Zn跨叶细胞膜运输并贮藏到液泡中，是T. Caerulescens超积累Zn的另一个重要机制。

叶片重金属还可以向下运移，模拟大气污染（Pb）试验表明，用不同浓度的硝酸铅涂在蔬菜（白菜、萝卜、莴苣等）叶片上，证明叶片中的铅能向下移动。

2. 重金属的植物修复机理类型

（1）植物提取　植物提取是目前研究最多并且最有发展前景的方法。它是利用专性植物根系吸收一种或几种有毒金属，并将其转移、储存到植物茎叶，然后收割茎叶，异地处理。

在长期的生物进化中，生长在重金属含量较高土壤中的植物产生了适应重金属胁迫的能力。表现在：不吸收或少吸收重金属元素；将吸收的重金属元素钝化在植物的地下部分，使其不向地上部分转移；大量吸收重金属元素，植物仍能正常生长。前两种情况称为重金属排异性植物，可据此在金属污染的土壤中生产金属含量较低、符合要求的农产品。第三种情况称为重金属超积累植物，可进行植物提取，据此可通过栽种绿化树、薪炭林、草地、花卉和棉麻作物等去除重金属。

超积累植物（Hyperaccumulator，国内大多称为超富集植物）一词最初是由Brooks等提出，当时用以命名茎中镍含量（干重）大于1000mg/kg的植物。现在超积累植物的概念已扩大到植物对所有重金属元素的超量积累现象，即是能超量积累一种或同时积累几种重金属元素的植物。

　　超积累植物区别于普通植物的超强忍耐性的表现特征之一是生活在重金属污染程度较高的土壤上的植物地上部生物量没有显著减少。对于普通植物而言，虽有些植物在这种情况下也能生存下来并完成生活史，但其地上部生物量往往会明显降低，通常表现为植株矮小，有的生物学特性还会改变，如叶子、花变色等。超积累植物地上部富集系数大于1是区别于普通植物的又一个重要特征，这意味着植物地上部某种重金属含量大于所生长土壤中该种重金属的含量。植物体对重金属的绝对积累量即一株植物累积重金属元素的总量也是一个很重要的指标。因为即使植物体内重金属含量没有达到上述临界含量标准，但因该植物生物量远远大于上述超积累植物的生物量，此时所积累的绝对量反而比超积累植物积累的绝对量大，在这种情况下，对污染土壤中重金属的提取作用更大。

　　目前已发现对 Cd、Co、Cu、Pb、Ni、Se、Mn、Zn 的超积累植物 400 余种，其中 73% 为 Ni 超积累植物。这些植物涵盖了 20 多个科，其中十字花科植物较多。一些显著具有积累重金属能力的植物列于表 5-1 中。由于这些超积累植物多数是在矿山区、成矿作用带或由富含某种或某些化学元素的岩石风化而成的地表土壤上发现的，因而常表现出较窄的生态适应性和特有的生态型。

表 5-1　已知植物地上部分超量积累的金属含量

金属	植物种	超量积累含量/(mg/kg)
Cd	*Thlaspi caerulescens*（天蓝葛蓝菜）	1800
Cu	*Ipooea alpina*（高山甘薯）	12300
Co	*Haumaniastrum robertii*（蒿荠草属）	10200
Pb	*Thlaspi rotundifolium*（圆叶葛蓝菜）	8200
As	*Pteris vittata L.*（蜈蚣草）	5000
Ni	*Psychotha douarrei*（九节木属）	47500
Zn	*Thlaspi caerulescens*（天蓝葛蓝菜）	51600

　　植物提取法的发展与应用推广的关键是不断寻找并扩大超积累植物资源，改良超积累植物品种，包括常规育种和转基因育种。筛选突变株可以产生有用的超积累植株。如豌豆的突变株是单基因突变，积累的铁比野生型高 10～100 倍。拟南芥属积累镁的突变株可比野生型积累的镁高 10 倍。将超积累植物与生物量高的亲缘植物杂交，近年来已经筛选出能吸收、转移和耐受金属的许多作物与草类。

　　基因工程是获得超量积累植物的新方法。通过引入金属硫蛋白（Metallothioneins）基因或引入编码 Mer A（汞离子还原酶）的半合成基因，增加了植物对金属的耐受性。转基因植物拟南芥属可将汞离子还原为可挥发 Hg^0，使其对汞的耐受性提高到 $100\mu mol$。据调查，耐受机制还包括植物螯合肽（Phytochelatins）和金属结合肽的改变。需要促进金属从根部向地上部分的转移，通过发根土壤杆菌（*Agrobacterium rhizogenes*）的转化作用改变根的形态，可以加强不容易迁移的污染物的吸收。但是，超积累植物积累重金属的机理仍不十分清楚，人们对超积累是否存在遗传机制，超积累究竟与植物体哪些遗传基因有关的研究还处于初始阶段，虽然利用转基因技术制造特定目标植物已有许多成功例子，但在转基因超积累植物研究方面进展还不是很大。

根据美国能源部的标准，筛选的超积累植物用于植物修复应具有以下特性：①即使在污染物含量较低时也有较高的积累速率；②能在体内积累高含量的污染物；③能同时积累几种金属；④生长快，生物量大；⑤具有抗虫抗病能力。

目前，植物提取修复的应用受到以下方面的制约：①超积累植物经常只能积累某些元素，还没有发现能积累所有关注元素的植物；②许多超积累植物生长缓慢而且生物量低；③对于它们的农艺性状、病虫害防治、育种潜力及生理学了解很少。这类植物通常稀少，生长在边远地区，有可能它们的生长环境正在受到采矿、开发和其他活动的威胁。

（2）植物挥发　植物挥发是利用植物去除环境中的一些挥发性污染物的方法，即植物将污染物吸收到体内后又将其转化为气态物质，释放到大气中。目前在这方面研究最多的是金属元素汞和非金属元素硒。在土壤或沉积物中，离子态汞（Hg^{2+}）在厌氧细菌的作用下可以转化为毒性很强的甲基汞。利用抗汞细菌先在污染点存活繁殖，然后通过酶的作用将甲基汞和离子态汞转化成毒性小得多的可挥发的元素 Hg^0，已被作为一种降低汞毒性的生物途径之一。利用转基因植物转化汞的研究，将细菌体内对汞的抗性基因（汞还原酶基因）转导到拟南芥属（*Arabidopsis*）等植物中，转基因植物可以在通常生物中毒的含汞环境中生长，并能将土壤中的离子汞还原成挥发性的元素汞气体而挥发。

许多植物可从污染土壤中吸收硒并将其转化成可挥发状态（二甲基硒和二甲基二硒），从而降低硒对土壤生态系统的毒性。在美国加州 Corcoran 的一个人工构建的二级湿地功能区（$1hm^2$）中种植的不同湿地植物品种显著地降低了该区农田灌溉水中硒的含量（在一些地点硒含量从 25mg/kg 降低到低于 5mg/kg）。

由于这一方法只适用于挥发性污染物，所以应用范围很小，并且将污染物转移到大气中对人类和生物有一定的风险，因此它的应用受到限制。

（3）植物稳定　植物稳定是利用植物吸收和沉淀来固定土壤中的大量有毒金属，以降低其生物有效性并防止其进入地下水和食物链，从而减少其对环境和人类健康的污染风险的方法。植物稳定化可以保护污染土壤不受侵蚀，减少土壤渗漏来防止金属污染物的淋移。

有机物和无机物在具有生物活性的土壤中以不同程度进行着化学和生物的配合或螯合。其机制有：氧化还原反应（如由 Cr^{6+} 变为 Cr^{3+}）；将污染物变为不可溶的物质（铅变为磷酸铅）；金属沉淀及多价螯合物结合到存在于土壤颗粒上或包埋于土壤小孔隙中的铁氢氧化物或铁氧化物的包膜上等。植物稳定化是通过改变土壤的水流量，使残存的游离污染物与根结合，防止风蚀和水蚀等，进而增加对污染物的多价螯合作用，进一步降低生物有效性。

重金属污染土壤的植物稳定化技术主要用于采矿、冶炼厂废气干沉降，清淤污泥和污水处理厂污泥等污染土壤的复垦。然而植物稳定并没有将环境中的重金属离子去除，只是暂时将其固定，使其对环境中的生物不产生毒害作用，没有彻底解决环境中的重金属污染问题。如果环境条件发生变化，金属的生物有效性可能又会发生改变。因此植物固定不是一个很理想的去除环境中重金属的方法。

5.6　放射性核素及富营养化物的植物修复

如何从环境中去除放射性核素（Eadionuclide）是一个重要的问题。目前已有的技术需将土壤从污染位点转移，然后用分散剂和整合剂进行处理。土壤的转移需要很大的设备，处理费时费钱并且很困难，难于处理大面积低含量的放射性核素污染。植物可从污染土壤中吸收并积累大量的放射性核素，因此用植物去除环境中的这类污染物是一个值得研究的方法。

有关植物吸收环境中放射性核素的文献很多。Nifontova 等在核电站的附近地区找到多种能大量吸收^{137}Cs 和^{90}Sr 的植物。Entry 等发现桉树苗一个月可去除土壤中 31.0%的^{137}Cs 和 11.3%的^{90}Sr。Whicker 等发现水生大型植物 *Hydrocotylesp* 比其他 15 种水生植物积累^{137}Cs 和^{90}Sr 的能力强。用生长很快的多年生植物与特殊的菌根真菌或其他根区微生物共同作用，以增加植物的吸收和累积也是一个很有价值的研究方向。此外，在土壤中加入有机物、菌合剂和化肥可改变土壤的物理和化学特征，增加土壤中放射性核素的植物可利用性，降低这类污染物在土壤中的流动性。放射性污染物的植物修复目前仍处于研究阶段，还没有达到商业化水平，但它是一个很有前景的研究方向。

随着工农业生产的增长和人口的增加，由 N、P 引起的水体富营养化污染日益加剧。水生植物可以通过植物的吸收、同化将氮、磷富营养物转变为植物体，然后被直接收割或被草食动物进一步同化，从而有效地遏制水体的 N、P 污染。关于富营养化水体的植物修复已有许多应用，目前已达到产业化阶段。

5.7 植物修复技术

5.7.1 植物修复技术分类

根据植物修复的作用原理可以将植物修复技术分为植物提取、植物挥发、植物固定/稳定、植物降解、根际生物降解等类型，各类型的技术描述和适用性见表 5-2。

表 5-2 污染土壤的植物修复技术和方法

类型		技术方法描述	适用性
植物修复	植物提取	利用超积累植物从污染土壤中超量吸收、积累一种或几种污染物	适用于重金属污染的土壤,如 Cd、Pb、Cu、Zn、Ni 等
	植物挥发	利用植物吸收土壤中一些挥发性污染物,然后将其转化为气态物质释放到大气中	主要用于挥发性重金属污染的土壤,如汞和硒。有机污染物的挥发修复研究不多,但还有发展前景
	植物固定/稳定	利用耐性植物根系分泌物来积累和沉淀污染物,使之失去生物有效性。或利用耐性植物生长减少污染土壤的风蚀和水蚀,防止污染物质向下迁移和扩散	主要用于对采矿和废弃矿区、冶炼厂污染的土壤、清淤污泥和污水处理厂污泥等重金属污染现场进行复垦
	植物降解	利用某些植物特有的转化和降解作用去除土壤中的有机污染物	适于中度憎水有机污染物,如 BTX(即苯、甲苯、乙苯和二甲苯的混合物)、氯代溶剂和短链脂肪族化合物等
	根际生物降解	利用植物根际圈菌根真菌、专性或非专性细菌等微生物的降解作用来转化有机污染物,降低或消除其生物毒性	应用范围广泛,可处理杀虫剂/除草剂、多环芳烃、多氯联苯、矿物油等有机污染物

植物修复技术是运用农业技术改善污染土壤对植物生长不利的化学和物理方面的限制条

件，使之适于种植，并通过种植优选的植物及其根际微生物直接或间接地吸收、挥发、分离或降解污染物，恢复和重建自然生态环境和植被景观，使之不再威胁人类的健康和生存环境。研究人员可根据需要对所种植物、灌溉条件、施肥制度及耕作制度进行优化，使修复效果达到最好。植物修复是一个低耗费、多收益、对人类和生物环境都有利的技术。

植物修复对环境扰动少，一般属于原位处理。与物理的、化学的和微生物处理技术比较而言，植物修复技术在修复土壤的同时也净化和绿化了周围的环境，植物修复污染土壤的过程也是土壤有机质含量和土壤肥力增加的过程，被植物修复净化后的土壤适合于多种农作物的生长；植物固化技术使地表长期稳定，可控制风蚀、水蚀，减少水土流失，有利于生态环境的改善和野生生物的繁衍；植物修复的成本较低，据美国 Cunningham 等研究，用植物修复 $1hm^2$ 土地的种植及管理费用为 $200 \sim 10000$ 美元，即每年 $1m^2$ 土壤的处理费用仅 $0.02 \sim 1.0$ 美元，比物理和化学处理费用低几个数量级。

5.7.2 植物修复技术可行性

植物修复在技术上是否可行，首先在于土壤中污染物与修复植物之间的相互作用是否有效，其先决条件是污染物质必须具有生物可利用性，这主要包括无机污染物的水溶性和有机污染物的可生物降解性；其次，要有足够的植物资源以保障修复植物的多样性。有了众多满足修复要求的修复植物之后，还要有行之有效的栽培技术和其他辅助措施加以实施强化，以及技术实施后生物量的妥善处理等。

1. 一般性分析

（1）土壤中重金属的水溶性与生物有效性　重金属是污染土壤中最难修复的一类无机污染物质，利用修复植物的提取和挥发作用可以永久性地将其从土壤中去除，其中利用重金属超积累植物去除土壤重金属污染被认为是最理想的修复技术，但超积累植物提取重金属的前提条件是重金属具有溶解性。

重金属在土壤中的溶解性大小首先受进入土壤前重金属的形态影响，如离子态、大多数硫酸盐、硝酸盐、氯化物及部分有机重金属化合物都易溶于水而被植物吸收。其次当重金属进入土壤后，经过与土壤发生溶解-沉淀、吸附-解吸、络合-解离和氧化-还原等物理、化学一系列反应后，在某一时刻达到一种平衡状态，最终以水溶态、交换态、碳酸盐态、铁锰氧化物态和有机化合物态等形式存在，这些反应和平衡状态达成时间的长短、程度大小受土壤理化性质、重金属种类、土壤温度、通气情况和水分状况等因素影响。其中水溶态、交换态和部分有机结合态重金属可以被超积累植物吸收而除去，当然也就是这部分重金属对作物造成污染。难溶态重金属如碳酸盐态、铁锰氧化物态等经过许多复杂的途径后也可以转化为可溶态重金属而被超积累植物吸收。难溶态转化为水溶态最普遍的方式是当水溶态重金属因植物吸收而减少时，水溶态和难溶态之间的平衡被打破，使平衡向着水溶态方向移动，从而促进植物吸收。只有那些被土壤晶格结构牢固束缚住的重金属才暂时可能被释放出来，这也是制定污染土壤修复标准时，通常要以土壤中重金属总量降低到一定值，才达到修复标准的主要原因。此外，也可以通过向土壤中施加有机酸或金属螯合剂等方法促进难溶态重金属的溶解，也可以通过生物技术手段使超积累植物释放专一性活化重金属的物质，促进难溶态重金属的溶解。

（2）土壤中有机污染物的可生物降解性　植物也可以吸收和挥发土壤中的有机污染物

质，这是因为绝对不溶于水的有机化合物是不存在的，只不过是水溶性大小差别很大。植物根也可以分解许多结构简单的有机污染物质，但对于那些结构复杂的有机分子则在大多数情况下无能为力。因此，植物修复难降解的有机污染物质主要是依靠根际圈真菌及细菌等微生物的降解作用。

有机污染物质不同于重金属等无机污染物质，它们有着多条降解途径，如光分解、热分解、化学分解和生物降解等。一般来说，有机污染物质从进入土壤的那一刻起，就经历着光分解、热分解、化学分解和生物降解等复杂而又交织发生的过程，其中生物降解往往是最彻底的一步。

生物降解（Biodegradation）是指通过生物的新陈代谢活动将污染物质分解成简单化合物的过程。这些生物虽然包括动物和植物，但通常是指微生物，其在有机污染物质降解过程中起到重要的作用。

可生物降解性（Biodegradability）是指有机化合物在微生物作用下转变为简单小分子化合物的可能性。有机化合物包括天然的有机物质和人工合成的有机化学物质，天然形成的有机物质几乎可以完全被微生物分解掉，而人工合成的有机化学物质的降解则很复杂。有机污染物质是有机化合物中的一大类，根据微生物对有机污染物质降解的难易程度，将其大致可以分为以下三种情况：①较容易降解物质，如醇、酚类化合物；②较难降解物质，这类物质虽能被微生物降解，但需要经过较长的时间，如一些农药和石油烃类化合物；③不可降解物质，如尼龙、不可降解塑料等一些高分子合成化合物。

（3）植物与微生物的资源潜力　世界上植物多种多样，已知植物种的总数有50多万种，其中种子植物有20多万种。它们从水生到陆生、由低等到高等、由简单到复杂，形成了丰富多彩的植物资源库。目前修复植物主要涉及藻类植物、蕨类植物、裸子植物和被子植物，既有草本植物，也有木本植物，其中来自种子植物的修复植物因生活适应性方面的优势而容易直接被利用，蕨类植物因生殖条件要求很高，对环境的适应能力较差，在有些地区难以直接利用。

细菌、真菌等微生物资源也十分丰富，据估计其种类有100多万种，而且人们对微生物的研究历史也很悠久，已经分离出许多可降解、转化有机污染物质的菌株，这为植物根际圈生物降解修复的应用提供了广阔的前景。

植物与微生物共生关系的研究也比较深入，在根瘤细菌和菌根真菌等方面也都取得了长足的进展，现已探明共生体吸收、降解及屏障污染物质的一些机理，发现了许多可用于污染土壤修复的共生关系，所有这些都为植物修复的性能强化提供了坚实的基础。此外，在植物生理学、作物栽培学与育种学、植物保护学、分子生物学和转基因技术等方面的进步，也为植物修复的实施提供了技术保障和学科储备。

2. 生物量处理

植物修复是以植物为载体的修复过程，无论修复植物是一年生草本植物还是多年生草本或木本植物，最终都需要将修复植物积累的干物质（即生物量）从修复过的污染土壤上移走。

植物修复技术仍处于起步阶段，许多技术还不成熟，其中生物量处理就是十分棘手的问题，通常采用的办法是将植物生物量焚烧，再将植物灰堆放存集或直接利用堆肥技术通过微生物的新陈代谢作用来降解生物量。总的来看，生物量处理应遵循以下指导思想，即因地制宜、扩大联合、协同作战的处理方式，以及区别对待、综合利用和可持续发展的方向。要做到这几点，除了各部门大力配合外，技术上加强对修复植物的监测是必不可少的，因为这是决定修复植物生物量能否用于综合利用和是否符合可持续发展的先决条件。

用于有机污染土壤修复的生物量，经监测后如果对环境没有危害，或者说植物体内有机污染物含量与未修复时含量相当，这样的生物量能就可以考虑通过综合利用的方式走可持续发展的道路：①对于草本植物来说，可以将生物量粉碎还田或部分过腹还田以增加土壤肥力，而对于某些木本植物来说可以作为建材，利用优质材料制造缓冲包装材料和轻型建材，如发泡包装、复合板、纤维板、空白板等；②用于工业造纸，因为植物纤维是造纸的基本原料，在造纸原料中非木材原料所占比重很大，我国造纸工业用来造纸的草本非木材原料主要有芦苇、芒秆、竹子、甘蔗渣、秸秆、麻和棉等，其中芦苇就是人工湿地处理石油采出水污染的常用修复植物；③作为薪材解决农村能源问题。

以上这些利用途径是符合可持续发展要求的，但在利用之前要经过严格的论证，必须确保对环境没有危害，哪怕是潜在的危害。

如果经系统论证后，认为用于有机污染修复的生物量对环境有害或存在潜在的危害，就不应用于综合利用，或者说在目前的技术下还不能进行综合利用。较稳妥的办法是与城市垃圾综合处理一并进行考虑。

重金属污染土壤植物修复后的处理始终是植物修复难以解决的问题。常用的方法是将生物量灰化，再从中回收重金属，但这种技术成本太高，通常是将灰分填埋。植物修复生物量的处理方法目前还仅仅处于研究阶段，需要不断的探索和创新。

3. 技术强化

植物修复是利用修复植物治理污染环境的一门新技术，不管修复植物对污染土壤修复能力有多强，其能否成功应用与实践，归根到底需要有相应的配套育种和栽培技术，有了相应的育种栽培技术之后，还要有切实可行的技术强化措施，这样才能切实提高修复效率。一般来说，技术强化主要是指利用栽培措施调控来提高植物修复的效率。

（1）注重污染土壤的耕翻和整平　污染土壤的耕翻一般要在修复植物一个生长季结束之后或修复植物播种之前进行。耕翻深度视土壤污染深度而定，如果污染较轻，采用常用的机耕用具即可。如果污染深度过深，就要采用特殊装置。污染土壤经耕翻后，可以将深处污染物质翻到土壤表层植物根系分布较密集区域，这样可以提高植物修复效果。对于有机污染物来说，还增加了有机污染物质暴露在空气中的表面积，利于有机污染物质的光分解、热分解等物理、化学分解过程。耕翻后的土壤经过一段时间的晾晒后，在修复植物定植之前，要对土壤进行整平作业，其目的是将结块土壤打碎，促进土壤团粒结构的形成，起到保墒的作用，同时也利于田间管理。另外，在修复植物生长过程中，结合施肥等作业也可以适当搅动土壤，以便改善根际圈环境，促进根系生长发育和改变污染物质的空间位移，促进植物与污染物质的接触。

（2）充分利用修复植物的水肥需求规律　影响植物修复效果好坏的一个重要因素是生物量的大小，要提高修复效率就必须促进植物量的不断增加，因为一般条件下，生物量越大根系越发达，植物的修复能力也就越强。灌水和施肥是促进植物生长的主要因素，灌水和施肥量一般能满足植物敏感时期的需求，就会达到良好的效果。因此，掌握修复植物的水、肥需求规律，合理进行水肥供应，基本上可以促进修复植物最大限度地提高生物量。

（3）采取必要措施缩短修复周期 利用植物对温度、光照、土壤水分状况、空气流通情况、热量等环境条件的反应，可以尽可能地缩短植物生育期，从而缩短修复周期。

（4）利用种子包衣技术促进修复植物种子早生快发 用于污染土壤修复的植物几乎都是野生植物，其种子一般都很小，这样小的种子既不利于播种，播种后也不容易包全苗。种子包衣是给种子包上一层称作种衣剂的物质，可以起到以下作用：①防治苗期病、虫、鼠害等；②包衣剂中配有一定种类和数量的微肥，起到增加幼苗营养和提高秧苗素质的作用；③增大种子体积，尤其是小种子丸粒化技术，可以使植物修复进行机械种植。由此可见，包衣技术的利用可能是植物修复大规模机械化作业不可缺少的关键技术之一。

（5）注意病虫害的防治 植物能否正常生长，除了土壤及温度、光照、水分状况等环境条件外，病虫害也是重要影响因素，因此要做好病虫害的防治工作。在使用农药的过程中，应尽量选用一些残毒小、降解快的农药，以免引起对环境的二次污染。

（6）修复植物的搭配种植 污染土壤多数是几种污染物质混合在一起的复合污染，而修复植物往往只对其中一种或少数几种污染物具有修复作用，单一种植修复植物只能治理一种污染物质，待这一种污染物质治理完之后再种另一种修复植物去治理其余的污染物质，如此进行下去既费工又耗时。因此，根据土壤污染情况，将几种具有不同修复功能的修复植物搭配种植，既可以提高修复效果又可以节省修复时间。

（7）污染土壤中重金属的活化 重金属进入土壤后，大多数与土壤中的有机物或无机物形成不溶性沉淀或吸附在土壤颗粒表面而难以被植物吸收。通过一些活化措施，可以增加土壤溶液中重金属的含量，从而提高对重金属污染土壤的修复效率。

研究表明，降低土壤 pH 值通常会提高土壤溶液重金属的含量。这是因为 pH 值下降后，H^+ 增多，吸附在胶体和黏土矿物质颗粒表面上的重金属阳离子与 H^+ 交换量增大，大量的重金属离子从胶体和黏土矿物质颗粒表面解吸出来而进入土壤溶液。同时，pH 值的降低打破了重金属离子的溶解-沉淀平衡，促进重金属阳离子的释放。

降低土壤 pH 值的方法通常有两种：①直接酸化土壤；②以土壤营养剂的形式撒入土壤。当然，pH 值的降低必须以不影响修复植物的生长为限度。因此，重金属修复植物的利用以酸性植物为好。

5.7.3 植物修复技术应用

应用植物修复时，可根据现场污染情况，在不同的污染带种植具有不同修复功能（吸收、降解、挥发等）的植物，以联合发挥修复作用，达到最佳修复效果。如苜蓿根系深，具有固氮能力；杨树和柳树分布范围广，且具有耐涝和生长迅速的特点；黑麦和一些野草则具有生长茂密和覆盖力强等特点。因此可以根据植物的不同特点加以搭配使用。

在美国艾奥瓦州为防止农业径流污染河流，沿河栽种 8m 宽、1.6km 长、4 排、平均每 $1hm^2$ 公顷 10000 株的杨树缓冲地带。杨树具有速生、寿命长、抗逆性强、易成活和可耐受高含量有机物等诸多优点。杨树的根可形成很强的根系，可以吸收大量的土壤水和地下水，这样就增加了土壤的吸水能力，增强了对污染物的吸收和减少了污染物的迁移能力，能有效地截流和去除残留于土壤中的污染物，防止了它们对地下水和河流的污染。经过检测，种植杂交杨的地表水中硝酸盐含量由 50~100mg/L 减少到小于 5mg/L，并有 10%~20% 的莠去津被树木吸收。此外，将杨树种植于垃圾填埋场上可以防止污水下渗，改善景观和吸收臭气。

美国的植物修复应用实例见表 5-3。

表 5-3　美国的植物修复应用实例

地点	应用植物	污染物	结果
艾奥瓦州	生活垃圾堆置后施用于杨树、玉米和羊茅草上	多氯联苯、氯丹	有机物固定
俄勒冈州	生活垃圾填埋场覆土上种植杂交杨	有机物、重金属	成功
艾奥瓦州艾奥瓦市	杨树处理填埋场渗滤液	有机氯溶剂、金属、可生物降解有机物、NH_3	杨树在污染物浓度1200mg/L下生长
马里兰州乔治王子县	杨树种植在施用污水污泥的土地	污泥中的氮	每$420t/hm^2$污泥,种植6年
俄勒冈州	栽培杨树、沙枣、大豆处理有机物	硝基苯及其他	基本完全吸收
新墨西哥州	污染土壤种植曼陀罗属和番茄属植物	TNT	基本完全去除
田纳西州	污染土壤种植松树、一枝黄花属植物	三氯乙烯及其他	加强了生物矿化作用
犹他州盐湖城	污染土壤上种植冰草	五氯酚和菲	促进了矿化作用
伊利诺伊州新泽西	种植杨树	硝酸盐和氨氮	降低了污染浅层地下水羽流的大小
亚拉巴马州	用狐尾藻处理土壤	TNT	促进降解

我国在植物修复领域也取得重大进展,其中在砷污染土壤修复等领域已达国际水平,并成为目前国际上真正掌握植物修复核心技术并具备产业化潜力的国家。中科院地理科学与资源研究所组织多家科研院所的 60 多名研究人员进行了 863 课题"重金属污染土壤的植物修复技术与示范"研究,并通过科技部的验收。科研人员开发出了超富集植物育种、栽培、管理、施肥、微生物和化学调控剂等配套措施或优化工艺,并初步探索出了高效筛选和鉴定超富集植物的方法。通过对 20 多个省(市)的大规模野外调查、室内分析和盆栽试验,从 1000 多种植物、5000 多个植物样品中筛选和鉴定出了 16 种这类植物,并开发出了 3 套具有自主知识产权的土壤污染风险评估与植物修复成套技术,在湘、浙、粤等省的砷、铜、铅污染土壤上,建立了 3 个植物修复示范工程,在两广及云南等地开始了示范性推广工作。在湖南郴州建立的占地 $1hm^2$ 的砷污染土壤植物修复示范工程,是世界上第一个砷污染土壤植物修复示范工程,已稳定运行 4 年有余。

据熊建平等人的研究,苎麻是耐汞植物,在土壤汞含量为 70mg/kg(环境背景值为 0.39mg/kg)时其产量不受影响。在水稻田改种苎麻后,总汞残留系数由 0.94 降为 0.59。因此,在汞污染地区种植苎麻可以极大地缩短污染土壤的修复时间,尽早切断进入食物链,并可创造经济效益。

宋玉芳等选择苜蓿草和水稻为供试生物,通过盆栽试验,进行土壤中石油和多环芳烃的生物修复研究,旨在探讨以植物修复矿物油和难降解有机污染土壤的可行性。研究发现,投肥对苜蓿草土壤中矿物油降解有促进作用，但对水稻土壤中矿物油降解无明显作用；有机肥量与苜蓿草根际土著真菌、细菌数量明显呈正相关。这说明植物根际使土壤环境发生变化，起到了改善和调节作用，从而有利于污染物的降解。因此通过选择适当植物和调控土壤条件等手段，可以实现污染土壤的快速修复。

　　江苏部分地区受重金属污染，环境监测人员在江阴设 69 个点，结果显示工业较发达地区土壤中重金属，特别是铅的含量明显高于其他地区。经过试验，通过种植普通植物如玉米、白菜、向日葵，并在栽种时添加人工合成的螯合剂，使受污染土壤中的重金属的吸附力猛增几十倍，并且通过化学方法进行回收再利用。

思 考 题

1. 试述植物修复的概念及特点。
2. 简述植物修复与生物修复的关系。
3. 植物修复的类型有哪些？各类型的主要特征如何？
4. 富集系数和位移系数的科学意义是怎样的？简述两者之间的区别与联系。
5. 举例说明植物根的生理特性对污染修复的作用。
6. 简述植物、根际微生物和污染物之间的相互作用。
7. 影响植物修复的环境因素有哪些？举例说明环境因子对植物修复的影响。
8. 论述植物根际环境对有机污染物修复的作用过程。
9. 简述植物对有机污染物的修复作用机制。
10. 重金属对植物的伤害机理如何？
11. 简述重金属在植物体内的迁移途径。
12. 植物对重金属的抗性机制有哪些？
13. 超积累植物应具备哪些基本特征？
14. 阐述重金属植物修复的作用机理。
15. 植物修复的科学意义是怎样的？
16. 植物对有机和无机污染物修复的科学基础是什么？

参考文献

[1] 赵景联. 环境修复原理与技术 [M]. 北京：化学工业出版社，2006.
[2] 赵景联，史小妹. 环境科学导论 [M]. 2 版. 北京：机械工业出版社，2017.
[3] 陈玉成. 污染环境生物修复工程 [M]. 北京：化学工业出版社，2003.
[4] 周启星，宋玉芳. 污染土壤修复原理与方法 [M]. 北京：科学出版社，2018.
[5] 崔龙哲，李社峰. 污染土壤修复技术与应用 [M]. 北京：化学工业出版社，2016.
[6] 周启星 宋玉芳. 植物修复的技术内涵及展望 [J]. 安全与环境学报，2001，1（3）：48-53.
[7] 梁继东. 黑土环境安全的生态指示及解毒过程研究 [D]. 北京：中国科学院研究生院，2003.
[8] 唐世荣. 利用植物修复污染土壤研究进展 [J]. 环境科学进展，1996，4（6）：10-16.
[9] 沈德中. 污染环境的生物修复 [M]. 北京：化学工业出版社，2002.
[10] 孙铁珩，周启星，李培军. 污染生态学 [M]. 北京：科学出版社，2001.
[11] 孙铁珩，周启星. 污染生态学的研究前沿与展望 [J]. 农村生态环境，2000，16（3）：42-45，50.

［12］ 顾继光，周启星，王新. 土壤重金属污染的治理途径及其研究进展 ［J］. 应用基础与工程科学学报，2003，11（2）：143-151.

［13］ 程国玲，李培军，王凤友，等. 多环芳烃污染土壤的植物与微生物修复研究进展 ［J］. 环境污染治理技术与设备，2003，4（6）：30-36.

［14］ 巩宗强，李培军，郭书海，等. 多环芳烃污染土壤的生物泥浆法修复 ［J］. 环境科学，2001，22（5）：112-116.

［15］ 魏树和，周启星，张凯松，等. 根际圈在污染土壤修复中的作用与机理分析 ［J］. 应用生态学报，2003，14（1）：143-147.

［16］ 张从，夏立江. 污染土壤生物修复技术 ［M］. 北京：中国环境科学出版社，2000.

第 6 章

污染土壤的微生物修复工程

6.1 微生物修复概述

6.1.1 微生物修复的概念

微生物修复（Microbial remediation），目前比较被大家接受的基本定义为：利用微生物催化降解有机污染物，从而修复被污染环境或消除环境中的污染物的一个受控或自发进行的过程，这是狭义的定义。也可以表述为：微生物修复是利用土著的、引入的微生物及其代谢过程，或其产物消除或富集有毒物的生物学过程。微生物修复的目的是去除环境中的污染物，使其含量降至环境标准规定的安全值范围。

微生物修复技术主要有三种：利用土著微生物的代谢能力；活化土著微生物的分解能力；添加具有高速分解难降解化合物能力的特定微生物（群）。

微生物修复技术是在人为强化的条件下，用自然环境中的土著微生物或人为投加外源微生物的代谢活动，对环境中的污染物进行转化、降解与去除的方法。微生物有容易发生变异的特点，随着新污染物的产生和数量的增多，微生物的种类可随之增多，显现出更加多样性。微生物修复工艺的实施过程如图 6-1 所示。

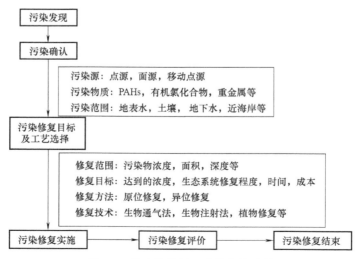

图 6-1　微生物修复工艺的实施过程

6.1.2 微生物修复的产生与发展

生物修复起源于有机污染物的治理,最初的生物修复就是从微生物利用开始。人类利用微生物制作发酵食品已经有几千年的历史,利用好氧或厌氧微生物处理污水已有100多年的历史,但是利用微生物修复技术处理现场有机污染物才有40多年的历史。1972年清除美国宾夕法尼亚州的Ambler管线泄漏的汽油是史料所记载的首次应用微生物修复技术。微生物修复的最初基础研究集中在水体、土壤和地下水环境中石油微生物降解的室内研究,开始时微生物修复的应用规模很小,处于试验阶段。20世纪80年代以后基础研究的成果被应用于大范围的污染环境治理,并相当成功,从而发展成为一种新的生物治理技术。

1989年3月,超级油轮Exxon Valdez号的$4.2 \times 10^4 m^3$的原油在5h内被泄漏到美国最原始、最敏感的阿拉斯加海岸,原油的影响遍及1450km的海岸。由于常规的净化方法已不起作用,Exxon公司和环保局随后就开始了著名的"阿拉斯加研究计划",主要采用微生物修复技术来消除溢油的污染。在此修复工程中,对一些受污染的海滩有控制地使用了两种亲油性微生物肥料,然后采样评价添加营养素对促进生物降解油的效果。加入肥料后,海滩沉积物表面和次表面的异养菌和石油降解菌的数量增加了1~2个数量级,石油污染物的降解速率提高了2~3倍,使净化过程加快了近两个月。这个项目表明,在油泄漏后不久就出现微生物降解;营养素的加入未引起受污染海滩附近海洋环境的富营养化现象。至此,微生物修复技术成为一种可被人们接受的油泄漏治理方法。

美国从1991年开始实施庞大的土壤、地下水、海滩等环境危险污染物的治理项目,并称之为"超基金项目"。欧洲发达国家从20世纪80年代中期就对微生物修复进行了初步研究,并完成了一些实际的处理工程。

早期的微生物修复侧重于微生物的作用及其应用,近年来则格外重视特种功能微生物的利用。如已分离出多种可降解石油污染物的微生物,包括细菌、真菌、酵母和菌团,降解有机卤化物的细菌*Pseudomonas sp.* Y1和*Pseudomonas sp.* 113,降解塑料制品*Tetra methylene succinate*的高温菌等。

世界上不同国家对微生物修复方面的研究开发有三个特点:①欧洲国家以对传统废物的处理系统的强化和改进为主,从而处理特定的化学污染物并提高降解能力;②美国侧重于不同污染地的土壤和水体的整治和修复,尤其是外源有机污染物的治理,这些毒物多是来源于军事工业及其生产;③日本将其重点放在解决全球性的环境修复上,体现在以生物氢气为动力的研究和利用微生物对大气中二氧化碳进行固定,以减轻和消除工业革命造成的大气中二氧化碳含量上升的问题。

我国的微生物修复处于刚刚起步阶段,在过去的40年中主要是跟踪国际微生物修复技术的发展,大面积应用的例子还较少。最初的微生物修复主要是利用细菌治理石油、农药之类的有机污染。随着研究的不断深入,微生物修复又应用在地下水、土壤等环境的污染治理上。生物修复已由细菌修复拓展到真菌修复、植物修复、动物修复,由有机污染物的生物修复拓展到无机污染物的生物修复。

由于微生物反应的温和性和多样性,通过强化微生物的代谢分解作用进行污染控制的生物修复技术是解决难降解化合物污染的关键技术,在发达国家已经得到了极大的重视,具有广阔的产业化前景。

6.1.3 微生物修复的特点

微生物修复的产生的历史尽管短，但其发展势头是其他修复技术无法比拟的。与传统或现代的物理、化学修复方法相比，微生物修复技术具有以下优点：

1）微生物修复可以现场进行，节省了很多治理费用。其费用只是传统物理、化学方法的 30%~50%。

2）环境影响小。微生物修复只是一个自然过程的强化，其最终产物是二氧化碳、水和脂肪酸等，不会形成二次污染或导致污染的转移，遗留问题少，与物理法、化学法相比，可以达到无害化，以永久性地消除污染物的长期隐患。

3）最大限度地降低污染物的含量。微生物修复技术可以将污染物的残留含量降到最低。如某一污染的土壤经微生物修复技术处理后，BTX（苯、甲苯、二甲苯等）总质量浓度降为 0.05~0.10mg/L，甚至低于检测限。

4）可用于其他处理技术难以应用的场地，如受污染土壤位于建筑物或公路下面不能挖掘搬出时，可以采用就地微生物修复技术，因而微生物修复技术的应用范围有其独到的优势。

5）微生物修复技术可以同时处理受污染的土壤和地下水。此外，微生物修复技术与其他处理技术结合使用，可以处理复合污染。

当然，与所有处理技术一样，微生物修复技术也有其局限性：

1）耗时长。微生物修复的机理在于生命体的新陈代谢，微生物特别是高等动植物的生长繁殖需要经过一定的生命周期才能完成其代谢活动，因此需要花费较长的时间。

2）条件苛刻。微生物修复是一种科技含量较高的处理方法，其运作必须符合污染场地的特殊条件，微生物的代谢活动容易受环境条件变化的影响。

3）并非所有进入环境的污染物都能被微生物利用。污染物的低微生物有效性、难利用性及难降解性等常常使微生物修复不能进行。

4）特定的微生物只能吸收、利用、降解、转化特定类型的化学物质，状态稍有变化的化合物就可能不会被同一种微生物酶破坏。

6.1.4 微生物修复的类型

1. 按修复主体分类

修复主体是参与微生物修复的微生物类群，这些微生物类群包括原核微生物（细菌、放线菌）、真核微生物（原生动物、微型后生动物）、藻类、真菌（酵母菌、霉菌、伞菌）及由它们构成的生态系统。

2. 按修复受体分类

修复受体是微生物修复的对象，即环境要素。众所周知，环境要素一般包括土壤、水体、大气等。考虑到固体废物涉及的环境要素是土壤、水体、大气的自然综合体，有时也将固体废物纳入第四环境要素。有些环境要素还可分为若干次级要素，因此，根据修复对象可将微生物修复分为土壤微生物修复、河流水微生物修复、湖泊水库微生物修复、海洋微生物修复、地下水微生物修复、大气微生物修复、矿区微生物修复、垃圾场微生物修复等。

3. 按修复场所分类

根据微生物修复中人工干预的程度，可以分为自然微生物修复、人工微生物修复。后者根据修复实施的场所（或形式）又可分为原位微生物修复、异位微生物修复及联合微生物修复。

（1）原位微生物修复　也称为就地微生物修复（In-site bioremediation），是指在基本不破坏土壤和地下水自然环境的条件下，对受污染的环境对象不作搬运或输送，而在原场所直接进行的微生物修复。一般采用土著微生物，有时也加入经过驯化的微生物，常常需要用各种措施进行强化。原位微生物修复又分为原位工程微生物修复和原位自然微生物修复。

1）原位工程微生物修复是指采取工程措施，有目的地操作环境系统中的微生物过程，加快环境修复。在原位工程微生物修复技术中，一种途径是提供微生物生长所需要的营养，改善微生物生长的环境条件，从而大幅提高土著微生物的数量和活性，提高其降解污染物的能力，这种途径称为微生物强化修复；另一种途径是投加实验室培养的对污染物具有特殊亲和性的微生物，使其能够降解土壤和地下水中的污染物，称为微生物接种修复。

2）原位自然微生物修复是指利用环境中原有的微生物，在自然条件下对污染区域进行自然修复。自然微生物修复也并不是不采取任何行动措施，同样需要制订详细的计划方案，鉴定现场活性微生物，监测污染物降解速率和污染带的迁移等。

（2）异位微生物修复　也称为易位微生物修复（Ex-site bioremediation），是指将受污染的环境对象搬运或输送到其他场所（如实验室、工厂等），借助于微生物反应器处理进行集中修复。常用的异位修复技术有反应器处理、制床处理、堆肥式处理、厌氧处理。

（3）原位-异位联合微生物修复（Combined bioremediation）　很明显，原位微生物修复具有成本低廉但修复效果差的特点，适合于大面积、低污染负荷的环境对象；异位微生物修复具有修复效果好但成本高昂的特点，适合于小范围内、高污染负荷的环境对象。将原位微生物修复和异位修复相结合，便产生了联合微生物修复，它能扬长避短，是目前环境修复中前途较广的修复措施。常见的联合修复方法有水洗-微生物反应器法及土壤通气-堆肥法。

6.1.5　微生物修复的原则及可处理性试验

微生物修复并不是万能的，它必须在一定的原则下，经过可处理性试验，确定微生物修复设计工艺参数。

1. 微生物修复的原则

微生物修复必须遵循的四项原则是使用适合的微生物，在适合的场所、适合的环境条件和适合的技术费用下进行。

1）适合的微生物是微生物修复的先决条件，它是指具有正常生理和代谢能力，并能以较大的速率降解或转化污染物，并在修复过程中不产生毒性产物的生物体系，包括微生物、植物、动物及其组成的生态系统，其中微生物（细菌、真菌）起着十分重要的作用。

2）适合的场所是指要有污染物和合适的生物相接触的地点。例如，表层土壤中存在的降解苯微生物无法降解位于蓄水层中的苯系污染物，只有抽取污染物于地面生物反应器内处理，或将合适的微生物引入污染的蓄水层中；污染场地不含对降解菌种有抑制作用的物质且目标化合物能够被降解。

3）适合的环境条件是指要控制或改变环境条件，使生物的代谢与生长活动处于最佳状态。环境因子包括温度、湿度、O₂、pH 值、无机养分、电子受体等。

4）适合的技术费用是指微生物修复技术费用必须尽可能低，至少低于同样可以消除该污染物的其他技术。

2. 微生物修复的可处理性试验

环境中的污染物一般是混合性化学物质。例如，原油含数以千计的不同结构的碳氢化合物，加工后的油有数以百计的组分，多氯联苯等污染物有数十种的衍生物，有些场地中污染物是无法确定的油类、农药、其他有机化合物和无机物及重金属复合体。污染现场各有特点，氧浓度、营养物浓度、水的移动性等因素会影响污染物的生物可利用性及生物的生长发育等。在某一现场起作用的微生物修复技术在另一现场并不一定有效，所以对每个现场都需要进行可处理性研究，以便对决定微生物修复技术效果的关键因素有基本的了解。

可处理性试验研究主要是提供污染物在微生物修复过程中的行为和归宿的数据，评价微生物修复所能达到的速度和程度，其试验数据和污染物及污染现场的特性需要同时考虑，用以评估微生物修复技术的可行性和局限性，规划保持微生物修复系统中生物活性最大的策略。根据可处理性试验得到的净化时间、净化所能达到的水平及处理费用等，结合具体受污染现场的处理要求，就能决定微生物修复技术是否能够在该地应用。

可处理性试验分为三个不同规模：实验室小试、中试和现场试验。可处理性试验的结果应为实际工程的实施回答以下几个问题。第一，污染物进一步扩散的可能性及防治措施；第二，提高微生物活性的技术手段；第三，评价微生物修复效果所需的检测手段。

微生物修复的目标是将有毒有害的污染物降解或解毒成为对人类和环境无害的产物，因此在进行可处理性试验时要监测污染物的降解过程和最终产物的毒性。监测的方法有两种：化学分析和生物监测。采用液相色谱、气相色谱、色质联用、原子吸收、原子荧光及放射性同位素等化学分析手段可以掌握污染物的降解途径和最终分解产物，其操作技术较为复杂，费用也昂贵。采用微生物检测手段能够了解污染物的降解和解毒过程中产物毒性的变化，目前常用 Ames 试验检测遗传毒性，用发光菌毒性试验检测急性毒性，后一种方法简单方便、费用低廉。例如，采用微生物修复技术可以将土壤中的烃类化合物去除 95% 以上，用 Ames 试验和发光菌试验检测的结果证明，污染物在 20 周以后完全解毒。

污染物的降解通过测定一种或多种物质的含量变化来表述，并用零级或一级动力学方程式来拟合，从而得到用于评价微生物修复技术可行性的重要参数——污染物半衰期。零级反应与污染物含量无关，取决于其他因素。当污染物含量较低而生物活性较高时，一般采用一级反应动力学方程式拟合，此时反应速度与污染物含量成正比。

在进行可处理性试验时必须设置非微生物因素的对照，以便测定物理和化学过程（如非生物性水解、取代、氧化和还原等）引起的污染物的减少，从而能够真实地评价微生物修复技术对污染物消减的贡献。另一种能够准确评估微生物降解的方法是进行物料衡算和矿化计算。物料衡算需要测定目标污染物及其转化产物，矿化计算需要测定二氧化碳（或甲烷）或氯、溴等基团的释放。

可处理性试验方法有以下几种：

（1）土壤灭菌试验 选取有代表性土壤经混匀后分装于容器中。容器分为两组，一组经高温灭菌或适当药剂处理以杀灭其中微生物；另一组不灭菌。分别施入同量的目标污染物，置于空气中培养。在一个时期内，定期监测两组土壤中该污染物的消失情况，最后判定是否为可微生物降解性物质及其降解速率。如果试验周期长于 7d，需补充无菌水以利土壤微生物的活动。

（2）土壤柱试验 一般以拟修复的污染土壤类型及耕作层深度，并按相应的疏松程度装成土柱。土柱内径至少 5cm。

（3）摇瓶试验 通常是在三角瓶中装入培养液进行批式培养（Batch culture），监测污染物的降解情况。其大致步骤是，在三角瓶中配制以该污染物为主要碳源的培养液，另补加适当的 N、P、S、生长素等其他营养物质，调节 pH 值（必要时可调至中性微碱及微酸性两种培养液以分别适应细菌与真菌的需要）。设不接种微生物的处理组作为对照，接种的微生物可以是一种或多种，也可接种经驯化的活性污泥，在不同的通气条件与温度条件下进行培养。在一个阶段内定时连续监测各三角瓶内培养液的变化，包括物理外观上变化（如色度、浊度、颜色、嗅味等）、微生物学的变化（如菌种、生物量及生物相等）、化学的变化（如 pH 值、COD、BOD_5）及该污染物的数量变化。在上述可评定的指标中，最好的是直接测定该化合物本身在培养过程中的消减动向。如果仅有污染物的消失而没有总有机碳或生化需氧量的减少，则意味着污染物可能在微生物的作用下转化成某些其他有机态中间代谢产物。为改善通气状况，三角瓶中培养液宜浅层并在摇床上振荡培养，或者另外添加通气装置。

如果整个试验周期长于 3d，为防止微生物代谢产物抑制其本身的活动，注意必须进行培养液的更新置换，即当培养瓶中微生物生活繁殖到一定阶段时，可取出少量经浓缩的菌液移至新鲜培养液中继续培养，也可在恒化器或类似的自制装置中进行连续培养。在连续培养的整个试验阶段中，一边按一定比例与速率不断向培养瓶加入新鲜培养液，一边不断置换并排出含有微生物代谢产物的老培养液，从而使培养瓶中微生物始终保持稳定而旺盛的生长，更有助于研究物质的可生物降解性及其降解的适宜条件。

（4）反应器试验 实验室规模的反应器由一个 2L 的容器构成（见图 6-2），污染物或基质通过恒流泵输入容器内，用适当的温控器控制温度，通过每恒流泵和流量计相连的几个控制器来维持容器中的 pH 和 Eh，容器内设有搅拌装置，以保证泥水混合液的物理、化学和生物特性的均匀。定期通过注射器或微孔取样管从容器内取出样品进行分析，取样时要保持无菌状态。容器内微生物的量可以用 ATP 来表示，目标污染物的消失和 CO_2 等产物的形成则表明污染物的降解和矿化。

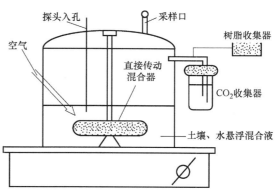

图 6-2 实验室反应器试验模型

6.1.6 微生物修复工程设计

微生物修复是一项系统工程，它需要依靠工程学、环境学、生物学、生态学、微生物学、地质学、土壤学、水文学、化学等多学科的合作，为了确定微生物修复技术是否适用于某一受污染环境和某种污染物，需要进行微生物修复的工程设计。

（1）场地信息收集调查 包括以下五个方面：

1）污染物的种类和化学性质、在土壤中的分布和含量、受污染的时间。

2）当地正常情况下和受污染后微生物的种类、数量、活性及在土壤中的分布，分离鉴定微生物的属种，检测微生物的代谢活性，从而确定该地是否存在适于完成生物修复的微生物种群。具体的方法包括镜检（染色和切片）、生物化学法测生物量（测 ATP）和酶活性以及平板技术等。

3）土壤特征，如温度、孔隙度、渗透率。

4）受污染现场的地理、水力地质和气象条件以及空间因素（如可用的土地面积和沟渠）。

5）有关的管理法规，根据相应的法规确立修复目标。

（2）技术查询　在掌握当地信息后，应向有关单位（信息中心、信息网站、大专院校、科研院所等）咨询是否在相似的情况下进行过微生物修复处理，以便采用或移植他人经验。例如，在美国要向"新处理技术信息中心"（Alternative Treatment Technology Information Center）提出技术查询。

（3）技术路线选择　根据场地信息，对包括微生物修复在内的各种修复技术及它们可能的组合进行全面客观的评价，列出可行方案，并确定最佳技术。

（4）可处理性试验　假如微生物修复技术可行，就要设计小试和中试，从中获取有关污染物毒性、温度、营养和溶解氧等限制性因素的资料，为工程的具体实施提供基本工艺参数。小试和中试可以在实验室也可以在现场进行。在进行可处理性试验时，应选择先进的取样方法和分析手段来取得翔实的数据，以证明结果是可信的。进行中试时，不能忽视规模因素，否则根据中试数据推出现场规模的设备能力和处理费用可能会与实际大相径庭。

（5）修复效果评价　在可行性研究的基础上，对所选方案进行技术经济评价。技术效果评价为

$$原生污染物去除率 = \frac{原有浓度 - 现存浓度}{原有浓度} \times 100\% \tag{6-1}$$

$$次生污染物增加率 = \frac{现存浓度 - 原有浓度}{原有浓度} \times 100\% \tag{6-2}$$

$$污染物毒性增加率 = \frac{原有毒性水平 - 现有毒性水平}{原有毒性水平} \times 100\% \tag{6-3}$$

经济效果评价包括修复的一次性基建投资与服役期的运行成本。

（6）实际工程设计　如果小试和中试表明微生物修复技术在技术和经济上可行，就可以开始微生物修复计划的具体设计，包括处理设备、井位和井深、营养物和氧源或其他电子受体等。

6.2　微生物修复机理

受污染的环境中有机物除少部分是通过物理、化学作用被稀释、扩散、挥发及氧化、还原、中和而迁移转化外，主要是通过微生物的代谢活动将其降解转化。因此，在微生物修复中首先需考虑适宜微生物的来源及其应用技术。其次，微生物的代谢活动需在适宜的环境条件下才能进行，而天然污染的环境中条件往往较为恶劣，必须人为提供适于微生物起作用的条件，以强化微生物对污染环境的修复作用。

6.2.1　用于微生物修复的微生物

1. 土著微生物（Indigenous microorganism）

微生物的种类多，代谢类型多样，"食谱"广，自然界存在的有机物都能被微生物利用、分解。如假单胞菌属的某些种甚至能分解 90 种以上的有机物，可利用其中的任何一种作为唯一的碳源和能源进行代谢，并将其分解。对目前大量出现且数量日益上升的众多人工合成有机物，虽说它对微生物来说是"陌生"的，但由于微生物有巨大的变异能力，都已陆续地找到能分解这些难降解甚至有毒的有机化合物，如杀虫剂、除草剂、增塑剂、塑料、洗涤剂等的微生物种类。能够降解烃类的微生物有 70 多个属、200 余种；其中细菌约有 40 个属。可降解石油烃的细菌及烃类氧化菌广泛分布于土壤、淡水水域和海洋。表 6-1 中列举了某些难降解有机污染物和重金属及其相应的降解转化微生物。

表 6-1　难降解有机污染物和重金属及其相应的降解转化微生物

污染物	降解菌	文献作者
五氯酚	*Flavobacterium* 属	Hu Zhong-Cheng,1994
	Phanerochaete soidida	Lamar R. T. 等,1994
	Pnanarochaete chrysosporium	Kang Guyoung 等,1994
	Trametes verscolor	Logan B. E. 等,1994
氯酚	*Rhodotorula glutinis*	Katayama-Hirayama 等,1994
多环芳烃(PAH)类	*Bacillus* 属,*Mycobacterium* 属	Maue G. 等,1994
	Nocardia 属,*Sphingomonas* 属	
	Alcaligenes 属,*Pseudomonas* 属	
	Flavobacterium 属	
高分子(PAH)	*Mycobacterium sp. strain* PYR-1	Kelley I. 等,1995
2-硝基甲苯	*Pseudomonas sp.* JS42	Haigler B. E. 等,1994
蒽醌染料	*Bacillus subtilla*	Itoh K. 等,1993
甲基溴化物	*Methylocoocus capsulatus*	Oremland R. S. 等,1994
氯苯	*Pseudomonas sp.*	Nishino S. F. 等,1994
多氯联苯(PCB)	*Pseudomonas* 属,*Alcaligenes* 属	Dercova K. 等,1993
石油化合物	*Bacteroides* 属,*Wolinella* 属	Jun E. H. 等,1994
	Desulfomonas 属,*Dsulfobacter* 属	
	Desulfococcus 属,*Megasphaera* 属	
	Acinetobacter sp.	Kwon K. K. 等,1994
n-十六烷	*Acinetobacter sp.*	Espeche M. E. 1994
	Pesudomonas sp.	Nadeau L. J. 1995
间硝基苯甲酸	*Acidovorax facilis*	Mergaert J. 等,1993
3-羟基丁酸聚合物及其与 3-羟基戊酸聚合物的共聚体	*Variovorax paradoxus*	
	Bacillus 属,*Streptomyces* 属	
	Aspergillus fumigatus	
	Penicillium 属	
	Acinetobacter junii	Gonzalea B. 等,1993
氯化愈创木酚	*Rhodococcus sp. B-30*	Behki R. M. 等,1994
农药:莠去津,扑灭津,西玛津	*Aspergillius niger*	Mukhhenee I. 等,1994
β硫丹	*Actinomyces CB1190*	Perales R. E. 等,1994
1,4-二氧六环	*Pseudomonas capacia*	Daugherty D. D. 等,1994
2,4-二氯苯氧乙酸(2,4-D)	*Burkholdena cepacia AC*1100	Saubaras D. L. 等,1995
2,4,5-三氯苯氧乙酸(2,4,5-T)	*Pesudomonas sp.*	Chappe P. 等,1994

（续）

污染物	降解菌	文献作者
高浓度脂类	*Aeromonas hydrophila*	
	Staphylococcus sp.	
	动性球菌	赵金辉等,1995
水胺硫	*Pseudomonas sp. WS-5*	肖华胜等,1995
甲胺磷	*Pseudomonas mendocina DR-8*	刘志培等,1995
单甲脒	*Aeromonas sp.*	罗国维等,1995
林可霉素	*CoPseudomonas*	Yasmin S. 等,1991
重金属	*Desulfovibrio desulforicans*	Kafkewitz D. 等,1994
Pb Ca Cr	*Citrobacter sp.*	Macaskie L. E. 等,1994
锔(Am)（Pl）	*Desulfovibrio sp.*	吴乾箐等,1995
Ni^{2+}	*Desulfovibrio sp.*	汪频等,1994
Cr^{6+}	*Rhizopus oryzae*	Huang C. 等,1994
Cd	*Bacillus sp.*	Nakamura K. 等,1994
有机汞		

天然的水体和土壤是微生物的大本营，存在着数量巨大的各种各样微生物，在遭受有毒有害有机物污染后，可出现一个天然的驯化选择过程，使适合的微生物不断增长繁殖、数量不断增多。另外，有机物的生物降解通常是分步进行的，整个过程包括了多种微生物和多种酶的作用，一种微生物的分解产物可成为另一种微生物的底物，在有机污染物的净化过程中还可以看到生物种群的这一生态演替，可据此来判断净化的阶段和进程。土著微生物降解污染物的潜力巨大，因此在微生物修复工程中应充分发挥土著微生物的作用。

2. 外来微生物（Exotic microorganism）

在废水生物处理和有机垃圾堆肥中已成功使用投菌法（Bioaugmentation）来提高有机物降解转化的速度和处理效果，如应用珊瑚色诺卡氏菌来处理含腈废水，用热带假丝酵母来处理油脂废水等。因此，在天然受污染的环境中，当合适的土著微生物生长过慢，代谢活性不高，或者由于污染物毒性过高造成微生物数量反而下降时，可人为投加一些适宜该污染物降解的与土著微生物有很好相容性的高效菌。目前用于生物修复的高效降解菌大多系多种微生物混合而成的复合菌群，其中不少已被制成商业化产品。如光合细菌（Photosynthetic bacteria，PSB）是一大类在厌氧光照下进行不产氧光合作用的原核生物的总称。目前广泛应用的PSB 菌剂多为红螺菌科（*RhodosPirllaceae*）光合细菌的复合菌群，它们在厌氧光照及好氧黑暗条件下都能以小分子有机物为基质进行代谢和生长，因此对有机物有很强的降解转化能力，同时对硫、氮素的转化也起了很大的作用。

由上海玉垒环境生物技术有限公司生产的玉垒菌，是以一类高温放线菌为主的复合菌剂，其中的 YL 活性生物复合剂 H_{15} 经用于苏州河支流新径港程家桥河段后，180 天内对底泥中有机物（在有外来污染物不断进入的条件下）降解率为 20% 左右，对促进底泥的矿化也显示出一定的效果。美国 CBS 公司开发的复合菌制剂，内含光合细菌、酵母菌、乳酸菌、放线菌、硝化菌等多种微生物，经对成都府南河、重庆桃花溪等严重有机污染河道的试验，对水体的 COD、BOD、NH_3-N、TP 及底泥的有机质均有一定的降解转化效果。美国 Polybac 公司推出了 20 余种复合微生物的菌制剂，可分别用于不同种类有机物的降解，氨氮硝化等。日本 Anew 公司研制的 EM 生物制剂，由光合细菌、乳酸菌、酵母菌、放线菌等共约 10 个属

80 多种微生物组成，已被用于污染河道的生物修复。其他用于生物修复的微生物制剂还有 DBC（Dried Bacterial Culture）及美国的 LLMO 生物活液，后者含芽孢杆菌、假单胞菌、气杆菌、红色假单胞菌等 7 种细菌。

3. 基因工程菌（Genetic engineering bacteria）

自然界中的土著菌，通过以污染物作为其唯一碳源和能源或以共代谢等方式，对环境中的污染物具有一定的净化功能，有的甚至达到效率极高的水平，但是对于日益增多的大量人工合成化合物，就显得有些不足。采用基因工程技术，将降解质粒（Degradative plasmid）转移到一些能在污水和受污染土壤中生存的菌体内，定向地构建高效降解难降解污染物的工程菌的研究具有重要的实际意义。

20 世纪 70 年代以来，发现了许多具有特殊降解能力的细菌，这些细菌的降解能力由质粒控制。到目前为止，已发现自然界所含的降解性质粒多达 30 余种，主要有 4 种类型：假单胞菌属中的石油降解质粒，能编码降解石油组分及其衍生物（如樟脑、辛烷、萘、水杨酸盐、甲苯和二甲苯等的酶类），农药降解质粒（如 2,4-D、六六六等），工业污染物降解质粒（如对氯联苯、尼龙寡聚物降解质粒，抗重金属离子的降解质粒等）。

利用这些降解质粒已研究出多种降解难降解化合物的工程菌，Chapracarty 等为了消除海上溢油污染，将假单胞菌中不同菌株的 CAM、OCT、SAL、NAH 四种降解质粒结合转移至一个菌株中，构成一株能同时降解芳香烃、多环芳烃、萜烃和脂肪烃的"超级细菌"。该菌降解天然菌要花一年以上才能消除的浮油仅需几个小时，从而取得了美国的专利权。这在污染治理工程菌的构建上，是第一块里程碑。

A. Khan 等从能降解氯化二苯的 *Pseudomenas putida* OV83 中分离出 3-苯儿茶酚双加氧酶基因，和 PCP_{13} 质粒结合后转入 E. coli 中表达。F. Rojo 等利用基因工程技术将降解氯化芳香化合物和甲基芳香化合物的基因组合到一起，获得的工程菌可同时降解这两种物质。

生存于污染环境中的某些细菌细胞内存在着抗重金属的基因，已发现抗汞、抗镉、抗铅等多种菌株。但是这类菌株生长繁殖并不迅速，把这种抗金属基因转移到生长繁殖迅速的受体菌中，组成繁殖率高、富集金属速度快的新菌株，可用于净化重金属污染的废水。我国中山大学生物系将假单胞菌 R_4 染色体中的抗镉基因转移到大肠杆菌 HB_{101} 中，使得大肠杆菌 HB_{101} 能在 100mg/L 的含镉液体中生长，显示出有抗镉的遗传特征。R. J. Kleno 等从自然环境中分离到一株能在 5~10℃ 水温中生长的嗜冷菌-恶臭假单胞菌 *Pseudomonas putida* Q_5，将嗜温菌 Pseudomonas pawl 所含的降解质粒 TOL 转入该菌株中形成新的工程菌 Q_5T，该菌在温度低至 0℃ 时仍可利用 1000mg/L 的甲苯为唯一碳源正常生长，在实际应用中价值很高。

瑞士 Kulla 分离到两株分别含有两种可降解偶氮染料质粒的假单胞菌，应用质粒转移技术获得了含有两种质粒、可同时降解两种染料的脱色工程菌。

尼龙寡聚物在化工厂污水中难以被一般微生物分解。已发现黄杆菌属、棒状杆菌属和产碱杆菌属具有分解尼龙寡聚物的质粒。但上述三个属的细菌不易在污水中繁殖。而污水中普遍存在的大肠杆菌又无分解尼龙寡聚物的质粒。冈田等人成功地把分解尼龙寡聚物的质粒 POAD 基因移植到大肠杆菌内，使后者获得了该遗传性状。

要将这些基因工程菌应用于实际的污染治理系统中，最重要的是要解决工程菌的安全性的问题，用基因工程菌来治理污染势必要使这些工程菌进入到自然环境中，如果对这些基因工程菌的安全性没有绝对的把握，就不能将它应用到实际中去，否则将会对环境造成可怕的不利影响。目前在研制工程菌时，都采用给细胞增加某些遗传缺陷的方法或是使其携带一段"自杀基因"，使该工程菌在非指定底物或非指定环境中不易生存或发生降解作用。美、日、英、德等发达国家在这方面做了大量研究，希望能为基因工程菌安全有效地净化环境提供有力的科学依据。科学家们对某些基因工程菌的考察初步总结出以下观点：基因工程菌对自然界的微生物和高等生物不构成威胁，基因工程菌有一定的寿命；基因工程菌进入净化系统之后，需要一段适应期，但比土著种的驯化期要短得多；基因工程菌降解污染物功能下降时，可以重新接种；目标污染物可能大量杀死土著菌，而基因工程菌却容易适应生存，发挥功能。当然，基因工程菌的安全有效性的研究还有待深入，但是它不会影响应用基因工程菌治理环境污染目标的实现，相反会促使该项技术的发展。

4. 用于生物修复的其他微生物

这些生物包括藻类（Algae）和微型动物（Microfauna）等。在污染水体的生物修复中，通过藻类的放氧，使严重污染后缺氧的水体恢复至好氧状态，这为微生物降解污染物提供了必要的电子受体，使好氧性异养细菌对污染物的降解能顺利地进行。微型动物则通过吞噬过多的藻类和一些病原微生物，间接地对水体起净化作用。

6.2.2　微生物修复的影响因素

微生物修复污染土壤过程中主要涉及微生物、有机有害污染物和土壤，因此可将影响微生物修复的因素分为三个方面，即微生物活性、污染物特性和土壤性质，在研究和选择微生物修复技术时均应加以考虑。

1. 微生物营养盐（Nutritive salt）

土壤和地下水中，尤其是地下水中，氮、磷都是限制微生物活性的重要因素，为了使污染物达到完全降解，适当添加营养物比接种特殊的微生物更为重要。如添加酵母膏或酵母废液和微量营养元素（如微量元素和维生素等）可以明显促进石油烃类化合物的降解。与其他化合物相比，石油中的烃类是微生物可以利用的大量碳底物，但它只能够提供比较容易得到的有机碳而不能提供氮和其他无机养料，加入氮和磷酸盐能直接而明显地促进受污染土壤中石油的生物降解作用。据报道，调节被石油污染的土壤的 C∶N∶P，对石油的生物降解很有好处，但只有在把本来很低的土壤 pH 值调高之后才行。向受汽油污染的地下水中通入空气，并加入氮和磷的水溶性化合物，能提高微生物的活性，加速汽油的清除。

为达到良好的效果，必须在添加营养盐之前确定营养盐的形式、合适的含量及适当的比例。目前已经使用的营养盐类型很多，如铵盐、正磷酸盐或聚磷酸盐、酿造废液和尿素等，尽管很少有人比较过各种类型盐的具体使用效果，但已有的研究表明其效果因地而异。施肥是否能够促进有机物的生物降解作用，既取决于施肥的速度和程度，也与土壤原有的肥力有关。

虽然可以在理论上估计氮、磷的需要量，但一些污染物降解速度太慢（无法预料的因素较多），且不同现场氮、磷的可处理性变动很大，计算值只能是一种估算，与实际值会有较大偏差。例如同样是石油类污染物的微生物修复，不同的研究者得到的 C∶N∶P 的比值分别是 800∶60∶1 和 70∶50∶1，相差一个数量级。鉴于上述原因，在选择营养盐含量和比例时通常要进行小试。

据有关学者研究，正烷烃的微生物降解更易受到氮磷肥料的促进，施肥能加速正烷烃的微生物降解，而类异戊二烯化合物在施肥后仅以较低的速率被微生物降解。

水溶性的氮磷营养源加入水中后会很快被稀释，而不会停留在油污处，它们还能促进藻类的繁殖，造成富营养化。为了避免这些缺点，有研究者试用以石蜡处理的尿素和辛基磷酸盐的一种混合物作为肥料。在实验室和现场实验中，这种"亲油的"肥料提高石油降解的效果与无机氮、磷源相同，但不会促进藻类的生长，其最佳 C：N：P 为 100：10：1。

2. 电子受体（Electron acceptor）

微生物的活性除了受到营养盐的限制外，土壤中污染物氧化分解的最终电子受体的种类和含量也极大地影响着污染物生物降解的速度和程度。微生物氧化还原反应的最终电子受体主要分为三类，包括溶解氧、有机物分解的中间产物和无机酸根（如硝酸根和硫酸根）。

土壤中溶解氧含量有明显的层次分布，存在着好氧带、缺氧带和厌氧带。研究表明，好氧有利于大多数污染物的微生物降解，溶解氧是现场处理中的关键因素。然而由于微生物、植物和土壤微型动物的呼吸作用，与空气相比，土壤中的氧气含量低，二氧化碳含量高。微生物代谢所需的氧气要依赖于来自大气的氧的传递，当空隙充满水时，氧传递会受到阻碍，呼吸消耗的氧超过传递来的氧量，微环境就会变成厌氧。黏性土会保留较多水分，因而不利于氧传递。有机物质会增加微生物的活性，也会通过消耗氧气造成缺氧。缺氧或厌氧时，厌氧微生物就成为土壤中的优势菌。

为了增加土壤中的溶解氧，可以采用一些工程化的方法，如鼓气或向土壤中添加产氧剂。鼓气是在被处理的土壤下布设通气管道，将压缩空气从中送入土壤，一般可以使溶解氧质量浓度达到 8～12mg/L，如果用纯氧，可达 50mg/L。向土壤中添加的产氧剂通常是双氧水，其质量浓度在 100～200mg/L 时对微生物没有毒性效应，如果经过驯化，微生物可以耐受 1000mg/L 的双氧水，因此可以通过逐渐增加双氧水含量的方法避免其对微生物的毒性作用。除了过氧化氢之外，一些固体过氧化物如过氧化钙也可用作原位生物修复时的产氧剂，将这些产氧剂包裹在聚氯乙烯的胶囊中能够降低其生物毒性。另外一些控制溶解氧的方法包括防止土壤被水饱和，对土壤进行适度的耕作，避免土壤板结和限制土壤中的耗氧有机物含量等。

苯及一些低碳烷基苯在水中有较大的溶解度，汽油或有机溶剂泄漏等会造成这类污染物在水中有 10～100mg/L 的溶解量，这样大量的化合物若在好氧条件下分解，需要 20～200mg/L 的氧才能将碳氢化合物全部氧化成二氧化碳和水。然而，一般土壤和地下水中通常只有 5mg/L 的溶解氧，土壤和地下水中的氧量是不够的，这些污染物的微生物降解过程势必处于厌氧状态下。

在厌氧环境中，硝酸根、硫酸根和铁离子等都可以作为有机物降解的电子受体。厌氧过程进行的速率太慢，除甲苯以外，其他一些芳香族污染物（包括苯、乙基苯、二甲苯）的微生物降解需要很长的启动时间，而且厌氧工艺难以控制，所以一般不采用。但也有一些研究表明，许多在好氧条件下难于微生物降解的重要污染物，包括苯、甲苯和二甲苯以及多氯取代芳香烃等，都可以在还原性条件下被降解成二氧化碳和水。另外，对于一些多氯化合物，厌氧处理比好氧处理更为有效，如多氯联苯的厌氧降解在受污染的底泥中已被证实。目前在一些实际工程中有采用厌氧方法对土壤和地下水进行生物修复的实例，并取得良好效果。应用硝酸盐作为厌氧微生物修复的电子受体时，应特别注意对地下水中硝酸盐含量的限制。

相比于在好氧条件下的微生物降解研究，有机污染物在厌氧条件下的微生物降解途径、机理和工艺研究的报道目前还很少，这可能与其降解速度太慢，难于收集到足够量的代谢中间物进行分析有关。

土壤中溶解氧的情况不仅影响污染物的降解速度，也决定着一些污染物降解的最终产物形态。如某些氯代脂肪族的化合物在厌氧降解时，产生有毒的分解产物，但在好氧条件下这种情况就较为少见。

3. 共代谢基质（Co-metabolic substance）

微生物的共代谢对一些顽固污染物的降解起着重要作用，因此，共代谢基质对微生物修复有重要影响。如一株洋葱假单胞菌（P. cepacia G_4）以甲苯作为生长基质时可以对三氯乙烯共代谢降解。某些分解代谢酚或甲苯的细菌也具有共代谢降解三氯乙烯、1,1-二氯乙烯、顺-1,2-二氯乙烯的能力。近来的研究表明，某些微生物能共代谢降解氯代芳香类化合物，这已引起各国学者的广泛兴趣。

4. 有毒有害有机污染物（Toxic and harmful organic pollutants）**的物理化学性质**

影响土壤和地下水微生物修复过程的有毒有害有机污染物的物理化学性质，主要是指淋失与吸附、挥发、生物降解和化学反应这四个方面。需要了解有关污染物的内容包括化学品的类型（即属于酸性或碱性或极性中性或非极性中性的有机物、无机物）、化学品的性质（如相对分子质量、熔点、结构和水溶性等）、化学反应性（如氧化、还原、水解、沉淀和聚合等）、土壤吸附参数［如弗兰德里齐（Freudlich）吸附常数、辛醇-水分配系数（K_{ow}）、有机碳分配系数（K_{oc}）等］、降解性（如半衰期、一级速度常数和相对可生物降解性等）、土壤挥发参数［如蒸汽压、亨利（Henry）定律常数和水溶性等］、土壤污染数据（如土壤中污染物的含量、污染的深度和污染的日期及污染物的分布等）。

了解污染物的上述情况是为了判断能否采用微生物修复技术，以及采取怎样的对策强化和加速微生物修复过程。例如，对于因水溶性低而导致对土壤中生物有效性较差的化合物（石蜡等），可以使用表面活性剂增加其生物有效性。研究表明，添加表面活性剂可以显著提高一些污染物的微生物降解速度。这是因为微生物对污染物的生物降解主要是通过微生物酶的作用来进行的，许多酶并不是胞外酶，污染物只有同微生物细胞相接触，才能被微生物利用并降解，表面活性剂增加了污染物与微生物细胞接触的概率。表面活性剂已用于煤焦油、油烃和石蜡等污染物的微生物修复中试和现场规模处理，当然表面活性剂的选择要满足下述条件：①能够提高生物有效性；②对微生物和其他生物无毒害作用；③易生物降解（但这可能会引起微生物首先降解表面活性剂）；④不会造成土壤板结。有些表面活性剂就是由于不能满足上述条件而不能大规模应用。

5. 污染现场和土壤的特性（Soil properties）

土壤可分气体、水分、无机固体和有机固体四种组分。气体和水分存在于土壤空隙中，两者一般占50%的体积。土壤空隙的大小、空隙的连续度和气水比例都影响污染物的迁移（如向上溢出土壤或向下进入水饱和地层），土壤特性和污染物的理化性质影响着污染物在气水两相间的相对活性，这些最终又对污染物的生物修复速度和程度发生一定的作用。土壤的无机和有机固体对生物修复的进行有着相当重要的影响。在大多数土壤中，无机固体主要是砂、无机盐和黏土颗粒，这些固体具有较大的比表面积，可以将污染物和微生物细胞吸附在高反应容量的表面，能够固定有机污染物，并形成具有相对高含量的污染物和微生物细胞的反应中心，提高污染物降解速度。有些黏土带有很高的负电荷，阳离子交换能力很高，另一些黏土带有正电荷，可以作为负电荷污染物的阴离子交换介质。有机固体也具有高反应容量的表面，并且能够吸附阻留土壤中的有机污染物。例如，腐殖质是一种相对稳定的有机成分，可以使疏水性的污染物从水相进入有机相，从而降低其在土壤中的运动性，这种固定化会延长污染物微生物降解的时间，同样也降低污染物的生物有效性。

土壤固体对有机污染物的吸附作用比较复杂，有机物的结构对该过程有着重要的影响，其一般规律是：

1）有机物的相对分子质量越大，吸附越显著，这是因为范德华力的作用。

2）污染物的疏水性越大，越容易吸附在有机固体表面。含碳、氢、溴、氯、碘的基团多是疏水的，含氮、硫、氧和磷的基团多为亲水性的化合物，化合物的亲水性与疏水性决定于两种基团的净和。

3）土壤中常是负电荷多于正电荷，因此带负电的污染物不易吸附在土壤固体表面。污染物的带电状态受 pH 值的影响，可以根据污染物的电离常数估计特定 pH 值下污染物的带电情况及吸附程度，带两种电荷的污染物可用等电点 PI 估计 pH 值对吸附的影响。

影响生物修复技术效果的现场及土壤特性包括以下方面：

1）坡度和地形。

2）土壤类型和场地面积。

3）土壤表面特点。如边界特征、深度、结构、大碎块的类型和数量、颜色、亮度、总密度、黏土含量、黏土类型、离子交换容量、有机物含量、pH 值、电位和通气状态等。

4）水力学性质和状态。如土壤水特征曲线、持水能力、渗透性、渗透速度、不渗水层的深度、地下水的深度（要考虑季节性变化）、洪水频度和径流潜力等。

5）地理和水力学因素，包括地下地理特征与地下水流类型及特点等。

6）地形和气象数据，包括风速、温度、降水和水量预算等。

上述数据将为生物修复技术的决策和具体操作技术提供基本资料。例如，土壤的水基质势能（为克服毛细作用和吸附力所需的能量）控制着水的生物有效性，进而影响微生物的活性。另外，土壤水也影响污染物、溶解氧和代谢产物的传质速度，还影响土壤的曝气状态以及营养物质的量和性质。在干旱地区，土壤中的溶解氧比较充分，但微生物的活性较低，污染物的生物有效性差，代谢产物也不易从土壤中去除，因此在采用生物修复技术时要考虑增加土壤湿度。我国南方土壤含水量大，氧传递速率低，对于好氧生物修复技术的采用是不利的。

土壤的 pH 值对大多数微生物都是适合的，只有在特定地区才需要对土壤的 pH 值进行调节。通常随着温度的下降，微生物的活性也降低，在 0℃ 时微生物活动基本停止。温度决定微生物修复进程的快慢，在实际处理中是不可控制的因素，在设计处理方案时应充分考虑温度对微生物修复过程的影响及土壤温度的影响因素。表土温度日变化和季节变化都较剧烈，土温日变化强度随土壤深度的增加而减小。含水多的土壤温度变化小，因为水的比热大。另外一些土壤温度的影响因素包括坡向、坡度、土色和表面覆盖等。

6.2.3　微生物修复污染物质的可生物降解性

1）极其多样的代谢类型，使自然界存在的有机物几乎都能被微生物所分解。迄今为止已知的环境污染物达数十万种之多，其中大量的是有机物。所有的有机污染物可根据微生物对它们的降解性，分成可生物降解、难生物降解和不可生物降解三大类。由于微生物的代谢类型极其多样，作为一个整体，微生物分解有机物的能力是惊人的。可以说，自然界存在的有机物，几乎都能被微生物所分解。

2）很强的变异性，使很多微生物获得了降解人工合成大分子有机物的能力。半个多世纪以来，人工合成的有机物大量问世，如杀虫剂、除草剂、洗涤剂、增塑剂等，它们都是地球化学物质家族中的新成员。尤其是不少合成有机物的研制开发时的目的之一，就是要求它们具有化学稳定性。因此，微生物一接触这些陌生的物质，开始时难以降解也是不足为怪的。但由于微生物具有极其多样的代谢类型和很强的变异性，近年来已发现许多微生物能降解人工合成的有机物，甚至原以为不可生物降解的合成有机物也找到了能降解它们的微生物。因此，可从中筛选出一些污染物的高效降解菌，更可利用这一原理定向驯化、选育出污染物的高效降解菌，以使不可降解的或难降解的污染物，转变为能降解的，甚至能使它们迅速、高效地去除。

3）共代谢机制的存在，大大拓展了微生物对难降解有机污染物的作用范围。共代谢又称协同代谢。一些难降解的有机物，通过微生物的作用能被改变化学结构，但并不能被用作碳源和能源，它们必须从其他底物获取大部或全部的碳源和能源，这样的代谢过程谓之共代谢。也就是说，有些不能作为唯一碳源与能源被微生物降解的有机物，当提供其他有机物作为碳源或能源时，这一有机物就有可能因共代谢作用而被降解。

微生物的共代谢作用可能存在以下情况：靠降解其他有机物提供能源或碳源；通过与其他微生物协同作用，发生共代谢，降解污染物；由其他物质的诱导产生相应的酶系，发生共代谢作用。

4）通过改变有机物的化学结构，提高生物降解性。研究表明，污染物的化学结构与其生物降解性有十分密切的联系，归结起来主要有以下几点：

① 烃类化合物。一般是链烃比环烃易分解，直链烃比支链烃易分解，不饱和烃比饱和烃易分解。主要分子链上 C 被其他元素取代时，对生物氧化的阻抗就会增强，也就是说，主链上的其他原子常比碳原子的生物利用度低，其中氧的影响最显著（如醚类化合物较难生物降解），其次是 S 和 N。

② 碳氢键。每个 C 原子上至少保持一个氢碳键的有机化合物，对生物氧化的阻抗较小；而当 C 原子上的 H 都被烷基或芳基所取代时，该碳原子被称为 4 级碳原子，会形成生物氧化的阻抗物质。

③ 官能团的性质及数量。官能团的性质及数量对有机物的可生化性影响很大。例如，苯环上的氢被羟基或氨基取代，形成苯酚或苯胺时，它们的生物降解性将比原来的苯提高。卤代作用则使生物降解性降低，尤其是间位取代的苯环，抗生物降解更明显。一级醇、二级醇易被生物降解，三级醇却能抵抗生物降解。

④ 相对分子质量的大小对生物降解性的影响很大。高分子化合物，由于微生物及其酶难以扩散到化合物内部，袭击其中最敏感的反应键，因此使生物可降解性降低。可以利用有机物分子结构与生物降解相关性的原理，采用有效的物理、化学方法作为生物反应器前的预处理，破坏生物阻抗很强的结构部位，提高污染物的生物降解性。

6.2.4 微生物对有机污染物的修复

污染物在环境中的降解有多种途径，由于生物的作用而引起的污染物的分解或降解，即为生物降解。在生物降解中，作用最大的生物类群是微生物。微生物在环境中与污染物发生相互作用，通过其代谢活动，会使污染物发生氧化反应、还原反应、水解反应、脱羧基反应、脱氨基反应、羟基化反应、酯化反应等多种生理生化反应。这些反应的进行，可以使绝大多数的污染物质，特别是有机污染物质发生不同程度的转化、分解或降解，有时是一种反应作用于污染物质，有时会是多种反应同时作用于一种污染物质或者作用于污染物质转化的不同阶段。微生物对有机污染物的主要生物化学降解转化作用如下：

（1）氧化作用（Oxidation） 包括 Fe、S 等单质的氧化，NH_3、NO_2 等化合物的氧化，也包括一些有机物基团的氧化，如甲基、羟基、醛等。在环境中，这些氧化作用大都是由微生物引起的，如氧化亚铁硫杆菌（*Thiobacilius ferrooxidans*）对亚铁的氧化、铜绿假单胞杆菌（*Pseudomonas aenurinosa*）对乙醛的氧化，以及亚硝化菌和硝化菌对氨的氧化作用等。氧化作用普遍存在于各种好氧环境中，是最常见的也是最重要的生物代谢活动。

1）醇的氧化。醋化醋杆菌（*Acetobacteraceti*）将乙醇氧化为乙酸，氧化节杆菌（*Arthrobacterozydans*）将丙二醇氧化为乳酸。

2）醛的氧化。铜绿假单胞菌（*Pseudomonas aeruginosa*）将乙醛氧化为乙酸。

3）甲基的氧化。铜绿假单胞菌将甲苯氧化为苯甲酸。表面活性剂的甲基氧化主要是亲油基末端的甲基氧化为羧基的过程。

4）氨的氧化。亚硝化单胞菌属（*Nitrosomonas*）可进行此反应。

5）亚硝酸的氧化。硝化杆菌属（*Nitrobacter*）可进行此反应。

6）硫的氧化。氧化硫硫杆菌（*Thiobacillus thiooxidans*）可进行此反应。

7）铁的氧化。氧化亚铁硫杆菌（*Thiobacillus ferrooxidans*）可进行此反应。

8）β-氧化。如脂肪酸、ω-苯氧基烷酸酯和除草剂的生物降解。

9）氧化去烷基化。N-去烷基化：烷基氨基甲酸酯、苯基脲、有机磷杀虫剂可进行此反应。C-去烷基化：二甲苯、甲苯和甲氧氯化物可以进行此反应。

10）硫醚氧化。如三硫磷、扑草净的氧化降解。

11）过氧化。如艾氏剂和七氯可被微生物过氧化。

12）苯环羟基化。烟酸、2,4-D 和苯甲酸等化合物可通过微生物的氧化作用使苯环羟基化。

13）芳环裂解。苯酚系列的化合物可在微生物的作用下使环裂解。

14）杂环裂解。五元环（杂环农药）和六元环化合物的裂解。

15）环氧化。对于环戊二烯类杀虫剂来说，其生物降解作用机制包括脱卤、水解、还原和羟基化作用，但是环氧化作用是生物降解的主要机制。

（2）还原作用（Reducing action） 包括高价铁和硫酸盐的还原、NO_3^- 的还原、羟基或醇的还原等。还原作用与氧化作用所存在的环境不同，还原作用需要缺氧或者厌氧（无氧）的环境。有些还原作用是氧化作用的逆过程，但有些不是逆过程，如 NH_3 被氧化为 NO_3^-，而 NO_3^- 被还原为 N_2。

1）乙烯基的还原。如大肠杆菌（*Escherichia coliform*）可将延胡索酸还原为琥珀酸。

2）醇的还原。如丙酸羧菌（*Clostridium propionicum*）可将乳酸还原为丙酸。

3）醌类的还原。醌类可以被还原成酚类。

4）芳环羟基化。苯甲酸盐在厌氧条件下可以羟基化。

5）双键还原作用。

6）三键还原作用。

（3）基团转移作用（Group transfer function）

1）脱羧作用。有机酸普遍存在于受有机物污染的各种环境中，通过脱羧基直接使有机酸分子变小（脱羧基减少一个碳原子，形成一个 CO_2 分子）。连续的脱羧基反应可以使有机酸彻底降解。一些小分子（短链）的有机酸经脱羧基作用很快降解，如戊糖丙酸杆菌（*Propionibacterium pentosaceum*）可使琥珀酸等羧酸脱羧为丙酸。烟酸和儿茶酸也可进行脱羧反应。

2）脱氨基作用。带有氨基（—NH_2）的有机物质脱除氨基，并能进一步降解。构成蛋白质的氨基酸的降解必须先经脱氨基作用，然后才像普通有机酸一样经脱羧基作用等得到进一步降解。如丙氨酸可在腐败芽孢杆菌（*Bacillus putrificus*）作用下脱氨基而成为丙酸。

3）脱卤作用。常见于农药的生物降解，是某些脂肪酸生物降解的起始反应，若干氯代烃农药的生物降解也有此种反应。

4）脱烃反应。常见于某些有烃基链接在氮、氧或硫原子上的农药。

5）脱氢卤。可发生此反应的典型化合物为 γ-BHC 和 p′,p′-DDT 等。

6）脱水反应。如芽孢杆菌属（*Bacillus*）可使甘油脱水为丙烯醛。

（4）水解作用（Hydrolysis）　水解作用是一种很基本的生物代谢作用，许多种微生物可以发生水解作用，水解作用在处理一些有机大分子时，经常会用到水解作用这一特殊的生物化学反应，使有机大分子转化为更小的分子，甚至接近其他生物或者其他反应所要求的污染物质特征。

1）酯类的水解。多种微生物可发生此反应。

2）氨类也可被许多微生物水解。

3）磷酸酯水解。

4）腈水解。

5）卤代烃水解去卤。卤代苯甲酸盐、苯氧基乙酸盐、芳草枯等可通过水解进行降解。

（5）酯化作用（Esterification）　羧酸与醇发生酯化反应，如 *Hansenula anomola* 可将乳酸转变为乳酸酯。

（6）缩合作用（Condensation）　如乙醛可在某些酵母的作用下缩合成 3-羟基丁酮。

（7）氨化作用（Ammoniation）　如丙酮酸可在某些酵母作用下发生氨化反应，生成丙氨酸。

（8）乙酰化作用（Acetylization）　如克氏梭菌（*Clostridium kluyueri*）等可进行乙酰化作用。

（9）双键断裂反应（Double bond breakage）　偶氮染料在厌氧菌的作用下，先发生脱氯反应生成两个中间产物，再经好氧过程才进一步生物降解。

（10）卤原子移动（Halogen atom movement）　卤代苯、2,4-D 等污染物降解时可进行此反应。

6.2.5　微生物对重金属污染物的修复

1. 微生物对重金属离子的转化

环境中重金属离子的长期存在使自然界中形成一些特殊微生物，它们对有毒重金属离子具有抗性，可以使重金属离子发生转化。对微生物而言，这是一种很好的解毒作用；对环境而言，这是一种很好的修复作用，汞、铅、锡、砷等金属或类金属离子都能在微生物的作用下通过氧化还原作用而失去毒性。表 6-2 是微生物对某些金属或类金属离子的转化作用。

表 6-2　微生物对某些金属或类金属离子的转化作用

类型	金属或类金属	微　生　物
氧化作用	As(Ⅲ)	假单胞菌属、放线菌属、产气杆菌属
	Sb(Ⅲ)	锑细菌属
	Cu(Ⅰ)	氧化亚铁硫杆菌
还原作用	As(Ⅴ)	小球藻属
	Hg(Ⅱ)	假单胞菌属、埃希菌属、曲霉菌、葡萄球菌属
	Se(Ⅳ)	棒杆菌属、链球菌属
	Te(Ⅳ)	沙门菌属、志贺菌属、假单胞菌属
甲基化作用	As(Ⅴ)	曲霉属、毛霉属、镰孢霉属、产甲烷拟青霉
	Cd(Ⅱ)	假单胞菌属
	Te(Ⅳ)	假单胞菌属
	Se(Ⅳ)	假单胞菌属、曲霉菌、青霉属、假丝酵母属
	Sn(Ⅱ)	假单胞菌属
	Hg(Ⅱ)	芽孢杆菌属、产甲烷梭菌、曲霉菌、脉孢霉属
	Pb(Ⅳ)	假单胞菌属、气单胞菌属

（1）甲基化作用　汞、镉、铅、砷等金属或类金属离子都能在微生物的作用下发生甲基化反应，有些金属离子甲基化后毒性反而增强。

在甲基化过程中，需要有一种甲基传递体存在，甲基钴胺素即能够起到这种作用，它是一种活泼的能够使金属离子甲基化的物质，某些微生物能够把钴胺素转化为甲基钴胺素，在 ATP 及特定还原剂存在的条件下，甲基钴胺素作为甲基供体，使金属离子与甲基结合而生成甲基汞、甲基砷、甲基铅等，金属离子甲基化的过程如下：

汞：
$$Hg^{2+} \xrightarrow{RCH_3} CH_3Hg^+ \xrightarrow{RCH_3} (CH_3)_2Hg\uparrow \tag{6-4}$$

砷：
$$HO\underset{OH}{\overset{O}{AsOH}} \xrightarrow{RCH_3} H_3C\underset{OH}{\overset{O}{As-OH}} \xrightarrow{RCH_3} (H_3C)_2\underset{OH}{\overset{O}{As}} \xrightarrow{RCH_3} (CH_3)_3As \tag{6-5}$$

假单胞菌属在金属及类金属离子的甲基化作用中具有重要贡献，它们能够使许多金属或类金属离子发生甲基化反应。

（2）还原作用　微生物还能够将高价金属离子还原成低价态，将有机态金属还原成单质。有些金属在这个过程中毒性消失，如自然界中存在着一类能够使有机汞或是无机汞还原为元素汞的微生物，因此它们对汞的抗性较强，还原过程为

$$CH_3Hg^+ + 2H \longrightarrow Hg + CH_4 + H^+$$
$$HgCl_2 + 2H \longrightarrow Hg + 2HCl$$

研究表明，细菌 *Pseudomonas mesophilica* 和 *P. maltophilica* 能够将硒酸盐和亚硒酸盐还原为胶态的硒，能够将 Pb（Ⅱ）转化为胶态的铅，胶态硒和胶态铅不具有毒性，而且结构稳定。大肠杆菌能够还原 Cr（Ⅵ）。

（3）氧化作用　Mn^{2+} 和 Sn^{3+} 的生物毒性分别比 Mn^{4+} 和 Sn^{4+} 大，有些微生物能够氧化 Mn^{2+} 和 Sn^{3+}，使之成为毒性小的 Mn^{4+} 和 Sn^{4+}。

微生物对汞的解毒现象比较普遍，但不同微生物对不同形态汞的解毒不尽相同。有些具有广谱解毒，对不同形态汞均能解毒；但是有些微生物只能解毒某种形态的汞，如有些微生物对有机汞则无能为力，这是因为其体内缺乏有机汞裂解酶基因（MerB）。无机汞离子在细胞外可通过特殊的汞离子吸收转运系统（MerT）被吸收进入细胞内，在细胞内可能对其进行甲基化或其他修饰，将二价汞离子转变为甲基汞或其他形态的汞。甲基汞脂溶性高，易与蛋白质中的-SH 结合，是潜在的神经毒素，其毒性是无机汞离子的 100 倍，但是甲基汞挥发性强，故有人认为微生物对无机汞离子的甲基化也是微生物对汞离子的一种解毒机制。具有广谱性抗汞能力的微生物可通过有机汞裂解酶使甲基汞等有机汞中的 C—Hg 键裂开，再通过还原酶将汞离子还原为挥发性元素汞，从而将汞离子从微生物的体内除去，达到解毒目的。

2. 微生物对重金属离子的吸收与吸附

（1）微生物吸附和微生物累积　通常所说的微生物吸附仅指失活微生物的吸附作用，而微生物活细胞去除重金属离子的作用一般称为生物累积。因此微生物吸附过程不包括生物的新陈代谢作用和物质的主动运输过程。微生物活细胞作为吸附剂时，有些作用可能会同时发生。一般认为微生物具有的吸附能力与其细胞壁结构、成分密切相关。

微生物吸附主要是生物体细胞壁表面的一些具有金属络合、配位能力的基团起作用，如羟基、羧基等。这些基团通过与吸附的重金属离子形成离子键或共价键来达到吸附重金属离子的目的。与此同时，重金属有可能通过沉淀或晶体化作用沉积于细胞表面，某些难溶性重金属也可能被胞外分泌物或是细胞壁的腔洞捕获而沉积。由于微生物吸附与微生物的新陈代谢作用无关，因此将细胞杀死后，经过一定的处理，使其具有一定的粒度、硬度及稳定性，以便于储存、运输和实际应用。

微生物累积主要是利用生物新陈代谢作用产生能量，通过单价或二价离子的转移系统把重金属离子输送到细胞内部。由于有细胞内的累积，微生物累积的去除效果可能比单纯的微生物吸附好。但是，由于环境中要去除的重金属离子大多有毒有害，抑制生物活性，甚至使其中毒死亡，并且生物的新陈代谢作用受温度、pH 值、能源等诸多因素的影响，因此微生物累积在实际应用中受到很大的限制。

（2）微生物细胞壁的结构特性　细菌、真菌和藻类微生物细胞与动物细胞的最大区别在于细胞原生质膜外有明显的细胞壁，其在微生物吸附重金属离子的过程中起着重要作用。微生物细胞壁的特殊结构在很大程度上决定着其对重金属的吸附，如细胞壁的多孔结构使活性化学配位体在细胞表面合理排列，使细胞易于与金属离子结合。细胞外多糖（EPS）在某些微生物吸附重金属离子的过程中也有一定的作用，EPS 主要由蛋白质和多糖构成，其比率大约为 3∶1。

1）细菌的细胞壁。所有细菌的细胞壁都具有共同的特征，Shockman 和 Barret 认为细菌细胞壁是由共价结合了某些分子的肽聚糖构成的。G⁺菌细胞壁为二糖四肽聚糖网状结构层，还含有膜磷壁酸及壁磷壁酸等。G⁻菌细胞壁为外膜层（由类脂多糖 LPS 和磷酸酯及蛋白质构成）和肽聚糖层结构。

2）真菌细胞壁。真菌细胞壁主要由各种多糖构成，其含量可以高达 90%，它们常与蛋白质、脂肪及其他物质（如色素）键合在一起，形成复合物。藻类细胞壁和真菌细胞壁相似。为方便起见，人们常把真核细胞当作单细胞来研究，然而必须认识到真菌和海藻实际上往往是多细胞的，其细胞壁像细菌细胞壁一样具有一定的刚性，可以保护真菌细胞。但是，它们的化学成分和结构特征都是不同的。真菌细胞壁具有多层、微纤维化的结构。

3）海藻细胞壁。海藻细胞壁在结构上类似于真菌细胞壁，它是由多层的微纤维素骨架所构成，其主要成分是纤维素，并夹杂一些无定性的物质。在细胞壁的外面有时含有硅和钙。某些海藻的细胞壁有 10 层之多，说明它们是非常复杂的。海藻细胞壁上的微纤维素或者平行排列，或者随机排列。无定性的结合材料是糖蛋白。纤维素的范围很广，在细胞壁成分中占 1%~9%，某些海藻细胞壁的纤维素含量很低，其纤维性的网络是由木聚素和甘露聚糖形成的，像在细菌中一样，大多数海藻细胞壁的外面也有一层黏性物质，这类物质因含有糖醛酸而具有很大的结合金属离子的能力。

（3）微生物吸附重金属机理　微生物吸附的机理主要有静电吸附、共价吸附、络合、螯合、离子交换和无机微沉淀等，一般来说，重金属的微生物吸附是以许多金属结合机理为基础的，这些机理可以是单独作用，也可以与其他机理共同作用，主要取决于过程的条件和环境。

1）静电吸附。大多数研究指出，微生物对重金属的吸附符合 Freundlich 模型和 Lanmuir 模型。Beate Mattuschka 等人研究了 *Strptomycesnoursei* 菌丝体吸附 Ag^+、Cu^{2+}、Cr^{3+}、Pb^{2+}等金属离子，结果显示 Cu^{2+}、Cr^{3+}、Pb^{2+}吸附符合 Freundlich 模型，Ag^+、Cu^{2+}、Cr^{3+}吸附符合 Langmuir 模型，其吸附顺序：$Ag^+>Cr^{3+}>Pb^{2+}>Cu^{2+}>Zn^{2+}>Cd^{2+}>Co^{2+}>Ni^{2+}$。

2）共价吸附。重金属离子不仅可以代替质子，而且可以代替结合到分子上的其他离子。如在对海藻的研究中，锶可以代替锌，即使它很少结合到细胞壁上，由此认为静电吸附在重金属吸附过程中起到重要的作用。同时，海藻 *Vaucheria* 对二价重金属离子的结合强度与离子的结构或稳定常数成正比，因此，共价结合在吸附过程中也起到重要的作用，Tobli 等人发现霉菌 *Rhizopus arrhizus* 的死菌体对重要离子的吸附强烈地依赖 pH 值，据此认为是静电吸附到正电荷的功能基团上，离子半径与重金属最大吸附量之间存在线性关系，因此，离子半径和用于吸附的位点之间也相应地存在线性关系。

3）离子交换。离子交换是细胞物质结合的重金属离子被另一些结合能力更强的金属离子代替的过程，有毒的重金属离子与细胞物质具有很强的结合能力，因此，离子交换在重金属中具有特别重要的意义。例如，多糖是褐藻和红藻的结构成分，大多数天然存在的海藻多糖是以 Na^+、K^+、Ca^{2+}、Mg^{2+}离子盐的形式存在。二价金属离子能够与这些多糖阳离子发生离子交换。同样地，*Ascophylum nodosum* 对 Co^{2+}的微生物吸附就是 Co^{2+}与海藻酸盐上的 Ca^{2+}和 H^+离子发生离子交换的结果。离子交换过程常受到溶液 pH 值的影响，其最佳酸度在 pH 值为 3~4 之间。离子交换随不同的菌种和生长条件而变化。生长条件可影响细胞上磷酸根和羧基的比例，从而影响对不同金属的吸附，一般过渡金属被优先吸附，而碱金属、铵、镁、钙则不被吸附。

4）络合与螯合作用。络合作用是金属离子与几个配基以配位键相结合形成的复杂离子或分子的过程，螯合作用是一个配基上同时有两个以上的配位原子与金属结合而形成具有环状结构的配合物的过程。络合作用和螯合作用都是金属离子和微生物吸附剂之间的主要作用方式。在原核生物和真核生物的外表面，含有能和金属离子发生反应的各种活性基团，这些活性基团一般来自于磷酸盐、胺、蛋白质和各种碳水化合物，其分子内含有的 N，P，S 和 O 等电负性较大的原子或基团能与金属离子发生络合和螯合作用。如几丁质和脱乙酰几丁质复合物上的大量磷酸盐和葡萄糖醛酸，可以通过各种机制与金属络合，其中磷酸、羧基及蛋白质和几丁质上的含 N 配位体，对金属都有很强的络合能力。

金属离子与海藻接触时，首先与细胞壁和细胞膜发生相互作用。例如，细胞壁上纤维素的碳基（C＝O）在海藻 *Sargassum natans* 菌体吸附 Au 的时候起作用。

5）无机微沉淀。无机微沉淀是重金属离子在细胞壁上或细胞内形成无机沉淀物的过程。Strandberg 等在研究酿酒酵母（*Saccharomyces cerevisiae*）细胞对铀的吸附时指出，铀沉积在细胞表面，外形呈针状纤维层，大约 $0.2\mu m$，这种累积的程度和速度受到环境因素的影响，如 pH 值、温度、其他离子干扰等。而对于 *Pseudomonas aeruginosa* 来说，铀沉积在细胞内部，这一过程十分迅速，一般少于 10s，且不受环境条件的影响，也不需要体内代谢提供能量，细胞对铀的累积可达细胞干重的 10%～15%。重金属还能以磷酸盐、硫酸盐、碳酸盐和氢氧化物等形式，通过晶核作用在细胞壁上或细胞内部沉积下来。

6.2.6　污染物质的生物迁移转化途径

污染物进入环境中会通过各种途径发生迁移与转化，自然力与生物的作用是污染物发生迁移转化的最重要的力量，而稀释扩散、降解、沉积、生物富集等是转化的最主要的途径。转化可以发生在某个环境中，或者不同的环境之间，或者生物体内，或者在生物体与环境之间。总之，是在环境、污染物与生物三者构成的复合系统中的多向转化。

1. 污染物质的扩散迁移（Diffusion migration）

污染物质从污染源排放进入环境中，由于存在的浓度梯度，污染物质必然在环境中发生扩散，从污染源的高浓度区域向周围的低浓度区域扩散。在不受任何其他环境因子影响的条件下，扩散过程依赖于污染物质的分压差或者浓度差，但是，这种作用力是很有限的，从污染源向周围环境扩散需要克服环境阻力，当环境阻力与因浓度梯度差引起的扩散力达到平衡时，扩散就不再继续进行，因此污染就被局限在一个有限的空间里。但是，实际上污染物进入环境后，作用于污染物的环境因素很多，影响污染物扩散的因素主要是环境介质的运动。如排放进入大气环境中的污染物会随风力或者空气的流动而扩散，介质运动的速度对扩散的速度和范围影响很大。以某个固定污染源而言，局部环境中污染物的浓度与风速（或平均风速）成反比。向水环境中排放水污染物质，其扩散受水的流速以及流态的影响，而受污染水体环境中污染物质的浓度除了受流速与流态的影响外，还与流量有密切的关系。流量越大，污染物质被稀释扩散的速率越快。

污染物质在不同类型的介质中扩散度有显著的差别，一般而言，在空气中扩散度比水中的扩散度大得多，在固体中的扩散则更难，扩散度以扩散系数表示。如氨在空气中的扩散系数为 $3\times10^{-5}m^2/s$，而在水中的扩散系数为 $3\times10^{-9}m^2/s$，相差竟达 10000 倍，以固体与液体相比，其差异将达 100 万倍以上。扩散不仅与介质有关，还与介质的环境参数有关。如温度、压力等，在扩散系数的计算式中，温度是一个与扩散系数成正比的变量，且是与温度的幂指数成正比，负压力则是一个成反比例的变量。污染物质在水中的扩散系数与温度成线性正比关系，而与水的黏度及污染物分子的动力学半径成反比。

多孔介质是一种非常重要的环境工程介质，因此，污染物质在多孔介质中的传质扩散也很重要。污染物质在多孔介质中扩散的路径变得弯弯曲曲，同时污染物质的携带介质也只是整个传质扩散系统中的一部分，因此在多孔介质中污染物质的扩散系数与孔隙率和孔隙弯曲度有关。孔隙率表示另一种携带污染物质的介质在系统中所占的比例，如空气在多孔介质中的比例，或者水的比例。实际上污染物质在多孔介质中的扩散系数是多孔介质的孔隙中另一介质的扩散系数，再加上多孔介质的阻力。如在污水处理系统中的填料，实际上是忽略污染物质在填料中的扩散，而只考虑填料中的污水的传质作用。

2. 吸附（Adsorption）**与沉积**（Deposition）

吸附过程在污染物质的转移过程中会普遍发生，如气体污染物质被悬浮颗粒的吸附，污染物质的胶体颗粒被微生物细胞的吸附等。吸附有时是靠电荷的吸引，有时靠黏力或者碰撞。

一种作为载体的介质，对某种污染物质的吸附是有限的，很快就会达到饱和。当载体表面所吸附的污染物质达到饱和后，仍然有吸附过程继续发生，但在吸附过程发生的同时，必须有解吸附过程发生，当解吸附速率与吸附速率相等时，吸附就达到了一个动态平衡，称为吸附平衡。吸附平衡与固相介质表面特性和液相（或气相）中被吸附物质的浓度有关。表面特性，如电荷多少、基团有无等，对吸附的影响很大。被吸附的污染物质分子间吸引力较大时，会影响吸附过程的发生，污染物质浓度越高，吸附现象越容易发生。不同的吸附过程，可用吸附等温线描述。因为吸附表面和被吸附物质之间的特性差异，使得两相中的浓度变化规律不一。如亲脂性溶质在亲脂性表面的吸附与在亲水性表面的吸附的吸附平衡动态过程不相同。

土壤或沉积物是污染物质发生吸附的重要介质。污染物质进入土壤或沉积物环境中，污染物质会与土壤中的矿物质和有机质发生一系列的生物学反应和物理、化学反应，随着各种反应的不断进行，水相中的污染物质浓度下降，土壤或沉积物中的污染物浓度增加。这些经过吸附被"固定"在土壤或沉积物中的污染物质在一定的条件下，还可以被释放出来，重新变成"有效态"的污染物。

污染物质的沉积主要是指污染物质从液相中转移至沉积物固相中。污染物发生沉积有几种途径，一是污染物质在液相中扩散运动至与沉积物相遇，而被沉积物吸附；二是污染物质自身形成的胶体粒子沉降至沉积物中；三是污染物在液相中被悬浮颗粒物吸附，然后随悬浮颗粒物沉积到沉积物中；四是污染物在液相中与其他化学物质形成沉淀物而沉降。

沉积是污染物质从有效态转为缓效态的一个重要过程，也是环境自净能力的一个表现或者环境容量的一个部分。总之，污染物质的沉积有利于水环境的净化，虽然这些被沉积的污染物质仍然在水体环境中，但毕竟在水体中不呈溶解状的有效态。如果将沉积物搅起，则沉积在沉积物中的污染物质还可以再溶出，但仍然有大部分是被沉积物牢固吸附的。沉积在沉积物中的污染物质，由于沉积物的物理化学环境不同，会发生不同的转化或者降解。沉积物中的典型环境是厌氧环境。

3. 微生物对污染物质的吸收（Absorption）

吸收过程与吸附过程不同，吸收是生物的主动过程，当生物与污染物质同处某一介质中，互相具有接触的机会。生物体在与污染物质接触的过程中，主动以某种方式获取该物质。一般而言，污染物质必须通过细胞膜方能被微生物细胞吸收。

污染物质透过细胞膜是一种生物转运过程，生物转运有主动转运和被动转运。被动转运是指细胞膜本身不起主动的作用，也不消耗细胞的代谢能量，常常是由细胞膜的浓度高的一侧向浓度低的一侧扩散转运。一些较小的水溶性物质可以通过被动转运透过细胞膜。主动转运是一种特殊的转运，发生在细胞膜上的蛋白质载体上。蛋白质载体有一个特殊的结构正好与污染物质的空间构象吻合，载体结合污染物质，然后将污染物质转运到膜的另一侧并释放出来，载体蛋白质又恢复原状，继续转运新的污染物分子。一些体外酶也具有这种主动转运的功能。主动转运的效率不受被转运物质浓度的影响，但必须消耗能量，这个过程可以逆浓度梯度转运。一些大分子污染物只能通过主动转运的方式进入微生物细胞内。

大部分被吸收的物质可以在微生物细胞体内进行代谢，污染物质可以在代谢过程中发生某种变化，被降解、氧化、还原、脱除某些取代基等。吸收的逆过程是排泄，细胞吸收某种污染物质并经过代谢以后，其代谢物必须被转运至细胞体外。吸收、代谢与排泄构成一个完整的代谢过程，大多数时候污染物质就在这个过程中被降解。

4. 污染物质的降解（Degradation）与累积（Accumulation）

在环境系统中，污染物可通过。物理降解、化学降解、生物降解，得到不同程度的降解。某种污染物在环境中的降解也不止一条途径，有时会是不同途径的联合作用，且污染物的降解也不是在一次降解过程中完全矿化，往往需要一个较长的降解过程，特别是一些有机大分子和人工合成有机物。不同的降解途径中，生物降解是最重要的途径之一，往往是污染物的最终降解途径。

污染物的生物降解是通过生物活动对污染物的代谢引起污染物分子结构的变化，如乙酸经生物氧化成为甲酸和二氧化碳。对环境中污染物具有降解作用的生物包括所有有生命活动的生物，如植物、动物、微生物，其中更为重要的是微生物。微生物的生存环境、分布特征和种类多样等特点使得其备受关注。

污染物的生物降解既可以在生物体内进行，也可以在生物体外进行。微生物通过吸收污染物进入细胞体内，在一系列酶促反应的作用下进入某个代谢过程，转化为另一种物质或者某种中间产物，然后释放到细胞体外，使污染物获得某种程度的降解。然而，微生物还可以通过分泌一些体外（或者胞外）酶，当环境中污染物被微生物细胞吸附或者污染物与细胞相对运动而接触时，胞外酶与污染物发生作用，使污染物在物理或化学特性方面发生变化，达到降解或者转化的目的。

生物降解（Biodegradation）有机化合物的难易程度首先决定于生物体本身的特性，同时也与有机物的结构特征有关，结构简单的有机物先被降解，结构复杂的有机物后降解。影响生物降解的因素主要有如下方面：

1) 脂肪族和环状化合物较芳香族化合物容易被生物降解。

2) 不饱和脂肪族化合物一般是可生物降解的，但有些不饱和脂肪族化合物（如苯代亚乙基化合物）有相对不溶性，影响生物降解的程度。如果有机化合物分子的主链上除碳元素外还有其他元素，就会增加对生物降解的抵抗力。

3）有机化合物分子的大小对生物降解能力有重要影响。聚合物和复合物的分子能抵抗生物降解。

4）具有取代基团的有机化合物，其异构体的多样性可能影响生物降解能力。

5）增加或去除某一功能团会影响有机化合物的生物降解程度，如卤代作用能抵抗生物降解。

污染物在环境中经过稀释、扩散、迁移、转化和降解等多种不同的过程，仍然有一部分残存于环境中，或者是经转化或降解后的产物存留在环境中。当环境系统不断地接纳污染物，而迁移、转化或降解又总是不彻底时，污染物就会在环境中积累。环境污染，特别是逐渐恶化的环境都是因为污染物的不断积累而引起的。污染物的积累使环境容量日渐缩减，也就等于环境资源被占用，从而出现环境资源的短缺。因此，环境污染物在环境中的积累是环境污染的根源之一，当然造成积累的根源是污染物的排放量超过环境的承载力。

生物体在环境中吸收污染物，虽然污染物会在体内经过代谢而降解，或者将污染物质排泄出体外，但由于某些污染物具有与生物体细胞的亲和性，如亲脂性物质，将有一部分污染物残留于生物体内，大多是一些脂溶性的难降解有机化合物。由于长时间的降解和排泄量小于吸收量，所以生物体内就会出现某些污染物的积累。

5. 污染物的生物富集（Biological concentration）

污染物在生物体内可以造成积累，当生物体内的积累达到一定程度时，其概念就转化为富集，但是富集已不再是生物（或微生物）从环境中吸收与排泄的量的差异，更重要的是通过污染物在食物链上的浓缩而引起的生物体内的污染物的高浓度积累。生物富集常用浓缩系数或者富集系数来描述，即指生物体内某种污染物质的浓度与它所生存的环境中该物质的浓度的比值。

在一个较均匀的环境介质中，环境中污染物的浓度与生物体内污染物浓度之间可构成一定的平衡关系，也就是生物体吸收环境中的某种污染物与排出该污染物的量经过一定的时间以后，可以达到某种动态平衡。此后浓缩系数不再增大，当然允许在一定范围内波动。这种处于动态平衡时的浓缩系数称为平衡浓缩系数。描述某种生物对某种污染物的浓缩系数时，应该采用达到动态平衡时的浓缩系数。该系数能表明这类生物对某污染物的生理代谢能力。

获取生物浓缩系数的方法有两种，一是在人工控制的环境中饲养试验动物，在达到一定长的时间后，测试动物体内的污染物浓度与受控环境中污染物浓度的比值。另一种方法是直接调查某个较稳定的自然环境中生物体内的污染物浓度与环境介质中同类污染物质的浓度比值。

不同种类的生物，由于其生活习性和生理代谢过程的差异，对相同污染物质的浓缩系数差别较大，达到平衡浓缩系数的时间也不相同。对于同一种生物而言，不同的器官和组织，对同一种污染物质的平衡浓缩系数以及达到平衡时的时间都可以有很大的差别。因此，在描述生物体的污染物质的积累过程时，需要指明是整体还是某个器官和组织。

在生态系统（Ecosystem）中，处于不同营养级上的生物之间存在着一种低营养级上的生物体内所富集的污染物再经过更高营养级上的生物的富集，使浓缩系数呈几何级数增大，体内或者某组织内污染物浓度特别高，有文献称经过食物链的富集为生物放大，使高营养级生物常有数百万倍的浓缩。

在某些食物链上也曾发现，处于食物链中层的生物体内的某种污染物的浓度或浓缩系数大于高一层次的生物体内的浓度或浓缩系数。这是因为生物体本身对该物质的代谢速率所引起的。由于高营养级生物在代谢过程中降解该污染物的速率较大，所以导致高营养级生物的浓缩系数小于低营养级生物的浓缩系数的现象发生。

6. 污染物的生物转化（Biotransformation）

污染物在环境中的转化是污染物降解的关键过程，特别是一些大分子难降解有机物，要经过一系列的转化过程方可达到降解。生物转化是大分子难降解有机物在环境中发生转化的最重要的过程。例如，纤维素在环境中不能直接被一般的微生物利用，纤维素是由数个葡萄糖分子聚合而成，必须由特定微生物分泌特定的酶作用于葡萄糖分子间的糖苷链，形成链更短的葡萄糖多聚物或纤维二糖或者葡萄糖。

6.3　微生物修复生态学原理

6.3.1　微生物修复的生态因子

从环境条件的角度看，污染物的生物可修复性并不是污染物固有的，而是环境状态表现的结果，改变了环境状态，本来难以生物修复的污染物可能变得易于修复了。环境条件的变化是通过生物的活性或者改变污染物的生物可利用性而影响到生物修复的。

1. 温度和湿度

温度和湿度对任何生物而言都是重要的生态因子，当然微生物也不例外。温度和湿度可以直接影响到生物体的活动、生长代谢及存活等。在某些特殊的环境中，温度和湿度常常是相关联的因子，其作用也常用联合效应。

微生物生长的温度范围为−12~100℃，大多数微生物生活在 30~40℃。任何一种微生物都有一个最适生长温度。在一定的温度范围内，随着温度的上升，该微生物生长速率加快。根据微生物对温度的依赖，可以将它们分为嗜冷性微生物（<25℃）、中温性微生物（25~40℃）及嗜热性微生物（>40℃）。如图 6-3 所示，生物反应速率在微生物所能容忍的温度范围内随着温度的升高而增大。

这是一个化合物在两个温度下的降解情况，其关系可以用阿仑尼乌斯（Arrhenius）方程式来描述：

$$y = A\mathrm{e}^{-E_\mathrm{a}/RT} \tag{6-6}$$

式中，y 为温度校正生物降解速率常数；A 为与反应有关的特性常数，又称指前因子或频率因子；E_a 为反应活化能；R 为通用气体常数；T 为绝对温度。

反应速率和温度之间的关系可能受其他因素的影响而有所变化。例如，尽管冬季温度较低，但是水流速的上升和降低可能改变微生物主群密度，从而改变生物降解速率。同时

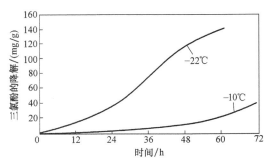

图 6-3　两种温度下三氯酚降解的量

注：两种温度的起始浓度均为 2.5 μg/g。

温度和其他因素之间的关系也是密切的，尤其是在土壤中，潮湿土壤的传热性能更好，因而在一定深度内，其温度梯度要比干燥土壤小。微生物降解污染物的活性随土壤深度的变化不大。同样是在气候转凉的秋冬季节，2,4-D 在寡营养的湖泊中的降解速率反而加快，这是因为落叶进入湖中带来了丰富的微生物，微生物生物量增加的影响超过了低温带来的不利影响。

温度变化对石油的生物降解速率的影响，随着降解菌种类的不同而有很大差异。中温性的假单胞菌在 25℃时，石油降解速率为 0.96mg/(L·d)，15℃时为 0.32mg/(L·d)，5℃时为 0.1mg/(L·d)。而从北阿拉斯加的水土中分离的嗜冷性石油降解菌，它们在 -1.1℃，菌体浓度为 10^8 个/L 时，石油降解速率仍可达 1.2mg/(L·d)。提高温度能够得到较高的生物降解速率，但在较高环境温度下，某些烃的膜毒性也增大。

温度作为一个重要的生态因子，对每一个生物都有一个适宜的温度范围，即使是嗜热菌和嗜冷菌，也同样存在一个适宜的温度范围。对嗜温（30℃）和嗜冷（4℃）条件下四种北部原油的可生物降解性进行比较发现，被生物降解的烃种类随温度而变。细胞生长和产率在这两种温度下是差不多的。然而，与富集的嗜温种群不同，4℃富集的种群不能降解类异戊二烯和所研究的四种原油中有支链的石蜡烃。在这两种温度下富集的微生物种群的计算结果证实，利用相同的培养基而改变培养温度，在不同温度下占优势的微生物不同。类似地，嗜温微生物种群和冷营养微生物种群能利用两种原油作为生长底物，冷营养种群对原油芳香族组分的降解能力最低，但它们对饱和烃组分具有与嗜温种群相同的利用能力。从北方土壤中分离出来的微生物对原油的生物降解也与此相似，用一种混合的嗜温种群进行培养时，短于 C_{25} 的支链烷烃被优先降解。从不同土壤中富集的两类冷营养微生物能够降解直至 C_{33} 的正烷烃，但不能攻击类异戊二烯化合物。上述代谢能力的差别，是由于不同温度下富集的微生物类型不同。

温度影响有机污染物生物降解的原因除了改变微生物的代谢速率外，还能影响有机污染物的物理状态，使得一部分污染物在自然生态系统温度变化的范围内发生固-液相的转换。另外温度也能影响污染物的溶解度，这一点对于石油烃类污染物的生物降解特别重要，因为大多数石油烃类化合物至多也只是微溶的。

湿度作为一个重要的生态因子，对某些生活在水环境中的微生物而言，不会受到湿度变化的影响，但对于一些非水生的环境，湿度则是十分重要的。湿度不仅是指空气中的湿度，也包括微生物栖息环境的湿度，如土壤环境中土壤颗粒表面的水分和土壤的含水率等都会影响到微生物的生长和活动。当微生物附着于某个固体表面时，其表面的水膜是微生物运动的介质。如果缺少这个介质，微生物就失去了运动的可能，存在于环境中的微生物没有运动的空间，就使种群间失去了相互影响的机会，因此，在干旱环境中的微生物群落中的各种群将不存在相互竞争。

2. pH 值

环境的 pH 值必定会影响到微生物的生长与代谢，因为 pH 值是生理生化反应的重要影响因子，环境的 pH 值的变化引起微生物细胞表面特性的变化，从而引起细胞体生理生化过程的变化，最终导致微生物代谢与生长的变化。嗜热菌、嗜碱菌和一般微生物对环境 pH 值的要求相差较远，一般的微生物要求环境 pH 值为 5~9，或者最宽的范围也是在 4~10 之间，且最适宜的 pH 值较窄，在 6.5~7.5 之间，在 pH 值为 4~10 范围外生长的微生物就是嗜酸、嗜碱微生物。一些微生物在环境中对 pH 值变化十分敏感。一些在环境中因自身活动对 pH 值产生影响的微生物对 pH 值的变化范围适应较宽，如酵母菌，因其代谢活动会使环境 pH 值降低，因此，对偏酸环境有一定的适应能力。

pH 值对硝基苯类化合物的毒性有明显影响，因为有些硝基苯类化合物（如硝基酚类、硝基苯酸类）在不同 pH 值条件下呈现不同的状态。pH 值较低时主要以化合态存在，而在 pH 值较高时主要以游离态存在。一般认为游离态硝基苯类化合物的毒性比化合态更大。因此在细菌生长允许的范围内，适当提高 pH 值有利于硝基苯类化合物的生物降解。

不同土壤的酸碱度变化较大，且大部分稍偏酸性，虽然某些土壤可以通过碳酸盐-碳酸氢盐系统来缓冲酸化作用，但并不是全部土壤都是这样的，有时由各种代谢过程产生的有机酸或无机酸能使土壤的酸碱度降到很低的水平。尽管真菌较能抗酸，但大部分细菌对酸性条件的耐性是很有限的。因此，土壤的 pH 值往往决定何种微生物能够参与烃类生物降解过程。有证据表明，微碱性条件下烃的生物降解总速率高于酸性条件下的总速率。

研究发现，在某种 pH 值为 3.7 的天然酸性土壤中，烃的生物降解作用最弱。对烃类生物降解的促进作用，随土壤 pH 值的增大而提高。在一种盐沼沉积物中，正十八烷和萘生物降解在 pH 值为 8.0 时达到最高水平（与 pH 值为 6.5 和 pH 值为 5.0 比较）。在酸性土壤中，大部分烃类的生物降解是由真菌实现的，但在低 pH 值条件下烃类化合物降解的总速率，要低于细菌和真菌混合群落在中性或微碱性 pH 值条件下可达到的速率。

一些在环境治理工程中应用的微生物对 pH 值适应能力很强，一般在 pH 值为 6~9 时均能较好地发挥作用。另外，微生物的生长代谢对 pH 值的变化有一定的缓冲作用。例如，在碱性环境中通过产酸而调节 pH 值，在酸性条件下通过消耗酸也可以调节 pH 值。一个污水处理系统，要求将系统中的反应较好地控制在某一阶段，常常可以通过调节系统的 pH 值而达到目的，如厌氧反应器的产酸和产甲烷的控制。

3. 渗透压（Osmotic pressure）

微生物细胞结构简单，特别是原核生物细菌类，较容易受到环境渗透压的影响。环境中某种离子的浓度与微生物细胞体内该离子浓度的差会导致微生物的生理变化与适应。如高盐环境下微生物细胞必须调节自身细胞膜，以防止环境中的 Na^+ 不断地渗入细胞体内。

环境渗透压对微生物细胞而言，主要是在低渗环境和高渗环境的影响，在等渗环境（即以生理盐水为生存环境）中生长得最好。而在低渗环境中，环境中的水会不断地渗入细胞内的高渗环境中，致使细胞发生膨胀，严重时可能导致细胞的破裂，在高渗环境中，由于环境渗透压高于细胞内环境渗透压，致使细胞内的水分向外质壁分离，利用高渗溶液保存食品，就是这个道理，嗜盐菌高渗环境的适应是通过改变细胞膜的 Na^+ 通透性，达到维持细胞体内渗透压稳定的目的。

4. 氧

氧与微生物的关系较复杂，对微生物的生存具有至关重要的作用，对于严格厌氧微生物而言，氧将使微生物立即死亡，而对于好氧微生物而言，缺氧也将导致死亡，因此，氧对不同的微生物其作用是不同的。氧在环境中的存在又可用氧化还原电位来表示，有氧的环境中氧化还原电位为正，而缺氧的还原性环境中的氧化还原电位为负。环境中氧化还原电位的变化为 $-400 \sim +820 mV$。环境中的氧分压决定了氧化还原电位的高低。

好氧微生物是利用氧作为生理代谢的最终电子受体，同时氧也可参与物质的合成。生活在水体中的好氧微生物可以利用溶解在水中的氧，氧在水中的溶解度和水温、大气压等有关。污水处理系统通过强力增氧使污水中溶解氧增加，以保证微生物有足够的可利用的氧来氧化降解有机污染物。污水中污染物被生物降解所需要的氧的量称为生化需氧量（BOD），要使污水得以净化，要提供足够的氧才能获得理想的效果。

厌氧微生物在生长代谢过程中不需要氧，或者是不直接需要氧，如产甲烷菌等。专性厌氧菌不仅不能利用氧，反而遇氧就会中毒死亡。另一些厌氧菌的专一性稍低，不能利用环境中的氧，但环境中氧的存在不会使其出现中毒现象。兼性厌氧微生物是具有厌氧和好氧微生物的两重特性，既具有脱氢酶，也具有氧化酶，所以既能在无氧条件下生存，也能在有氧条件下利用环境中的氧进行有氧代谢，但在有氧和无氧条件下，微生物的代谢途径及代谢产物会有所区别。

氧对微生物的作用受到人们的关注，从氧这个因素出发，发展了许多的污水生物处理工艺、如好氧工艺、厌氧工艺、好氧—厌氧联合工艺及厌氧—好氧—厌氧工艺等。当污水在不同的微生物群落间循环时，不同的污染物就会在不同的过程中被去除。

5. 辐射（Radiation）

太阳辐射中的部分光谱可作为部分微生物进行光合作用的能源，如蓝细菌和藻类。另一些光谱则可能对微生物产生不利的影响，如紫外辐射，强烈的紫外辐射可能对某些微生物具有杀灭作用。微生物细胞中的核酸、蛋白质等对紫外辐射有特别强的吸收能力，导致 DNA 链上出现一些不可预见的变化，使 DNA 不能复制，或者发生其他的重要变化。

不同的微生物或者微生物的不同生长阶段对紫外辐射的抵抗能力不同，芽孢对紫外辐射的抵抗能力要比正常细胞的抵抗能力高好几倍。但芽孢在出芽阶段则对紫外辐射十分敏感，因此，辐射常被用于医疗消毒方面和农业育种方面，如辐射育种等。

6. 抗生素（Antibiotics）

抗生素是微生物产生的一种特有的物质。许多微生物都能产生抑制其他微生物生长代谢的物质，称为抗生素，如普遍使用的青霉素。一些抗生素只对一种或是几种微生物有抵抗作用，另一些则是对许多种微生物都能产生抵抗作用，即分为狭谱和广谱抗生素。

环境中存在多种多样的微生物，微生物由于进化和选择的压力，为维护其所处生态环境的稳定，会向环境释放一定的抗生素，另一方面，是人为地向环境投施抗生素。环境中抗生素对微生物的影响：破坏或损坏微生物细胞膜，改变细胞膜的正常渗透性能，使细胞内环境受到干扰，导致生理紊乱而死亡；干扰或抑制蛋白质和核酸代谢，从生理功能和 DNA 复制等方面破坏生命活动的正常进行。

7. 环境化学物质（Environmental chemicals）

微生物在环境中受到各种化学物质的影响，影响微生物生命活动的化学物质非常多，一些是有利于微生物生长的，一些则是不利于微生物生长的，当然，有利影响与不利影响也随微生物种类或类群的不同而不同。对一种微生物生长不利的影响因素可能对另一种微生物是不可缺少的生长因素，这就表现出了环境微生物的多样性。

重金属是一类对环境微生物影响广泛的化学物质，如铅、汞、铜等。当重金属存在于环境中并发生某些化学反应而生成某些化合物，或者直接从污染源来的污染，如 $CuSO_4$、$HgCl_2$ 等，对许多微生物都有致死的作用。$CuSO_4$ 本来就是一种灭菌剂，早年多用于农业生产防治作物病害。

一些有机化合物也对多种微生物具有杀伤作用，如甲醛对各类的细菌、真菌及其孢子都有很强的杀伤作用，稀的甲醛溶液就是医学上用于防腐的福尔马林。酚及其衍生物是另一类具有较广谱杀灭作用的化学物质，能引起微生物细胞内环境变化，破坏细胞结构，引起蛋白质失活甚至变性。

　　对环境微生物产生不利影响的化学物质的种类数不胜数，如杀虫剂、除草剂、染料类和工业原料。

6.3.2　土壤微生物群落

　　在一定空间或某一特定环境中的各种微生物种群构成微生物群落，不同的环境中有不同的微生物群落，发挥不同的作用。这些群落随时间的变化而变化，随环境的变迁而变化，也会随环境中某些干扰因素的变化而变化。所以，微生物群落结构的变化是十分复杂的，尽管其变化纷繁复杂，但以具体的环境而言，仍然可以发现一些规律。

　　土壤环境中含有多种有机和无机营养物，是适合微生物生长的最佳环境之一。土壤环境条件十分复杂，变化多样，因此，土壤环境中存在着极为丰富的微生物种类。1g 干重的农田土壤中至少含有几百万个细菌、数十万个真菌孢子和几万个原生动物和藻类。以细菌的 DNA 计，在一个多草的柏杨树林土壤中 5g 土壤便可提取纯细菌 DNA 0.13mg。以 DNA 进行克隆分析，获取土壤中的克隆群落，一个 5g 的土壤样本，初步克隆分析获得了 886 个不同基因型的克隆，至少代表有 886 个不同的菌株存在于这个土壤样品中。

　　土壤中存在的细菌大部分为革兰氏阳性菌，这类细菌的数量与淡水和海洋环境相比，要高得多，且大多都能利用（或者降解）碳水化合物，多为杆菌，如假单胞杆菌（*Pseudomonas*）、棒状杆菌（*Corynebacteroum*）、不动杆菌（*Acietobacter*）、梭状芽孢杆菌（*Clostridium*）、分枝杆菌（*Mycobacterium*）等。一般土壤中常能发现数十个属的细菌和真菌。这里所说的几十个种属是能够通过人工培养基培养的已知微生物，实际存在的微生物种类则要远远地大于这个数。微生物学家基本上公认目前的人工培养基仅能培养实际土壤中存在的微生物种类的 1%，尚有绝大部分是不能培养的和未知的微生物。可见土壤中的微生物种类的实际丰富程度只能任我们想象。

　　土壤中微生物群落结构与土壤层次有关，表层土壤中土壤环境异质性较高，微生物种群在资源上较容易满足，在空间上受到阻隔，种群间竞争作用很弱，所以种群与种群间具有相似的生态地位。而表层以下的土壤环境中由于可用资源的相对贫乏，以及土壤水分提供的种群间交互作用的介质，使种间的竞争作用增强，逐步出现一些具有优势的微生物种类。这些都通过分子生物学技术得到证实。

　　土壤中的微生物主要为细菌，其次为放线菌。以传统方法研究所得的土壤微生物群落中，10%～33%的种群为放线菌，其中以链霉菌属和诺卡氏菌所占比例最大。土壤中真菌是一个生物量很大的类群，大部分的真菌都可以从土壤环境中找到，且许多会与植物根系等形成一种特殊根菌关系，通气性能好的土壤，真菌的数量就更大。土壤中也存在许多酵母菌，而且有一些酵母菌只能从土壤中分离得到，如假丝酵母菌（*Candida*）、红酵母（*Rhodotorula*）等，说明这些是土壤环境的土著微生物。土壤中还有一类重要的微生物为固氮菌，这类微生物在物质循环方面具有重要的作用，能把大气中的氮转化为氮化合物，成为氮循环中的一个重要环节，且固氮菌为土壤提供氮营养，维持土壤肥力，促进植物群落的生长发育。土壤中也有自养的光合细菌，但不属重要的类群。外来微生物也是很重要的，但外来微生物在土壤环境中的情况则没有普遍的规律，与土壤环境和人为管理关系重大，有人为引进和自然侵入两种情况。土壤中的藻类主要分布在土壤的表层，土壤微型动物种类很多，土壤线虫也是重要的类群之一。病毒是一种与其他生物共存的微生物，如一些细菌病毒也广泛分布于土壤中。

土壤中的大部分细菌和真菌都是可以利用、分解有机物的，如一些碳水化合物、糖、脂、氨基酸等多种有机物，一些真菌能降解木质素、纤维素和一些难降解的大分子有机物。有些还可降解有毒有害的物质。一些与植物共生的菌更具有多样的生态功能。

影响土壤微生物分布的因素很多，有物理因素、化学因素和生物因素等。土壤的质地或者颗粒的性质、有机质、腐殖质等都是影响土壤微生物分布的因素。土壤的水分常常可以决定许多微生物的存活与否，水分也是微生物活动的介质，缺少水分时，许多微生物就不能活动。土壤的通气性能决定土壤中存活的是厌氧菌还是好氧菌，或者是通气状况经常变化，如淹水等因素，可能主要存在的是兼性微生物。土壤表层的植被也会影响到土壤中微生物的群落的结构，没有植被的土壤中微生物的种数会明显地少于植被丰富的土壤中的微生物种数。土壤中某些微生物的存在可能会对其他微生物的存活产生抑制作用，或者完全产生拮抗作用。当然，也有许多的微生物之间会建立共生的关系或者互恶的生存关系。

6.3.3 微生物种群间的相互关系

当环境中存在多个生物体或者多种生物种群时，生物体之间或生物种群之间必然存在某种关系，讨论个体与个体之间的联系是个体生态学所研究的范畴，关系固然很复杂，但从一般意义上认识，种群生长曲线能解释一些基本现象。生物种群与种群之间的相互关系是种群生态学的研究范畴，两种种群或者多个种群之间存在着许多种相互作用和关系，微生物种群之间基本上存在一般生物种群之间的各种生态关系。实际上较早的关于种群生态学研究的对象就是微生物种群。

微生物种群间的关系，从对不同的种群的影响效果而言一般为正效应和负效应，无影响的情况也有，但不是典型的生态关系。种群之间不同的影响程度表明了两个种群在环境中的生态位势的强弱。在自然环境系统中，微生物种群所处的生态环境是相对复杂的，一般那种仅包含两三个微生物种群的简单系统是不存在的，多个微生物种群共同存在的复杂系统是一般所见的自然微生物生态系统。复杂的微生物生态系统中关系非常复杂，不管怎样复杂，所有复杂的关系都是以种群与种群之间的基本关系为基础的。在多个种群之间，有些关系是直接的，有些关系则是间接的；有些关系是明显的，有些关系则可能是隐含的。

种群之间的正效应与负效应关系有时是不确定的，然而，从哲学意义上讲，有时负效应可能是更深远的正效应。例如，一个种群对另一个种群增长的竞争抑制作用，使得该种群的密度受到合理限制，起到了调节作用，使这个种群避免了过度增长，或者避免了因过度增长而导致的种群大衰竭，从而使得该种群获得继续存在的机会。这种关系的深刻意义是生物在长期进化过程中获得的。微生物群落内种群之间相互作用、相互影响的方式多种多样（表6-3）。

表 6-3 微生物群落内种群之间相互作用类型

作用名称	种群 A	种群 B	作用名称	种群 A	种群 B
中性共栖	0	0	偏利共栖	0	+
协同共栖	+	+	共生	+	+
竞争	-	-	偏害共栖	0/+	-
捕食	+	-	寄生	+	-

注：表中的"0"表示无影响，"+"表示有益影响，"-"表示有害影响。

（1）中性共栖（Neutralism） 中性共栖指两个微生物种群间不发生相互作用的现象。中性共栖可以发生在非常低的种群密度下，一种微生物种群的存在不会影响到另一种微生物的存在。如在寡营养的湖泊和海洋中会有这种现象。在沉积物或土壤中，微生物种群可占据不同的微生境，也会有中性共栖现象。

（2）偏利共栖（Commensalism） 偏利共栖指两个微生物种群共同生长，一方因为另一方的存在而受益，而另一方并没有相应的受益或受害。这是微生物种群间常见的相互关系。例如，兼性厌氧菌利用氧降低了空气中的氧分压，创造出适合专性厌氧菌的生长环境。只要这两种种群不竞争相同的基质，兼性厌氧菌的生活就不会受到影响。有些微生物种群产酸，使一些物质由结合态变为可利用态（例如土壤中有些营养物常与矿物颗粒和腐殖质结合在一起），便于另一类微生物利用。一些共代谢菌可以和其他种群微生物建立偏利共栖关系。例如，母牛分枝杆菌（*Mycobacteriumvaccae*）在有丙烷存在时能够使环己烷转化为环己醇，而其他一些细菌如假单胞菌不能利用环己烷而可以利用和同化环己醇（图 6-4）。

（3）协同共栖（Synergism） 协同共栖（或协同）指两个微生物种群在一起时可以相互受益，但它们之间的关系不是一种专性固定的关系，双方可以在自然界单独存在。协同共栖作用使种群很好地联合在一起，进行单个种群所不能完成的物质转化。如诺卡氏菌（*Nocardia*）和假单胞菌混合培养可以降解环己烷，前者可以代谢环己烷供后者利用，而后者合成生物素和其他生长因子供前者利用（图 6-5）。这种现象

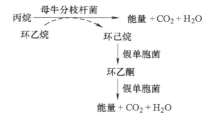

图 6-4 以共代谢为基础的偏利共栖
注：实线为产能同化代谢，虚线为基础代谢。

又称互养共栖（Syntrophism），即两种或两种以上微生物协同共栖进行某一代谢过程，彼此相互提供所需的营养物质。

（4）共生（Mutualism） 共生或称互利共栖指两种种群相互作用、相互受益而形成的专性关系，它们是协同共栖作用的延伸。地衣是藻类或蓝细菌与真菌结合的典型例子。沼气发酵中有细菌共生现象，曾经认为是纯培养的甲烷菌，实际上是几种菌的共生体，如奥氏甲烷杆菌（*Methano-bacteriumomelianskii*）和"S有机体"共生。"S有机体"（一种革兰阴性厌氧菌）能氧化乙醇为乙酸和氢，但又为自身产生的氢所抑制；奥氏甲烷杆菌能利用氢将 CO_2 还原为甲烷（图 6-6）。

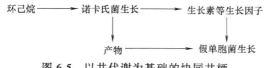

图 6-5 以共代谢为基础的协同共栖

图 6-6 甲烷菌中的共生

（5）竞争（Competition） 竞争指两个种群间在共同生存时为获得营养、能源、空间而发生的争夺现象。竞争双方均受到不利影响。每个种群都比在没有竞争条件下有较低的密度和生长速率。竞争可以发生于任何生长限制因子上，如碳源、氯源、磷酸盐、氧、生长因子和水等。竞争导致关系密切的种群生态分离（Ecological separation），即竞争排斥原则。竞争排斥阻止两个种群占据完全相同的生态位（Ecological niche），因为只有一个种群赢得竞争胜利，另一个种群则会消失；竞争也会导致共存（Coexist），这种现象只有在两个种群不同时利用相同的资源（没有绝对的和直接的竞争）的情况下才会出现。

（6）偏害共栖（Amensalism） 偏害共栖指两种互相作用的微生物群体，一方抑制另一方的生长，通常是一方产生抑制物质抑制另一方的生长，即拮抗作用（Antagonism）。产生抑制物质方不受这种抑制物质影响，或者因此受益。偏害共栖可以导致生境的抢先定殖（Preemptive colonization）。如一些能够产生小相对分子质量有机酸的微生物种群产生有机酸，改变生境而排斥其他细菌。

（7）捕食（Predation） 一种群可以吞食另一种群，捕食者（Predator）从被捕食者（Prey）得到营养，而对被捕食者产生不利影响。在极端情况下，捕食者的吞食可能导致被捕食者种群的消失。但如果被捕食者种群能暂时逃避捕食压力而再度出现，捕食者与被捕食者种群的相互作用导致两种群有规律的周期性波动。在自然界这种情况很普遍。在每个周期，捕食者种群随着被捕食者种群的增加而增加，并导致被捕食者的种群的下降，然后捕食者种群随着被捕食者种群的下降而下降，直到被捕食者再次上升，如此循环。在自然界、原生动物和细菌构成捕食者与被捕食者的关系，广泛存在于天然水体、污水处理厂和土壤之中。

（8）寄生（Parasitism） 寄生关系由寄主和寄生物两类微生物种群构成，寄生物从寄主体内获得营养，而对寄主产生不利影响。寄生物与寄主的关系通常比较专一，寄生物有一定的寄主范围，只能在有限的生境下生活。病毒是一种胞内专性寄生物，可广泛寄生于细菌、真菌、藻类和原生动物中。

6.3.4 相互作用群体生长的数学表达式

（1）竞争群体的生长速率 竞争两群体的群体生长速率分别为

$$\frac{\mathrm{d}N_1}{\mathrm{d}t} = \mu_1 N_1 \frac{(K_1 - N_1 - \alpha_1 N_2)}{K_2} \tag{6-7}$$

$$\frac{\mathrm{d}N_2}{\mathrm{d}t} = \mu_2 N_2 \frac{(K_1 - N_1 - \alpha_2 N_1)}{K_2} \tag{6-8}$$

式中，N_1 和 N_2 为甲群体和乙群体的群体密度；K_1 和 K_2 为环境对甲群体和乙群体的承载力，或称限制密度或饱和密度；μ_1 和 μ_2 为甲群体和乙群体的生长率；α_1 和 α_2 为甲群体和乙群体的竞争系数。

如果 $\alpha_1 < K_1/K_2$ 且 $\alpha_2 > K_2/K_1$，只有甲群体存在。如果 $\alpha_1 > K_1/K_2$ 且 $\alpha_2 < K_2/K_1$，只有乙群体存在。

如果 $\alpha_1 > K_1/K_2$ 且 $\alpha_2 > K_2/K_1$，甲群体或乙群体存在。如果 $\alpha_1 < K_1/K_2$ 且 $\alpha_2 < K_2/K_1$，则甲群体和乙群体均存在。

（2）被捕食—捕食群体的生长速率 被捕食群体的生长速率为

$$\frac{\mathrm{d}N_1}{\mathrm{d}t}=\mu_1 N_1 - PN_1 N_2 \tag{6-9}$$

捕食群体的生长速率为

$$\frac{\mathrm{d}N_2}{\mathrm{d}t}=PN_1 N_2 - mN_2 \tag{6-10}$$

式中，N_1 和 N_2 为被捕食群体和捕食群体的群体密度；μ_1 为被捕食群体固有的生长率；P 为捕食系数；m 为被捕食者不存在时的捕食者的死亡率。

（3）不利群体的生长速率　互利关系两群体的生长速率分别为

$$\frac{\mathrm{d}N_1}{\mathrm{d}t}=\mu_1 N_1 \left(\frac{K_1 - N_1 + bN_2}{K_1 + bN_2}\right) \tag{6-11}$$

$$\frac{\mathrm{d}N_2}{\mathrm{d}t}=\mu_2 N_2 \left(\frac{K_2 - N_2 + aN_2}{K_2}\right) \tag{6-12}$$

式中，N_1 和 N_2 为群体甲和群体乙的密度；μ_1 和 μ_2 为群体甲和群体乙的固有生长率；K_1 和 K_2 为群体甲和群体乙的承载力或饱和密度；b 为群体乙个体支持群体甲个体的系数；a 为群体甲对群体乙影响的系数。

6.4　影响生物修复的污染物特性

污染物的生物可修复性主要决定于内因和外因两类因素。内因是污染物本身特性和生物本身特性，外因是环境中存在的抑制或促进生物吸收、降解、转化的物理条件、化学条件和生物学条件。内因与外因相比，内因是更为重要的因素，这里主要介绍影响生物修复的内部因素。

6.4.1　优先污染物与目标污染物

（1）污染物的概念与内涵　任何物质或能量以不适当的浓度、数量、速率、形态和途径进入并作用于环境系统，对环境系统产生伤害或损坏，就是环境污染物。这里说的任何物质，既包括了人们通常认为的有毒有害物质（如多环芳烃、农药、重金属、氰化物等），也包括了一些无害甚至有益的物质。如大家所知的氮、磷等植物营养类物质，如果过多地排入水环境，就会造成某些特征藻类的异常繁殖，进而消耗水中的溶解氧，最终导致水体的富营养化，破坏水体的正常功能。从这个角度看，氮、磷就是一种污染物质。

进入环境中的污染物一般按照其性质分为物理性污染物、化学性污染物和生物性污染物。物理性污染物包括噪声、废热、光、电离辐射等。化学性污染物在环境污染物中占有绝对优势，是环境污染控制的主要对象，它按照形态又可分为离子态、分子态、有机构态、颗粒态等。生物性污染物则指各种细菌、真菌、放线菌、病毒等微生物。

（2）优先污染物　面对如此众多的污染物，人们总是挑选出一些重要的污染物优先进行控制，这就是优先污染物（Priority pollutants）。确定优先污染物的原则是环境赋存量大、分布广泛、检出率高，或者毒性强、残留时间长、易积累的污染物质。

世界上很多国家都公布了优先污染物名录，如美国环保局于 1976 年公布了 129 种，德国于 1980 年公布了 120 种水中有害物质名单。我国一些学者虽然曾对优先污染物做过研究，但我国有关部门并没有正式公布优先污染物。一般地，优先污染物包括难降解有机污染物、重金属污染物、氮磷等富营养化物质等。

（3）目标污染物 生物修复的对象是污染物。在生物修复工程中，拟从环境中去除或降低危害的污染物被称为目标污染物，或靶污染物（Target pollutants）。据有关资料表明，全世界至少已有 10 万种以上污染物进入了生态环境。在目前乃至今后 20 年内备受关注的化学污染物见表 6-4。

表 6-4 在目前乃至今后 20 年内备受关注的化学污染物

类 型	化学污染物
有机污染物	PAHs、PCBs、CFCs、PCCDDs、PCDFs、石油烃、酚、氯酚、有机磷杀虫剂、氯化有机物、除草剂、有机染料、洗涤剂、需氧有机物等
无机与有机气体	CO_2、CO、NO_R、H_2S、SO_2、CH_4
金属污染物	Al、As、Cd、Cr、Cu、Pb、Hg、Ni、Se、Ti、Zn 等 有机金属（Hg、Pb、Sn 等） 放射性核素
营养类污染物	$N(NO_3^-、NO_2^-、NH_4^+)$、P、S 等

6.4.2 污染物化学结构对生物修复的影响

污染物，特别是有机污染物，其化学结构特性决定了污染物的溶解性、分子排列和空间结构、化学功能团、分子间的吸引和排斥等特征，并因此影响有机污染物能否为微生物所获得，即污染物的生物可利用性，以及微生物酶能否适合污染物的特异结构，最终决定污染物是否可以生物降解以及生物降解的难易和降解程度。本节主要以有机污染物为例，介绍污染物化学结构对其生物修复的影响。

1. 有机物化学结构对生物降解的影响

一般结构简单的有机物先降解，结构复杂的后降解。相对分子质量小的有机物比相对分子质量大的易降解。聚合物和高分子化合物之所以抗微生物降解，是因为它们难以通过微生物细胞膜进入微生物细胞内，微生物的胞酶不能对其发生作用，同时也因其分子较大，微生物的胞外的酶也不靠近并破坏化合物分子内部敏感的反应键。除此之外，已探明了有机污染物的化学结构、物理化学性质与生物降解性之间的一些定性关系和规律。

（1）各类有机化合物的生物降解

1）烃类化合物的生物降解。

① 链烃比环烃易生物降解。链烃、环烃和杂环烃比芳香族化合物易生物降解。脂环烃的生物降解与参与环的碳原子数有较大关系，在 $C_5 \sim C_7$ 范围中，环庚烷为最难生物降解的物质，实测的 BOD_5 值仅为理论需氧量的 25%。

② 单环烃比多环芳烃易生物降解。有 4 个以上稠环的高稠含芳香族化合物和环烷类化合物，大部分是抗生物降解的。

③ 长链比短链易降解。如脂肪族的饱和烃类中碳链长的 $C_{10} \sim C_{18}$ 以下的烃容易降解。微生物一般正常生长是在从正辛烷到正二十烷的基质中，而几乎没有或很少有利用从正戊烷到甲烷的微生物。石油组分中，$C_{10} \sim C_{12}$ 范围内的正烷烃、正烷基芳烃和芳香族化合物的毒

性最小、最易被生物降解。$C_5 \sim C_9$ 范围内的正烷烃、烷基芳烃和芳烃有较高的溶剂型膜毒性，它们在浓度很低时可被某些微生物降解，但在部分环境中是通过挥发作用清除的，而不是通过生物降解。气态正烷烃（$C_1 \sim C_4$）可被生物降解，但只能被范围很窄的特殊降解细菌利用。C_{22} 以上的正烷烃、烷基芳烃和芳香族化合物毒性很小，但因其在水中的溶解性极低，以至于生理温度下呈固态出现，这些因素都不利于生物降解的转化作用。土壤微生物接触长链单核芳烃比短链单核芳烃要快。随着 ABS 碳链的增加，其生物降解性增加（只限于 $C_4 \sim C_{12}$，大于 C_{12} 的不适用）。通常情况下是芳香族烃类的降解性较软脂肪族烃类差，但苯较容易降解。

④ 不饱和烃比饱和烃易分解。不饱和脂肪族化合物（如丙烯基和羧基化合物）一般是可以生物降解的，但有的不饱和脂肪族化合物（如苯代亚乙基化合物）有相对不溶性，会影响其生物降解程度。

⑤ 支链化合物的生物降解。一般情况下，有机物碳支链对代谢作用有一定影响。支链越多，越难降解，如伯醇、仲醇非常容易被生物降解，叔醇则能抵抗生物降解。苯酚上带有直链的烃比苯酚上带有支链的烃更易生物降解；直链烷基苯的直链烷基部分容易氧化降解，烷基为支链状时则难以生物降解。支链烷基苯磺酸盐比直链烷基苯磺酸盐更难生物降解。这是因为微生物的酶须适应链的结构，在其分子支链处裂解，其中最简单的分子先被代谢。叔碳化合物有一对支链，就要将分子作多次裂解，故而生物降解过程减慢。

$C_{10} \sim C_{12}$ 范围内的支链烷烃和环烷烃同相应的正烷烃、芳香烃相比，是不易被生物降解的。支化作用形成叔碳原子和季碳原子，它们能够妨碍 β-氧化作用。环烷烃的生物降解需要两种或两种以上微生物的通力合作。C_{10} 和 C_{10} 以下的环烷烃有高度溶剂型膜毒性。

支链烷烃的微生物氧化降解受正烷烃氧化作用的抑制。一些能分解正烷烃的微生物，不能氧化支链烷烃可能是由于下列原因：支链烷烃的毒性、缺乏支链烷烃传输系统、支链烷烃不能诱导烷烃氧化作用或者烷烃氧化酶不能利用支链烷烃等。研究者对后面两种可能性用腐臭假单胞菌 AC_4 和 PPG_6 进行了检验。这两种菌都含有 OCT 质粒，但都不能依靠支链烷烃生长。用辛烷和二环丙基酮可有效地诱导辛烷氧化作用，而用 2,7-二甲基辛烷、3,6-二甲基辛烷仅能诱导 20% 的辛烷氧化作用。另外两种菌株均不能在含有辛烷氧化作用安慰诱导物的培养基中依靠支链烷烃生长，表明已诱导的辛烷氧化酶不能有效地利用支链烷烃。这些结果说明微生物细胞对支链烷烃的氧化受到异构末端的严重限制，并受到反异构末端的阻碍。

酸、脂肪酸和 ABS 中烃基的氢被甲基取代则降低化合物的生物可降解性，原因在于增加了化合物支链的数量。

2）醇、酚、醛、酸、酯、醚、酮的生物降解。

① 醇类一般容易降解，但三级醇与正醇类相比，其降解性能很差。三级丁醇、戊醇、五赤鲜糖醇属于难降解性的化合物，而乙二醇较易生物降解，甲醇也容易降解。

② 酚类中的一羟基或二羟基酚、甲酚通过驯化作用可得到很高的降解性，但卤代酚非常难生物降解。

③ 醛类与相应的醇类相比，其生物降解性低。通常在醛类中对生物有毒性的较多，所以即使在高浓度时反复驯化，也没有明显的效果。

④ 有机酸和酯类化合物较醇、醛容易降解。

⑤ 醚类虽然不易生物降解，但只要进行长时间的驯化就能提高其降解性。如二苯醚虽然与多数有机物相比，其降解速度很慢，但它也能被生物降解。

⑥ 与醇、醛、酸和酯相比，酮类难于微生物降解。

3）胺、腈化合物的生物降解。胺类化合物中仲胺、叔胺和二胺均难降解，但通过驯化方法有可能进行降解。三乙醇胺、乙酰苯胺在低浓度时可以被生物降解。有机腈化物经过长时间的驯化后有可能被降解，腈类被分解成氨，进而被氧化成硝酸。

4）农药的降解。根据农药的化合结构，可以大致排出其生物降解难易程度的顺序。各类农药降解由易到难的排列顺序是脂肪族酸、有机磷酸盐、长链苯氧基脂肪族酸、短链苯氧基脂肪族酸、单基取代苯氧基脂肪族酸、三基取代苯氧基脂肪族酸、二硝基苯、氯代烃类（DDT）。例如，2-氯苯氧基乙酸盐、2-(4-氯苯氧基丙酸盐)、2-(4-氯苯氧基戊酸盐)、2-(1-氯苯氧基己酸盐)分别带有乙酸盐、丙酸盐、戊酸盐和己酸盐侧链，它们在土壤中生物降解的时间分别为大于205d、205d、81d 和11d。

5）表面活性剂的降解。表面活性剂中，阳离子表面活性剂的苯基位置越接近于烷基的末端，其生物降解性越好；烷基的支链数越少，其生物降解性也越好。此外，苯环上的磺酸基和烷基位于对位要比邻位的生物降解性好，非离子表面活性剂中的聚氧乙烯烷基苯乙醚的生物降解性受氧化乙烯（EO）链的加成物质的量及烷基的直链或立锥结构的很大影响。例如，C_{13} 的生物降解性能好，而 C_9 以下的短链烷基的生物降解性差。另外，直链烷基的置换位置也有影响，邻位的远不及对位的生物降解性好。聚氧乙烯烷基酸的生物降解性也受氧化乙烯（EO）链的加成物质的量及烷基的直链或侧链结构的很大影响，EO 的物质的量较小时（6~10mol），其生物降解性几乎没有差别，但 EO 高达 20~30mol 时，其生物降解性就很差。$C_{10} \sim C_{16}$ 的直链型的降解性几乎相同，但 EO 链越接近于末端，其生物降解性能就越高。阴离子表面活性剂中的 LAS 的生物降解速度随磺基和烷基末端间距离的增大而加快，在 $C_6 \sim C_{12}$ 范围内较长者降解速度快，支链化的影响与非离子型表面活性剂的规律相似。

6）其他。

① 有机化合物主要分子链上除碳元素外，尚有其他元素（碳元素被其他元素取代）时，会增加对生物氧化的抵抗力（如醚类、饱和对氧氮六环等），即主链上的其他原子常比碳原子的生物可利用度低，其中氧的影响最显著，其次是硫和氮。

② 每个碳原子至少保持一个碳氢键的有机化合物，对生物氧化的阻抗较小，而当碳原子上的氢都被烷基或芳香基所取代时，就会形成对生物氧化和降解的阻抗。

③ 微生物菌株驯化的条件有时会使化合物的生物降解性与化合物结构的关系变得比较复杂。例如，用 2-氯酚培养驯化的污泥对几种氯酚的生物降解由易到难的顺序为 2-氯酚、4-氯酚、2,4-二氯酚、3-氯酚、2,5-二氯酚、2,6-二氯酚、2,3-二氯酚。用 3-氯酚作为基质培养驯化的话，对上述各类酚的生物降解由易到难的顺序为 3-氯酚、2,5-二氯酚、4-氯酚、3,4-二氯酚、2-氯酚、2,3-二氯酚、2,5-二氯酚。对于用 4-氯酚为驯化基质的活性污泥，生物降解的顺序却为 4-氯酚、3-氯酚、3,4-二氯酚、2-氯酚、2,5-二氯酚。

④ 较高级的氧化物及卤代化合物难于在好氧条件下进一步生物降解，而在厌氧条件下易于生物降解。

⑤ 有机化合物的极性越强越易生物降解。有机化合物的离子化有助于生物降解过程的进行。

⑥ 在脂肪酸的 α 碳上引入卤原子或苯基会降低生物降解速度。

⑦ 一些取代基若被氯置换，则化合物的生物降解性降低。如甲氧基被氯置换，其生物降解性降低。对苯二酚中的烃基被氯取代，其生物降解性也降低。

⑧ 苯的甲基或乙基取代比苯基取代的化合物易于生物降解。苯胺的 N-甲基或 N-乙基取代比苯胺易于生物降解。

⑨ 溴基取代比氨基取代难生物降解。

（2）化学基团对生物降解的影响

1）功能团对生物降解的影响。羧基、羟基或氨基取代至苯环上，新形成的化合物（苯酚和苯胺）比原来的化合物（苯）易降解，但在芳香环上的甲基、硝基和氯取代基使化合物的生物降解性能较苯环降低。卤代作用能降低化合物的可生物降解性，尤其是间位取代的苯环，抗生物降解更明显。相对于被羧基和羟基取代的苯，一氯苯与二氯苯则难降解，而作为土壤杀菌剂，五氯硝基苯根据其结构就可以判定它将是一种极难降解的农药，事实上也的确很难分离到能使五氯硝基苯生物降解的微生物。一般带有氯、醚、氰、磺、磺酸、甲基等化学基团的化合物比带有羧、醛、酮、羟、氨、硝、巯基等化学基团的化合物难生物降解。醇、醛、酸、酯、氨基酸比相应的烷、烯烃酮、羧基酸和卤代烃易降解。

2）取代基对生物降解性的影响。

① 取代基位置的影响。甲酚系列物中的邻、间、对甲酚相比，对位取代较容易生物降解。氯取代的苯酚中，邻、间、对氯酚相比，邻位取代的氯酚较容易生物降解，间位取代的氯酚在初期对微生物有一定的抑制作用，经过适当时间适应后可以降解直至完全矿化，而对氯酚在相同条件下，不仅不被生物降解，反而有较强的抑制作用。硝基取代的三种硝基酚中，厌氧状态下生物降解从易到难的顺序为邻、间、对硝基酚，但好氧条件下对、间硝基取代物的生物降解性大于邻位取代物。对邻、间、对二甲苯三种异构体生物降解性的研究结果表明，间和对二甲苯的降解难易程度相近，而邻二甲苯则表现得很难降解，即使在质量浓度为 10mg/L 左右时，仍需要 300h 的驯化期；质量浓度为 40mg/L 时，则在试验的 543h 内几乎无降解，表现出相当强的抗生物降解性。

② 取代基数量的影响。取代基的种类和数量越多，生物降解难度越大。在多氯取代的芳香族化合物中，随着氯原子取代基数量的增加，其生物降解性降低，如多氯联苯中含有超过 4 个氯原子时几乎不能生物降解。

苯、甲苯、二甲苯和三甲苯四种化合物中，取代基的数量逐渐增加，除苯外，甲苯、二甲苯（邻二甲苯除外）和三甲苯比较，苯环上甲基的取代个数越多，生物降解越困难。苯是最简单的芳烃化合物，由于苯分子的对称性和稳定性，使其不易发生氧化。而在甲苯分子中，由于苯环上连接了有供电性的甲基，使得苯环上电子云密度增加，因此，甲苯较苯容易进行亲电反应，表现出比苯容易被氧化。这是因为在氧化酶的催化下，将分子氧组合入化合物分子中，形成含氧的中间产物，并进一步降解。因此，苯与甲苯相比，甲基的引入提高了化合物的生物降解性。与甲苯相比，二甲苯和三甲苯的生物降解随甲基数量的增加而变得困难。

虽然芳香族化合物中，如芳环上存在取代基会加速生物降解的速度，但对脂肪族来说，取代基的存在，对脂肪族的生物降解作用有不利影响。

③ 取代基碳链的影响。取代基的碳链长短对化合物的生物降解性有较大的影响。以甲

苯和乙基苯为例,在质量浓度为 10mg/L 时,甲苯几乎不需要驯化期,而乙基苯的驯化期长达 300h 以上。甲苯的平均降解速率也大大高于乙基苯。由此可知,取代基碳链越长,生物降解越困难。

3)有机物结构影响生物降解性能的原因。

① 空间阻碍。某些化合物的分子太大,微生物胞内酶难以接触到其分子中心易降解的部分,从而不易起到降解作用,如邻苯二甲酸二异辛酯和邻苯二甲酸二丁酯。

② 毒性抑制。有些硝基苯类化合物(如硝基酚类、硝基苯酸类)在不同 pH 值条件下呈现不同的状态。pH 值较低时主要以化合态存在,在 pH 值较高时主要以游离态存在。一般认为,游离态硝基苯类化合物的毒性比化合态更大,所以可生物降解性能降低。

③ 增加反应步数。支链的增加会降低化合物的生物降解。

④ 有机物的生物可得性下降 有机化合物由于其结构的变化造成其理化特性(包括溶解性能、吸附能力和跨膜运输能力)也发生一些改变,使其生物可得性下降。

2. 有机物的生物降解性预测

(1)生物化学法 依赖于同先例物在生物化学方面相似性的比较,测试有机物与已知代谢途径的基质和中间代谢物的相似性。如果这种有机物与已知的基质和中间代谢没有显著差异,或者仅是一个异源基团的差异,可以推测这种分解会相当迅速。如果有显著差异,将会抗生物降解,因为将要有一系列酶系才能将合成的化合物分子转化为天然产物。

(2)物理化学法 利用化合物的理化特性、分子结构特性进行预测。这些特性有水溶性、熔点、沸点、相对分子质量、摩尔折射率、密度、$\lg K_{ow}$(K_{ow} 为辛醇-水分配系数)和其他憎水性标识。在近来的研究中,使用的标识还有单个取代基的范德华半径、整个分子的范德华体积、Hammette 常数 σ、电离常数、偶极矩、最高和最低分子轨道能量、取代基的电子和憎水常数、亲电子超离域性和 stcrimol 取代基长度。

根据实验测定的物理化学特性或化学结构分析,可以定性地预测降解性。例如,某些化合物的生物降解速率与其碱水解速率常数相关。但是 N-甲基芳香基氨基甲酸酯的生物降解性却不与这种非生物水解敏感性相关,甚至氨基甲酸酯水解的最初几步代谢也是如此。在沉积物的厌氧生物降解中,卤代芳烃化合物的降解速率与断裂发生的 C-卤素键强度相关,因为这个键的断裂是微生物转化作用的限速步骤。

(3)QSAR 法 确立有机物生物降解性能与其结构描述符的定量关系被称为结构-活性定量关系方法(Quantitative structure-activation relationship,QSAR)。QSAR 的定量关系基础为线性自由能关系(Linear free-energy relationship,LFER)概念,LFRR 认为,分子结构的微小变化将导致限速步骤活化能的线性变化,进而影响到反应速率的改变。数学式表达为

$$\lg K = A_1 X_1 + A_2 X_2 + \cdots + A_n X_n + C$$

式中,K 为生物降解速率常数;A_n 为系数;X_n 为有机物分子结构描述符;C 为常数。

从 QSAR 关系式的建立过程可以看出,最重要的步骤是测定或收集研究对象的生物降解性能数据及选用合适的分子结构描述符。在开发和应用 QSAR 时,所获得数据的质量及所选用分子结构描述符是否恰当,决定着预测模式的质量。也就是说,必须获得高质量的生物降解性能数据,考虑所有可能的结构参数。对于具体的研究对象,必须从物质本身的结构特点、参数与性能的相关性等方面进行多参数的试算、比较,最终选定相关性最大、最能反映物质特点的参数进行 QSAR 研究。

QSAR 的研究需要以大量高质量的数据为基础。然而，有机物的生物降解是一个十分复杂的过程。影响有机物生物降解性能的因素除本身结构内因外，还有诸如微生物的种类、溶液的 pH 值、DO、温度、水中营养物等外部因素。尽管过去研究者对许多有机物的生物降解性能进行了测定，但由于研究目的、实验条件及实验方法不同，所得数据可比性较差。QSAR 作为定量预测有机物生物降解性能的一种方法，仍处于初始阶段。随着人们对有机物生物降解性能规律性认识的深入，随着大量具有可比性的有机物生物降解性能实验数据的获得，QSAR 研究会得到发展和完善，并发挥重要作用。

6.4.3　污染物的降解方式对生物修复的影响

　　污染物的降解一般可分为单一微生物的降解与混合微生物的共代谢（Co-metabolism）降解。对于单一降解，前面已有论述，本节主要介绍共代谢。

1. 共代谢的含义

　　早在 20 世纪 60 年代，人们就发现一株能在一氯乙酸上生长的假单胞菌能够使三氯乙酸脱卤，而不能利用后者作为碳源生长。微生物的这种不能利用基质作为能源和组分元素的有机物转化方式称为共代谢。

　　共代谢又称为共氧化（Co-oxidation）或联合氧化（Combined oxidation），有些研究者称其为辅助代谢（Assistant metabolism），目前的研究报告中普遍使用共代谢一词。最初 Foster 将共氧化定义为"当培养基中存在一种或多种用于生长的不同烃类时，微生物对作为辅助底物的、非用以生长的烃类的氧化作用。"虽然目前对共代谢作用的定义还没有取得完全相同的意见，但一般都认为，共代谢微生物不能从辅助底物（非生长基质）的氧化过程中获得有用的能量。因此，共代谢微生物群体的细胞数目不会随时间增加很快增加，生物降解速度也不会像使用生长底物时那样随时间增加很快提高。

　　在纯培养中，共代谢作用的产物可以聚集起来，而在混合培养物或自然界中，其他生物可以利用共代谢产物，使得这种产物不会聚集起来。许多微生物都有共代谢的能力，各种各样的底物都可能被利用，其降解反应可能涉及除氧化作用外的各种反应。因此，微生物不能依靠某种有机污染物生长并不一定意味着这种污染物能够抵抗微生物的攻击，因为当存在其他底物时，这种污染物就会通过共代谢作用而生物降解。

　　目前共代谢是指微生物的"生长基质"和"非生长基质"共酶（Co-enzyme），或是在污染物完全氧化成 CO_2 和水的过程中有多种酶或微生物参与。"生长基质"是可以被微生物利用作为唯一碳源和能源的物质。"生长基质"和"非生长基质"共酶，是指有些污染物（非生长基质）不能作为微生物的唯一碳源和能源，其降解并不导致微生物的生长和能量的产生，它们只是在微生物利用生长基质（如甲烷）时，被微生物产生的酶降解或转化成不完全的氧化产物，这种不完全氧化的产物进而可以被别的微生物利用并彻底降解。

　　生长在生长基质 A 上的微生物有一种酶能识别非生长基质 B，并把 B 转化成新的产物，但这种微生物没有能专门识别 B 的产物的酶，所以化合物 B 不能被彻底降解。只能生成不完全的氧化产物，因而在纯培养时的共代谢只是一种截止式转化（Deadend transformation）。然而在混合培养和自然环境条件下，这种转化可以为其他微生物所进行的共代谢或其他生物降解铺平道路，以共代谢方式使难降解污染物经过一系列微生物的协同作用而得到彻底分解。

微生物共代谢降解方式对一些难降解污染物的彻底分解起着重要的作用，是烃类和农药生物降解中常见的现象。如甲烷氧化菌产生的甲烷单氧化酶（MMO）是一种非特异性酶，可以通过共代谢降解多种污染物，包括 TCE、c-DCE、t-DCE、1,1-DCE 和 PCE 等。又如甲烷假单胞菌（Pseudoma，methancia）在乙烷存在下依赖消耗甲烷进行生长，而作为共代谢基质的乙烷可以同时被氧化成乙醇、乙醛或乙酸。丙烷和丁烷也同样可通过某些依靠甲烷生长的细菌进行共代谢被生物降解，先转化为相应的酸类或酮类，然后可被其他微生物进一步生物降解。但非增殖的甲烷假单胞菌细胞，在没有生长基质（甲烷）情况下，并不氧化这些气态烃。在环境中也存在一些专一利用乙烷和丙烷等化合物的微生物。

2. 参与共代谢的微生物、基质及其产物

能进行共代谢的微生物包括无色杆菌、节杆菌、黑曲霉、固氮菌、巨大芽孢杆菌、芽孢杆菌、短杆菌、黄色杆菌、红色微球菌、微球菌、微杆菌、红色诺卡菌、诺卡菌、荧光假单胞菌、青霉、恶臭假单胞菌、假单胞杆菌、黄色链霉菌、绿色木霉、弧菌、黄色假单胞菌等。

微生物可以通过共代谢途径代谢大多数氯代有机物（表 6-5）。这个过程由一种甲烷单氧化酶（MMO）所催化，而这种酶是一些利用甲烷作为原始碳源的甲烷营养型细菌产生的。MMO 可以催化烷烃、烯烃、氯乙烯、二氯乙烯、氯仿、二氯甲烷等化合物的降解。Fogel 和 Hensen 等在研究了甲烷营养型富集培养物共代谢氯代烃类化合物的范围和相对速率后，指出氯代乙烷、甲烷和乙烯均可被共代谢氧化，氧化速率随氯代程度的降低而加快，四氯乙烷、多氯乙烯等氯代度较高的化合物不能被利用。

表 6-5　参与共代谢的有机物及其产物

基质	产物	基质	产物
乙烷	乙酸、乙醇、乙醛	吡咯烷	谷氨酸
丙烷	丙酸、丙酮、二氧化碳	正丁烷	苯乙酸
丁烷	丁酸、甲基乙基酮、丁醇、丁酮	乙基苯	苯乙酸
间氯苯甲酸（盐）	1-氯儿茶酚、3-氯儿茶酚	正丙苯	不详
邻氯苯甲酸（盐）	3-氯儿茶酚、氯乙酸	对异丙基甲苯	对异丙基甲苯酸
2-氯-4-硝基苯甲酸	1-氯原儿茶酚酸（盐）	正丁基环己烷	环乙烷乙酸
4-氯儿茶酚	2-羟基-3,5-二氯己二烯半醛	2,3,6-三氯苯甲酸	3,5-二氯儿茶酚
3,5-二氯儿茶酚	2-羟基-3,5-二氯己二烯半醛	2,4,5-三氯酚氧乙酸	3,5-二氯儿茶酚
3-甲基儿茶酚	2-羟基-3-甲基己二烯半醛	p,p'-二氯二苯甲烷	对-氯苯乙酸
邻二甲苯	邻苯甲酸	1,1-二苯基-2,2,2-三氯乙烷	2-苯基-3,3,3-三氯丙烷
对二甲苯	对苯甲酸、2,3-二羟基对苯甲酸		

在某些共代谢中，细菌可以利用丙烷、甲苯、酚、甲烷、二氯苯氧基乙酸和氨等作为初始底物。Pseudomonas cepacia G4 以甲苯作为生长基质时可以对三氯乙烯进行共代谢降解。某些分解代谢酚或甲苯的细菌也具有共代谢降解三氯乙烯、1,1-二氯乙烯、顺-1,2-二氯乙烯的能力；还有一种生长于柠檬酸介质中的细菌也具有降解多氯乙烯和三氯乙烯的能力。

某些微生物能共代谢降解氯代芳香类化合，这已引起了各国学者的广泛兴趣。大量研究进一步证实，在氯代芳香类化合物的共代谢氧化中，开环和脱氯往往是同时进行的。

3. 共代谢的机制

一种有机物可以被微生物转化为另一种有机物，但它们却不能被微生物所利用，原因有以下方面：

（1）缺少进一步降解的酶系　微生物第一个酶或酶系可以将基质转化为产物，但该产物不能被这个微生物的其他酶系进一步转化，故代谢中间产物不能供生物合成和能量代谢用。这是共代谢的主要原因。

细胞中微生物酶对有机物矿化作用的过程如下：

$$A \xrightarrow{a} B \xrightarrow{b} C \xrightarrow{c} D \rightarrow \rightarrow \rightarrow CO_2 + 能量 + 细胞\text{-}C \qquad (6\text{-}13)$$

在正常代谢过程中，a 酶参与 A 向 B 的转化，b 酶参与 B 向 C 的转化。如果酶 a 底物专一性较低，它可以作用于许多结构相似的底物，如 A' 或 A"，产物分别为 B' 或 B"。而酶 b 却不能作用于 B' 或 B" 使其转化为 C' 或 C"，结果造成 B' 或 B" 积累。

简而言之，这种现象是由于最初酶系作用的底物较宽，后面酶系作用的底物较窄而不能识别前面酶系形成的产物造成的。这种解释的最初证据来自对除草剂 2,4-D 代谢的研究。2,4-D 首先转化为 2,4-二氯酚，但是只有部分酶或很少的酶能进一步代谢 2,4-二氯酚。发生这种情况时，共代谢产物几乎全部积累，至少纯培养时是这样。还有细菌将 3-氯苯甲酸转化为 4-氯儿茶酚，98% 的产物都是 4-氯儿茶酚。

（2）中间产物的抑制作用　最初基质的转化产物抑制了在以后起矿化作用酶系的活性或抑制该微生物的生长。如恶臭假单胞菌（*Pseudomonas putida*）能共代谢氯苯形成 3-氯儿茶酚，但不能将后者降解，这是因为它抑制了进一步降解的酶系；恶臭假单胞菌可以将 4-乙基苯甲酸转化为 4-乙基儿茶酚，而后者可以使以后代谢步骤必要的酶系失活。由于抑制酶的作用造成了恶臭假单胞细菌不能在氯苯或 4-乙基苯甲酸上生长。又如假单胞杆菌可以在苯甲酸上生长而不能在 2-氟苯甲酸上生长，是由于后者转化后的含氟产物有高毒性。

（3）需要另外的基质　有些微生物需要第二种基质进行特定的反应。第二种基质可以提供当前细胞反应中不能充分供应的物质，如转化需要电子供体。有些第二种基质是诱导物，如一株铜绿假单胞菌要经过正庚烷诱导才能产生羟化酶系，使链烷烃羟基化转化为相应的醇。

4. 共代谢的环境意义

从某种意义上来说，共代谢只是微生物转化的一种特殊的类型，它不仅有学术上的意义，而且在自然界有相当重要的意义。对于环境污染物来说，它会造成不良的环境影响。这是因为：①进行共代谢的微生物数量在环境中不会增加，物质转化速率很低，不像可以进行基质代谢的微生物随微生物繁殖而增加代谢率；②共代谢使有机产物积累，产物是持久性的，由于在结构上经常和母体化合物（Original compounds）差别不大，如果母体化合物是有毒的，共代谢产物也是有害的。

对自然界能共代谢各个基质微生物的数量研究不多。据报道，土壤中能共代谢 2,4-D 的细胞数为 $(0.3 \sim 0.8) \times 10^6$ 个/g；从污水中分离到的细菌中有 20%～75% 细菌能共代谢 DDT；污水中有 90×10^6 个/mL 的细胞可共代谢农药。

一种化合物在同样的环境下，在某一浓度被共代谢，在另一浓度下则可以被矿化；或者一种化合物在同样的浓度下，在某一环境中被共代谢，在另一环境中则被矿化。这提示共代谢的有机产物只在某一浓度下或某一环境下积累。例如，农药苯胺灵（IPC）在湖泊中质量浓度为 1.0mg/L 时共代谢，质量浓度为 0.4μg/L 时矿化；灭草隆在污水中质量浓度为 10mg/L 时可明显共代谢为 4-氯苯胺，质量浓度为 10μg/L 时矿化；乙酯杀螨醇在湖水中共代谢，而在淡水沉积物微生物区系下矿化。因此，预测共代谢要考虑浓度和环境。

6.4.4 污染物的生物可利用性对生物修复的影响

并不是任何污染物质在任何环境下都能被生物吸收、转化、降解，许多物质尽管可以被生物除去，但需要在一定条件下进行。能够被生物除去的物质变为不能被生物吸收的原因很多，其中一个很重要的原因就是生物有效性。基质以不容易被生物利用的形式存在，会限制对污染地点的生物修复。

污染物的生物有效性（Bioavailablity）与其某些固有的物理化学特性有关，如水溶性、辛醇-水分配系数或以非水溶相液体存在等。生物有效性也与周围的环境条件有关，如与周围环境发生吸着作用、螯合作用，或被包埋于土壤、沉积物或含水层的基模（Matrix）中与生物隔离而不能被生物利用。

1. 污染物的溶解度

污染物在水中的溶解度（Solubility）是一个重要参数。具有较高溶解度的物质迅速被水分散，水生生物对这些物质的生物积累也相对较小，土壤和沉积物对这些物质的吸附系数也较低，同时也比较容易被微生物所降解。其他的降解途径（如光解、水解、氧化）和特殊的迁移途径（如挥发、吸附等）也受溶解度的影响。

化学物质的水溶性（饱和溶解度）指在一定温度下，该物质溶解在纯水中的最大质量。在此浓度以上时，如果该物质是液体或者是固体，则在此温度下，将存在两相，即一个饱和的水溶液相和一个固体或者液体有机相。

一般有机物在室温下溶解度为 1~10000 mg/L。有些有机物溶解度极低，但有些化合物溶解度较高，乙醇甚至是无限可溶，总变化涉及 9 个数量级。影响溶解度的因素很多，主要有以下方面：

（1）温度 物质在水中的溶解度是温度的函数，但该函数的大小和方向（即符号）是变化的。在多数情况下，随温度升高物质的溶解度增加，但有的相反。如苯的溶解度随温度升高而增加（一般室温），但对二氯苯的溶解度则随温度升高而减少。还有些物质，随着温度升高，溶解度既可增加也可减小，如 2-丁酮在 80℃ 以上，溶解度随温度升高而增加，在 -6~80℃ 之间，溶解度随温度升高而减小。

（2）盐分 水中的盐类和矿物质导致溶解度的下降。如几种多环芳烃（如萘、蒽、联苯、芴）在海水（含 NaCl 35mg/L）中的溶解度低于淡水 30%~60%。

（3）溶解的有机质 研究表明，如果存在溶解的有机质（如河水和地表水中自然存在的腐殖酸和灰黄霉素）可导致许多有机质溶解度升高。例如，将某河水除去溶解的有机质会导致原溶解的正烷烃和异戊二烯烃的量减少 55%~99%。溶解度下降与去除溶解的有机质有直接关系，然而芳烃的溶解度不受其影响。另有研究表明，土壤腐殖酸质量浓度为 1mg/L 将增加 DDT 的溶解度 20~40 倍。表面活性剂也可增加有机物的溶解度。

（4）pH 值 pH 值增大，有机酸的溶解度增高，有机碱则相反。中性有机物（如烷烃或氯代烃）的溶解度也会受 pH 值的影响。某些化合物在 pH>8 时，溶解度明显升高。

2. 污染物的辛醇-水分配系数

有些有机物在水中的溶解度不高，但在有机溶剂中的溶解度却很高。有机物从水相（极性）进入有机相（非极性）的分配取决于有机物及分配体系的特性。这种分配特性用辛醇-水分配系数（K_{ow}，Octanol-water panition coefficient）表示。辛醇-水分配系数（K_{ow}）定义为平衡条件下某一有机物在辛醇相与水相中浓度之比，即

$$K_{ow} = \frac{污染物在辛醇相中的浓度}{污染物在水相中的浓度} \tag{6-14}$$

式中，K_{ow} 为无量纲的值，一般在很低的溶质浓度下测量，所以 K_{ow} 是一个与溶质浓度相关性很小的函数。业已发现有机化合物的 K_{ow} 值最低为 10^{-3}，最高可达 10^7，高低相差 10 个数量级。为了方便起见用 $\lg K_{ow}$ 表示，故 $\lg K_{ow}$ 的范围为 $-3 \sim 7$。

K_{ow} 与某一化合物在辛醇中的溶解度与其在水中溶解度之比是不同的。这是因为辛醇-水两相体系的有机相和水相不是纯的辛醇和纯水。在平衡条件下，有机相含有 2.3mol/L 的水，而水相则含有 4.5×10^{-3} mol/L 的辛醇。而且常常发现当溶质在醇中的浓度大于或等于 0.01mol/L 时，K_{ow} 就是溶质浓度的函数。

K_{ow} 是研究有机物在环境中的行为的一个重要参数。K_{ow} 值低（如小于 10^4）表示在水中存在的浓度高，具有亲水性，容易被生物利用；K_{ow} 值高（如大于 10^4）表示在水中存在的浓度低，具有憎水性，不容易被生物利用，容易与环境中的有机质部分相结合。因此污染物的水溶性、土壤和沉积物吸附系数、生物积累因子以及毒性均与 K_{ow} 值有相关性。K_{ow} 与溶解度之间具有相关性，其关系可表示如下：

$$-\lg S = a\lg K_{ow} + b \tag{6-15}$$

式中，S 为溶解度（mol/L）；a、b 为经验常数，不同种类有机物有不同的 a 和 b 值，如当 a 为 1.339，b 为 -0.978 时适用于醇、酮、酯、醚、卤代烷烃、炔烃、烯烃、芳烃、烷烃等 156 种化合物。

图 6-7 表示了包括脂肪烃、芳烃、芳香酸、有机氯和有机磷农药及多氯联苯等在内的溶解度与 K_{ow} 之间的关系。

3. 非水溶相液体的利用

在污染地点有许多污染物是以与水不混溶的液体形式存在，这类污染物的生物有效性降低。这种与水不混溶的液体称为非水相液体（Non-Aqueous Phase Liquids，NAPLs），以环境污染物的形式存在于含水层、土壤、沉积物及海洋、河口和淡水的表层。NAPLs 污染最为广泛的是油船的泄漏，原油污染地表水、海洋底泥和海滩。陆地上贮油罐、运油车及石油管道的泄漏或倾覆造成汽油、石油产品及工业溶剂污染含水层和地下水。黏稠的 NAPLs 会向下流动，沉积于含水层的

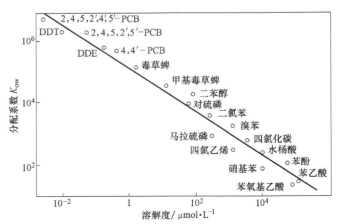

图 6-7　有机物在水中的溶解度及其与 K_{ow} 之间的关系

底部。

（1）非水相液体的微生物降解　NAPLs 通常是由多种有机分子组成，也有些含有单一的化学品。典型的 NAPLs 在水中溶解性很低，在有机溶剂中溶解性很高。尽管 NAPLs 在水相中含量很低，但是它们可以不断地由 NAPLs 向水相补充，所以 NAPLs 是长期的水污染源。

如果 NAPLs 是纯的溶剂（即单一化学物质），其溶解度很重要。不仅要考虑液态，也要考虑固态。显然固态不构成环境污染，但它有助于了解低水活性化学物质的代谢途径。

如果 NAPLs 不是纯的溶剂，而是由两种或多种憎水化合物组成，如原油、汽油和其他有害废物排放点均属这种情况，那么关键因素是化合物在水相与 NAPLs 相处于平衡时存在的量。

现场试验表明，NAPLs 经常在沉积物和地下层非常长久地存在。存在于 NAPLs 中的化合物也有明显的持久性，甚至在别处容易代谢的化合物也会不容易代谢。例如，将 ^{14}C 标记的萘、十六烷菲（多环芳烃）及邻苯二甲酸双（2-乙基己基）酯（DEHP）分别加入 2,2,4,4,6,8,8-七甲基壬烷中，只有萘和十六烷容易矿化，菲经驯化后容易矿化，而 DEHP 基本上不降解。选择七甲基壬烷作为 NAPLs 是因为它对微生物的毒性很低并具有持久性。同时也有实验证明，某些 NAPLs 降低了表土和底土样品中组分的有效性。

同一化合物在不同的 NAPLs 中代谢速率有很大不同。例如，在土壤中用 DEHP 分别与几种不同的 NAPLs 混合，以无 NAPLs 为对照，发现 DEHP 可以很快代谢，而在其中一种 NAPLs（环己烷）中代谢很慢，在另外三种 NAPLs（HD、HMN 和 DBP）中几乎不能代谢。

（2）微生物利用非水溶相液体的机制　有三种机制解释微生物是怎样利用 NAPLs 中的化合物。一是仅利用在水相的化合物，化合物分子通过自发分配进入水相。化合物的降解取决于自发分配进入水相的速率。二是微生物分泌的产物能将基质转变为直径小于 $1\mu m$ 的液滴，然后被微生物同化。由于颗粒或液滴很小，有时这个过程称为"假增溶"。三是细胞直接和 NAPLs 接触，群体在 NAPLs 表面发展，靠近细胞的化合物穿过细胞表面进入细胞质。

4. 污染物的吸着性

吸着是化学物质在自然环境中的一种普遍现象，它是指在固液两相中某些化学物质的含量在液相中降低，而在固相中浓度升高的现象。

土壤或沉积物颗粒表面可以有黏土、腐殖质、其他络合的含碳物质、不定型铁或铝的氧化物或氢氧化物。固体表面经常具有吸收作用（Adsorption），即在固体表面对溶液中溶质的持留。在一定条件下有可能是吸附占优势，吸附作用（Absorption）指在固体内而不是在固体表面的持留。吸收和吸附统称吸着（Sorption）。严格地说，吸着、吸收和吸附在概念上没有明确的界限。吸着带处于紧靠近固体材料的微环境，这个微环境不同于周围溶液。

（1）有机化合物的吸着　影响有机化合物吸着的因素有介质溶液的溶质类型和浓度、黏土矿物的类型和数量、土壤或沉积物中的有机物的含量、pH 值、温度及化合物的种类。另外黏土被铁、钙和氢离子的饱和程度、黏土的交换量和黏土的比表面积也有影响。吸着发生的黏土矿物和腐殖质的比表面积很大，如黏土为 $20\sim80m^2/g$。

吸着作用的机制可以是范德华力、氢键、离子交换或疏水结合，主要是离子交换作用和疏水结合。

大分子的有机化合物通过氢键保持在黏土表面，小分子的有机化合物和污染物主要是离子交换作用。黏土矿物和胶体状有机物具有静负电荷，可以吸引阳离子。黏土颗粒表面有氢、钙、钾和镁等阳离子，但正电荷有机分子可以取代在黏土表面已经存在的其他阳离子。由于腐殖质带负电荷，也可吸收带正电荷的化合物。黏土和腐殖质胶体表面以这种方式保持有机阳离子。相反，阴离子有机分子由于表面有负电荷一般受到排斥。

黏土矿物影响生物降解作用的能力因黏土的类型而不同，在许多情况下与黏土的阳离子交换量有关。例如，蒙脱石由于具有高的阳离子交换量和膨胀性晶格结构，经常吸着微生物基质，使许多有机质可以进入硅酸盐片层之中。一般来说，黏土的吸着作用在蒙脱石中很明显，在高岭石和伊利石中不明显。

土壤中的有机组分对许多化合物的吸着起重要作用，特别是许多憎水物质。许多多环芳烃化合物和其他非极性化合物主要被天然有机质吸着而不容易被黏土组分吸着。持留程度与辛醇-水分配系数直接相关，也与土壤和沉积物中有机碳的含量有关，固相中的有机质含量越高，憎水性分子越容易被吸附。对有机质吸着憎水性分子有两种观点：一种观点认为这个过程是有机质的物理吸着，溶质与有机质物理结合，吸着分子浓缩在固体的外表面或孔隙内；另一种观点认为憎水分子存在于有机质之中，它们通过扩散和分配进入固体有机质中，正如同憎水化合物在水相和有机相的分配一样，分子分布于有机质的整个体积内。这两种观点使得对有机分子的生物有效性的认识有很大差异。

用与天然有机质的离子交换作用可以解释像除草剂百草枯一类阳离子化合物的吸着作用，也可以解释对带正电荷的弱碱性分子化合物（如三嗪除草剂）的吸着作用。有机物上的负电荷基团（如 R-COO⁻）可以吸着这类正电荷分子。由于离子交换与天然有机质有关，因此阳离子有机物的持留要在中性至微碱性下。

吸着剂和化合物的特性决定了是对无机物表面还是对有机物表面吸着或对两者吸着。阳离子有机分子可以吸着到黏土矿物、腐殖质表面的阳离子活性部位。阴离子有机物分子（如茅草枯、三氯乙酸）被黏土矿物的吸着性很差，但它们可以在有机物表面适度地持留。

在某些情况下，有机化合物与土壤或沉积物上的有机质以及天然水中的可溶性腐殖质进行反应，实际上并不是吸着作用，而是形成了稳定的连接。有时这种连接是低相对分子质量化合物与复杂土壤腐殖质的共价连接，结果产生了新的化合物形态。

（2）吸着化合物的利用　尽管吸着经常会降低生物降解的速率和程度，但它并不一定会阻止生物降解的发生。许多吸着的分子仍可以被微生物作为碳源、能源、氮源及其他营养元素利用。有机化合物经常会缓慢地转化，而且有时转化速率也不低。即使在化合物全部被吸着时，仍然会有生物降解作用。这种作用存在于黏土吸着的化合物，也存在于憎水吸着的化合物。现在仍然不十分清楚吸着分子是怎样被微生物利用的，有以下三种假设解释利用机制。

1）自发解吸。微生物利用最初在溶液中的化合物，也代谢从固相自发解吸进入水相的化学物质。最初，持留在固体表面的化学品和在液体环境中的化学品存在一种平衡：

$$\text{吸着的化合物} \underset{K_2}{\overset{K_1}{\rightleftharpoons}} \text{溶液中的化合物} \tag{6-16}$$

如果最初的降解微生物群体很大，密度很高，溶液中的化合物被用尽或者利用液相中的基质后，细胞的密度很高，代谢速率就受基质进入溶液的速率所支配，即受解吸速率（K_1）支配。

2）促进解吸。微生物分泌促进解吸作用的代谢产物。这样生物降解的速率实际上高于在微生物不存在条件下所测定的自发解吸速率。对癸胺-蒙脱石结合物的研究表明，在高细菌密度下癸胺的矿化速率超过自发解吸速率，表明细菌促进了癸胺从蒙脱石上的脱落。对土壤悬浮液中 α-六氯环己烷的生物降解研究表明，其生物降解的初始速率经常高于初始解吸速率，也表明微生物区系促进了解吸作用。在某些情况下，自发解吸速率很低，以致检测不出来，而生物降解又十分迅速。如吸着在聚乙烯、苯乙烯环上的联苯的矿化就是这种情况。在这种情况下，生物降解速率不受自发解吸速率的限制。虽然促进这种解吸的机制不清楚，但是它会涉及促进化合物从表面释放的表面活性剂，替换带电荷化合物的阳离子或胞外酶，也可能与微生物诱导下的带电荷物质表面 pH 值的改蒽、菲、芘以及 PCBs 等。但是很多合成表面活性剂需要有很高浓度才能解吸碳氢化合物，并能将这些低水溶性的化合物带入水溶液中。另一方面，两种低浓度的非离子型表面活性剂脂肪酸乙氧基化合物可以显著提高吸着到土壤或含水层固体上的菲和联苯的矿化速率和矿化程度。因此，可以认为微生物产生的表面活性剂促进吸着化合物被微生物利用。

3）直接利用。可能一些吸着的有机化合物直接被附着在表面的微生物所利用。微生物可以和化合物直接接触，化合物不进入周围的溶液环境而是直接进入细胞。这种情况相当于细菌附着在基质上攻击利用非水溶性有机化合物。

5. 重金属的生物有效性

重金属进入环境后存在多种形态。以土壤为例，由于土壤组成的复杂性和土壤物理化学性状（pH、Eh 等）的可变性，造成了重金属在土壤环境中的赋存形态的复杂和多样性。大多数研究人员在分析土壤中重金属的形态分组时，用不同的浸提剂连续抽提，将土壤环境中重金属赋存形态分为水溶态（以去离子水浸提）、交换态（如以 $MgCl_2$ 溶液为浸提剂）、碳酸盐结合态（如以 CH_3COONa-CH_3COOH 为浸提剂）、铁锰氧化物结合态（如以 NH_2OH-HCl 为浸提剂）、有机结合态（如以 H_2O_2 为浸提剂）、残留态（如以 $HClO_4$-HF 消化，$1:1$ HCl 浸提）。由于水溶态一般含量较低，又不易与交换态区分，常将水溶态合并到交换态之中。

上述不同赋存形态的重金属，其生物有效性均有差异。其中以水溶态、交换态的生物活性最大，残留态最小，其他结合态居中。在不同的土壤环境条件下，包括土壤类型，土地利用方式（水田、旱地、果园、牧场、林地等），土壤的 pH 值、Eh，土壤无机和有机胶体的含量等因素的差异，都可以引起土壤中重金属元素赋存形态的变化，从而影响到植物对重金属的吸收，使受害程度产生差别。

重金属在土壤中的赋存形态随着土壤环境条件的变化而相互之间发生转化。在一定的条件下，这种转化处于动态平衡状态，基本上符合一般的溶解-沉淀平衡、氧化还原平衡、络合-螯合平衡及吸附-解吸平衡原理。但由于土壤环境的复杂性，应用溶液化学的某些理论常有偏离现象。例如，一些难溶化合物在土壤溶液中的实际浓度常常偏离溶度积原理。这是因为土壤分散体系是一高度异相介质，土壤液相中离子浓度除受溶度积原理控制外，还受固液相界面上的交换吸附和解吸的影响，不易形成"纯"的相，或离子浓度不易达到溶度积所允许的浓度。同时，因土壤溶液中组分的复杂性，常易发生共沉淀现象，导致某种离子浓度受另一种离子浓度所控制。仅应用溶度积原理去阐明土壤环境中发生的溶解和沉淀现象，会出现某些偏差，但是水溶液化学的基本原理仍然是研究土壤溶液化学的理论基础。

6.5　污染土壤的微生物修复工程

微生物修复技术是在微生物降解的基础上发展起来的一种新兴清洁技术，它是传统微生物处理方法的发展，是利用微生物，通过人为调控，将土壤中有毒有害污染物吸收、分解或转化为无害物质的过程。与物理、化学修复污染土壤技术相比，它具有成本低，不破坏植物生长所需要的土壤环境、环境安全、无二次污染、处理效果好、操作简单、费用低廉等特点，是一种新型的环境友好替代技术。

根据土壤修复的位点可以将微生物修复技术分为原位/异位微生物修复两个类型，各类型的技术方法描述和适用性见表6-6。

表 6-6　污染土壤的微生物修复技术和方法

类型		技术方法描述	适用性
异位微生物修复	土地填埋	将污泥施入土壤，通过施肥、灌溉、添加石灰等方式调节土壤的营养、湿度和 pH 值，保持污染物在土壤上层好氧降解	广泛用于油料工业的油泥处理
	土壤耕作	将污染土壤撒于地表(约 0.5m)，通过定期农耕的方法改善土壤结构，供给氧气、水分和无机营养，促进污染物降解	适用于可降解的有机污染物，如杀虫剂/除草剂、挥发/半挥发性、含卤和非卤有机污染物和多环芳烃。不适于二噁英/呋喃和多氯联苯，不适于无机污染物和爆炸性污染物，不适于黏土和泥炭土
	预备床	将土壤运输到一个经过各种工程准备的预备床上进行生物处理，处理过程中通过施肥、灌溉、控制 pH 值等方式保持对污染物的最佳降解状态，有时也加入一些微生物和表面活性剂	适用于挥发/半挥发性、含卤和非卤有机污染物、多环芳烃及爆炸性污染物。不适于二噁英/呋喃、杀虫剂/除草剂和多氯联苯，不适于无机污染物和腐蚀性污染物，不适于黏土和泥炭土
	堆腐	堆积污染土壤，通过翻耕和施加一定数量的稻草、麦秸、碎木片和树皮等增加土壤透气性和改善土壤结构，促进污染物微生物分解	适用于挥发/半挥发性、非卤有机污染物和多环芳烃。不适于二噁英/呋喃、杀虫剂/除草剂及含卤有机污染物，不适于无机污染物和腐蚀性、爆炸性污染物，不适于黏土和泥炭土
	泥浆生物反应器	污染土壤和水混合成泥浆在带有机械搅拌装置的反应器内通过人为调控温度、pH 值、营养物和供氧等促进专性微生物最大限度地降解污染物	适用于杀虫剂/除草剂，挥发/半挥发性、含卤和非卤有机污染物、多环芳烃、二噁英/呋喃等有机污染物。不适于多氯联苯，不适于无机污染物和爆炸性污染物，不适于泥炭土
原位微生物修复	投菌法	直接向污染土壤接入外源的污染降解菌，同时提供这些细菌生长所需营养	不同的菌种可处理不同的污染物质
	生物通风	在不饱和土壤中通入空气，并注入营养液，为微生物降解提供充足的氧气、碳源和能源，促进其最大限度地降解	适用于挥发/半挥发性、含卤和非卤有机污染物和多环芳烃等有机污染物。不适于二噁英/呋喃和多氯联苯，杀虫剂/除草剂等
	生物搅拌	向土壤饱和部分注入空气，从土壤不饱和部分吸出空气，加大气体流动性为微生物供氧，促进其最大限度地降解	适于无机污染物、腐蚀性和爆炸性污染物，不适于黏土和泥炭土。适于处理饱和土壤、不饱和土壤和地下水污染

（续）

类型		技术方法描述	适用性
原位微生物修复	工程螺钻	用工程螺钻系统使表层污染土壤混合，并注入含有营养和氧气的溶液，促进微生物最大限度地降解	适用于杀虫剂/除草剂、挥发/半挥发性、含卤和非卤有机污染物、多环芳烃、二噁英/呋喃、多氯联苯等有机污染物。不适于重金属、非金属、石棉、腐蚀性和爆炸性污染物。适于氰化物。适于沙土、壤土和沉积物等，不适于黏土和泥炭土
	泵出生物	将污染的地下水抽出，经地表处理后与营养液按一定比例配比后注入土壤，促进微生物最大限度地降解	
	慢速渗滤	通过污染土壤区内布设垂直井网，将营养液和氧气缓慢注入土壤表层，促进微生物最大限度地降解	
	农耕法	对污染土壤进行耕耙处理，在处理进程中施入肥料，进行灌溉，加入石灰，从而为微生物降解提供良好的环境	土壤污染较浅，污染物又较易降解时可以选用

6.5.1　微生物修复过程的评价

同任何处理技术一样，微生物修复工程运行得好与坏需要评价。那么，什么样的处理是成功的处理，在这些问题上常引发一些争论，其原因是多方面的。首先，评价一个微生物修复技术项目需要微生物修复的知识；其次，处理点的复杂性和特异性也使评价标准无法相对统一。因此在清洁的程度上、价格制定上及技术检验上，监管部门、客户及研究检验的技术部门要达成一致意见存在难度。监管部门注重微生物修复技术应满足的清洁标准；客户希望尽可能低的清洁成本和尽可能好的处理效果，即物美价廉；研究者和清洁公司更加注重污染物清洁中微生物作用与功能的取证，即污染物经过的并不是简单的挥发或迁移过程，而是生物降解过程。

要表明微生物修复项目是否仍在进行之中，需要证据来加以证明。不仅要证明污染物的浓度正在减少，还要证明污染物的减少是由于微生物的作用。虽然在微生物修复过程中，其他过程可能对场地的清洁有贡献，但是在满足清洁目标过程中，微生物应当是最主要的贡献者。如果没有证据证明微生物的主要作用，就没有办法证明污染物的去除是否来自于非微生物原因，如挥发、迁移到现场以外的某一地点、吸附到亚表层固体表面，或通过化学反应改变形态等。为此，以充分的证据来表明微生物是减少污染物浓度的主体，是微生物修复的重要一环。

首先要证明污染物的去除是微生物修复过程。由于混合污染物的复杂性、修复现场水力学与化学特性的不同及有机化合物被降解的非生物竞争机制等，微生物修复的证据并不明确，而且很多诸如上述因素都对确定微生物修复过程提出挑战。实际规模的微生物修复项目与实验室规模的研究项目性质完全不同。在实验室研究中的各种条件都是可控的，且干扰因素极少，很容易对测定结果做出解释。但是，在现场作业中，对很多因果关系的解释远不及实验室条件下简单。

事实上，完全肯定地证明微生物参与清洁过程具有一定的难度，但是能证明微生物是污染清洁过程的主要参与者的证据有很多。一般地说，污染土壤微生物修复的评价方法应包括以下三个方面的内容：①记录微生物修复过程中污染物的减少；②以试验结果表明现场污染环境中的微生物具有转化污染物的能力；③用一个或多个例证表明试验条件下被证明的微生物降解潜力在污染场地条件下是否仍然存在。这个方法不仅适合现场规模微生物修复项目的评价，也适合对拟采取微生物修复技术进行污染处理项目的评估。为了证明项目的设计符合微生物修复标准与要求，每个微生物修复项目都应满足上述三点要求。管理者和使用者也可以利用以上三点检验所提交的和正在进行的微生物修复项目的质量和满意程度。

检验污染物的微生物降解率需要进行现场采样（水样和土壤样品）。为了说明微生物的降解潜力也需要从现场采样，然后进行实验室条件下的微生物培养，通过试验所得的结果表明微生物的污染降解能力。还有一种做法是进行文献资料的归纳和研究。当已有很多对某类污染物微生物易降解性的文献时，可不必再进行试验研究，直接参照相关文献也是一种有效的方法。

研究表明，试验条件下微生物具有对污染物降解能力这一点，不能说明它们在现场条件下也具有同样能力。因此，从这个意义上说，收集上述第③点的证据，即在试验条件下被证明的微生物降解潜力是否在场地条件下仍然存在比较困难，因为试验条件往往比现场条件优越。为了证明这一点，可进行现场示范微生物修复试验。

有两种技术用于现场微生物修复的监测，即样品测定，进行试验运行。但模型法更有助于对污染物归宿的进一步理解。更为详细的试验方案取决于多组因素，如污染物、场地地质特征及评价要求的严格水平等，因此需进一步工作。

1. 样品测定

微生物修复过程中通常涉及现场采样（水、土）及样品的实验室分析（化学和微生物分析）等问题。当微生物修复不再继续进行时，要对微生物修复技术的处理效果进行比较评价，方法一般分两种。一种是选择对照点进行采样分析，以此作为微生物修复技术评价的参照点。对照点选择的标准是：具有与处理点类似的水力地质条件特征；未受污染或不受微生物修复系统影响的地带。另一种是以微生物修复系统开始运行前样品的分析结果作为对照，以此作为微生物修复技术修复效果评价的参照值，然后将微生物修复过程各个时段采集样品的分析结果与运行前的结果作比较，考察系统运行的动态状况。第二种方法只适合于工程微生物修复系统，因为对一个自然微生物修复系统来说，系统的起始运行时间以污染物进入系统那一刻算起，由于很难计算污染物什么时候进入系统，所以这一时刻只是一个相对值。

2. 细菌总数

当进行污染物代谢时，微生物通常会再生。一般说来，活性微生物的数量越大，污染物降解的速度越快。污染物的减少与降解细菌总数的增加呈显著负相关关系。通过分析样品的细菌总数可以为微生物修复的活性提供指示作用。当污染物的微生物降解率下降时，如当污染物浓度水平较低时或介质中已没有可微生物降解的组分时，细菌总数与背景水平无显著差别。这一结果表明，细菌总数没有大的增加并不意味着微生物修复的失败，很可能表明微生物修复进展到了一定的阶段。

细菌种群测定的第一步是采样。原则上最好的样品包括团体基质（土壤和支撑地下水的岩石）及与之相连的孔隙水。因为多数微生物被吸着在固体表面或在土壤颗粒的间隙中，如果只采集水样，通常会低估细菌总数，有时测得的值与实际值会相差几个数量级。此外，仅仅凭借采集水样得出的结果还会给出微生物分布类型的错误结果，因为水样可能只含有容易从表面移动或在运动的地下水中迁移的细菌。从地表采样并不困难，但从土壤的亚表层采样既耗时而且费用也高。亚表层采样通常采用钻孔采样。在采集亚表层样品时，尤其需要防止采样过程和处理样品过程中的微生物污染。因此，采样器应事先进行灭菌处理。此外，应避免采样过程中的空气污染、土壤污染和人为接触污染。

采集地下水样品进行细菌数量分析有很大缺陷，但是它可作为了解微生物数量的半定量指标。多数情况下，地下水中微生物数量的增加与土壤亚表层细菌数量的增加呈正相关关系。地下水采样的主要优点是容易重复取样，采样费用低廉。

细菌种群测定的第二步是细菌总数分析。已知技术有若干种（如微生物直接计数法、INT 活性试验法、平板计数法、MPN 技术、脱氧聚核苷酸探针、脂肪酸分析），包括标准方法和快速分析法，虽然各有其优点、缺点，但都可以使用。

3. 原生动物数

原生动物（Protozoa）是所有主要生态系统的重要组成部分。因此，其动力学和群落结构特征使其成为生物与非生物环境变化的强有力的指示者。事实上，自 20 世纪初以来，原生动物已作为各种淡水生态系统的指示生物被广泛应用。

原生动物捕食细菌，所以原生动物数量的增加表明细菌总数的增加。因此，原生动物种群数量增长所伴随的污染物量的减少这一结果可为生物修复提供有效佐证。MPN 技术可进行原生动物计数。其方法与细菌计数类似。运用原生动物 MPN 技术需要对土壤或水样进行稀释。通过显微镜观察所得到的结果，可以确定细菌是否被这些原生动物捕食。

原生动物具有精致的且能快速生长的表膜，能够比其他的生物体更快地对外界环境做出反应，因此可以作为早期的预警系统，是生物测定极好的工具。传统上，土壤原生动物分为裸变形虫、变形虫、鞭毛虫、纤毛虫和孢子虫。它们是监测土壤污染或土壤修复的极好工具。

4. 细菌活性率

细菌活性增加通常表明生物修复正在进行，细菌活性是一个关键信号。对生物修复成功判定的一个重要指标是潜在生物转化率。当潜在生物转化率足够大时，表明系统能迅速去除污染物或防止污染物的迁移。细菌活性越大，说明潜在生物转化率越高，这一结果可为生物修复的成功运行提供证据。

评价生物降解率（Biodegradation rate）的最直接的手段是建立与环境条件尽可能一致的实验室微宇宙。微宇宙方法对评价降解率十分有效。这是因为基质的浓度和环境条件都可以人为加以控制，在微宇宙中很容易测得污染物的丢失，可以在微宇宙用 ^{14}C 标记方法示踪污染物及其他生物降解物的行为与归宿。通过比较微宇宙各种变化的条件下污染物的降解率，可以预测场地环境条件下污染物降解速率，但是在微宇宙的控制条件下监测的降解率结果通常比现场测定值低。

5. 细菌的适应性

污染点的细菌经过一段时间驯化后，能产生代谢污染物的能力，其结果是使原本在溢漏时不能够转化的或转化非常低的污染物被代谢降解。这一特性被称为代谢适应性，它为现场的污染生物修复提供了可能。适应性可以导致能够代谢污染物的细菌总数增加，或个体细菌遗传性或生理特性发生改变。

微宇宙研究非常适合对适合性的评价。在微宇宙试验中，微生物转化污染物比例的增加这一事实证明微生物对环境存在适应性，进而证明生物修复在正常运行。为了验证降解率是否增加，有两种比较方法：一个是将生物修复现场采集的样品与邻近地段的样品做比较；另一个方法是将生物修复处理前后的样品做比较。然而，有时将微宇宙中的结果外推到野外现场中时，往往存在很大的不确定性。影响生物修复的有关化学、物理和生物相互作用关系的平衡随外界环境的扰动可能迅速发生改变，如氧的浓度、pH 值和营养物的浓度等。研究表明，由于实验室的结果存在人为干预，野外分离出来微生物的实验室行为在性质上和数量上都已经完全不同于野外条件下的情况。这些因素进一步影响了对现场条件下所得结果的解释。

借鉴分子生物学进行方法开发可提供新的试验手段。这些新的试验手段可以对某些污染物细菌降解的适应性进行跟踪。例如，可以构建专门用来示踪降解基因的基因探针，至少在原理上可以测定基因是否存在于一个混合的群落之中。但是，以这种方法使用基因探针需要研究者具有降解基因的 DNA 序列知识。当普通的工程微生物被用于进行生物修复时，可以给工程微生物加上一个报道基因，当降解基因被表达时这个基因也得到相应的表达。于是，基因蛋白质产物发出信号（如发射光），并在原位种群中得到表达。

6. 无机碳浓度

降解有机污染物时，除了需要更多微生物外，在降解过程中细菌会产生无机碳，通常为气态二氧化碳、溶解态二氧化碳或 HCO_3^-。因此，当样品中含有丰富的水和无机碳气体时，表明系统存在生物降解活性。气态二氧化碳浓度可以用气相色谱法检测，水样中的二氧化碳可进行无机碳分析。但通过检测二氧化碳浓度的变化来判断降解活动有时也不精确。例如，当二氧化碳的背景浓度高或样品中含有石灰质矿物质时，往往可掩盖呼吸产生的无机碳。这种情况可采用稳定同位素分析方法来鉴别细菌产生的无机碳与矿化产生的无机碳。

确定样品中的二氧化碳和其他无机碳是污染物生物降解的最终产物，还是来自于其他方面，较为有效的方法是进行碳的同位素分析。正如所知，大多数碳都是以同位素 ^{12}C 的形式存在（原子核中有 6 个质子和 6 个中子），但是有些碳以同位素 ^{13}C 的形式存在（原子核中有 6 个质子和 7 个中子）。它的质量略大于同位素 ^{12}C。在一个样品中 $^{13}C/^{12}C$ 的值是个变量，其变化程度取决于碳的来源，如污染物的生物降解、有机质的生物降解与矿物质的溶解。在这些情况的 $^{13}C/^{12}C$ 的值各有不同。

有机污染物与矿物溶解过程中产生的 $^{13}C/^{12}C$ 的值有本质的不同。这一现象十分普遍。因为矿物质中的无机碳含有更多的 ^{13}C。虽然当有机污染物被降解为二氧化碳时，$^{13}C/^{12}C$ 的值会发生一些变化，但多数有机污染物产生的无机碳中含有更为丰富的 ^{12}C，于是现场采样中样品的 $^{13}C/^{12}C$ 值低于矿物质矿化的 $^{13}C/^{12}C$ 值。如果测定结果与此相符，说明产生的碳来自于污染物的生物降解。

6.5.2 异位微生物修复

异位微生物修复是将受污染的土壤、沉积物移离原地，在异地利用特异性微生物和工程技术手段进行处理，最终污染物被降解，使受污染的土壤恢复原有功能的过程。主要的工艺类型包括土地填埋（Land fill of land）、土壤耕作（Soil cultivation）、预备床（Prepared）、堆腐（Compost）和泥浆微生物反应器（Slurry bioreactor）。异位微生物修复已经成功应用于处理石油燃料、多环芳烃、氯代芳烃和农药污染的土壤。

1. 土地填埋

土地填埋是将废物作为一种泥浆，将污泥施入土壤，通过施肥、灌溉、添加石灰等方式调节土壤的营养、湿度和 pH 值，保持污染物在土壤上层的好氧降解。用于降解过程的微生物通常是土著土壤微生物群系。为了提高降解能力，也可加入特效微生物，以改进土壤生物修复的效率。该方法已广泛用于炼油厂含油污泥的处理。

2. 土壤耕作

土壤耕作是在非透性垫层和砂层上，将污染土壤以 10~30cm 的厚度平铺其上，并淋洒营养物、水及降解菌株接种物，定期翻动充氧，以满足微生物生长的需要。处理过程产生的渗滤液再回淋于土壤，以彻底清除污染物。土地耕作使用设备是农用机械，一般只适于上

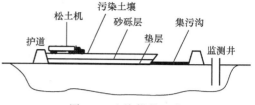

图 6-8　土壤耕作工艺

层 30cm 的污染土壤，深层污染土壤修复需要特殊设备。土壤耕作工艺如图 6-8 所示。

土壤耕作属于好氧生物降解处理，使用土壤为微生物生长基质，为加速微生物的降解需要人为促进通风（翻耕、加膨松剂）、加入营养液（化肥、粪肥）、调节 pH 值（加入石灰、明矾、磷酸）等手段加以调控。该技术可用于处理多种类型的废物，见表 6-7。

表 6-7　可应用土壤耕作处理的污染物

污染物来源	有机化学污染物
市政污泥、化工厂残留物、杂酚油污泥、食品加工厂污泥、石油化工有害废物、纺织厂污泥、炼油厂污泥、造纸厂污泥等	苯、甲苯、乙苯、二甲苯；汽油、柴油、石油；五氯酚；多氯联苯；多环芳烃（蒽、菲、二苯并呋喃、萘、苯并[a]蒽等）；农药

该工艺已用于处理受五氯酚、杂酚油、石油加工废水污泥、焦油或农药等污染的土壤，并有一些成功的实例。

3. 预备床

预备床是将受污染的土壤从污染地区挖掘起来进行异地处理，防止污染物向地下水或更广大地域扩散。这种方法的技术特点是需要很大的工程，即将土壤运输到一个经过各种工程准备（包括布置衬里、设置通气管道等）的预备床上堆放，形成上升的斜坡，并在此进行生物恢复的处理，通过施肥、灌溉、控制 pH 值等方式保持对污染物的最佳降解状态，有时也加入一些微生物和表面活性剂，处理后的土壤再运回原地（图 6-9）。复杂的系统可以用温室

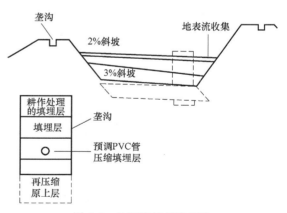

图 6-9　处理床挖掘堆置法

封闭，简单的系统就只是露天堆放。有时是先将受污染土壤挖掘起来运输到一个堆置地点暂时堆置，然后在受污染原地进行一些工程准备，再把受污染土壤运回原地处理。

预备床的设计应满足处理高效和避免污染物外溢的要求，通常具有淋滤液收集系统和外溢控制系统，从系统中渗流出来的水要收集起来，重新喷散或另外处理。这种技术的优点是可以在土壤受污染之初限制污染物的扩散和迁移，减小污染范围。但用在挖土方和运输方面的费用显著高于原位处理方法，在运输过程中可能会造成进一步的污染物暴露，由于挖掘也

会破坏原地的土壤生态结构。

其他的工程措施包括用有机块状材料（如树皮或木片）补充土壤，如在一受氯酚污染的土壤中，用 $35m^3$ 的软木树皮和 $70m^3$ 的污染土壤构成处理床，然后加入营养物，经过三个月的处理，氯酚的质量浓度从 $212mg/L$ 降到 $30mg/L$。添加这些材料，一方面可以改善土壤结构，保持湿度，缓冲温度变化，另一方面也能够为一些高效降解菌（如白地霉）提供适宜的生长基质。将五氯酚钠降解菌接种在树皮或包裹在多聚物材料中，能够强化微生物的五氯酚钠的降解能力，同时可以增加微生物对污染物毒性的耐受能力。

4. 堆腐法

堆腐修复工艺就是利用传统的积肥方法，堆积污染土壤，将污染土壤与有机物（施加一定数量的稻草、麦秸、碎木片和树皮等）、粪便等混合起来，依靠堆肥过程中微生物的作用来降解土壤中难降解的有机污染物。可以通过翻耕来增加土壤透气性，改善土壤结构，同时控制湿度、pH 值和养分，促进污染物分解。通常有条形堆、静态堆（图 6-10）和反应器堆三种系统。条形堆是将污染土壤或污泥与疏松剂混合后，用机械压成条（高 $1.2 \sim 1.5m$，宽 $3.0 \sim 3.5m$），通过对流空气运

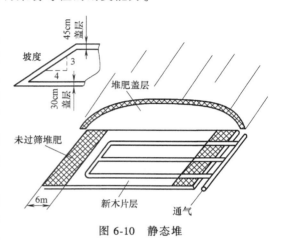

图 6-10　静态堆

动供氧，每天翻耕保持微生物的好氧状态。该系统灵活、简便、处理量大，但占地大，且不能有效控制挥发性污染气体。静态堆系统是通过布置在堆下的通风管，通过鼓风机强制性通气保持微生物的好氧状态，静态堆一般高 $6m$，封闭操作可控制水分和尘土飞扬。反应器堆使用先进的传送（皮带、螺旋推进、槽带或链条式传送机）和混合（研磨式或犁片式混合器）设备传送污染土壤及促进通气，该系统可以最佳控制气流，但空间小，欠灵活性，设备的维护较为复杂和昂贵。

近年来国内外都有一些学者研究堆肥修复的原理、工艺、条件、影响因素、降解效果等，并已将此工艺应用到污染土壤的修复中。但是该方法目前尚未得到良好的推广，这是因为污染土壤与未污染土壤混合，如果处理失败将导致更大量的土壤污染。

5. 泥浆微生物反应器

泥浆微生物反应器是用于处理污染土壤的特殊反应器，可建在污染现场或异地处理场地。污染土壤用水调成泥浆，装入生物反应器内，通过控制一些重要的微生物降解条件，提高处理效果。驯化的微生物种群通常从前一批处理中引入下一批新泥浆。处理结束后通过水分离器脱除泥浆水分并循环再用。

泥浆生物反应器包括池塘、开放式反应器和封闭式反应器。处理步骤包括铲挖污染土壤、筛出直径大于 $1.2cm$ 的石块，制成含水量为 $60\% \sim 95\%$ 的泥浆（依据生物反应器的类型而定），以对污染土壤进行处理。反应器可以是设计的容器，也可以是已经存在的湖塘。设计的反应器的罐体一般为平鼓型或升降机型，底部为三角锥形。一般的反应器有气体回收和循环装置。为减少罐体对污染物的吸附，增加耐磨性，反应器的主体一般采用不锈钢，小型反应器可采用玻璃。反应器设有搅拌装置，其作用是将水和土壤充分混合使土壤颗粒在反应

器内呈悬浮状态，使添加的营养物质、表面活性物质及外接菌种在反应器内与污染物充分接触从而加速其降解。根据需要合理调控搅拌速率、水土比、空气流速及添加物浓度等来增强其降解功能，操作关键是混合程度与通气量（对好氧而言），以改善土壤的均一性。除反应器外还需要沉淀池和脱水设备，反应器模型图和典型的过程流程图如图6-11和图6-12所示。

高浓度固体泥浆反应器能够用来直接处理污染土壤，其典型方式是液固接触式。该方法采用批式运行，在第一单元中混合土壤、水、营养、菌种、表面活性剂等物质，最终形成含5%～40%的泥水混合相，然后进入第二单元进行初步处理，完成大部分的微生物降解，最后在第三单元中进行深度处理。现场实际应用结果表明，液固接触式反应器可以成功地处理有毒有害有机污染物含量超过总有机物含量1%的土壤和沉积物。反应器的规模在100～250m³/d之间不等，与土壤中污染物含量和有机物含量有关。

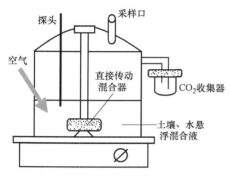

图6-11 泥浆微生物反应器模型

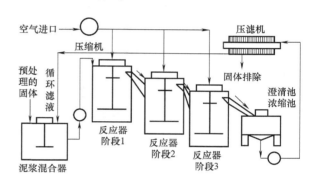

图6-12 典型泥浆微生物反应器修复过程

反应器处理的一个主要特征是以水相为处理介质，污染物、微生物、溶解氧和营养物的传质速度快，且避免了复杂而不利的自然环境变化，各种环境条件（如pH值、温度、氧化还原电位、氧气量、营养物浓度、盐度等）便于控制在最佳状态，因此反应器处理污染物的速度明显加快。该技术是污染土壤微生物修复的最佳技术，因为它能满足污染物微生物降解所需的最适宜条件，获得最佳的处理效果。但其工程复杂，处理费用高。另外，在用于难微生物降解物质的处理时必须慎重，以防止污染物从土壤转移到水中。

泥浆微生物反应器已经成功地应用到固体和污泥的污染修复，能够处理多环芳烃、杀虫剂、石油烃、杂环类和氯代芳烃等有毒污染物。

6.5.3 原位微生物修复

原位处理法是污染土壤不经搅动、在原位和易残留部位之间进行原位处理。最常用的原位处理方式是进入土壤饱和带污染物的微生物降解。可采取添加营养物、供氧（加H_2O_2）和接种特异工程菌等措施提高土壤的微生物降解能力，也可把地下水抽至地表，进行微生物处理后，再注入土壤中，以再循环的方式改良土壤。该法适用于渗透性好的不饱和土壤的生物修复。原位微生物修复的特点：在处理污染的过程中土壤的结构基本不受破坏，对周围环境影响小，生态风险小；工艺路线和处理过程相对简单，不需要复杂的设备，处理费用较低；整个处理过程难于控制。

该方法一般采用土著微生物处理，有时也加入经驯化和培养的微生物以加速处理。在这种工艺中经常采用各种工程化措施来强化处理效果，这些措施包括生物强化、生物通风、泵出生物及渗滤系统等方法。

1. 生物强化法

生物强化（Enhanced bioremediation）是基于改变生物降解中微生物的活性和强度而设计的。它可分为培养土著菌的生物培养法和引进外来菌的投菌法。

目前，在大多数生物修复工程中实际应用的都是土著菌，一方面是因为土著菌降解污染物的潜力巨大，另一方面是因为接种的微生物在环境中难以保持较高的活性及工程菌的使用受到较严格的限制。当修复多种污染物（如直链烃、环烃和芳香烃）时，单一微生物的能力通常很有限。土壤微生物试验表明，很少有单一微生物具有降解所有这些污染物的能力。另外，污染物的生物降解通常是分步进行的，在这个过程中包括多种酶和多种微生物的作用，一种酶或微生物的产物可能成为另一种微生物的底物。因此在污染土壤的实际修复中，必须考虑要激发当地多样的土著菌。基因工程菌的研究引起了人们浓厚的兴趣，采用细胞融合技术等遗传工程手段可以将多种降解基因转入同一微生物中，使之获得广谱的降解能力。

生物培养法是定期向土壤投加 H_2O_2 和营养，以满足污染环境中已经存在的降解菌的需要，以便使土壤微生物通过代谢将污染物彻底矿化成 CO_2 和 H_2O。

投菌法是直接向遭受污染的土壤接入外源的污染物降解菌，同时提供这些细菌生长所需氧源（多为 H_2O_2）和营养，以满足降解菌的需要，使土壤微生物通过代谢将污染物彻底矿化成 CO_2 和 H_2O。处理期间，土壤基本不被搅动，最常见的就是在污染区挖一组井，并直接注入适当的溶液，这样就可以把水中的微生物引入土壤中。地下水经过一些处理后，可以恢复和再循环使用，在地下水循环使用前，还可以加入土壤改良剂。采用外来微生物接种时，会受到土著微生物的竞争，需要用大量的接种微生物形成优势，以便迅速开始生物降解过程。

2. 生物通风法（Bioventing）

生物通风法是一种强化污染物生物降解的修复工艺。一般是在受污染的土壤中至少打两口井，安装鼓风机和真空泵，将新鲜空气强行排入土壤中，然后抽出，土壤中的挥发性毒物也随之去除。在通入空气时，有时加入一定量的氨气，可为土壤中的降解菌提供氮素营养；有时也可将营养物与水经渗滤通道分批供给，从而达到强化污染物降解的目的。另外还有一种生物通风法，即将空气加压后注射到污染地下水的下部，气流加速地下水和土壤中有机物的挥发和降解，有人称之为生物注射法（Biosparging）。在有些受污染地区，土壤中的有机污染物会降低土壤中的氧气浓度，增加二氧化碳浓度，进而形成一种抑制污染物进一步生物降解的条件。因此，为了提高土壤中的污染物降解效果，需要排出土壤中的二氧化碳和补充氧气。

生物通风系统是为改变土壤中气体成分而设计的，其主要制约因素是土壤结构，不合适的土壤结构会使氧气和营养物在到达污染区域之前就已被消耗，因此它要求土壤具有多孔结构。在向土壤注入空气时需要对空气流速有一定的限制，并且要有效地控制有机污染物质的挥发。生物通风系统如图 6-13 所示。

生物通风法的设备和运行维护费用低，可以

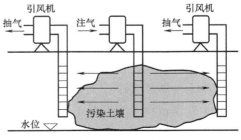

图 6-13　生物通风系统

清除不适于蒸气浸提修复的黏稠烃类。但是它只适于好氧降解的有机污染物。对于挥发性化合物的修复不如蒸气浸提修复，但其气体处理费用仅相当于蒸气浸提修复的一半。

对不同有机污染物进行修复的相对适宜度见表6-8。如四氯乙烯在好氧条件下不利于降解，因此不适于应用该方法；氯乙烯虽然容易好氧降解，但由于其蒸气压高，挥发性强于生物降解，因此适宜度仅为中等。

表 6-8　有机污染物生物通风法修复适宜性评价

化合物	适宜性	化合物	适宜性	化合物	适宜性
三氯乙烯	中	乙苯	好	1,1,1-三氯乙烯	中
甲苯	好	二甲苯	好	反-1,2-二氯乙烯	中
苯	好	二氯甲苯	中	1,2-二氯乙烯	中
多氯联苯	差	氯乙烯	中	四氯乙烯	差
氯仿	中	氯苯	中	酚	好

图6-14是在汽油泄漏处实地做的一组土壤通风去污实验，研究了空气流速对汽油蒸气去除速率的影响。液体汽油滞留于地下水层之上的毛细管区域，汽油蒸气滞留于毛细管区域之上的一个窄区域，它们的通风系统由并排的三个井组成，边上两个井用来进风，中间井出风。结论表明，随着空气速度增加，汽油蒸气去除速率增加；在进气井与出气井连线区域，空气速率较高，窄区域土壤中汽油蒸气浓度降低最快。

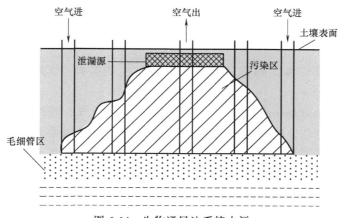

图 6-14　生物通风法系统去污

Thornton 和 Wootan 为探明土壤通风去污的有效性，在一个大敞口罐中模拟了汽油渗漏事故。他们在两种不同的渗流空气流速下研究去污速率随时间的变化规律，同时监测土壤不同位置的汽油浓度。开始抽吸时，气流中的汽油起始浓度非常高，之后浓度慢慢下降，去污速度也慢慢下降；结果指出：通风速率与汽油去除量之间存在确定关系，这取决于不同空气流速下汽油空气界面浓度梯度的大小。通风流速越高，蒸发前峰到达真空井所需时间，即彻底去除汽油污染所需时间（污染彻底去除时间）越少。

美国犹他州 Hill 空军基地的生物修复项目是最早采用生物通风修复污染土壤的项目之一。除用气提去除挥发性有机污染物以外，有15%～80%的汽油和甲苯等污染物被土壤微生物降解去除，有效地验证了生物通风法可通过通气促进挥发性有机污染物从土壤亚表层挥发和通氧促进微生物降解可降解性有机污染物。生物通风法通常用于由地下储油罐泄漏造成的轻度污染土壤的生物修复。由于生物通风方法在军事基地成功的应用，美国空军将生物通风法列为处理受喷气机燃料污染土壤的一种基本方法。

3. 泵出生物法

泵出生物法（Pump-out biological method）主要用于修复受污染地下水和由此引起的土壤污染。该法需在受污染的区域钻井，井分为两组，一组是注入井，用来将接种的微生物、水、营养物和电子受体（如 H_2O_2）等按一定比例混合后注入土壤中；另一组是抽水井，通过向地面上抽取地下水造成地下水在地层中流动，促进微生物的分布和营养物质的运输，保持氧气供应。由于处理后的水中含有驯化的降解菌，因而对土壤有机污染物的生物降解有促进作用。通常需要的设备是水泵和空压机。在有的系统中，在地面上还建有采用活性污泥法等手段的生物处理装置，将抽取的地下水处理后再回注入地下。图 6-15 为泵出生物系统。氧的传输和土壤的渗透性能是泵出生物法处理成功的关键。为了加强土壤内空气和氧气的交换，可采用加压空气和真空抽提系统。

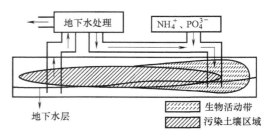

图 6-15　泵出生物系统

该法工艺较为简单，费用较省，不过由于采用的工程强化措施较少，处理时间会有所增加，而且在长期的生物恢复过程中，污染物可能会进一步扩散到深层土壤和地下水中，因而适用于处理污染时间较长，状况已基本稳定的地区或者受污染面积较大的地区。

4. 其他

除了上述常用的原位微生物修复技术外，还有生物搅拌、工程螺钻、慢速渗滤和农耕等。

生物搅拌（Creatures stirring）是向土壤饱和部分注入空气，同时从土壤的不饱和部分通过抽真空的方法吸出空气，这样既向土壤提供了充足的氧气又加强了空气的流动性，可以为土壤微生物供氧，促进了其最大限度地降解。该法能同时处理饱和土壤和地下水的污染。

工程螺钻法（Engineering screw）是用工程螺钻系统使表层污染土壤混合，并注入含有营养和氧气的溶液，来促进微生物以最大限度降解。

慢速渗滤（Slow percolation）是通过在污染土壤区内布设垂直井网，将营养液、降解菌、修复剂和氧气等缓慢注入土壤表层，使之散布在污染区域的表面，经渗滤逐渐到达土壤中或与地下水混合，来促进微生物最大限度地降解污染物。在修复期间，为了防止污染物质扩散或营养物质及表面活性剂等修复剂的迁移，常应用水泥或水力隔栅将污染区与非污染区分开。

农耕法（Farming）是对污染土壤进行耕耙处理，在处理进程中施入肥料，进行灌溉，加入石灰，从而尽可能地为微生物降解提供一个良好的环境，使其有充足的营养、水分和适宜的 pH 值，保证污染物降解在土壤的各个层次上都能发生。该法的最大缺陷是污染物可能从污染地迁移，但由于其简易、经济，因此在土壤渗透性较差、污染较浅、污染物又较易降解时可以选用。Mueller 等对佛罗里达州 Pensacola 木材防腐油生产区的土壤进行现场农耕处理，并测定了 21 种多环芳烃的降解率。结果表明，各类有机物的降解顺序为：酚醛类>杂环烃>低分子量多环芳烃>高分子量多环芳烃。12周以后，表土中相对分子质量低的多环芳烃的平均降解率大于50%，而相对分子质量高的多环芳烃的降解率很低。同一时间内，底土的多环芳烃仍然保持较高的浓度。

思 考 题

1. 什么叫环境生物修复？它如何产生？又是如何发展的？它与其他科学有何关系？
2. 环境生物修复的类型与特点是什么？
3. 环境生物修复的原则是什么？
4. 用于生物修复的微生物类型有哪些？它们细胞结构及生理特性有什么特点？
5. 影响生物修复的主要生态因子有哪些？请加以说明。
6. 试述微生物生长与微生物种群增长的关系。
7. 影响生物修复的因素有哪些？请加以说明。
8. 试述微生物对污染物修复的机理及反应类型。
9. 试述污染物在生物修复中的迁移转化途径。
10. 影响生物修复的污染物特性有哪些？请加以说明。
11. 异位微生物修复技术有哪几种不同的处理类型？各技术类型的技术过程是怎样的？
12. 论述预制床、生物泥浆反应器和堆腐技术的异同点和技术优势。
13. 论述投菌法、生物通风技术和泵出生物技术的异同点和技术优势。

参考文献

[1] 赵景联. 环境修复原理与技术 [M]. 北京：化学工业出版社，2006.

[2] 赵景联，史小妹. 环境科学导论 [M]. 2版. 北京：机械工业出版社，2017.

[3] 赵景联. 环境生物化学 [M]. 北京：化学工业出版社，2007.

[4] 周启星，宋玉芳. 污染土壤修复原理与方法 [M]. 北京：科学出版社，2018.

[5] 崔龙哲，李社峰. 污染土壤修复技术与应用 [M]. 北京：化学工业出版社，2016.

[6] 李素英. 环境生物修复技术与案例 [M]. 北京：中国电力出版社，2015.

[7] 陈玉成. 污染环境生物修复工程 [M]. 北京：化学工业出版社，2003.

[8] 夏北成. 环境污染物生物降解 [M]. 北京：化学工业出版社，2002.

[9] 沈德中. 污染环境的生物修复 [M]. 北京：化学工业出版社，2002.

[10] 李法云，吴龙华，范志平. 污染土壤生物修复原理与技术 [M]. 北京：化学工业出版社，2016.

[11] 马文漪. 环境微生物工程 [M]. 南京：南京大学出版社，1998.

[12] 徐亚同，等. 污染控制微生物工程 [M]. 北京：化学工业出版社，2001.

[13] 孔繁翔，尹大强，严国安. 环境生物学 [M]. 北京：高等教育出版社，2000.

[14] 王建龙，文湘华. 现代环境生物技术 [M]. 北京：清华大学出版社，2001.

[15] 张京来，王剑波，常冠钦，等. 环境生物技术及应用 [M]. 北京：化学工业出版社，2002.

[16] 池振明. 微生物生态学 [M]. 济南：山东大学出版社，1999.

[17] 张从，夏立江. 污染土壤生物修复技术 [M]. 北京：中国环境科学出版社，2000.

第 7 章

污染土壤的生态修复工程

7.1 生态工程概述

生态工程（Ecology Engineering）与生态技术（Ecotechnology）是近年来新兴的一门着眼于生态系统持续发展能力的整合工程和技术。它根据整体、协调、循环、再生的生态学原理进行系统设计，规划和调控人工生态系统的结构要素、工艺流程、信息反馈关系及控制机构，从而在系统范围内获取高的经济和生态效益。生态工程强调资源的综合利用、技术的系统组合、学科的边缘交叉和产业的横向结合，可以说其是一门新兴的多学科渗透的边缘学科和综合工程。生态工程迄今仅有 50 余年的发展历史，但已受到国际很多环保、农业、城建等方面学者、决策者和应用者的重视。

7.1.1 生态工程的概念

生态工程的概念是著名生态学家 H. T. Odum 和我国著名生态学家马世骏教授于 20 世纪 60 年代及 70 年代提出的。H. T. Odum 教授将生态工程定义为"为了控制系统，人类应用主要来自自然的能源作为辅助能对环境的控制"。马世骏教授定义生态工程为"应用生态系统中物种共生与物质循环再生原理，结构与功能协调原则，结合系统最优化方法设计的分层多级利用物质的生产工艺系统。生态工程的目标就是在促进自然界良性循环的前提下，充分发挥物质的生产潜力，防止环境污染，达到经济效益与生态效益同步发展。它可以是纵向的层次结构，也可以发展为几个纵向工艺链锁横向联系而成的网状工程系统"。

20 世纪 80 年代，欧洲的 Uhfmann 等提出了生态工艺技术（Ecological technology）概念，将它作为生态工程的同义词，并定义为"在环境管理方面，根据对生态学的深入了解，花最小代价的措施，对环境的损害又是最小的一些技术"。

虽然东西方各国家对生态工程或生态技术所下定义的内涵具有相通的实质，但各自的侧重点不同。西方生态工程理论强调自然生态恢复，强调环境效益和自然调控，生态工程设计原则强调自然和生态系统的自我设计（Self-design）能力；中国生态工程则强调人工生态建设，人的介入和参与作用往往超过系统的自维能力；强调追求经济和生态效益的统一及人的主动创造与建设，被认为是发展中国家可持续建设方法论的基础。西方的生态工程投入很少人力，主要投入一些石化能，经济投入小，系统结构简单，多样性低，不要求实现商品价值，不把物质循环利用作为特别目的，只求社会效益和生态效益，如达到污染控制、自然保护目的；中国的生态工程则投入大量人力和人工能，经济投入较高，系统结构设计复杂多样，特别重视物质循环和资源的充分利用，要求达到生态、经济、社会三大效益。

7.1.2 生态工程的特点

生态工程与典型的高新技术相比，只是利用自然界现有的物种、现有的生态系统结构和功能，遵循生态工程原理和方法，经过合理的设计与调控，来满足人类生态保护和发展经济需求的技术。其特点主要体现在：

1）研究和处理对象的整体性。生态工程研究和处理的对象不仅是系统中的某一成分，如某污染物或生物，而主要是按照生态系统的内部相关性（即系统中各成分间相互联系、相互依存、相生相克、互为因果形成统一的有机整体）和外部相关性（即与系统外的周围环境进行物质、能量、信息的交换），来研究作为一个有机整体的生态系统或社会-经济-自然复合生态系统。

2）目的和目标的多元化。生态工程不仅防治污染、保护和改善生态环境，而且要同步取得经济和社会效益；生态工程在生产过程中可最大限度回收、回用物质和能源，对不能回收的废物（污染物）通过再生予以利用，变废为宝，促使良性循环，故在生产过程中是无废或少废，也就是无污染或少污染，而不是将污染物质从一个介质转移至另一介质，从一处转移至另一处，因此它不仅对局部环境，且对区域以至更大范围的环境保护与治理是极有利的。

3）以自我组织和调控为基础。人为调控只作为提供生态系统中某些成分（如生物或环境某些因子）匹配的选择机会，其余则由生态系统本身的自我组织和自我调节来完成。自我组织是一个生态系统在无外因控制下，其本身有转变无序为有序，维持相对动态稳态的能力。自我调控是自我组织的一种机制，当强制函数（如污染或其他物质和能量的输入或输出量）发生变化，或生态系统受到干扰时，生态系统本身，主要通过反馈机制，抗干扰和维持其相对稳定的生态系统结构和功能。

4）从自然界获取主要资源和能源。生态工程的"设备"主要是自然界提供的，大部分不需人为制造或以高昂代价购买，故投资比环境工程相对低廉。以太阳能为主要能源，使生态工程仅需少量甚至不需化石燃料或电力作为辅助能，这不仅节约了运转费用，并且可减少或避免因处理污染所需动力产生的污染；但是它受自然影响较大，如在严寒之际，许多生物净化及生产效率较低，甚至难以进行。

7.1.3 生态工程的主要应用类型

（1）生态恢复 生态恢复（Ecological Restoration）是相对于生态破坏而言的，就是要恢复被破坏了的生态系统的合理的结构、高效的功能和协调的关系。具体来说，就是从生态和社会需求出发，恢复生态系统的合理结构和功能，实现所期望达到的生态-社会-经济效益，通过对系统物理、化学、生物甚至社会文化要素的控制，带动生态系统的恢复过程，达到系统的自维持状态。生态恢复并不意味着在所有场合下恢复到原有生态系统状态，这没有必要也不可能，其本质是恢复系统的必要功能并实现系统自维持。如在荒山、荒坡、滩涂、沙地、湿地及矿山废弃地等未被利用的退化生态系统，根据当地生态条件，利用生态工程与技术恢复植被，发展草业、牧业或林业，恢复其生态服务功能及经济效益。

（2）生态农业 生态农业（Ecological agriculture）是利用生态学原理，依据生态系统内物质循环和能量转化的基本规律建立的一种农业生产方式。其生产结构是农、林、牧、副、渔多种经营联合体，使初级生产者农作物的产物能沿食物链的各营养级进行多层次利用，以发挥各种资源的经济效益。生态农业强调利用生物防治技术和综合控制技术防治农作物病虫害，尽量减少农用化学品的使用，以减少污染，达到在最大限度地保护土地资源、水资源和能源的基础上，获取高产的目的。图7-1是某一生态农业的物质循环途径，从图中可以看出，营养物质以肥料、饲料、粪便、浆液、污泥等形态在庄稼地、沼气厂、鸭场和养鱼塘、污泥贮留池等几个单元间得以转化循环利用。

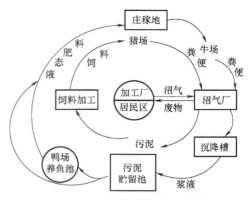

图 7-1　生态农业的物质循环途径

（3）生态工业　生态工业（Ecological industry）是仿照自然界的生态过程物质循环模式来规划工业生产系统生产的一种工业模式。在生态工业系统中，各生产过程不是孤立的，而是通过物料流、能量流和信息流相互联系，一级生产过程的废物可作为另一级生产过程的原料加以利用。生态工业追求的是系统内各生产过程从原料、中间产物、废物到产品的物质循环，达到能源、资源和资金的最优利用及最小环境影响。如粪便发酵产生沼气提供绿色能源，沼液用来无土栽培青绿饲料或蔬菜，沼渣再制混合饲料等多种生产项目及工艺结合；既分层多级处理了废物，又可获得可观的综合效益。建立无（少）废工艺系统：进行工业系统的内环境治理，如新建工厂、工业项目和工业园区要加强无污染工艺设计，建立废物再生利用系统，包括废热的再利用、废渣的资源化、废水的净化和再生循环利用等，达到无废或少废，即无污染或少污染。如许多造纸企业采用生态工业的理念实现了生产的闭路循环（图7-2）。

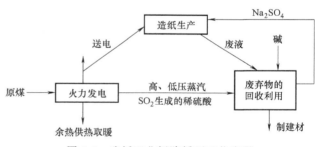

图 7-2　造纸工业闭路循环工艺流程

（4）废物资源与能源化综合利用的生态工程　生活垃圾（Household garbage）等固体废物的土地填埋法处理不仅会消耗大量的土地，还会在处理过程中产生垃圾渗滤液。因此，对城市垃圾进行减量化、无害化、资源化和产业化处理，既可减少环境污染，又可增加产值。如将垃圾进行分选收集实现资源化再利用，废纸进入造纸工业再循环，废金属和废玻璃通过金属工业和玻璃工业实现再利用；将生活垃圾中有机部分和人畜粪便通过堆肥腐化生产成优质生态复合肥；利用畜禽粪便与田间秸秆养殖食用菌后，再培养蚯蚓，蚯蚓粪残渣再作为肥料还田；蔗渣、玉米芯等废弃生物质可用于生产纸、纤维板、糠醛、木糖醇、木质素磺酸钠等。各类食品工业的废物可经深层利用和循环再生，为社会提供饲料、燃料、肥料和工业原料。

（5）生态建筑及生态城镇建设　充分利用本地生态资源，建设能耗低、绿量高、废物就地资源化的方便、舒适、和谐、经济的生态住宅、生态小区和生态城镇，这样的生态建筑要同时满足包括对健康、自然保护、物质循环及生境改善四方面的要求。所用建材、室内装饰、服务设施、建筑结构要对居住者或使用者的生境健康及所在环境的健康无害而有利，使人居其中方便、舒适，有利于人的身心健康。保温、隔热效率高，通风采光好，所用设施在运转中消耗动力少，节能、节水，尽可能应用再生能源和动力，如太阳能、风能、生物质能，垃圾及污水可就地处理与利用，其中有机质和营养盐在庭院内和附近的园艺农业中能方便、完全利用，形成良性循环。其中的植物及绿化区要尽可能靠近建筑，屋顶及外墙尽可能绿化，以增加绿化面积和量，不仅便于生活废水、废渣的就地净化与利用，而且有利于美化环境及改善小气候。选址要按生态学原则，人与包括生物群落在内的自然环境要实现和谐、互利共生。

（6）流域和区域的生态治理与开发的生态工程　流域的生态治理与开发是在现有资源基础上，通过低耗、高效和持续地利用流域内的自然资源，如将治坡、治沟、修梯田与发展草业、牧业、林业等相结合，实现农村经济向集约型经济的转变。目前我国正进行的三北、长江中上游防护林生态工程是当今世界上面积最大的流域治理与利用的生态工程。

在良好的自然和半自然生态系统区域开发生态旅游，促进区域生态、经济和社会的全面发展。生态旅游不消耗和破坏当地的自然旅游资源（山、川、湖、海、森林、草原、农田等自然环境和名胜古迹、历史文化、当地民俗风情等人文环境），旅游基础设施尽量生态化，并与自然环境相协调；生态旅游不仅由于旅游收入可增加当地经济收入，而且可引导吸纳海内外游客，招引国内外投资，并作为催化剂融合多种产业，独特的旅游产品将具有强烈的市场吸引力和产业开发的凝聚力，能够促进当地经济发展。

7.2　生态工程修复

7.2.1　生态工程修复概述

生态修复是指在特定的区域和流域内，依靠生态系统的自组织或自调控能力作用，或依靠生态系统的自组织和调控能力与人工调控能力的共同作用，使部分或完全受损的生态系统恢复到相对健康的状态。生态修复的基本原理是通过生物、生态、工程的技术和方法，人为地改变和切断生态系统退化的主导因子或过程，调整、配置和优化系统内部及外界的物质、能量和信息等流动过程和时空次序，使生态系统的结构、功能和生态潜力尽快成功地恢复到一定的或原有的乃至更高的水平。

从外延上看，生态修复是应用生态系统自组织和自调节能力对环境或生态系统本身进行修复，可以从四个层面理解。第一个层面是污染环境的修复，即传统的环境生态修复工程，通过生态系统自组织和自调节能力来修复污染环境的概念，并通过选择特殊植物和微生物，人工辅助建造生态系统来降解污染物。第二个层面是大规模人为扰动和破坏生态系统（非污染生态系统）的修复。第三个层面是大规模农林牧业生产活动破坏的森林和草地生态系统的修复，即人口密集农牧业区的生态修复，相当于生态建设工程。第四个层面是小规模人类活动或完全由于自然原因（森林火灾、雪线上升等）造成的退化生态系统的修复，即人口分布稀少地区的生态自我修复。正在实施的水土保持生态修复工程及重要水源保护地、生态保护区的封禁管护均属于这一范畴。

生态修复的理论基础是恢复生态学。恢复生态学是研究生态系统退化的原因、退化生态系统恢复与重建的技术与方法、生态学过程与机理的学科。由于研究对象是那些在自然灾变和人类活动压力条件下受到破坏的自然生态系统的恢复和重建问题，这个过程是相当综合的和在生态系统层次上进行的，具有十分强烈的应用背景和发展前景，有很大的人为促进因素，因而恢复生态学在一定意义上可以说是一门生态工程学。生态工程则是应用生态系统中物种共生与循环再生原理，结合系统工程的最优化方法设计的分层多级利用物质的生产工艺系统。作为一种有效的工程手段，生态工程已经在诸如农业、林业、生态恢复的开发及废水处理等方面取得了显著的效果，并显示了其在解决人类面临的生态问题方面的重要性。因此，运用生态工程技术对受损环境或生态系统进行修复得到了越来越广泛的应用。

7.2.2 生态工程修复的原理与内容

1. 生态修复的基本原理

生态修复是在遵循自然规律的基础上，通过人类的作用，将生态工程学原理应用于受害或退化生态系统或环境的，使其重新获得并有益于人类生存与生活的生态系统的恢复、重建和改造过程，最终达到系统的自我维持（Self-maintenance）。生态工程原理是实施生态工程修复的重要理论基础。由于生态工程涉及生态学、生物学、工程学、环境科学、经济和社会等领域，原理众多（图7-3）。我国学者在系统生态学理论的基础上，吸收了中国传统哲学中有益的部分，根据我国朴素的生态工程实践经验，把生态工程原理总结为整体、协调、自生、再生循环等基本原理。

（1）整体论原理 生态工程修复的对象是作为有机整体的社会-经济-自然复合生态系

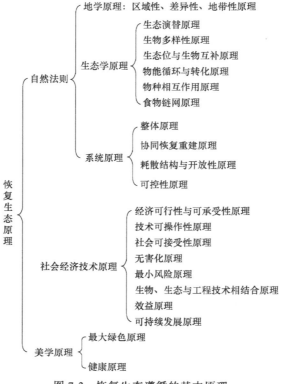

图7-3 恢复生态遵循的基本原理

统，或是由异质性生态系统组成的、比生态系统更高层次水平的景观。这个系统是由其中生存的各种生物有机体和其非生物的物理、化学成分相互联系、相互作用、互为因果地组成的一个网络系统。任何一个生态系统都是由生物系统和环境系统共同组成的，系统各子系统之间或各成分之间，通过能量流、物质流、信息流而有机地联系起来，形成一个具有特定功能的、统一的、有机的整体。因此，运用生态工程技术对受损生态系统进行修复必须以整体观为指导，在系统水平上研究，通过整体调控，统一协调与维护当前与长远、局部与整体、开发利用与环境和自然资源之间的和谐关系，以保障生态平衡和生态系统的相对稳定性。

（2）协调与平衡原理 生态系统是长期发展的结果，各组分通过相生相克、转化、补偿、反馈等相互作用，结构与功能达到协调，而处于相对稳定态，具有相对稳定和协调的结构与功能。生态平衡就整体而言包括结构平衡、功能平衡和收支平衡。结构平衡维护与保障系统内物质的正常循环畅通。功能平衡维持了系统内各组分的代谢过程和系统与外部环境物质交换及循环关系的正常运行。收支平衡防止了生态系统的资源萧条和生态衰竭或生态停滞。任何一个超越生态系统调节能力的外来干扰，由于破坏系统结构之间、功能之间或结构与功能之间的协调和平衡，导致生态系统的原有性质及整体功能的破坏，引起生态系统的退化。因此，在运用生态工程进行修复时，通过调整并协调系统内部结构、功能和收支平衡，改善与加速生态系统中物质的迁移、转化、循环、输出，建立一个结构、功能协调和平衡的生态系统，从而恢复、重建或改造一个在一定时期内达到相对稳定和自我维持的系统。

（3）自生原理 包括自我组织、自我优化、自我调节、自我再生、自我繁殖和自我设计等一系列机制。自生作用是生态系统与机械系统的重要区别之一。生态系统的自生作用维护系统相对稳定的结构、功能及动态，在自我稳定中达到可持续发展。其中，自然生态系统的自我设计能力是生态工程或生态技术中最主要的基本原理之一。自我组织和设计是系统通过反馈作用，依照最小能耗原理，不借助外力形成自身具有充分组织性的有序结构和生态过程，一方面，系统通过自身设计很好地适应周围环境；另一方面，系统也能通过自身的作用使周围的环境变得更为适宜。自我优化是具有自组织能力的生态系统，在发育过程中，向能耗最小、功率最大、资源分配和反馈作用分配最佳的方向进化的过程。自我维持是指生态系统是一个能够直接或间接依赖太阳能的自我维持系统。自我调节是属于自组织的稳态机制。系统本身通过反馈机制，自动调节内部结构（质和量）及相关功能，维护生态系统的相对稳定性和有序性，达到完善生态系统整体结构和功能的目的。自我调节能在有利的条件和时期加速生态系统的发展，同时在不利时也可避免受害，得到最大限度的自我保护。在一个生态系统工程修复过程中，人类干预仅是提供系统中一些组分间相互匹配的机会，对生态系统自组织过程的干涉或管理保证其演替的方向，其他过程可以通过系统的自我组织、自我优化、自我调节、自我再生、自我繁殖和自我设计来完成，以便使修复的生态系统和它的结构与功能维持可持续性。

（4）物质循环再生原理 物质在各类生态系统中、生态系统间的小循环和在生物圈中的生物地球化学大循环，是维持地球上众多生命存在的基础。这种循环过程通过食物链关系周而复始地循环，维持生态系统的正常运转。在生物圈中，各种物质在地球上生物与非生物之间，在土壤岩石圈、水圈、大气圈之间迁移循环运转，使可再生资源取之不尽，用之不竭。从物质生产和生命再生角度来看，每次物质循环的每个环节都是为物质生产或生命再生提供机会，促进循环就可更多地发挥物质生产潜力，提供生物生长繁衍的条件。生态工程修复退化生态系统时，通过采取适当措施，调整退化系统物质循环运转的各个环节及途径，增加或减少循环运动中不足或多余的物质，协调循环中各环节之间的关系，为物质生产和生物再生提供更多机会，促进退化生态系统的良性发展。

（5）分层多级利用原理　在生态系统中，一个代谢生产过程中输出的物质是后续代谢生产过程的原料，由于各个环节结构合理，物质输入输出比例协调合适，使前一个代谢环节的输出物质正好全部为后续代谢环节所充分利用，通过食物链联结成一网络，最终增加了产品与总产量，而且节约了原料、时间和空间，形成高产、低耗、高效、优质、持续的生产。这种多层分级利用模式是自然生态系统中各个成分或环节长期协同进化与互利共生的结果，也是自然生态系统自我维持与持续发展的方式。因此，物质分层多级利用是生态系统内耗最省、物质利用最充分、工序组合最佳、工艺设计最优的基础。在生态工程修复技术中应当遵循、模拟和应用这一原理和模式。

（6）物种互利共生原理　一个完整的生态系统中，生物之间存在着复杂的相互关系。从性质上，生物之间的关系可分为共生与抗生两大类。共生是互利的，即一种生物对另一种生物有利；抗生则是一种生物对另一种生物有害。生物之间的这种关系是以食物、空间等资源为核心的，在长期进化过程中得以发展和固定。在生态工程修复中，应正确选择匹配生物物种，充分利用物种间的互利共生关系，使生物复合群落"共存共荣"，达到生态系统健康发展的目的。

（7）生态位原理　生态系统中每一种生物都占据利用或适应了一定的空间，称为生物的生态位，其大小反映了物种种群的遗传和生物生态学特征。生态位是各种生态因子的综合，包括了水平空间、垂直空间和地下根系的生态位。在生态工程修复、调控过程中，应考虑不同物种的生态位特征，提供适宜的生态位，构成一个多样化的、稳定高效的生态系统。合理运用生态位原理，不仅是物种引种、配置的关键，而且是使有限资源合理利用，生态系统的转化固定效率增加，资源减少浪费，生态系统效率提高的关键。

（8）物种多样性原理　一般认为，生态系统的稳定性与物种多样性有密切关系。物种多样性高，系统的自我调节能力强，系统也就越稳定，具有较强的抵抗力。复杂的生态系统通常是最稳定。其主要特征就是生物组成种类繁多而均衡，食物网纵横交织，从而保证系统具有很强的自组织能力。相反，处于演替初级阶段或退化的生态系统，由于生物种类单一，其稳定性就差。物种多样性是生态系统退化研究及生态管理的主要原理之一。在生态工程修复过程中，应充分考虑生物群落的多样性问题，以提高和改善退化生态系统的稳定性和自我调节能力。

（9）主导因子原理　组成环境的生态因子都是生物所必需的。但在一定条件下，对生物起作用的诸多因子中，其中必有一个或两个是对生物起决定性作用的生态因子，称为主导因子。主导因子发生变化会引起其他因子也发生相应变化。在生态工程修复过程中，对于不同的区域、不同的系统，采取的修复措施是不同的。需要对特定的环境条件有深刻的分析，确定关键的主导生态因子，根据特定区域的气候和资源等物质条件，因势利导、因地制宜，才能达到事半功倍的效果。

（10）限制因子原理　生物的生存和繁殖依赖于各种生态因子的综合作用，其中限制生物生存和繁殖的关键性因子就是限制因子。如果一种生物对某一生态因子的耐受范围很窄，而且这种因子又易于变化，那么这种因子就很可能是一种限制因子。限制因子原理指出各种生态因子对生物来说并非同等重要，首先应该关注那些影响生物生存和发展的限制因子。由于因子之间的相互作用，某些因子的不足，可以由其他因子来部分地代替，或其他因子的充足可以提高限制因子的利用率，从而缓解限制作用。在运用生态工程进行修复时，限制因子往往决定着修复过程的成败和速度，不同的修复阶段，限制因子是不同的。因此，修复工作必须根据不同的限制因子和不同的时期分阶段进行。

（11）物种耐性原理　生物对每一种生态因子都有其耐受的上限和下限，上下限之间就是生物对这种生态因子的耐受范围，其中包括最适生存区。任何接近或超过耐性下限或耐性上限的因子都称为限制因子。任何一个生态因子在数量上或质量上的不足或过多，即当其接近或达到某种生物的耐受限度时，都会影响该种生物的生存和分布。因此，只有在一定的耐受范围内，生物种类才能生存。对某种元素而言，在耐受范围内有一个最适浓度（称为偏好浓度），在该浓度下生物代谢过程的速度最快，当浓度低于耐受下限或高于耐受上限时，有机体由于该元素的缺乏或过量而死亡。最小因子定律也是与物种生存密切相关的。该定律认为，只有所有关键元素都达到足够的数量时，植物才能正常生长，生长速度受浓度最低的关键元素的限制。这就是说，只要有一个关键元素没有达到足够的数量，生物生长就会停滞。耐性定律和最小因子定律对退化生态系统修复中的物种选定和生境改良均具有重要意义，通常，在极度退化生态系统修复的早期阶段均选择对生境因子忍耐区间很大的物种作为先锋种，并分析生境中的关键元素，并给予人工补偿。

（12）生态因子综合作用原理　任何一个环境中，都包含着多种生态因子。各种生态因子不是孤立存在的，而是彼此联系、互相促进、互相制约，共同对生物产生影响。任何一个单因子的变化，都必将引起其他因子不同程度的变化及其反作用。同时，生态因子所发生的作用一定条件下又可以互相转化，所以生态因子对生物的作用不是单一的，而是综合的，这就是生态因子作用的综合性。在生态工程修复实施过程中，要充分考虑生态因子对生物的综合影响。这种综合影响的作用往往与单因子影响有很大的差异。

2. 生态工程修复的内容

生物和环境是构成生态系统的两个基本子系统。因此，生态工程修复的内容主要包括生物子系统和环境子系统的调控与建造两部分。其中，生物子系统的调控与建造包括生物种群的选择、生物群落结构配置、食物链的调整和生物与环境的节律匹配等；环境子系统的调控与建造，包括水环境、土壤环境、光热环境、大气与微气候环境等。

（1）生物种群的选择　生物种群（Biotic population）是构成生态系统的重要组分之一，是生态系统生物群落结构再建的基础，也是建设、调控、改造、治理生态系统的关键。不同生态系统具有不同生物种群组成的生物群落和特定的生态环境。生物物种的选择一般可以依据当地生态系统修复的目标、修复的生境条件和社会需求情况来进行选择，以达到"因地制宜"地选择适应生境种群。生态工程修复技术中，生物种群选择一般包括生物种群的调查、收集、引进，适应性培植（养殖）实验和比较选择三个部分。

（2）生物群落结构配置　生物群落（Biocoenosis）的结构是决定生态工程修复的关键。根据生态学原理，一个生态系统的生物群落越复杂，它的生物生产力就越高，同时，这个生态系统的稳定性就越强。生物群落结构配置是依照"结构决定功能"原理、生物共生互生原理、生物生态位原理、景观布局原理等，对种群组成的数量、水平结构布局、垂直结构进行设计，从而建立良好的生物群体，形成互惠共生的群落。各个种群具体比例应当根据当地的自然环境、修复工程的目的和社会需求情况通过科学预测、计算确定。在种群类别、种群数量确定以后，再考虑群落的水平结构布局、垂直结构布局和景观结构布局。生物群落水平结构配置是根据生态工程修复的具体目标和环境特征，将各种生物种群进行水平层次上的科学设计，使生物种群形成一个相互链接、互相防护、共生互利、整体协调的生物群落。生物群落的垂直结构配置是空间生态位原理把在垂直空间上有互利共生关系的两种或两种以上的生物种群合理配置，形成一种复合群落。

（3）食物链调整　食物链（Food chain）是生态系统中物质循环与能量转换的一个重要过程，也是生物之间相互制约的调控机制。生态工程修复的食物链调整包括食物键的"加环"（生产环、增益环、减耗环、复合环）和食物链的"解链"范畴。其中，食物链加环是根据营养级原理，利用资源类型和数量选定加环食物链的种群类型和种群数量，通过加入一个新的生物种群（环-营养级）进行物质、能量的再转化过程，达到废物的资源化与产品的再转化的目的，从而提高整个系统的综合效益。食物链解链是针对有害物质通过食物链不断累积最终危害人类本身这一问题提出的，通过食物链解链调整，使有害物质在达到一定程度之前就被降解或脱离与人类相联系的食物链，及时断绝其进入人体的通道。因此，在生态工程修复过程中科学地应用食物链原理，促进退化生态系统功能的提高。

（4）生物与环境节律匹配　环境因子与生物的机能具有明显的变化规律。自然环境因子中光照、温度、湿度、降水等不断发生年、月、日的周期性变化。对于生物而言，其机能也是随环境因子的时间节律变化而发生周期性的节律变化。在生态工程修复中，必须考虑这种生物与环境因子的时间节律变化。节律匹配是在生物机能节律的基础上，组成生物群落的生物种群机能节律配合，形成生物群落的机能节律，然后再与工程所在区域环境的时间节律进行选择和匹配，构成生态系统生物机能节律与环境时间节律的最佳配置。

（5）环境调控　环境的调控包括水分与土壤环境的调控、光热资源环境的调控、营养成分和数量的调控和小气候的调控等。环境调控是通过人工措施改变一些对生物不利的环境因子，从而使生物群落得以顺利生长发育。在环境调控过程中，主要是减弱对生物的生长发育具有限制作用的环境因子，增加生物生长发育所需求的环境因子，保证生态工程修复的成功。

7.2.3　生态工程修复技术

运用生态工程进行环境修复的对象范围相当广泛。对于不同的产业、不同的生态系统和不同的修复目的，生态工程修复可以分为不同的分类体系。根据产业类型，修复生态工程可以分为农业、种植业和林业生态工程；根据修复的生态系统类型，生态工程修复可分为山地、水体、湿地、滩涂、草原、盆碱地、沙漠、过渡带、环境脆弱带生态工程等；根据修复的目的，生态工程修复可分为控制污染环境的生态工程和生态恢复生态工程。其中，生态恢复生态工程是将生态工程学原理应用于退化生态系统功能的恢复，最终达到系统的自我维持的过程。依据退化生态系统的不同成因和类型，生态恢复生态工程主要包括退化土地生态恢复工程、水土保持生态恢复工程和采矿废弃地复垦工程等。

1. 沙漠化土地生态工程修复技术

沙漠化生态修复过程是采取生态工程措施，通过自然恢复、人工促进自然恢复与生态系统重建相结合，依据不同退化程度及不同区域自然、社会经济条件及发展需求，采用不同的恢复模式和途径，促使沙漠化过程逐渐逆转、生态系统逐步恢复并趋于良性循环，从而建立高效沙地农业生态系统，逐步形成社会-经济-自然复合系统（图7-4）。

沙地沙漠化生态恢复工程措施包括治沙工程、水土环境整治工程和生物构建技术。

（1）治沙工程　治沙工程包括工程治沙和植物治沙两种措施。

1）工程治沙是以沙障或胶结物质固定流沙。沙障是用各种材料做成不同规格的格状或带状沙障，如麦草、芦苇、黏土和砾石等。一般来说，带状沙障主要用于防治风向较为单一的沙害，而格状沙障多用于防治多方向风作用下所造成的沙害。障高与障宽之比保持在1∶10左右，规格通常为1m×1m或1m×2m，胶结物质固沙是将有机或无机、天然或人工合成的胶结物质，喷洒于沙面并渗入沙层孔隙，经固化后形成防风蚀保护壳。胶结物质有石油产品（重油、沥青等）、合成高分子聚合物（聚丙烯酰胺类、甲醛树脂、丁二烯—苯乙烯橡胶乳等），以沥青乳液应用最为广泛。由于成本高，胶结物质固沙仅用于风沙危害严重、造成重大损失的地区。

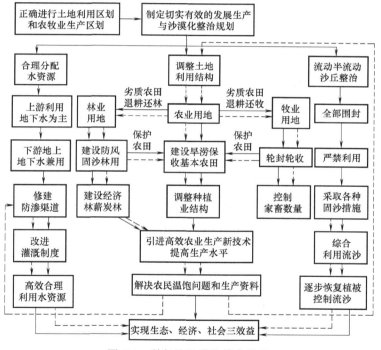

图7-4　科尔沁沙漠化综合整治

2）植物治沙是固定流沙、阻截流沙和防治土地沙漠化的基本措施，主要包括：建立人工植被或恢复天然植被以固定流沙；营造大型防沙阻沙林带，以阻截外侧风沙对绿洲、交通沿线、城镇居民点及其他经济设施的侵袭；营造防护林网，以控制耕地风蚀和牧场退化；保护封育天然植被，防止固定、半固定沙丘和沙质草原的沙漠化危害。对于不同类型沙地和不同的部位配置不同的树种。应用于沙漠化生态恢复工程的植物种类有黄柳、乔木状沙拐枣、花棒、油蒿、柠条、籽蒿、沙柳、小叶杨、沙枣和怪柳等。根据植物种类的不同、生理生态特征种植于沙丘的不同部位，如在丘顶、梁顶及落沙坡可以播种油蒿及籽蒿；在覆盖于山前冲洪积物上的新月形沙丘链上以油蒿、柠条种植为主；在覆盖于盐化草甸土上的新月形沙丘链上栽植沙柳、小叶杨及柽柳等。这些植物还可以进行不同组合应用于不同的沙丘部位。如在裸露的格状沙丘落沙坡脚种植黄柳+乔木状沙拐枣；在迎风坡种植花棒+油蒿+柠条；在迎风坡上部种植籽蒿+花棒；在覆盖于圆砾石地上的新月形沙垄沙丘上，选择种植沙枣+油蒿+籽蒿等。20世纪50年代以来，我国西北绿洲地区大力营造防风阻沙林带、护田林网及建立人工固沙植被，同时把"封沙育草，保护天然植被"作为防沙治沙的重要措施之一，取得了卓越的成效。

（2）水土环境整治工程　水土环境整治工程包括集水技术、径流林业、整地工程等。水土环境整治工程局部改善沙地的恶劣环境条件，为植物的生长发育提供较为适宜的条件。集水技术是采用一些措施形成地表径流将雨水集存起来。为了能在沙地收集到雨水，较为有效的办法是封闭土壤孔隙，使土壤具有斥水性，这样水才能在地表形成径流，流进收集雨水的地方。如采用碳酸钠来分散黏粒，喷洒沥青、石蜡、土壤覆盖物等。径流林业采取拦截措施使降雨径流汇集后能畅通地流进水渠里，通过水渠把水引到种植植物的低洼地，供给植物生长所需。为了保证造林的质量，采用带状、沟状及穴状整地。通过整地增加土壤通气性，提前截流蓄水增加土壤湿度，积累养分和枯枝落叶、改良土壤和增加肥力。

（3）生物恢复技术　生物恢复（Biological recovery）技术包括防风固沙林生态恢复技术和植草生态恢复技术两种类型。对于不同沙漠化程度和不同利用途径的区域，其生物治理模式、治理指标是不同的。根据当地的自然气候特点、地形、地貌、立地类型、土地利用现状、社会经济情况等，科学而合理地采用不同的生物措施，宜林则林、宜草则草，形成多层次、多功能的生物群落，王北等将沙漠化土地划分为19个类型，并提出了相应的治理措施（表7-1）。

1）种群选择。本着适地和有利用价值原则，选择抗风沙、耐干旱、耐贫瘠、生长快、枝叶稠密、防护性能强、经济价值高、易繁殖、寿命长的树种。首先应选择优良乡土树种，其次是引进成功的优良树种。在沙地生态工程修复中，常用的物种包括梭梭、白梭梭、沙拐枣、花棒、沙蒿、沙柳、沙枣、胡杨、沙打旺和樟子松等。

2）种群的匹配。依据生态学原理，在种群形成和演替过程中，根据自然条件的变化采取合理的人工措施和生态工程的种群置换原理，使沙地生态系统在较短时间形成相应阶段的价值更高的人工植被，以达到提高系统的经济效益和增强稳定性的目的。种群匹配技术有沙生先锋植物与旱生植物的混交与配置和防沙林带种群配置。树种选择可以考虑固沙先锋植物与旱生植物的结合以及灌木与半灌木的结合，如花棒+柠条，花棒+小叶锦鸡儿等。大型防沙林带一般包括迎风面的封沙育草固沙带或草灌带和防沙林带主体。防沙林带、封沙育草固沙带或草灌带的建立一靠自然繁生，二是通过人工适时栽种而形成，或二者兼而有之。

表7-1　沙漠化土地类型划分及生物治理

沙漠化土地利用		沙漠化土地类型	治理措施
草原型	轻度	起伏状沙滩地 平缓干滩沙地 丘陵覆沙坡地	乔灌草型牧场，以灌为主，能灌则灌，能乔则乔 以柠条、中间锦鸡儿为主，造灌草型饲料林 稀疏状，适地适树，多灌种固沙饲料林
	中度	半流动沙地 盐碱沙滩地 起伏石砾沙地	以花棒、羊柴、沙木蓼等多灌型固沙饲料林 以柽柳属灌木为主的饲料固沙林 以柠条、中间锦鸡儿为主的饲料林

（续）

沙漠化土地利用		沙漠化土地类型	治理措施
草原型	重度	流动沙丘地 固定沙丘沙化地 丘陵薄覆沙地	以花棒、山竹子为主的多灌型固沙饲料林 以羊柴、沙木蓼、中间锦鸡儿为主的固沙饲料林 以柠条、中间锦鸡儿为主的饲料林
农用型	轻度	旱作沙滩地 水作沙滩地	以中间锦鸡儿、榆树为主的防护林 以新疆杨、中间锦鸡儿为主的防护林
	中度	旱作闯田沙滩地 退耕沙滩地	中间锦鸡儿为主，两行一带，带距 10～20m 营造防风固沙林 同上
	重度	退耕还牧旱作地	以柠条为主的灌草型饲料林
林带型	轻度	过度放牧林地	封育更新，同时进行平茬复壮，定期轮牧
	中度	稀疏纯沙柳型固沙林沙丘地 啃食严重的柠条（干沙地）	暂封育、补栽羊柴、花棒、沙木蓼等沙生灌木 封育同时进行平茬复壮，2年后开放轮牧
	重度	破坏严重的丘陵覆沙林地 破坏严重的沙柳林地	重新营造适宜的灌木种、造多数种固沙 重造花棒、中间锦鸡儿、柠条等灌草型饲料林

2. 水土保持生态修复工程技术

水土流失主要是由于降水、洪水侵蚀、冲蚀地表而造成生态退化，一方面，水土流失使土壤流失，质地劣化，肥力降低而造成土地退化；另一方面，土壤侵蚀过程中，植被也因冲蚀流走而造成大片裸地。由于水土流失导致土壤环境日趋干旱、贫瘠化，植被的结构、组成随之逆行演替，造成植被退化。因此，水土流失过程是一个生态系统退化的过程。我国水土流失区的生态恢复从 20 世纪 50 年代初就开始进行研究和实施，经历了以水土保持措施为主的单项治理，以小流域为单元进行局域恢复工作，和生态恢复与区域经济协调发展的生态工程三个时期。目前，水土保持生态恢复工程是以流域为单位，坚持生物措施、工程措施、农业措施结合，应用生态工程原理，实施山、水、田、林、路的综合治理技术体系，从流域生态系统优化的角度出发，坚持生态效益与经济效益统一、治理与并发相结合，优化农、林、牧、副等行业用地结构，使各项技术措施互相协调、互相促进，实现生态-经济-社会效益相统一的综合治理目标。

水土保持生态恢复工程的技术主要包括农耕技术措施、工程措施和生物措施三种类型。

（1）农耕技术措施　农耕技术措施是水土保持生态恢复工程的基本措施，通过改变农耕习惯（如改纵向耕作为横向耕作）来防止水土流失、保持土壤肥力、增加农业生产，按其作用性质可以分为以改变微地形为主的农耕措施和以增加地面覆盖为主的耕作措施两种类型（表 7-2）。因地制宜地采取农耕技术措施，结合其他的农业技术改良措施，可以取得改良土壤，防治水土流失，提高农业产量的显著效果，是一项投资少、费工少、见效快、效益高的水土保持措施。

（2）工程措施　水土保持工程措施可分为坡面治理工程、沟道治理工程和护岸工程三类（图 7-5）。

表 7-2　水土保持农耕技术措施

耕作措施			适宜条件	适用范围
以改变微地形为主的水土保持耕作措施		等高耕作	25°以下坡面,坡面越陡,作用越小	全国
		等高带状间作	25°以下坡面,坡面越陡,作用越小;坡度越大,条带越窄,密生作物比重越小;条带与主风向垂直,可防治风蚀;可作为修梯田的基础	全国
	沟垄种植	套犁沟播	20°以下坡面,坡面越缓,作用越大	西北
		垄作区田	15°以下坡面,坡面越缓,作用越大;等高、沟坝地、梯田均可	西北
		等高沟垄	20°以下坡面,坡面越缓,作用越大;沟设比降可排水拦沙	四川
		等高垄作	15°以下坡面,坡面越缓,作用越大;水平种植	东北
		蓄水聚肥耕作	15°以下坡面,等高、草坪、梯田均可	西北
		抽槽聚肥耕作	15°以下坡面,等高、平地均可;造林或建经济林园	湖北
		坑田	20°以下坡面,品字排列;平地也可	全国
		半旱式耕作	在冬水田少耕、免耕条件下,掏沟垒埂,治理隐匿侵蚀	四川
		防沙农业技术	农田边缘空地翻耕;棉花沟播	新疆
		水平犁沟	20°以下坡面,坡度越大,间隔越小;适用于夏季林闲地和牧坡	西北
以增加地面覆盖为主的水土保持耕作措施		草田带状轮作	各种坡度,坡度越大,牧草比重越大;等高种植;条带与主风向垂直可防风蚀,可作为修梯田的基础	全国
		残茬覆盖	缓坡地、平地均可,不用翻耕	北方
		秸秆覆盖	缓坡地、平地均可,不用翻耕	北方
		砂田	干旱区10°以下坡面,有砂卵石来源	甘肃
		地膜覆盖	缓地或平地均可;种植经济作物	北方
		青草覆盖	茶园,种绿肥也可	南方
		少耕深松	缓坡地、平地均可;深松	北方
		少耕覆盖	各缓坡、平地均可	云南
		旱三熟耕作	各种坡度、带状种植	四川
		防沙农业技术	沙、荒地种苜蓿,田埂种高粱,地边种火麻	新疆
		免耕	用于平地,除草剂灭草	湖南东北

1) 坡面治理工程。针对分水岭以下至沟缘线的坡地采取的水土保持措施,包括梯田工程和坡面蓄水工程两种。梯田是坡地上沿着等高线修成的台阶式田块,是改造坡地的一项重要措施,它基本消除了产生强烈径流的地形条件,可以就地拦蓄水分。根据地形、土壤、气候和生产基础,可以因地制宜地采用各种类型的梯田。坡面蓄水工程是为了拦蓄坡地的地表径流,满足流域内人畜用水或灌溉用水而建造的小型集水工程,包括集水池、旱井等。另外,还有截流防冲工程,主要是指山坡截水沟,它是在坡地上自上而下每隔一定距离,横坡修筑的具有一定纵坡,可以拦蓄、输排地表径流的沟道,其功能是改变坡面坡长,拦蓄暴雨径流,并将其排至蓄水工程中,起到截、缓、蓄、排等调节地面径流的作用。

2) 沟道治理工程。由于部分径流在经过坡面治理工程后仍可能流入沟道,还会引起冲刷而采取的治理措施,包括沟头防护工程、谷坊工程和修建拦沙坝或淤地坝。沟头防护工程是防止因径流冲刷而引起沟头前进、扩张和沟底下切的工程措施。谷坊工程是在沟底修建的小坝，一般修在沟底正在下切的小支、毛沟中，其主要作用是固定沟床侵蚀基点，防止沟底下切，沟岸扩展，缓洪挡沙。同时，谷坊工程也能起到拦蓄径流、泥沙，淤积田块，发展农业生产的作用。可因地制宜，就地取材修建不同类型的谷坊工程（表7-3）。修建拦沙坝或淤地坝是一项行之有效的水土保持工程措施，具有拦泥淤地、扩大耕地面积，巩固沟床，减少泥沙等多重作用。

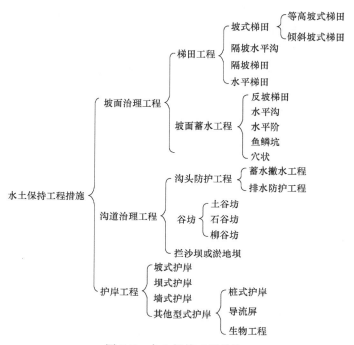

图 7-5 水土保持工程措施

表 7-3 谷坊类型及断面尺寸

种类	断面			
	高度/m	顶宽/m	迎水坡	背水坡
土谷坊	1.0~5.0	0.5~3.0	1:1~1:2.5	1:1~1:2.0
干砌土谷坊	1.0~3.0	0.5~1.2	1:0.5~1:1.5	1:0.2~1:0.5
浆砌土谷坊	2.0~4.0	1.0~1.5	1:0~1:1	1~0.3
柴梢谷坊	1.0~1.5	2.0~4.0	—	—
渗水谷坊	0.5~2.0	0.6~1.0	1:1	1:1.5
土碾石谷坊	1.0~2.0	0.8~1.5	1:1	1:1

3）护岸工程。防止沟道和坝坡沿岸侧向冲刷的工程措施，具有调整水流、稳定岸线，保护堤岸安全的功能，包括坡式、坝式、墙式等类型。坡式护岸是将构筑物、材料直接铺设在堤岸或滩岸临水坡面，以防水流对堤岸的侵蚀、冲刷。坝式护岸是依托堤身、滩岸修建丁坝、顺坝导引水流离岸，以防水流、风浪、潮汐等直接冲刷堤岸而危及堤防安全。墙式护岸是顺堤岸设置，具有断面小、占地少的优点，但要求地基具有一定的承载能力。堤岸防护应采取工程措施与生物措施相结合的治理方法。在经常处于水浅、流速小的堤段或提前有宽滩

的地段，受水流风浪冲刷都不是很大的情况下，一般均可采取种植防浪林、草坡护坡进行防护，在水深、流急滩险的地段则需要采取工程防护措施。

（3）生物措施　造林种草，增加植被覆盖率，是治理水土流失的一项根本措施，同时也是恢复和改善地区生态平衡的物质基础。在水土流失区域内开展植树造林、种草，恢复地表植被，可以大面积减少水土流失，迅速改善生态环境，促进当地社会经济的发展。生物措施应根据当地具体条件，科学采取，包括林草配置、林草种选择、整地规格、造林种草技术和抚育管理等措施。运用生物恢复技术时，坚持乔木混交、灌草结合，积极发展经济林，加强用材林、薪材林和饲料林建设以及封山育（草）等原则，在坡度大于30°的山头山顶建设松杉防护林带；在坡度25°左右的荒地和梯田间隙地的山腰建设杂果经济林带，种植柑橘、柿子、板栗、花椒、桑、梨等；在山坡坡脚建设坡地固坡护江林草带，草种以具有商品加工价值的草类等为主；在村围路边，田坎地头建设经济林草带。在严重水土流失区，为尽早获取防护效益，需配置以速生树种为主的防护林，并辅以淤沙坝、排水沟、微型谷坊、坡改台等工程措施治理并举的山地侵蚀沟保护体系。树木种植后，采取种草或种灌（木）、种草相结合的办法，迅速提高地表覆盖，以降低水土流失。苏仲仁（1990年）提出：在黄土高原区的水土流失区的源面、源坡和沟床建立三道防线，将工程措施和生物措施有机结合起来，把治源、治坡、治沟统一起来，治理与开发利用结合起来，形成了黄土高原沟壑区小流域总体防护体系（图7-6）。

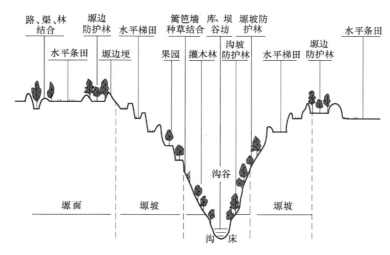

图7-6　防护体系结构

3. 湿地生态工程修复

湿地是地球上水陆相互作用形成的独特生态系统，是自然界最富生物多样性的生态景观和人类最重要的生存环境之一。根据 Ramsar 公约，湿地是指不管是自然的或人工的，长久的或暂时性的沼泽地、泥炭地、水域地带，静止或流动的淡水、半咸水、咸水体，包括低潮时水深不超过 6m 的水域。随着社会和经济的发展，人口的增加和城市化进程的加快，湿地面积的减少、水质的改变、生物多样性的降低、生态系统结构和功能丧失已成为湿地退化的主要过程。湿地恢复是指通过生态技术或生态工程对退化或消失的湿地进行修复或重建，再现干扰前的结构和功能，以及相关的物理、化学和生物学特征，使其发挥应有的作用。

总体而言，湿地生态恢复的基本目标包括：实现生态系统地表基底的稳定性；恢复湿地良好的水状况；恢复植被和土壤，保证一定的植被覆盖率和土壤肥力；增加物种组成和生物多样性；实现生物群落的恢复，提高生态系统的生产力和自我维持能力；恢复湿地景观，增加视觉和美学享受；实现区域社会、经济的可持续发展。湿地恢复与重建有很多的目的，如恢复和重建湿地，提供野生生物栖息地，提高渔业生产生产力，恢复湿地调蓄洪水的功能，利用湿地降低湖泊、河流中的富营养物质（N、P）及有毒物质以净化水质，营造美学景观，提供户外娱乐区等。对于不同的湿地类型，恢复和重建的目标是不同的。同时，由于湿地所处的地理位置、气候条件、功能要求、经济基础不同，所以相应采取的恢复措施也不同（表 7-4）。

表 7-4 湿地生态系统类型及其恢复策略

湿地类型	恢复的表观指标	恢复策略
低位沼泽	水文(水深、水温、水周期)	减少营养物的输入
	营养物(N,P)	恢复高地下水位
	植被(盖度、优势种)	草皮迁移
	动物(珍惜及濒危动物)	割草及清除灌丛
	生物量	恢复对富含 Ca、Fe 地下水的排泄
湖泊	富营养化	增加湖泊的深度和广度
	溶解氧	减少点源、非点源污染
	水质	迁移富营养沉积物
	沉积物毒性	清除过多草类
	鱼体化学含量	生物调控
	外来物种	—
河流、河缘湿地	河水水质	疏浚河道
	混浊度	切断污染源
	鱼类毒性	增加非点源污染净化带
	沉积物	河漫滩湿地的自然化
	河漫滩及洪积平原	防止侵蚀沉积
红树林湿地	溶解氧	禁止矿物开采
	潮汐波	严禁滥伐
	生物量	控制不合理建设
	碎屑	减少废物堆积
	营养物循环	—

根据湿地的构成和生态系统特征，湿地的生态恢复工程技术也可以划分为湿地生境恢复技术、湿地生物恢复技术和湿地生态系统结构与功能恢复技术三类：

（1）湿地生境恢复技术　湿地生境恢复技术包括湿地基质恢复、湿地水文状况恢复和湿地土壤恢复等。湿地基质恢复是通过工程措施，维护基底的稳定性，稳定湿地面积，并对湿地的地形、地貌进行改造。基底恢复技术包括湿地基底改造技术、湿地及上游水土流失控制技术、清淤技术等。湿地水文状况恢复包括湿地水文条件的恢复和湿地水环境质量的改善。水文条件的恢复通常是通过筑坝（抬高水位）、修建引水渠等水利工程措施来实现；湿地水环境质量的改善技术包括污水处理技术、水体富营养化控制技术等。土壤恢复技术包括土壤污染控制技术、土壤肥力恢复技术等。

（2）湿地生物恢复技术　湿地生物恢复技术主要包括物种选育和培植技术、物种引入技术、物种保护技术、种群动态调控技术、种群行为控制技术、群落结构优化配置与组建技术、群落演替控制与恢复技术等。

（3）湿地生态系统结构与功能恢复技术　湿地生态系统结构与功能恢复技术主要包括生态系统总体设计技术、生态系统构造与集成技术等。

7.3　生态围隔阻控工程

7.3.1　生态围隔阻控基本原理

1. 生态围隔阻控概述

生态工程修复方法的核心是采用生态学方法进行围隔阻控，不让已经污染的土地面积扩大，或者说，不让污染物发生迁移，使其对周围环境的影响降低到最小的限度（图7-7）。特别是在围隔阻控过程中，不扰动土壤，不破坏周围植被，不干扰周围地区生物正常生活秩序。

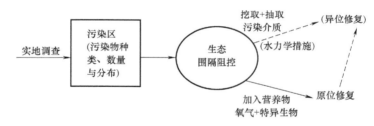

图7-7　污染土壤修复生态工程的核心

从市政工程的角度来说，污染土壤修复生态围隔阻控的基础与传统的物理围隔法（用于固体或半固体介质的处理）和水利学措施（液态形式的污染物控制）两个方面有关。

物理围隔法本身并不能消除环境中的污染物，其缺点在于对环境中存在的污染物不能提供"永久性"或最终的解决办法。水力学措施主要涉及传统市政工程原理，技术与设备的应用，在用于污染土壤修复过程中，主要的用途有：①通过水力学调控使有关目标和场地与污染源相阻隔；②控制污染地下水"斑块"的迁移；③通过抽取污染的地下水到处理厂从而消除点的污染。但是，对已经污染的土壤，水力学措施不能起直接的去污作用。水力学措施在设计与实施前，必须掌握许多信息和资料，包括点的水力学特征，污染物的性质、行为和分布，水力学措施与可能采用的其他修复方法之间的关系，污染物处置/处理的条件，修复所需的大致持续时间。

从生态学的角度看，污染土壤修复是一个复杂的系统工程，是各种方法的综合。生态围隔阻控是生态学原理在污染土壤修复工程中的实际应用，具有许多优势：①具有对各种类型污染物和污染介质进行处理的广泛适用性；②一切从实际出发，因地制宜，可以采用各种传统技术与设备，降低各种工程费用；③现场就地取材，容易操作，经济实惠；④对污染地区进行最低程度的干扰，有利于对地表水和地下水进行保护及对土壤结构进行维护；⑤能够很好地使用各种处理形式相互结合，起到相互补充的作用。

"挖-填"法不利于原有土壤结构和生态系统正常功能的维持，具有潜在的不良环境影响。物理围阻法也不能很好地解决污染土壤及其引发的相关问题。因此，引入"围隔阻控"生态工程具有重要意义。

2. 技术目标

在污染土壤修复中，最终的技术目标是阻隔土壤污染源，消除土壤环境中的污染物，达到土壤清洁。因此，在污染土壤修复过程中，实施"围隔阻控"生态工程，必须考虑同时实现下述若干技术目标：①防止淋滤液的迁移、扩散；②防止水（包括地下水和地表水）的进入；③防止污染物以气态形式向外迁移；④防止污染的固体物质（如以扬尘形式）迁移；⑤维持绿色植物和土壤动物的生长与发育；⑥发挥、促进土著微生物对有机污染物的降解功能；⑦提供一个"结构"层用于承重；⑧为需要挖掘的地方以及地面承受能力差的地方提供地面构造上的支持；⑨为公路、硬质地面提供一现成的覆盖层；⑩为工厂和设备建造一个临时性的工作平台。

通常，只有全面实现上述目标，生态围隔阻控才能达到预期的目标。如果达不到前6项目标，就是我们所谓的一般性市政工程通常采用的物理围隔法。图7-8对一般性围隔阻控技术和生态围隔阻控技术进行了从应用模式到内涵、从方法到目标的比较。

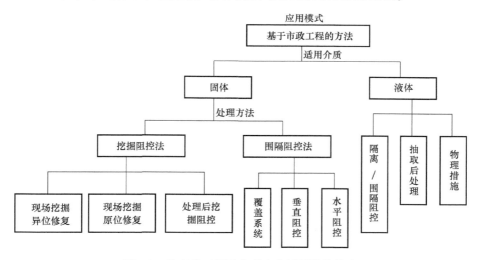

图 7-8　从市政工程引申到生态围隔阻控技术

3. 生态围隔阻控三要素

一般条件下，水平阻控系统、垂直阻控系统和地面生态覆盖系统是"围隔阻控"生态工程的三要素（图7-9）。为了防止污染物向地下水扩散迁移，通常在污染土壤下层通过灌浆安装一个水平阻控层；为了防止污染物向两侧迁移，在污染土壤两端打入垂直地面的地膜或构建垂直泥浆阻控层；为了防止土壤中挥发性污染物向大气的蒸发和污染，沿着地面或污染土壤上层铺设生态覆盖系统。这样，就可以把污染土壤包围起来，然后采用前面几章介绍的各种有效方法把污染物清除掉。

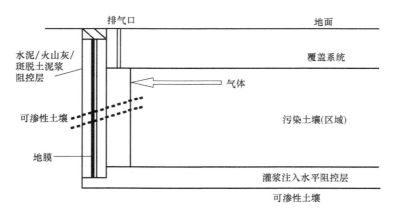

图 7-9　覆盖系统、垂直阻控系统和水平阻控系统

　　水平阻隔系统和垂直阻隔系统的建设，有各种不同的方法（图 7-10）。其中，水平阻隔通常的方法有化学灌浆、喷射灌浆、液力加压开裂技术等。有时，可以利用污染土壤下层的自然地层来构建水平阻控系统，或者加入黏性土壤形成低渗透性水平阻控层。垂直阻控的方法主要有注射法、取代法和挖掘法等。这些方法的采用，因土壤理化性质、水力学特性及污染物的组成与浓度水平有相应的区别。

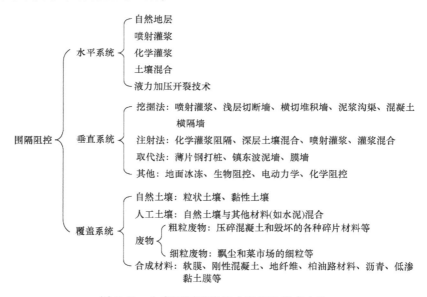

图 7-10　生态围隔阻控组成系统及技术方法

4. 系统影响因素

　　在生态围隔阻控系统的选择与设计过程中，需要考虑的主要因素有：①修复土壤中污染物的种类、性质、浓度和活度；②驱动污染物扩散与迁移的潜力（包括电动力学、流体静力学、水力学、热力学、化学的作用以及渗透能力）；③当地地质学、土壤学、水文条件；④构件材料的特性及其污染物的兼容性；⑤设计与安装技术；⑥在安装时及后期运转过程中的管理方式；⑦处理点上及其周围地区的各种人类活动；⑧气候条件，这尤其与覆盖系统有关；⑨土地利用变化。

生态围隔阻控系统的有效性，主要取决于以下因子：①有关污染物性质、浓度、分布和行为的系统认识；②污染边界（包括垂直的和侧面的）的准确定义；③风险目标的准确识别，并因此达到所需的技术目标；④场地的合理规划、设计和规范；⑤安装时工艺的高标准；⑥与公共健康与环境保护所需的标准相一致；⑦开发、使用维修程序，使系统的损坏或破坏降低到最低限度，并对可能的系统运转失效性进行检测。

限制围隔阻控系统有效性的主要影响因素有：①污染源是否继续存在，既没有可能被搬迁，也没有采取有效的措施予以控制、消减污染源；②周围有新的污染源产生或出现的可能性；③围隔、修复过程中可能产生次生污染问题；④系统建造材料易受化学的或生物学的攻击，或易受物理损害和干扰；⑤可能需要系统提供多功能，因此需要平衡这些设计目标，甚至需要协调经济利润与生态效应之间的关系；⑥系统不能完全阻止污染物的迁移与扩散；⑦维修或修补存在实际困难或费用很高。表 7-5 列出了有关生态围隔阻控系统设计的一些工程问题。

表 7-5　有关生态围隔阻控系统设计的一些工程问题

工程活动	有待解决的问题	备注
地面改善	为了避免对生态围隔阻控系统的损害，通常在覆盖系统或阻控系统安装之前进行，例如压实土壤，改善地面的承受能力	在废弃的垃圾填埋场土地修复过程中遇到的首要问题
打桩	或许为污染物的迁移提供"路径"，例如沿着"桩"壁下移	使用的桩考虑具有吸附污染物的性能
公共设施	地下公共设施容易为污染物的迁移提供优先"路径"。下水道就是典型的例子	

5. 系统检测维修

对安装系统进行长期的监测和维修是十分必要的。其主要作用：①证实是否继续有效或已经/将要失效；②为系统的退化提供指示，以便设计，实施更进一步的污染土壤修复工程；③为系统出现的故障提供预报、预警，并采取应急的修复措施；④提供有关系统性能的资料，为今后更为有效的工程设计提供参数与依据。为此，两类检测是需要的：①以系统设计参数为背景的性能检测；②当地的环境监测（表 7-6）。

表 7-6　生态围隔阻控系统监测实例

监测项目	有关内容	运转条件
性能监测	系统/覆盖材料的性质，包括化学组成、渗透性、地技术特性等	系统/覆盖材料本身应该是绿色的、无毒的，不会引发次生污染问题
	系统内或覆盖层下污染物的类型与浓度	围隔过程不会诱发新的环境问题
	系统外或覆盖层内部及以上污染物的类型与浓度	尽量隔断与外来污染物的联系
	适应性	无大的季节性变化波动
环境监测	大气质量，尘释放	—
	向地表水和地下水的排放	—
	固/液废物对土壤的污染	

（续）

监测项目	有关内容	运转条件
环境监测	对植物的危害	—
	噪声与振动	—
	交通与阻塞	—

7.3.2　生态覆盖系统

生态覆盖系统（Ecological coverage system）涉及污染地面上的无污染、惰性材料及生态材料的定位与放置，通常用于长期解决污染土壤特别是地面污染问题。有时，应急也是需要的。

1. 技术目标与功能

在污染土壤的修复过程中，生态覆盖系统主要有以下方面的技术目标：

1）防止地下水污染介质与地上可能存在的目标生物特别是人群相接触，尽量避免对生命系统的危害和对人体健康的不良效应。

2）减少水从上而下的渗滤，消除随水导致的污染物的迁移或扩散甚至危害效应的发生。

3）涉及自然的或合成的材料，可渗的或不可渗的材料，生物学的或化学活性材料及惰性材料的具体使用、有效使用和正确使用。

4）结合地下水垂直阻控系统或水平阻控系统的应用，发挥对污染组分的有效隔离和对污染土壤修复的最大作用。生态覆盖系统工程与生态设计的条件见表7-7。

表7-7　生态覆盖系统工程与生态设计的条件

设计参数	实例	备注
防止建造过程中的物理干扰	正常的造型、造园	造园需要选择各种具有净化功能的观赏植物
物质迁移控制	淋滤液、土壤流体迁移；气体迁移	—
环境污染控制与防治	防止风吹引起大量飘尘产生；地表径流控制；臭气控制；害虫控制；防止水携带细颗粒污染物质的迁移	—
植被支持与调控	支持、促进植物生长；抑制污染物质渗入根内；防止对植物体的物理损害；防止污染物质在植物体内的迁移转化	利用一系列的植物根系及其根际圈，构成有效的生态覆盖系统
水输入与输出的控制	雨水与地表径流的下渗；湿气向上迁移	—
防止与污染物的接触	减少或消除污染物对地表生态系统的毒性或其他危害；提供警报（可见的或不可渗层），以便阻止不被允许的或无意识的干扰；提供足够的厚度，以便安装生态服务设施、构建清洁材料	—
最大限度地减少或预防燃烧的风险	地面火；电缆损坏导致失火；地面锅炉过热导致失火	采用各种人工防火措施相结合
改善美的外貌	消除外观上的污染；支持花卉植物或其他形式的土地利用	利用基因工程改善花卉植物的土壤去污功能

(续)

设计参数	实例	备注
改善工程特性	侵蚀控制;斜坡现有稳定性的维持;使交通更为便捷;改善地面负荷特性;防止地面下沉	注意土壤承受力的变化
耐受力	阻止明显的气候变化;与现有的工艺标准相符合;与今后的建设项目相一致;容易操作;低的维持费用;抵抗物理或化学损害或环境恶化的材料的使用	可持续性与系统寿命的改善
与今后的建设项目相一致	服务设施;地基;打桩;深挖(下水道);道路	相互结合,不可偏废
适时实施	可建造性;可能进行规范;能够证实正确的安装与质量保证程序的应用	—

如表 7-7 所示,生态覆盖系统有许多功能。概括起来,主要如下:①防止潜在有害污染物以固、液或气的形式向上或向下迁移、扩散甚至危害;②隔断目标生物(包括人、动物和植物)和其他目标(如地表水、地下水、服务设施和建筑材料等)与污染介质的直接或间接接触,防止处于风险的各种目标暴露于潜在的有害污染物;③为今后安全地、成功地实施计划中的土地利用创造所需要的工程与环境条件,维持植物的生长与发育,保护土壤动物的生命;④改善地面的工程特性或提供结构支持;⑤与该地区有待实施的其他项目不发生矛盾,尽量相互结合,利用各自优势,达到相得益彰的效果;⑥次生功能:淋滤液的控制,污染流体的向上迁移,改善土壤的承受能力,减少地面上层污染物的毒性,防止雨水的渗入,控制气体污染物释放进入大气,控制植物根系的生长,防止、避免污染物的物理迁移和生物化学转化。

上述这些功能有时是相互抵触的,因此在系统设计时,要考虑完成主要的任务和服务功能,并权衡其中的得失。

2. 覆盖材料

覆盖材料及其使用方法的选择,因生态覆盖系统的设计目标和特定点的生态因子不同而异。概括地说,覆盖材料主要包括天然材料(包括土壤及其类似材料)和合成材料两大类型(表 7-8)。

表 7-8　生态覆盖系统不同材料应用实例

主要类型	实例	适用的功能
天然材料	粒状土壤	毛细管中断层(阻止污染物向上迁移,其厚度将反映颗粒大小);过滤层;缓冲层(提供平稳的工作平台);排水层;排气层;有助于交通的工作平台;防止扬尘产生的临时性覆盖
	黏性土壤	防止水分向下迁移;缓冲层(提供平稳的工作平台);生长层(首选低肥力的区域);毛细管中断层(阻止污染物向上迁移);土壤亚表层(支持植物)
人工土壤	自然土壤与其他材料(如水泥)相混合而成	低渗层;土壤物理性状的改善

（续）

主要类型	实例	适用的功能
废物	颗粒粗的废物（如实的各种硬核、压碎的混凝土和毁坏的各种碎片物质）	毛细管中断层（阻止污染物向上迁移,其厚度将反映颗粒大小）;排水层;排气层;有助于交通的工作平台;防止扬尘产生的临时性覆盖
	颗粒细的废物（如飘尘、采石场的细粒物质）	支撑层;填方;低渗层（飘尘）;取代表土层（疏浚的沉积物）
合成材料	软膜;刚性混凝土;地纤维;柏油路材料;沥青材料;低渗黏土膜	防止气体迁移的膜;防止随水迁移的膜;地织网（作为过滤层）;地构造层（作为支持层）;地质隔栅（作为预警或防止外来干扰）;混凝土作为永久性地表并防止外来干扰;合成物（如膜或丝网）以供气或排水;加固植物生长的地表,防止根系"入侵"

（1）土壤及其类似材料　基于土壤及其类似材料所构建的生态覆盖系统的有效性,在很大程度上取决于以下方面:①防止污染物向上或向两侧迁移的有效性;②通过物理和化学吸附束缚污染物的能力;③阻止和防止渗滤的有效性;④覆盖材料、污染介质和植物根系的相互作用;⑤系统及其组成物质的工作行为。从土壤及其类似材料本身的特性来说,生态覆盖系统的有效性则主要与颗粒大小分布与土壤结构、渗透能力与土壤水力学传导特性、化学与矿物学性质有关。在选择、使用覆盖材料时,还要考虑到此种材料是否容易获取,价格是否也合理。

（2）合成材料　生态覆盖系统中使用的人造合成材料主要有无机合成材料（包括混凝土、沥青等筑路材料）,以膨润土为基础的膜,塑料、树脂和橡胶等聚合材料（包括高密度聚乙烯、聚氯乙烯、丁基合成橡胶和氯丁二烯橡胶等）,地面校正剂（促进植被恢复、植物生长和污染物的生物降解等）。

（3）废物综合利用　一些工业副产品或废物（如飘尘、细燃料灰和矿渣）尽管可能本身含有一定的污染物,但它们由于其稳定的物理学特性和矿物学组成不易释放进入环境。在这种情况下,这些材料可以考虑作为覆盖材料。有关的覆盖材料及其在污染土壤修复应用中更为详细的信息见表7-9。

表7-9　含金属废物污染土壤不同覆盖材料应用实例

方法	适用性	优点	缺点	应用情况
底土或表层土覆盖（无中断层）	在轻度污染土壤上,金属的向上迁移并不作为一个问题;黏土覆盖阻止金属的向上迁移	比其他覆盖方法更为便宜、省钱	土层受不可接受污染的风险	在英、美等国早期被广泛应用,但随着一些事故的出现,已经被逐渐淘汰
粗材料覆盖	水向下迁移进入受损材料并不作为一个问题	如果材料的应用能因地制宜的话,就比较便宜	水的向下迁移,导致富含金属的水进入排水系统	在英、美等国早期被广泛应用,但主要的问题是:①当地粗材料的应用,其中一些受金属污染;②水向下渗滤,污染当地河道等水路

（续）

方法	适用性	优点	缺点	应用情况
带有底土或表土覆盖的中断层	水向下迁移进入受损材料并不作为一个问题	如果材料的应用能因地制宜的话，就比较便宜	水的向下迁移，导致富含金属的水进入排水系统	在英、美等国已经取得明显成功，但其下垫材料只受轻度污染
排水垫作为中断层（带有亚土层覆盖）	水向下迁移进入受损材料并不作为一个问题	合成层比各种依赖进口材料便宜	水的向下迁移，导致富含金属的水进入排水系统	有待应用
聚乙烯膜覆盖	在所有受损材料上，尽管在粗颗粒材料上，沙或壤土不得不被使用	可以阻止水和污染物向上迁移	不能布置在陡坡上	在英、美等国已有一些应用，但水道受污染威胁是个问题
膨润土或其他黏土密封覆盖	在所有受损材料上	可以阻止水和污染物向上迁移，可以在陡坡上应用	较为昂贵	在英、美等国已有一些应用，但水道受污染威胁是个问题

3. 生态覆盖设计原理

生态覆盖系统的设计应考虑以下两个方面的内容：①作为污染土壤修复与土地开发综合规划的一个重要组成部分，两者应该得到统一；②为以后该地区的建设提供一个平台。

在具体设计过程中，应首先全面掌握有关的基础资料信息，主要包括两个方面的内容：

1）污染点及其周围区域有关的问题，如污染物特性、浓度、自然分布与可移动性等。

2）与覆盖材料有关的问题，如覆盖材料的来源、获取容易程度、清洁程度与可能的毒理学分析等。掌握的生态覆盖系统设计所需的典型信息见表7-10。

表7-10　生态覆盖系统设计所需的典型信息

信息	内容	解释与备注
与污染点有关的	污染物特性、浓度与自然分布	有时是多种污染物构成的复合污染
	污染物的可移动性	应考虑到在一些因素影响下产生较大变化
	地下水深度（在极端条件下）	—
	地下水水质数据	—
	潜在目标与途径	—
	点的规划利用与所需的设计寿命	—
	覆盖所需达到的性能目标	—
	覆盖层下材料的水力学传导性与土壤吸收特性	—
	有待覆盖地面的地技术特性	—
	现有与规划服务设施的位置或定位相关的规划	—
	建设工作设计	—
	景观设计条件（地形、植被类型等）	尽量保护原有景观
	周围及邻近的土地利用、内部约束条件与交通情况	在农业地区，应积极与当地农业生态建设相结合

（续）

信息	内容	解释与备注
与覆盖材料有关的	覆盖材料的来源与获取容易程度	这关系到修复的成本
	覆盖材料的清洁程度与可能的毒理学分析	防止次生污染的发生
	颗粒大小分布与土壤结构	—
	水力学传导性及其与含水量的关系	—
	土壤吸收特性及其与含水量的关系	—
	土壤的化学与矿物学特性	—
	合成材料的化学组成与性能,包括耐受性	涉及系统的设计寿命

设计合理的生态覆盖系统主要针对保证目标生物和其他目标不存在来自污染及其危害风险框架下解决导致污染物向上或向下迁移的各种机制与循环途径（表7-11）。这两大机制在一年中因季节变化而有差异。

表 7-11　采用覆盖系统对污染物迁移的控制

迁移途径	技术要素	额外措施或非覆盖措施
大量的污染土壤被填到地表或表层正常土壤被移走而裸露出污染的亚表层	足够深的土壤;防止对正常农业生产的干扰;足够深的土壤,能够包含浅层地基和次要的地下交通设施;坚实的覆盖层;预警层	不作为花园或菜园及其他农业用地;地上建交通等公用设施
污染地下水的向上迁移（地下水位的抬升）	通过综合排水措施控制水位	用水泵抽取控制水位;选择远离地下水位有可能抬升及潮汐有可能影响的区域或点位;保证排水系统和供水管网的完整性;抽取污染的地下水并予以处理
比水密度小的液体向上迁移（漂浮层）	综合排水措施;污染物吸附或与污染物反应层的利用	去除游离产物;抽取漂浮层及污染的地下水并予以处理;控制地下水位
食用植物的摄取	足够深厚的清洁土壤	并不用于园艺栽培;并不用于耕种作物;并不用于牧草种植
其他植物的摄取	足够深厚的清洁土壤;用花盆等种植容器进行景观美化	—
黏滞/稠密液体的向上迁移	—	去除
土壤湿气通过毛细管向上迁移	地膜;土壤中断层;合成材料中断层;污染物吸附或与污染物反应层的利用	—
蚯蚓及其他钻洞土壤动物	物理阻控(地网、地膜等)防止进入污染区域	—
蒸发状态迁移	吸附性的土层(含微生物活性);地膜	—
气体迁移	综合排水措施;地膜;土壤相对渗透能力的改变	用泵浸提
通过雨水下降	低渗性土层;地膜;加固地面	收集来自于建筑物和硬质地面的雨水然后给予适当处理
沿毛细管向下迁移	打破土壤毛细管;合成材料毛细管阻隔层;特殊土壤毛细管阻隔层	—
沿动物洞向下迁移	物理阻控	—
沿裂缝向下迁移	足够深的覆盖层,防止可能出现的裂缝层;合成滞水层	使用合成材料;保证基础材料的牢固性

土壤特性对污染物的迁移产生重要影响。其中，在影响污染物迁移的土壤物理特性（包括土壤质地、结构、表面积、分层、紧实度、黏固性、水力学传导率、收缩和膨胀性等）中，土壤质地和表面积是最为重要的。化学因子包括土壤颗粒表面或化学反应点，铁、铝和锰的氢氧化物，总可溶性固体（土壤溶解离子），有机质含量，氧化还原电位和 pH 值等。这些因子对污染物迁移的影响，取决于这些因子综合作用的强度。

　　生态覆盖系统的设计基础是利用各种要素或覆盖层达到对上述污染物迁移的途径进行有效控制。表 7-11 还列出了采用生态覆盖系统对这些迁移途径进行的控制技术及其他措施。

4. 生态覆盖系统设计实例

　　在实践上，生态覆盖系统并不只涉及一种材料，也不可能满足所有的功能要求，尤其当考虑到合理的费用及体现生态设计思想时。对于存在于土壤中的不溶性污染物，只要简单的覆盖就可达到目的。但在大多数场合，总是需要更为复杂的覆盖系统。

　　从总体上讲，以农田为基础设计的生态覆盖系统可以分为四大基本类型（图 7-11）：①只施用土壤或类似土壤的材料提供主要的和次要的功能；②使用土壤提供主要功能，用合成材料提供次要功能；③用合成材料提供主要功能，土壤只用作支持与保护作用；④将土壤与合成材料复合，提供更为有效和更经济的设计。

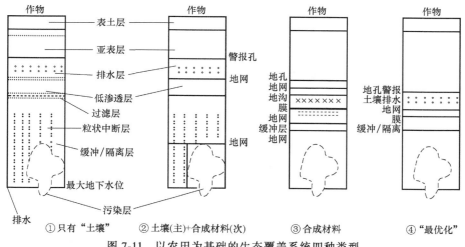

图 7-11　以农田为基础的生态覆盖系统四种类型

　　（1）基于土壤的覆盖系统类型与设计步骤　尽管有许多因素控制着土壤中污染物的迁移行为，但到目前为止的工程设计都集中于控制通过毛细管向上的迁移，以及通过毛细管作用和引力影响的向下迁移。

　　土壤覆盖系统，一般可以分为八层（图 7-12）。①由表土层或/和亚表层组成的顶层，具有支持植物的功能；②含有下水道等服务设施或浅层地基的工作层；③控制水向

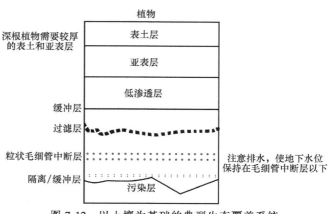

图 7-12　以土壤为基础的典型生态覆盖系统

下迁移的阻控层；④对阻控层起保护作用的缓冲层；⑤控制不同大小颗粒的物质相互作用（如细颗粒渗入粗颗粒中）的过滤层；⑥阻止土壤水向上迁移的毛细管中断层；⑦控制地下水位的排水层或系统；⑧保护毛细管中断层或/和排水层完整性的过滤层。有时，还需要诸如气体排放/通气层、化学阻控层、生物学阻控层或报警层。

以土壤为基础的生态覆盖系统设计的基本步骤有：①识别污染及其对今后土地开发是否产生影响；②污染土壤修复是否需要覆盖及选择何种有效的覆盖；③毛细管中断层设计和渗滤设计；④地下水污染识别及有关参数选择；⑤绿色覆盖材料的筛选与参数确定；⑥控制污染物向上迁移或向下渗滤；⑦故障检验与质量控制；⑧检验支持植物的土壤层。图 7-13 对

图 7-13　基于土壤的生态覆盖系统设计的基本步骤

这一步骤进行了较为详细的描述。

（2）基于土壤的生态覆盖层系统设计

假设生态覆盖系统下层离地下水位 h，上层离地下水位 $h+dh$（图7-14）。根据 Bloemen 计算模型，可以求出在不同覆盖厚度条件下土壤水分的向上迁移速率（表7-12）。这些数据表明，到达覆盖层水平长条物质底部的通量总是大于到达其上部表面的通量。其中，该实验中使用的材料特性见表7-13。

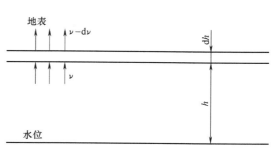

图7-14 土壤覆盖层系统

表7-12 不同覆盖厚度条件下土壤水分的向上流速的预测

覆盖厚度/m	到达土壤覆盖顶部的流速/[cm³/(d·cm²)]	
	壤质粗砂土	砂壤土
0.2	0.0400	0.4500
0.4	0.0115	0.0800
0.6	0.0058	0.0300
0.8	0.0035	0.0120
1.0	0.0022	0.0070
1.2	0.0015	0.0040
1.4	0.0012	0.0030
1.6	0.0010	0.0019
1.8	0.0010	0.0015
2.0	0.0010	0.0010

表7-13 覆盖材料的基本性质

土壤质地	含水量(%)	水力传导率/(cm/d)	pF[①]
壤质粗砂土(黏壤20%,砂45%,砾35%,有机质0%)	13(饱和)	18.4	0.00
	8.5	1.2	1.00
	6	3.4×10^{-2}	1.80
	4	1.7×10^{-3}	2.75
	2	7.1×10^{-5}	3.50
	1	1.0×10^{-6}	4.00
砂壤土(黏壤36%,砂62%,砾0%,有机质0%)	25(饱和)	5.04	0.0
	20	1.13	1.5
	15	0.34	1.7
	10	3.0×10^{-3}	1.9
	5	1.0×10^{-3}	2.5
	2.5	2.0×10^{-4}	4.0

① pF 为吸水头的对数值，如 1000cm 的吸水头 pF 为 3。

在流通量中，污染物的质量（C_m）可通过式（7-1）计算获得：

$$C_m = c\rho vt \qquad (7-1)$$

式中，c 为当地地下水中污染物的选定浓度（mg/kg）；ρ 为地下水密度（kg/m³）；v 为通过地表或达到特定深度的流通量 [cm³/(d·cm²)]；t 为流通量的持续时间（d）。

由于进入土壤覆盖层水平长条物质底部的通量大于经过其上部表面的通量，进入土壤覆盖层污染物的量为

$$C'_{m} = c\rho t(v_{底} - v_{上})$$ (7-2)

污染物增加的浓度为

$$\Delta c = c\rho t(v_{底} - v_{上})/(\rho_{\pm}\,\mathrm{d}h)$$ (7-3)

式中，$\mathrm{d}h$ 为覆盖系统厚度（m）；$\rho_{\pm}$ 为亚表层土壤密度。

7.3.3 垂直阻控系统

垂直阻控系统（Vertical resistance control system）由安装于污染介质周围的地下沟渠、地墙或地膜所组成，有时与地面生态覆盖系统进行结合，以防止污染物横向或侧向迁移。由于其花费很高，一般作为长期、永久性设施。但事实上这是不可能达到的。就污染土壤的修复而言，主要的不稳定性在于阻控系统的材料与污染物之间的化学兼容性。

1. 一般功能

垂直阻控系统主要有两个方面的功能：一是把污染介质或污染物隔离起来，防止污染物横向或侧向迁移、扩散；二是改变局部的地下水流模式，减少、阻止以及避免污染土壤与地下水的相互接触。垂直阻控系统是否能够达到这样两个目标，主要取决于处理点存在的污染物的性质与污染程度、地质与水文条件、是否有地面覆盖系统的配合及是否结合水力学措施和地下的水平阻控系统。

在图 7-15 中，垂直阻控系统内污染地下水被抽取，然后送到污水处理厂进行处理。如果没有安装该垂直阻控系统，清洁的地下水就会流入该污染区受到污染，增加了需要抽取、处理地下水的体积和数量。在这种意义上，该系统还能够起到对污染地下水进行控制的功能。在图 7-16 中，上坡垂直阻控器把来自上坡方向的清洁地下水水流给"切断"了。联系到下坡向的地下水抽取，就隔断了污染区污染物通过地下水向下坡方向的迁移，

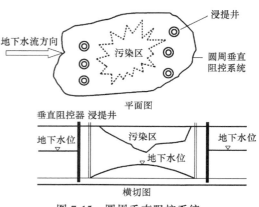

图 7-15 圆周垂直阻控系统

并因此捕获了其中的污染物，污染场地也从而得到了修复。图 7-17 为下坡垂直阻控系统，允许地下水流通过污染场地，以便冲洗点上的污染物。

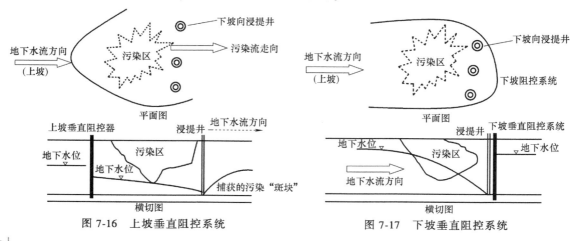

图 7-16 上坡垂直阻控系统　　　　　图 7-17 下坡垂直阻控系统

2. 基本类型

由于涉及土壤介质的取代、挖掘和处理，一般可以分成取代法、挖掘法和注射法等类型（表7-14）。

表7-14 各种类型垂直阻控系统的一般应用

类型	举例	适用性	特征
取代法	钢板桩 振动波墙 膜墙	大多数土类，但大石头、岩石或大量废物存在或许影响安装	低pH值土壤一般对苯和甲苯等进攻性污染物具有抗性；钢板桩需要结构上或机械的支持
挖掘法	横切堆积墙 浅层切断墙 喷射灌浆 泥浆沟渠 混凝土横隔墙	大多数土壤和岩石类型，尽管挖掘设备的类型由地表条件所决定	广泛应用；需要对系统的损坏进行处置
注射法	水泥或化学灌浆 喷射灌浆 喷射混合 螺钻混合	最好是粒状土壤或破碎的岩石，而黏土或废物较少成功	
其他	地面冰冻 电动力学 生物阻控 化学阻控	在美国，地面冰冻只在一定颗粒大小的土壤（主要是砂土）上有过成功的实例	在国外受到广泛重视

（1）取代法 把阻控系统安装在地下而该地面不受任何大的干扰。其中，钢板桩是最常用的一种方法。钢板桩能够被击入、敲入或打入地面中。振动打入深度可达30m，喷气推入深度为10m。该技术的密封并不完好，常常漏水，需要对连接处进行后灌浆以改善其密封性。同时，要注意防腐。振动梁泥浆墙涉及把H形桩用振动方法打入地面中（图7-18），然后拔出。在这打入和拔出期间，注入水泥进行灌浆。由于形成的墙相对较薄，因而对于污染控制并不理想。镶嵌板墙系统是振动墙的一种，最大深度可达30m。膜墙是指通

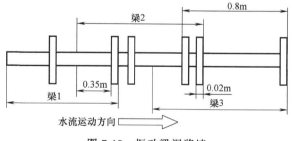

图7-18 振动梁泥浆墙

常使用聚乙烯或聚氯乙烯等材料插入地面而形成的反应器，膜材料的优势在于比传统材料对苯和甲苯等污染物的化学攻击具有更好的耐受能力。

（2）挖掘法 把地面中的土壤挖出，然后用阻隔材料代替原有土壤，即安装有关的阻控系统于地面中。交叉桩法由一系列联锁相邻的桩（如软膨润土水泥桩）形成完整的墙，可以通过由计算机控制的旋转螺钉钻采用原位混合技术来完成。喷射灌浆是用于形成相交圆柱或薄墙的工程方法，其过程涉及高压气体的切割和水泥灌浆填充两个环节，适用于大多数土壤类型的修复，尽管有时受到大石块等障碍物的严重影响。浅层切断墙是先用切割机挖出一个足够深的狭槽，然后插入地膜，再用压实的黏土填充。泥浆沟渠是先挖一条沟渠，然后

用不同混合的泥浆（如膨润土-水泥混合，有时还加入挖出的土壤进行混合）进行填充，形成不同形式的泥浆沟渠，包括黏土阻控系统、膨润土-水泥阻控系统、膜阻控系统和混凝土横隔墙等。

（3）注射法　向土壤中注入一定的材料，填充土壤的空隙、孔隙和裂隙，降低土壤渗透性的过程。注射法形成的垂直阻控系统包括化学灌浆阻控、深层土壤混合（通常是膨润土和水泥混合）技术、喷射灌浆和喷射混合灌浆等。一般认为，渗透率为 10^{-7} m/s 数量级的土壤对于灌浆作业是合适的。但其实际值则因土壤类型不同和均一性的差异而不同。

（4）其他方法　包括电动力学阻控技术、地面冰冻、化学阻控和生物阻控等。其中，电动力学阻控技术是指通过控制电荷形成对污染物迁移进行阻控的系统，其机制为涉及各种化学物质通过电渗析作用过程在细颗粒土壤中进行迁移，以及通过电泳作用过程细颗粒被集中而形成阻控系统。图 7-19 为电动力学现象在污染土壤修复中的应用。地面冰冻也可以形成垂直阻控系统，用于控制土壤中污染物的迁移。目前，生物阻控方法，也在发展和研制之中。

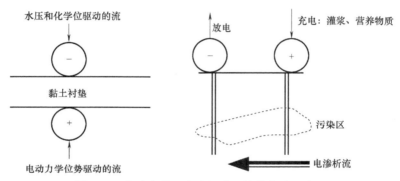

图 7-19　电动力学现象在污染土壤修复中的应用

3. 生态设计与构建

在设计垂直阻控系统时，考虑所有组分的总体行为是重要的一环。设计的决策应该反映系统安装所需的深度、可接受的完整性程度（如初始有效性）、与当地环境的兼容性。

垂直阻控系统类型很多，变化多样。选择什么样的具体模式，主要取决于所要完成的目标或需要解决的问题，以及是否还需要安装地面覆盖系统或地下水平阻控系统。

垂直阻控系统主体设计的要求，在于阻止污染物迁移的能力与稳定性。也就是说，所要考虑的问题包括污染物迁移的驱动力和潜势、阻止污染物迁移阻控的能力、系统的设计寿命。其中，驱动污染物迁移的潜势包括：①流体静力学作用，即由水压差异随水流发生的迁移；②电动力学作用，即由电动势差引起的污染物迁移；③化学的作用，即由污染物浓度或其他化学介质浓度不同引起的污染物迁移；④热力学作用，即由水的温度梯度引起污染物随水的迁移；⑤渗透作用，即由化学渗透压差异引起的污染物迁移。对污染物质进行阻控，就要解决好这些基本的问题。

表 7-15 概述了典型垂直阻控器的建造方法。其中阻控材料的选择，关键在于其渗透性。在许多场合，阻控材料或阻控系统与当地环境介质之间需要有渗透性上的不同。其次，阻控材料或阻控系统的吸附性能也是一个关键的因素。此外，在水分变干或再饱和条件下，阻控系统的自我复原特性也相当重要。

表 7-15 典型垂直阻控器的建造方法

主要建造材料	成分	置入方法	连接方法
黏土	天然存在的黏土	在露天沟渠中压实	自然的连续结合
泥浆	土壤-膨润土；膨润土-回填物质	在现场加入与土壤原位混合	自然的连续结合
	水泥-膨润土；沙-膨润土	混合后填入已挖好的沟渠；远处混合后，用泵输入沟渠	
灌浆	裂缝密封	钻孔后注入	自然的连续结合
	大空隙填充	钻孔后注入	
	土壤灌浆	钻孔后注入	
	喷射灌浆（垂直）	钻孔、喷气切割后注入	
薄片桩	钢互锁	机械推进	机械联锁
	软膜互锁	填入已挖好的沟渠	焊接
混凝土	混凝土横隔墙	向地面钻孔，用混凝土复位	钻成相交桩
	混凝土或膨润土	振动梁	
可渗体	石块填充	露天沟渠	自然的连续结合
	聚合体	可降解泥浆复位	
活性栅	井	钻	—

4. 泥浆墙性能的影响因素

泥浆墙是一类重要的垂直阻控系统，在污染土壤的围隔过程中起重要作用。在泥浆墙构建过程中，有许多因素影响其性能。

（1）颗粒大小分布和膨润土含量的影响　资料表明，土壤细颗粒的类型与特性对回填的土壤-膨润土的水力传导率发生重要影响。特别是细于 200 号筛的土壤颗粒含量增加，一般导致其水力传导率的降低。有研究表明，随着土壤细颗粒组分的增加，水力传导率下降（图 7-20a）。

膨润土含量影响水力传导率也比较明显，两者之间一般呈负相关关系（图 7-20b）。有资料还表明，当膨润土含量为 3% 时，传导率降到最低值。但 Ryan（1987）的研究则指出，

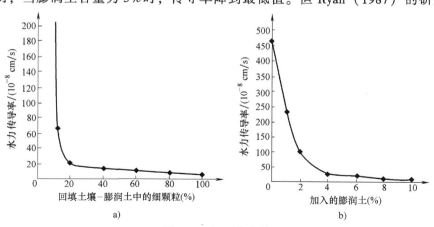

图 7-20 细颗粒含量
a）斑脱土含量 b）和水力传导率的关系

259

水力传导率与膨润土含量之间没有上述一般的负相关关系。

（2）水位波动的影响　垂直阻控系统的主要目的是阻止与污染物迁移有关的地下水流动。通过膨润土与水的作用，可以达到期望的水力传导率，而且通常是墙的一部分永久性地保持在地下水位以下，一部分永久性地保持在地下水位以上，一部分处于地下水位的波动之中。有关资料表明，保持在地下水位以上的部分，一般有较高的水力传导率。这就是说，土壤-膨润土应该保持永久性的水饱和状态，否则会导致水力传导率不可逆转上升。

（3）田间压力条件　水力传导率与田间压力有关。一般地，田间压力随土壤深度的增加而增加，但小于流体静力学速率的增加。有研究表明，如果土壤-膨润土通过流体静力学被加固，其含水量在地下水位以下的区域则随深度增加而下降，其原因可能是增加了有效的压力及相应的孔隙比例减少。

7.3.4　水平阻控系统

水平阻控系统（Horizontal resistance control system）安装在污染土壤下层的地下阻挡层，以阻止污染物向下迁移。最为简单的形式，是因地制宜，利用一定深度上低渗透性的天然地层作为水平阻控系统。然而，由于其实际安装存在较大的难度，投入的费用也大，一般情况下该系统较少被采用。由于灌浆是一项已成熟的工程技术，如果能选择正确的灌浆混合与注入速率，该系统的构建就显得相对容易，而且不受天气的影响。在某些污染土壤上，该系统的实施对于进一步的修复，阻止污染物向地下水迁移、扩散，或许是非常关键的。

1. 基本功能

水平阻控系统与地面覆盖系统、垂直阻控系统有许多相同之处。概括起来主要有：①隔离液态、非液态和气态污染物的扩散和迁移，以及对相邻生态系统的危害作用；②通过改变地下水流的方向或速率，以降低或阻止地下水与污染物的相互接触，防止污染物进入地下水中导致对生态系统产生更大的危害效应。

而就生态型的水平阻控系统而论，主要的特定功能（图7-21）可以概括为：防止污染物的垂直向下迁移，防止地下水向上迁移进入污染区。

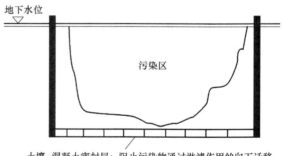

图 7-21　生态型水平阻控系统及其应用

更准确地说，水平阻控系统主要解决以下三方面的基本问题：①向下的地下水流，含有各种污染类型；②稠密的（或下沉的）非液态流体；③向上的地下水压。

水平阻控系统还可以与地面覆盖系统和两侧垂直阻控系统相结合，如可以结合灌浆和地下注射在处理前作为稳定、分离土壤污染物的一种手段。不过，如果与覆盖系统或垂直阻控系统相结合，应该在覆盖系统或垂直阻控系统建成之前加以实施。水平阻控系统也可以作为生物修复、化学修复等方法的配套措施，用于污染土壤的修复。这时，水平阻控系统也应该先行安装、建设。

2. 主要类型

水平阻控系统可以建成于大多数固体介质内，包括土壤、沉积物、废物、基岩（取决于其强度与结构）和建筑残体等。至少，建成水平阻控系统有以下五种方法：①注入污染土壤或废物以形成固态的不可渗透层；②注入下面的自然土层或基岩/岩床以形成固态的不可渗透层；③在污染土壤或废物中采用取代技术形成一连续的固体分离层；④在天然土壤中采用取代技术形成一厚层；⑤土壤混合技术。

相应地，根据以上水平阻控系统建成的不同方法，水平阻控系统可以分为以下五类：①天然存在的低渗透层（自然低渗透地层）；②喷射灌浆形成的阻控层（喷射灌浆层）；③渗入灌浆形成的阻控层（渗入灌浆层，如水泥灌浆层或化学灌浆层）；④采用液力加压开裂技术，用高压水或灌浆形成的阻控层（液力加压开裂水平反应栅）；⑤土壤混合阻控层。

3. 生态设计与构建

生态型人工水平阻控系统设计最为基本的原则，是首先考虑在建造过程中对周围环境的生态学影响最小化，并体现一定的美学价值。在具体设计中，应该注意解决以下问题：①选择合适的灌浆或泥浆混合方法；②避免在安装过程中着火或爆炸危害的可能性（如在灌浆混合中是否存在诸如特定化学品等易燃组分的使用）；③工作人员的身体健康与安全，主要与使用的阻控材料的毒性有关；④防止潜在的不良环境影响与生态效应，如灌浆过程中导致有毒物质的释放，以及灌浆与周围环境介质的反应。

合适的灌浆混合方法的选择更为重要，应该考虑使用的主体材料的渗透性、多孔性、化学与地球化学特性、生物学与生态学稳定性。

当然，其他方面的因素也应该进行较为全面的考虑，包括污染物的性质、浓度与分布，污染物的迁移转化与生态化学行为，处于风险中的可能途径与目标，修复点上的现有土地利用类型与土地利用规划，修复点周围地区的土地利用情况，阻控系统需要满足的性能目标，安装地点地面的地技术特征，修复场地的水力学特征及其对水平阻控系统的影响，包括地下水水位及其波动与材料兼容性。

根据上述设计要求构建符合生态学原理的水平阻控系统，具体实施如下：

1）自然低渗透地层：主要指具有低渗透性的黏土和风化基岩的上层等，尤其是那些裂缝少、无断层的厚层基岩更为合适。在评价这样的低渗层是否可以应用作为水平阻控系统时，必须掌握有关的信息，包括该层的厚度、土壤的颗粒分布或岩石的结构、渗透性、化学或物理组成、原位胁迫。

2）喷射灌浆层：采用高压流体喷射切割工具打孔钻眼，然后填入水泥-膨润土泥浆，可以认为形成了喷射灌浆层。在大多数土壤中，切割直径达1~3m。该工具还可用来形成若干交叉的洞眼，然后注入泥浆，形成一连续的硬质层（图7-22）。该技术的主要限制因子是土壤类型。

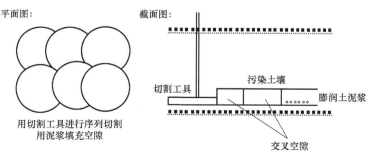

图 7-22　灌浆构建水平阻控系统

3）渗入灌浆层：用水泥或其他化学物质，填充污染土壤现有空隙或石块与土壤的界面中，获得均匀分布的灌浆系统。

4）液力加压开裂水平栅栏：采用高压水或高压下灌浆使地面形成裂缝，然后注入泥浆形成水平硬质层。这一技术难以控制，很少保证系统的完整性。

5）土壤混合阻控层：通过中空的杆状螺钉钻，一边钻孔，一边向地下注入泥浆，与地下的土壤进行原位混合，可形成水平硬质层。

水平阻控系统建成后，必须对其行为进行监测，防止系统在运行过程中出现故障，并针对可能出现的问题及时进行补救。

7.3.5　生态围隔阻控技术应用

金属污染土壤的生态覆盖修复在英、美等发达国家展开了广泛的研究和应用，应用的详细信息见表7-16。

表7-16　金属污染土壤的生态覆盖修复技术应用

覆盖材料	优点	缺点	应用情况
底土或表层土(无中断层)	便宜、省钱	土层受不可接受污染的风险	曾广泛应用,随事故发生已被淘汰
粗材料	材料就地取材比较便宜	水的向下迁移导致富含金属的水进入排水系统	曾被广泛应用,但若采用当地材料,则其中有些材料被重金属污染,且水的下渗将污染当地水系
带有底土和表土覆盖的中断层	材料就地取材比较便宜	水的向下迁移导致富含金属的水进入排水系统	已获明显成功,但是下垫材料受轻度污染
带有亚土层的排水垫作为中断层	合成层比各种进口材料便宜	水的向下迁移导致富含金属的水进入排水系统	有待应用
聚氯乙烯膜覆盖	可以阻止水和污染物向上迁移	不能布置在陡坡上	已有一些应用,但水道受污染威胁是有待解决的问题
膨润土或其他黏土密封覆盖	可以阻止水和污染物向上迁移,且能应用于陡坡上	较昂贵	已有一些应用,但水道受污染威胁是有待解决的问题

总之，生态围隔阻控是生态学原理在污染土壤修复工程中的实际应用，对各种类型污染物和污染介质具有广泛适用性；可因地制宜地就地取材，采用许多传统的技术和设备，现场操作容易，工程费用便宜；对污染地区尽可能小地干扰，有利于地下水和地表水的保护及对土壤结构的维护；能够使各种处理技术很好地结合，充分发挥互补作用。特别是，由于其他处理"挖-填"的方法不利于原有土壤的结构和生态系统正常功能的维持，具有潜在的不良环境影响，引入围隔阻控的生态工程方法便具有十分重要的意义。

思 考 题

1. 比较分析西方和中国的生态工程的异同。

2. 按照你的理解试述生态工程的内涵与特点。

3. 请举例说明生态工程在某领域的应用及成效。

4. 解释生态工程修复的含义及内容。

5. 试述生态工程修复的基本原理。

6. 举例说明几种生态工程修复技术。

7. 简述污染土壤修复生态工程的核心和内涵。

8. 简述生态覆盖系统修复方法的组成系统及技术方法。

9. 简述垂直阻控系统修复方法的组成系统及技术方法。

10. 简述水平阻控系统修复方法的组成系统及技术方法。

参考文献

［1］ 赵景联. 环境修复原理与技术 ［M］. 北京：化学工业出版社，2006.

［2］ 赵景联，史小妹. 环境科学导论 ［M］. 2版. 北京：机械工业出版社，2017.

［3］ 周启星，宋玉芳，等. 污染土壤修复原理与方法 ［M］. 北京：科学出版社，2018.

［4］ 李法云，吴龙华，范志平. 污染土壤生物修复原理与技术 ［M］. 北京：化学工业出版社，2016.

［5］ 张和平，刘云国. 环境生态学 ［M］. 北京：中国林业出版社，2002.

［6］ 蔡晓明，尚玉昌. 普通生态学 ［M］. 北京：北京大学出版社，1995.

［7］ 孙濡泳，李博，诸葛阳，等. 普通生态学 ［M］. 北京：高等教育出版社，1997.

［8］ 孙铁珩，周启星，李培军. 污染生态学 ［M］. 北京：科学出版社，2001.

［9］ 金岚. 环境生态学 ［M］. 北京：高等教育出版社，2001.

［10］ 孔繁德. 生态保护概论 ［M］. 北京：中国环境科学出版社，2001.

［11］ 孙铁珩，周启星. 污染生态学的研究前沿与展望 ［J］. 农村生态环境，2000，16（3）：42-45，50.

［12］ Mitsch W J, Gosselink J G. Wetlands ［M］: 3rd ed. New York：John Wiley and Sons, Inc, 2000.

［13］ 安树青. 湿地生态工程 ［M］. 北京：化学工业出版社，2003.

［14］ 崔保山，刘兴土. 湿地恢复研究综述 ［J］. 地球科学进展，1999，14（4）：358-364.

［15］ 黄铭洪，等. 环境污染与生态恢复 ［M］. 北京：科学出版社，2003.

［16］ 刘新民，赵哈林. 科尔沁沙地生态环境综合整治研究 ［M］. 兰州：甘肃科学技术出版社，1993.

［17］ 彭少麟. 热带亚热带恢复生态学研究与实践 ［M］. 北京：科学出版社，2003.

［18］ 任海，彭少麟. 恢复生态学导论 ［M］. 北京：科学出版社，2002.

［19］ 苏仲仁. 黄土高原沟壑区小流域水土流失的特点、治理措施及防护体系 ［J］. 人民黄河，1990
　　（2）：59-63.

［20］ 王北，等. 生态经济型固沙林体系建立的研究 ［J］. 中国沙漠，1999，19（1）：51-55.

［21］ 杨京平，卢剑波. 生态恢复工程技术 ［M］. 北京：化学工业出版社，2002.

［22］ 余作岳，彭少麟. 热带亚热带退化生态系统植被恢复生态学研究 ［M］. 广州：广东科学技术出版
　　社，1996.

［23］ 云正明，刘金铜，等. 生态工程 ［M］. 北京：气象出版社，1998.

［24］ 张金屯，李素清. 应用生态学 ［M］. 北京：科学出版社，2003.

［25］ 张永泽，王烜. 自然湿地生态恢复研究综述 ［J］. 生态学报，2001，21（2）：309-314.

［26］ 赵晓英，陈怀顺，孙成权. 恢复生态学：生态恢复的原理与方法 ［M］. 北京：中国环境科学出版
　　社，2001.

第8章

污染水环境修复工程概论

8.1 水环境与水污染

8.1.1 水环境

水体（Water body）一般是指地面水与地下水的总称。在环境学领域中，水体是指地球上的水及水中的悬浮物、溶解物质、底泥和水生生物等完整的生态系统或完整的综合自然体，而水只是水体中的一部分。

水环境（Water environment）是由水体（水文、水力和水质）、水体中的生物（水生植物、动物和微生物等）、水体下的沉积物、水体周围的岸边湖滨带及水体上的空间构成的，在一定范围内具有自身结构和功能的有机体系。

水资源（Water resource）是地球上所有生命的生存之源，是生态环境中最活跃、影响最为广泛的因素，是人类社会进步和经济发展中无法替代的资源。根据有关资料统计，地球上的总水量约为 $1.386 \times 10^9 km^3$，其中海洋储水约 $1.38 \times 10^9 km^3$，占总水量的 96.5%。在总水量中，含盐量不超过 0.1% 的淡水仅占 2.5%，而其中 68.7% 以冰川和冰帽的形式存在于两极和高山之上，其余部分的 2/3 深埋在地下深处，都难以为人类直接利用，江河、湖泊等地面水的总量还不到淡水总量的 0.5%。因此，人类可以直接利用的水资源极为有限，只有不足 20% 的淡水是易于人类利用的，而可直接利用的仅占淡水总量的 0.3% 左右。

通常，人们以全球陆地入海径流总量 $4.7 \times 10^4 km^3$ 为理论水资源总量，但是水资源在全球的分布是不均匀的，各国水资源丰缺程度相差很大。某地区水资源的丰缺取决于多种因素，地理位置、地形、温度和太阳辐射以及地面植被和人类活动都会对水资源的运动和分配造成显著的影响。2000 年，全球用水总量已达 $6.11 \times 10^3 km^3$，占总径流量的 13%。但是可供人类利用的水资源并没有相应的增长，反而由于人为污染等原因造成水资源质量和数量的下降。据估计，全球范围内可用水量与总需水量在 2030 年前处于供大于求，2030 年为分界点，2030 年后进入供不应求的水资源危机阶段。目前，全世界有 100 多个国家缺水，43 个国家和地区严重缺水，占全球面积的 60%。

中国水资源总量丰富。流域面积在 $100 km^2$ 以上的河流有 5 万余条，$1000 km^2$ 以上的有 1500 余条；面积 $1 km^2$ 以上的湖泊有 2300 余个，约占国土面积的 0.8%，湖水总储量约为 $708.8 km^3$，其中淡水量为 32%；我国还有丰富的冰川资源，共有冰川 43000 余条，集中分布在西部地区，总面积 $58700 km^2$，占亚洲冰川总量的一半以上，总储量约为 $5200 km^3$。我国平均年降水量为 6188.9km³，平均降水深 648.4mm，年均河川径流量 2711.5km³，合径流深 284.1mm。河川径流主要靠降水补给，由冰川补给的只有 50km³ 左右。我国地表水和地下水的量分别为 2711km³ 和 829km³，扣除两者之间重复量 728km³ 后，则我国多年平均水资源总量为 2812km³，居世界第六位，但人均占有量为 2200m³，只有世界人均占有量的 1/4，排在世界第 88 位。我国年总用水量已达 7000 多亿 m³，占我国总水资源的 20% 以上，占总可用水量的 60%，占实际可用水量的 100%，占实际可用清洁水资源的 175%。由此，我国水资源面临的严峻形势可见一斑。

8.1.2　水循环

水循环（Water cycle）指自然界中各类水体相互联系的过程，又称作"水文循环""水分循环"，包括自然循环和社会循环。

由自然力促成的水循环，称为水的自然循环。它是水的基本运动形式。海水蒸发为云，随气流迁移到内陆，遇冷气流凝为雨雪而降落，称为降水。一部分水沿地表流动，汇成江河湖泊，称为地面径流；另一部分降水渗入地下，形成地下径流。在流动过程中，地面水和地下水相互补给，最终复归大海。这种从海洋到内陆再回到海洋的水循环，称为大循环。水在小的自然地理区域内的循环，称为小循环。生物体内的水，也进行着从吸收到蒸腾或蒸发再到吸收的内外循环。水的自然循环如图 8-1 所示。

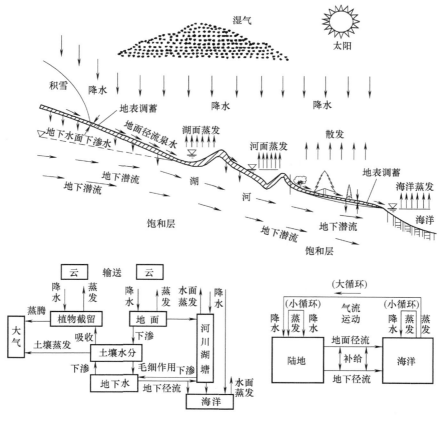

图 8-1　水的自然循环

由人的社会需要而促成的水循环，称为水的社会循环。它是直接为人们的生活和生产服务的。取之自然而直接供生活和生产（特别是工业生产）使用的水，称为给水；使用后因丧失原有使用价值而废弃外排的水，称为废水。为保证给水能满足用户的使用要求（水量、水质和水压）而采取的整套工程设施，称为给水工程（Water supply engineering）；为保证废水（有时也包括部分雨水）能安全排放或回用而采取的整套工程设施，称为排水工程（Drainage project）。给水工程和排水工程构成了水的社会循环（图8-2）。完善的给水系统和排水系统是现代城市和工业区所必须具备的基础条件。

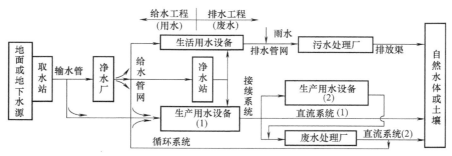

图8-2 水的社会循环

8.1.3 水污染

1. 水体污染

水体污染（Water body pollution）是指污染物进入河流、海洋、湖泊或地下水等水体后，使其水质和沉积物的物理、化学性质或生物群落组成发生变化，从而降低了水体的使用价值和使用功能，并达到了影响人类正常生产、生活及影响生态平衡的现象。

水体污染根据来源的不同，可以分为自然污染和人为污染两大类。自然污染（Natural pollution）是指自然界自行向水体释放有害物质或造成有害影响的现象。例如，岩石和矿物的风化和水解、大气降水及地面径流所挟带的各种物质、天然植物在地球化学循环中释放出的物质进入水体后都会对水体水质产生影响。通常把由于自然原因造成的水中杂质的浓度称为天然水体的背景值或本底浓度。人为污染（Man-made pollution）是指人类生产生活活动中产生的废物对水体的污染，对水体造成较大危害的现象，包括工业废水、生活污水、农田水的排放等。此外，固体废物在地面上堆积或倾倒在水中、岸边，废气排放到大气中，经降水的淋洗及地面径流挟带污染物进入水体，都会造成水污染。

2. 水体污染源

水体污染源（Water body pollution source）是指造成水体污染的污染物的发生源，通常指向水体排入污染物或对水体产生有害影响的场所、设备和装置。根据污染物来源的不同，水体污染源可以分为天然污染源和人为污染源两大类。其中，人为污染源是环境保护研究和水污染防治中的主要对象。

人为污染源十分复杂：按人类活动可以分为工业、农业、生活、交通等污染源；按污染物种类可以分为物理性、化学性、生物性污染源，以及同时排放多种污染物的混合污染源；按污染物排放的空间分布方式可以分为点源和非点源。

水体污染点源是指以点状形式排放而造成水体污染的发生源。这种点源含污染物浓度高，成分复杂，工业废水和生活污水是重要的点源，其变化规律存在季节性和随机性。水体污染非点源，在我国多称为水体污染面源，是指污染物以面形式分布和排放而造成水体污染的发生源。坡面径流带来的污染物和农业灌溉水是重要的水体污染非点源。

3. 水中主要污染物

水体污染的污染物种类很多，根据污染物特性的不同，总体上可以分为物理性污染物、化学性污染物和生物性污染物三类（表8-1）。物理性污染包括悬浮物质污染、热污染和放射性污染等。化学性污染是指由化学物品污染造成的水体污染。化学污染物质包括无机污染物、无机有毒物质、有机有毒物质、需氧污染物质、植物营养物质和油类污染物质。生物性污染是由病原微生物、病毒、寄生虫等引起的水体污染。

表 8-1　水体污染的主要类型及其污染物

类　　型			主要污染物
化学性污染物	无机无毒物	微量金属	Fe、Cu、Zn、Ni、V、Co 等
		非金属	Se、N、B、C、Br、I、Si、CN$^-$ 等
		酸、碱、盐污染物	HCl、H$_2$SO$_4$、HCO$_3^-$、HS$^-$、SO$_4^{2-}$、CO$_3^{2-}$、Cl$^-$、酸雨等
		硬度	Ca^{2+}、Mg^{2+}
	需氧有机物（有机物毒物）		碳水化合物、蛋白质、油脂、氨基酸、木质素等
	有毒物质	重金属	Hg、Cd、Pb 等
		非金属	F$^-$、CN$^-$、As
		有机物	酚、苯、醛、有机磷农药、多氯苯酚（PCB）、多环芳烃、芳香烃
	油类污染物		石油等
生物性污染物	营养性污染物		有机氮、有机磷化合物（洗涤剂）、砷、NO$_3^-$、NO$_2^-$、NH$_4^+$ 等
	病原微生物		细菌、病毒、病虫卵、寄生虫、原生动物、藻类等
物理性污染物	固体污染物		溶解性固体、胶体、悬浮物、尘土、漂浮物
	感官性污染物		H$_2$S、NH$_3$、胺、硫、醇、染料、色素、恶臭、肉眼可见物、泡沫等
	热污染		工业热水等
	放射性污染物		^{235}U(铀)、^{232}Th(钍)、^{226}Ra(镭)、^{90}Sr(锶)、^{137}Cs(铯)、^{289}Pu(钚)等

4. 水中主要污染物的危害

（1）热污染　热污染是指高温废水排入水体后，使水温升高，物理性质发生变化，危害水生动物、植物的繁殖与生长。造成的后果主要有：①水温升高，导致水中溶解氧浓度降低，造成水生生物的窒息死亡；②导致水中化学反应速度加快，引发水体物理化学性质的急剧变化，臭味加剧；③加速水体中细菌和藻类的繁殖。

（2）色度　城市污水，特别是有色工业废水（印染、造纸、农药、焦化和有机化工等排放的废水）排入水体后，使水体形成色度，引起人们感官的不悦。水体色度加深，使透光性降低，影响水生生物的光合作用，抑制其生长，妨碍水体的自净作用。

（3）固体物质污染　水体受悬浮态或胶体态固体污染后，主要产生以下危害：①浊度增加，透光性减弱，影响水生生物的生长；②悬浮固体可以堵塞鱼鳃，导致鱼类窒息死亡；③由于微生物对部分悬浮有机固体有代谢作用，消耗了水中的溶解氧；④沉积于河底造成底泥沉积与腐化，恶化水体水质；⑤悬浮固体作为载体，可以吸附其他污染物质，随水流迁移污染。水体受溶解性固体污染后，使无机盐浓度增加，如作为给水水源，水味涩口，甚至引起腹泻，危害人体健康，工业、农业用水对此也有严格要求。

（4）酸、碱污染　水体的酸、碱污染往往伴随着无机盐污染。酸、碱污染可使水体 pH 值发生变化，微生物生长受到抑制，水体的自净能力受到影响。渔业水体规定的 pH 值为 6~9.2，超过此范围，鱼类的生殖率下降，甚至死亡；农业用水的 pH 值为 5.5~8.5；工业用水对 pH 值也有严格的要求。

（5）氮、磷污染与水体的富营养化　氮、磷是植物的营养物质，随污水排入水体后，会产生一系列的转化过程。硝酸盐在缺氧、酸性的条件下，可以还原为亚硝酸盐，而亚硝酸盐与仲胺作用会形成亚硝胺，这是一种三致（致突变、致癌、致畸变）物质，这种反应也能在人胃中进行。

（6）需氧有机物污染　这类有机污染物主要包括糖、蛋白质、脂肪、有机酸类、醇类等，它们易于生物降解，在此过程中，需要消耗水中的溶解氧。如果这类物质排入水体过多，会消耗大量水中的溶解氧，造成水中缺氧，从而影响鱼类和其他水生生物的生长。水中溶解氧耗尽后，有机物将在微生物的作用下进行厌氧降解，产生大量硫化氢、氨气、硫醇等难闻物质，使水质变黑发臭，造成水体及周围环境的恶化。

（7）有机有毒物质污染　这类有机污染物大多属于人工合成物质，常见的有农药、酚类、芳香族化合物等。它们具有三个主要特征：①多数不易被微生物降解，在自然环境中可存留十几年甚至上百年；②危害人体健康，有的甚至是致癌物质，如联苯、3，4-苯并芘、1，2-苯并蒽等，具有强烈致癌性；③这类物质在某些条件下，能缓慢降解，也能消耗水中溶解氧。以下列举几类常见的有机有毒污染物：

1）农药。根据化学成分的不同，可以分为有机氯农药、有机磷农药、有机汞农药、有机砷农药、氨基甲酸酯及苯酰胺类。它们对环境、各种农畜产品、食用性植物会造成普遍性污染，并通过食物链进入人体，损害人体健康。

2）酚类。化工、冶金、火电和煤气等工业都排出大量酚。酚类化合物中以苯酚毒性最强，苯酚、甲酚都能对人的神经系统造成严重伤害。环境中的酚中毒呈慢性状态，使人出现头昏、头痛、精神不安等神经症状以及呕吐、腹泻等慢性消化道症状。高浓度酚可引起急性中毒，甚至死亡。渔业、农灌用水对酚浓度都有严格要求。

3）有机氯化合物。有机氯化合物被人们使用的有数千种，其中污染广泛的是多氯联苯（PCB）和有机氯农药。多氯联苯含氯原子越多越容易在人体脂肪组织和器官中蓄积，其毒性表现为：影响皮肤、神经、肝脏，破坏钙的代谢，导致骨骼、牙齿的损害，并有亚急性、慢性致癌和遗传变异的可能性。不少其他有机氯化合物也具有致癌作用。

4）芳香族化合物。能损害人体的中枢神经，造成神经系统障碍，危害造血器官和生殖系统。

（8）油脂类污染　含油废水的排放和石油产品的泄漏是这类污染的主要来源。水体受到油脂类物质污染后，会呈现出五颜六色，感官性状差。油脂浓度高时，水面上结成油膜，能隔绝水面与大气的接触，影响水生生物的生长与繁殖，破坏水体的自净功能。油脂还会堵塞鱼鳃，造成窒息。

（9）水体的生物性污染及其危害　生活污水，特别是医院污水和某些生物制品工业废水排入水体后，往往带入大量病原菌、寄生虫卵和病毒等。某些原来存在于人畜肠道中的病原细菌（如伤寒、霍乱、痢疾细菌等）都可以通过人畜粪便的污染而进入水体，随水流动而传播。一些病毒（如肝炎病毒等）也常在污水中发现。某些病源寄生虫病（如阿米巴痢疾、血吸虫、钩端螺旋体病等）也可通过污水进行传播。

5. 水体自净

水体自净（Water self-purification）是指污染物随污水排入水体后，经物理、化学与生物化学作用，使污染物浓度降低或总量减少，受污染的水体部分或完全恢复原状的现象。水体所具备的这种能力称为水体自净能力或自净容量。水体的自净作用往往需要一定时间、一定范围的水域及适当的水文条件。另一方面，水体自净作用还决定于污染物的性质、浓度及排放方式等。若污染物的数量超过水体的自净能力，就会导致水体污染。

水体自净过程十分复杂，按其作用机制可以分成三类：

（1）物理自净　物理自净（Physical self-purification）是指污染物进入水体后，由于稀释、扩散和沉淀等作用使水中污染物的浓度降低，使水体得到一定的净化，但是污染物总量保持不变。物理自净能力的强弱取决于水体的物理及水文条件，如温度、流速、流量等，以及污染物自身的物理性质，如密度、形态、粒度等。物理自净对海洋和流量大的河段等水体的自净起着重要的作用。

（2）化学自净　化学自净（Chemical self-purification）是指污染物在水体中以简单或复杂的离子或分子状态迁移，并发生化学性质或形态、价态上的转化，使水质也发生了化学性质的变化，减少了污染危害，如酸碱中和、氧化还原、分解化合、吸附、溶胶凝聚等过程。这些过程能改变污染物在水体中的迁移能力和毒性大小，也能改变水环境化学反应条件。影响化学自净能力的环境条件有酸碱度、氧化还原电势、温度、化学组分等。污染物自身的形态和化学性质对化学自净也有很大的影响。

（3）生物自净　生物自净（Biological self-purification）是指水体中的污染物经生物吸收、降解作用而发生浓度降低的过程。如污染物的生物分解、生物转化和生物富集等作用，水体生物自净作用也称狭义的自净作用。淡水生态系统中的生物净化以细菌为主，需氧微生物在溶解氧充足时，能将悬浮和溶解在水中的有机物分解成简单、稳定的无机物（二氧化碳、水、硝酸盐和磷酸盐等），使水体得到净化。水中一些特殊的微生物种群和高等水生植物，如浮萍、凤眼莲等，能吸收浓缩水中的汞、镉等重金属或难降解的人工合成有机物，使水逐渐得到净化。影响水体生物自净的主要因素是水中的溶解氧浓度、温度和营养物质的碳氮比例。水中溶解氧是维持水生生物生存和净化能力的基本条件，因此，它是衡量水体自净能力的主要指标。

水体自净的三种机制往往是同时发生，并相互交织在一起。哪一方面起主导作用取决于污染物性质和水体的水文学和生物学特征。

水体污染恶化过程和水体自净过程是同时产生和存在的。但在某一水体的部分区域或一定的时间内，这两种过程总有一种过程是相对主要的过程。它决定着水体污染的总特征。这两种过程的主次地位在一定的条件下可相互转化。如距污水排放口近的水域，往往表现为污染恶化过程，形成严重污染区。在下游水域，则以污染净化过程为主，形成轻度污染区，再向下游最后恢复到原来水体质量状态。所以，当污染物排入清洁水体之后，水体一般呈现出三个不同水质区：水质恶化区、水质恢复区和水质清洁区。

6. 水环境容量

水体所具有的自净能力就是水环境接纳一定量污染物的能力。一定水体所能容纳污染物的最大负荷被称为水环境容量（Water environmental capacity），即某水域所能承担外加的某种污染物的最大允许负荷量。水环境容量与水体所处的自净条件（如流量、流速等）、水体中的生物类群组成、污染物本身的性质等有关。一般来说，污染物的物理化学性质越稳定，其环境容量越小；易降解有机物的水环境容量比难降解有机物的水环境容量大得多；而重金属污染物的水环境容量则甚微。

水环境容量与水体的用途和功能有十分密切的关系。水体功能越强，对其要求的水质目标越高，其水环境容量将越小；反之，当水体的水质目标不甚严格时，水环境容量可能会大一些。

水体对某种污染物质的水环境容量可用下式表示：

$$W = V(c_s - c_b) + C \tag{8-1}$$

式中，W 为某地面水体对某污染物的水环境容量（kg）；V 为该地面水体的体积（m^3）；c_s 为地面水中某污染物的环境标准值（水质目标）（g/L）；c_b 为地面水中某污染物的环境背景值（g/L）；C 为地面水对该污染物的自净能力（kg）。

8.2　水环境修复

8.2.1　水环境修复概念

由于自然变迁和人类不合适的生产、生活活动，造成了水环境不同程度的改变和损害，而且到目前为止受到损害的速率远远大于其自身的及人工的修复速率。同时，水环境的破坏必然导致水资源的损耗，造成人类生存环境质量的下降和生存空间的缩小。因此水环境问题已经成为超越国界的全球性问题。延缓、阻止乃至逆化水环境受损进程，是保证社会经济可持续发展的必要条件。国际上对修复受损水环境的重要性已形成共识，对受损水环境的修复技术研究十分重视。

水环境修复技术（Water environment remediation technology）是利用物理的、化学的、生物的和生态的方法减少水环境中有毒有害物质的浓度或使其完全无害化，使污染了的水环境能部分或完全恢复到原始状态的过程。美国有关受损水环境的修复研究始于 1970 年。1989年美国国家研究委员会（NRC）委托水域生态系统恢复委员会（CRAE）开展水域生态系统恢复情况和形式的总体评价，并制订实施计划，以解决点源和面源污染问题，遏制野生生物物种和群落多样性的下降，恢复各种类型的生境。1990 年提出和实施了庞大的生态恢复计划，将在 2010 年前恢复受损河流 64 万 km^2，湖泊 67 万 km^2，湿地 400 万 km^2。欧洲一些国家也从 1970 年开展水环境治理和修复工作，并取得明显成效。德国首先推行被称为"重新自然化"的水环境保护策略，随后周边诸国如瑞士、奥地利等也相继实行，力争将水环境恢复到接近自然的状况，使一度污染严重的欧洲诸河大有改观。丹麦计划在数年内分别降低湖泊氮和磷的 50% 和 80%。荷兰在 1990 年对 Alde Feane 地区进行水环境修复，水质得到很大改善。日本从 1980 年开始积极推进旨在不断恢复自然的水边环境建设，在确保河流防洪和水资源利用功能的同时，创造出优美和谐的自然环境。我国对内陆水环境修复技术的探索和实践有悠久的历史，中国科学院水生生物研究所在 20 世纪 70 年代就对污染严重的湖北鸭儿湖地区进行治理，并使当地水环境得到很大改善。中国科学院生态环境研究中心、地理研究所和动物研究所，中国环境科学研究院也在不同地区开展了水环境治理和修复的研究和实践。目前，我国除了在"三湖""三河"进行重点治理外，各地也在其他河流、湖泊的治理和修复中投入了大量人力、物力，获得许多成功经验，但仍有许多工作有待提高和改进。

8.2.2 水环境修复目标与原则

水环境修复一般不可能达到完全恢复水环境的原始状态，因此，水环境修复的目标是，在保证水环境结构健康的前提下，满足人类可持续发展对水环境功能的要求，其目标如图 8-3 所示。

环境修复工程所遵循的原则不同于传统的环境工程学。在传统环境工程领域，处理对象能够从环境中分离出来（如废水或者废物），需要建造成套的处理设施，在最短的时间内，以最快的速度和最低的成本，将污染物净化去除。而在水环境修复领域，所修复的水体对象是环境的一部分，在修复过程中需要保护周围环境，不可能建造能将整个修复对象包容进去的处理系统。如果采用传统治理净化技术，即使对于局部小系统的修复，其运行费用也将是天文数字。因此，水环境修复比传统环境工程需要的专业面更广，包括环境工程、土木工程、生态工程、化学、生物学、毒理学、地理信息和分析监测等，需要将环境因素融入技术中。

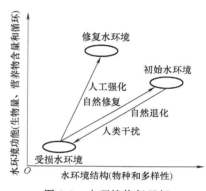

图 8-3 水环境修复目标

水环境修复的原则包括：

（1）水体的地域性 根据地理位置、气候特点、湖泊类型、功能要求、经济基础等因素，制订适当的水环境修复计划、指标体系和技术途径。

（2）生态学原则 根据生态系统自身的演替规律分步骤分阶段进行修复，并根据生态位和生物多样性原则构建健康的水环境生态系统。

（3）最小风险和最大效益原则 水环境修复是一项技术复杂、耗资巨大的工程，对水环境的变化规律和机理的认识还有待提高，往往不能准确预计修复工程带来的全面影响，因此需要对工程仔细论证，降低风险，同时获得环境效益、经济效益和社会效益的统一。

8.2.3 水环境修复基本内容

（1）水环境现场调查 任何一个水环境修复工程，都需要对修复现场进行科学的调查。水环境现场调查的主要目的是确定污染程度，包括污染区域位置、大小、特征、形成历史，污染变化趋势和程度等。现场调查内容包括外部污染源的范围和类型、内在污染源的变化规律、底泥土壤环境的形态和性质、水动力学特征等。

（2）水环境修复设计

1）设计原则。主要包括：①制定合理的修复目标，并遵循法律法规方面的要求；②明确设计概念思路，比较各种方案，进行现场研究；③考虑可能遇到的操作和维修方面的问题，公众的反应，健康和安全方面的问题；④估算投资、成本和时间等因素的限制，结构施工容易程度，编制取样检测操作和维修手册等。

2）设计程序。主要包括：①项目设计计划。综述已有的项目材料数据和结论、确定设计目标、确定设计参数指标、完成初步设计、收集现场信息、现场勘察、列出初步工艺和设备名单、完成平面布置草图、估算项目造价和运行成本。②项目详细设计。重新审查初步设计、完善设计概念和思路、确定项目工艺控制过程和仪表、详细设计计算、绘图和编写技术说明相关设计文件、完成详细设计评审。③施工建造。接收和评审投标者并筛选最后中标者、提供施工管理服务、进行现场检查。④系统操作。编制项目操作和维修手册、设备启动和试运转。⑤验收和编制长期监测计划。

8.3　水环境修复工程

8.3.1　物理修复工程

目前，在水环境修复中所采用的主要物理措施有引水冲刷/稀释、曝气、机械/人工除藻、底泥疏浚等。

（1）冲刷/稀释　冲刷/稀释是采取引水冲污稀释污染水体，增加流域水资源量，加快污染水体流动，加强水体自净功能，提高水环境承载能力。引水的直接作用是加快水体交换，缩短污染物在水体中的滞留时间，降低污染物浓度指标，使水体水质得到改善。同时，水体流动性的加强对沉积物-水体界面物质交换也有一定影响，增加河流下层溶解氧含量，对底泥污染物释放产生一定的抑制作用，有助于水体生态系统的恢复。引水冲刷/稀释在国内外水污染控制中得到广泛运用，取得良好的效果。

（2）曝气　污染水体接纳大量的有机污染物后，有机物大量分解造成水体溶解氧浓度急剧降低，甚至出现厌氧状态，导致溶解盐释放以及臭味气体产生。通过人工曝气，使水体底层溶解氧得以恢复，水体中溶解铁、锰、硫化氢、二氧化碳、氨氮及其他还原组分浓度大为降低，改善水生生物的生存环境。同时，人工曝气可以有效限制底层水体中磷的活化和向上扩散，限制浮游藻类的生产力。

（3）机械/人工除藻　用机械/人工方法收获水体中的藻类，可在短期内快速有效地去除藻类及藻华。在某些特定环境，利用自然动力收获藻类可有效地减轻富营养化的危害。例如，在太湖水环境修复中，利用风力、湖流在水源区域建造富集藻类的专门设施来收集藻类，避免了"水华"阻塞取水口井而引起的水质恶化，取得良好的效果。

（4）底泥疏浚　水体沉积物为水生生物提供重要的栖息生境，是水环境生态系统中重要的组成部分。一方面，沉积物是水环境中污染物的主要蓄积库，进入水环境的污染物大部分会迅速转移到沉积物中。在一定条件下，沉积物中的污染物可能向水体重新释放，导致水体污染。另一方面，沉积物在很大程度上影响了污染物在水生食物链中的转移和积累，尤其是底栖生物可能从沉积物中富集重金属及其他污染物。因此，采取环境疏浚等手段，可以降低水体的内源污染负荷量和底泥污染物重新释放的风险。对于沉积物中的重金属和持久性有毒有机污染物而言，只能通过环境疏浚方法从湖泊中去除。

8.3.2　化学修复工程

进入水体中的污染物，在水环境中发生复杂的化学反应，污染物形态和化学性质不断发生变化。因此，根据水体中主要污染物的化学特征，可以采用化学方法改变污染物的形态（化学价态、存在形态等），从而降低污染物的危害程度。目前采用的化学方法主要包括化学沉淀、钝化、酸碱中和、化学除藻等。

（1）化学沉淀　化学沉淀（Precipitation）法通过向水体投加铁盐或铝盐，通过吸附或絮凝作用与水体中的无机磷酸盐产生化学沉淀，降低水体磷的浓度，控制水体的富营养化。同时，铝盐能够形成氢氧化铝沉淀，而氢氧化铝在沉积物表层形成"薄层"，可以阻止沉积磷的释放。

（2）钝化　钝化（Deactivation）法是根据铝盐、铁盐、硫酸铝铁、钙盐、泥土颗粒和石灰泥等能与无机和颗粒磷产生沉淀，从而减少水体中磷的含量，修复富营养化水体。美国有一种称为 CLEAM-FLOLAKE-CLEASETm 的产品，是硫酸钙、硫酸铝和硼酸的混合物，可以沉淀水体中的铁和磷，同时降低亚硝酸盐和锰的水平，在许多不同湖泊和水库的应用中成功地去除了藻类和其他水生植物。

（3）酸碱中和　酸碱中和（Neutralization）法是向水体中添加石灰进行酸碱中和，调整水体酸碱度，以适应水生态系统的物种生长、繁殖的需要。石灰材料包括石灰石（$CaCO_3$）、生石灰（CaO）和熟石灰（$Ca(OH)_2$）。同时，加入熟石灰（$Ca(OH)_2$）能够促进磷酸盐形成稳定的磷酸钙沉淀，控制水体中的磷酸盐浓度和叶绿素水平。该方法在美国、加拿大、挪威和瑞典等国已广泛运用。

（4）化学除藻　化学除藻（Chemical algae removal）法主要采用各种化学除藻剂进行除藻，其效果最显著，但也最具有危险性。因为这些除藻剂的化学成分均为易溶性的铜化合物（硫酸铜），或者螯合铜类物质，这些化合物对鱼类、水草等生物产生一定程度的伤害甚至导致死亡，并且有致癌作用，还会产生其他一些不可预测的不良后遗症。所以，化学除藻剂在使用时要非常慎重，严格按照要求的用量操作，否则会造成严重后果。

8.3.3　生物修复工程

生物修复（Bioremediation）是利用生物（特别是微生物）催化降解有机污染物，从而去除或消除环境污染的过程，即利用培育的植物或培养、接种的微生物的生命活动，对水中污染物进行转移、转化及降解，从而使水体得到净化，目前已成功应用于底泥、地下水、河道和近海洋面的污染治理。在水体的生物修复过程中，各种生物会在不同层次互相影响，互相结合而起到不同的净化作用。与传统的化学、物理处理方法相比，生物修复技术有以下优点：污染物可在原地被降解；修复时间较短；就地处理操作简便，对周围环境干扰少；较少的修复经费，仅为传统化学、物理修复经费的 30%～50%；人类直接暴露在污染物下的机会减少；不产生二次污染，遗留问题少等。

地表水环境的主要污染特征是水体富营养化、重金属、有毒有机物以及有机污染，根据污染物的主要特点，地表水环境生物修复技术可以分为生物操纵、植被群落恢复和生物除藻等类型。

（1）生物操纵　20 世纪 80 年代开始，欧美各国在富营养化湖泊的治理中，开始尝试采用生物操纵（Biomanipulation）来调整湖泊的营养结构和促进水质的恢复。水体富营养化主要是外源营养物质的大量输入引起藻类异常繁殖，进而使水质恶化的过程。湖泊生态系统的结构和功能是"营养盐-浮游植物-浮游动物-鱼类"的"上行效应"和与之相反的"下行效应"共同作用的结果。"上行效应"决定湖泊系统可能达到的最大生物量，而生物量的实现不仅与营养盐的可得性有关，还受食物链下行效应的控制。因此在湖泊管理中，通过放养凶猛鱼类来控制食浮游动物鱼类，减少食藻动物的牧食压力，增大浮游植物的牧食压力，从而控制了藻类的异常繁殖，改善富营养化状况。

（2）植被群落恢复　通过水环境的生境调控和植被的人工重建促进水生植被的自然恢复，逐步恢复受损水体的生态系统的结构，包括生产者（主要是水生植物）、消费者（鱼类）、分解者（细菌）等，在生产者、消费者、分解者等之间建立有效的食物链，促进系统的物质循环，恢复水体的功能，达到水体生态系统恢复的目的。目前，生态系统恢复的首要目标是恢复水体的水生植物，包括沉水植物、挺水植物、浮游植物等。人工辅助是植被生态恢复的必要措施，通过对水环境的调控可以有效促进水生植被的自然恢复。这些措施包括采用围隔消浪、促淤、底质改善、降低水位等改善植物生境条件。如通过增加水体透明度、水下补光等措施增加光补偿深度，改善水体光照条件，促进沉水植物恢复。

（3）生物除藻　生物除藻（Biological algae removal）技术能从根本上解决水体的富营养化问题，消灭水藻，祛除异味，降解含有大量氮磷营养积累的底泥，彻底消除藻类产生的根源，达到修复水环境的目的。生物除藻剂是目前世界上最先进的生物修复除藻产品，包含针对处理富营养化水体的十几种活性微生物和相应的酶，对水体中的水生生物及人类等不产生危害及副作用，微生物迅速激活，与水中藻类竞争营养源，从而使藻类缺乏营养死亡，沉入水底，越来越多的微生物继续降解死亡藻类，直至消灭，使水体变清。

8.3.4　生态工程修复

水环境生态修复技术包括具有复合生态系统的生态塘处理、以植物和微生物为主要处理功能体的湿地处理和土地处理等。

（1）生态塘处理　生态塘（Ecological pond）是以太阳能为初始能源，通过在塘中种植水生作物，进行水产和水禽养殖，形成人工生态系统。在太阳能（日光辐射提供能量）的推动下，通过生态塘中多条食物链的物质迁移、转化和能量的逐级传递、转化，将进入塘中污染水体中的有机污染物进行降解和转化，最后不仅去除了污染物，而且以水生作物、水产的形式作为资源回收，净化的污水也能作为再生水资源予以回收再用，使污水处理与利用结合起来，实现了污水处理资源化。

（2）人工湿地处理　人工湿地（Constructed wetlands）是近年来迅速发展的水体生物生态修复技术，已经成为提高大型水体水质的有效方法。人工湿地的原理是利用自然生态系统中物理、化学和生物的三重作用来实现对污水的净化。人工湿地系统是在一定长宽比及底面有坡度的洼地中，由土壤和填料（如卵石等）混合组成填料床，污染水可以在床体的填料缝隙中曲折地流动，或在床体表面流动。在床体的表面种植具有处理性能好、成活率高的水生植物（如芦苇等），形成一个独特的动植物生态环境，对污染水进行处理。人工湿地的显著特点之一是其对有机污染物有较强的降解能力，出水质量好，可以结合景观设计，种植观赏植物改善风景区的水质状况。其造价及运行费远低于常规处理技术。

（3）土地处理技术　土地处理（Land treatment）技术是一种古老但行之有效的水处理技术。它是以土地为处理设施，利用土壤-植物系统的吸附、过滤及净化作用和自我调控功能，达到对水净化的目的。土地处理系统可分为快速渗滤、慢速渗滤、地表漫流、湿地处理和地下渗滤生态处理等。国外的实践经验表明，土地处理系统对于有机化合物尤其是有机氯和氨氮等有较好的去除效果。

思　考　题

1. 简述水环境的概念及其特点。
2. 简述水环境污染的来源、主要污染物的种类及其危害。
3. 简述污染水环境的修复目标和原则。
4. 污染水环境修复有哪些主要技术？

参考文献

［1］　赵景联，史小妹. 环境科学导论［M］. 2 版. 北京：机械工业出版社，2017.
［2］　赵景联. 环境修复原理与技术［M］. 北京：化学工业出版社，2006.
［3］　周怀东. 水污染与水环境修复［M］. 北京：化学工业出版社，2005.
［4］　张锡辉. 水环境修复工程学原理与应用［M］. 北京：化学工业出版社，2002.
［5］　陈玉成. 污染环境生物修复工程［M］. 北京：化学工业出版社，2003.
［6］　高俊发. 水环境工程学［M］. 北京：化学工业出版社，2003.
［7］　黄铭洪，等. 环境污染与生态恢复［M］. 北京：科学出版社，2003.
［8］　金相灿. 湖泊富营养化控制和管理技术［M］. 北京：化学工业出版社，2001.
［9］　李昌静，卫钟鼎. 地下水水质及其污染［M］. 北京：中国建筑工业出版社，1983.
［10］　陈静生，等. 水环境化学［M］. 北京：高等教育出版社，1987.
［11］　国家环境保护总局科技标准司. 中国湖泊富营养化及其防治研究［M］. 北京：中国环境科学出版社，2001.
［12］　刘建康. 高级水生生物学［M］. 北京：科学出版社，2002.
［13］　斯瓦茨巴赫，等. 环境有机化学［M］. 北京：化学工业出版社，2002.
［14］　叶常明，黄玉瑶，张景铺，等. 水体有机污染的原理研究方法及运用［M］. 北京：海洋出版社，1990.

第 9 章

污染湖泊水库水环境修复工程

9.1 湖泊水库水环境

9.1.1 湖泊水库的概念

湖泊是指陆地表面洼地积水形成的比较宽广的水域。现代地质学定义：陆地上洼地积水形成的、水域比较宽广、换流缓慢的水体。汉语定义：湖与泊共为陆地水域，但湖指水面有芦苇等水草的水域，泊指水面无芦苇等水草的水域。

湖泊的形成、演化、成熟直至最终死亡，是在一定环境地质、物理、化学和生物过程的共同作用下完成。因此，湖泊类型和湖泊环境表现出显著的地域特点。世界湖泊根据湖盆成因分类主要有如下几种：

1）构造湖，地壳活动形成的构造断陷湖通常规模和水深较大，如美国大湖区的形成与地质构造活动有关；俄罗斯的贝加尔湖、我国云南的洱海和泸沽湖等也是典型的构造断陷湖。

2）火山湖，火山成因的湖泊规模相对较小，但水深较大，如我国的五大连池。

3）壅塞湖，如岷江上游形成的诸多海子，云南程海也是断陷构造与地震滑坡共同形成的。

4）冰川湖，阿拉斯加和加拿大有大量现代冰川作用形成的湖泊。

5）河流成因的湖泊，这类湖泊的亚种比较多，主要又分侧缘湖、泛滥平原湖、三角洲湖和瀑布湖等，我国长江中下游的大量湖泊均属于此类。

6）水库，人造的湖泊，而规模较小的则称为水塘、塘坝和蓄水池。一般的形成方法是在河流的中上游建造堤坝，河水把河谷淹没后便形成水库。不过也有的水库是建于海上的，如香港的船湾淡水湖。水坝一般都建于狭窄的谷地，因为两岸的山坡可以作为水库的天然围墙，而水坝的长度也可大大缩短。兴建之前，将被水淹地带的民居和古迹需要被移到其他地方。

湖泊一般都是天然形成的，而水库一般是在河流水系基础上人为设计和建造的。图 9-1 比较了江苏太湖和北京官厅水库的平面形态，可以发现官厅水库具有河流的形态特征。相对比较来说，天然湖泊水深比较浅，而水库通过建造水坝形成，水深度比较大。水库通常具有更大的流域面积，比较大的水面面积，更深的平均和最大深度，比较短的水力停留时间，水体流动形态相差比较大。这些不同之处都会影响到其水体修复技术和措施的选择。

图 9-1　湖泊与水库形态比较

但是，湖泊和水库有着许多相似之处。例如，其生物过程和一些物理过程是类似的，具有相同的动物群落（Fauna）和植物群落（Flora），两者都可能发生分层现象，其富营养化现象也是雷同的。

中国是世界上湖泊水库数目最多的国家之一。全国大小湖泊共计 24880 个，总面积达到 83400km²，其中水面面积大于 1km² 的天然湖泊 2759 个，大于 10km² 的湖泊 656 个，大于 50km² 的大中型湖泊占全国湖泊总面积的 79.84%，小型湖泊的面积仅占 20.16%。同时，我国大中小型水库达到 84000 余座，总容积达到 4130 亿 m³，是湖泊蓄水量的 2 倍。我国湖泊、水库水资源总量约 6380 亿 m³，占全国城镇饮用水水源的 50% 以上，城市供水的 80% 以上依靠湖泊和水库提供。

在我国大型湖泊中，太湖、巢湖和滇池是污染最严重的三个，国家实施了"三湖"治理专项计划。

9.1.2　湖泊水库水动力学

水动力学（Hydrodynamics）过程决定着水体内部各种物质和能量的输移转化过程，在很大程度上决定着水质的宏观变化过程，是研究和掌握湖泊水库水质变化规律的关键之一。

1. 水来源

流域降水、汇流是湖泊水库水的主要来源。水量与流域降水的强度、范围和汇流过程紧密相关。入湖径流水量的计算分为两类：①通过各级河流汇合进入湖泊，可以在河口设置观测站，实际测量；②激流，即沿湖泊周围陆地分散进入湖泊。除此之外，还有湖面降水，是降雨水深与湖面面积的乘积，可以不考虑水量损失。在缺乏实际监测资料的情况下，一般对入湖径流量进行估算。

2. 水量动态平衡

湖泊水库容量常用容积表示，表示能够容纳水量的多少。影响湖泊水量的因素包括降水和蒸发、汇流和出流、地下水补给和抽取、人为取水和排水等，用下式表示

$$\Delta V = (V_{降雨} - V_{蒸发}) + (V_{径流} - V_{出流}) + (V_{地下径流} - V_{地下出流}) + (V_{人为排水} - V_{人为取水}) \quad (9\text{-}1)$$

式中，V 为水量体积，下标代表分项内容。

3. 吞吐量

湖泊水库吞吐量一般用水力停留时间或者换水周期表示。水力停留时间指汇流水在湖泊水库中的平均滞留时间，而换水周期表示湖泊水库水量吐故纳新一次平均所需要的时间。

溶解性污染物的浓度在很大程度上依赖于湖泊水体的交换和稀释过程。因此，湖泊水体平均停留时间的倒数又称为"水力冲刷率"或者"水体交换率"。

另一方面，汇流携带流域污染物包括泥砂和悬浮物质，在入湖时由于过流断面突然扩大而流速变缓，其所携带的颗粒物质发生沉降；而出流将湖泊中的物质（如营养盐、浮游植物及其悬浮碎屑等）携带出湖泊。因此，由入流和出流的水质可推算湖泊污染物或者营养盐的累积量。湖泊水量的变化往往伴随着湖泊水面面积和水体深度的变化。

4. 水团运动

湖泊水库中水体在多种因素的推动下，形成不同形式的流动。主要划分为密度流、吞吐流（又称为倾斜流）和风生流。密度流是由于水体温度分布不均匀所导致的密度不均匀引起的。吞吐流是湖泊水库与河道相连的出、入流所延伸的湖泊水库内部的水流。河流径流速度比较大，因此，当河流汇入湖泊水库时，由于惯性力而形成对湖泊水库水体的冲击，同时由于水量堆积而形成重力梯度。重力梯度与惯性力合在一起形成了湖泊水库内的局部推流，自入湖口向内呈扇形分布。风生流是由水面上的风力引起的，是水流的主要动力。风力产生的摩擦力直接带动约3m深的水层流动，间接带动整个水体的循环。相关的参数包括水面风场、风应力系数、温度场、水底摩擦阻力系数、水体水平和垂直方向的扩散系数等。由此，风力场受许多因素的影响，包括局部地形地貌、下垫面非均匀性、太阳辐射场，具有非常大的不确定性，是水流动力学研究的难点。

风成流对湖泊水库水体混合和传质具有重要的影响。风成流是由风对水面的摩擦力和风对波浪背面的压力作用引起的。风力首先引起表层水运动并带动次层水运动，从而引起更大范围的水体运动。而水体沿风向的运动会引起下风向水体的堆积或者称为局部"壅水"。这种水体局部堆积产生重力梯度，导致底层水体逆向流动。因此，风成流实际上具有双向大范围的传质搬运特征，对水体和污染物的平面分布有着重要作用。图9-2描述了太湖水动力学流场，呈现环流形态。风成流以风浪的形式还影响水体垂直方向的混合。风浪是风力作用于水面而

图9-2　太湖水动力学流场

产生的水团周期性振荡起伏运动，引起水体在垂直方向运动迁移和混合。这种现象对于浅层湖泊影响非常显著。

5. 水体分层

温度是影响水动力学的一个重要参数，通过各种途径影响湖泊水库的物理化学和生物过程。水体温度是热量平衡的结果。热量输入来源于太阳辐射，占90%以上，其余来自底部热量等。热量的散失有三个途径：水面热反射，约占30%；蒸发，占45%~75%；对流，引起部分传导热量损失。

输入湖泊水库的热量首先被表层水体吸收。根据观察，在静态条件下，深度1m的表层水体吸收了约80%的辐射热量，仅仅约5%的辐射能够达到5m的深度，1%的辐射能够达到10m深度。因此，在太阳辐射条件下，表层水体温度迅速升高。在实际湖泊中，还有各种因素影响温度变化，主要因素有风力、汇流、季节、水密度引起的重力流等。水体温度日变化能够达到20~30m深度。

在风力比较小和水体比较平静的状态，温度沿水体深度分布存在着温跃现象，水体呈现分层现象，垂直方向的传质受到抑制，形成了一年一度中具有周期性特征的温度循环和水体分层现象。

在夏末秋初季节，水体上层受太阳辐射，温度比较高，而密度比较小，形成自我不断循环的水层（称为 Epilimnion）；而底部深层水（7~10m）温度比较冷，密度比较大，形成相对静止的水层（称为 Hypolimnion）；在两层之间是一层温度变化比较剧烈的水层，称为变相层（Metalimnion），又称为"斜温层"（Thermocline）。

到秋冬季节交替时，湖泊表层水体温度容易迅速下降。当表层水体温度下降到 4℃ 左右时，水体密度最大。此时表层水体密度大于深层水体密度，导致表层水下沉，而深层水上浮，发生垂直方向的混合传质。

在冬季，表层水由于受寒冷气流的影响，温度比较低，小于 4℃，而密度反而比较小，形成稳定表层水体；深层水由于没有与气流交换热量以及底部深层的保温作用，湿度相对比较高，密度比较大，形成稳定的深水层，从而形成冬季水体分层现象。

在冬春季节交替时，湖泊表层水体温度随着气流温度的上升而首先上升，当温度达到 4℃ 左右时，表层水体密度大于深层水体密度，由此又导致表层水下沉，而深层水上浮，发生垂直方向的混合传质，俗称"翻底"现象。每次发生这种现象，都会将深层污染物携带至表层，导致水质下降。

春天频繁的刮风和夏季猛烈的降雨是破坏湖泊水库水体分层现象的主要因素。

水体分层现象会加剧藻类的繁殖生长。对于富营养化的湖泊水库，底泥中高浓度的有机物（可能来自藻类和植物的腐烂或者外部排入的污染物）为深层水的细菌、真菌、原生动物及一些无脊椎动物提供了食物和能量。这些生物的代谢、呼吸将消耗储存在深水层中的氧气，并释放原先与有机物结合在一起的 N 和 P 营养元素。当深水溶解氧被消耗尽时，底泥中的营养物质（如磷）将从其与氢氧化铁络合状态中释放出来，深水层污染物质浓度将不断增加，称为"内源性负荷"，最终通过扩散或者循环进入表层水，支持藻类的生长。在外部负荷比较小的情况下，内源性负荷就成为主要的富营养化诱因。

湖泊水库分层的另一个后果是导致生态失衡，喜欢深水的鱼因缺氧而被排除在外，导致食物链下层的动物进一步生长；鱼类被排挤在浅水层，不得不食用以藻类为食的微型动物，导致该类微型动物数量减少，失去了对藻类生长的控制，导致藻类快速繁殖。

从呈厌氧状态的湖下层抽取饮用水往往含有比较高浓度的铁、锰和各种挥发性的有机物，导致水呈现严重的臭味和颜色等。

一些因素例如突然一场冷雨可能会扰乱水的分层，而和煦的阳光可能恢复水分层。在比较浅的湖泊水库，水分层和乱层循环可能交替发生。在分层时，氮磷从底泥中释放，而在乱层时，释放的氮磷通过循环比较快地进入表层，可能加快了富营养化现象。

图 9-3 描述了湖泊水体分层中温度和溶解氧沿深度方向的分布状态。可以发现，表层温度和深层温度都比较稳定，而中间温度过渡比较大，温度相差 15℃ 以上。相应地，在深层水体，溶解氧被逐渐消耗，但是由于分层而得不到及时补充，溶解氧降为零。

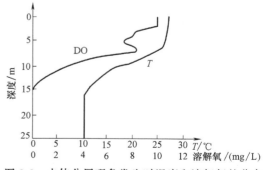

图 9-3　水体分层现象发生时温度和溶解氧的分布

一般根据水深可以大概判断湖泊水库的水体分层状态。当水深小于 10m 时，水体中难以形成长期稳定的分层，即使某一特定时间内形成一些分层，也非常脆弱，非常不稳定，风或者其他因素的作用很容易破坏这种弱分层，使水体混合。随着水体深度增加，分层也越来越稳定。当水深大于 30m 时，水体通常会形成长时间的比较稳定的分层。而当湖泊水库的水深位于 10~30m 之间的范围，容易形成分层，也容易受到风力、气温等因素的影响。具体的水体分层现象和温度分布可以采用相关的数学模型进行计算和预测。

因此，当水体发生分层现象时，需要紧密监测水体质量和生态系统，并采取可能的措施避免水体分层现象的形成。

9.1.3　湖泊水库水质化学

水质是决定湖泊水库水体所有其他一切功能的基础。水体主要成分包括无机金属和非金属物质（如硅、铝、铁、锗、钙、镁、钠、钾、硫、氯、氟、硼、氮、磷和氧等）、重金属（如铜、汞、铬、镉、铅、镍等）、有机化合物（包括天然的腐殖质和人工合成的各种有机化合物）、颗粒态悬浮物、底泥及微生物等。各种物质组分之间相互作用，形成了复杂的水质化学。

1. 氮

氮是浮游植物合成蛋白质、叶绿素的元素。根据实验测定和理论推算，浮游藻类细胞中的碳、氮、磷摩尔比为 106：16：10。

水体中的氮包括有机态氮、氨氮、硝酸态氮和亚硝酸态氮。我国于 1986—1990 年期间进行的调查显示，20 个大中型湖泊水库中氨氮的平均质量浓度是 0.029~1.508mg/L；城市近郊小型湖泊的氨氮浓度明显偏高，质量浓度为 0.262~20.82mg/L，浓度最高的是武汉墨水湖，质量浓度达到 20.82mg/L。一般大中型湖泊中无机氮与总氮的比小于 50%，亚硝酸态氮与无机氮的比小于 5%，硝酸态氮小于 20%，也有一些湖泊水库中无机氮与总氮的比大于 50%。

不同形态的氮之间在一定条件下发生相互转换。例如，有机态氮被微生物转化为氨氮，而氨氮被微生物转化为亚硝酸态氮和硝酸态氮，如下式所示：

$$NH_4^+ + \frac{3}{2}O_2 \longrightarrow NO_2^- + 2H^+ + H_2O \tag{9-2}$$

$$NO_2^- + \frac{1}{2}O_2 \longrightarrow NO_3^- \tag{9-3}$$

以上硝化过程的活性微生物分别为亚硝化毛杆菌属细菌和硝化杆菌属细菌。在整个硝化过程中，氧化 1mg 的氨氮需要 4.5mg 的溶解氧，这会大量消耗水体中溶解氧，并可能导致水体转入厌氧状态。

在厌氧条件下，水体中发生着反硝化。在反硝化过程中，厌氧微生物以硝酸根为电子受体，氧化有机碳源，产生能量，维持微生物生长繁殖，而氮被转化为氮气。以葡萄糖有机分子为例，反应如下：

$$C_6H_{12}O_6 + 12NO_3^- \longrightarrow 12NO_2^- + 6CO_2 + 6H_2O \tag{9-4}$$

$$C_6H_{12}O_6 + 8NO_2^- \longrightarrow 4N_2 + 2CO_2 + 4CO_3^{2-} + 6H_2O \tag{9-5}$$

进行反硝化作用的活性微生物包括假单孢杆菌、无色杆菌、芽孢杆菌和微球菌等。有研究表明，湖泊底泥中反硝化速率一般都高于 1mg/(L·d)。

生物固氮是天然水体中的一个重要过程。这个过程需要利用光合作用产生的三磷酸腺苷（ATP）。由于湖泊表面强烈的日光辐射具有抑制作用，固氮过程在水面以下一定的深度才比较活跃。水体中氨氮和硝酸态氮对生物固氮作用也具有反馈抑制作用。一般淡水藻类在光照下的固氮速率为 $0.025 \sim 17\mu g$/小时，有些异养细菌也具有固氮作用但是速率比较慢，约 $0.03 \sim 0.146\mu g$/小时。

氮是衡量湖泊水库营养状态的关键元素之一，见表 9-1。根据美国环保局 1976 年进行的调查，美国东部 623 个湖泊中，有 30% 是氮起着限制性作用。

表 9-1　湖泊富营养化状态与氮元素的关系

营养状态	无机氮/(mg/L)	有机氮/(mg/L)	营养状态	无机氮/(mg/L)	有机氮/(mg/L)
极贫营养	<0.2	<0.2	富营养	0.5~1.5	0.7~1.2
中贫营养	0.2~0.4	0.2~0.4	重富营养	>1.5	>1.2
中富营养	0.3~0.65	0.4~0.7			

2. 磷

磷是核糖核酸（RNA）、脱氧核糖核酸（DNA）及三磷酸腺苷（ATP）的重要元素，还是许多酶促反应的辅酶因子（如 NADP）的组成元素，是细胞内光合磷酸化和氧化磷酸化等能量转化的关键元素。

磷以化学形态分为正磷酸盐、聚合磷酸盐和有机磷三种，以存在形态划分为溶解态、悬浮态和胶体三种。溶解的正磷酸盐是浮游植物吸收的主要形式，而悬浮态或者胶体态的磷在一定条件下会转化为溶解态。一般用 $0.45\mu m$ 的滤纸过滤来区分溶解态和颗粒态的磷。我国大中型湖泊的总磷的质量浓度为 $0.018 \sim 0.400$mg/L，城市近郊小型湖泊磷的质量浓度为 $0.089 \sim 0.74$mg/L，而且溶解性磷占总磷的比例为 10.5%~53.1%。

磷的主要来源有三个方面：含磷矿物（如磷灰石）、城市污水和工业废水、农田排水及大气沉降。城市污水和工业废水中的磷已经引起广泛的重视，并且已经开发出比较有效的技术进行废水除磷。在有些地方（如在滇池），磷矿开采活动强度大，背景值非常高，是磷元素的一个主要污染来源。相对其他来源来说，大气沉降所占的比例比较小，但是在某些地方仍然不能忽略。

湖泊水库周围的农田是水体磷污染的一个重要污染源。根据估计，欧洲一些国家的地表水体中，农业排磷所占的污染负荷比例达到了 24%~71%。类似地，美国环保局于 1990 年进行的调查显示，57% 的湖泊受到农田排磷的严重影响。我国"八五"期间进行的调查表明，我国农田累计施用的磷肥达到 7881 万 t（以 P_2O_5 计），其中大约 6000 万 t 仍然积累在土壤中，是一个巨大的潜在磷污染源。

农田排水中的总磷的质量浓度一般为 $0.01 \sim 1$mg/L，溶解态磷一般不超过 0.5mg/L。从农田流失的总磷量只占施用量的 2% 左右，一般低于 1kg/$(hm^2 \cdot a)$。这个比例对农业的影响不大，但是对水体质量的影响非常大。一般来说，草地和林地径流中的磷以溶解态磷为主，农田土壤流失总磷中以颗粒态磷为主，其比例高达 75%~95%。

在湖泊水库中，磷是一个在生态循环中没有气体状态的元素。磷在水中的浓度取决于进水中磷的浓度、沉淀速度、水更换的速度（出水速度）、水稀释程度、磷从底泥和动物体中释放速度等。底泥中的磷释放是一个重要的内源。当氧化还原电位和 pH 值条件改变，或者在微生物作用下，原来非溶解性的磷转化为溶解性的磷，溶解于孔隙水中，再经过扩散、湍流扰动、生物扰动、厌氧过程气态产物流动等作用下迁移至水体中，加剧富营养化现象。

国内外大量的研究表明，在自然界大多数情况下，磷循环是一个单向流动过程，大多数磷因沉淀进入底泥。滇池自外部输入的磷有74%沉积于底泥。据估计，滇池底泥平均深度达1.5m，仅30cm厚的底泥中磷的累积量可能高达187446t，远远超过水体中磷的累积量。但是，在水体受到有机物污染时，水体容易出现厌氧情况。此时，被沉淀的内源性磷在厌氧还原性条件下容易被重新释放。根据有关实验室研究，内湖底泥磷释放是外湖底泥释放速率的11.5倍，高达5.18mg/(mg/(m^2·d))(P_2O_5)。因此，厌氧状态下底泥磷的重新释放是支撑藻类快速繁殖的一个重要因素，切断内源性磷的循环可能是控制藻类快速繁殖的关键之一。

磷被广泛地认为是藻类生长速率的主要限制性元素，见表9-2。1966年，日本的Saka-moto首先报道了磷与藻叶绿素浓度的常用对数之间呈线性关系，除此之外，藻类生长还受氮、光线和噬藻动物等的影响。

表 9-2　湖泊营养状态与磷元素的关系

营养状态	总磷/(mg/L)	营养状态	总磷/(mg/L)
极贫营养	<0.005	富营养	0.03～0.1
中贫营养	0.005～0.01	重富营养	>0.1
中富营养	0.01～0.03		

3. 有机污染物

有机污染物主要来自生活污水、工业废水、地表径流、降水降尘、水生动植物分解及养殖饵料等。在雨季，大量的雨水将地表层的有机物冲刷进湖水，构成湖水中有机物的主要来源。在旱季，降雨较少，湖水主要靠地下水补给，补给水中的有机物浓度较低。

有机物可以笼统地分为容易降解的有机物和难降解的有机物。容易降解的有机物能够立即被微生物所利用，是导致水体溶解氧下降的主要原因。而难降解的有机物，除腐殖质和纤维素之外，大多是毒性比较大的有机物，在水体中容易积累，导致长期毒理效应。

有机物对湖水中其他物质的存在形态起着重要的调节作用。有机物与黏土颗粒表面的作用主导着其表面的化学特征。通常，有机分子的一端或部分吸附在颗粒表面，未吸附的部分则伸展在水中。正是这部分有机物决定着颗粒表面的zeta电位。这部分有机物上的官能团容易与其他物质作用，如通过静电吸引或络合而吸附金属离子镁、钙、锰、铜及其他重金属离子，影响这些物质的迁移、储存和释放等。

4. 金属离子

主要金属元素包括钙、铝、钠、钾、镁、铁、锰及其他微量重金属元素。铁和锰性质类似，频繁地进行氧化还原转化，是水体中的活性金属元素。

（1）活性金属离子：铁锰金属离子　铁锰金属主要来自土壤流失、矿山及采矿冶炼工业废水等。在含氧水层中，铁以三价铁稳定存在。在中性pH值时主要是氢氧化物的形式，即$Fe(OH)_3$，质量浓度为$5\times10^{-10}\sim5\times10^{-12}$mol/L。氢氧化铁呈无定型状，直径为0.05～0.5μm，在湖水中可能因吸附腐殖酸而带负电。

在缺氧水中，亚铁离子是比较稳定的，质量浓度能够达到 0.1mmol/L。亚铁离子主要以水合形式存在，氢氧化亚铁和硫酸亚铁只占 4% 左右。亚铁离子与大多数离子形成的盐是溶解性的。非溶解性的盐有碳酸亚铁、硫化亚铁及磷酸亚铁。

$$FeCO_3 \Longrightarrow Fe^{2+}+CO_3^{2-} \qquad pK \Longrightarrow 10.2\sim10.7 \qquad (9-6)$$

$$FeS+2H^+ \Longrightarrow Fe^{2+}+H_2S \qquad pK = 2.5\sim3.2 \qquad (9-7)$$

$$Fe_3(PO_4)_2 \cdot 8H_2O \Longrightarrow 3Fe^{2+}+2PO_4^{3-}+8H_2O \qquad pK = 33.5\sim36 \qquad (9-8)$$

三价铁在水中能够被还原为二价铁。在这个异相反应过程中，铁氧化物或氢氧化物的表面过程是控制步骤。还原过程的速率与有机物在其表面形成的络合物浓度成正比。有机物与三价铁形成的 Fe—O 键能够在很大程度上改变其氧化还原电位。有机化合物分子上的羟基和羧基与铁形成表面络合物，能够加快电子的传递。表面络合物同时也能够将固态的三价铁转化为溶解性的铁，进而被周围其他类型的还原剂（如二价硫）所还原。此外，细菌可以利用同化有机物过程中传递出来的电子直接将三价铁还原。细菌也能间接还原三价铁，其机理是细菌代谢过程中产生还原剂与三价铁发生化学反应使之还原。

溶解性的二价铁的氧化是同相反应。反应速度是二价铁离子浓度、溶解氧和氢离子浓度的函数：

$$d[Fe^{2+}]/dt = k[Fe^{2+}][OH]^2 pO_2 \qquad (9-9)$$

式中，pO_2 为溶解氧的分压；$k \approx 6.3 \times 10^{-17} mol^{-3} \cdot min^{-1}$，适用于 25℃ 和 pH 值为 6.5～7.4 时。在厌氧条件下，二价铁也能够被硝酸根和锰氧化物所氧化。

尽管铁的氧化还原是简单的无机化学反应，但是氧化和还原的循环往复形成了湖泊和水库平静的水面以下复杂的物理化学和生物过程。铁主要以三价铁氧化物颗粒的形式进入湖水中，可以是无定型颗粒，或与黏土吸附在一起，或与有机物结合在一起。这些颗粒可能直接沉淀至湖底。其中，比较重的黏土颗粒快速地沉淀，而无定型铁氧化物颗粒和有机铁沉淀速度比较慢，在下降过程中可能被还原。

三价铁的还原和二价铁的氧化反应主要在湖泊内部的活性反应带内进行（见图 9-4、图 9-5）。活性反应带位于好氧带和厌氧带交接区域。在活性反应带内，反应由好氧氧化向厌氧还原过渡，氧化还原电位变化剧烈。这个反应带在水体中可以达到数米，在湖底也许仅仅 1cm。

进入湖水的三价铁在经过反应带时部分被还原为二价铁。溶解性的亚铁离子在反应带逐渐积累然后向周围扩散。向上部水面扩散而进入氧化带，重新被氧化为不溶解性的三价铁。

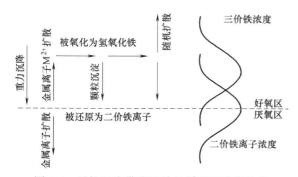

图 9-4 活性反应带附近铁的循环和浓度分布

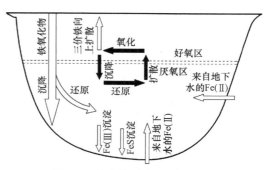

图 9-5 铁在湖泊中的循环模型

其中较大的颗粒下沉进入还原反应带，又被还原为二价铁，从而形成一个循环，又称为"车轮反应"。

在这个循环反应过程中，活性反应带对颗粒状和溶解态的铁起着主要的转化作用。在大多数湖泊水库中，这个反应带随着水层氧化还原电位的变化而上下迁移，处于非稳定态。季节性变化和微生物代谢和分解对水层的氧化还原电位起着决定性作用。

在冬季，湖底底泥容易被棕黄色的铁氧化物所覆盖，棕黄色覆盖物以下是棕灰色的积泥。灰色表明有铁还原现象，产生了二价铁，底泥间隙水中二价铁的质量浓度可高达 5mg/L。在春季，水逐渐开始分层，湖水下部氧化还原电位逐渐下降，水中的铁颗粒开始被还原，水中溶解性铁的浓度逐渐升高，而颗粒状铁的浓度开始下降。在夏季，溶解性二价铁的质量浓度可高达 20mg/L。这种高度还原性的氛围主要是由于微生物在温度相对升高的水中变得活跃，代谢有机物，消耗溶解氧。因为厌氧性微生物的代谢是不完全的，大量极性高、相对分子质量小的挥发性有机物及氨氮产生并经扩散进入表层水。进入秋季，逐渐升级的风开始对湖水起混合作用，破坏水的分层，导致湖水氧化还原电位升高，处于还原状态的二价铁离子开始被氧化，二价铁离子浓度逐渐下降，水质转好。

铁的循环也相应地影响着湖水中有机物的浓度，主要是混凝、吸附及沉淀。铁的循环也影响着磷在湖水和底泥之间的转化。磷容易与三价铁结合形成各种形式的难溶解性铁盐。在硬度较高的湖水中，铁和磷在所形成的盐中的比例是 $Fe(\text{II}):Fe(\text{III}):Ca:P=0.5:0.5:0.19:0.25$。在比较软的湖水中，铁和磷的比例大概是 $Fe:P=0.06\sim0.13$。因此，磷将随着铁氧化物颗粒的迁移而迁移。

金属锰与铁有着类似的氧化还原特性，但是价键状态不同，锰通常呈现 +2、+3、+4 三种价态，以此形成各种混合价态的化合物。在天然水中，溶解性铝离子呈现 +2 价态。当锰离子被氧化时，一般是首先形成过渡态的 $MnOOH$ 或者形成 Mn_3O_4 氧化物，最后形成 MnO_2。

（2）重金属污染　我国湖泊水库中重金属污染，除了少数湖泊水库外，绝大多数污染程度比较轻，在国家地面水的允许范围之内。原因之一是重金属在向湖泊水库排放过程中，在河道发生了沉淀积累。尽管如此，我国一些湖泊（如鄱阳湖、山东南山湖、洪泽湖、千岛湖、滇池等）不同程度地受到了重金属离子的污染，底泥重金属离子的累积值都高于背景值。

重金属不能被生物降解，具有生物累积特性，而且在一定条件下会被集中性地释放出来。释放的方式之一是通过水体食物链，产生生物富积和浓缩作用，最终影响到"食物链"的顶级生物或者人类；另一种方式是底泥的氧化还原条件发生了变化，由此导致底泥中的重金属更新转化为溶解状态而释放出来。在湖泊水库中，水体放射性核素的污染问题经常与重金属离子的污染相关联。这是因为放射性核素在水库湖泊中的迁移转化与重金属非常相似。因此，湖泊水库中的重金属离子具有相当大的生态风险，了解重金属在水库湖泊中迁移转化具有十分重要的意义。

重金属污染除了由于特殊地质条件造成背景浓度高以外，绝大多数情况是人类活动造成的。主要污染源包括采矿废水、工业废水、冶炼和化工行业的废水。重金属离子主要是通过悬浮颗粒的吸附和输送进入水库的，进而产生共沉淀，沉积在底泥层中。因此，在湖泊水库中，重金属离子也主要分布在底泥中。重金属离子在水体中的迁移过程包括扩散、对流、沉降和再悬浮等，转化途径包括吸附、解吸、絮凝、溶解、沉淀等，参与的生物过程包括生物富集、摄取吸收、甲基化等。

5. 悬浮泥砂

湖泊水库有泥砂（Silt）淤积，其来源包括周围径流和河流输送两种。在水土流失严重的地区，湖泊水库的泥砂淤积现象非常严重：①导致湖泊水库容积损失严重；②导致污染物积累增加，包括金属、营养盐和有机物等；③航道淤塞使航运受阻；④导致水电站中的水轮机组部件磨损；⑤加剧下游河道冲刷。

泥砂在湖泊水库中淤积形态分为以下三种：①三角形淤积，淤积体的纵剖面呈三角形形态，这种情形发生在湖泊水库容积比较大，水位比较稳定时。②锥体淤积，当水位不高，来砂又比较多时，淤积直接达到坝前，而且淤积厚度比较大，越往上游，淤积厚度越薄，像一个锥体。③带状淤积，泥砂比较均匀地分布在底部。

对于短期形成的淤积量，可以根据同时期泥砂的输入量和输出量之差值进行计算。设水输入量为 $Q_入$，浓度为 $c_入$，水输出量为 $Q_出$，浓度为 $c_出$，则单位时间淤积量为

$$\Delta W = Q_入 c_入 - Q_出 c_出 \tag{9-10}$$

其中，排出的砂量与输入砂量之比称为排砂比，淤积在水库内部的泥砂与入库泥砂的百分比例又称为拦砂率。单位淤积物体体积中的泥砂质量称为淤积物的密度。绝大多数泥砂的密度都在 $2.6 \sim 2.7 t/m^3$，小的约 $0.47 t/m^3$。

有些水库湖泊需要估计多年淤积量，即多年平均淤积量。一般，水库来砂集中在汛期，调节库容与年水量之比反映了水库调节的程度。库容与年水量之比，称为水库调节系数。调节系数越大，水库汛期泄水越少，泥砂随水排向下游的也越少，则拦砂率越高。根据统计，当水库调节系数达到 0.5 以上时，拦砂率接近 100%。

9.1.4   湖泊水库生态系统

湖泊水库作为地球上重要的淡水积蓄库，在地表陆地水文系统的淡水循环中占有重要地位。地表可利用的液态淡水 90% 蓄积在天然湖泊和水库中。湖泊水库的非生物环境和水生生物群落构成动态平衡的生态系统。湖泊水库生态系统是湖盆、湖水、水体性质和水生生物组成的自然综合体，由诸多物理、化学和生物要素构成相互联系、相互依存、相互作用并具有特定生态功能的综合体系（图 9-6）。

湖库生态系统包含非生物成分（如营养盐）、生产者（如浮游植物）、消费者（如浮游动物）和分解者（如细菌）等。湖泊水库生态系统与陆地生态系统有显著区别。湖泊水库生态系统以水为栖息介质，有利于水生生

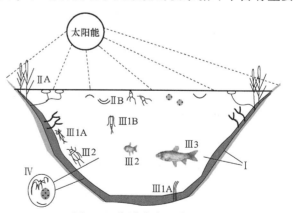

图 9-6   湖泊水库生态系统

Ⅰ—无机物质（环境中的无机和有机物质） ⅡA—初级生产者（水生植物） ⅡB—初级生产者（浮游植物） Ⅲ1A—初级消费者（底栖食草动物） Ⅲ1B—初级消费者（浮游动物） Ⅲ2—次级消费者（食肉动物） Ⅲ3—三级消费者（次级食肉动物） Ⅳ—腐食动物（细菌和真菌）

物对营养物质的直接吸收利用。水生生物营养盐包括碳、氮、磷、硅、铁、锰、硫、锌、铜、钴和钼等。相对而言，氮和磷在天然水体中含量要少得多，因此常常成为许多藻类生长的制约因素，其他元素由于水生生物需求量极少，且常有足够数量满足水生生物的生命活动，因此一般不会成为水生生物生长的制约因素。

湖泊水库水生生态系统食物链（网）的初级生产者，主要是个体很小的浮游藻类，也包括一些浅水带生长的高级水生植物（挺水植物和沉水植物）。它们吸收水中的碳、氮、磷等生物营养物质，通过光合作用合成有机物，将太阳能转化为化学能。藻类（*Algae*）为单细胞生物，个体较小。淡水藻类主要分为 9 大类：蓝藻门（*Cyanophyta*）、隐藻门（*Cryptophyta*）、甲藻门（*Pyrrophyta*）、金藻门（*Chrysophyta*）、黄藻门（*Xanthophyta*）、硅藻门（*Bacillariophyta*）、裸藻门（*Euglenophyta*）、绿藻门（*Chlorophyta*）和轮藻门（*Charophyta*）等。由于水体具有一定透光性，湖泊水库生态系统的初级生产力（藻类）按阳光辐射强度分布。水体较大的热容量和低的热导率，使水生生态系统的生产力远高于陆地，而生产量显著低于陆地植物。

水生生态系统中的初级消费者主要是形体较小的各种浮游动物，其种类和数量随浮游植物变动。浮游动物的种类十分复杂，包括无脊椎动物的大部分门类，差不多每一类都有永久性浮游动物的代表。水生生态系统的大型消费者，除了草食性浮游动物，还包括其他食性的浮游动物、底栖动物、鱼类等，它们处于食物链的不同环节。水生生态系统的另一条食物链，是以细菌等微型消费者为起点的碎屑食物链。细菌是最主要的非光合作用生物群落，它们充当分解者的角色。一些细菌（耗氧微生物）利用游离氧将动植物残体分解，另外一些细菌（厌氧微生物）则利用含氧无机盐中的氧将动植物残体分解。

湖泊水库生态系统的一个重要特征是湖泊水库生态系统组成的圈层结构。正常健康的湖泊水库系统通常具有典型的向心分带特征，包括岸上带、水陆交错带、浅水带和深水带（图9-7）。广义的岸上带包括湖区流域分水岭以内的湖泊水库水面以上的陆地部分。水陆交错带指湖泊水库水生生态系统和陆地生态系统之间的界面区，属于生态交错带的一种。湖泊水库

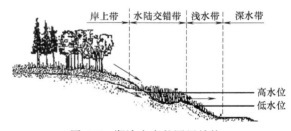

图 9-7　湖泊水库的圈层结构

水陆交错带的范围通常介于湖泊水库最低水位和最高水位之间受水体影响较大的岸上带，其景观和性质受水体和陆地两方面影响。浅水带主要指从水陆交错带到光补偿深度以内的范围，其外沿通常上是沉水植物的生长边界。深水带指水深超过光补偿深度的下限至湖底的湖区。

9.1.5　湖泊水库主要水环境问题

随着社会经济的快速发展，湖泊水库资源开发利用的规模、速度及利用强度都与日俱增。但人类在从湖泊水库获得巨大经济收益时，也对湖泊水库生态系统造成了严重破坏。通常，湖泊水库是流域中主要的汇水体，作为流域中物质的"汇"，自然侵蚀过程和人为排放的污染物都将进入湖泊水库，导致湖泊水库水环境的污染。

1. 水质污染

工业废水和生活污水排放导致的重金属、有机化合物等有毒有害物质污染是湖泊水库水

环境面临的主要环境问题之一。对我国 131 个主要湖泊和 50 个大中型水库调查分析，我国湖泊水库的水质污染均十分严重。131 个主要湖泊中，受到不同程度污染的湖泊有 89 个，占调查湖泊数量的 67.9%，占调查湖泊面积的 62.3%，其中严重污染的湖泊（超 V 类水）有 28 个，占调查湖泊数量的 21.4%。水库污染的程度稍好于湖泊，但受到不同程度污染的数量也占到调查数量的 34.0%。湖泊水库污染物的种类较多主要有 COD、TP、NH_3-N、挥发酚、汞、矿化度和 pH 等，其中超 V 类水质的主要污染物是 COD、NH_3-N 等。城郊湖泊水库和东北地区湖泊水库有机物污染较为突出，西北干旱地区湖泊水库的盐碱化污染较为严重。

2. 富营养化

氮、磷等营养盐过量输入引起的湖泊水库水体富营养化问题在世界范围内普遍存在。根据全国水资源综合规划评价成果，全国 84 个代表性湖泊水库营养状况评价结果表明：全年有 44 个湖泊水库呈富营养状态，占评价湖泊水库总数的 52.4%，40 个湖泊水库为中营养，占总数的 47.6%，其中面积大于 $1000km^2$ 的湖泊水库以中营养为主。太湖、滇池、巢湖均呈富营养状态。在评价的 633 座代表性水库中，贫营养水库 3 座，占评价水库总数的比例不足 1%，中营养水库 391 座，占评价水库总数的 61.8%，富营养水库 239 座。我国富营养化湖泊水库表现出的共同特征：总氮和总磷浓度水平高；透明度差；多数湖泊水库叶绿素高等。

湖泊富营养化是由于湖泊诸多物理、化学和生物变量共同作用的结果，但是营养盐长久以来一直被认为是最重要的因素。湖泊富营养化的核心是藻类或其他水生植物导致水体中碳的同化固定量增加，藻类典型的元素比值关系为：$C_{106}H_{263}O_{110}N_{16}P$。理论上，水体中每生成 1g 藻，需要供给 0.009g 磷和 0.063g 氮。磷被认为是湖泊富营养化的首要限制因素，当水环境中磷供应量充足时，藻类就可以充分增殖；氮也是控制湖泊富营养化的重要元素，但很多藻类（如蓝绿藻）可通过生物固氮作用从大气补充缺乏的氮。当湖泊水体总氮和总磷浓度比值在 10∶1~25∶1 的范围时，藻类生长和氮、磷浓度呈线性关系。我国武汉东湖氮磷比是 12∶1，杭州西湖是 22∶1，滇池内湖为 10∶1，滇池外湖为 14∶1，均处于藻类生长速率最快的范围。富营养化产生的原因主要包括以下方面：

（1）污染源是导致富营养化的根本原因 湖泊富营养化的污染来源分为点源和非点源（面源），点源包括城市生活废水、工业废水、污水处理厂等，非点源包括农村地表径流、城镇及工矿地表径流、大气干湿沉降以及湖内养殖等。相对而言，面源污染更加难以进行定量管理和控制。

（2）气象环境是诱发富营养化的外因 温度和光照是影响藻类繁殖的重要环境条件，决定水库湖泊中富营养化现象的季节变换和生物生产量峰谷交替等现象。

（3）水力流态是产生富营养化的载体 富营养化现象容易发生在水流比较缓慢，水深比较浅，相对封闭的水域，适合大量植物和藻类的生长。而在水流比较急的水域，或者在水深比较大的湖泊不容易发生富营养化现象。但这类湖泊水停留时间比较长，因此如果外部排入的营养增加，就很可能导致藻类大量繁殖，形成富营养化现象。

（4）生态系统失衡加剧富营养化 湖泊水库水生态系统的食物链顺序为蓝藻—食草微型动物—食肉微型动物—鱼类，如果为了提高某一种或者几种鱼的产量，可能破坏整个食物链结构，导致生态失衡。如滇池引进银鱼，结果银鱼以微型动物为食，导致食藻微型动物数量大大减少，破坏整个食物链，藻类异常繁殖。微生物生态失衡也加剧了富营养化。微生物在湖泊中属于分解者，将有机污染物及食物链中生产者、消费者的排泄物分解利用，维持水体质量。但是如果大量有机物进入水体，将导致微生物大量繁殖生长，其分解有机物需要消耗溶解氧。过度消耗溶解氧，将导致水体转为厌氧状态。水体厌氧状态不仅破坏了湖泊食物链，而且加剧了富营养化元素磷的循环。

（5）恶性循环　藻类过渡繁殖，形成覆盖水面的"水华"，则水体溶解氧快速下降，光辐射进入水体深层的比例迅速衰减，水体呈现厌氧状态，藻类死亡，分泌产生藻毒素，水体发黑发臭。这种现象导致高等生物窒息死亡，高等植物病害腐烂，生态食物链丧失了抑制藻类生长的功能；这种现象还加剧了磷元素的转化，从颗粒态转化为溶解态，从底泥释放进入水体，进一步加剧了藻类的疯长，形成了富营养化的恶性循环。

3. 湖泊水库酸化

20世纪50年代出现大气酸性降水以来，许多工业国家受到酸雨的严重危害。使用化石燃料产生的 SO_2、NO_x 被氧化后产生硫酸和硝酸，通过湿沉降/干沉降进入水体。当湖泊水体的pH值小于5.6时，水体与空气中二氧化碳平衡，水体呈酸化状态。欧洲湖泊酸化问题比较严重。我国西南地区也是严重酸雨区，但是由于该区是碳酸岩地区，缓冲作用降低酸性水体对湖泊的损害。

湖泊水库水体酸化对水生生物造成严重危害。通常鱼类生长的最适合酸碱度范围是5~9；酸碱度在5.5以下鱼类生长受阻碍，产量下降；酸碱度在5以下，鱼类生殖功能失调，繁殖停止。水体酸碱度与鱼类生长呈相关性。调查结果表明，酸碱度在5以下的湖泊水库中，40%~50%完全无鱼。据统计，挪威5000个湖中现有50%无鱼，其中90%是1960年后无鱼；25%湖泊水库中鱼类种类减少，密度降低，敏感性鱼类消失。水体酸化的另一方面影响，在于酸性条件下沉积物、土壤中有毒重金属元素的活化，导致湖泊水库水环境中重金属浓度升高和生物活性增强。如有研究发现，酸化湖泊水库中，沉积物和土壤中的钙、镁和铝离子交换氢离子，使水中的铝离子与氢离子浓度正相关，并且可能达到对水生生物的显著毒性水平（0.2mg/L）。

4. 湖泊水库萎缩

湖泊萎缩是目前许多湖泊面临的严峻问题。湖泊形成以后一直处于不断地运动和变化之中，一些湖泊形成和扩大，另一些湖泊则萎缩成为沼泽和消失；也有许多淡水湖逐渐咸化，乃至变成盐湖。目前，我国除少数湖泊因该地区气候渐趋湿润或人为筑堤建闸，使湖面有所扩大外，绝大多数湖泊均处于自然或人为作用下的消亡过程中。尽管湖泊水库萎缩的直接成因并非污染，但湖泊水库萎缩导致湖泊水库生态结构受损，岸边带湿地破坏，使湖泊水库失去滞留流域非点源污染物的天然屏障，造成湖泊水库的自净能力大为降低。

湖泊萎缩的成因可能是全球气候变化等自然因素，也可能是开发围垦等人为因素。人们经常利用湖泊水库滩地优越的水热条件围湖造田，从而对湖泊水库系统造成严重影响。据统计，近40年来，全国湖泊水库围垦面积已超过五大淡水湖面积之和，失去调蓄容积325亿 m^3，每年损失淡水资源约350亿 m^3。其中以长江中下游湖泊水库的变化最为明显（表9-3），如素有干湖之称的江汉湖群，目前的湖泊水库面积仅为新中国成立初期的50%左右。其他地区湖泊水库，如云南滇池、洱海，贵州的草海，内蒙古乌梁素海，河北的白洋淀等均有类似的发展趋势。

表 9-3　长江中下游湖泊水库面积缩小统计

湖区	50 年代湖泊水库面积/km²	80 年代湖泊水库面积/km²	缩小率(%)
洞庭湖湖群	4350.0	2691.0	38.1
江汉湖群	4707.5	2656.5	43.6
鄱阳湖湖群	5050.0	3210.0	36.4
太湖湖群	3176.4	2886.6	9.1

9.2　污染湖泊水库水环境修复概述

9.2.1　湖泊水库水环境修复概念

由于受到长期污染的损害，大量的湖泊水库生态系统处于生物多样性降低、功能下降的退化状态，严重威胁人类社会的可持续发展。因此，如何保护现有的湖泊水库生态系统，综合整治和恢复污染退化的湖泊水库环境，使之恢复到可持续发展的自然状态，成为人类亟待解决的重要环境问题。

湖泊水库水环境修复是指通过人为的调控，使受污染损害的生态系统恢复到受干扰前的自然状态，恢复其合理的内部结构、高效的系统功能和协调的内在关系。污染受损湖泊水库的修复主要强调两方面内容：一是通过一定的修复措施尽可能抵消或减轻一部分已被证明对环境和人类有害活动的负面效应，修复生态系统的服务功能，使湖泊水库能够满足人类的需要；二是使受损或受干扰湖泊水库生态系统在结构和生态功能上恢复到破坏前的"完美"状态。

9.2.2　湖泊水库水环境修复原则

任何修复技术必须在可行性研究基础上进行选择，主要考虑的问题包括技术的有效性、水环境被修复的程度、投资和成本，以及可能的替代方案的有效性与成本比较等。湖泊水库水环境修复的原则包括：

（1）生态、社会、经济、文化的需求及恢复技术的有效性　湖泊水库污染和生态退化的成因、作用方式和影响程度可能在很大范围变化，使得受损湖泊水库的修复问题十分复杂。湖泊水库生态修复目标是多方面、多层次的，可能不会有一个统一标准。但污染受损湖泊水库生态恢复的首要任务是确定恢复目标，只有确立明确的目标，才可能制定合适的恢复方案，建立评价生态恢复成功与否的评价标准体系。湖泊水库生态系统恢复的目标是由总体与若干具体目标所构成的复杂目标体系，因此湖泊水库水环境修复的尺度在区域上可以是全湖性的或局部水域（如岸边带、河口）；在规模上可以是整个生态系统或某些生物群落；在目标上可以是以达到一定水质为目的的修复，或是湖泊水库生态系统生态结构和功能的修复。

（2）整体性　湖泊水库生态系统作为一个由诸多物理化学要素和生物要素组成的复杂统一体，强调系统结构和功能的整体性。湖泊水库水环境修复应具有整体概念，全面考虑生态系统的结构和功能，对受损湖泊水库的生态系统进行修复时，不可能先修复某一个物种，再修复另一部分，而是全面考虑生态系统结构和功能。即便是对某一特定污染的控制，也要考虑系统的综合影响。不同的湖泊水库可能采取不同的修复技术措施，包括湖泊水库主要环境要素（大气、水、沉积物等）的改善与生物因素（生态系统的结构和功能）的修复两个方面。湖泊水库修复是充分考虑物理因素和有机体之间相互作用的系统工程，强调配套技术的整合。

（3）遵守自然法则　湖泊水库生态系统是具有生命特征的动态体系，所有湖泊水库都有形成、发展、衰老和消亡的自然演化过程。人类活动（污染、破坏、治理、修复等）可以加速或延缓湖泊水库的自然过程，甚至使其偏离原有演化方向或发生逆转。受损湖泊水库修复目标在于通过减缓人为污染的负面影响，使其满足人类特定需求，但这个过程必须尊重自然规律。通过减缓人为污染的负面影响达到湖泊水库水环境的目标必须尊重自然规律，其中生态学的基本理论是污染湖泊水库生态恢复的理论基础，包括限制因子理论、生态适应性、生态位、自然演替理论、集合规则理论、自我设计和人为设计理论、生物多样性原理及恢复阈值理论等。

9.2.3　湖泊水库水环境评价

进行湖泊水库水环境修复之前，需要对湖泊水库及其周围环境进行科学的调查和评价，进行可行性研究。可行性研究的目的包括：①调查进入湖泊水库的营养元素、悬浮泥沙、有机物的定量负荷或者速率；②调查研究湖泊水库的状态和周期性变化规律；③确定适合湖泊水库的最有效的修复技术，以利于湖泊水库的长期保护和修复等。水体评价涉及的基本问题包括湖泊水库的基本用途、湖泊水库的历史、湖泊水库存在的问题及修复技术是否可行四个方面。

1. 基础资料收集

可行性研究需要收集尽可能详细的资料，主要包括以下方面：

1）地理地质方面的数据，如气温、蒸发量和降水量，汇水面积。地质特征包括土壤及其流失情况，流域植被，流域人口，周围农林牧业和工业情况，周围污水排放。在地图上，应该标示所有的点源污染和面源污染。点源污染包括雨水排放点、市政污水排放点和各种工业污水排放点。重要的面源污染包括建设施工现场、农业生产、各种养殖场、采矿点等。汇水流域可以划分为城区、农村或者农业区、湿地、森林等。

2）水文学数据，如容积、水面面积、水量变化、平均深度、最大水深和最小水深，水面常年降水量（包括丰水年和枯水年），输入和输出水量，水力停留时间，水流动力学特征，水体温度分层情况，底泥特征。

3）水体理化参数，如水温度、电导率、透光率、水色、悬浮物、总溶解固体、太阳辐射能、pH 值、溶解氧、磷浓度、凯氏氮浓度、氨氮、亚硝酸盐氮、硝酸盐氮、二氧化碳、钙镁离子、总铁和锰、生化需氧量、化学需氧量、有机沉积物、总有机碳，以及悬浮物的有机成分和营养元素成分等。

4）生物学参数，包括藻类、浮游植物（叶绿素 a）、浮游动物、鱼类、底栖动物等生物的相关参数。例如：浮游植物的种类、数量、细胞体积，分布情况，优势种类；大型植物种类和覆盖面积；鱼的种类、相对数量和生长情况；底栖生物种类和相对数量；细菌的种类、数量和分布，水体呼吸速率，以及底泥好氧呼吸速率和厌氧代谢速率。

2. 参数计算

进行水量衡算、热量衡算、污染物负荷衡算，掌握湖泊水库动态变化特征。确定输入输出的速率，以便管理人员或者工程师定量估算其影响，定量识别输入输出的重要性。从输入输出的宏观角度估算营养元素的浓度或者负荷，以评估湖泊水库发生富营养化的程度或者可能性。

（1）水量动态平衡 水量动态平衡采用下式表示：

$$\Delta V = (V_{降雨} - V_{蒸发}) + (V_{径流} - V_{出流}) + (V_{地下径流} - V_{地下出流}) + (V_{人为排水} - V_{人为取水}) \qquad (9-11)$$

该方程包括了气象因素、地表因素、地下因素和人为因素。通过衡算水量可以得到水量在一年不同季节的变化规律，进而得到水力停留时间或者换水周期、水深度变化等。在此基础上，掌握湖泊水库水体流动的动力学规律。

（2）热量衡算 太阳辐射为水体生态提供了原始的能量输入，光辐射还导致水体温度的升高，是影响水体的一个主要因素。热量交换包括辐射热量流、蒸发热量流和对流热交换三部分。其中，水表面辐射热量交换通常用下式描述：

$$\varphi = I - R_1 + G - R_2 - S \qquad (9-12)$$

式中，I 为太阳辐射（短波辐射）；R_1 为从水面反射部分；G 为大气辐射（长波辐射）部分；R_2 为 G 中被水面反射的部分；S 为从水面所发出的长波辐射。输入湖泊的热量大部分被表层水体吸收，吸收程度沿着深度急剧衰减。这种特性导致水体温度分布不均匀，并由此引起水体的运动，以及水环境的相应变化。

（3）污染物负荷衡算 氮和磷是导致湖泊水库富营养化的主要因子。通过估算污染源的输出系数，结合水的流量和湖泊水库结构、形态、大小，从而估算出磷的输入量。各种来源中磷的输出系数见表9-4。

表9-4 流域内磷的输出系数

来源	流域内磷输出系数/[mg/(m²·a)]	来源	流域内磷输出系数/[mg/(m²·a)]
城市	0.10	降雨	0.02
农村田地	0.05	干沉降	0.08
森林	0.01		

磷的输入包括河流、地下水、直接降雨、不成河的漫流及从污水处理厂排放的点源污染负荷等，磷的输出包括向下游河流的排泄、地下水、蒸发及工业或者生活抽取等；向下游河流的排泄量可以通过测量，或者结合河水流速和截面积进行估算。

降雨也是湖泊水库中磷的一个重要来源，例如，在加拿大安大略湖，汇水面积与湖泊面积的比值是 10：1，降雨磷负荷占 23%，当比值是 30：1 时，占 9%，当比值达到 100：1 时，占 3%。雨量可以通过安装在湖面上的收集器或者其他仪器测量。

地下水对于磷的贡献很难确定，可以通过下式估算：

$$Q = KIA \qquad (9-13)$$

式中，Q 为地下水流量；K 为水力渗透系数；I 为水力梯度；A 为地下水流动的截面积。

湖泊周围的漫流性面源比较难以估算，但可以根据湖泊水库周长进行一些初步估算。点源排放包括污水和顺水管道等，必须仔细辨别，因为其占相当比例的磷负荷。

湖泊水库出流也必须进行估算。一般出流是经过一条河流或者经过水坝，比较容易测量。水面蒸发损失可以通过气象数据进行折算。蒸发量与水平面位置密切相关，需要经常测量。

底泥释放是磷的一个重要来源。磷的内源释放与水体深层的厌氧状态相关，与活性金属元素的浓度相关，与底栖动物以及水动力学等相关。一般磷的内源性释放速率在 $6\sim28mg/(m^2\cdot d)$ 范围内。

在水体中，磷的浓度在稳定状态时可以描述为

$$c_{\mathrm{P}}=\frac{L}{z(\rho+\sigma)} \tag{9-14}$$

式中，c_{P} 为水体中磷的总浓度（mg/m^3）；L 为磷的面积负荷 $[mg/(m^2\cdot a)]$；z 为平均深度（m）；ρ 为年平均水力冲刷速率，$\rho=Q/V$；Q 是年平均输出流量（m^3/a）；V 为湖水平均体积（m^3）；σ 是比沉降速率（a^{-1}）。

Vollenweider（1976）通过研究发现，比沉降速率与水力冲刷速率之间的关系为

$$\sigma=\sqrt{\rho} \tag{9-15}$$

则磷的浓度可以重新表示为

$$c_{\mathrm{P}}=\frac{L}{z\rho}\frac{1}{1+\dfrac{1}{\sqrt{\rho}}} \tag{9-16}$$

各种研究发现，当总磷浓度等于或者小于 $10mg/m^3$ 时，一般不会发生富营养化现象，称为最大可接受浓度。当磷的浓度超过此阈值时，如达到 $20mg/m^3$，则容易发生大量藻类的滋生，导致富营养化现象。

（4）自净速率　湖泊水库水体的自净过程主要是指水体中微生物与污染物质的作用过程，将污染物质还原为无机态，为生态系统的循环生长提供营养，同时保持水体的洁净。溶解氧变化是衡量水体自净过程的重要参数。

水体消耗溶解氧的过程包括有机物好氧分解（在有机物浓度比较高时需要考虑厌氧或者厌氧-好氧分解速率）、硝化作用、污泥好氧呼吸、藻类和其他生物呼吸。

溶解氧恢复过程包括大气复氧（包括水面更新和水团环流等不同过程）、藻类光合作用释放氧气。大气复氧过程与水体氧亏成正比，所谓氧亏是可能达到的饱和溶解氧浓度与实际溶解氧浓度之间的差值。植物光合作用释放氧气的速率与光合速率相关，随着太阳辐射周期性变化而变化，晚上则停止而转为细胞呼吸，消耗氧气。

（5）水生态系统　水生态系统主要包括水体生态结构的组成、能量流动、物质转化和循环。一般生态系统结构的变化趋势是最大限度吸收系统外部的能量，能量是驱动生态系统中各种物质转化的动力，物质的转化影响到生态系统的结构组成。

3. 综合模型

由于湖泊水库是非常复杂的系统，包括水质化学动力学、微生物生态系统、藻类生长代谢、宏观生态系统、水动力学和周围环境条件等，只有借助数学模型才可能定量表达各种因子和过程之间的相互作用关系。利用数学模型可以达到以下目的：①掌控水体内部有关物理、化学和生物过程的认识；②预测在不同条件下，水体变化的趋势；③预测各种管理和工程技术措施对水体的影响。目前，已经建立和发展了各种不同复杂程度的模型。

20 世纪 70 年代，联合国经济合作与开发组织（OECD）系统地组织了湖泊富营养化领域的研究，对全球范围内约 200 个湖泊进行了跟踪调查。结果表明，湖泊水体中的总磷浓度与藻

类叶绿素 a 水平之间存在着正相关关系，与水体透明度存在着明显的负相关关系。根据这种调查结果，加拿大人 Vollenweider 于 1975 年提出了描述水体总磷平均浓度的数学模型：

$$V = \frac{dc_P}{dt} = W - Qc_P - vAc_P \tag{9-17}$$

式中，V 为水体体积（m^3）；c_P 为总磷平均浓度（mg/m^3）；W 为磷年负荷（mg/a）；Q 为水体输出流量（m^3/a）；v 为沉积速率（m/a）；A 为水体面积（m^2）。

但是这个模型并没有考虑磷的释放因素的影响。磷的释放受各种因素（如铁铝浓度、厌氧程度和水动力学等）影响，目前有关污染物质相互影响的过程还不清楚。

9.3 污染湖泊水库环境修复工程

9.3.1 外源污染控制

外源污染（Exogenous pollution）包括点源污染（工业污水、生活污水等）和面源污染（初期雨水径流、空气降尘、农业废物倾倒等），外界污染物质的输入是绝大多数湖泊水库受损的根本原因。从长远角度来看，根本上控制水体污染，首先应该减少或拦截外源污染物质的输入。控制外源污染源主要是利用管理、工程、技术手段限制污染物质进入湖泊水库，避免已退化湖泊水库的受损程度加剧，防止新的污染发生的根本方法，主要包括改变生产和消费方式以减少污染物的产生，建设相关处理设施以减少进入湖泊水库的污染物质浓度和总量等。

湖泊水库的污染源控制可分为点源污染控制（Point source pollution control）和非点源污染控制（Non-point source pollution control）两种类型：

1. 点源污染控制

湖泊水库点源具有明确的、相对固定的物质来源，一般采取"末端处理技术"和执行严格的排放标准来进行控制。目前，由于"末端处理技术"为核心技术的"零排放"环境政策的高昂代价和对复杂环境问题处理的低效，点源污染控制已经走向综合性控制，包括管理上的排放标准、总量控制、高效污水处理厂的建立、鼓励清洁生产、建立循环经济的发展模式、改善城市居民生活方式、广泛的环保意识宣传教育等。目前，发达国家基本可以有效控制湖泊水库的点源污染。相对而言，由于生产力发展水平的限制，我国点源控制工作起步较晚，点源仍然是湖泊水库环境重要的污染物来源。随着近年大量污水处理厂和其他配套措施的建立、运行，重点湖泊水库的点源负荷逐渐得到控制。如在我国"三湖"治理时，采用污染物总量控制和限期达标排放的对策，使得"三湖"周围日废水排放量超过 100t 的 1300 家重点企业已基本达标排放，无法达到要求的企业限期关闭。

根据不同工业行业污染废水，点源污染控制可以分为生活污水处理技术和工业废水处理技术两种类型。常用的生活污水处理技术有生物塘、生活污水净化槽（厌氧-缺氧-好氧法（A^2/O）、氧化沟）、生物与化学法结合（生物硝化—反硝化与化学沉淀除磷相结合的工艺）；常用的工业废水处理技术有物理法（混凝沉积、气浮、过滤）、化学法（沉淀、离子交换、氧化还原、活性炭吸附、臭氧氧化、湿法燃烧等）和生物法（活性污泥法、生物膜反应器、厌氧发酵）。相关废水处理的技术可参考相关水污染控制资料。

生活污水处理系统的设计要结合地方特点，针对污染源的排放途径及特点，可采用集中处理、分散处理或二者相结合的方式。集中处理技术通过建立污水处理厂有效去除氮、磷、BOD_5 和 SS 等污染物；分散式生活污水可通过修建小型污水处理厂，或因地制宜建立生物塘和污水净化槽等进行处理。

许多污染物（如农药、油漆）采用单一方法往往难以奏效，需要采用物化方法和生物方法相结合的综合手段进行处理。对污水中的氮、磷可以采用生物硝化-反硝化与化学沉淀相结合的方法进行处理。

总之，点源污染控制方案的选择应全面综合社会、经济、技术、设备等因素，制定出经济、有效、合理的治理方案。

2. 非点源（面源）控制

非点源是湖泊水库污染物的另一个重要来源，欧美、日本一些研究发现湖泊水库污染负荷的 50% 以上来自非点源，其中农村非点源问题尤其突出。我国湖泊水库富营养化的泥砂、氮、磷等来源相当部分是由农村非点源贡献的，滇池、洱海、太湖等受非点源污染影响十分严重，其中滇池 90% 以上的入湖泥砂来自农村非点源，氮磷可能占总污染负荷的 40%～80%。

（1）**总体设计程序** 非点源影响因素很多，情况复杂，很难规定统一的总体设计程序与方法。根据国内外对非点源研究、规划和治理工作的经验，非点源控制的总体设计程序包括四个阶段（图 9-8）：

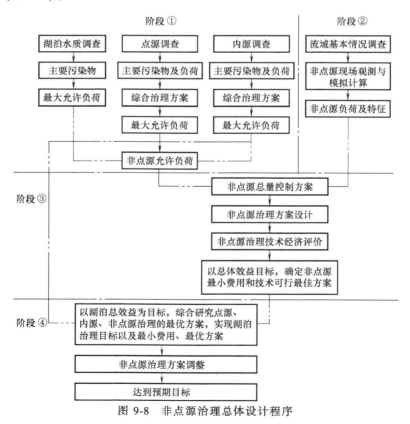

图 9-8　非点源治理总体设计程序

1）非点源负荷量及特征调查。通过现场观测和非点源模拟计算，查清流域非点源的来源、强度及其特征，定量确定非点源的污染负荷量。

2）计算湖泊水库非点源允许入湖负荷量，通过对湖泊水库点源、内源等调查，确定允许入湖负荷量，进而明确非点源允许入湖负荷量。

3）确定非点源污染控制最佳方案。

4）设计湖泊水库非点源污染控制的最佳总体方案。

（2）控制技术 由于非点源污染具有源头众多、污染产生和迁移空间差异显著、随机性大等特点，使得非点源处理难度较大，很难采取点源污染控制的集中处理方式。因此，非点源控制主要根据湖泊水库流域系统不同生态位和污染物性质，设计各类污染控制工程、环境治理工程、水质净化工程和生态修复工程，综合运用各类工程措施进行污染物控制、截留、转化和治理。湖泊水库非点源污染控制技术可以分为工程技术和管理技术两大类（表9-5）。

表 9-5 非点源技术一览表

分类	措　施	简　介
工程技术	工程修复，拦砂坝等技术结合草林复合系统，覆土植被等	主要针对山地水土流失区及侵蚀区，通过土石工程结合生物工程方法，控制水土流失和土壤侵蚀，恢复良好的生态系统
	前置库和沉砂池工程技术	主要应用于台地及一些入湖支流自然汇水区，利用泥砂沉降特征和生物净化作用，使径流在前置库塘中增加滞留时间，一方面使泥砂和颗粒态污染物沉降，另一方面生物对污染物也有一定的吸附利用作用
	拦砂植物带技术和绿化技术	拦砂植物带技术利用生物拦截、吸附净化作用可使泥砂、N、P 等污染物滞留，沉降绿化技术可广泛应用于堤岸保护、坡地农田防护等
	人工湿地与氧化塘技术	主要应用于污染农业区，特别适用于处理农田废水和村落废水的混合废水
	生物净化及少废农田工程技术	主要适用于土地利用强度较大，施肥量大的湖流农田区
	农田径流污染控制和农业生态工程技术	通过农业生态工程，将农业污染物输入生态循环之中，从而减少污染物的排放，达到径流污染控制的目的
	村落废水处理，农村垃圾与固体废物处理技术	适用于农村自然村落垃圾处理，地表径流污染物流失的治理
	林、草、农、林间作技术	应用于山地水土流失区，主要用于解决生态性质的立体条件
	截砂工程、截洪沟、土石工程、沟头防护、谷坊工程等技术	应用于强侵蚀区污染控制和生态恢复
管理技术	退耕还林还草	在坡地用于治理水土流失，如果坡度大于 25°，应该提出退耕还林、还草，此外湖滨区裸露耕地也应采取相同的措施
	休耕或轮作	通过农田耕作管理，以减少农田污染径流的产生
	施肥管理	通过建设优化配肥系统，加强对施肥方式的管理，避免盲目过量施肥
	农业面源的监测与监理	设立农田土壤环境定位监测系统加强对农田径流水量、水质、生态系统等环境因素的监测，以研究土壤肥力，污染负荷的动态变化，并及时提出应对措施，提高土壤肥力，减轻污染负荷
	土地科学利用	根据流域土地利用现状及各类用地需水情况，搞好水土平衡，以水定地，控制农用地发展；农业发展需纳入流域统一规划，因地制宜，合理配置
	湖滨封闭式管理	天然湖滨带可被认为是湖泊水库的保护带，它的保护是首先应遵守的生态学准则。因此严禁沿带围垦；对已经存在的湖区耕地，必要时应退耕，恢复原有的生态系统
	环境管理政策及措施	主要指加强环境立法，建立专职机构，使农业面源的污染控制迅速走上科学管理的轨道

1）工程技术。按照污染控制的途径，湖泊水库非点源污染控制采用的工程技术包括污染源头控制、污染迁移转化控制及污染物净化工程。污染物源头控制是针对流域污染物产生机制采取生态工程和辅助措施降低污染物产生量，如通过农业生态工程使氮磷等污染物在农业生态系统中循环利用，降低污染物的产生量。污染迁移转化控制是通过采取一定工程手段（修建沟、渠、塘系统），人为改变污染物迁移途径，降低污染物向水体的输送量。污染物净化工程是利用人工湿地、氧化塘滞留和去除污染物，或利用沟-塘系统使氮、磷等在流域内循环利用。

　　2）湖泊水库非点源污染的管理措施，包括退耕还林、施肥管理、土地科学利用、农村非点源监测和管理、湖滨带封闭管理、加强立法和建立专职机构等。

　　有效控制湖泊水库非点源污染，通常是以流域环境生态区位和污染现状进行工程控制技术和相应的环境管理技术相结合的综合系统（图9-9）。

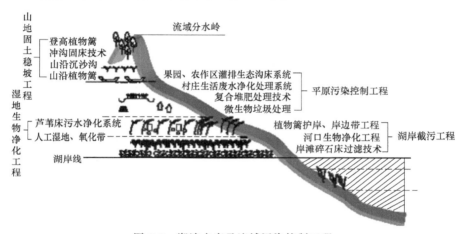

图 9-9　湖泊水库及流域污染控制工程

3. 前置库技术

　　前置库（Pretank）是指在受保护的湖泊水库水体上游支流，利用天然或人工库（塘）拦截暴雨径流，通过物理、化学及生物过程使径流中污染物得到净化的工程措施。广义上讲，湖泊水库汇水区内的水库和坝塘都可看作湖泊水库的前置库，对入湖径流有不同程度的净化作用。

　　（1）技术原理　前置库是一个物化和生物综合反应器。污染物（泥砂、氮、磷及有机物）在前置库中的净化是物理沉降，化学沉降，化学转化及生物吸收、吸附和转化的综合过程。物理作用主要是由于暴雨径流进入前置库后，流速降低，大于临界沉降粒度的泥砂将在库区沉降下来，泥砂表面吸附的氮、磷等污染物同时沉降下来，径流得到净化。化学作用是通过添加化学试剂破坏径流中细颗粒泥砂及胶体的稳定状态，使其沉降，同时也可使溶解态的磷污染物发生转化，形成固态沉淀下来。通常使用的化学试剂有磷沉淀剂（铁盐）、脱磷剂和絮凝剂。前置库的生物作用表现在水生生物对去除氮磷污染物的作用。氮磷是水生生物生长的必需元素，水生生物从水体和底质中吸收大量氮磷满足生长需要，成熟后水生生物从前置库中去除被利用，从而带走大量氮磷；径流中氮磷污染物通过生物转化后，既减少了污染，又得到再生利用；水生生物对有机物和金属、农药等污染也有较好的净化作用。

（2）工艺流程　在湖泊水库污染控制中所指的前置库工程，是为了控制径流污染而新建成对原有库塘进行改造，强化污染控制作用的工程措施，通常采用人工调整方式。前置库工艺流程如图 9-10 所示。暴雨径流污水，尤其是初场暴雨径流通过格栅去除漂浮物后引入沉砂池。经沉砂池初沉砂，去除较大粒径的泥砂及吸附态的磷、氮营养物。沉砂池出水经配水系统均匀分配到湿生植物带，湿生植物带在这起着"湿地"的净化作用，一部分泥砂和磷、氮营养物质进一步去除。湿地出水进入生物塘，停留数天后，细颗粒物沉降，溶解态污染物被生物吸收利用，净化作用稳定后排放，出水可以农灌或直接入湖。经过多级净化后，径流污染得到较好的控制。

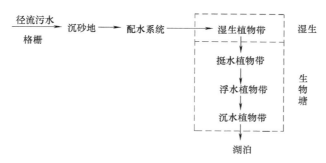

图 9-10　前置库工艺流程

9.3.2　内源污染控制

湖泊水库内源污染（Endogenous pollution）是指湖内污染底泥中的污染物重新排入水体的过程，包括污泥和水体内污染物的释放。

湖底沉积物是水环境生态系统的重要组成部分，为水生生物提供重要的栖息生境，具有重要的生态功能，被看成与水、大气和土壤并列的环境污染物迁移、转化和蓄积的"第四环境介质"。沉积物是流域污染物质循环中的主要蓄积库。对于污染严重的湖泊水库，一定环境条件下沉积物中长期累积的大量有害物质的突然释放，可能成为威胁水环境安全的潜在"化学定时炸弹"。底泥中污染物的释放过程与湖泊水库水环境状况及底泥的特性等密切相关，在湖泊水库的点源与非点源得到有效控制后，这一过程一般都会加快，即底泥污染物的释放速率会明显增加。因此，湖底沉积物中堆积的大量污染物向水体释放，是导致湖泊水库污染的一个不可忽略的来源。

对湖泊水库污染内源的控制主要采用沉积物疏浚工程、沉积物表面覆盖、曝气氧化、化学钝化处理等控制沉积污染物的释放。特别是对污染或淤积严重的浅水湖泊水库，疏浚工程运用最为普遍，效果也最为明显。

1. 沉积物疏浚

以污染湖泊水库内源污染控制和生态恢复为目的的沉积物环境疏浚（Environmental dredging），与普通的工程疏浚有很大不同。环境疏浚旨在清除湖泊水库水体中的污染底泥，并为水生生态系统的恢复创造条件，同时要与湖泊水库综合整治方案相协调；工程疏浚主要为某种工程的需要如疏通航道、增容等而进行（表 9-6）。

表 9-6　环境疏浚与工程疏浚的区别

项　目	环　境　疏　浚	工　程　疏　浚
生态要求	为水生植物恢复创造条件	无
工程目标	清除存在于底泥中的污染物	增加水体容积、维持航行深度
边界要求	按污染土层分布确定	底面平坦、断面规则
疏挖泥层厚度	较薄，一般小于1m	较厚，一般几米至几十米
对颗粒物扩散限制	尽量避免扩散及颗粒物再悬浮	不作限制
施工精度	5~10cm	20~50cm
设备选型	标准设备改造或专用设备	标准设备
工程监控	专项分析严格监控	一般控制
底泥处置	泥、水根据污染性质特殊处理	泥水分离后一般堆置

（1）疏挖技术种类　一般有两种形式。一种是将水抽干，然后使用推土机和刮泥机。这种方法应用非常有限，大多数应用在小型水库中。因为这种技术明显的缺点是必须将所有的水放干或者用水泵抽干，第二个缺点是湖底或者水库底部必须脱水以便机械化作业。这种要求一般很难做到。第二种是采用带水作业，是真正的疏挖，应用也最多，可以采用机械式，也可以采用水力式，或者在某些情况下采用特殊形式。

1）机械式疏挖。长臂泥斗疏挖施工如图9-11所示，主要应用在近岸边，尤其码头附近的底泥。长臂泥斗疏挖容易从一个挖泥点转移至另一个新的挖泥点，能够在比较小的工作面施工。长臂疏挖的主要缺点是必须将疏挖的底泥堆放在附近，一般在30~40m附近，而且疏挖速率比较缓慢。疏挖过程会经常因泥斗拖刮和泥水溢流等将水搅浑，被搅稀的底泥随之又难以进一步用泥斗捞挖。湖泊水库底部的坑洼不平也影响这种疏挖的实施。水搅浑的问题可以用聚乙烯布围挡使之限定于一定的范围之内，如图9-11所示。

2）水力疏挖，包括多种水力疏挖方式，如抽吸式、漏斗式、簸箕式、铣轮式等。目前，铣轮式挖泥机经常应用于内湖底泥疏挖。这种类型的设备通常轻巧便于移动，成为底泥疏挖的主力机械，形成了独特的底泥疏挖行业。铣轮式挖泥机主要机构包括支架、铣轮、泥斗、泥泵、电动机和输泥管等，如图9-12所示。

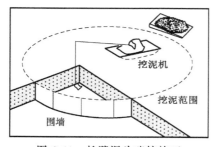

图 9-11　长臂泥斗疏挖施工

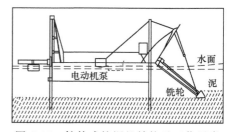

图 9-12　铣轮式挖泥机结构及工作示意

在挖泥操作中，松动的底泥进入抽吸头部，被离心式泵抽吸。被抽吸出来的底泥泥浆放置在远处的处置区。铣轮头部以一定的速率摆动，可以在更大范围连续抽吸底泥。但是铣轮式疏挖出来的底泥含水率相对比较低，一般含泥率为10%~20%，含水率为80%~90%。这意味着需要比较大的处理处置面积、空间，需要比较长的停留时间使悬浮固体沉淀下来。

底泥的抽吸量一般由铣轮旋转速率、吸刮厚度和摆动速率等决定，在实际操作中，需要相互协调。为了有效地抽吸松软的底泥，铣轮头出现了几种变形，包括螺旋铣头，其所抽吸出来的底泥含固量可以达到 30%~40%，几乎是传统铣轮式挖泥机的 2 倍。

新型水力挖泥机如图 9-13 所示，采用真空泵和压缩空气泵交替作用，完成底泥抽吸、压出和输送过程，尤其针对松软的底泥更加有效。

另一种新型挖泥机采用特殊设计的旋转铣轮刮泥装置，加上活动的挡板，浮动翼板，可以引导旋转铣轮的挖泥方向，如图 9-14 所示。装置还装有一个宽阔的气体收集罩，能够将底泥中释放出来的氢气、甲烷和硫化氢等气体收集起来集中处理，避免污染。

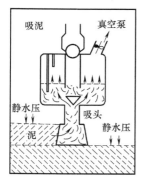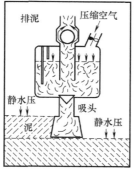

图 9-13　新型水力挖泥机

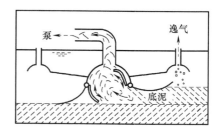

图 9-14　新型旋转铣轮刮泥装置

实际工程应用表明，新型挖泥系统能够高效率地抽吸松软的底泥层，最大限度地减少泛泥现象，降低含水率，所抽吸出来的底泥含固量可高达 70% 左右，使得疏浚工程更加经济和高效，对周围环境影响更小，甚至湖泊水库的渔业和娱乐活动都不会受到影响。

（2）底泥疏挖方案的制定　底泥疏浚工程方案设计技术路线如图 9-15 所示，内容包括设备的选择和底泥处置场的设计。设备的选择需要考虑设备的可得性、项目时间要求、底泥输送距离、排放压头、底泥的物理和化学特征等。底泥处置场的设计需要考虑需要容纳的底泥容积、悬浮固体含量、底泥颗粒分布、相对密度、流变性或者塑性、沉降特征等。

底泥处置是限制疏挖的一个通常遇到的问题，因为通常需要大的处置面积，而疏挖地区通常人口比较密集，难以找到处置底泥所需要的地方。因此，有必要综合利用所疏挖的底泥。

一般而言，一个湖泊水库如果水比较浅、沉淀速率非常低、底泥有机物含量高、水力停留时间长、严重影响正常功能的发挥等，就需要进行疏挖。疏挖需要考虑底泥深度变化规律、颗粒分布、汇水面积及沉淀速率。底泥的深度随着湖泊水库的形态变化而变化。底泥的特征一般水平方向上比较均一，而在垂直方向上变化比较大，因此有必要调查底泥垂直分布特征，包括底泥成分、颗粒分布、容积、含水率、颜色和组织结构特征。

为了控制内源性污染及巨型水生植物的生长，需要确定疏挖底泥的深度，就目前来说尚没有明确的原则可循。同样，为了避免巨型水生植物过度生长，所需要疏挖底泥的厚度也比较难以确定，涉及的因素包括温度、底泥结构、底泥营养程度及光线强度等。有的研究报道，在 2m 深的水层中，疏挖底泥 1m，1 年以后，水生植物 60% 恢复生长，而疏挖底泥深度达到 1.4m 和 1.8m 时，水生植物就没有恢复生长。

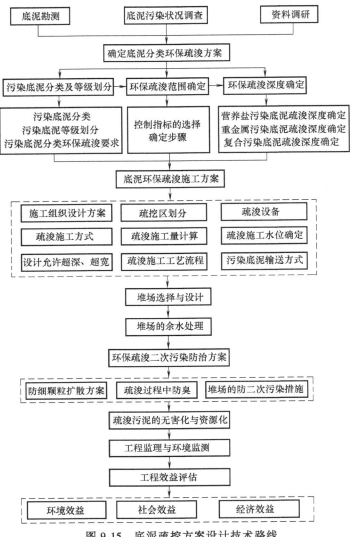

图 9-15 底泥疏挖方案设计技术路线

巨型水生植物通常能够生长在 2m 多深的水里。这也许意味着光线本身不是影响其生长的唯一因素。当然，对于巨型水生植物只要能够控制其生长程度就可以了，而不必要彻底从湖泊中铲除。因为，巨型水生植物能够为鱼提供产卵场所，为水禽提供食物，为野生动物提供栖息场所等。

（3）环境疏浚的工艺流程 环境疏浚主要考虑降低沉积物污染负荷，因此首先需要对沉积物中污染物种类、含量分布、剖面特征、沉积速率、化学及生态效应等

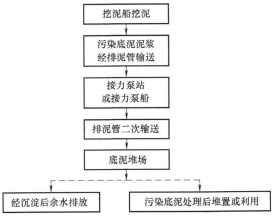

图 9-16 污染底泥环境疏浚的工艺流程

进行详细调查和分析，确定疏浚范围、疏浚深度，在此基础上根据疏浚区现场条件制定具体的工程方案。环境疏浚的工艺流程如图9-16所示。

（4）设计

1）疏挖底泥体积的确定。由于疏挖费用与疏挖底泥体积密切相关，准确估计待疏挖的底泥体积是非常重要的。一般的方法是收集或者测量底泥表面的地图，然后与原始底部地图比较，就可以估计出来湖泊内待疏挖的体积。估计的准确度取决于取样测量点的间隔。

评估底泥体积的测量点的选取与湖泊形态构造及所要求的准确度有关。一般建议，对于小型湖泊，面积小于40ha，取样测量间隔为15m，而对于比较大型的湖泊，面积大于40ha，取样点间隔可以设置为30m。在取泥样测量中，可以用刻有刻度的直径为0.95~1.6cm的钢质钎杆探知水层深度和底泥厚度。水深应该在平静期间测量。

2）挖泥机的选择。

挖泥机位置距离底泥堆放场尽量近，避免泵力输送耗能太大。

根据底泥泵送距离和计划中的疏挖速率，从相关效能图表确定备选设备。

根据机器功率，假定机器工作三班倒，一天工作24h，但是考虑机器维修和管道挪动等，有效工作时间为20h，根据备选设备能力，计算每种备选设备完成疏挖任务所需要的总的时间，比较选定铣轮设备。确定泵送底泥所需要的压头。压头与泵送速度压头（一般速度为3.0~4.0m/s）、底泥抬升压头、管道阻力压头（包括各部分阻力损失）等，在计算中需要考虑用底泥相对密度进行校正，确定泵的功率。

3）压头和功率。抽吸压头分为静压头和速度压头。

① 抽吸静压头。因为底泥的相对密度大于水，抽吸同样的底泥所需要的压头大于抽吸同等体积的水所需要的，以抽吸泵中线为基准，抽吸压头计算公式为

$$h_{ss} = S_1 A - S_2 B \tag{9-18}$$

式中，h_{ss} 为抽吸抬升所需要的压头（m）；S_1 为水体相对密度，一般为1；S_2 为底泥相对密度，一般为1.2；A 为从疏挖位置至水面的距离（m）；B 为从泵轴心至疏挖位置的距离（m）。

② 抽吸速度压头，是将底泥抽吸进入管道所需要的速度压头，计算公式为

$$h_{sv} = S_2 \frac{v_s^2}{2g} \tag{9-19}$$

式中，h_{sv} 为速度压头（m）；S_2 为所泵送底泥的相对密度；v_s 为泵送底泥在管道中的速度（m/s）；g 为重力加速度（m/s^2）。

③ 管道摩擦压头，是疏挖过程所需要克服的主要压头。管道压头受许多因素影响，包括管道材料类型、直径、流速、长度、管道构型、泥浆含固量及悬浮固体的特征等。管道摩擦压头计算公式为

$$h_{sf} = f \left[1 + \frac{(P-10)}{100} \right] \frac{L v_s^2}{2gD} \tag{9-20}$$

式中，h_{sf} 为摩擦损失压头（m水柱）；f 为摩擦系数；P 为泥浆含固百分比，用体积百分数表示；L 为抽吸管道当量长度（m）；v_s 为管道内流动速度（m/s）；g 为重力加速度（m/s^2）；D 为输送管内直径（m）。

摩擦系数 f 与流动状态（用雷诺数表示）和管道内壁的粗糙度有关。雷诺数表示为

$$Re = \frac{VD}{\nu} \tag{9-21}$$

式中，V 为管道内流速（m/s）；D 为管道内直径；ν 为经过温度校正的动力学黏度（$10^{-6}\,m^2/s$）。

管道的当量长度是其实际长度经过系数校正后的长度，如下式所示：

$$L = f_e L_g \tag{9-22}$$

式中，L_g 为管道实际长度（m）；f_e 为校正系数，系数与管道摆放形状、阀门、悬浮固体浓度及铣轮类型等有关，一般为 1.3~1.7。

④ 排放静压头，代表从泵轴心至排放管末端所需要的压头，计算公式表示为

$$h_{de} = S_2 (E_D - E_P) \tag{9-23}$$

式中，h_{de} 为排放抬升所需要的压头（m水柱）；S_2 为泥浆的相对密度；E_D 为排放管末端的高程（m）；E_P 为泵轴心的高程（m）。

⑤ 排放速度压头，是在抽吸速度基础上，需要增加的速度能量，以维持泥浆在管道中的流速，计算公式为

$$h_{dv} = S_2 \frac{v_d^2 - v_s^2}{2g} \tag{9-24}$$

式中，h_{dv} 为泵的速度压头；S_2 为泥浆相对密度；v_d 为排放管内流速；v_s 为抽吸管内流速。

⑥ 排放管的摩擦损失压头，用 h_{df} 表示，可以用与抽吸管摩擦损失同样的公式进行计算。

⑦ 总压头为

$$H_T = H_s + H_d = (h_{ss} + h_{sv} + h_{sf}) + (h_{de} + h_{df} + h_{dv}) \tag{9-25}$$

考虑到管道输送流量 Q：

$$Q = \frac{\pi}{4} D^2 v_d \times 3600 \tag{9-26}$$

式中，Q 为泵输送流量（m^3/h）；D 为排放管内直径（m）；v_d 为泥浆流速（m/s）。

⑧ 功率，根据总压头、疏挖泥浆流量及泵的效率，可以采用下式估算泵的功率：

$$W = \frac{Q H_T S_2}{2.737 E} \tag{9-27}$$

式中，W 为泵总功率（马力，1 马力 = 735.499W）；Q 为泥浆流量（m^3/h）；H_T 为总压头（m）；S_2 为泥浆相对密度；E 为输送泵效率（%），一般为 55%~65%。

4）底泥堆放场的设计。堆放场在所需要考虑的问题中仅次于设备选型。在设计底泥堆放场时，首先需要进行野外现场勘察，其次确定底泥的特征，包括含水率、有机成分比例、颗粒粒径分布、相对密度，并测定底泥沉降速率，底泥的沉降属于集团沉降，颗粒在沉降过程中相互作用等。

5）疏浚沉积物处置。沉积物中的污染物必须进行无害化处理或采取防止污染扩散的措施，避免污染转移或产生二次污染。污染沉积物疏浚后一般要选择堆场来储存疏浚的沉积物。首先要设计注意符合环境疏浚特殊要求的疏浚沉积物堆场，堆场围埝的体积、结构和防渗应达到要求。堆场围埝可以是土埝、石埝和砂埝。国内一些湖泊水库环境疏浚工程中，铺设土工膜防渗是一种简单有效的措施。对场中疏浚沉积物沉积后的余水进行必要的处理和监

测，以保证余水排放能够达到标准，必要时可以通过采取一定的物化方法（投加化学絮凝剂或增加过滤装置）控制排放余水水质。疏浚堆场中的污染沉积物通常采用物化、生物方法进行处理，常用的方法有颗粒分离、生物降解、化学提取等。疏浚沉积物可以循环利用。疏浚沉积物无害化后可以用于改良土壤或荒漠地区的表土层重建，用于湖滨绿化带建设。湖泊水库疏浚的沉积物具有颗粒细、可塑性高、结合力强、收缩率大的特点，可作为砖瓦生产材料。

湖泊水库沉积物疏浚可有效降低湖泊水库的污染负荷。沉积物中重金属、持久性有毒有机污染物等难降解污染物也只能通过疏浚方法从湖泊水库中去除。但沉积物疏浚操作不当，可能引起一些环境问题，如沉积物疏浚过程中的扰动，使得底泥的扩散和颗粒物再悬浮引起短时期内水体中污染物浓度升高，造成二次污染。另外，疏浚工程可能对湖泊水库底栖生态环境造成影响。由于疏浚方式和技术问题，疏浚后新生表层界面暴露，可能出现污染内源回复现象。底泥疏浚是一个高投入的方法，不论是挖掘、运输，还是污泥最终处置，都要消耗大量的人力和物力。因此，这一措施一般只用于利用价值较高的水体。

2. 湖泊水库沉积物原位处理技术

原位处理技术是在不疏挖沉积物的情况下通过物理、化学和生物的方法处理污染沉积物，降低沉积物中污染物的迁移活性，以控制沉积物内源污染。原位技术与疏浚等异位沉积物处理相比具有方法简单、工程成本低的优点。按照处理原理，湖泊水库污染沉积物原位处理技术包括原位物理技术、原位化学技术和原位生物技术。其中，原位物理技术包括原位覆盖技术和原位封闭技术。

（1）原位覆盖技术 原位覆盖技术是在污染沉积物表面覆盖一层物质，如砂子、卵石和黏土等，依次隔离污染沉积物和水体，将污染封闭在沉积物中，达到控制沉积污染内源的目的（图9-17）。原位覆盖技术可以有效阻隔脂肪烃、重金属、耗氧物质、硝酸盐、磷酸盐、杀虫剂、多氯联苯和多环芳烃等污染物的释放。覆盖层物质一般是低污染的沉积物、砂砾或多种材料高聚合物（高密度聚乙烯、聚氯乙烯、聚丙烯和尼龙等）组成的复合层。

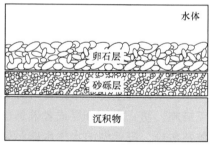

图 9-17 湖泊水库污染沉积物
原位覆盖示意图

原位覆盖技术可以与疏浚结合，在疏浚后的新界面上形成一个阻隔层，有效地控制了污染释放。但由于覆盖层对沉积物的积压，可能导致沉积物和孔隙水位移，会影响覆盖层的完整。原位覆盖技术在湖底坡度大及水动力扰动大的湖区都受到较大限制。覆盖的第一步应该是勘察将被覆盖的现场，实验底泥打桩的可行性。如果底泥流动性大，就需要打比较深的桩；如果底泥太稀，就可能需要用砖或者水泥块覆盖。在施工过程中，覆盖材料应该紧贴底泥，不能留有气泡。

（2）原位封闭技术 对严重污染沉积物采取强化处理措施，采用物理措施将污染沉积物完全与水体分隔。分隔手段包括隔离膜、围堰、土/石堤坝等。很多情况下，其他湖区疏浚污染物也可堆放于该区域内。目前最大的施工实例是日本的水俣湾，由于沉积物受到严重的汞污染，建立58ha的围隔，同时容纳其他湖区的150万 m^3 的汞污染沉积物，污染沉积物被火山灰、砂等覆盖。

（3）原位化学处理技术　添加化学试剂使沉积物发生化学反应，限制沉积污染物的释放。美国 EPA 在 1990 年采用此法对一些水库和湖泊进行处理，以控制水体的富营养化。其原理是通过投加硫酸铝，在沉积物表层形成缓冲层，当沉积物中的磷酸盐迁移到表层时，与之反应形成磷酸铝化合物沉淀。原位化学处理法还可以通过加入硝酸钙、氯化铁和石灰，达到控制沉积磷释放的目的。由于硝酸根氧化还原电位仅次于氧，硝酸钙作为电子受体，使沉积物的氧化层渗透深度加大，亚铁被氧化形成未定型的或短程有序的水合氢氧化铁，由于氢氧化铁对磷酸盐具有强烈的吸附作用，阻止沉积物中溶解磷酸盐的迁移。沉淀技术发挥作用比较快，但是难以发挥长效作用，因此一般作为临时措施使用。如果将大量氢氧化铝投加覆盖在底泥表面，就可以随时吸附任何从底泥中释放的磷或者形成铝酸盐。通过这种途径，内源性的磷可以在比较长的时期内（如几年）得到抑制，从而抑制湖泊水库的富营养化。

（4）原位生物处理技术　原位生物处理是通过植物直接吸收、根系微生物降解等作用，使沉积物中污染物分解或转化。原位生物处理可以对填埋的疏浚沉积物堆场进行处理，也可以运用于湖泊水库沉积物的固定和污染物处理。研究表明，水生植物根茎能控制底泥中营养物质的释放，而在生长后期又能较方便地去除，带走部分营养物质。高等水生植物可提供微生物生长所需的碳源和能源，根系周围的好氧细菌数量多，使得水溶性差的芳香烃化合物在根系旁能被迅速降解。

（5）原位沉积物钝化技术　通过改变沉积物的物理化学性质，降低沉积物中污染物向周围环境释放的可能。沉积物中的污染物一般是通过淋滤作用向水体或地下水迁移，可向沉积物中添加"固定剂"使污染物活性降低。通常使用的"固定剂"包括水泥、火山灰及塑化剂。专业设备采用空心钻达到一定沉积深度，然后用低压将"固定剂"送入沉积物。

9.3.3　水动力学修复

湖泊水库的水动力学修复（Hydrodynamic remediation）是被广泛应用的技术之一，通过人工措施，防止水体分层或者破坏已经形成的分层，提高湖泊水库水体溶解氧的浓度，控制内源性污染，降低湖泊水库水体污染物的浓度，改善水体环境，达到污染湖泊水库水环境修复的目的。水动力学修复技术包括稀释或冲刷、人工曝气、底层水取出、人工环流等。

1. 引水稀释/冲刷

（1）原理　引水稀释/冲刷是一种常用的湖泊水库水环境修复技术。由于引水加快了水体的交换频率，缩短了污染物在湖泊水库中的滞留时间，从而降低污染物浓度水平，使水体水质得到改善。同时，水体流动性的加强，增加湖泊水库下层水体的溶解氧含量，限制沉积物-水体界面物质的交换，从而抑制沉积物中污染物的活化释放。另外，水体稀释或者置换还能够影响到污染物质向底泥沉积的速率。在高速稀释或者冲刷过程中，污染物质向底泥沉积的比例会减小。但如果稀释速率选择不适当，污染物浓度可能反而增加。

（2）设计　在实际工作中，经常采用以下经验公式定量描述稀释冲刷的效果：

$$R = \frac{1}{1+\sqrt{\rho}} \tag{9-28}$$

式中，R 为限制性元素磷的停留系数；ρ 为水体交换或者冲刷速率。

对于短期效果预测，可以根据流量衡算方程进行预测或者计算：

$$c_t = c_{in} + (c_0 - c_{in})e^{\rho t} \tag{9-29}$$

式中，c_t 为在时间 t 时的污染物浓度；c_{in} 为进水浓度；c_0 为初始浓度；ρ 为水体交换或者冲刷速率。

以上方程假定，水体是完全混合状态，没有任何其他污染来源。所以没有考虑底泥沉积或者释放的影响，该方程只能用于短期效果预测，及时与实际观察结果进行比较。

对于稀释和冲刷的长期效果，考虑到稀释水量相对水体比较小，在稳态条件下，磷浓度可以采用式（9-16）进行预测。

式（9-16）的一个主要假定是稳态条件。如果季节性的内源负荷波动不是非常剧烈，该假定条件可以得到满足。但是，如果季节性内源磷浓度峰值比较高，模型的预测值仅能作为参考。实际的稀释过程比较复杂，水流方向、风及湖泊水库形状等因素都会影响稀释的效果。稀释也会产生一些额外的效果，如改变蓝绿藻的生长条件，减弱藻类固氮的效率。在这种情况下，氮可能取代通常预料的磷转而成为限制性营养元素。

稀释与冲刷经常被混淆使用，而实际上，稀释包括了污染物浓度的降低和生物量的冲出，冲刷仅仅指生物量的冲出。对于稀释来说，稀释水的浓度必须低于原水，浓度越低，效果越好。对于冲刷来说，冲刷速率必须足够大，使得藻类的流失速率大于其生长繁殖速率。最理想的稀释情形是采用低浓度低流量的水，达到长期的效果。在实际稀释过程中，可以根据实际情况采用不同的方式，如只在富营养化严重的季节（如夏季）进行加水稀释，或采用比较小的水量（总水量相同）不分季节常年加水稀释。实际结果表明，后一种方式的效果有时更好。

稀释法的成本取决于输送水的设施、水源远近、水量大小、单位水量的价格等因素。一般来说，稀释法具有在水量充足时成本相对比较低，能够马上见效，在浓度比较高的情况下也能够见到部分效果等优点。充足的低浓度的水源通常是限制稀释法使用的主要因素。

2. 人工曝气

（1）原理　具有一定水深的湖泊水库，通常具有季节性温度分层的特点。湖泊水库的季节性温度分层特点导致其底层水处于厌氧环境，有利于污染物的活化。通过人工曝气（Artificial aeration），有效减少湖泊水库分层后下层厌氧还原层对水环境的不利影响，使湖泊水库底层溶解氧得以恢复，水体中溶解铁、锰、硫化氢、二氧化碳、氨氮及其他还原组分浓度大为降低，改善水生生物的生存环境。此外，人工曝气可以有效限制底层水体中磷的活化和向上扩散，从而限制浮游藻类的生产力（图9-18）。

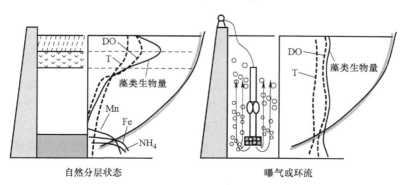

图 9-18　分层湖泊水库人工曝气/人工环流改善水质

（2）类型　从种类上来说，人工曝气主要有以下三种：

1）机械搅拌，包括深水抽取、处理和回灌等措施。机械方式曝气包括将深层水抽取出来，在岸上或者在水面上设置的曝气池内进行曝气，然后再回灌深层。这种技术应用并不普遍，主要原因是空气传质效率比较低，成本比较高。

2）注入纯氧，能够大幅度提高传质效率，但是容易引起深层水与表层水混层。

3）空气曝气，包括空气全部提升或者部分提升。全部空气提升指用空气将水全力提升至水面然后再释放，而部分提升仅是空气和深层水在深层混合然后气泡分离。有关的研究和实践表明，全部空气提升系统与其他系统相比成本最低而效果最好。尽管如此，部分空气提升系统应用得最多，设备多数由 PVC 材料制成。

（3）设计　人工曝气设备的大小主要取决于深层水溶解氧消耗速率或者需要量、深层水体积及时间等因素。

曝气时间与水体分层时间有关。氧的消耗速率可以从溶解氧随时间的变化曲线得到，如下式所示：

$$v_{O_2} = \frac{c_{DO_{t1}} - c_{DO_{t2}}}{t_1 - t_2} h \tag{9-30}$$

式中，v_{O_2} 为溶解氧的消耗速率 $[mg/(m^2 \cdot d)]$；$c_{DO_{t1}}$ 为水体分层开始时溶解氧的浓度（mg/L）；$c_{DO_{t2}}$ 为水体溶解氧降低至 1mg/L 前某时间的浓度（mg/L）；h 为深层水的平均深度（m）。

空气的需要量可以根据以下公式进行计算：

$$Q = \frac{v_{O_2} A_h t_s \times 2 \times 10^{-6}}{1.205 \times 0.2} \tag{9-31}$$

式中，Q 为空气需要量（m^3/d）；A_h 为深水层的面积（m^2）；t_s 为水体分层时间（d）；2 为安全系数；0.2 为空气中氧气的比例；10^{-6} 是单位转换系数（kg/mg）；1.205 为空气在 1atm 和 20℃下的相对密度（kg/m^3）。

从实际应用情况来看，曝气系统能够有效地增加深层水的溶解氧，一般可以达到 7mg/L；同时氨氮和硫化氢能够得到降低，厌氧环境可以转变为好氧环境。内源性的磷负荷的降低通常并不像想象的效果那样理想，而且内源性磷的控制效果也不稳定，一旦停止曝气，内源性磷浓度就重新增加至曝气前的水平。因此，对富营养现象的改善或者对藻类生长的控制可能并不如预期。曝气还会影响水体生物。虽然表层水和浅层水中的生物种类变化不大，但是深层水由于从厌氧转变为好氧，相应生物种类发生比较大的变化，增加了食草动物的生存空间。某些大型食草生物的增加可能有助于控制藻类等富营养化生物的生长。

3. 人工循环

（1）原理　人工循环技术（Artificial circulation technology）是与人工曝气相似的湖泊水库水环境改善措施。通过向湖底泵送压缩空气，产生水体环流，凭借水体交换消除或防止湖泊水库的水体温度分层，进而改善水质，其原理类似于"人工曝气"。人工循环可以通过泵、射流或者曝气实现，通常是完全循环，这样可以防止水体分层或者破坏已经形成的分层。通过循环，深层水与表层水得到置换，深层水体溶解氧将得到明显的提高，而表层水体的溶解氧可能相对减少。通过水体循环，可有效控制湖泊水库的藻类生物量。由于上、下层湖水的混合，增加藻类细胞在光照强度弱的下层水体中的滞留时间，从而降低光合作用的净生产力水平。小型浮游动物被水体循环带入湖底，减少被鱼类捕食的机会，使湖泊水库中有更多的藻类消费者（浮游动物）。经过水体循环，溶解氧增加，污染物质氧化加快，改善了好氧水体生物的生存环境。

水体循环的最主要作用是提高湖泊水库水环境的溶解氧浓度。水体循环作用使得下层厌氧水体补氧，有效降低沉积物中磷的活化能力和释放通量，从而控制了内源性污染源。

（2）设计 水体循环一般用压缩空气向底部曝气，随着气泡的上升，在被充氧的同时，水流被提升至表面，使水体形成循环。也可以采用泵或者射流的方法，但是比较而言，成本都比较高。曝气位置一般选择在湖泊水库最深处，效果最好。因为深度大，气流上升速度快，水体循环也快。曝气设备一般置于水体最深层，但是需要距离底泥1~2m，以防底泥泛起。

人工水体循环的采用也带来了一些副作用。人工循环加快磷从底层传递至水体表层，尤其是原本可能沉淀的颗粒状磷在表层通过生物作用变成溶解性的。由于黏土颗粒和浮游生物等增加，水体透明度可能下降。藻类生物的增加和光合作用的增强，导致 CO_2 浓度下降，相应 pH 值上升。水体循环可能抑制藻类的沉淀，导致更多的藻类繁殖。

9.3.4 藻类控制和去除

水华是湖泊水库富营养化的一个显著特征。水华的爆发不仅会使湖泊水库水质下降，而且会影响湖泊水库的自净能力，进一步恶化湖泊水库的生态功能。所以，通常采用藻类控制与去除技术防治藻类大面积的繁殖和水华的频繁发生。

1. 物理法

1）人工解层。人为地使各水层混合，消除热分层。热分层可能是蓝藻水华发生或衰亡的关键因素，解层作用限制了蓝藻对光的利用。解层还可以使透光区的平均温度降低，抑制藻类生长。

2）混凝沉淀。向水中投加泥、黏土（高岭土、蒙脱土等），在水中分散形成大量的悬浮颗粒，颗粒之间及颗粒与藻细胞之间通过重力差异性沉降、布朗运动、水流切应力等作用发生碰撞聚集，最后在重力作用下沉降于水底，从而消除湖面水华。

3）机械打捞。机械打捞是一种费时费力的办法，适用于流入水体养分数量不大的情况，即在一次有效打捞后，其效果可以维持几年的情况。这种方法还适用于特别景观要求的旅游场，所以通常作为藻类大发生的应急措施。

2. 化学法

化学药剂法是利用杀藻剂杀死藻类，从而消除湖面水华现象。化学药剂法是最方便、快捷的一种除藻方法，常用作应急措施，尤其在住宅区或景观区使用效果较好。但是在杀死靶标生物的同时，非靶标浮游生物也被杀死，使依靠这些生产者的鱼类和其他生物受到影响。另外，残留的药剂很容易形成二次污染。同时，由于藻类残体会漂浮于水中或沉入湖底，营养物质仍然留在湖内，养分过多这一根本问题依然未得到解决。更为重要的是，一旦除藻剂被降解或稀释，藻类可能重新大暴发。

3. 生物法

生物学控制技术是利用水生动物、水生植物、藻类病原菌、病毒来控制、抑制和杀死藻类的方法。在水中放养大型水生植物和大型藻类，一方面可通过竞争作用抑制蓝绿藻的生长；另一方面，大型藻类易于收获，可因此而从湖泊水库内除去氮、磷营养物质。养殖食藻鱼、控制食浮游动物的鱼类是有效的控制方法。利用致病微生物控制藻类是生物法的一种新途径，即向水中投放藻类致病细菌或病毒，使之染病死亡。病原菌可以在发生藻华的水体中分离得到或者采用基因工程手段得到。生物法具有无污染，费用低，除藻、抑藻效率高的优点，有着广泛的应用前景。

9.3.5　生态修复

1. 湖滨带生态恢复

湖滨带是湖泊水库水域与流域陆地生态系统间一个重要的生态过渡带。来自陆地的矿物质、营养物质、有机物质和有毒物质在地形和水文过程的作用下通过各种物理、化学和生物过程穿过湖滨带才能进入湖泊水库水体。因此湖滨带是湖泊水库重要的一道天然屏障，是健康的湖泊水库生态系统的重要组成部分。由于不同生态系统之间的相互作用，湖滨带有特别丰富的植物区系和动物区系，不仅可以有效滞留陆源输入的污染物，还具有净化湖水水质的功能。

由于自然原因和人为活动，许多湖泊水库湖滨带生态系统遭到严重破坏。湖滨带的生态恢复（Ecological restoration of lakeside zone）就是在湖滨带生态调查和主要环境因子辨识的基础上，按照生态学规律，利用种群置换手段，用人工选择的组分逐步取代现有的退化系统组分，人工合理调控湖滨带结构，使受害或退化生态系统重新获得健康并有益于人类的生态系统重构或再生过程。湖滨带生态修复的主要内容包括以下方面：

1）湖滨带物理基底的修复，需要通过工程措施利用湖泊水库自然动力学过程（自然淤积、生物促淤）来实现。通过修建临时或半永久的水工设施，如软式围隔、丁字坝、破浪潜体、木篱式消浪墙等，降低恢复区风浪对工程的影响。对于浅滩环境的修复，可以采用抽吸式清淤机械将被搬运到湖心的泥土运回，堆筑成人造浅滩。利用围隔促进水体透明度增加，从而有利于沉水植物的生长。

2）水生植物组建。首先是先锋植物的培育，在此基础上通过自然或人工群落置换。先锋植物一般选择体型高大、营养繁殖力强、能迅速形成群落的挺水植物种类。我国湖泊水库湖滨带恢复中先锋植物通常选用芦苇、茭草和香蒲等。

3）水生植物群落的优化。在先锋植物群落稳定后，根据生物的互利共生、生态位原理、生物群落的环境功能、生物群落的节律匹配及景观美学要求等，使湖泊水库湖滨带植被群落结构趋向优化，逐步达到生物多样性要求。

2. 水生植被恢复技术

湖泊水库水生植被（Aquatic vegetation）是由生长在湖泊水库浅水区和湖周滩地上的沉水植物群落、浮叶植物群落、漂浮植物群落、挺水植物群落及湿生植物群落共同组成。水生植物在其生长期间可有效吸收与富集水中和底质中的营养盐，起着"营养泵"和"营养库"的作用，合理构建并维持水生植物生物量，可转移出氮、磷等营养盐，各类漂浮植物、浮叶植物、挺水植物和沉水植物等水生植被的恢复和重建可有效分配水体营养盐，避免单一优势种的过度滋生，保持水体净化能力。水生植被恢复要根据退化水生态系统受损过程的分析，筛选适应退化环境下不同生态位的植物物种，配置结构合理、层次立体化、组成复杂的动态群落模式，从而促进初级生产者的恢复与保存，建立良好的系统营养关系与食物网络。人工辅助是湖泊水库植被生态恢复的必要措施，通过对湖泊水库环境调控可以有效促进水生植被的自然恢复。这些措施包括：①通过多种措施改善植物生境条件，如采用围隔消浪、促淤、底质改善、降低水位等；②改善湖底光照，通过增加水体透明度、水下补光等措施增加光补偿深度，促进沉水植物恢复；③植被人工重建，在已丧失自动恢复能力湖区或不符合水质改善要求的情况下，可通过生态工程进行人工重建。

水生植被的恢复技术包括植物物种选育和培养技术、物种引入技术、物种保护技术、种群动态调控技术、群落结构优化配置与组建技术、群落演替控制与恢复控制技术等。

3. 生物操纵技术

生物操纵（Biomanipulation）是指通过对湖泊水库生物群及其栖息地的一系列调节，以增强其中的某些相互作用，促使浮游植物生物量下降。在湖泊水库生态系统中，水生生物链是从食鱼鱼类→食浮游生物鱼类→浮游动物/草食鱼类→藻类→底栖生物来完成的。所以，水体中的藻类除受营养物质的控制外，作为食物链中的一环，也受到浮游动物和鱼类的控制。因此，可以通过调控食物链的环节来达到改善湖泊水库水质的目的。

思 考 题

1. 何为湖泊？何为水库？分哪些类型？
2. 湖泊与水库有哪些异同？我国主要湖泊形态特征是什么？
3. 简述湖泊水库水动力学过程。
4. 湖泊水库水质化学主要指标有哪些？试述各自在湖泊水库水环境中的迁移转化过程。
5. 试述湖泊水库生态系统的构成。
6. 湖泊水库水环境修复有哪些原则？
7. 湖泊水库水环境修复工程包括哪些主要技术类型？
8. 简述湖泊水库水环境评价目的、内容及指标。
9. 有哪些湖泊水库外源污染控制技术？试述其原理、工艺和设计。
10. 有哪些湖泊水库内源污染控制技术？试述其原理、工艺和设计。
11. 有哪些水动力学修复技术？试述其原理、工艺和设计。
12. 有哪些藻类控制和去除技术？试述其原理、工艺和设计。
13. 试述生态修复工程的原理、工艺和设计。

参考文献

[1] 赵景联，史小妹. 环境科学导论 [M]. 2版. 北京：机械工业出版社，2017.
[2] 赵景联. 环境修复原理与技术 [M]. 北京：化学工业出版社，2006.
[3] 周怀东. 水污染与水环境修复 [M]. 北京：化学工业出版社，2005.
[4] 张锡辉. 水环境修复工程学原理与应用 [M]. 北京：化学工业出版社，2002.
[5] 朱亦仁. 环境污染治理技术 [M]. 北京：中国环境科学出版社，1996.
[6] 高俊发. 水环境工程学 [M]. 北京：化学工业出版社，2003.
[7] 黄铭洪，等. 环境污染与生态恢复 [M]. 北京：科学出版社，2003.
[8] 金相灿. 湖泊富营养化控制和管理技术 [M]. 北京：化学工业出版社，2001.
[9] 李昌静，等. 地下水水质及其污染 [M]. 北京：中国建筑工业出版社，1983.

[10] 许世远，等. 苏州河底泥污染与整治 [M]. 北京：科学出版社，2003.

[11] 陈静生，等. 水环境化学 [M]. 北京：高等教育出版社，1987.

[12] 高宏，等. 多砂河流污染化学与生态毒理研究 [M]. 郑州：黄河水利出版社，2001.

[13] 国家环境保护总局科技标准司. 中国湖泊富营养化及其防治研究 [M]. 北京：中国环境科学出版社，2001.

[14] 刘建康. 高级水生生物学 [M]. 北京：科学出版社，2002.

[15] 斯瓦茨巴赫，等. 环境有机化学 [M]. 北京：化学工业出版社，2002.

[16] 王苏民，等. 中国湖泊志 [M]. 北京：科学出版社，1998.

[17] 杨志峰，等. 生态环境需水量理论、方法与实践 [M]. 北京：科学出版社，2003.

[18] 叶常明，等. 水体有机污染的原理研究方法及运用 [M]. 北京：海洋出版社，1990.

第 10 章

污染河流水环境修复工程

10.1 河流水环境

10.1.1 河流的概念

　　河流由雨水、冰川或者地下水在地球引力作用下汇集，由细小的水流逐渐发展成汹涌的激流，奔流于蜿蜒的河槽中。因此，河流包括了河槽与在其中流动的水流两部分。一条河流分为河源、上游、中游、下游和河口五段。从河源至河口的轴线长度，简称河长。河流任何两点之间的水面高程差称为落差，单位河长的落差称为比降。一般来说，河流上游比降大，水流速度大，冲刷为主；中游流速减小，冲刷与淤积趋于平衡；下游流速更小，淤积占优势，形成各种形态的沙滩；河口是河流的终点，是海洋或者湖泊。有些内流河，消失在沙漠中，没有河口。

　　河流形态可以分为山区河流和平原河流两大类。山区河流（图 10-1）两岸比较陡峭，河道深而狭窄，一般呈现 V 形或者 U 形。山区河流一般表现为阶梯状，由一级一级顶部平坦的平台和它们之间的斜坡构成，平台称为阶地面，而斜坡称为阶地前坡。最下一级与河谷谷地相连，称为一级阶地。山区坡度非常大，汇流时间短，径流速度大，甚至达到 7m/s 以上。所以，一旦降雨，就容易形成强烈的洪水。在这种情况下，如果植被遭到破坏，就会导致严重的水土流失和河流的严重污染。平原河流（图 10-2）的特点是地势开阔平坦，水流比较舒缓，流速一般在 3 m/s 以下。平原河流容易产生泥沙淤积，使得平原河流的形态变化多样，容易形成大面积的冲积区，厚度可以达到数十米，平原河流中容易出现边滩、浅滩、沙嘴、江心滩等各种形态的成型堆积体。

　　河流形态主要概括为 4 种类型：①顺直型，即中心河槽顺直，而边滩呈犬牙交错状分布，

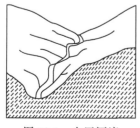

图 10-1　山区河流

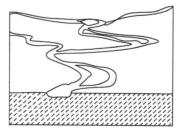

图 10-2　平原河流

并在洪水期间向下游平移；②蜿蜒曲折型，呈现蛇形弯曲，河槽比较深的部分靠近凹岸，而边滩靠近凸岸；③分汊型，流水河槽分汊，或者双汊或者多汊，并且交替消长；④散乱游荡型，河床分布着比较密集的沙滩，河床纵横多样，而且变化比较频繁。

河流的积水区域，称为流域（图10-3）。在一定汇水区域内，大小不一的河流构成脉络相通的河流系统，称为水系或者河网。在平面形态上，河网有树枝状、长方形、羽毛状、放射状、平行状、环状等各种不同的形态。我国的河网多分布在平原三角洲地区，这是由于这种地区的地势比较平坦，河道纵横交错，形成四通八达的河网。平原河网地区的地理位置优越，交通便利，因而工农业经济一般比较发达。因此，河网地区的污

图 10-3　河流流域

染往往比较严重。我国河网水环境的主要特点：①河道纵横交错，并且与大小湖泊相互串连，水流方向变化不定，不均匀；②污染源排放呈间歇式，点源排放与生产生活节奏相关，面源污染排放与降雨等相关，水体流动缓慢，水体常常呈现好氧、缺氧和厌氧三种状态，容易出现黑臭现象，对整个河网的生态系统影响比较大；③底泥受到比较严重的污染，是一个重要的内污染源。

10.1.2　河流水力学

河道中的水流一般是不稳定的湍流形态，由大大小小的各种尺度的涡体组成。涡体起源于高速水层和低速水层交界面处的不稳定波动。涡体旋转运动扰动临近的水层，进一步产生新的旋涡。在湍流中，任何一点的流速和压力等参数都随着时间和空间呈现不规则的脉动。

在河流中，沿着总的趋势流动的水体称为主流。而伴随着主流运动产生的不同方向的旋转流动称为副流。根据旋转轴的方向不同，副流又分为顺轴副流、横轴副流和立轴副流等。各种副流与主流一起形成了河道中变化无常的河流现象。

顺轴副流指绕着纵向水平轴线方向形成的闭合环流。例如，在河流弯道处形成的弯道环流就属于顺轴副流。河水经过弯道的时候，由于离心力及由此引起的压力作用，水流表层面流指向外侧凹岸，而河道底部水流指向内侧凸岸，构成了河道弯曲处的环流运动（图10-4）。结果是，表层比较清的水流冲刷外侧凹岸，携带冲刷下来的泥沙的底层水流转向内侧，导致泥沙淤积沉陷在凸岸一侧，最终导致河道弯曲处变得越来越弯曲。

横轴副流是绕河道横向水平轴运动的闭合环流，又称为旋滚。这种形式的副流通常发生在绕过河床底部障碍物，

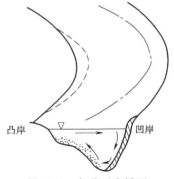

凸岸　　凹岸

图 10-4　弯道环流界面

如沙波或波谷等。沿着河床附近的底部旋滚，是导致河床局部冲刷变形而形成各种形态的主要动力。河流主流场和副流场的分布及其对河岸的侵蚀如图10-5所示。

立轴副流是绕垂直方向轴做旋转运动的闭合环流。这种水流一般发生在防波堤和桥墩等构筑物附近。由于旋涡的垂直搅动和旋涡中心压力比较低，河底的泥沙容易被带动而重新悬

浮，然后在下游沉降淤积。

河流与地下水存在着水力学关系（图10-6）：①地下水对河流的补给作用；②河流对地下水的补给作用；③河流排泄多余地下水的作用。

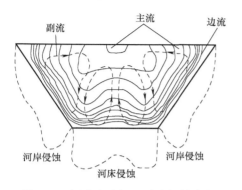

图 10-5　河流主流场和副流场的分布
及其对河岸的侵蚀

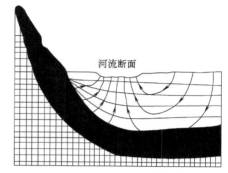

图 10-6　地下水与河流的相互作用、补给与排泄

10.1.3　河流泥沙

河流的泥沙是从流域地表侵蚀下来的。在流域里，单位平方公里地表年侵蚀的泥沙数量称为侵蚀模数。在河流中，单位体积河水所含有的泥沙质量称为含沙量。侵蚀模数与流域的植被和降雨强度密切相关，含沙量与河流的水力学密切相关。进入河流的泥沙，经过河流沿途反复地沉积和冲刷，大部分被搬运至平原冲积区或者灌区，或者汇入湖泊，或者最后流入大海。

泥沙颗粒通常是不规则的，其大小可以用直径表示。根据需要，通常采用平均直径、等容直径、筛孔直径、沉降直径表示。一般平均直径和等容直径适合比较粗大的泥沙（如卵石和砾石），筛孔直径适合中度粗细的泥沙颗粒，沉降直径比较适合于直径小于 0.1mm 的细小泥沙。

河流泥沙具有大小不同的粒径分布，不同的粒径具有显著不同的性质。一般大于 2mm 的颗粒之间没有毛细力，颗粒不会相互连接；2~0.05mm 范围的颗粒之间具有毛细力，但是仍然没有黏结力；0.05~0.005mm 的颗粒在含水时具有黏结力；小于 0.005mm 的颗粒之间不仅含水时具有黏结性，在失水后仍然具有很强的黏结性，能维持一定的结构形态。悬浮在水流中的泥沙，颗粒比较细小，随着河水流动输送。

泥沙的沉降用沉降速度表示，一般是在静止清水中等速沉降的速度。沉降速度与颗粒大小、形状、相对密度和水的黏度等因素相关。

当河流流速减慢，流量减小，坡度减缓，含沙量增多等时，水流中的泥沙发生沉积现象。泥沙沉积导致河床由深变浅，河床和河谷形成各种形态的堆积地貌，弯曲河岸线的不对称性加剧。

河床上的泥沙在一定的条件下，能够起动，随着水流迁移。泥沙起动的条件是河床上的泥沙刚刚开始运动的水流条件，或者称为临界水流条件。在临界条件下，泥沙颗粒受的作用力包括：有效重力、水流推移力（又称拖曳力）、水流上举力、颗粒摩擦力、黏结力等。如果考虑了各种作用力，可以估算泥沙起动所需要的水的流速。

　　河流存在层流和湍流。在湍流段，水流速度比较急，水质点之间相互混合和碰撞，提高了河流水流挟带泥沙的能力；在层流段，水流速度减缓，水流所挟带的泥沙开始沉积。河流在单位时间内通过某一个断面的泥沙量，称为输沙率。输沙率反映了河流输送泥沙的能力，合理确定输沙率是定性和定量分析河床冲淤变化的基础。因颗粒粒径太大而不能悬浮的泥沙和石块等，在河床以滑动和滚动甚至跳跃的方式运动，称为推移。这种移动常常是周期性的。由于推移作用，河床呈现波状起伏的各种河床沙体，是造就河床形态例如浅滩或坝的主要动力。颗粒直径比较小的粉沙、黏土和腐殖质等在河流中呈悬浮状态运动，称为悬移。悬移式输沙是研究河床演变、引水排沙等工程实际问题的基础。大多数河流所携带的沉积物的80%~90%为悬移性的。

　　沉积物的迁移受许多因素的影响，可以采用模型模拟，或者采用直接测量方法。水流挟沙力是表示河流挟带固体泥沙颗粒能力的综合性参数。水流含沙后，其物理性质和稳定形态都随之发生变化。因此，计算水流挟沙力就比较复杂。通用的水流挟沙力计算公式为

$$S_s = 2.5 \left[\frac{(0.0022 + S_v) v^3}{k \frac{\gamma_s - \gamma_m}{\gamma_m} ghw_s} \ln\left(\frac{h}{6d_{50}}\right) \right]^{0.62} \tag{10-1}$$

式中，S_s 为临界含沙量；v 为河水流速；γ_s 及 γ_m 分别为泥沙及浑水的重度；S_v 为体积百分数表示的含沙量；w_s 为泥沙群体沉降速度；h 为水深；d_{50} 为泥沙中值粒径；k 为卡门常数，可用以下公式计算：

$$k = 0.4 - 1.68 \sqrt{S_v} (0.365 - S_v) \tag{10-2}$$

　　大量研究表明，以上公式计算的是全悬移式挟沙力，既适用于一般挟沙水流，也适用于高含沙湍动水流，具有工程实用意义。

　　显然，泥沙输运随着时间和空间而变化，主要控制因素包括输运速率、泥沙负荷和单个颗粒迁移路程的长短等。而输运速率和泥沙数量又是由颗粒数量、颗粒尺寸、颗粒堆积及河床上的水流速度场分布等因素控制的。

10.1.4　泥沙与河流相互作用

　　泥沙是水流与河床之间相互作用的纽带。泥沙的运动与沉降淤积，是水流与河床相互作用的结果。泥沙既是水流的组成部分，又是河床的组成成分。泥沙的淤积，使河床抬升；泥沙的冲刷，又导致河床降低。所以，河床的演变基本上是以泥沙运动的基本规律为基础的。深刻理解泥沙的作用对于我国河流修复具有特殊重要的意义。因为泥沙含量高是我国河流的显著特点。根据有关研究，我国黄河的最大含沙量为 42.3%，其支流的含沙量高达 78%。

　　总体来说，河道可以分为如图 10-7

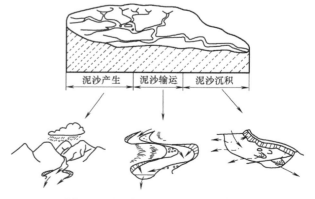

图 10-7　河流泥沙运动阶段示意图

所示的三个区域：泥沙产生区、泥沙输运区和泥沙沉积区等，这对于理解河道不同区段的功能和进行河道修复是非常重要的。

　　泥沙与河槽的相互作用在很大程度上影响着河流的形态及其演化趋势。河流形态主要是由河道地质条件、水流流量、速度和能量，以及泥沙运动等因素相互作用所决定的。在流动过程中，水流产生对河底和河岸的冲刷剪应力作用，水流挟带的泥沙也具有很强的摩擦侵蚀作用，如果应力大于河床和河岸物质的抗剪力，则造成冲刷效果，导致河床物质发生运动；另一方面，如果水流速度小于泥沙的止动流速，则会发生淤积，塑造出一定的河床形态。河床形态的改变反过来又会影响水流流场和相应的剪应力作用大小和方向，例如淤积本身又导致水流的加快，从而减小淤积速率。总之，两种力量交替作用。当达到相对平衡状态时，水流和河床则呈现相对稳定的状态。因此，河床和河谷是水流在漫长的运动中逐渐形成的，并且处于不断地变化过程中。

10.1.5　河流生态系统及其功能

　　河流是流域（River valley）景观中一个流动的、与陆地生态系统联系紧密的且相对开放的复杂生态系统，具有一定的结构和功能。

1. 组成

　　河流生态系统（River ecosystem）是由非生物环境和生物环境两部分构成的（图 10-8）。

　　非生物组分包括参加物质循环的无机物质（C、N、P 等）、联系生物和非生物的有机化合物（蛋白质、碳水化合物、脂类和腐殖质）和环境条件（日照、水温及其他物理因素）。

　　生物组分包括生产者、消费者和分解者。

　　（1）生产者（Producer）　主要指绿色植物（包括浮游植物和水生植物）及光合细菌。浮游植物主要

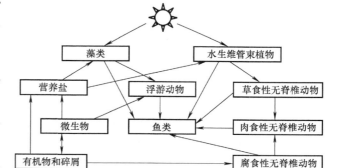

图 10-8　河流生态系统的结构

是指藻类。大型水生植物包括挺水植物、浮游植物、漂浮植物和沉水植物等，生长状况取决于河流的水文状况、水深及底泥特性。对河流的水生态系统来说，沉水植物首先作为初级生产者，为食草性水生动物提供物质和能量；其次为其他生物提供栖息地和庇护所，所以，沉水植物也是河流景观生态的重要组成部分。光合细菌主要分布在水深不超过 20m 的湖泊底泥表层，或分布在深水湖泊夏季湖水分层期的厌氧区上层。

　　（2）消费者（Consumer）　包括浮游动物、大型无脊椎动物及鱼类等。浮游动物是指悬浮于水中的、没有游泳能力或游泳能力很弱的、借助显微镜才能观察的水生动物。浮游动物的种类组成极为复杂，一般分为原生动物、轮虫、枝角类和桡足类。浮游动物在淡水生态系统中占着重要地位，是水生态系统中的主要初级消费者，它一方面是鲢鱼、鳙鱼等经济鱼类的重要食物，另一方面又制约着浮游植物和微生物的生长和发展。河流生态系统的大型无脊椎动物主要是指栖息生活在水体底部，以及附着在水生植物上的肉眼可见的水生无脊椎动

物。它包括许多门类，主要包括水生昆虫、大型甲壳类、软体动物、环节动物、圆形动物和扁形动物等。河流生态系统中鱼类是水生食物链中的最高营养级，对水生态系统的平衡起着非常重要的作用。

（3）分解者（Decomposer） 包括细菌和真菌等。分解者主要由异养微生物组成，如细菌、酵母菌等。分解者是河流生态系统实现环境与生物之间的物质循环和再循环的重要基础。

2. 河岸生态

河岸生态（Riparian ecology）是河流生态的重要组成部分。河岸植被包括乔木、灌丛、草被和森林等。两岸植被能够阻截雨滴溅蚀、减小径流沟蚀，提高地表水渗透效率和固定土壤等，从而大幅度减少水土流失。一般而言，当植被覆盖率达到 50%~70%，就能够有效地减少水流侵蚀和土壤流失；当植被覆盖率达到 90% 以上，就能够完全控制住水沙。但茂盛的岸边植被保护河岸，可能为河床的下切创造了条件。河床本身，如果生长植物，如被树干拥塞，则可能加强河水的侧蚀作用，使河流变宽，以致逐渐消亡。河流生态系统中的生物组分互为依存，互相制约，互相作用，形成河流生态系统中的复杂食物链结构。河流生态系统功能的驱动力是非生物环境，主要通过水文、地形和水质特性体现，而系统的结构和功能是在非生物环境的作用下经过长期演替而形成的。

3. 特点

流水生态（Running water ecology）是河流生态系统的一个特点。河水流速比较快，冲刷作用比较强。生物为了能够适应流水环境，在形体结构上相应地进化。河流水体为许多生物提供适宜的栖息环境，水体中有许多溶解态的无机、有机化合物能够被生物直接利用；水体温度状况比陆地稳定，有利于水生生物的生长；同时河流生态系统中复杂的景观结构，产生多样类型的景观斑块，有利于不同类型的种群生存，而水流为不同群落的物质交流提供通道。这些基本条件造就了河流生物的多样性。

河流生态系统另一个显著的特点是具有很强的自我净化作用。在长期进化过程中，河流生态系统形成同种生物种群间、异种生物种群间在数量上的调控，通过食物链存在着上行效应和下行效应，保持着一种动态平衡关系。河流的流水特点使得河流复氧能力非常强，能够使进入河流的各种物质得到比较迅速的降解；河流的流水特点也使得河流稀释和更新的能力特别强，一旦切断污染源，被破坏的生态系统能够在短时间内得到自我恢复，从而维持整个生态系统的平衡。

10.2　河流的主要环境问题

10.2.1　河流水污染

由于河水的流动特性，河流生态比较容易受到外来污染的影响。一旦发生污染，很容易波及整个流域。河流生态被污染的后果比较严重，会影响周围陆地的生态，影响周围地下水的生态，影响流域湖泊水库的生态，也会影响其下游河口、海湾、海洋的生态系统。因此，河流生态系统被污染后的危害远比湖泊水库等静态水体大。

2000 年，对全国 284978.7km 河长的水质进行评价，其中 Ⅰ 类水河长 19687.9km，占评价河长的 6.9%，Ⅱ类水河长 106822.8km，占 37.5%，Ⅲ类水河长 61765.4km，占 21.7%，Ⅳ类水河长 33231.8km，占 11.7%，Ⅴ类水河长 17925.5km，占 6.3%，劣Ⅴ类水河长 45545.3km，占 15.9%。全国Ⅰ类~Ⅲ类河长总和为 188276.1km，占评价河长的 66.1%（图 10-9）。我国河流水质的地域特点表现为：河流上游河段水质优于

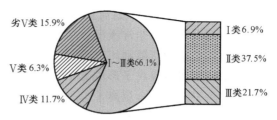

图 10-9　全国河流水质综合评价河长类别比例（全年）

中下游，城市及其下游河段水质普遍较差；南方河流水质整体优于北方、东部发达地区。我国河流水质状况最差区域在太湖水系、海河区、淮河区，其劣Ⅴ类河长比例均达到或接近 50%，即近一半的河流被严重污染；辽河区和松花江区劣Ⅴ类河长比例分别为 31.4% 和 18.0%，水质状况较差；黄河区水质尚可；除沱江和嘉陵江外，长江中上游区域及珠江区水质状况良好；西南诸河、西北诸河和东南诸河水质状况优良。我国河流污染以有机污染为主，主要参数为氨氮、化学需氧量、高锰酸盐指数、五日生化需氧量、溶解氧和挥发酚。重金属污染重点出现在西南、长江等局部区域。黄淮海平原、辽河平原、太湖水系、珠江三角洲的河流及珠江三角洲上游的南盘江受化学需氧量、高锰酸盐指数、氨氮和溶解氧污染较大；海河南系、淮河中上游是我国挥发酚的重点污染区，局部区域污染程度惊人，最大超标倍数高达 1183.2。

河流的污染主要来源：①工业化造成的。工业化过程需要大量的水，而水将大量污染物质带入河流，电厂循环水还可能造成热污染。②城镇生活造成的。初期城镇功能不完善，大量雨水、生活污水和垃圾进入河流，导致河流的污染。③现代农业开发也导致河流污染。因为农业使用大量农药和化肥等。大量化肥流入可能导致河道植物大量生长，导致水体富营养化。农药则可能对水生生物造成短期和长期的危害。污染还包括牲畜养殖、屠宰等粪便、污水、垃圾等。

河流水质变化特征包括两个方面：一是带有一定随机性的变化，一般与污染源排放特性相关，与周围居民的生活特性和工厂生产周期相关；二是在河流水系或者区域范围所表现出来的具有方向性的水质变化，与社会发展和自然变化趋势相关联：

（1）悬浮颗粒物质　可能来自矿山、煤矿、裸露土地等。悬浮颗粒容易阻塞水生动物的鳃，影响这些动物过滤摄取食物。如果悬浮物浓度高，这类动物的数量就会逐渐减少。

（2）有毒物质　主要是重金属离子和人工合成有机物。重金属离子和有毒有机物及其他化合物例如氰化物等能够导致水生生物迅速死亡。

（3）城市生活污水影响　城市污水对河流的影响主要是间接性的。生活污水中的许多物质对河流中的生物并没有毒害作用。相反，这些物质为河流中的许多生物提供了初级食物。所以，在生活污水排放口往往可以观察到许多水生生物的聚集。但生活污水中物质被河水生物和微生物利用，将需要消耗大量氧气。当氧气的消耗速率大于河水复氧速率时，河水就开始呈现缺氧状态。严重缺氧将导致大部分水生生物窒息死亡，只留下少数生物。能够在缺氧条件下生存的生物包括细菌、真菌、原生动物和一些蠕虫等。在污水入口处，经常观察到呈灰白色的条带，称为"污水真菌"。进一步研究表明，这一现象实际上是由细菌、真菌和原生动物混合在一起形成的复合微生态群落，能够以比较快的速率吸收和降解污染物质，

"灰白"条带的长度与污水的流量和浓度，以及河流曝气复氧的速率有关。如果污水有机物浓度非常高而河水流速非常缓慢，则河流会呈现厌氧状态。此时，河水中的主要生物是厌氧微生物。厌氧微生物能够利用有机物，但并不是彻底降解生成二氧化碳，而主要生成甲烷。硫还原细菌利用硫酸根离子形成硫化物，加剧了污染物的毒性。三价铁离子被还原为二价铁离子，亚铁离子及其他金属离子与二价硫形成金属硫化物，一般呈现黑色。甲烷形成气泡上浮，将扰动底泥和水流，使得其他产物包括有机酸、氨和硫化物等释放。缺氧和毒性物质的扩散导致河流生态灾难。

（4）农田排水　在粮食短缺的年代，为增加粮食收成，大都对河流进行了修整。例如，河流被加深和被变直等，而河流旁边的洼地都被开发为农田。这样一来产生了预想不到的后果。因为这些改变了河流的水力和生物系统的特性。例如，河流变直，水流速度加快、洪水的洪峰升高，导致水的冲刷和侵蚀作用增强，河床变得更加不稳定，也导致生物多样性减少，导致积泥和其他污染物传输距离更远，在下游水库淤积。另外，河流岸边的洪水缓冲地带被占用了，湿地消失了，岸边植被没有了。这样，导致径流侵蚀加强，大量的泥沙和氮磷营养元素等冲刷进入河流。在农业生产活动中，农田中的土壤颗粒、氮肥、磷肥、农药以及其他有机和无机污染物质，在降水或者浇灌过程中，通过地表径流和地下渗漏，进入河流水体。含有化肥的农田排水进入河流容易导致河流的富营养化。有些用于农灌的城市生活污水，只经过常规处理，没有经过脱氮脱磷处理，其中也含有大量的氮磷，会加剧河流富营养化。富营养化现象包括：巨型植物和水草迅速生长，严重时阻塞河道；藻类滋生，臭气熏天。

（5）降雨侵蚀　大部分进入河流的沉积物是由表层侵蚀过程引起的。侵蚀包括两种类型：雨滴和流动的水。雨滴引起的侵蚀属于溅蚀移动。侵蚀程度取决于降雨产生的动能大小。高强度风暴频发的地区容易产生严重的降雨侵蚀。在流动降雨的作用下，土壤颗粒与土层分离，并被带走。

径流流动侵蚀包括坡面径流和冲沟侵蚀。坡面径流引起的侵蚀随着水流速度和切变应力的变化而变化。而水流速度一般随着坡度和径流量的增大而增大，随着地表粗糙程度的增大而降低。因此，陡峭坡面容易受到严重的侵蚀。冲沟是最常见的侵蚀形式之一。冲沟一旦形成，其源头就开始不断地移向坡的上面并可能扩展成为排水网络。同时，由于溅落和侧向冲刷作用，冲沟不断变宽。

沉积物的性质也会影响侵蚀程度。沙粒和卵石颗粒比较大，难以迁移或者迁移距离比较短，能够减弱径流的渗透性。而黏土类的沉积物往往凝聚力比较强，容易形成比较稳定的团聚体，抗剪力强，不容易分散。相对而言，松散的土壤比较容易流失。

10.2.2　河流水资源短缺

河流水量问题既是环境问题，也是生态问题。目前，多数河流存在不同程度的水量问题，尤其在我国北方、西北缺水地区，出现河流水位普遍下降，河流水量减少的态势，甚至在一些北方地区出现了"逢河必枯"或"逢水必污"的局面。

10.2.3　河流水生态退化

为了防洪和抗洪，河流整治主要采取大规模的裁弯取直与河床硬化处理等措施，不仅减少了水面面积，还改变了原有河道的形态和走向，占用河滨带与缓冲带，使得原有生物赖以生存的生境系统发生变化或完全消失，导致河流水生态呈现整体退化的态势。

10.2.4 河流功能退化

过量污染负荷排放，河流水量、水位急剧变动，裁弯取直、"三面光"河道与硬质不透水地面等不科学不合理的河流治理行为严重干扰与影响着河流生态系统，使得河流自然景观消失，生物栖息地破坏，河流的自然特性弱化与生态结构的破坏，导致河流的服务功能全面退化，河流生态服务价值大幅下降。

10.2.5 污染物在河流中的传输

（1）泥沙对污染物的传输 河水中大部分污染物都与胶体和颗粒物结合在一起，通常大于 50%。所以，吸附作用是决定河水系统中的污染物分布和归宿的一个主要控制机制。吸附作用也涉及其他的化学过程例如沉淀、共沉淀、凝聚、絮凝、胶化和表面络合等。

河流能够挟带大量的泥沙和溶解性物质，进行远距离搬运输送。泥沙和溶解物质的产生和搬运的特征可以归纳为大小、时间、历时和频率等方面。洪水对泥沙的作用是突发性的，一次洪水在几天之内所输送的泥沙可能超过几年内所输送的泥沙数量。

悬移式泥沙对河流污染物的传输起着决定性的作用。细颗粒的泥沙吸附能力比较强，能够吸附大量有机污染物和营养盐。细颗粒的泥沙容易随着河水传输比较远的距离。因此，一个颗粒实际输运迁移的距离是非常重要的信息，但是受许多因素的影响。细小悬浮颗粒平均输送距离是 10000m/a，沙子是 1000m/a，卵石是 100m/a。

河底积泥也对污染的储存、迁移和转化起着重要的作用，而且受许多因素的影响。外在因素包括流域地质条件、地貌、土壤类型、气候变化、土地开发，以及河流管理调度等。内部因素包括颗粒尺寸、河床结构、河岸材料、植被特征、河边植被、河谷坡度、河道形态、沉积泥沙的形态。

尽管沉积物也迁移输送，但是，相对来说，沉积物处于沉降状态的时间比其迁移的时间长得多。因此，在长期暴露或者发生风化以及生物作用下，与沉积物结合的污染物可能会释放进入环境。

（2）有机物迁移转化 有机物的变化包括：浓度变化，沿程动态变化，输送特征，流动通量，以及与流域面积的关系等。有机物作为载体和配位体，对许多无机污染物和有毒有害有机物的输送迁移起着重要的作用。有机污染物与沉积物颗粒之间存在一个动态相互作用关系，主要包括分配过程、物理吸附和化学吸附过程等，从水相转移至沉积物固相中。当水体条件发生改变时，例如化学条件或者生物反应，沉积物相的有机物可能重新释放进入水相，造成二次污染。降雨能够导致河流有机物含量增加，一是降水通过地表漫流将地表污染物冲刷进入河流，二是降水径流形成侧向淋溶将土壤表层的水溶性有机物冲进河道。尽管河水对河流具有一定的稀释作用，但是，在大多数情况下，有机物浓度都呈升高变化，尤其在每年的头几场降雨期间，有机物负荷比较大。

有机物在水体与沉积物之间的平衡关系通常采用分配系数 K_d 表示，K_d 按下式计算

$$K_d = \frac{c_s}{c_l} \tag{10-3}$$

式中，c_s 为有机物在固相沉积物中的浓度；c_l 为有机物在水相中的平衡浓度。

由于有机物的吸附分配主要受有机质的含量控制，设有机质含量用 f_{oc} 表示，则有机污染物分配系数（有机碳分配系数）可以表示为

$$K_{oc} = \frac{K_d}{f_{oc}} \qquad (10\text{-}4)$$

式中，K_{oc} 和 f_{oc} 都是以有机碳为质量单位。

有机污染物的分配系数可以通过摇瓶实验法直接测定，或者通过其与有机物辛醇-水分配系数（K_{ow}）的相关关系进行估算，金相灿通过研究获得如下关系式：

$$\lg K_{oc} = 0.944 \lg K_{ow} - 0.485 \qquad (10\text{-}5)$$

式中，辛醇-水分配系数 K_{ow} 能够从常见的化合物性质手册中得到。

在好氧状态下，有机物会被好氧微生物逐渐降解，分解转化为无机物。溶解过程需要消耗河水中的溶解氧。如果河水复氧速率小于氧的消耗速率，水体中溶解氧将逐渐降低。当溶解氧耗尽后，水体将转为厌氧状态。在厌氧状态下，有机污染物易受厌氧微生物作用，转化产生有机酸、甲烷、二氧化碳、氨、硫化氢等物质，导致河流水体变黑变臭。

（3）河床底泥化学变化过程　河流底泥是污染物的载体，被吸附的污染物在条件改变后可能重新释放，因此又是重要的内源性污染物源。底泥污染直接影响底栖生物质量，从而间接影响整个生物食物链系统。

沉积物与污染物（如重金属、有毒有机物和氮磷化合物等）在固-水两相界面进行着一系列的迁移转化过程，如吸附-解吸作用、沉淀-溶解作用、分配-溶解作用、络合-解络作用、离子交换作用及氧化还原作用等，其他过程还包括生物降解、生物富集和金属甲基化（或乙基化作用）等。

底泥主要有矿物成分、有机质和流动相。矿物成分主要是各种金属盐和氧化物的混合物。有机质主要是天然有机物，如腐殖质和其他有机物等。流动相主要是水或者气。沉积物中的自然胶体发挥着最为重要的作用，它们是黏土矿物、有机质、活性金属水合氧化物和二氧化硅的混合物。

有机质性的沉积物具有对重金属、有机污染物等进行吸附、分配和络合作用的活性作用。有机质中的主要成分是腐殖质，占 70%～80%。腐殖质是由动植物残体通过化学和生物降解及微生物的合成作用而形成的。腐殖质以外的 20%～30% 的有机质主要是蛋白质类物质、多糖、脂肪酸和烷烃等。

腐殖质化学结构主要是羧基（COOH）和羟基（OH）取代的芳香烃结构，其他烷烃、脂肪酸、碳水化合物和含氮化合物结构直接或者通过氢键间接与芳香烃结构相连接，没有固定的结构式。腐殖质能够通过离子交换、表面吸附、整合、胶溶和絮凝等作用，与各种金属离子、氧化物、氢氧化物、矿物和各种有机化合物等发生作用。

有机质虽然只占沉积物的很小一部分，约 2%，但是，从表面积来看，有机质占据了约90%。因此，有机质在沉积物与周围环境的离子、有机物和微生物等相互作用中起着主要的作用。例如，氧化铝颗粒吸附有机质后，其等电点从 pH 值为 9 下降至 pH 值为 5 左右。这说明沉积物表面的负电荷与有机质的阴离子基团相关。

（4）重金属离子污染物　重金属离子具有比较强的生态毒性，对河流生态影响比较大，见表 10-1。

表 10-1　重金属离子毒性强度比较

剧毒	毒性逐渐降低→											
Hg												
	Cu	Cd	Au	Ag	Pt							
		Zn										
			Sn	Al								
				Ni	Fe^{3+}							
						Fe^{2+}						
						Ba						
							Mn	Li				
							Co	K	Ca	Sr		
											Mg	Na

　　重金属离子的来源主要有地质自然风化作用、矿山开采排放的废水和尾矿、金属冶炼和化工过程排放的废水、垃圾渗滤液等。重金属在沉积物中主要以可交换态、有机质结合态、碳酸盐结合态、（铁、锰和铝）氧化物结合态及其他形式存在。重金属离子在输送过程中存在着吸附与解吸、凝聚与沉积、溶解与沉积等过程，需要根据具体过程和对应边界条件，计算输送通量。

　　水体中的金属离子以多种形态存在，如水合离子，无机阴离子络合形式（如 $CuCO_3$），与氨基酸、腐殖酸或富里酸等有机物络合形式，吸附在胶体表面及存在于活的和死的生命体中的金属等。研究表明，黄河中 99.6% 的重金属以颗粒态存在。不同颗粒形态对重金属的影响各异，颗粒粒径越小，重金属含量越大，50% 以上的金属吸附于粒径小于 $4\mu m$ 的颗粒表面上。

　　对于重金属，吸附-解吸是其在沉积物和土壤中一个非常重要的迁移转化过程。当重金属浓度比较高时，金属的沉淀和溶解作用是主要的，而在浓度比较低时，吸附作用是金属污染物由水相转为固相沉积物的重要途径。各种环境因素（如 pH、温度、离子强度、氧化还原电位和土壤沉积物粒径和有机质含量等）会程度不同地影响重金属的吸附和解吸过程。尤其是有机质，由于其分子含有各种官能团，对重金属的吸附产生重大影响。

　　根据情况，重金属的吸附-解吸过程可以采用以下两种模型进行定量描述：

$$\text{Langmuir 模型}\quad \frac{\chi}{m}=\frac{b \cdot Kc}{1+Kc} \tag{10-6}$$

$$\text{Freundlich 模型}\quad \frac{\chi}{m}=Kc^n \tag{10-7}$$

式中，$\dfrac{\chi}{m}$ 为单位沉积物的吸附量；b 为饱和吸附量；K 为吸附系数；c 为平衡浓度；n 为吸附指数。

　　重金属污染物进入天然河流水体后，很快迁移至底泥沉积物中。因此，底泥是重金属污染物在河流中迁移输送的主要载体，也是主要归宿。悬浮物粒度越细，输送距离越长。不同深度的底泥中重金属含量不同。其分布曲线能够反映重金属污染和积累的历史。

　　重金属离子在一定条件下，能够从底泥中重新释放出来。在重金属从底泥释放过程中，伴随着各种类型的生物化学反应，主要是生物氧化还原反应和有机物络合反应。微生物在厌氧—兼氧—好氧状态之间进行转换，导致重金属离子氧化还原状态发生变化，由沉淀状态转化为溶解状态；同时，厌氧过程产生具有比较强的络合能力的有机酸分子，pH 值下降，氢氧化物重新溶解；另外，有机酸通过络合作用使非溶解态的重金属离子转变为溶解性的形式。微生物还能够直接以金属离子为电子供体或者受体，改变重金属离子的氧化还原状态，导致其释放。释放出来的金属离子，在一定条件下，重新进行氧化、络合、吸附凝聚和共沉淀等，从而使溶解态的重金属离子浓度再度下降。因此，在释放过程中，水相存在重金属离子的浓度峰值，重金属离子的释放浓度由低逐渐升高然后再由高逐渐降低，直至达到平衡。其他因素，如水力学冲刷、底泥疏浚及某些地区发生的酸沉降等都会程度不同地影响重金属离子的形态和转化。

（5）河流活性金属元素铁的变化　铁和锰称为河流中活性金属元素，其浓度随着河流条件变化而变化。通常在雨季流量比较大，而在旱季流量比较小。在高流量情况下，溶解氧浓度比较高，铁浓度比较低但含量比较高。例如，洪水季节，河流中铁的含量甚至占一年中的 65% 以上，而且主要由腐殖质所携带。河水中铁的浓度在旱季比较高，部分原因是底泥中的富含铁的孔隙水流出来。

铁在含氧水中主要由腐殖质所携带。铁倾向于与溶解性的高分子相结合。在天然水中，离子铁的浓度通常是非常低的。但是，水中溶解性的三价铁离子浓度比根据溶解平衡所预测的高许多。这种现象主要是由于三价铁和有机物形成有机络合物所致。有机物含有羧基和羟基官能团，能与铁络合。除增加溶解性铁的浓度外，这些络合物还可能抑制铁氧化物的形成和铁与磷之间的反应。这些都会影响铁、与铁相关的微量金属和磷的浓度，反应活性和迁移过程。在底泥孔隙中，以厌氧状态为主，铁离子主要以亚铁离子形式存在。而好氧/厌氧边界区接近于底泥表面，尽管是比较薄的一层，却是形成有机铁胶体最重要的地方，也是物质化学转换和循环的关键地方。有机物中铁的含量同样也影响到有机物的归宿。铁在细菌分解代谢有机物过程中发挥着重要的作用。有机铁络合物也容易吸收紫外光而发生光化学反应。较高的含铁量也能够促进腐殖质的絮凝和沉淀，而沉淀是河床截留有机物的一个主要途径。因此，关于有机铁胶体的形成、迁移和归宿方面尚需要更多更深入的研究。

微生物也影响着河水和底泥孔隙水中的铁及其他物质的浓度。微生物的活性在温度比较高的夏季达到高峰。此时，河床中有机物被氧化，同时消耗了底泥中的溶解氧，导致厌氧状态，引起铁氧化物和锰氧化物的离解。在冬季，温度比较低，细菌活性降低，底泥重新回到氧化状态。

由于细菌的代谢活动导致的铁氧化物和锰氧化物的离解反应可以用以下计量方程式描述：

$$[(CH_2O)_{106}(NH_3)_{16}(H_3PO_4)]+424Fe(OH)_3+862H^+\longrightarrow$$
$$106CO_2+16NH_4^++HPO_4^{2-}+1166H_2O+424Fe^{2+} \tag{10-8}$$

$$[(CH_2O)_{106}(NH_3)_{16}(H_3PO_4)]+212MnO_2+438H^+\longrightarrow$$
$$106CO_2+16NH_4^++HPO_4^{2-}+318H_2O+212Mn^{2+} \tag{10-9}$$

尽管底泥主要来自河水中悬浮物质的沉淀，但铁在底泥的含量可能与悬浮物质中铁含量差别很大，主要是由于水生植物和微生物的生长和代谢分解，以及不溶物质的进一步沉淀和一些物质的离解等所致。

（6）营养盐的累积输送和释放　磷在沉积物中主要以有机态磷和无机态磷存在，无机磷主要包括钙、镁、铁、铝形式的盐，有机磷主要是以核酸、核素以及磷脂等为主，此外还有少量吸附态和交换态的磷。磷的形态影响到磷的释放特性和生物有效性。在河流水体中，一般以铁磷浓度比较高，钙磷浓度次之，铝磷浓度最低。沉积物中磷和氮化合物的迁移转化过程主要包括各种化学反应和物理沉淀过程，反应包括吸附、生物分解和溶出过程，物理过程主要是沉淀、分配和扩散等过程。沉积物是磷迁移的载体、沉积的归宿和转化的起点。

沉积物能够从水中吸附可溶性磷酸盐和多磷酸盐，主要机理是胶体表面的正电荷金属阳离子（如钙、铝和铁离子）与溶液中各种磷酸根结合形成不溶性的盐沉淀吸附在颗粒表面，被吸附的磷和氮以悬浮物的形式长途输送，并沉淀在湖泊水体中。

当水体环境发生变化时，积累在沉积物的氮和磷会更新释放出来，加剧水体富营养化。氮和磷释放的机制是不同的。氮的释放主要与沉积物表面的生物降解反应程度相关，含氮有机物被微生物分解为氨态氮，或者在好氧条件下转变成硝酸态氮。而磷的释放取决于不溶性磷酸盐（主要是钙盐、铝盐和铁盐）重新溶解的环境条件，一旦条件具备，磷就开始被释放。厌氧环境能够促进磷的释放，尤其是当铁盐是主要成分时，厌氧磷释放速率可以达到好氧条件磷释放的 10 倍以上。对于铝盐，pH 值的影响是主要原因。过低的 pH 值，将促使铝盐溶解，导致磷酸根释放。钙盐态的磷虽然不容易释放，但是可以通过植物本身的吸附转化和代谢而被吸收和释放，同样可能促进水体的富营养化。

从河床沉积物中释放出来的营养盐首先进入沉积物的孔隙水，然后逐渐扩散至沉积物与水的交界面，进而向水体其他部分混合扩散。河床底泥孔隙水的成分与河水流量有关。在河水流量比较高时，孔隙水与河水交换速度快，孔隙水中各种物质的浓度与其他季节相比较低。在小河中，底泥孔隙水在较短的时间内与河水达到平衡。底泥孔隙水成分与河床组成和形态有关。因此，水体的扰动能够加快营养盐的扩散过程。孔隙水也受到地下水的影响。在旱季，地下水可能变为河水补给的主要源泉。

10.2.6　河流水质综合模型

水质模型描述污染物质在水中的物理、化学、生物作用过程的规律及影响因素之间关系，已经成为研究河流修复和管理不可或缺的工具。水质是河流修复中最关键的因素，也是河流修复是否能够成功的标志。河流中水质受各种物理、化学、生物和生态因素的影响。水质的影响主要是对生物的影响，一般用"毒性"表示。"毒性"效应受污染物种类、浓度或剂量、暴露时间和暴露频率或次数等决定。一般分为短期急性毒理作用和长期慢性毒理作用。河流水质变化是一个复杂的过程，包括水质波动规律、污染物降解、相关系统如何受影响，以及受到影响的系统如何恢复等。

河流系统是一个复杂的系统，河床调节着河水中各种物质的含量。底泥截留有机物，是水生植物的营养源泉，生长着大量的细菌。因此，底泥在河流代谢中起着重要的作用。河床是河流与地下水相互作用的活性区。尤其是比较小的河流，其溶解氧、溶解性有机物和氨氮浓度的变化在很大程度上取决于河水和地下水间的相互作用。

1925 年，美国的两位工程师 Streeter 和 Phelps 在研究 Ohio 河时，建立了世界上第一个河流有机污染的水质模型，简称 S-P 模型。随着人们对河流内部各种过程机理研究的不断深入和计算机技术的迅速发展，水质模型也越来越复杂。1978年，Grenney在总结各种研究基础上，提出了QUAL-Ⅱ河流水质模型。QUAL-Ⅱ是美国环保局推荐的河流综合水质模型，得到广泛的应用。目前，河流水质模型在河流整治、流域调控及与地理信息系统（GIS）相结合等方面得到迅速发展。

1. 水质模型的作用

具体来说，水质模型的主要作用包括：

1）有助于综合性地理解河流中发生的各种过程。河流作为一个复杂系统，包含各种复杂的过程。利用模型可以定量描述各种过程的加和，对水质的影响，识别起着控制性作用的过程或者因子。

2）可以比较各种河流修复整治方案的有效性和经济性，统一考虑各种复杂的技术、经济和社会因素，帮助进行科学的工程修复决策。

3）预测河流周围自然条件和人类工农业活动对水质的影响，预测水质的变化趋势，对评价水质，河流修复，以及河流的科学管理等具有重要的意义。

4）是进行河流全流域管理和调控的有力工具。利用模型，能够对大量的监测数据进行动态分析，帮助制定各种有效的管理措施。

2. 河流水量水质平衡方程

河流水量水质变化如图10-10所示。

河流水量平衡方程如下：

$$\frac{\Delta Q}{\Delta t} = Q_{in} - Q_{out} + P - E \pm G \qquad (10\text{-}10)$$

式中，ΔQ 为蓄水体积的变化量；Δt 为时间间隔；Q_{in} 为地表水进流流量；Q_{out} 为地表水出流流量；P 为降水量；E 为蒸发量；G 为地下水净流量。

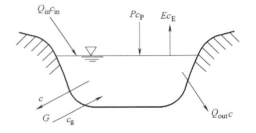

图 10-10　河流水量水质变化

河流水质平衡方程如下：

$$\frac{\Delta(VC)}{\Delta t} = Q_{in}c_{in} - Q_{out}C + Pc_P - Ec_E \pm GC（或者 c_g） \qquad (10\text{-}11)$$

式中，V 为水体单元体积；c 为水体单元及其出流中物质的浓度；c_{in} 为入流的物质浓度；c_P 为降水中物质浓度；c_g 为地下水入流中物质浓度。

当地下水为流出时即河水向地下渗透时，方程改写为

$$\frac{dc}{\Delta t} = I - \frac{c}{\theta} \qquad (10\text{-}12)$$

$$I = \frac{Q_{in}c_{in} + Pc_P}{V} \qquad (10\text{-}13)$$

$$\theta = \frac{V}{Q_{out} + G} \qquad (10\text{-}14)$$

式中，I 为荷载函数 $[kg/(s \cdot m^3)]$，代表外来污染物的强度；θ 为水力停留时间（s），代表水流进出水体单元平均需要的时间，其倒数 $1/\theta$ 又称为水体的稀释率。

3. 河流传质

污染物质在河流水体中的传质过程是一个非常复杂的过程。大体上来说，污染物在河流

中的传质可以分为三个阶段。第一阶段是在排放口附近，以射流的方式与河流水体混合。当射流的动量作用逐渐减弱以致消失以后，进入第二阶段，此时随着河流水体而运动，通过水流湍动继续横向扩散至河流全断面。当污染物扩散至全河宽并且在整个断面完全混合后，污染物在河流中的传质进入第三阶段，此时沿着纵向由于时均流速分布的不均而导致污染物随水流离散，又称为离散段。显然，在第一阶段，污染物在河流中的扩散传质是三维性质的。第二阶段严格来说也是三维性质的，但是如果河流的水深远远小于河宽，垂直方向的扩散很快完成，主要是横向扩散和纵向的离散，可以视为二维性质的传质。第三阶段，由于在垂直方向和横向近乎完全混合，传质可以视为一维纵向的离散传质。

污染物从进入河流至完全混合的过程非常复杂，也没有统一的定义。从排污口至完全混合的距离难以准确地计算。从工程应用角度上来说，常常不必要这样精细地知道浓度的分布。而且没有足够精确的实际检测数据进行全面对比，即使能够获得三维方程，所进行的计算误差也相当大，计算费用也相当昂贵。在实践中，一般采用近似方法。例如，费希尔根据有限边界的均匀流污染源扩散计算方法，并且以岸边最小浓度与断面最大浓度之差在5%以内为达到完全混合的标准，提出了估算顺直河流中达到全断面完全混合的距离的公式。

对于在河流中心排污：

$$L = auW^2/D_{tt} \tag{10-15}$$

式中，L 为从污染源至达到完全混合断面所需要的距离；u 为河流平均流速；W 为河宽；D_{tt} 为横向湍动扩散系数；a 为与污染源排放口相关的系数。如果污染物排放口在河流中心，则 $a = 0.1$，如果在河岸边排放，则 $a = 0.4$。

当污染物在河流传质达到第三阶段，其传质过程可以采用下述一维模型进行描述：

$$\frac{\partial c}{\partial t} = -u \frac{\partial c}{\partial t} + \frac{1}{A} \frac{\partial}{\partial L} \left[A(D_L + D_{tt}) \right] \frac{\partial c}{\partial L} - Kc + I_{pg} \tag{10-16}$$

对于顺直河道，且河流断面基本不变，纵向扩散系数可以忽略，上式变为

$$\frac{\partial c}{\partial t} = -u \frac{\partial c}{\partial t} + D_L \frac{\partial^2 c}{\partial L^2} - Kc + I_{pg} \tag{10-17}$$

式中，u 为河流平均流速；D_L 为污染物在河流纵向离散系数；K 为污染物质转化总的反应动力学系数，假定所有的反应都是一级反应动力学；I_{pg} 为径流及降水等带入的污染负荷。

在不同的情况下，以上方程可以简化为不同的形式。例如，在河流上游，水流比较急，污染物扩散或者离散的作用相对比较小，污染物在水流中的运动可以视为"推流"，相应方程式简化为

$$\frac{\partial c}{\partial t} = -u \frac{\partial c}{\partial L^2} - Kc + I_{pg} \tag{10-18}$$

而在河流下游入海口，水体流速几乎下降到零，污染物随水体移流作用可以忽略，方程变为

$$\frac{\partial c}{\partial t} = +D_L \frac{\partial^2 c}{\partial L^2} - Kc \tag{10-19}$$

由此可见，在不同情况下，污染物在河流中的传质主要机理是不同的，需要视具体情况具体分析。

实际上，天然河流的断面形状、平面形态、纵向坡度和粗糙度等都是变化的，甚至变化

非常大，相应流速分布也非常不均匀，因此估算离散系数变化也变得非常复杂。最准确的方法是在河流中现场测定，但是进行现场测定需要耗费大量的人力和物力。在没有条件时，也可以采用经验公式进行粗略估算。

虽然纵向扩散和纵向离散是两个不同的概念，但是在实际过程中，纵向扩散的作用远远小于纵向离散的作用，故经常将纵向扩散忽略，所以有关纵向扩散系数的研究就不那么重要了。从理论上来说，纵向扩散和横向扩散都没有边界的制约，所以纵向扩散系数与横向扩散系数具有相同的数量级，也可以借用横向扩散系数关系式进行估算。

费希尔于1975年提出了一个估算纵向离散系数的经验关系式：

$$D_L = 0.011 \frac{u^2 W^2}{h\nu^*} \tag{10-20}$$

式中，ν^*为横向剪切流速。上述公式只适用于恒定流动的情况。而实际的流动大都是非恒定的，情况更加复杂。河流的水利条件变化比较大，不同条件的河流，经验公式的误差比较大。

4. 河流溶解氧模型

溶解氧是衡量河流水质的最重要的综合性指标。一方面，河流中比较高级的水生生物需要一定的溶解氧才能生存；另一方面，河流缺氧会导致厌氧细菌繁殖，水质急剧恶化。因此，建立溶解氧模型，揭示河流溶解氧变化规律是河流修复非常重要的一个方面。河流氧垂曲线如图10-11所示。

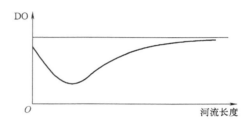

图 10-11　河流氧垂曲线

河流溶解氧的变化可以由移流扩散方程进行描述：

$$\frac{\partial c_{DO}}{\partial t} = -u \frac{\partial c_{DO}}{\partial L} + D_L \frac{\partial^2 c_{DO}}{\partial L^2} + \sum r_{DO} \tag{10-21}$$

式中，c_{DO}为河水溶解氧浓度；r_{DO}为影响河流水体溶解氧的各种反应动力学过程，在比较简单的情况下，r_{DO}主要包括大气复氧、有机物降解、消化反应、光合作用、底泥氧化和微生物呼吸等几个方面，用以下方程表示：

$$\sum r_{DO} = K_a(c_{DOs} - c_{DO}) - K_c c_{BODc} - K_N c_{BODN} + P_{photo} - B_s R_x \tag{10-22}$$

式中，K_a为大气复氧系数；c_{DOs}为饱和溶解氧浓度；K_c为一级碳化BOD耗氧系数；c_{BODc}为碳化BOD浓度；K_N为硝化耗氧系数；c_{BODN}为硝化BOD浓度；P_{photo}为总的光合作用产氧速率；B_s为河流底泥耗氧速率；R_x为生物呼吸本身耗氧速率。

大气复氧过程是气-液两相之间的一个复杂过程，受温度、流速、水深、风浪、二次环流和水质等因素的影响，尽管已经进行了广泛的研究并取得了许多成果，尚有许多问题需要进一步研究。大气复氧系数可以通过对河流进行调查时得到的实际数据进行推算。

同样，水体微生物消耗河流水体溶解氧的过程也是非常复杂的。生物化学耗氧一般分为两个阶段。第一个阶段称为碳氧化阶段，主要是含碳有机物被微生物利用而消耗溶解氧的过程；第二个阶段是硝化过程，微生物将含氮有机物氧化，转化为亚硝酸盐和硝酸盐。微生物氧化1mg的氨氮需要消耗4.57mg的溶解氧。因此，如果河水中氨氮浓度太高，也会导致河流水体严重缺氧。生物化学耗氧过程不仅受污染物成分和微生物数量、种类的影响，也受到温度、pH 值、水力特性和悬浮物浓度等方面因素的影响。

光合作用产氧速率也受到太阳辐射强度和浮游生物等因素影响。水体中植物，尤其是藻类以二氧化碳、水、氨和磷酸盐为营养，通过光合作用，合成藻类细胞，同时释放出氧气，是河流水体复氧的重要因素。藻类细胞生长可以采用以下方程表示：

$$106CO_2 + 90H_2O + 16NO_3^- + PO_4^{3-} \rightarrow C_{106}H_{180}O_{45}N_{16}P + 154.5O_2 + 19e \tag{10-23}$$

根据研究，每生成 1g 的藻类细胞物质，能够释放出来大约 2g 的氧气。在夜晚，光合过程停止，而主要是呼吸作用过程。藻类细胞的呼吸过程需要消耗氧气，但是所消耗的氧气量小于其产生的氧气。一般，一个藻类细胞释放的氧气量是其消耗的氧气量的 1.3~1.4 倍。

底泥含有大量有机物质和底栖生物，需要消耗溶解氧。底泥耗氧速率与底泥具体的成分、密度、厚度以及水流条件等相关。

目前，已经有比较复杂的计算机软件可以利用。根据已有的必要参数，估算各种过程系数，预测河流水体溶解氧变化速率。

5. QUAL-Ⅱ水质模型

QUAL-Ⅱ是一个综合性的多用途模型。河流可以既有干流又有支流，可以有多个排放口。该模型可以用于河流水质规划，研究污染负荷在强度和位置方面的变化对河流水质的影响，污染物的瞬时排放对水质的影响等；也能够研究藻类生长和呼吸过程的影响。该模型含有 13 种水质参数，包括水温、溶解氧、生化需氧量、叶绿素-a、氨氮、亚硝酸盐氮、硝酸盐氮、溶解性磷、大肠杆菌、任选一种可降解物质、任选一种不可降解物质等。该模型描述了 16 种相互关联的过程，包括复氧过程、CBOD 耗氧、氨氮氧化耗氧、亚硝酸盐氮氧化耗氧、底泥耗氧、光合作用产氧、CBOD 沉淀、浮游植物对硝酸盐氮的吸收、浮游植物对硝酸盐的吸收、浮游植物呼吸作用释放磷酸盐磷、浮游植物的死亡和沉淀、浮游植物呼吸产生氨氮、底泥释放氨氮、氨氮转化为亚硝酸盐氮、亚硝酸盐氮转化为硝酸盐氮及底泥释放磷。QUAL-Ⅱ水质模型参数之间的逻辑关系如图 10-12 所示。

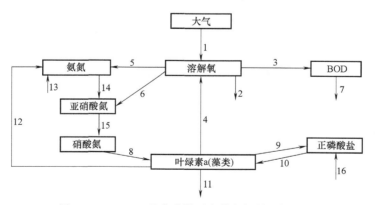

图 10-12　QUAL-Ⅱ水质模型参数之间的逻辑关系

在具体计算中，QUAL-Ⅱ水质模型把目标河流系统划分为一系列河段构成的网络。河段之间用节点相互联结在一起。每一个河段划分为多个小节段，节段的长度即是所选定的空间坐标计算步长。这样一来，整个河流系统就被分解为一系列相互联结的反应器系列。每一个节段视为一个完全混合型的反应器。反应器之间采用平移和弥散过程联系起来。为了便于建立方程，河流的节段一般划分为源头节（干流和交流的第一节）、正常节、支流入口的上游节、支流入口节、河流的末节、含有点污染源的节、有出流的节（如抽水灌溉等）。对于每一个节段，任何一个水质参数，就可以利用物料平衡和动力学关系式得到相应的方程组。假如有 n 个节和 13 个水质参数，就可以得到 $13n$ 个方程。所有这些方程，构成了一个庞大的方程组，其解就是河流 13 个水质参数。模型的具体方程和实际应用可以参考相关的水环境模型方面的专著和应用软件包。

10.3　河流水环境修复

10.3.1　河流水环境修复概述

河流水环境修复（River water environment remediation）是指将受污染的河流恢复至原来没有受污染的状态，或者恢复到某种合适的状态。在实际修复中，一般很难将河流修复到原来没有受到人为干扰的状态。因此，一般只是适当修复，既恢复河流的生态功能，又能够满足人类的需求。河流的保护，指维持水系的物理、化学和生态的整体状态，保护意味着维持不受污染或者受污染的不会继续恶化。

从 20 世纪 50 年代开始，河流水环境修复经历了单一水质恢复、河流生态系统恢复、大型河流生态恢复及流域尺度的整体生态恢复等若干阶段：

（1）河流水质恢复　水质恢复（Water quality recovery）是以污水处理为重点，主要以水质的化学指标达标为目标的河流保护行动。由于西方国家在二次大战后工业急剧发展，城市规模扩大，工业和生活污水直接排入河流，造成河流污染严重。从 20 世纪 50 年代起，河流治理的重点是污水处理和河流水质保护。

（2）山区溪流和小型河流的生态恢复　自 20 世纪 80 年代初期开始，河流保护的重点从认识上发生了重大转变，河流的管理从以改善水质为重点，拓展到河流生态系统的恢复。这个阶段河流生态恢复（Ecological restoration）活动主要集中在阿尔卑斯山区的国家，如德国、瑞士、奥地利等，恢复对象是小型溪流，恢复目标多为单个物种恢复，称为"近自然河流治理"工程。此时，河流水环境修复注重发挥河流生态系统的整体功能；注重河流在三维空间内植物分布、动物迁徙和生态过程中相互制约与相互影响的作用；注重河流作为生态景观和基因库的作用。河川的生态工程在德国称为"河川生态自然工程"，日本称为"近自然工事"或"多自然型建设工法"，美国称为"自然河道设计技术"。一些国家已经颁布了相关的技术规范和标准。

（3）以单个物种恢复为标志的大型河流生态恢复工程　20 世纪 80 年代后期，各国开始大型河流的生态恢复工程。具有典型性的项目是莱茵河的"鲑鱼-2000 计划"和美国密苏里河的自然化工程。从恢复目标来看，大体是按照"自然化"的思路进行规划设计。从 20 世纪 90 年代开始，欧盟已经把注意力集中在河流及流域的生态恢复上，《生命计划和框架计划Ⅳ.Ⅴ》已经通过，其目的是增进人类活动对于生物多样性冲击的认识，恢复生物多样性的功能。从 1993 年开始，欧盟生命计划开始在丹麦和英国的主要河流上实施，主要是开展示范工程建设。

（4）流域尺度的整体生态恢复　河流生态系统是由生物系统、广义水文系统和人工设施系统三个子系统组成的大系统。生物系统包括河流系统的动物、植物和微生物。广义水文系统包括从发源地直到河口的上中下游地带，流域中由河流串联起来的湖泊、湿地、水塘、沼泽和洪泛区，以及作为整体存在的地下水与地表水系统。水文系统又与生物系统交织在一起，形成水域生态系统。而人类活动和工程设施作为生态环境的一部分，形成对水域生态系统的正负影响。因此，河流生态恢复不能只限于某些河段的恢复或者河道本身的恢复，而是要着眼于生态景观尺度的整体恢复。以流域为尺度的整体生态恢复，是 20 世纪 90 年代提出的命题。

10.3.2　河流水环境修复的目标

河流的修复程度取决于许多因素，如环境质量下降的程度、河流自我恢复的能力等。修复项目的限制条件包括环境的变化、土地的开发、河流作用的变迁及项目财政状况等。

由于环境的变迁，河流修复很难使其恢复到"原始"状态。而且这种修复甚至需要改变相应的汇水流域环境和泥沙的输运，可能需要改变土地的用途。因此，河流修复的目标需要根据环境的变化、经济状况和汇水流域的变迁而具体情况具体分析。

许多地方，尤其在城市地区，对于河流的修复纯粹是从景观美学的角度出发。实践表明，这种修复方式很可能加剧水质的污染。以景观美学为目的的河流修复往往铺筑成为石头或者水泥混凝土界面的河岸，建成水泥石头的河床，导致水流速度加快。实际上，雨水冲刷将静止界面上的各种物质包括油、橡胶、金属、油漆等各种有害物质带入水流中，这种河流流动速度被人为加快，这种界面不利于水生生物生存繁殖。而河流生态修复一般包括恢复垫层、池塘和浅滩。

因此，河流修复对于不同专业的人员，有不同的理解。河流管理人员倾向于美学景观，而科学家赞成生态意义上的修复，也有的人强调自然恢复，但自然恢复可能需要上百年的时间。此时，需要对河流进行人工干预，加速修复工作，但人工修复往往成本非常高。

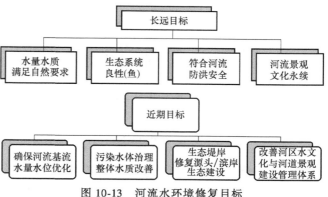

图 10-13　河流水环境修复目标

由于河流污染重、生态差、问题多，修复工作难以一蹴而就，因此河流水环境修复目标可以分为长远目标和近期目标（图 10-13）。

10.3.3　河流水环境修复的原则

河流水环境修复应从流域出发，依据不同河流的特点、环境问题、修复目标等因素综合考虑，全面设计，突出重点。

（1）从流域出发的原则　河流水环境修复工作，仅仅着眼于河流水体本身，往往治标不治本，必须从流域的高度和角度，统筹分析，综合考虑流域的社会经济产业结构、土地利用和分配、污染治理措施和力度、处理设施运行和管理等诸多方面，使得水环境修复工作取得切实成效。

（2）坚持可持续发展的原则 以可持续发展作为基本原则，河流水环境修复应与所在地区的社会经济发展、生态建设紧密结合，在水环境改善的同时考虑产业结构优化调整、实现环境与经济双赢战略，促进环境、社会与经济协调发展，确保流域水资源的永续利用和经济社会的可持续发展。

（3）遵循自然原则 在河流水环境修复中，应遵循自然原则，充分利用流域水系的自然生态优势，深入挖掘河流的自我修复能力，实施最小人工干预的自然修复原则。在开展综合修复之前，应当开展河流生态健康的调查与评估，保护好尚具有原生态和天然生态系统结构的部分河段；针对生态环境已发生退化或被破坏的部分，可采取人工修复的方法。在修复过程中，应尽量参考原有的自然生态系统结构与组成，使得修复后的河流结构和功能尽量恢复到受干扰前的状态。如若无法恢复到被破坏前的状态，也需参照类似河流、相似区域以及相近天然生态系统的结构来修复河流的生态组成和服务功能。

（4）坚持水量、水质与水生态"三修复"原则 河流水环境修复方案设计应坚持水量、水质与水生态协调统一，与文明管理有机结合的原则。从河流的优化水量水位保障、水污染防治与水质改善、生态系统良性循环、水体与沿岸景观的控制、河流的防洪安全及防枯调度、河川文化的延续等方面全面考虑，体现水资源、水生态、水环境三位一体的设计思想。

10.3.4　河流水环境修复的核心内涵

河流修复应当充分体现"水量、水质、生态、安全、管理"的核心内涵（图10-14）。

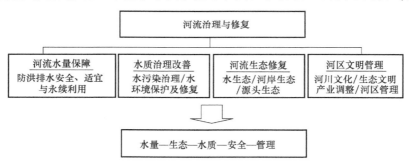

图 10-14　河流水环境修复的核心内涵

（1）水量修复 河流水量修复应当是河流水环境修复的首要任务。水量是河流体系中最重要的要素，没有水量就没有水质，没有水量就没有河流的生态服务功能。因此，应当充分重视修复河流的基流，优化河流水量水位。

（2）水质改善 河流水质改善，可以采取控制、净化、修复的技术思路，解决入河污染源的问题，以截污治污为综合治理基础，控制沿河漏排、直排污染源，结合污染底泥疏挖处理处置，同时结合生态堤岸建设等多种生态修复工程，形成河流水质改善与生态修复的完整体系。

（3）生态修复 由于人们对河流生态系统的干扰与影响，使得河流堤岸人为化，岸边生态系统退化，河流自然景观消失，生物栖息地破坏等，导致河流的自然特性弱化与生态结构破坏，河流的服务功能全面退化。因此，在河流的水环境修复之中，逐步恢复河流生命水体特征，修复河流的生态结构和功能的生态修复，与河流水量修复、水质修复共同组成河流修复的关键举措。

10.3.5   河流水环境修复的总体框架

河流修复的总体方案应当根据河流的特征、水污染状况、生态破坏程度以及修复项目的目标进行科学合理的编制，总体而言，河流修复的总体框架包括河流污染源控制、河流基流/水位与安全保障、河流水量补给与保障、河流水质改善、河流生境改善、河流水生态修复、河流景观修复和河流生态文明管理等方面，不同的河流，修复的内容、侧重点和措施不尽相同（图 10-15）。

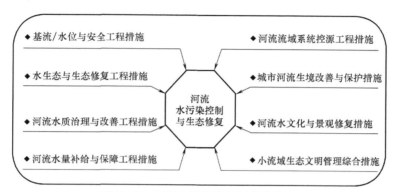

图 10-15   河流水环境修复的总体框架

10.4   河流水环境修复工程

10.4.1   污染控制

过量纳污是河流环境污染与生态破坏的根本原因，控制入河污染是河流环境修复的根本措施。污染控制（Pollution control）是根据河流修复的水质目标，进行水体污染物总量控制，开展流域污染源的源头控制和污染减排工程。源头控制措施包括区域产业结构优化、工业企业清洁生产、产业园区循环经济、固体废物源头收集和资源化、流域综合节水和降雨径流源头控制等。污染减排工程包括工业废水处理和达标排放、污水集中收集和处理、入河截污工程、分散入河污水收集和处理以及城市降雨径流污染控制等。下面介绍入河截污和分散污水处理。

1. 入河截污

截污是将污水收集后排放至市政污水管道系统，最大限度地消减入河外源污染物，是河流水质改善的根本和前提。截污工程包括水体沿岸污水排放口、分流制雨水管道初期雨水或旱流水排放口、合流制污水系统沿岸排放口等永久性工程治理。

2. 分散入河污水处理

随着污水处理设施的建设，集中排放的工业和生活污水得到控制，分散入河污水对河流水环境的影响日益凸显。分散入河污水一般为城中村、分散村落产生的污水，由于位置分散、污水量小，很难按照城镇污水集中处理的方式进行，通常要因地制宜地采用小型、造价低、维护容易的污水处理技术。

（1）分散入河污水的水质水量特点

1）单一排放口污水量少，总负荷大，这些污水基本上未经任何处理便直接排放入河，成为河流污染的主要污染负荷之一。

2）水质、水量波动大。以村镇生活污水为例，其排放不均匀，水量变化明显，日变化系数一般为 3.0~5.0，在某些变化较大的情形下甚至可能达到 10.0 以上。据中华人民共和国住房和城乡建设部 2010 年发布的《分地区农村生活污水处理技术指南》，我国东北、华北、西北、东南、中南、西南六大区域不同地理条件下的农村生活污水水质参考范围，详见表 10-2。

表 10-2　分地区农村生活污水水质参考

地区	pH 值	SS/(mg/L)	BOD$_5$/(mg/L)	COD/(mg/L)	NH$_3$-N/(mg/L)	TP/(mg/L)
东北地区	6.5~8	150~200	200~450	20~90	20~90	2~6.5
华北地区	6.5~8	100~200	200~450	20~90	20~90	2~6.5
西北地区	6.5~8.5	100~300	100~400	3~50	3~50	1~6
东南地区	6.5~8.5	100~200	150~450	20~50	20~50	1.5~6
中南地区	6.5~8.5	100~200	100~300	20~80	20~80	2~7
西南地区	6.5~8	150~200	150~400	20~50	20~50	2~6

（2）分散入河污水处理模式与技术　针对分散入河污水的特点，分散入河污水处理技术应满足冲击负荷能力强、宜就近单独处理、建设费用低、操作管理简单等要求。目前，研究和应用较多的技术包括土地处理、人工湿地生态处理、地埋式有/无动力一体化设施处理、氧化塘、生物接触氧化等。为保证后续处理效率，部分地区还开展了源分离技术方法研究和实践，将生活污水中的黑水与灰水分离处理。

目前，分散入河污水处理系统的技术模式主要包括：

1）分散处理模式。治理区域范围内村庄布局分散、人口规模较小、地形条件复杂、污水不易集中收集的连片村庄，多采用无动力庭院式小型湿地、污水净化池和小型净化槽等分散处理技术。

2）适度集中处理模式。村庄布局相对密集。人口规模大、经济条件好、村镇企业或旅游业发达的连片村庄，可采用活性污泥法、生物接触氧化法、氧化沟法和人工湿地等进行适度的集中处理。

分散生活污水处理按照流程一般分为预处理、生化处理、深度处理三个阶段，见表 10-3。具体需要根据当地情况，进行技术的筛选和组合。

表 10-3　农村生活污水处理流程

序号	阶段	常用工艺	目的
1	预处理	格栅、调节池、沉淀池、化粪池、沼气净化池等	去除部分悬浮物和部分 COD、BOD$_5$
2	生化处理	厌氧-缺氧-好氧活性污泥法、污泥自回流曝气沉淀工艺、序批式活性污泥法、生物接触氧化法、膜生物法等	去除大部分 COD、BOD$_5$ 和部分氮、磷等
3	深度处理	人工湿地、稳定塘、土地处理、过滤等	进一步去除 COD、BOD$_5$、氮、磷及其他污染因子

三种常见处理工艺组合包括：

1）厌氧生物处理+自然处理。适用于经济条件一般，空闲地比较宽裕，拥有自然池塘或限制沟渠，周边无特殊环境敏感点的村庄，如选择人工湿地，需要一定的空闲土地。处理规模一般小于 $800m^3/d$。其工艺流示意如图 10-16 所示。

2）沼气池+厌氧生物处理+人工湿地。适用于有畜禽养殖的村镇，房屋间距较大、四周较空旷、沼气回用、周边有农田可以消纳全部的沼液和沼渣，宜做单户、联户使用。其工艺流程示意如图 10-17 所示。

3）厌氧生物处理+好氧生物处理+自然处理。适用于居住集聚程度较高、经济条件相对较好、对氮磷去除要求较高的村庄。其工艺流程如图 10-18 所示。

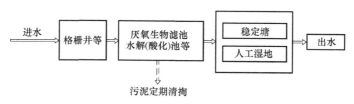

图 10-16　厌氧生物处理+自然处理

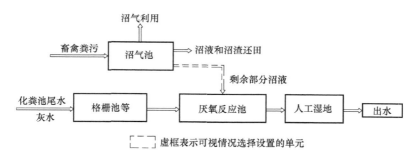

图 10-17　沼气池+厌氧生物处理+人工湿地

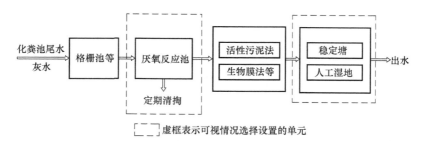

图 10-18　厌氧生物处理+好氧生物处理+自然处理

10.4.2　环境疏浚

环境疏浚（Environmental dredging）主要是清除水体的内源污染。水体中的内污染源（Internal pollution source）是指通过入湖河流、水体养殖、旅游、船舶、水生植物残骸以及大气干湿沉降等方式输入及河流本身携带的污染物与泥沙结合在一起形成的污染底泥。当外源污染得到控制后，内源污染是水体水质好坏的决定性因素。水体污染治理必须"内外兼治"，不仅要严格控制外源性污染物和营养物质的输入，还要通过底泥疏浚、底泥氧化、覆盖底泥层等技术措施达到治理内源污染的目的。

1. 疏浚设备

根据工程施工环境、工程条件和环保要求，通过技术经济论证，综合比较，选择环保性能优良、挖泥精度高、施工效率高的疏浚设备。对于 N、P 污染底泥，一般选用环保绞吸挖泥船、气力泵等环保疏浚设备；对于重金属污染底泥，一般选用环保绞吸挖泥船、气力泵和环保抓斗等环保疏浚设备；对于含有毒有害有机物的污染底泥，宜选用环保抓斗挖泥船。

2. 疏浚的施工

（1）施工方式   选定了疏浚施工设备后，根据不同条件采用分段、分层、分条施工方法。对于环保绞吸挖泥船，当挖槽长度大于挖泥船浮筒管线有效伸展长度时应分段施工；当挖泥厚度大于绞刀一次最大挖泥厚度时应分层施工；当挖槽宽度大于挖泥船一次最大挖宽时应分条施工。对于环保斗式挖泥船，当挖槽长度大于挖泥船抛一次主锚能提供的最大挖泥长度时应分段施工；当挖泥厚度大于泥斗一次有效挖泥厚度时应分层施工；当挖槽宽度大于挖泥船一次最大挖宽时应分条施工。对环保疏浚工程，应先疏挖完上层流动浮泥后再疏挖下层污染底泥。对于近岸水域部分，为保护岸坡稳定，可采用"吸泥"方式施工。

（2）施工工艺流程

1）环保绞吸式挖泥船施工的主要工艺流程根据输送距离长短分为两种：①短距离输送。挖泥船挖泥→排泥管道输送→泥浆进入堆场→泥浆沉淀→余水处理→余水排放；②长距离输送。挖泥船挖泥→排泥管道输送→接力泵输送→排泥管道输送→泥浆进入堆场→泥浆沉淀→余水处理→余水排放。

2）环保斗式挖泥船施工的主要工艺流程根据输送方式分为两种：①陆上输送。挖泥船挖泥→泥驳运输→污泥卸驳上岸→封闭自卸汽车运送→污泥倒入堆场或二次利用；②水上运输。挖泥船挖泥→泥驳运输→污泥卸驳→堆场存放。

污染底泥输送方式包括管道输送、汽车输送及船舶输送。

3. 堆场选择与设计

（1）堆场选择原则   堆场选择原则有：①符合国家现行有关法律、法规和规定；②符合地方总体规划和湖泊河流总体治理规划要求；③符合环境保护要求；④满足工程要求，包括堆场面积和容积是否满足工程要求，堆场排水是否可行等；⑤尽量选择低洼地、废弃的鱼塘等，少占用耕地；⑥尽量选择有渗透系数小或对污染物有吸附作用土层的场地。

（2）堆场形式   按照堆存方式可分为常规堆场和大型土工管袋堆场两种。常规堆场是通过建造围埝而形成的堆泥场，一般宜尽量利用现成的封闭低洼地、废弃的鱼塘等作为污染底泥的堆放场地，以减少围埝高度和降低围埝建造成本。土工管袋堆场由基础、高强度土工布织成的大型管袋（具有脱水减容的功能）、副坝等组成，污染底泥直接存储在大型土工管袋中。

（3）余水应急净化处理设施   余水应急处理方法包括设立事故储水池、设立应急加药设备等。在场地条件允许的情况下，在堆场附近设立应急事故储水池。储水池容积根据施工地点的具体条件，可设计储存 2~4h 余水量的池容。储水池应采取一定的防渗措施，以此作为事故或紧急情况下未达标余水应急储存及处理的地点。场地条件不允许的情况下应储备余水应急处理的絮凝剂及投药设备，以备紧急情况下增加投药量所需。

（4）堆场后处理

1）堆场快速脱水。堆场底泥快速脱水方法包括表面排水和渐进开沟排水法、沙井堆载预压法、塑料排水带堆载预压法、真空预压法、机械脱水法及管道投药快速脱水干化法。

2）堆场快速植草。优先考虑选择工程区内符合条件的本土草种，同时考虑草种生长及污染修复问题，综合考虑经济、生态、景观问题、外来物种与本土物种等因素。快速生长草种有黑麦草、白三叶、苇状羊茅、象草、串叶松香草、紫花苜蓿。可根据牧草种类、土壤和气候条件确定具体播种方式。播种方式一般可分为条播、点播和撒播。

4. 疏浚技术存在的问题

疏浚技术存在的问题有：①成本高；②如果疏浚过程中采取的疏浚方案不当或技术措施不力，很容易导致底泥孔隙水中的磷及其他污染物质重新进入水体，也有可能在水流和风的作用下将释放的污染物质扩散进入表层水体；③疏浚过深会去除底栖生物，破坏鱼类的食物链，破坏原有的生态系统。如果底泥被完全疏挖，可能需要2~3年才能重新建立底栖生物群落，不利于水生生态系统的自我修复。

10.4.3　底泥原位处理

河流底泥原位处理（In-situ treatment of river sediment）是在不移除污染底泥的前提下，采取措施防止或控制底泥中的污染物进入水体，主要有底泥原位覆盖、化学修复和生物修复等。

1. 底泥覆盖

（1）基本原理　底泥原位覆盖技术又称为封闭、掩蔽或密封技术，主要是通过在污染底泥上放置一层或多层覆盖物，使污染底泥与水体隔离，防止底泥污染物向水体迁移，采用的覆盖物主要有未污染的底泥、清洁砂子、砾石、钙基膨润土、灰渣、人工沸石、水泥，还可以采用方解石、粉煤灰、活性炭、土工织物或一些复杂的人造地基材料等。底泥覆盖的功能包括：①通过覆盖层，将污染底泥与上层水体物理性隔开；②覆盖作用可稳固污染底泥，防止其再悬浮或迁移；③通过覆盖物中有机颗粒的吸附作用，有效削减污染底泥中污染物进入上层水体；④改良表层沉积物的生境。底泥原位覆盖技术可与底泥疏浚技术联用，将表层污染沉积物进行有效疏浚后，在残留底泥表面铺设覆盖材料，以防疏浚后沉积物的重新悬浮和残留污染物的释放。

（2）技术关键　覆盖层是该项技术的关键，覆盖的形式可以是单层的，也可以是多层的。通常会添加一些要素来增强该技术的功能，如在覆盖层上添加保护层或加固层（以防止覆盖材料上浮或水力侵蚀等）及生物扰动层（防止生物扰动加快污染物的扩散）。根据使用的覆盖材料的不同，可以将原位覆盖技术分为被动覆盖和主动覆盖两种。被动覆盖技术主要是使用被动覆盖材料（如砂子、黏土、碎石等）处理有机污染和重金属污染的底泥；主动覆盖技术主要是利用化学性主动覆盖材料（如焦炭和活性炭等）隔离处理底泥中营养盐等污染物，也有一些企业生产具有特定功能的主动覆盖材料。底泥原位覆盖的施工方式主要有表层机械倾倒、移动驳船表层撒布、水力喷射表层覆盖、驳船下水覆盖、隔离单元覆盖。主要技术流程如图10-19所示。影响底泥原位覆盖技术的关键指标有底泥环境特征指标、覆盖材料的材质、覆盖层的厚度及覆盖的施工方式选取等。

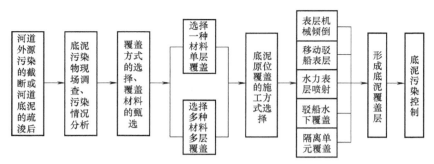

图 10-19 底泥原位覆盖技术工艺流程

（3）优点与局限性 相比于别的控制技术，底泥原位覆盖技术花费低，对环境潜在的危害小，适用于多种污染类型的底泥，便于施工，应用范围较广。但该技术也存在明显的局限性：一方面，由于投加覆盖材料会增加水体中底质的体积，减少水体的有效容积，因而在浅水或水深有一定要求的水域不宜采用；另一方面，在水体流动较快的水域，覆盖后覆盖材料会被水流侵蚀，也会改变水流流速、水力水压等条件，如果对这些水力条件有要求，也不宜采用。

2. 底泥原位化学修复

（1）基本原理 原位化学修复（In-situ chemical remediation）是向受污染的水体中投放一种或多种化学制剂，通过化学反应消除底泥中的污染物或改变原有污染物的性状，为后续微生物降解作用提供有利条件。用于修复污染底泥的化学方法主要有氧化还原法、湿式氧化法、化学脱氧法、化学浸提法、聚合、络合、水解和调节 pH 值等。其中，氧化还原法适于修复复合污染底泥；化学脱氯法是用于修复多氯污染物污染底泥的常用方法；化学浸提对重金属污染底泥的修复非常有效。目前较多应用的化学修复药剂有氯化铁、铝盐、CaO、CaO_2、$Ca(NO_3)_2$ 和 $NaNO_3$ 等。

（2）优点和局限性 化学修复方法见效快，目前应用较为广泛。不过由于化学修复需要花费大量的化学药剂，制剂用量难以把控，而且一些化学制剂本身对水体生态环境有影响，同时化学反应可能受 pH 值、温度、氧化还原状态、底栖生物等的影响。如运用原位钝化技术处理底泥时，作为钝化剂的铝盐、铁盐、钙盐应用环境各有不同。同时，由于风浪、底栖生物的扰动会使钝化层失效，使底泥中的污染物重新释放出来，影响了钝化处理的效果。

3. 底泥原位生物修复

（1）基本原理 污染底泥的原位生物修复（In-situ bioremediation）分为原位工程修复和原位自然修复。原位工程修复是通过加入微生物生长所需营养来提高生物活性或添加培养的具有特殊亲和性的微生物来加快底泥环境的修复；原位自然修复是利用底泥环境中原有微生物，在自然条件下创造适宜条件进行污染底泥的生物修复。

自然河流中有大量的植物和微生物，它们都有降解污染有机物的作用，植物还可以向水里补充氧气，有利于防止污染。河流底泥的原位生物修复包括微生物修复（狭义上）和水生生物修复两大部分，两者可互相配合，达到要求的治理效果。运用水生植物和微生物共同组成的生态系统能有效地去除多环芳烃的污染。高等水生植物可提供微生物生长所需的碳源和能源，根系周围好氧菌数量多，使得水溶性差的芳香烃，如菲、蒽及三氯乙烯在根系旁能被迅速降解。根周围渗出液的存在，能提高降解微生物的活性。种植的水生植物的根茎能控制底泥中营养物的释放，而在生长后期又能较方便地去除，带走部分营养物。

（2）优点和局限性　优点：①原位生物修复技术在所有修复技术中成本是相对较低的；②环境影响小，原位修复只是一个自然过程的强化，不破坏原有底泥的物理、化学、生物性质，其最终产物是 CO_2、水和脂肪酸等，不会形成二次污染或导致污染的转移，可以达到将污染物永久去除的目的；③最大限度地降低污染物浓度，原位生物修复技术可以将污染物的残留浓度降至很低，如经处理后，BTX（苯、甲苯和二甲苯）总浓度可降至低于检测限；④修复形式多样；⑤应用广泛，可修复各种不同种类的污染物，如石油、农药、除草剂、塑料等，无论小面积还是大面积污染均可应用。

当然，原位生物修复有其自身的局限性，主要表现在：①由于原位生物修复是一个强化的自然过程，修复速度较慢，是一个长期的过程，不能达到立竿见影的效果；②微生物不能降解所有进入环境的污染物，污染物的难降解性、不溶解性及与底泥腐殖质结合在一起常常使生物修复不能进行；③特定的微生物只能降解特定类型的化合物，状态稍有变化的化合物就可能不会被同一微生物酶所破坏，河流水质变化带有一定的随机性，对所选取修复的生物种类提出了很高的要求；④原位修复受各种环境因素的影响较大，因为微生物活性受温度、溶解氧、pH 值等环境条件的变化影响；⑤有些情况下，生物修复不能将污染物全部去除，当污染物浓度太低，不足以维持降解细菌群落时，残余的污染物就会留在底泥中；⑥采用水生植物方法时，必须及时收割，以避免植物枯萎后产生腐败分解，重新污染水体。

4. 底泥的联合修复

采用联合修复（Combined remediation）（植物-微生物联合修复、化学-生物联合修复），可以发挥各项修复技术的长处，达到更高效彻底的修复效果。由于生物修复通常具有明显的成本优势，对生态环境的影响较其他方法小，因此，在综合治理中应以生物修复方法为主，其他方法配合，各种方法分步骤实施或同时使用。

10.4.4　水质净化

河流水质修复与改善技术按照空间位置分类可分为原位净化和旁位处理。河流原位净化是在河道本身进行水质修复的技术，主要包括引水稀释、河流结构优化与水动力调控、跌水曝和人工曝气、生物膜、生态浮床、微生物强化等技术。河流水质的旁位处理是指利用河道旁边的空间采用不同的水质净化技术改善河流水质，主要包括人工强化快滤、化学絮凝、旁位生物膜及自然生物处理法（稳定塘、人工湿地和土地处理）等技术。河流的原位净化和旁位处理是河流治理与修复的重要途径，是重污染河流治理和修复的必要措施。

1. 引水稀释

（1）原理　采取引水冲污稀释（Flushing dilution）等辅助措施，科学有效地增加流域水资源量，加快水体有序流动，利用水体的自净功能，降低水体污染程度，提高水环境承载能力，使有限水资源发挥最大效益。对于污染严重且流动缓慢的河流可以考虑采用引水冲污/换水稀释的方法。引水冲污/换水稀释的直接作用是加快水体交换，缩短污染物滞留时间，减少原来河段的污染物总量，从而降低污染物浓度指标，使水体水质得到改善。水体的流动性加强了沉积物-水体界面的物质交换，使河流从缺氧状态变为耗氧状态，提高河流的自净能力。同时，河流死水区、非主流区的重污染河水得到置换，加大水流流速，在一定程度上促进底泥的再悬浮，使已经沉淀的污染物重新进入水体随水迁移。由于再悬浮沉积物主要存在于河流中层、下层，藻类对所含营养盐利用率十分低，因而对水华的出现一般没有显著贡献。引水冲污/换水稀释既可以用同一水系上游的水也可以引其他水系的水。引水冲污/换水稀释是一种物理方法，污染物只是转移而非降解，会对流域的下游造成污染，所以实施引水冲污/换水稀释前应进行计算预测，确保冲污效果和承纳污染的流域下游水体有足够大的环境容量。

（2）实施步骤　实施河流污染物稀释技术的一般步骤如下：

1）首先分析确定污染物的流量 Q_c、浓度 c、污染物质的性质和毒性特征，以及河流允许的污染物质浓度水平 c_{hm}。

2）计算排入河流中的污染物达到安全浓度水平所需要的河流流量 Q_{hm}。假设沉淀和降解还没有发生或者其效应忽略不计，则

$$Q_{hm} = \frac{c}{c_{hm}} - Q_c \tag{10-24}$$

3）设河流已有的流量为 Q_1，则完成稀释需要调集的流量 Q_s 为

$$Q_s = Q_{hm} - Q_1 - Q_c \tag{10-25}$$

污染物流量与参与稀释的河水流量之比称为稀释比，用 n 表示，即

$$n = \frac{Q_c}{Q} \tag{10-26}$$

式中，Q 泛指河流的一般流量。

如果河流中只有一部分河水参与了稀释作用，则参与稀释的河水与河水总流量之比为稀释系数，用 α 表示，即

$$\alpha = \frac{Q_p}{Q} \tag{10-27}$$

式中，Q_p 为参与稀释的河水流量。

河流的稀释能力和效果取决于河流的水力推流和扩散的能力。污染物进入河流后，由于河水的推流作用而沿着河的纵向迁移，通过扩散作用与河水混合。扩散作用包括分子扩散、对流扩散和湍流扩散三种，其中湍流扩散作用最大。湍流扩散的程度与河流的形状、河床的粗糙程度、河水流速、河水深度等因素有关。在稀释过程中，推流和扩散相互影响，使排入河流的污染物达到被稀释的目的。

在实施稀释过程时，应该认真判断污水流量与河流流量比例、河流沿岸的生态状况、可以调用的水量、河流水力负荷允许的变化幅度等，经过反复比较后才考虑稀释措施。

2. 河流结构优化与水动力调控

（1）水体流态与水环境之间的关系　"流水不腐，户枢不蠹"，很形象地说明了水体流态与水环境之间的关系。从机理上分析，水体流态与水环境的关系主要体现在以下方面：

1）河流水体流速快，冲刷作用强，物质输移能力强。如果发生水污染，一方面污染物会随着水流迁移，减少污染物在当地的累积和危害；另一方面上游发生的水污染在水流作用下会很快影响到下游地区，从而扩大了污染的影响范围。

2）污染物稀释。通过稀释作用能够快速降低污染物质在河流中的浓度，降低其在河流中的危害程度。

3）提升河流溶解氧水平，维持河流的自净能力。河水的流动过程相当于不断曝气的过程，河流流速越快，水体的大气复氧能力越强。大气中的氧气不断向水体中扩散，使水体中溶解氧维持在一定的水平，一方面可以为鱼类等水生动物提供必需的生境，另一方面增加水体中好氧生物的活性，提升水体对污染物的自净化能力。

（2）水系沟通与结构优化　受自然因素与人为活动共同作用，河流的形态和连通关系也在不断演变。自然因素包括区域水文条件、地形地貌和土壤特征等。处于平原河网地区的河流，上游来水及本地降水丰富，地势平缓，受上游来水、本地径流及下游水位顶托等相互作用，会出现不均匀淤积和冲刷，从而引起河道形态的自然演化。人为因素包括河道疏浚，裁弯取直，河流填埋、改道或部分侵占等，会很大程度地改变原有河道的形态结构和连通关系，使河流流态出现死水区、滞留区、缓流区、束水区。

改善河流流态，水系的沟通和结构优化是河流（尤其是平原河网河流）流态改善的基础。在实际工作中，一般通过实地调研、现状流速监测，找到水系连通性阻水节点，开展优化沟通水系的物理性工程措施。通过水系沟通或河道节点改造工程措施，保障水体的连通性，优化河流流场分布，改善河流水动力条件，增强河网的污染物自净能力。

（3）水体推流与动力学调控　对于地处地势平缓区域的河流水系，由于上下游水位差小且不稳定，水动力学条件不佳，再加上河流中闸坝的隔断，导致河流水体多为滞流或者缓流水体。为改善滞流或者缓流水体的流态，增加水体局部微循环，可以有针对性地采取水体推流技术实现。水体推流设备可以与曝气系统结合，在进行局部造流、加快水体流动的同时，保持河道有充足的溶解氧，也为河道生物群落的生存和繁衍创造条件。常用的水体推流设备有叶轮吸气推流式曝气机、水下射流曝气机、潜水推流器、远程推流曝气设备等。

（4）闸坝调度与水动力调控

1）基本原理。河流闸泵调度方式的优化，要充分考虑河流水利工程设施的类型和运行方式的差异，充分利用水动力调控设施设备，如水闸、泵等，以流态优化和水环境改善为目标，实现河流整体水动力条件的调控。

2）基本原则。

① 以满足人类基本需求为前提。

② 以河流的生态需水为基础。河流生态需水是闸泵进行生态调度的重要依据，闸下泄水量（包括泄流时间、泄流量、泄流历时等）应根据下游河流生态需水要求确定。为了保护某一个特定的生态目标，合理的生态用水比例应处在生态需水比例的阈值区间内。

③ 遵循生活、生态和生产用水共享的原则。生态需水只有与社会经济发展需水相协调，才能得到有效保障；生态系统对水的需求有一定的弹性，所以，在生态系统需水阈值区间内，结合区域社会经济发展的实际情况，兼顾生态需水和社会经济需水，合理地确定生态用水比例。

④ 以实现河流健康生命为最终目标。

3. 河流曝气技术

（1）跌水曝气

1）基本原理。跌水曝气（Drop aeration）是利用水在下落过程中与空气中的氧气接触而实现复氧，包括天然跌水曝气和人工跌水曝气。跌水曝气复氧的途径：一是在重力作用下，水滴或水流由高处向低处自由下落的过程中充分与大气接触，大气中的氧溶解到水中，形成溶解氧；二是在水滴或水流以一定的速度进入跌水区液面时会对水体产生扰动，强化水和气的混合，产生气泡，在其上升到水面的过程中，气泡与水体充分接触，将部分氧溶入水中形成溶解氧。

2）技术特征。跌水曝气充氧动力消耗少，可利用自然地形地势，节约成本。如果结合景观建设，采用提水后跌水曝气，通常需设置坝体和提升泵，总体上投资较少，操作管理方便，工艺占地面积小，并能起到改善水体流动性和充氧效果。用于修复污染河流时，跌水曝气一般要和其他生物处理工艺连用，成为组合工艺。跌水曝气可以设置在核心工艺前（如跌水曝气接触氧化工艺），起到给污染水体充氧的目的，或放置在核心工艺后，将出水设计成跌水形式回到河道中，提升河流水体的溶解氧水平。

（2）人工曝气

1）基本原理。人工曝气（Artificial aeration）技术是采用各种强化曝气技术，人工向水体中充入空气（或氧气），加速水体复氧，以提高水体的溶解氧水平，恢复和增强水体中好氧微生物的活力，使水体中的污染物质得以净化，从而改善河流水质。

人工曝气充氧作用包括：

① 加速水体复氧过程，使水体的自净过程始终处于好氧状态，提高好氧微生物的活力，同时在河底沉积物表层形成一个以兼氧菌为主，且具备好氧菌群生长潜能的环境，从而能够在较短的时间内降解水体中的有机污染物。

② 充入的溶解氧可以氧化有机物厌氧降解时产生的 H_2S、CH_4S 及 FeS 等致黑、致臭物质，有效改善水体的黑臭状况。

③ 增强河流水体的紊动，有利于氧的传递、扩散以及水体的混合。

④ 减缓底泥释放磷的速度，当溶解氧水平较高时，Fe^{2+} 易被氧化成 Fe^{3+}，Fe^{3+} 与磷酸盐结合形成难溶的 $FePO_4$，使得在好氧状态下底泥释放磷的过程减弱，而且在中性或者碱性条件下，Fe^{3+} 生成的 $Fe(OH)_3$ 胶体，吸附上层水中的游离态磷，并且在水底沉积物表面形成一个较密实的保护层，在一定程度上减弱了上层底泥的再悬浮，减少底泥中污染物向水体的扩散释放。

2）设备形式。

① 固定式充氧技术。在需要曝气增氧的河段上安装固定的曝气装置。固定式充氧站可以采用不同的曝气形式。

② 移动式曝气充氧技术。移动式充氧平台可以根据需要自由移动，这种曝气形式的突出优点是可以根据曝气河流污染状况、水质改善的程度，机动灵活地调整曝气设备的位置和运行，从而达到经济、高效的目的。

3）设备类型。工程应用的曝气充氧设备种类较多。从充氧所需的氧源来分，有纯氧曝气与空气曝气设备。按工作原理来分，可以分为鼓风机-微孔布气管曝气系统、纯氧-微孔管曝气系统、叶轮吸气推流式曝气器、曝气复氧船、太阳能曝气机、水下射流曝气设备、叶轮式增氧机等。河道人工曝气可以单独使用，也可与其他微生物技术、植物净化技术、接触氧化工艺等组合使用。表 10-4 显示了各种河流曝气充氧设备的特性比较。

4）技术适用性。根据国内外河流曝气的工程实践，河道曝气一般应用在以下四种情况：①在污水截污管网和污水处理厂建成之前，为解决河道水体的耗氧有机污染问题而进行人工充氧；②在已经过治理的河道中设立人工曝气装置作为应对突发性河道污染的应急措施；③在已经过治理的河道中设立人工曝气装置作为河道进一步减污的阶段性措施；④景观生态河道，在夏季因水温较高，有机物降解速率和耗氧速率加快，造成水体的 DO 降低，影响水生生物生存。

表 10-4 各种河流曝气充氧设备的特性比较

曝气设备类型	组成	优点	缺点	适用范围	实例
鼓风机-微孔布气管曝气系统	鼓风机+微孔布气管	氧转移率较高,25%~35%(5m 水深);在城市污水处理厂中应用广泛	安装工程量大,维修困难,对航运有一定的影响;鼓风机房占地面积大,运行噪声较大	城郊不通航河流	上海澳塘河
纯氧-微孔布气管曝气系统	氧源+微孔布气管	占地面积小,运行可靠,无噪声;安装方便,不易堵塞;氧转移率高,15%(1m 水深),70%(5m 水深)	对航运有一定的影响,投资大	不通航河流	德国 Emsher 河、Teltow 河;上海新泾港河
纯氧-混流增氧系统	氧源+水泵+混流器+喷射器	氧转移率高,70%左右(3.5m 水深);可安置在河床近岸处,对航运的影响较小	投资高	既可用固定式充氧,也可移动式充氧	英国 Thame、澳大利亚 Swan 河、上海苏州河
叶轮吸气推流式曝气器	电动机+传动轴+进气通道+叶轮	安装方便、调整灵活;漂浮在水面,受水位影响小;基本不占地;维修简单方便	叶轮易被堵塞缠绕;影响航运;会在水面形成泡沫,影响水体美观	不通航河流	韩国 Suyon 江河口釜山港湾;北京清河河流
水下射流曝气	潜水泵+水射器	安装方便;基本不占地;运行噪声小	维修较麻烦	不通航河流	北京筒子河、水碓湖、龙潭湖
叶轮式增氧机	叶轮+浮筒+电动机	安装方便;基本不占地	会产生一定的噪声;外表不美观	多用于渔业水体,水深较浅的水体	

在选用曝气设备类型时，应考虑的河道情况：

① 当河水较深，需要长期曝气复氧，且曝气河段有航运功能要求或有景观功能要求时，一般宜采用鼓风曝气或纯氧曝气的形式。但是，该充氧形式投资成本大，铺设微孔曝气管需抽干河水、整饬河底，工程量大，在铺设过程中水平定位施工精度要求较高。

② 当河道较浅，没有航运功能要求或景观要求，主要针对短时间的冲击污染负荷时，一般采用机械曝气的形式。对于小河道，这种曝气形式优点明显，但需考虑如何消除曝气产生的泡沫及周围景观的协调。

③ 当曝气河段有航运功能要求，需要根据水质改善的程度机动灵活地调整曝气量时，就要考虑可以自由移动的曝气增氧设施。对于较大型的主干河道，当水体出现突发性污染，溶解氧急剧下降时可以考虑利用曝气船曝气复氧。选择曝气船充氧设备时，需考虑充氧效率、工程河道情况、曝气船的航运及操作性能等因素，通常选择纯氧混流增氧系统。

④ 在大规模应用河道曝气技术治理水体污染时，还需要重视工程的环境经济效益评价，即合理设定水质改善的目标，以恰当地选择充氧设备。如景观水体的治理，在没有外界污染

源进入的条件下可以分阶段制定水体改善的目标，然后根据每一阶段的水质目标确定所需的充氧设备的能力和数量，而不必一次性备足充氧能力，以免造成资金、物力、人力上的浪费。

4. 生物膜

（1）基本原理　根据水体污染特点及土著微生物类型和生长特点，培养适宜的条件，使微生物固定生长或附着生长在固体填料载体的表面，形成生物膜（Biological membrane）。当污染的河水经过生物膜时，污水和滤料或载体上附着生长的生物膜开始接触，生物膜表面由于细菌和胞外聚合物的作用，絮凝或吸附了水中的有机物，与介质中的有机物浓度形成一种动态的平衡，使菌胶团表面既附有大量的活性细菌，又有较高浓度的有机物。微生物的生长代谢将污水中的有机物作为营养物质从而使污染物得到降解。生物膜上还可能出现丝状菌、轮虫、线虫等。从而使生物膜净化能力得到增强。

（2）生物膜技术的优缺点　生物膜技术的优点包括：①对水量、水质的变化有较强的适应性；②固体介质有利于微生物形成稳定的生态体系，处理效率高；③对水体的影响小。缺点主要是附着于载体表面的微生物较难控制，运行可操作性差。

（3）设计要求

1）污染物的生物可利用性。污染环境中污染物的种类、浓度、存在形式等都是影响微生物降解性能的主要因素。不同的污染物对微生物来说具有不同的可利用性。

2）生物填料选择。在生物膜法中，填料作为微生物赖以栖息的场所是关键因素之一，其性能直接影响着处理效果和投资费用。生物填料的选择依据有附着力强、水力学特性好、造价成本低等，理想的填充材料应该是具有多孔及尽量大的比表面积、具有一定的亲水与疏水平衡值。

（4）运行维护与管理

1）水体要有充足 DO（可以结合曝气复氧技术），供异养菌及硝化菌等生长繁殖。

2）水体混合要较充分，以持续不断地提供生物所需的基质（有机物）。曝气既可以提升 DO 水平，也可推动水流，使污染物与膜上微生物充分结合。

3）水体对生物膜要有适当的冲刷强度。冲刷强度不宜过大或者过小，既有利于微生物在生物填料表面的挂膜，又可保证生物膜的不断更新以保持其生物活性。

4）培养降解效率高的土著菌种，在水体中创造出其生长的适宜环境，并进行诱导、激活、培养，使之成为优势菌种。

（5）常用工程措施

1）砾间接触氧化法。砾间接触氧化法（Contact oxidation method between gravels）是一种快速处理污水的方式，其实质是对天然的河床中生长在砾石表面生物膜的一种人工强化，通过在河道内人工填充砾石，使河水与生物膜的接触面积提高数十倍，强化自然状态下的河流中的沉淀、吸附和氧化分解。河流砾间接触氧化法分为不曝气和曝气两种形式，差别主要在于处理水质污染物浓度的高低。根据设置位置可分为直接处理方式与分离处理方式。直接方式是将处理设施直接设置在河道里，利用导水设施控制进出水流量。分离处理方式是将处理设施设置在河道旁的滩地，可通过在上游设置引水堰或抽取水进入处理系统进行处理。

① 基本原理。用于水质直接净化的砾间接触氧化法是一种模仿生态、强化生态自然净化水质过程的常规方法的有效组合。河流具有自净功能，当河水流经深水处时，水中的悬浮

物将因流速减缓而产生沉淀；当河水流经水浅处时，则因水流相对速度较快而产生自然曝气现象，增加河水中 DO；河床上的天然砾石可以吸附、过滤污染物，而且砾石间的微生物可以降解污染物；当降雨造成河川流量增加时，丰沛的水量可产生冲刷及稀释的作用而将砾石间污泥带出，使河川再度恢复原有的自净能力。

② 工艺构成与应用。砾间接触氧化法工艺主要分为两个单元构件：一个是生物处理单元，由盛装球形多孔石质填料的反应箱构成，作用是降解有机物；另一个为水流调节单元，用于对水流量进行调节，一般采用混合井、配水渠、混合泵等调节混合废水。

2）沟渠内接触氧化法。受砾间接触氧化法的启发，沟渠内接触氧化法（Contact oxidation method in trenches）是在单一排水功能的河道内填充各种材质、形状和大小的接触材料，如卵石、木炭、沸石、废砖块、废陶瓷、石灰石及波板、纤维或塑料材质的填料等，以提高生物膜面积，强化河流的自净作用。沟渠内接触氧化法使用的填料的选择要依据河流水质与工程选址的情况来确定。

3）薄层流法。薄层流法（Thin layer flow method）是使河面加宽，水流形成水深数厘米的薄层流过生物膜，使河流的自净作用增强；如河宽为原来的 2 倍，则水深变为原来的 1/2，则河道的净化能力增加 2 倍。

4）伏流净化法。伏流净化法（Volt current purification method）是利用河床向地下的渗透作用和伏流水的稀释作用来净化河流，污染河流通过河床上的生物膜缓慢地向地下扩散，成为清洁水，再被人工提升到地面稀释河流。该处理法是一种缓速过滤法。

5）人工水草。人工水草（Artificial grass）是采用耐酸碱、耐污、柔韧性强，具有较大比表面积和容积利用率的仿水草高分子材料作为生物载体。人工水草固定在水中后，会吸附水中各种水生生物，随时间推移在水草表面形成一层生物膜，附着在人工水草上的生物非常丰富，主要有细菌、真菌、藻类和原生动物和后生动物等，这些微生物和藻类对于污染水体具有生物过滤和生物转换的作用。水中放置的人工水草将原来以水土界面为主的好氧-厌氧、硝化-反硝化作用扩大到整个水体，同时，不受透明度、光照等条件的限制，大大提高了水质净化的效率。

① 分类。人工水草按照结构分为生态基、生物材料及碳纤维生态水草三种类型。生态基是由两面蓬松的高分子材料和中间浮力层针刺而成，是一种经过处理的适合微生物生长的"床"，是一种新型生物载体。生物填料的类型多样，有辫带式生物填料、多环串联人工水草、组合填料、软性填料、半软性填料、弹性填料、悬浮填料等。碳纤维生态水草，学名聚丙烯腈基碳纤维，是通过特殊处理工艺，由碳纤维和相关的基体树脂（如环氧树脂）制备而成，置于水中时能够迅速散开。

② 优点。作为一种新型的生物膜载体材料，人工水草的优点包括：比表面积大，可以附着大量微生物以及原生动物，进而吸附、降解污染物，实现水体的净化；人工水草断面上会依次形成好氧、兼氧和厌氧三个反应区，在硝化和反硝化的作用下，能够高效脱氮；为水生生物营造良好的栖息环境；造价一般比传统的工业生物填料低，管理维护少，可以适用于大面积的水体水质改善和生态修复；效果好，二次污染少，在外界条件一致的情况下，人工水草的布置密度小于传统的生物填料，有利于氧的传递与利用。

③ 缺点。由于人工水草主要依靠附着的大量微生物的净化作用，处理效果会受到溶解氧的限制，在溶解氧低的水体中为提高处理效率需要配合曝气措施。

5. 生态浮床

（1）基本原理 生态浮床（Ecological floating bed）又称生态浮岛（Ecological floating island）、人工浮床或人工浮岛，是运用无土栽培技术，综合现代农艺和生态工程措施对污染水体进行生态修复或重建的一种生态技术。在受污染河道中，用轻质漂浮高分子材料作为床体，人工种植高等水生植物或经过改良驯化的陆生植物，通过植物强大的根系作用削减水中的氮、磷等营养物质，并以收获植物体的形式将其搬离水体，从而达到净化水质的效果。另外，种植植物后构成微生物、昆虫、鱼类、鸟类等自然生物栖息地，形成生物链进一步帮助水体恢复，生态浮床主要适用于富营养化及有机污染河流。

生态浮床能有效去除水体污染，抑制浮游藻类的生长，其原理为：①营养物质的植物吸收；②许多浮床植物根系分泌物抑制藻类生长；③遮蔽阳光，抑制藻类生长；④根系微生物降解污染。与其他水处理方式相比，生态浮床更接近自然，具有更好的经济效益。生态浮床上栽种的植物美化了环境，和周围环境融为一体，成为新的河道景观亮点。同时生态浮床的建设、运行成本较低。

（2）分类 生态浮床根据水和植物是否接触分为湿式与干式。湿式生态浮床可再分为有框和无框两种，因此在构造上生态浮床主要分为干式浮床、有框湿式浮床和无框湿式浮床三类。干式浮床的植物因为不直接与水体接触，可以栽种大型的木本、园林植物，构成鸟类的栖息地，同时也形成了一道靓丽的水上风景。但因为干式生态浮床的植物与水体不直接接触，因此发挥不了水质净化功能，一般只作为景观布置或是防风屏障使用。有框湿式浮床一般用 PVC 管等作为框架，用聚苯乙烯板等材料作为植物种植的床体。湿式无框浮床用椰子纤维缝合作为床体，不单独加框。无框型浮岛在景观上则显得更为自然，但在强度及使用时间上比有框式差。从水质净化的角度来看，湿式有框浮床应用广泛。

（3）组成 常用的典型湿式有框生态浮床包括浮床框体、浮床床体、浮床基质和浮床植物四个部分。

1）浮床框体。要求坚固、耐用、抗风浪，目前一般用 PVC 管、木材、毛竹等作为框架。PVC 管持久耐用、价格便宜、质量轻，能承受一定冲击力，应用最为广泛；木头、毛竹作为框架比前两者更加贴近自然，价格低廉，但常年浸没在水中，容易腐烂，耐久性相对较差。

2）浮床床体。浮床床体是植物栽种的支撑物，同时是整个浮床浮力的主要提供者。目前主要使用的是聚苯乙烯泡沫板，这种材料成本低廉、疏水、浮力大、性能稳定、不污染水体、方便设计和施工，重复利用率相对较高，此外还有将陶粒、蛭石、珍珠岩、火山岩等无机材料作为床体，这类材料具有多孔结构，更适合于微生物附着而形成生物膜，有利于降解污染物质，但成本相对较高。对于漂浮植物，可以不使用浮床床体，而直接依靠植物自身浮力保持在水面上，再利用浮床框体、绳网将其固定在一定区域内。

3）浮床基质。浮床基质用于固定植物，同时保证植物根系生长所需的水分、氧气条件，并能作为肥料载体，因此基质材料要具有弹性足，固定力强，吸附水分、养分能力强，不腐烂，不污染水体，能重复利用等特点，而且要具有较好的蓄肥、保肥、供肥能力，保证植物直立与正常生长。目前使用较多的浮床基质为海绵、椰子纤维、陶粒等，可以满足上述的要求。

4）浮床植物。植物是浮床净化水体的核心，需要满足以下要求：适宜当地气候、水质条件，优先选择本地种；根系发达，根茎繁殖能力强；植物生长快，生物量大；植株优美，具有一定的观赏性。目前经常使用的浮床植物有美人蕉、荻、香根草、香蒲、菖蒲、石菖蒲、水浮莲、水芹菜、金鱼藻等，在实际工程中应根据现场条件进行植物筛选。

（4）种植方式　生态浮床上植物有不同的种植方式，对水体的净化效果也不同。通过相关研究和实践，现在主要采用植物混合种植、植物与填料组合种植方式。对于水面植物合适的覆盖率等也要注意。

1）植物的混合种植。实践表明，多种植物以适当的配比种植能减少病虫害的发生，提高系统的稳定性，并且对水体的净化效果往往比单一种植要好。但是多种植物混合种植可能会导致生长竞争，因此需要根据植物利用水体空间的不同进行合理组合。

2）植物与填料组合种植。传统生态浮床净化水体的主体只有植物，但受水面限制其生物量有限，而且植物根系的微生物数量和种类较少，系统的净化能力难以进一步提高。此外，传统的生态浮床仅仅利用的是水面，而水下空间并没有得到充分利用。因此通过在浮床下悬挂填料，不仅充分开发利用了水下空间，更好地固定住植物，而且增加了系统内微生物数量和种类，强化了微生物净化作用，提高了生态浮床的净化能力。

3）水面植物覆盖率。通常生态浮床的植物覆盖率越高，其对水体的净化能力则越强，但是夜间的呼吸耗氧也越严重。过高的植物覆盖率还会影响水体的大气复氧，最终可能导致水体缺氧，因此要合理设置植物覆盖率。

（5）技术经济特征

1）优点。相较于其他生态修复技术，生态浮床具有以下优点：①可用于高等水生植物难以生长的区域（深水区或底部混凝土结构的水域）；②增加了生物多样性；③对水位变化的适应性较强，可移动性强；④具有景观美化作用；⑤具有一定的消波及保护河岸的作用；⑥建设、运行成本较低，具有良好的经济效益、环境效益和景观效益。

2）局限性。生态浮床技术也存在一定的问题与局限性：①浮床植物的选择既要考虑成活性，又要考虑不同的选择净化性。有些污染水体可能不适合最适净化植物的生长，在这种情况下就必须考虑替代植物，其净化性能就会降低，这就要扩大种植面积。而且植物的生长还受季节影响，不同的生长阶段其净化效果也不同。②浮床植物的回收处置。生态浮床植物种类繁多，植物死后若得不到适当处理，会造成水体二次污染。如重金属污染水体，当生态浮床植物得不到正确处理后，就可能把重金属由水体转移到土壤中，或者重新回到水体。此外，有的生态浮床选择了可食用的植物，如空心菜、水芹菜等，其食用安全也需要重视。③对深层水体缺乏净化能力。由于生态浮床主要依靠植物的吸收来净化水体，植物根系不能深入深层水域中，因此对底层水和底泥缺乏净化能力。④夏季容易滋生蚊蝇，影响环境卫生。

3）适用范围。适用于没有航道要求的景观河道在居民聚集区的城市河流，由于其存在夏季容易滋生蚊蝇等虫类，其使用也受到限制。它也不适用于工业废水连续排放的河道。

4）经济性。生态浮床技术具有施工简单、工期短、投资小等优势，具体表现在浮床植物和载体材料来源广，成本低；无动力消耗，节省了运行费；维护费用少，且应用得当时可具有一定的经济效益。

6. 微生物强化

（1）基本原理　在河流水环境中，微生物作为分解者，对水体净化作用很大，具备污染物降解能力的微生物在水体中的数量和活性直接关系到水体自净能力的大小，也影响到水体微生物修复技术应用的成功与否。所以微生物强化技术的核心在于提高待修复污染水体中微生物的数量和特性，加快水体中污染物的降解和转化。目前，污染河流的原位微生物强化技术主要有两种形式。一种是普遍使用的投菌法，其通过选择一种或多种混合功能的菌种，按一定的要求添加到受污染水体中，以促进水中微生物处理效率的提高。投加的菌种可以是从自然界或处理系统中筛选出的高效菌种，也可以是经过处理的变性菌种或经基因工程构建的菌种。另一种是向受污染水体中补充能促进微生物生长和活性的生物促生剂，一般是微生物必需的营养元素，如微量元素、维生素、天然激素、有机酸、细胞分裂素、酶等营养物质。目前这两种方式通常是组合使用。

（2）技术流程 其中投菌法应用于河流水体修复的主要流程如图 10-20 所示。其中河流水体环境特征调查是整个技术实施的基础，水温、pH 值、污染物种类和污染程度、河水体积等都直接影响生物菌剂的选取、投放的剂量和投放方式的选择。而生物菌剂的选种、培养和活化是整个技术的核心部分，直接影响水体污染物的去除率。

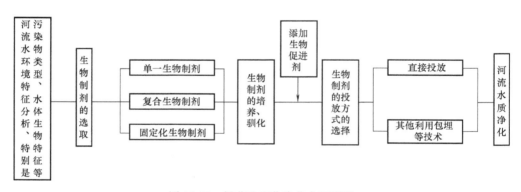

图 10-20 投菌法原位净化主要流程

（3）微生物的投加方式 城市污染河流一般均具有流动性，外加微生物菌剂和生物促生剂容易流失。因此，需要保证投加的微生物菌剂与污染物、生物促生剂与微生物菌剂之间有充分的接触时间。通常有以下投加方法。

1）直接投加法。若城市河流水体流动性较差，可直接向受污染水域表面均匀泼洒生物菌剂和生物促生剂；若河流水体流动性较好，可在河流上游进行投加，使其在随水流往下游移动的过程中与污染物有充分的接触时间发生作用，投菌地点最好通过污染物降解动力学和水文学等方面的计算来确定。操作简便是该法的最大优点。

2）吸附投菌法。使微生物菌体先吸附在各类填料或载体上，再将填料或载体投入待治理的河流或底泥中，可有效降解该区域内的污染物。分子筛、蛭石、沸石等都可以作为吸附材料使用。这种方法可以防止菌体的大量流失。

3）固定化投菌法。通过物化方法将微生物封闭在高分子网络载体内，它具有生物活性和生物密度高的特点。在受污染河流或底泥中投加固定化微生物，可避免微生物快速流失，加快污染物降解，提高处理稳定性。应用于受污染河流的固定化微生物球体不宜过小，以防悬浮流失。此外，也可借鉴医药缓释胶囊的应用，通过缓释固定的微生物菌种，使投菌区域保持较高的微生物浓度。

4）根系附着法。通过微生物在水生植物根系的富集作用，使大量外加微生物附着于受污染水域中的水生植物根系上，在提高受污染区域外来微生物浓度的同时，使微生物的分解产物被水生植物利用。根系附着法可以直接将菌种投加到受污染区域的水生植物根系附近的水体中，也可尝试在室内藏有水生植物的培养液中投加微生物菌种，使其先在水生植物根系挂膜，成功后再将水生植物移入受污染水体或底泥中。也可用类似的办法投加生物促生剂营养液。该法可充分发挥微生物和植物的共代谢作用，但作用区域偏小。

5）底泥培养返回法。取出一定量受污染河流的底泥，将底泥放入培养皿中，定期往底泥中投放营养液，并提供微生物生长的其他环境条件，使土著微生物在底泥中大量生长，待数量达到一定程度后，再将底泥脱水做成泥球、泥饼或泥块，返回受污染河流中。泥球或泥饼在水体中逐渐分散，使大量土著微生物被释放进受污染水体和底泥中。该法可大量快速培养土著微生物，但需一些辅助设备。这种方法对营养液作用发挥较有效。

6）注入法。利用注射工具将营养液直接注入受污染水域表层底泥中，直接促进底泥中土著微生物的生长，使微生物对底泥中的有机物进行降解。也可采取这一方式外加微生物。该方法主要用于底泥污染物的削减，适用于受污染面积较小的水域。

（4）技术经济特征

1）优点。①针对性强，可有效提高对目标去除物的去除效果，污染物的转化过程在自然条件下即可高效完成；②微生物来源广、易培养、繁殖快、对环境适应性强和易实现变异等，通过有针对性地对菌种进行筛选、培养和驯化，可以使大多数的有机物实现生物降解处理，应用面广；③微生物处理不仅能去除有机物、病原体、有毒物质，还能去除臭味、提高透明度、降低色度等，处理效果良好；④污泥产生少，对环境影响小，通常不产生二次污染；⑤就地处理，操作简便。

2）局限性。该技术还是存在着一些不足之处：①筛选得到的高效降解菌可能仅对某一类污染物较有效，广谱性能差；②直接投加的菌体容易流失，或者被其他生物吞噬，影响投菌法的处理效果；③实验室筛选得到的高效菌不一定能够在环境竞争中成为优势菌，还需要驯化以适应新的环境；④高效菌种的筛选、驯化难度大、周期长；⑤投加菌种不能一次完成，还需要定期补投。

7. 自然生物处理——稳定塘

自然生物处理系统（Natural biological treatment system）是一种天然净化能力与人工强化技术相结合并具有多种功能的良性生态处理系统。污染水体的自然生物处理方法主要有水体净化法和土壤净化法两类。属于前者的有氧化塘和养殖塘，统称生物稳定塘，其净化机理与活性污泥法类似，主要通过水-水生生物系统（菌藻共生系统和水生生物系统）对污水进行自然处理；属于后者的有土壤渗滤、人工湿地，统称土地处理。其净化机理与生物膜法类似，主要利用土壤-微生物-植物系统（陆地生态系统）的自我调控机制和对污染物的综合净化功能，对污水进行自然净化。与常规处理技术相比，污水自然生物处理系统具有工艺简单、操作管理方便、建设投资和运行成本低的特点。建设投资通常为常规处理技术的$1/2 \sim 1/3$，运行费用通常为常规处理技术的$1/2 \sim 1/10$。

（1）基本原理　稳定塘（Stabilization pond）属于生物处理设施，其净化污水的原理与自然水域的自净机理十分相似，即通过污水中微生物的代谢作用和包括水生生物在内的多种生物的综合作用，降解污染水体中的有机污染物，净化水质。污水在稳定塘内滞留期间，水中的有机污染物通过好氧微生物的代谢活动被氧化，或经过厌氧微生物的分解而达到稳定化。好氧微生物代谢所需的溶解氧由稳定塘水面的大气复氧作用及水体中藻类的光合作用提供，也可根据实际情况设置曝气装置人工供氧。稳定塘的建造要因地制宜，充分利用河流周边的地形和空间，根据需要可设防护围堰和防渗层。

1）分类。按塘内充氧状况和微生物优势群体，将稳定塘分为好氧塘、兼性塘、厌氧塘和曝气塘四种类型。根据处理后要达到的水质要求，稳定塘又可分为常规处理塘和深度处理塘。除利用菌藻外，还利用水生植物和水生动物处理污水的稳定塘称为生物塘或生态塘。此外，按照稳定塘出水的连续性和出水量，可以把塘分为连续出水塘和储存塘。

2）稳定塘设计参数。各种污水稳定塘设计参数见表 10-5，选自《污水自然处理工程技术规程》（CJJ/T 54—2017）。

表 10-5　各种污水稳定塘工艺设计参数

项目		BOD₅ 面积负荷/[g/(m²·d)]，或 BOD₅ 容积负荷/[g/(m³·d)]			有效水深/m	水力停留时间 d			处理效率（%）
		Ⅰ区	Ⅱ区	Ⅲ区		Ⅰ区	Ⅱ区	Ⅲ区	
厌氧塘		4.0~8.0	7.0~11.0	10.0~15.0	3.0~6.0	≥8	≥6	≥4	30~60
兼性塘		2.5~5.0	4.5~6.5	6.0~8.0	1.5~3.0	≥30	≥20	≥10	50~75
好氧塘	常规处理	1.0~2.0	1.5~2.5	2.0~3.0	0.5~1.5	≥30	≥20	≥10	60~85
	深度处理	0.3~0.6	0.5~0.8	0.7~1.0	0.5~1.5	≥30	≥20	≥10	30~50
曝气塘	兼性曝气	5.0~10.0	8.0~16.0	14.0~25.0	3.0~5.0	≥20	≥14	≥8	60~80
	好氧曝气	10~25	20~35	30~45	3.0~5.0	≥10	≥7	≥4	70~90
水生植物塘	常规处理	1.5~3.5	3.0~5.0	4.0~6.0	0.3~2.0（视植物而定）	≥30	≥20	≥15	40~75
	深度处理	1.0~2.5	1.5~3.5	2.5~4.5		≥20	≥15	≥10	30~60

注：厌氧塘为 BOD₅ 容积负荷，其他为 BOD₅ 面积负荷。

（2）优点与局限　稳定塘的优点包括：①可充分利用地形，结构简单，建设费用低，可以利用荒废的河道、沼泽地等地段建设，基建投资约为相同规模常规污水处理厂的 1/10~1/5；②可实现水质净化和再用，实现水循环；③处理能耗低，运行维护方便；④可以与周边景观结合，形成生态景观，可将净化后的水用作景观和游览的水源；⑤污泥产量少，仅为活性污泥法所产生污泥量的 1/10；⑥能承受污水水量大范围的波动，其适应能力和抗冲击能力强。稳定塘也存在诸多缺点与局限，如有机负荷低；占地面积大；环境条件较差；污泥淤积，使有效池容减小；处理效果受气候条件影响大；设计或运行管理不当，易造成二次污染。

（3）适用范围　稳定塘适用于小流量、低地价的地区，而大、中城市周围地价都较高，因而其应用必然受限。在南方地区推广、应用稳定塘的条件比北方优越，尤其是在中、小城市更易于推广。在北方地区则可利用滩涂、盐碱地及低洼地等地价低廉之处发展稳定塘。

（4）管理与运行　稳定塘的运行具有显著的周期性特点，结合季节气温条件的变化，可以划分为冬季储存期、春季恢复期、夏季净化期和秋季调整期等四个运行功能期：

1）冬季储存期　以安全越冬、保护塘体、水量储存、适当净化为主要功能。可以采取高水位冰下流动的运行方式，同时大幅度提高水力停留时间。

2）春季恢复期　以流态恢复、生态复苏、系统维护、净化启动为主要功能。初春，冰层全部融化，由于冬季冰层的覆盖，塘内深水区呈厌氧状态，局部有污泥上浮现象，需要对塘面进行清理。逐渐降低运行水位和水力停留时间，恢复完善水生生态系统，进行运行控制及设备的检修与维护等。为增强人工型稳定塘的去除效果，可在塘内放养鱼苗，种植睡莲。

3）夏季净化期　以水质净化、稳定运行、生态保持、综合利用为主要功能。通过生态系统的进一步完善和优化，强化系统的综合净化功能，并实现水资源的综合利用。

4）秋季调整期　以维持净化、生态整理、结构调整、平稳过渡为主要功能。尽可能长时间地维持水质净化作用，并通过植物收割、水位变化等措施调整和整理生态系统，为安全越冬运行做好充分准备。

8. 自然生物处理——人工湿地

（1）基本原理　人工湿地（Constructed wetlands）指由人工建造和控制运行的与沼泽地类似的水质净化设施。人工湿地中都充填一定深度的基质层，种植水生植物，利用基质、植物、微生物的物化、生化协同作用使污水得到净化。物化作用主要包括重力分离过滤、离子交换、吸附、解吸、浸出，以及氧化还原反应、凝聚反应、酸化、沉降等；生化反应包括在好氧、缺氧、厌氧条件下一系列的生化作用。视具体情况，其底部可铺设防渗漏隔水层。

大多数人工湿地由五部分组成：①具有各种透水性的基质（又称填料），如土壤、砂、砾石等；②适于在饱和水和厌氧基质中生长的植物，如芦苇、香蒲等；③水体（在基质表面下或上流动）；④好氧或厌氧微生物种群；⑤无脊椎或脊椎动物。

湿地植物具有重要的作用。一是显著增加微生物的附着（植物的根茎叶）；二是湿地植物可将大气氧传输至根部，使根在厌氧环境中生长；三是增加或稳定土壤的透水性。植物通气系统可向地下部分输氧，根和根状茎向基质中输氧，因此可为根茎中好氧和兼氧微生物提供良好的生长环境。植物的数量对土壤导水性有很大影响，植物根可松动土壤，死后也可留下相互连通的孔道和有机物。基质的作用有：为植物提供物理支持；为各种复杂离子、化合物提供反应界面；为微生物提供附着。水体为微生物、动植物提供营养物质。

（2）分类　按照污水在湿地中的流动方式可分为表面流人工湿地、水平潜流人工湿地和垂直潜流人工湿地三种基本类型，这三种基本类型组合可形成不同的组合湿地类型。

1）表面流人工湿地（Surface flow constructed wetland）指污水在基质层表面以上，从池体进水端水平流向出水端的人工湿地，如图10-21所示。水以较慢的速度在湿地表面溢流，水深一般为$0.3\sim0.5\mathrm{m}$。它与自然湿地最为接近，接近水面的部分为好氧层，较深部分及底部通常为厌氧层，因此具有与兼性塘相似的性质，但由于湿地植物对阳光的遮挡，一般不会出现兼性塘中藻类大量繁殖的情况。植物的根系和被水层淹没的茎、叶起到微生物的载体作用，可以在其表面形成生物膜，通过其中微生物的分解和合成代谢作用，去除水体中有机污染物和营养物质。表面流人工湿地具有投资少、操作简单、运行费用低等优点。其缺点是占地面积大，水力负荷率小，去污能力有限，系统运行受气候影响较大，冬季水面易结冰，夏季易滋生蚊蝇，产生臭味，卫生条件差。

2）水平潜流人工湿地（Horizontal subsurface flow constructed wetland）指污水在基质层表面以下，从池体进水端水平流向出水端的人工湿地（图10-22）。污水从湿地进水端表面流入，水流在填料床中自上而下流、自进水端到出水端，最后经铺设在出水端底部的集水管收集而流出湿地系统。由于其可以充分利用填料表面、植物根系上生长的生物膜和丰富的植

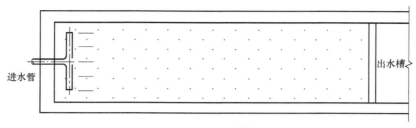

a) 平面图

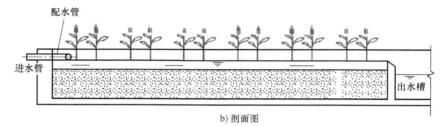

b) 剖面图

图 10-21 表面流人工湿地结构

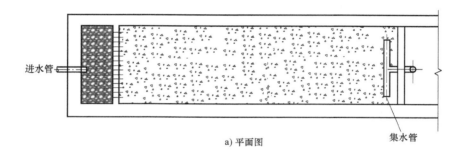

a) 平面图

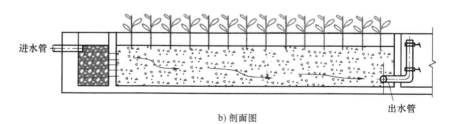

b) 剖面图

图 10-22 水平潜流人工湿地结构

物根系、表土层及填料的降解、截留等作用，处理效果较好。同时，该种系统的保温性较好、处理能力受气候影响小、卫生条件好，是国内外应用最广泛的人工湿地系统。其缺点是投资较高、控制相对复杂、工程量大。

3）垂直潜流人工湿地（Vertical subsurface flow constructed wetland）指污水垂直通过池体中基质层的人工湿地。垂直潜流人工湿地综合了表面流人工湿地和潜流人工湿地的特性，按照水流在填料床中的流动方向，又分下行流和上行流湿地。垂直潜流湿地在湿地上部和底部分别布设布水管和集水管，对于下行流湿地，上部为布水管，底部为集水管，如图10-23所示。上行流湿地则相反。垂直潜流湿地具有较强的除氮能力，但对有机物的去除能力通常不如水平潜流人工湿地系统，而且落干/淹水时间较长，控制相对复杂。其优点是占地面积较小，硝化能力高；缺点是系统相对复杂，建造要求较高，投资较高。

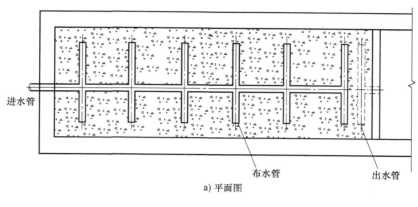

a) 平面图

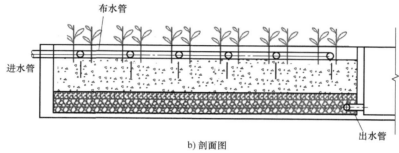

b) 剖面图

图 10-23　下行流垂直潜流人工湿地结构

（3）人工湿地系统设计参数　一般根据试验资料确定人工湿地的主要设计参数。当没有试验资料时，可采用经验数据或按表 10-6 和表 10-7 的规定取值（选自《人工湿地污水处理工程技术规范》（HJ 2005—2010））。

表 10-6　人工湿地系统设计去除率参数

人工湿地类型	BOD_5		COD_{Cr}		SS		NH_3-N		TP	
	进水/(mg/L)	去除率(%)	进水/(mg/L)	去除率(%)	进水/(mg/L)	去除率(%)	进水/(mg/L)	去除率(%)	进水/(mg/L)	去除率(%)
表面流人工湿地	≤50	40~70	≤125	50~60	≤100	50~60	≤10	20~50	≤3	35~70
水平潜流人工湿地	≤80	45~85	≤200	55~75	≤60	50~80	≤25	40~70	≤5	70~80
垂直潜流人工湿地	≤80	50~90	≤200	60~80	≤80	50~80	≤25	50~75	≤5	60~80

表 10-7 人工湿地系统主要设计参数

人工湿地	BOD$_5$ 负荷/[kg/(hm^2·d)]	水力负荷/[m^3/(m^2·d)]	水力停留时间/d
表面流人工湿地	15~50	<0.1	4~8
水平流人工湿地	80~120	<0.5	1~3
垂直流人工湿地	80~120	<1.0(建议值:北方:0.2~ 0.5;南方:0.4~0.8)	1~3

（4）优点与局限性

1）优点包括：①建造费用相对低；②运行和维护成本低，简便，一般只需定期维护；③抗水力冲击负荷能力强；④可用于微污染水的利用和资源化；⑤同时还为湿地生物提供了栖息地；⑥能有效与景观相结合，具有景观效应。

2）人工湿地存在一定的局限性，包括：①净化效果问题。由于植物自身一般不能对有机污染物进行代谢作用，植物本身的净化效果有限。②季节性问题。水生植物的生长易受季节的影响，在冬季往往净化效果不好，这就要求选择出喜温及耐寒的水生植物种类，在不同的季节用于净化。③应用范围问题。在重污染水体中，植物往往不能正常生长。④入侵植物问题。某些水生植物（如水葫芦）繁殖能力强，可能影响土著植物群落的稳定性，在利用过程需要加以控制。⑤虫害问题。不同植物的虫害种类不同，应该根据实际植物种类所产生的虫害进行相应的处理。⑥堵塞问题。造成湿地堵塞问题的可能原因有很多，主要有有机质的积累、有机负荷过高、悬浮固体负荷过高等。⑦后续处置问题。水生植物生长过程中可能会吸收某些风险物，收获后如何有效地进行资源化回收利用需要考虑。

9. 自然生物处理——土地渗滤处理

（1）基本原理 土地渗滤（Land infiltration）处理也属于污水自然处理净化范畴，它通常是首先对污水经过一定程度的预处理，然后将预处理后的污水有控制地投配到土地上，利用土壤-微生物-植物生态系统的自净功能和自我调控机制，通过一系列物理、化学和生物化学等过程，其中包括过滤、吸附、化学反应、化学沉淀及微生物代谢作用下的有机物分解和植物吸收等，使污水达到预定的处理效果。

（2）分类 根据处理目标、处理对象的不同，土地处理系统可分为快速渗滤、慢速渗滤、地表漫流和地下渗滤四种类型。

1）慢速渗滤系统（SR）。慢速渗滤系统是将污水投配到种有作物的土壤表面，污水中的污染物在流经地表土壤-植物系统时得到净化的一种土地处理工艺系统。在慢速渗滤系统中，投配的污水部分被作物吸收，部分渗入地下，部分蒸发散失，这种情况下流出处理场地的水量一般很少。污水的投配方式可采用畦灌、沟灌及可移动的喷灌系统。慢速渗滤系统是土地处理技术中经济效益较好、水和营养成分利用率最高的一种类型。

2）快速渗滤系统（RI）。快速渗滤系统是指有控制地将污水投放于渗透性能较好的土地表面，使其在向下渗透的过程中经历不同的物理、化学和生物作用而最终达到污水净化目的的土地处理系统。由于此系统水力负荷通常较高，故一般植物不易摄取营养，植被主要是维持表土的稳定性。设地下收集排水管道的快速渗滤系统，适用于透水性良好的土壤，污水进入土壤后很快渗入地下，部分被蒸发，大部分渗滤进入地下水，淹水/干燥交替运行，以使渗滤池的表面在干燥期恢复好氧环境中得到再生，保持较高的渗透率。

3）地表漫流系统（OF）。地表漫流系统是将污水有控制地投配到覆盖牧草、坡度和缓、土地渗透性能低的坡面上，使污水在地表沿坡面缓慢流动过程中得以净化的一种污水处理工艺类型。与慢速渗滤法不同点是需有地表径流，还在坡底末端收集径流水。该系统适于透水性差的土壤，地势平坦而有较均匀的坡度（2%～8%），无论以何种方式布水，应控制污水在地表形成薄层，均匀地顺坡流动，其蒸发和渗透量均较小，大部分流入集水沟渠，主要靠表层土和种植的草皮进行一定程度的净化，草皮可防止土壤被冲刷流失，适用于高浓度有机废水的预处理。

4）地下渗滤系统（SWI）。地下渗滤系统（图10-24）是将污水有控制地投配到具有一定构造、距地面一定深度和具有良好扩散性能的土层中，污水在土壤毛管浸润和渗滤作用下向周围运动，在土壤-微生物-植物系统的综合净化功能作用下，达到处理与利用要求的一种土地处理系统。

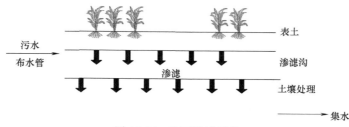

图 10-24   地下渗滤系统

（3）主要特征参数   土地渗滤对污水的缓冲性能较强，但不能用于过高浓度污水的处理，否则会引起臭味和蚊虫滋生。土地渗滤技术的工艺类型选择，主要根据处理水量、出水要求、土壤性质、地形与气候条件等确定。各类型土地渗滤系统的具体设计参数与工艺特点见表10-8。

表 10-8   各种典型处理工艺的设计技术指标

土地渗滤类型 设计事项	慢速渗滤	快速渗滤	地表漫流	地下渗滤
进水投配方式	地表投配（面灌、沟灌、畦灌、淹灌、滴灌等）	通常采用地面投配	地面投配	地下布水
水力负荷/（m/a）	0.5～6.0	6.0～125.0	3.0～20.0	0.4～3.0
最低预处理要求	通常沉淀预处理	通常沉淀预处理	沉砂、拦杂物和粉碎	化粪池一级处理
要求灌水面积/[100m²/（m³·d）]	6.1～74.0	0.8～6.1	1.7～11.1	—
投配废水的去向	蒸发、下渗	下渗、收集	地面径流，蒸发，少量下渗	下渗、蒸发、收集
是否需要种植植物	谷物、牧草、林木	有无均可	牧草	草皮、花卉等
适用于土壤	适当渗水性土壤	亚砂土，砂质土	亚黏土等	—

（续）

土地渗滤类型 设计事项		慢速渗滤	快速渗滤	地表漫流	地下渗滤
地下水位最小深度/m		-1.5	-4.5	无规定	—
对地下水水质的影响		一般有影响	一般有影响	有轻微影响	—
BOD₅ 负荷率	kg/(10⁴m²·a)	2×10³~2×10⁴	3.6×10⁴~4.7×10⁴	1.5×10⁴	1.8×10⁴
	kg/(10⁴m²·d)	50~500	150~1000	40~120	18~140
场地条件、坡度		种作物,不超20%; 不种作物,不超40%	不受限制	2%~8%	—
土地渗滤速率		中等	高	低	—
地下水埋深/m		—	布水器:≥0.9 干化期:1.5~3.0	不受限制	—
气候		寒冷季节需蓄水	一般不受限制	冬季需蓄水	—
系统特点					
运行管理		种作物时管理严格	简单	比较严格	
系统寿命		长	磷去除率可能限制 系统使用寿命	长	
对土壤的影响		较小	可改良砂荒地	小	

（4）水质净化效果　国内部分污水土地处理系统处理效果见表10-9。

表10-9　国内部分污水土地处理系统处理效果

场地及工艺	处理水量/(m³/d)	处理效果(%)					
		BOD₅	COD	SS	TOC	TN	TP
沈阳西 SR	800	96.87	87.60	72.57	83.59	82.38	92.34
北京昌平 RI	500	95.80	91.90	71.98	82.40	79.30	89.00
北京昌平 OF	600	84.80	80.20	90.90	71.50	61.60	—
深圳市茅洲河人工快 速渗滤系统(3个渗池)	—	85.33	77.82	89.51	—	氨氮98.28	60.19
深圳白泥坑人 工湿地系统	3150	95.0	80.47	93.00	—	39.40	—

（5）优点与局限性

1）优点。污水土地处理成本低廉，基建投资省，运行费用低；运行简便，易于操作管理，节省能源；污水处理与农业利用相结合，能够充分利用水肥资源，促进生态系统的良性循环；可以充分回收再用水和营养物资源，大幅度地降低投资、运行费用和能耗。因地制宜的土地处理系统对于改善区域生态环境质量，也可以起到重要的作用。污水土地处理系统特有的工艺流程决定了它特有的这些技术经济特征，也决定了它适合北方干旱和半干旱地区的显著特点。

2）局限性。土地处理系统存在较大的局限性，占地较大；场地选址、设计和处理不当会恶化公共卫生状况，传播许多以水为媒介的疾病，影响公众健康。产生上述副作用的主要根源是病原体、重金属和有机毒物。病原体包括细菌、病毒、寄生虫等，对于病原体，人们关心的是它们在空气、土壤、作物和地下水中的作用的归宿。病原体传播的主要途径是：与污水的直接接触，病原体附着在气溶胶微粒上四处飞溅，借助食物链和饮用污染的水源。因此污水土地处理系统必须考虑对公共卫生状况的影响，这是推广污水土地处理技术面临的和必须解决的问题。

（6）经济性　慢速渗滤和快速渗滤系统的主要成本是布水管网或渠道的修建费用。快速渗滤出水进行回用时，要安装地下排水管或管井，开挖土方量、人工费、材料费都会有所增加，但回收的水资源水质较好，可用于绿地浇灌或农业灌溉，形成经济效益，弥补了造价的上升。

地下渗滤系统采用地下布水，工程量相对较大。其主要成本是开挖土方、人工费、渗滤沟或穿孔管的费用，以及集水管网的费用。在绿化要求较高时应种植观赏性强的植物，草皮和花卉此时也会占用一定费用。维护的费用较少。

若将快速渗滤系统的投资成本率、能源消耗率及占地率皆视为1.00，则其投资成本率是各系统中较高者，但其能源消耗率及占地率则优于其他系统，见表10-10。慢速渗滤系统由于水力负荷小，所需土地面积则比其他系统大得多。地表漫流系统之投资成本率最为低廉，而表面流湿地则相对昂贵许多。

表 10-10　各种土壤处理系统经济比较

土地处理系统	投资成本率	能源消耗	占地率
快速渗滤系统	1.00	1.00	1.00
慢速渗滤系统	0.66~0.75	1.00	13.3~13.1
地表漫流系统	0.6~0.65	1.40~1.45	2.13~2.15
表面流湿地系统	0.98~1.15	1.00	2.37~2.74

（7）适用范围　一般用于分散生活污水处理、微污染地表水处理等，不适合用于直接处理工业污水或工业污水占到50%左右比例的市政污水，特别不适用于化工、冶金、焦化、制药等领域工业废水，仅适用于生化性较好、毒性较低的容易处理的普通污水。由于土地处理系统占地较大，对于经济发达、城市用地紧张的地区不适用，也不适合在寒带地区使用，温带地区应考虑做保温设施，适合于在热带、亚热带地区使用。

10.4.5　河流生态修复

从水体治理及生态修复的角度，理论上将河流划分为河流基地（河槽）、河流岸坡带及河流缓冲带三部分（图10-25）。

河流基地（河槽）是指沿河流纵断面走向，河流水域侧岸坡边线之间的河床基底。河流基地作为河床土质类型及构成、污染状况、河床形态及其演变、河床稳定性等综合内容的一部分，具有水利、航运、环保、节能、生态等专业领域的综合功能。河流基地

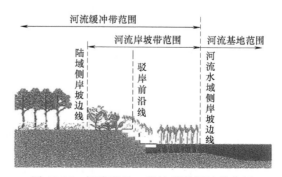

图 10-25　河流基地、岸坡带及缓冲带分区

宜在生物生息环境的构建和污染基底的清除等方面体现生态及环保功能。

河流岸坡带是指河流陆域侧岸坡边线和河流水域侧岸坡边线之间的范围。河流岸坡带是水陆交错带的重要区域，具有安全防护、生态、景观等综合功能，岸坡区域应在满足安全防护功能前提下，从生态环境改善角度构建良好的生物生息环境。生息环境主要包括移动路径、生育繁殖空间及避难场所等。

河流缓冲带是陆地生态系统和水生生态系统的交错地带，广义上的缓冲带包括了岸坡带。欧美国家对河流缓冲带的定义是指河岸两边向岸坡爬升的树木（乔木）及其他植被组成的，防止和转移由坡地地表径流、废水排放、地下径流和深层地下水所带来的养分、沉积物、有机质、杀虫剂及其他污染物进入河流系统的缓冲区域。河流缓冲带与水体相邻，没有明显的界线，是水生和陆生环境间的过渡带，是河流周边生态系统中陆生物种的重要栖息地，也是河流中物质和能量的重要来源，直接影响整个河流的水质及流域的生态景观价值。其主要功能宜从生态功能、防护功能、社会功能及经济功能等进行体现。

1. 河流形态保持工程

应从岸线形态、横断面形态、纵断面形态进行研究和布置，处理好河流形态保持与河流水利、航运等基本功能需求的关系，重视河流形态的保持，体现河流平面、断面形态的自然属性，为河流水生态、水环境的健康及水生动植物的生长提供良好的条件。

河流基底总体设计应从河流纵、横断面形态上满足河流形态保持工程的总体要求。此外，当河流底泥内源负荷和污染风险较大时，宜通过环保疏浚的方法，有效清除河流底泥中的各种污染物（营养盐、重金属、有毒有害有机物等），并对疏浚的底泥进行安全处置，改善河流基底环境。

河流形态保持技术的要求包括：

1）应分析防洪、排涝、供水、航运、水力发电、文化景观、生态环境、河势控制和岸线利用等各项开发、利用和保护措施对河流整治的要求，确定河流整治的主要任务。

2）协调好各项整治任务之间的关系，综合分析确定河流整治的范围。

3）符合整治河段的防洪标准、排涝标准、灌溉标准、航运标准等，并应符合经审批的相关规划；当整治设计具有两种或两种以上设计标准时，应协调各标准间的关系。

4）和岸线控制、岸线利用功能分区控制等要求相一致，并应符合经审批的岸线利用规划。

5）满足河流整治任务、标准、治导线制定、整治河宽、水深、比降、设计流量等河流整治工程总体布置要求，并满足河流整治设计相关规范、标准的规定。

6）宜从有利于河流生态环境健康的角度，进行河流生态治理的平面形态布置、断面形式设计，分析确定河流不同季节（或不同时段）适宜的生态径流量。

7）满足河流水利、航运等行业规划断面的基础上，应充分考虑河流的生态需求，根据河流的水位、流量、流速、流态、泥沙等水文要素，结合河流的堤防、护岸及防汛等工程建设方案，合理确定河流的断面设计形式。

河流横断面形式设计主要包括下列内容：

1）根据河流基本功能要求，确定河槽底宽及底高程，根据河流地质和水文等条件，确定水下开挖或疏浚边坡。

2）确定水下平台、护岸，堤防、缓冲带等河流相关整治工程和生态工程各部位的高程及横向尺度。

3）根据河流平面或岸线形态保持要求，确定深槽、浅滩、边滩、生态沟渠、支流、汊道、沙洲、水槽、生态沟渠及其他生态修复工程的断面布置范围及其相关尺度。

4）复式断面的主槽糙率和滩地糙率应分别确定。河流过水断面湿周上各部分糙率不同时，应求出断面的综合糙率，当沿河长方向的变化较大时，尚应分段确定糙率，从而进行必要的河流水力计算。

河流纵断面布置应统筹协调好各项河流整治任务和相应专业规划的关系，宜根据相关水力计算、河床演变分析等河流整治工程研究结论，在不影响河流整治效果的基础上，适度形成深浅交替的浅滩和深槽，构建急流、缓流和滩槽等丰富多彩的水流条件及多样化的生境条件。有条件时，可结合河流纵向的基底特征，进行局部水下微地形的改造，如构建局部砾石（抛石）河床、生态潜堤、人工鱼巢等，形成多样性的河床基底及流态，改善河流纵断面生境条件。

2. 河流生态岸坡修复

河流的岸（坡）部分是水陆交错的过渡地带，具有显著的边缘效应，这里有活跃的物质、养分和能量的流动，为多种生物提供了栖息地。为了控制洪水，传统的方式是对曲流裁弯取直、加深河槽并用混凝土加固河岸（坡）、筑坝、筑堰、改道等。裁弯取直改变天然河流的水文规律和河床地貌，使得洪水流量、流速及泥沙量增加，洪水压力转嫁到下游；筑坝、改道使河岸的地下水位下降，河岸的水量调节功能减弱；加深河流、固化河岸则破坏了自然河岸与河槽之间的水文联系，并提高了河槽水流的流速和侵蚀力。当河流被渠化或硬化后，造成对水际和水生栖息地起到关键作用的深槽、浅滩、沙湖和河漫滩的消失，破坏河岸植被赖以生存的基础，水生动物也失去了生存、避难地，使河岸生物的多样性降低。

（1）基本原理　生态岸（坡）指模仿河流自然岸线具有的"可渗透性"特点，使其具有一定的抗干扰和自我修复的能力，能够满足生物生活习性的自然型岸（坡）。生态岸（坡）能因植物的生长而得到绿化、美化，并能在堤岸的水中形成植物根系，为微生物、小动物的生存及鱼类的繁殖提供良好的生存环境，使水质得到一定程度的净化。生态型河流岸（坡）具体的内涵有：

1）在满足泄洪排涝要求的基础上，保证岸（坡）的稳定，防止水土流失。

2）生态岸（坡）是由生物和生境结构组成的开放系统，它有着较为完善的初级生产者、消费者和分解者形成的生物群落及其赖以生存的环境，同时该系统与周围生态系统密切联系，并不断与周围生态系统进行物质、信息与能量交换。

3）生态岸（坡）是动态平衡的系统，系统内的生物之间存在着复杂的食物链，并具有自组织和自调节能力。

4）生态岸（坡）是河流生态系统与陆地生态系统进行物质、能量、信息交换的一个自然过渡带，它是整个生态系统的一个子系统，并与其他生态系统之间相互协调、相互补充。

（2）类型

1）刚性岸（坡）。刚性岸（坡）是在自然原型堤岸的基础上，采用天然刚性材料或砖块干砌的生态（坡），可以抵抗较强的流水冲刷，适合于用地紧张的城市河流、湖泊。自然型刚性岸（坡）建造时不用砂浆，而是采用干砌的方式，留出空隙，以利于河岸与河流的交流，利于滨河植物的生长。随着时间的推移，岸（坡）会逐渐呈现出自然的外貌。如干砌石岸（坡），干砌石主要由单个石块砌筑而成，依靠自身的重力和石块接触面之间的摩擦力来维持稳定。砌石时要砌放平稳，砌缝密合，石块相互挤紧，外形平整，砌好后的石块间隙常用石片塞实，使之相互结合形成一个整体。干砌石边坡比可为 1：(1~1.5)。

刚性岸（坡）可以抵抗较强的流水冲刷，能在短期内发挥作用，且相对占地面积小，适合于用地紧张的城市河流。其不足之处在于可能会破坏河岸的自然植被，导致现有植被覆盖和自然控制侵蚀能力的丧失。同时人工的痕迹也比较明显。自然型刚性岸（坡）的有关类型如图 10-26 所示。

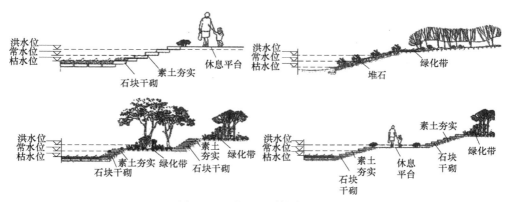

图 10-26　自然型刚性岸（坡）

生态岸（坡）材料适用性基本情况汇总见表 10-11。

表 10-11　生态岸（坡）材料适用性基本情况汇总

护岸材料类型	适用条件	适用范围	优点	缺点
石笼	河流流速一般不大于 4m/s	挡墙、护岸（坡）	抗冲刷，透水性强，施工简便，生物易于栖息	水生植物恢复较慢
生态袋	河流流速一般不大于 2m/s	挡墙、护岸（坡）	生态环保，地基处理要求低，施工和养护简单，绿化效果好	耐久性、稳定性相对较差，常水位以下绿化效果较差
生态混凝土块	河流流速一般不大于 3m/s	挡墙、护岸（坡）	抗冲刷，透水性较强	生物恢复较慢
插孔式混凝土砌块	河流流速一般不大于 4m/s，坡比在 1：2 及更缓时使用	护岸（坡）	整体性好、抗冲刷、透水性好、施工和养护简单	生物恢复较慢
叠石	对坡比及流速一般没有特别要求，适用于冲蚀严重的河流	挡墙	施工简单，生物易于栖息	水生植物恢复较慢
干砌块石	对坡比及流速一般没有特别要求，可适用于高流速、岸坡渗水较多的河流	护岸（坡）	抗冲刷，透水性强，施工简便	生物恢复较慢
网垫植被类	坡度在 1：2 及更缓时使用，河流流速一般不大于 2m/s	护岸（坡）	生态亲和性较佳	材料耐久性一般，植物网的回收及降解、二次污染

（续）

护岸材料类型	适用条件	适用范围	优点	缺点
植生土坡	坡度在 1∶2.5 及更缓时使用，河流流速一般不大于 1.0m/s	护岸（坡）	生态亲和性佳	不耐冲刷，不耐水位波动
抛石	坡度在 1∶2.5 及更缓时使用	护岸（坡）	抗冲刷，透水性强，施工简便	在石缝中生长植物，植物覆盖度不高

2）柔性岸（坡）。保持河流自然状态，配合植物种植（如柳树、水杨、白杨及芦苇、菖蒲等具有喜水特性的植物）达到稳定河岸（坡）的目的，如图 10-27 所示。同时，根据水流流速，加铺土工格栅网。种植柳枝是柔性岸（坡）中最一般、最常用的方法，这是因为柳树的柳枝耐水、喜水、成活率高；成活后的柳枝根部舒展且致密，能压稳河岸，加之其枝条柔韧、顺应水流，其抗洪、保护河岸的能力强；繁茂的枝条为陆上昆虫提供生息场所，浸入水中的柳枝、根系还为鱼类产卵、幼鱼避难、觅食提供了场所。柳树品种繁多、低矮且耐水型的柳枝与其他水生植物一道被插栽于蛇笼、石笼、土堤等处而被广泛采用。

柔性岸（坡）适于用地充足，坡度缓或腹地大、侵蚀不严重的河流、湖泊。岸（坡）应顺应原地形，配合植物种植，达到稳定河岸的目的，如种植柳树、水杨、白杨及芦苇、菖蒲等具有喜水特性的植物，由它们的发达根系来稳固堤岸，加之其枝叶柔韧，顺应水流，增加抗洪、护岸（坡）的能力，也在必要的条件下才可做适当的改造。

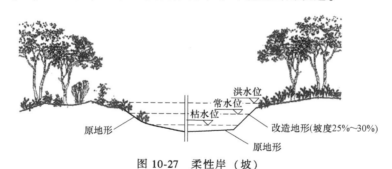

图 10-27 柔性岸（坡）

（3）岸（坡）的再生式生态修复 岸（坡）的再生式生态修复（Regenerative ecological remediation）方法即是破除硬质岸（坡）前后，再对岸（坡）进行生态修复，其实质与直接在退化的土质岸（坡）上进行生态化改造所需采用的方法和技术无明显的差别。根据河流岸（坡）功能的侧重点不同，大致可分为三个方面：以恢复河流形态多样性为主；以提供生物生长栖息的生物材料为主；以生态景观和亲水机能为主。

1）以恢复河流形态多样性为主。河流形态多样性是流域生态系统生境的核心，是生物群落多样性的基础。在欧洲（如德国、法国、瑞士、奥地利等），多采用一种近自然工法，该方法主要是根据河流形态的自身特点和生物栖息繁殖的需求，在水岸交接带设置许多浅滩、深潭及人工湿地，并在落差大的断面（如水坝）专门设置为鱼类洄游提供的各种类型鱼道，使生态环境得以良好恢复。这种方法在塞纳河、多瑙河及莱茵河均有运用。日本在恢复河流形态多样性方面的技术研究起步较早，20 世纪 90 年代初期开展了"创造多自然型河川计划"，并提出了植石治理法或埋石清理法，该方法是将直径 0.8~1.0m 大小的自然石埋入河床和河滨带以形成深沟及浅滩，为鱼类提供良好的栖息环境，并加快鱼的繁殖。

2）以提供生物生长栖息的生物材料为主。通过生物材料对受损护岸进行生态修复，一般是采用由固体、液体和气体三相物质组成的具有一定强度的多孔人工材料作为载体，利用多孔材料空隙的透气、透水等性能，并渗透植物生长所需的营养，从而恢复河岸的植被，为生物提供良好的栖息场所。这种修复方法存在的问题主要是动植物生存与碱性添加剂之间的相容性难以兼顾。

3）以生态景观和亲水机能为主。河流护岸生态修复，不仅要满足防洪排涝和生态系统健康的需求，也要达到景观优美和亲水和谐的功能。基于这个理念，目前国内一些城市河流采用景观型多级阶梯式人工湿地护岸和景观净污型混凝土组合砌块护岸技术等。这类修复方法一般是以无砂混凝土桩板或无砂混凝土槽为主要构件，在坡岸上逐级设置而成护岸形式。通过在桩板与坡岸的夹格或无砂混凝土内填充土壤、砂石、净水填料等物质，并从低到高依次种植挺水植物和灌木，从而形成岸边多级人工湿地系统，美化了河流岸坡，呈现出层层阶梯式绿色景观。同时，沿护岸线可设置亲水平台，以便人们随时能够亲水。

3. 河流缓冲带生态修复

（1）原则

1）分类治理的原则。河流缓冲带的不同区段应根据地质、水文、土壤、植被及土地利用状况的差别，实行分类治理。

2）因地制宜、整体优化的原则。河流缓冲带生态环境功能应考虑土地利用、经济投入等因素，因地、因类优化组合，合理有效地确定其功能及其适用的恢复措施。

3）解决突出问题，重要功能优先的原则。河流缓冲带要充分考虑河流的主要环境功能和使用功能，突出解决主要问题。如平原河岸带及工农业用水、旅游、渔业为主的河流，应重点考虑生态功能的修复；山区河流则宜重点考虑水土保持功能的修复。

4）可操作性、实用性、可持续发展的原则。河流缓冲带的功能区确定要充分考虑缓冲带修复工程的可实施性，实用性以及技术、经济的合理性，是否利于当地经济、环境的可持续发展。

5）便于管理的原则。河流缓冲带各功能区边界分类和确定时，应综合考虑土地的行政隶属关系和流域界线，便于地方管理。

6）充分结合河流蓝线及相关用地规划的原则。河流缓冲带布置应满足河流蓝线及陆域建筑物控制线规划的有关要求。当没有相关规划要求时，应充分结合地方有关用地规划，从土地综合利用、减少征地拆迁和耕地及农用地侵占、满足环境需求、经济可行和便于实施等方面综合考虑，进行缓冲带总体布置。

（2）缓冲带设置要求

1）缓冲带位置确定应调查河流所属区域的水文特征、洪水泛滥影响等基础资料，宜选择在泛洪区边缘。

2）从地形的角度，缓冲带一般设置在下坡位置，与地表径流的方向垂直。对于长坡，可以沿等高线多设置几道缓冲带以消减水流的能量；溪流和沟谷边缘宜全部设置缓冲带。

3）河流缓冲带种植结构设置应考虑系统的稳定性，设置规模宜综合考虑水土保持功效和生产效益。

4）缓冲带宽度设置由以下多个因素决定：缓冲带建设所能投入的资金；缓冲带的几何

物理特性，如坡度、土壤类型、渗透性和稳定性等；流域上下游水文情况和周边土地利用情况；缓冲带所要实现的功能；土地所有部门或是业主提出的要求和限制。上述各种情况下所构建的缓冲带宽度是不一样的，一般情况下，缓冲带的宽度由缓冲带所要发挥的功能决定，不同的功能所需要的宽度也是不一样的，从几米到几百米不等。根据相关调查显示：缓冲带宽度大于 30m 时，能够有效降低温度、增加河流生物食物供应、有效过滤污染物。当宽度大于 80~100m 时，能较好地控制沉积物及土壤流失。缓冲带宽度的设置可参考图 10-28。

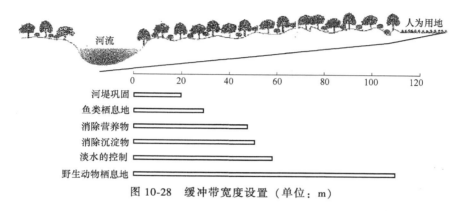

图 10-28　缓冲带宽度设置（单位：m）

（3）缓冲带植物种类配置原则　河流缓冲带植物配置应结合生态恢复、功能定位等要求进行综合分析，一般宜遵循如下原则：

1）适应性原则。植物配置应适应河流缓冲带的现状条件，且宜首先选择土著种，因地制宜。

2）强净化原则。宜选择对 N、P 等营养性污染物去除能力较强的物种。

3）经济性和实用性原则。宜选择在河流所在区域具有广泛用途或经济价值较高的生物种。

4）多样性或协调性原则。应考虑河流缓冲带生态系统的生物多样性和系统稳定性要求，选择相互协调的物种。

5）观赏性原则。宜结合河流部分区段的观赏和休闲需要，综合考虑工程投资、维护管理方便、易于实施的要求，选择部分适宜的观赏性物种。

（4）缓冲带植物设计要求

1）缓冲带的植被搭配要考虑内部的复杂度、物种组成以及成熟株与幼龄株比例等问题，应具有控制径流和污染的功能。植被结构越复杂，那么所能提供的生态稳定性就越高。如宽阔的、草木混生的缓冲带要比狭窄的单一草本构建的缓冲带具有更强的截污分解效率。复杂的植被结构有利于建立不同种类的动物栖息地，同时可以避免针对某种特定植物的病虫害的发生。不同的植被类型提供特定作用，如乔木和灌木能更好地坚固河堤，减少土壤侵蚀，增加生物多样性，而草本植物在过滤沉淀，过滤营养物质、杀虫剂、微生物，提供野生动物生境等方面发挥着更好的功效。

2）缓冲带植物配置应并宜根据所在地的实际情况进行乔、灌、草的合理搭配。通过调查河岸周围的植被，了解哪些是适应该环境的优势种，最好选用本地植物。同时，尽可能种植一些落叶植物，优先考虑有多重价值的植物，同时也不要忽略有美学价值的植物。

3）充分利用乔木发达的根系稳固河岸，防止水流的冲刷和侵蚀，并为沿水道迁移的鸟类和野生动物提供食物，为河水提供良好的遮蔽。

4）宜通过草本植物增加地表粗糙度，增强对地表径流的渗透能力和减小径流流速，提高缓冲带的沉积能力。

5）河流缓冲带应防范外来物种侵害对缓冲带功能造成的不利影响，外来植物品种的引进应进行必要的研究论证。

6）河流缓冲带植物种类的设计，应结合不同的要求进行综合研究确定。不同植被类型对缓冲带的作用可参考表 10-12。

7）植物的种植密度或空间设计，应结合植物的不同生长要求、特征、种植方式及生态环境功能要求等来确定，一般要求可参照如下：灌木间隔空间宜为 100～200cm；小乔木间隔空间宜为 3～6m；大乔木间隔空间宜为 5～10m；草本植株间隔宜为 40～120cm。

表 10-12 不同植被类型对缓冲带的作用

作 用	草地	灌木	乔木
稳固河岸	低	高	中
过滤沉淀物、营养物质、杀虫剂	高	低	中
过滤地表径流中的营养物质、杀虫剂和微生物	高	低	中
保护地下水和饮用水的供给	低	中	高
改善水生生物栖息地	低	中	高
抵制洪水	低	中	高

思 考 题

1. 何为河流？如何分类？

2. 何为河流泥沙？有何特点？

3. 简述河流与地下水的水力学关系。

4. 简述泥沙与河流的相互作用。

5. 简述河流生态系统及其功能。

6. 简述河流水污染及其种类。

7. 污染物在河流中是如何传输的？

8. 何为河流水质综合模型？有哪几种模型？

9. 河流水环境修复的目标是什么？

10. 河流水环境修复有哪些原则？

11. 河流水环境修复的核心是什么？

12. 河流水污染控制工程包括哪些主要技术类型？

13. 试述环境疏浚工程的原理及技术。

14. 试述底泥原位处理的原理及技术。

15. 水质净化工程有哪几种？试述各自的原理及技术。

16. 何为河流生态修复工程？有哪几种技术？简述其原理及技术。

参考文献

［1］　赵景联．环境修复原理与技术［M］．北京：化学工业出版社，2006.
［2］　金相灿，等．入湖河流水环境改善与修复［M］．北京：科学出版社，2014.
［3］　赵勇胜．地下水污染场地的控制与修复［M］．北京：科学出版社，2015.
［4］　蒋克彬，李元，刘鑫．黑臭水体防治技术及应用［M］．北京：中国石化出版社，2016.
［5］　张列宇，等．黑臭河道治理技术案例分析［M］．北京：中国环境科学出版社，2017.
［6］　周怀东．水污染与水环境修复［M］．北京：化学工业出版社，2006.
［7］　张锡辉．水环境修复工程学原理与应用［M］．北京：化学工业出版社，2002.
［8］　罗育池，等．地下水污染防控技术：防渗、修复与监控［M］．北京：科学出版社，2017.
［9］　金相灿，等．城市河流污染控制理论与生态修复技术［M］．北京：科学出版社，2016.
［10］　贾海峰．城市河流环境修复技术原理与实践［M］．北京：化学工业出版社，2017.
［11］　高俊发．水环境工程学［M］．北京：化学工业出版社，2003.
［12］　陈静生，等．水环境化学［M］．北京：高等教育出版社，1987.
［13］　刘建康．高级水生生物学［M］．北京：科学出版社，2002.
［14］　斯瓦茨巴赫，等．环境有机化学［M］．北京：化学工业出版社，2002.
［15］　叶常明，等．水体有机污染的原理研究方法及运用［M］．北京：海洋出版社，1990.

第 11 章

污染地下水环境修复工程

11.1 地下水的基本特征与污染

11.1.1 水文循环与地下水

水在海洋、大气和陆地之间无休止地运行称为水文循环（Hydrological cycle）。研究地下水时更多强调水文循环的陆地部分。图 11-1 给出了一个流域水文循环的示意性说明，图中着重表现地下水的运动过程，并说明水文循环中的地下水流系统。流域是一个地表排泄区和地表面以下土壤与地层的综合体，地表以下的水文过程与地表水文过程同样重要。

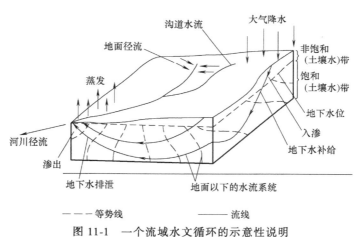

图 11-1 一个流域水文循环的示意性说明

地下水（Underground water）是存在于地表以下岩（土）层孔隙中各种不同形式水的统称，是陆地水资源重要的赋存形式，全球绝大部分水资源是以地下水的形式存在。我国地下水资源比较丰富，达到 8700 亿 m^3/a，但是实际可开采量仅为 2900 亿 m^3/a。地下水是我国人民生活、城市和工农业用水的重要水源。全国 2/3 的城市以地下水为供水水源，农业灌溉用水占了地下水总开采量的 81% 左右。

地下水根本上来源于大气降水，同时以地下渗流方式补给河流、湖泊和沼泽，或直接注入海洋，上层土壤中的水分则以蒸发（Evaporation）和蒸腾（Transpiration）回归大气，从而积极地参与地球上的水循环过程。地下水由于埋藏于地下岩土的孔隙之中，其分布、运动和水的性质，受到岩土特性以及储存空间特性的深刻影响。与地表水系统相比，地下水系统显得更为复杂多样。

地下水不同于地表水（如湖泊、水库和河流），一旦污染后，治理起来更加困难。因为受污染的地下水在土壤岩石孔隙中，地质条件复杂，调动起来非常困难，不容易像地表水那样集中处理；地下水中相当一部分污染物吸附在土壤和岩石表面，给地下水的处理增加了难度；另外，地下水所处区域人类活动频繁，地上建筑物密集，限制了相关处理技术的实施。

11.1.2 地下水形态

地下水在土壤中分为两种形式：在地下水位以上，呈不饱和状态，称为包气带（Vadose zone）；在地下水位以下，呈饱和状态，称为饱和带（Saturated zone），图 11-2 是地下水示意图。在包气带，水的压力小于大气压，而在饱和带，水的压力大于大气压，并且随着深度的增加而增加。所以，如果水井深度达到饱和带，水井中的水位就能够代表地下水静水压。

在饱和带中，具有比较高的渗透性并且在一般水压下能够传递输送大量地下水的层带，称为蓄水层；而渗透性比较差，不能够传递输送大量水的层带，称为弱含水层，一般位于蓄水层的上下边线。

蓄水层（Aquifer）又分为非承压蓄水层和承压蓄水层。非承压蓄水层，地下水的水位就是其上边缘，将包气带和饱和带分开，并且随着气压变化而变化。因此，非承压蓄水层受地面水文和气象因素的影响比较大。在丰水季节，蓄水层接受的补给水量大，地下水水位上升，水层厚度增加；相反，

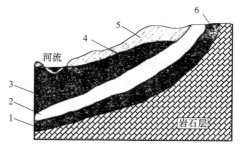

图 11-2　地下水示意图
1—承压水层　2—隔水层　3—非承
压蓄水层　4—地下水位　5—包气
带　6—地下水补充

在干旱季节，排泄量比较大，水位下降，水层厚度变薄。非承压蓄水层频繁参与水体循环，也容易受到人为活动的影响，容易受到污染。

承压水层（Artesian aquifer），其上边缘存在比较密实的弱含水层或者隔水层，将其与包气带分开。因此，被隔开的含水层承受着一定的压力。如果钻井深度到达承压含水层，水位将上升到一定程度才停止。达到平衡时的静止水位超出隔水层底部的距离称为承压水头。承压含水层受到隔水层的限制，与大气圈和地表水体的联系相对较弱。因此，承压含水层不容易受到污染，但是一旦污染以后，修复也比较困难。

11.1.3 地下水污染

地下水的污染（Groundwater pollution）是指由于人类活动使地下水的物理、化学和生物性质发生改变，因而限制或妨碍它在各方面的正常应用。自从第二次世界大战以来，特别是20 世纪 50 至 60 年代，由于工农业生产的快速发展，大量废物的排放污染了地下水环境，如各种废物（水）、农业肥料、杀虫剂等，导致局部地区地下水严重污染。此外，由于过量开采和不合理地利用地下水，常常造成地下水位严重下降，形成大面积的地下水位降落漏斗，尤其在地下水开采量集中的城市地区，还会引起地面沉降。

按照引起地下水污染的自然属性，地下水污染源可划分为自然污染源（Natural pollution

source）和人为污染源（Anthropogenic sources）两个类型。

自然污染源包括地表污染水体、地下高矿化水或其他劣质水体、含水层或包气带所含的某些矿物等。自然污染源主要是由于地下水所处的土壤、岩层等环境条件，地下水的补给、反补给等运动及生物和微生物的生化作用等各种自然过程造成的。

人为污染源包括工业污染源、农业污染源、生活污染源、矿业污染源、石油污染源等。随着社会生活和工业生产的不断发展，此类污染物的种类和数量不断增加，其影响范围不断扩大，在某些地表水匮乏的地区，由于地下水水环境质量的恶化而影响经济发展和人民生活的现象越来越严重。

地下水污染途径是指污染物从污染源进入地下水中所经过的路径。除了少部分气体、液体污染物可以直接通过岩石空隙进入地下水外，大部分污染物是随着补给地下水的水源一道进入地下水中的。因此，地下水污染途径可分为以下形式：

1）通过包气带渗入。这是一种普遍的地下水污染途径，包括连续渗入和断续渗入。连续渗入废水（废液）坑、污水池、沉淀池、蒸发池、排污水库、蓄污洼地、化粪池、排污沟渠、管道的渗漏段、输油管和贮油罐损坏漏失处等地的污染物通过包气带进入地下水环境。由于土壤的过滤、吸附等自净能力，可使污染物浓度发生变化，这种污染程度受包气带岩层厚度和岩性控制。断续渗入是地面废物堆、垃圾填坑、饲养场、盐场、尾矿坝、污水废液的地表排放场、化工原料和石油产品堆放场、污灌农田、施用大量化肥农药的农田等地，被大气降水淋滤，一部分污染物通过包气带下渗污染地下水。这种情况只发生在降雨期，在非降雨期则没有。

2）由集中通道直接注入。在处理废液废水时，利用井、钻孔、坑道或岩溶通道直接排放到地下，通过土壤或岩层的过滤、扩散、离子交换、吸附、沉淀等自净作用，使污染物浓度降低。但是如果废液排放太多，超过土壤或岩石的自净能力，则会造成地下水的污染，污染范围会逐渐扩散蔓延，如果地下水流速较大时，污染带可以向下游延伸很远距离，造成地下水的大片污染。

3）由地表污染水体侧向渗入。污染地表水体，如污染河水，可以污染布置在河谷里的岸边取水建筑物（水源井），导致地下水的污染。污染地表水侧向渗入污染地下水时，污染影响带仅限于地表水体的附近呈带状或环状分布，污染程度取决于地表水污染的程度、沿岸地层的地质结构、水动力条件以及水源地距岸边的距离等因素。

4）含水层之间的垂直越流。开采封闭较好的承压含水层时，承压水水位下降，与潜水形成较大的水头差。如果承压顶板之上有被污染了的潜水，潜水可以通过弱透水的隔水顶板、承压含水层顶板的"天窗"、止水不严的套管（或腐蚀套管）与孔壁的空隙以及经由未封填死的废弃钻孔流入，污染承压含水层。同时，开采潜水或浅层承压水时，深部承压含水层中的咸水同样可以通过上述途径向上越流污染潜水或浅部承压水，导致浅层水的污染。

造成地下水水质恶化的各种物质都称为地下水污染物。地下水污染物的种类繁多，从不同的角度可分为各种类型。按理化性质可分为物理污染物、化学污染物、生物污染物、综合污染物；按形态可分为离子态污染物、分子态污染物、简单有机物、复杂有机物、颗粒状污染物；按污染物对地下水的影响特征可分为感官污染物、卫生学污染物、毒理学污染物、综合污染物。从污染物对人体的危害角度特将地下水污染物分成14大类（表11-1）。

表 11-1 地下水污染物种类

编号	分类	标志物
1	致蚀物	泥、土、砂、漂浮物
2	致色物	色素、染料
3	致嗅物	胺、硫醇、硫化氢、氨
4	病原微生物	病菌、病虫卵、病毒
5	需氧有机物	碳水化合物、蛋白质、油脂、氨基酸、木质素
6	无机有害物	酸、碱、盐
7	无机有毒物	氰、氟、硫的化合物
8	一般金属	钙、镁、铁、锰等
9	重金属	汞、镉、铬、铅、砷、硒
10	易分解有机有毒物	酚、苯、醛、有机磷农药
11	难分解有机有毒物	有机氟农药、多氯联苯、多环芳烃、芳香烃
12	油	石油
13	放射性	铀、钚、锶、铯
14	硫、氮、氧化物	二氧化硫、氮氧化物

11.1.4 地下水污染物分布

地下水中的有机污染物主要来自石油化工、化石燃料工业、化工溶剂和非溶剂，以及各种物质制造过程等。大量的有机污染物质容易形成非水相液体（Non-Aqueous Phase Liquids，NAPLs），密度比水小，漂浮在水相表面上。这些混合性的污染物，例如汽油、柴油、废油、原油等，它们的特征与其来源以及地质条件等密切相关。影响比较大的是稠环芳烃（PAH），由 2~7 个苯环共轭形成，通常相对分子质量非常大，具有难溶解、容易吸附、难以挥发等特点，主要来源于化石燃料、木材及各种工业加工等过程。表征定量污染的主要参数包括总石油量、总有机碳、总溶解固体、生物需氧量、化学需氧量等。无机污染物主要是金属污染物，包括铬（Cr）、镉（Cd）、锌（Zn）、铅（Pd）、汞（Hg）、砷（As）、镍（Ni）、铜（Cu）和银（Ag）等，主要来源包括市政垃圾、工业废物、采矿、冶炼和电镀等。

污染物在土壤积泥中可能以四种不同的形式存在：自由状态、土壤孔隙中的蒸气状态、溶解于孔隙水中和吸附于土壤颗粒表面。四种形式之间存在着相互转换和平衡关系。

1. 污染物不同相态之间的平衡关系

污染物尤其溶剂和石油类污染物一般呈现液态和气态。两种相态存在着平衡关系。污染物质从液态挥发成蒸气状态，可以用蒸气压表示。混合物质中某组分的蒸气压与该组分的摩尔浓度成正比。挥发蒸气压受温度影响非常大，可以用克劳修斯（Clausius）方程表示：

$$\ln \frac{p_1}{p_2} = -\frac{\Delta H}{R}\left(\frac{1}{T_1} - \frac{1}{T_2}\right) \tag{11-1}$$

式中，ΔH 为物质的挥发焓差；R 为理想气体常数；下标 1 和 2 代表两种温度状态。

2. 污染物在地下水中的浓度与蒸气之间的关系

一般用亨利定律描述蒸气与水溶液达到平衡状态时的关系：

$$p_A = H_A c_A \tag{11-2}$$

式中，p_A 为组分 A 的蒸气分压；H_A 为亨利常数；c_A 为组分 A 在水中的浓度。常见污染物的有关性质参数可查阅相关手册。

3. 土壤吸附与污染物之间的作用关系

在吸附达到平衡时，可以用吸附等温方程定量描述吸附量。

Langmuir 方程：

$$X = X_{max} \frac{Kc}{1+Kc} \tag{11-3}$$

Freundlich 方程：

$$X = Kc^n \tag{11-4}$$

式中，X 为吸附量；X_{max} 为饱和吸附量；c 为水中浓度；K 为吸附平衡系数；n 为吸附指数。在土壤吸附中，许多情况是 $n=1$，此时

$$X = Kc \quad \text{或者} \quad K = \frac{X}{c} \tag{11-5}$$

式中，K 又称为分配系数，代表污染物在土壤固相与液相水体之间的分配关系。对应地，亨利系数也可以视为污染物在气相与液相水体之间的分配关系。吸附分配系数 K 与土壤有机物含量有关，可以表示为

$$K_p = f_{oc} K_{oc} \tag{11-6}$$

式中，f_{oc} 为土壤中有机物的百分含量；K_{oc} 为污染物在土壤有机物中分配系数，K_{oc} 可以从实验中测定，也可以从其与化合物的辛醇-水分配系数的相关关系中换算得到。对于芳香烃、羧酸类、酯、农药等，K_{oc} 可按下式计算

$$\lg K_{oc} = 0.544(\lg K_{ow}) + 1.377 \tag{11-7}$$

或者简写为

$$K_{oc} = 0.63 K_{ow} \tag{11-8}$$

4. 污染物总量计算方法

污染物的总量是其在不同相中的加和，可以根据以上关系式分别计算，再加和得到：
①在孔隙水中的量 $=(V_l)(c)=(V\phi_w)c$；②吸附在土壤颗粒上的量 $=(M_s)(X)=(V\rho_b)X$；
③在孔隙气相中的量 $=(V_a)(G)=(V\phi_a)G$；④呈现自由相污染物的量 $=M_f$。

式中，ϕ_w 和 ϕ_a 分别为水和空气在土壤中所占的孔隙体积比例；ρ_b 代表土壤密度。如果没有以自由相状态存在的污染物，则总的污染物的量是前三项的加和，如下式所示：

$$M = V(\phi_w)c + V(\rho_b)X + V(\phi_a)G \tag{11-9}$$

如果污染物在各相之间处于平衡状态，则相互之间可以根据亨利定律和吸附方程进行换算，如下式所示：

$$G = Hc = H\left(\frac{H}{K_p}\right) = \left(\frac{H}{K_p}\right)X$$

$$c = \left(\frac{X}{K_p}\right) = \left(\frac{G}{H}\right)$$

$$X = K_p c = K_p\left(\frac{G}{H}\right) = \left(\frac{K_p}{H}\right)G \tag{11-10}$$

结合以上各种换算关系式，可以得到污染物总量表达式：

$$\frac{M}{V} = (\phi_{w} + \rho_{b}K_{p} + \phi_{a}H)c$$

$$= \left(\frac{\phi_{w}}{H} + \frac{\rho_{b}K_{p}}{H} + \phi_{a}\right)G$$

$$= \left(\frac{\phi_{w}}{K_{p}} + \rho_{b} + \phi_{a}\frac{H}{K_{p}}\right)X \qquad (11-11)$$

式中，M/V 为单位体积所含的污染物总量。对于处于饱和状态的蓄水层，$\phi_{a}=0$，$\phi=\phi_{w}$，此时，饱和土壤层中的污染物总量表达式变为

$$\frac{M}{V} = (\phi + \rho_{b}K_{p})c = \left(\frac{\phi}{K_{p}} + \rho_{b}\right)X \qquad (11-12)$$

式中，主要参数和单位是 $V(\text{L})$，$G(\text{mg/L})$，$c(\text{mg/L})$，$X(\text{mg/kg})$，$M(\text{mg})$，$\rho_{b}(\text{kg/L})$，K_{p}（L/kg），ϕ、ϕ_{w}、ϕ_{a}、H 等没有量纲。

11.1.5　地下水污染化学特征

地下水化学特征与土壤密不可分。土壤是地球表面非常薄的一层矿物质，主要由黏土、粉砂和粗砂、卵石等组成。土壤主要矿物质包括硅、铝、钙、铁、锰、钠、钾、硫、氯、碳等。

有机物是土壤的重要组成部分，对于土壤中的金属离子形态具有决定性影响。有机物主要来源于植物的腐烂分解，此外还有植物分泌物。土壤有机物能够与土壤中的金属离子结合形成有机金属化合物。有机金属主要是金属离子和土壤腐殖质的络合物，受 pH 值和氧化还原电位影响。

植物是土壤生态的主体，对浅层土壤和地下水化学过程具有重要的调节作用。植物能够释放氢离子、还原剂和络合剂。

地下水生长着丰富多样的细菌和真菌，包括好氧微生物、兼氧微生物、厌氧微生物及自养微生物等。细菌的平均直径是 $1\mu m$，足可以在地下水中生长和迁移。细菌的活动反过来对地下水水质产生极大的影响。

有机物在浅层地下水中通过好氧微生物的作用，进行好氧降解，而在深层土壤地下水中则主要是厌氧发酵降解。

金属离子不能被降解，而且在不同的深度和不同的氧化还原条件下，呈现显著不同的形态。以金属铁为例，在表层地下水，氧气可能与溶解性的亚铁离子反应，氧化为三价铁离子。三价铁离子不稳定，容易形成氢氧化铁沉淀。

在用泵从水井取水过程中，水泵抽吸作用改变了地下水原有的流向，深层地下水来不及补充，导致含铁离子浓度比较高的浅层地下水向深层流动。这部分水没有足够的时间经历类似深层地下水那样的过程将铁离子沉淀下来，从而增加水井出水中铁的浓度。另一方面，泵吸作用也加剧了空气向地下水中的扩散，导致亚铁离子被氧化，形成氢氧化铁沉淀，堵塞水井壁。在某些地区，铁在地下水中含量较高，用水井取水过程中，呈溶解状态的铁容易被氧化而沉淀，堵塞井壁，导致水井出水量减少甚至不得不废弃水井。

11.1.6 污染物迁移动力学

1. 地下水流动特征

土壤和地下水中溶解性污染物质的传质主要由对流和扩散控制，土壤孔隙特性对传质起着重要的影响作用。土壤中水或者蒸气的流动服从达西（Darcy）定律：

$$v = \frac{Q}{A} - K_D \frac{dh}{dL} \tag{11-13}$$

式中，v 为流动速度；Q 为流量；A 为与流动方向垂直的横截面积；dh/dL 为流动方向的压力梯度；K_D 为水力渗流系数或者称为达西系数，代表着传递输送水流能力的大小。

达西定律所定义的流动速度只是代表流体通过整个截面的平均速度，而并不代表流体在土壤孔隙中的实际流动速度。原因是，并不是所有的孔隙都是畅通的，或者总是畅通的，因此，实际的流速比达西定律预测的流动速度大，称为渗流速度。渗流速度与达西速度之间的关系为

$$v_s = \frac{v}{\phi} \tag{11-14}$$

式中，ϕ 为土壤的孔隙率。

在饱和蓄水层中，整个水层在 1 个压力梯度下沿水平方向移动的速度称为传递系数，用 T 表示。传递系数与蓄水层厚度和渗透系数之间的关系为

$$T = K_D b \tag{11-15}$$

式中，b 为蓄水层的厚度。

蓄水层具有两个作用：储存水并输送水流。蓄水层具有比较高的孔隙率。在一定的水力压力梯度作用下，如当用泵抽的时候，储存在蓄水层中的水会释放出来。但是，并不是所有储存的水都能够被释放出来。在这种情况下，能够被释放出来的水与水总量的比例称为比产率，仍然储存的部分水与水总量的比例称为比储存率。比产率代表地下蓄水层中的水被水泵抽取的最大容量。不同类型蓄水层的典型参数测定表明，黏土具有比沙子更高的孔隙率，可能高达 50%，但是其比产率却非常低，只有 2%。这是由于黏土的孔隙非常细小和毛细作用非常强。

蓄水层储存水的能力通常称为储存系数，用 S 表示。S 的定义是单位截面积内单位压力梯度变化时所吸纳或者释放的水的量，没有量纲，一般为 0.001~0.00001。如果储存系数比较小，则可能意味着需要比较大的压力梯度才能够抽取一定量的水。因此，从蓄水层中可以抽取的水量可以用下式估算：

$$V = SA\Delta h \tag{11-16}$$

式中，V 为水体积；S 为储存系数；A 为蓄水层面积；Δh 为水力压头。

地下水流动方向通常决定着污染带的迁移方向。因此，准确地测定地下水流动的方向是非常重要的。地下水的流动方向可以采用以下方法测定：①选择三个检测点，呈三角形；②连接三个点并标出每一个点的地下水水位；③将每一个边等单位划分；④连接代表相同地下水水位的那些点形成地下水等位线；⑤沿地下水等位线垂直方向画一条线，代表地下水流动方向；⑥计算地下水流动水力梯度：$i = dh/dL$。实际上，地下水的流动方向经常随着季节的不同而改变，因此，需要定期地对地下水的流动方向进行检测，如图 11-3 所示。

地下水蓄水层泵抽提量可以采用下式估算：

对于受压蓄水层

$$Q = \frac{2.73K_D b(h_2 - h_1)}{\lg\left(\frac{r_2}{r_1}\right)} \qquad (11-17)$$

对于不封闭的蓄水层

$$Q = \frac{1.366K_D b(h_2^2 - h_1^2)}{\lg\left(\frac{r_2}{r_1}\right)} \qquad (11-18)$$

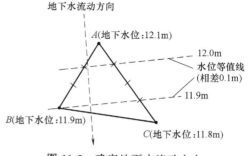

图 11-3　确定地下水流动方向

式中，Q 为水井中可以抽出的水量（m^3/d）；h_1 和 h_2 为蓄水层上部和底部的井水压（m）；r_1 和 r_2 为井周围辐射方向的半径（m）；b 为蓄水层厚度（m）；K_D 为水力渗透系数（m/d）。

在蓄水层的边缘，存在毛细管渗透深度。土壤地下水毛细管边缘层深度 h_c，取决于土壤毛细管粗细程度，可以采用下式计算：

$$h_c = \frac{0.153}{r} \qquad (11-19)$$

式中，r 为毛细管平均半径（cm）。

2. 污染带迁移

当污染物进入土壤，就开始向下渗透迁移，或者溶解于渗流的水中一并迁移，达到一定深度则进入蓄水层，形成溶解性污染带。掌握污染带的迁移对于选择修复方案，确定钻井的位置和数目是非常关键的。扩散和传质的一般方程是：

$$\frac{\partial c}{\partial t} = D\frac{\partial^2 c}{\partial X^2} - v\frac{\partial c}{\partial X} \pm RXNs \qquad (11-20)$$

式中，c 为污染物浓度；D 为扩散系数；v 为流动速度；t 为时间；RXNs 为各种反应。方程右边第一项代表了扩散所引起的污染物的迁移，第二项代表地下水的流动对污染物迁移的影响，而第三项代表各种反应对污染物浓度的增加或者减少。

污染物扩散分为分子扩散和水力扩散，前者是由浓度的差别引起的，而后者是由水的流动引起的，两者都与土壤孔隙结构密切相关。因此，扩散系数可以写为

$$D = D_d + D_h \qquad (11-21)$$

式中，D_d 为分子扩散系数；D_h 为水力扩散系数。

分子扩散系数是污染物在水或者空气中分子扩散系数与土壤孔隙弯曲系数的乘积，如下式所示：

$$D_d = \xi D_0 \qquad (11-22)$$

式中，D_0 为分子扩散系数；ξ 为土壤孔隙弯曲系数，一般为 0.6~0.7。

污染物在土壤孔隙气相中的分子扩散系数一般为 $0.05 \sim 2 cm^2/s$，远远高于其在水相中的分子扩散系数 $0.5 \times 10^{-5} \sim 2 \times 10^{-5} cm^2/s$。水力扩散系数与地下水的流速成正比：

$$D_h = \alpha v \qquad (11-23)$$

式中，α 为系数。

一些物理、化学和生物过程能够影响污染物的迁移扩散，如生物降解、非生物降解反应、溶解过程、离解过程、挥发过程、吸附过程等。

对地下水中溶解性的污染带，吸附是影响其扩散迁移的一个主要因素。在浓度比较低时，可以采用线性吸附方程，$X = K_p C$，则

$$\frac{\partial X}{\partial c} = K_p \tag{11-24}$$

因此，可以推导得到：

$$\frac{\partial X}{\partial t} = \left(\frac{\partial X}{\partial c}\right)\left(\frac{\partial c}{\partial t}\right) = K_p \frac{\partial c}{\partial t} \tag{11-25}$$

在只考虑吸附过程时，污染带迁移方程变为

$$\frac{\partial c}{\partial t} = D \frac{\partial^2 c}{\partial X^2} - v \frac{\partial c}{\partial X} - \frac{\rho_b}{\phi} \frac{\partial X}{\partial t} \tag{11-26}$$

式中，X 为污染物在土壤中的浓度；ρ_b 为干土壤体密度；ϕ 为土壤孔隙率。

将吸附方程代入上式，得到：

$$\left(1 + \frac{\rho_b}{\phi} K_p\right)\frac{\partial c}{\partial t} = D \frac{\partial^2 c}{\partial X^2} - v \frac{\partial c}{\partial X} \tag{11-27}$$

方程两边相除，得到：

$$\frac{\partial c}{\partial t} = \frac{D}{R_d} \frac{\partial^2 c}{\partial X^2} - \frac{v}{R_d} \frac{\partial c}{\partial X} \tag{11-28}$$

式中，R_d 称为延迟因子；$R_d = 1 + \frac{\rho_b}{\phi} K_p$。由此可见，吸附延迟因子与土壤体密度、孔隙率和有机质含量等密切相关。延迟因子与污染物迁移速度的关系是

$$R_d = \frac{v_s}{v_p} \tag{11-29}$$

式中，v_s 为地下水渗流的速度；v_p 为溶解性污染物迁移的速度。

因此，污染带迁移的速度是

$$v_p = \frac{v_s}{R_d} \tag{11-30}$$

由此可见，如果没有延迟因素，污染物将随着地下水渗流速度同样的速度迁移；如果延迟因子等于 2，则意味着污染物的迁移速度将只是地下水渗流速度的一半。

3. 污染物在包气带中的迁移

污染物在包气带中的迁移包括三种途径：①以蒸气的形式在孔隙中迁移；②溶解于水蒸气或者渗流水中随水蒸气或者水流迁移；③作为自由相在重力作用下迁移。液相污染物在包气带中迁移时，渗透系数不是常数，而是一个变量，可以用以下方程描述：

$$\frac{\partial}{\partial z}\left(K \frac{\partial \psi}{\partial z}\right) + \frac{\partial K}{\partial z} = \frac{\partial \theta_w}{\partial \psi} \frac{\partial \psi}{\partial t} \tag{11-31}$$

式中，K 为水力传导系数；ψ 为测压管水头；θ_w 为土壤孔隙含水体积比率，是土壤孔隙水蒸气压头（指重力压头和水蒸气压头之和）；t 为时间。

以上方程与达西定律的区别是：①流体在包气带中渗透系数 K 是 ψ 和 θ_w 的函数；②压头是时间的函数，随时间而变化。如果水力传导数是常数，而压头不随时间变化，则上述方程还原为传统的达西定律方程。

　　水在包气带中水力传导数随着孔隙中水的体积的减少而下降。水蒸气和空气占据空隙通道截面积，减缓了水的流动。当水含量非常低时，仅仅能够在土壤颗粒表面形成一层水膜，水不能够再迁移，此时渗透系数下降为零。如果已知孔隙中的水蒸气含量，可以采用相对比例系数得到相对水力传导系数：

$$K = k_\mathrm{r} K_\mathrm{s} \tag{11-32}$$

式中，K_s 为在饱和状态时的水力传导系数；k_r 为相对饱和程度；K 为相对水力传导系数。在饱和状态 100% 时，K 等于 1.0，而在干燥状态 0% 时，K 等于 0。污染物在水溶液中迁移速度可以用下列方程描述：

$$\frac{\partial(\theta_\mathrm{w} c)}{\partial t} = \frac{\partial^2(\theta_\mathrm{w} D c)}{\partial z^2} - \frac{\partial(\theta_\mathrm{w} v c)}{\partial z} \pm \mathrm{RXNs} \tag{11-33}$$

　　比较可见，溶液中污染物质在包气带中的迁移速度、溶解渗流速度和扩散系数等都与水蒸气含量相关。扩散系数表示为以下方程：

$$D = D_\mathrm{d} + D_\mathrm{h} = \xi G_0 + \alpha v(\theta_\mathrm{w}) \tag{11-34}$$

　　污染物在土壤孔隙气相中迁移速度，可以用传统的费克（Fick）定律表示：

$$\xi_\mathrm{a} \phi_\mathrm{a} D \frac{\partial^2 G}{\partial x^2} = \frac{\partial(\phi_\mathrm{a} G)}{\partial t} \tag{11-35}$$

式中，D 为自由空气中的扩散系数；G 为污染物在气相中的浓度；ϕ_a 为土壤孔隙中空气占据的孔隙率；ξ_a 为气相弯曲因子。该弯曲因子与孔隙中的水的含量有关，可以利用以下经验公式进行估算：

$$\xi_\mathrm{a} = \frac{\phi_\mathrm{a}^{2.333}}{\phi_\mathrm{t}^2} \tag{11-36}$$

式中，ϕ_t 为总的孔隙率，$\phi_\mathrm{t} = \phi_\mathrm{a} + \phi_\mathrm{w}$。当土壤孔隙充满水时，$\xi_\mathrm{a}$ 等于 0，而当土壤比较干燥时，孔隙率比较高，ξ_a 可达到 0.8。

　　气相扩散系数受温度的影响比较大，可以用下列公式换算不同温度下的扩散系数：

$$\frac{D_1}{D_2} = \left(\frac{T_1}{T_2}\right)^m \tag{11-37}$$

式中，T 为绝对温度；指数数 m 在 1.75~2.0 之间。

　　类似地，污染物在气相中迁移的延迟因子可以表示为

$$R_\mathrm{a} = 1 + \frac{\rho_\mathrm{b} K_\mathrm{p}}{\phi_\mathrm{a} H^*} + \frac{\phi_\mathrm{w}}{\phi_\mathrm{a} H^*} \tag{11-38}$$

式中，H^* 为相对亨利常数，$H^* = H/RT$。

　　污染物在气相中迁移延迟主要是由固体表面的吸附和在液相中的溶解等引起的。

11.2　污染地下水环境修复

11.2.1　污染地下水环境修复概述

受污染地下水环境的修复技术按照场地可分为原位修复技术（In-situ remediation technology）和抽出处理技术（Pump-and-treat technology）两种方法。抽出处理技术是将已受到污染的地下水抽取至地面后，对其进行净化处理，处理后经表层土壤反渗回地下水中。净化处理方法主要是一些常规的物理、化学和生物处理技术。原位修复技术是利用物理化学方法或微生物法在地下含水层对污染地下水直接进行修复的技术。目前，原位修复技术是地下水污染修复技术研究的热点。原位修复技术不但处理费用相对节省，而且可以减少地表处理设施，最大限度地减少污染物的暴露。同时，该技术减少了对地下水环境的扰动，是一种很有前景的地下水污染治理技术。相对于地表水而言，地下水的迁移、补偿、运动速率、微生物种类和数量、复氧速率及溶解氧含量等有利于污染物降解和转化的条件都比较差，加之地下水存在的地质条件复杂，又常受到地面建筑的影响，无法进行大规模集中式处理，所以地下水一旦被污染后，其治理和修复也十分困难，往往需要一个长期的过程。同时，任何一种地下水处理的适用性都是有限的，当单独采用某种技术不能达到控制污染的目的时，将几种修复技术有机结合在一起，形成一个净化处理系统，可以发挥组合工艺的整体优势，从而达到修复污染水环境的目的。

11.2.2　污染地下水环境修复工程设计

1. 现场调查

现场调查主要目的是确定污染程度，污染区域位置、大小、特征、形成历史、迁移方向和速度等。现场调查主要内容包括：

（1）地下水污染源调查　包括点源和非点源调查。点源调查包括工矿企业废污水排放调查、城镇生活污水调查及集约化、规模化养殖污染源调查；非点源调查包括农田径流营养成分流失调查、农村生活污水及生活垃圾排放量调查、分散式禽畜养殖污染物排放调查、城市径流污染物流失调查等。

（2）地下水污染途径调查　包括地表各种形式的污水坑、池、塘、库等的面积、容量、结构及衬砌情况，投入使用时间，周边植被，包气带厚度和岩性，污水种类、成分，排污规律，排放量，池中水位变化规律，渗漏情况等；地表固体废物的堆放地、地表填坑、尾矿砂的废物种类、成分、可溶性、面积、体积，表层土的岩性，填坑底是否衬砌，埋藏封闭程度，堆放填埋时间，有无淋滤污染地下水的迹象；地下污水管道、储油库等渗漏情况，建筑物建立的年代、维修情况，是否有腐蚀侵蚀等损坏情况；废弃勘探孔的封填情况；溶洞、落水洞、大裂隙、废坑道等情况；矿区的旧坑道、老窑；各种地表水体（河流、湖泊等）的污染情况及其与地下水之间的连通关系等。

（3）水文地质调查　查明污染区的地质构造特征、地层分布、岩性特征，含水层的埋藏深度厚度、分布及各含水层之间的水力联系，地下水的补给、排泄条件，地下水的水化学成分及目前污染状况；地下水开采过程中地下水污染的变化；潜水与承压水混合开采井的分布和数量，分析含水层间水力关系及对地下水水质的影响；水岩相互作用对水质的影响，特别是不同地段的污水下渗对地下水水质的影响；地下水水化学调查。

2. 勘探试验

污染水文地质调查中常常选用物探方法查明地质和水文地质条件，如了解古河道的位置，构造破碎带及岩溶发育带位置，基岩埋藏深度等。在地面调查和物探成果的基础上，才布置钻探和试验工作。污染水文地质调查需要进行野外试验工作，根据不同目的进行专门试验。抽水试验可以取得必要的水文地质参数，评价含水层的富水性，判断地下水与地表水或含水层之间的水力联系，查明含水层的边界条件等，测定弥散参数，查明污染源和途径。试坑渗水试验可以取得地层浅部渗透性能的参数，研究土层的净化作用和土层中污染物质的迁移作用。土层净化作用的野外试验主要是模拟污水灌溉和污水渠渗漏对地下水的污染影响，了解土层的吸附净化能力。实验室的工作主要有水化学分析和土样试验，研究污水和天然水与岩石之间的相互作用，测定物理化学作用参数、包气带土层自净能力，以及进行污染物在含水层中迁移模拟试验等。

3. 设计步骤

在设计前需要仔细研究污染物类型、地质、水力和现场限制等，确定修复的目标，了解相关法律法规方面的要求，比较多种设计思路和方案，进行现场中试研究，考虑各种可能遇到的操作和维修方面的问题，征求公众的反映，考虑健康和安全方面的影响，比较各种设计在投资成本、时间等方面的限制，考虑结构施工容易程度，以及制定取样检测操作、维修规则等。设计程序如下：

1）项目设计计划。综述已有的项目材料数据和结论、确定设计目标、确定设计参数指标、收集现场信息、进行现场勘察、列出初步工艺和设备名单、完成平面布置草图、估算项目造价和运行成本、完成初步设计。

2）项目详细设计。重新审查初步设计、完善设计概念和思路、确定项目工艺控制过程和仪表、完成概念设计，详细设计计算、绘图和编写技术说明相关文件，完成详细设计评审。

3）系统施工建造。接收和评审投标者并筛选最后中标者，提供施工管理服务，进行现场检查。

4）系统操作。编制项目操作和维修手册，设备启动和试运转。

11.3 地下水污染控制

11.3.1 污染源的控制

1. 源去除

污染场地的类型多样，污染源也各不相同。污染源的去除就是消除污染物的泄漏，如修复或更换泄漏的储存罐、管道等；开挖污染的土体或抽取污染源处高浓度的污染地下水，然后进行相关的处理等。源去除处理包括对污染源进行原位和异位的处理，如化学处理、焚烧、固化、分离等。

2. 源控制

有些污染源是很难去除的，如城市垃圾填埋场渗滤液泄漏的污染源，如果填埋规模很大，很难通过开挖或抽取等方式彻底去除城市垃圾或渗滤液，因此，需要对污染源的泄漏进行控制。可以采用源包容方法，即对污染源进行防护系统设置、阻隔、封闭等。常用的方法是设置水平或垂直防渗透屏障，如可以对垃圾填埋场的底部防渗层进行强化修复，增强其防渗性能，防止渗滤液的下渗；也可以强化场地的顶部盖层，避免外部水的渗入，从而减少垃圾的渗滤液的产生。在有些情况下，可以设置垂直的防渗墙，把污染源隔离开来，避免污染源对周围环境的影响。对于农业活动的污染场地，可以通过控制和调节农药、化肥的施加，避免污染的加重。

11.3.2 污染羽的控制

1. 水动力控制

水动力控制（Hydrodynamic control）主要是利用地下水流场控制污染羽（Pollution plume）的扩展，需要对污染场地附近地下水水位进行监测，绘制地下水等水位线图，进行地下水流场分析，确定污染场地地下水的流向，计算地下水的水力梯度；还可利用含水层的有关参数（如渗透系数 K、有效孔隙度 n 及地下水的水力梯度 I），初步估算地下水的流速 v，估计污染羽的迁移速度。

$$v = \frac{K}{n} I \tag{11-39}$$

从上式可以看出，通过减小地下水的水力梯度可以减缓地下水污染羽的迁移速度。具体办法是减小或停止污染场地地下水流向下游地下水的开采，也可以利用地下水的抽取或注入，达到控制地下水污染的目的。图 11-4 为恢复法，利用抽水控制地下水的污染。通过对污染场地地下水抽水量、水位降速率、降落漏斗范围，以及污染物浓度变化规律等的研究，科学设计地下水开采井位和开采量，最大限度地抽取污染的地下水，避免向外扩散，污染地下水供水水源。图 11-5 为地下水污染控制的压力水脊法，通过注水井注入清洁的地表水，形成地下水水丘，改变地下水的流场，使污染地下水的流向改变，把污染源与要保护的地下水水源地从水动力场的意义上隔离开来。

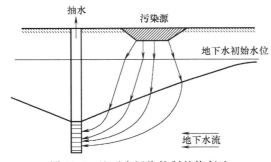

图 11-4 地下水污染控制的恢复法

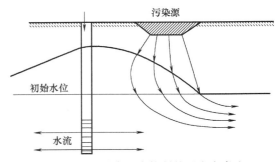

图 11-5 地下水污染控制的压力水脊法

2. 地下阻滞、拦截系统

通过在地下水污染源周围建立低渗透性垂直屏障，将受污染水体圈闭（阻隔）起来，能够控制污染源，阻截受污染地下水流出，控制污染羽扩散。垂直阻截系统施工简单，成本低廉，污染源控制效果显著。一般来说，阻截系统可以用于处理小范围的剧毒、难降解污染场地，作为一种永久性的封闭方法；但多数情况下，它应用于地下水污染治理的初期，作为一种阶段性或应急的控制方法。

垂直阻截墙（Vertical blocking wall）最初在坝体、坝基和水库等水利水电工程中起到防渗和除险加固作用，随着垂直阻截墙技术的不断发展，这一技术也被广泛应用于地下水环境污染的控制工程中。根据墙体建造施工方法的不同，选用墙体材料的不同，形成了多种不同类型阻截墙。其中比较常见的有泥浆阻截墙（Slurry cut-off wall）、灌浆阻截墙、板桩阻截墙等。泥浆阻截墙的深度受开挖的限制，一般在较浅地层应用；灌浆和板桩技术不受深度的限制，但费用较大，在污染场地应用中需要考虑经济方面的要求。灌浆阻截墙技术采用灌浆或者喷射注浆的方式向地层中灌入水泥浆液形成阻截帷幕。为了灌注的水泥能够形成连续的墙体，要求灌注井距离尽量小一些，有时需要设置两排灌注井。当灌注地层的渗透系数较大时，有利于灌浆阻截墙的构筑。这一方法在水利工程、市政工程中广泛应用，故可以借鉴成熟的经验。板桩阻截墙通常是把缝式或球铰式连接而成的钢板打入地下，形成工程屏障。钢板连接处会逐渐形成细小地层介质的填充，使屏障的防渗性能增加。该项技术费用较大，随着材料科学的发展，工程塑料逐渐可代替钢板，从而降低工程造价。

（1）泥浆阻截墙　通过开挖沟槽，回填隔水的混合填充物，形成地下垂直阻隔墙，可以阻挡污染物的迁移、扩散。常用的阻隔墙包括土壤-膨润土墙（SB）和土壤-水泥-膨润土墙（SCB）。泥浆阻截墙被认为是简单而有效的方法，已被大量的工程实践所证实。在开挖沟槽施工过程中，需要使用膨润土泥浆护壁，最后用渗透系数通常小于 $1 \times 10^{-6} \sim 1 \times 10^{-8}$ cm/s 的低渗透性混合介质进行回填，形成阻截墙。

1）土壤-膨润土墙。回填介质土壤和膨润土的比例根据不同的场地可以不同，但混合后的填充物其渗透系数至少要小于 1×10^{-7} cm/s。主要考虑因素包括土壤黏粒含量、含水率、粒径等。SB 填充介质在施工中和建成后，其含水率一般在 25% ~ 35% 为宜。SB 一般在 2 ~ 8 周时间得以"固化"，取决于墙体的厚度等因素。SB 的优点包括：①墙体连续，没有连接、转折点；②易于测试、控制效果；③寿命长，至少 30 年；④挖出的土可以回填，不需要土壤处置，墙体材料中的回填场地土壤对原场地的地下水环境和化学环境具有一定的兼容性；⑤构筑方便。

SB 的构筑施工技术已经十分成熟，关键是混合填充物的确定。一般需要开展实验室研究。首先要进行场地开挖出土的理化分析，如确定粒径分布、黏粒含量、含水率、化学组成等；然后进行渗透性能的实验，根据土壤的分析结果，进行不同膨润土比例的添加，并进行渗透系数测试，确定膨润土的最佳配比。

2）土壤-水泥-膨润土墙。有的污染场地条件，需要在 SB 中加入水泥来加固墙体。这种墙体被称为土壤-水泥-膨润土泥浆阻截墙（SCB）。水泥-膨润土泥浆中膨润土主要起到防渗和调节固结体变形特性作用，水泥则用来增强固结体物理力学强度。水化后的膨润土泥浆中掺入水泥后，水泥释放出的 Ca^{2+} 与膨润土泥浆表面的负电荷结合，同时由于 Ca^{2+} 和 Na^+ 之间的离子交换作用，使蒙脱石晶层间的距离减小，释放出结合水，更多的水参与到水泥的硬化反应中，膨润土与水泥发生一系列反应后生成硬凝产物。

研究水泥和黏土的反应机理表明，水泥在水化过程中会生成活性 $Ca(OH)_2$，这些活性 $Ca(OH)_2$ 与黏土发生反应，并被迅速耗尽，随着反应时间的延长，水泥黏土泥浆的 pH 值会逐渐降低，这表明 OH^- 在水泥和黏土的反应固化中被利用并消耗。

墙体中加入普通类型的水泥如硅酸盐水泥，会导致其渗透系数的增加，但可以增强固结体的力学强度。所以在土体较松散、不稳定的污染场地，需要采用 SCB。填充介质中土壤、水泥和膨润土的混合比例需要通过实验室试验确定。通过试验，获得混合介质的最佳配比，使填充物的渗透系数小于 10^{-6} cm/s，同时还要满足墙体的力学强度要求。

3）阻截墙的设置。阻截墙的设置要充分考虑污染场地的地质、水文地质条件，如地下水流场、含水层岩性和厚度等。阻截墙的厚度一般为 600～1000mm，深度根据包气带、含水层厚度进行设计（地下水埋深小的场地有利），最深可以达到 50m。墙体的长度和布局主要通过场地污染控制目标要求、地下水流场模拟分析等确定。一般阻截墙的布局形式如图 11-6 所示，不同的布局，其构建费用、控制效果和作用也有所不同。

通过地下水污染物迁移模拟模型，可以对不同的设计方案进行模拟分析，在模型中调整设计参数，通过不断的模拟求得最佳设计方案和参数。

阻截墙的施工包括开挖和回填两个部分。近年来发展起来的"深层土壤混合"（Deep soil mixing）阻截墙技术也可以不用开挖，利用大型旋转钻头在场地钻进，向旋转钻头不断注入膨润土泥浆或者水泥浆，在地下与污染场地的原位土壤进行混合，直至形成连续均匀的墙体。

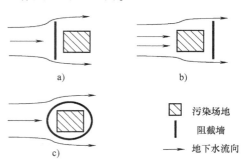

图 11-6　地下水污染场地泥浆阻截墙的平面布置

（2）阻截材料的兼容性　用于污染场地的阻截材料需要具备两方面的条件，一是要有很低的渗透性，能够有效地阻挡污染地下水的运移；另一个是要与污染物具有"兼容性"，即在阻隔污染物的条件下，材料本身不会被"侵蚀"而改变特性。如在地下水污染的条件下，有较强的酸或碱环境，容易导致材料渗透性的增加，使防渗效能降低。

（3）收集廊道　如果泥浆阻截墙的填充介质使用可渗透材料，并设置污染地下水或 NAPLs 的收集系统，则可以构筑污染场地的收集系统。利用这一收集系统，可以将地下水面漂浮的轻质非水相液体（LNAPLs）污染物（如石油类）等收集起来，或将所有受污染地下水收集起来，然后进行处理。

11.4　污染地下水抽取处理修复

11.4.1　抽取处理概述

抽取处理技术（P&T）是采用水泵将污染地下水从蓄水层抽出来，然后在地面进行处理净化，使溶于水中的污染物得以去除，是一种早期应用于地下水污染的修复技术，目前应用仍然很普遍。在处理过程中，该方法一方面通过不断地抽取污染地下水，使污染羽的范围和污染程度逐渐减小，防止受污染的地下水向周围迁移，减少污染物的扩散，另一方面使含水层介质中的污染物通过向水中转化，抽取出来的含污染物地下水可以在地面得到合适的高效处理净化，然后重新注入地下水或做其他用途，从而减轻地下水的污染程度。但是，许多污染物不溶解于地下水，因此，抽出处理方法仅能去除溶于水的污染物，不能彻底清除地下水中污染物。而且，该方法也不能保证全部地下水尤其是岩层中的污染物得到有效去除。目前，抽取处理方法主要应用于地下环境中混溶态（或分散态）污染物的修复，对于自由态的 NAPLs 污染物，可以采用两相抽提技术处理。

P&T 适用的污染物范围较广，包括许多有机和重金属等污染物，如 TCE、PCE、DCE、VC、BTEX、PAHs、Cr、As、Pb、Cd 等。通过国内外场地修复工程的经验，对含水层介质的要求一般渗透系数 $K>5\times10^{-4}$ cm/s，可以是粉砂至卵砾石的不同介质类型。

抽取处理技术的应用首先要切断污染源，如地下储存罐的泄漏、固体废物填埋场的渗漏等，要去除或控制污染源，否则，抽取的过程会加速污染物从污染源向环境中的迁移，并使修复效率降低。P&T 方法的关键由两个部分组成：一是如何高效地将污染地下水抽出；二是地表处理技术的选用和效果分析。对于从含水层中抽取出来的污染地下水，可以采用环境工程污水处理的多种方法进行处理，如吸附、过滤、气提、离子交换、微生物降解、化学沉淀、化学氧化、膜处理等。

11.4.2　抽取处理原理

地下水通过水泵和一个或者多个水井抽取上来。在抽取过程中，水井水位下降，与周围地下水形成水力梯度，导致周围的地下水不断流向水井，从而在每一个水井周围形成一个漏斗形状地下水区域。水井应该合理地覆盖污染区域，并且水井的抽水速率应该高于污染物在地下水中的扩散速率。在受污染地下水的抽出处理中，井群系统的建立是关键，井群系统要能控制整个受污染水体的流动。处理后地下水的去向有两个，一个是直接使用，另一个则是用于回灌。用于回灌，一方面可稀释受污染水体，冲洗含水层；另一方面还可加速地下水的循环流动，从而缩短地下水的修复时间。P&T 概念模型如图 11-7 所示。

尽管用泵抽取出来的水中的污染物可以得到高效率的去除，但是却不能保证地下水尤其是土壤中的污染物能够得到有效去除。假定污染物完全溶解于地下水，采用地面处理技术，地下水抽取处理修复的过程可以用图 11-8 表示。比较图 11-8 中的理论曲线与实际曲线，由图可知，污染物在土壤颗粒表面存在吸附-脱附现象，从而导致地下水修复过程比理论预测长很多。

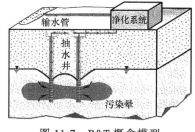

图 11-7　P&T 概念模型

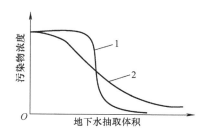

图 11-8　地下水抽取处理修复的过程
1—理论曲线　2—实际曲线

11.4.3　抽取处理现场调查

在实施技术修复前，需要进行现场调查，主要内容包括以下方面：

1）地质和水力参数。水力渗透率、水力梯度、传递系数、地下水流动速度、蓄水层厚度、储存系数、水自流与泵抽比例。

2）污染物方面的参数。污染物性质、溶解度、可吹脱特性、吸附特性、可生物降解特性以及环境排放标准等，污染带深度和分布、迁移方向和速率等。

3）水化学特性。pH值、总溶解性固体、电导率、总悬浮固体、总铁、溶解性铁、总锰、溶解性锰、钙硬度、总硬度、溶解氧和温度等。

4）地下水流量变化。包括短期变化、长期变化和流量的稳定性等。

5）土壤特性。土壤地质起源、土壤分层结构、颗粒尺寸分布、空隙率、有效空隙率、有机质含量等。

6）环境标准。土壤修复标准、水处理和排放标准。

11.4.4　抽取处理现场实验

在条件允许的情况下应该进行现场实验。通过现场实验，实际测定水泵的出流流量、持续时间，以及控制污染带迁移，计算所需要的水力传导系数等。基于实地水泵抽提实验得到的数据进行设计会更加可靠。

（1）水泵抽提实验　可以在专门挖掘的井或者在已有的观察监测井中进行。对于开放式的蓄水层，需要实验时间一般是72h；而对于承压蓄水层，24h实验时间即可。在某些水量比较低的情况下，8～24h即可。通过水泵实验，应该测定泵出流水量随着时间的下降趋势，根据相关方程可以计算出相应的水力传导系数、比产率系数或者比储存系数。

（2）地下水位实验　一种实验是在瞬间抽取一定的水量，然后观察记录水位随着时间的恢复过程；另一种实验是瞬间将一大块固体放入地下水，然后观察地下水水位随着时间回落的过程。根据两个实验都可以估算相关水力传导系数。这两种方法实际上仅仅测定了局部的水力传导系数，具有一定的局限性。这两种方法的结果没有水泵抽提实验准确，但是方便和成本低廉，不需要安装水泵等设备。

11.4.5　抽取处理设计

设计内容包括水井的作用范围、位置、数目、直径、深度、建造材料，抽水速率或者流量，操作方式，地面处理工艺，处理后的地下水的处置方式等。

1. 降落漏斗

当抽水井开始抽水时，井周围的地下水水位将会下降，产生一个地下水向井孔流动的水力梯度，越靠近抽水井，水力梯度越大。随着抽水的进行，将在抽水井附近形成地下水位降落漏斗。降落漏斗的范围代表了抽水井所能影响到的最大范围，因此对降落漏斗的判断至关重要。

（1）承压含水层稳定流　承压含水层中完整井稳定流公式：

$$Q = \frac{2.73Kb(h_2 - h_1)}{\lg(r_2/r_1)} \tag{11-40}$$

式中，Q 为抽水量（m^3/d）；h_1、h_2 为承压水位（m）；r_1、r_2 为距抽水井距离（m）；K 为渗透系数（m/d）；b 为含水层厚度（m）。

利用上式可以计算抽水量、抽水井降深、影响半径（水位降深为0）等。

（2）潜水含水层稳定流 潜水含水层中完整井稳定流公式：

$$Q = \frac{1.366K(h_2-h_1)}{\lg(r_2/r_1)} \tag{11-41}$$

式中，符号意义同上。同样，利用上式可以计算抽水量、抽水井降深、影响半径等。

2. 捕获带分析

设计地下水抽取系统时，合理布置抽取井的位置以保证它的捕获区域能够完全覆盖地下水污染羽。如果是群井抽取，则需要确定井之间的最大距离，且该距离可确保阻止污染物从抽取井之间向外扩散。该最大距离一旦确定，就可以绘制抽取井群在含水层中的捕获带。

在实际含水层中绘制地下水抽取系统的捕获区是非常复杂的工作，需要对含水层进行简化假设。考虑含水层为等厚、均质、各向同性的稳定流系统，推导出单井公式，然后扩展到群井问题。

（1）单井抽水 为了表达方便，将抽水井设置在 Oxy 坐标系原点（图11-9），划分抽水井捕获带与含水层其他区域界限的流线方程如下：

$$y = \pm\frac{Q}{2Bu} - \frac{Q}{2\pi Bu}\arctan\frac{y}{x} \tag{11-42}$$

式中，B 为含水层厚度（m）；Q 为抽水量（m^3/s）；u 为地下水流速（m/s），$u=K_i$。

图11-9为单井抽水地下水的捕获带，$Q/(Bu)$ 值越大（如抽水量增大、含水层厚度变小、地下水流速变小），捕获带范围越大。捕获带的三组 x、y 特征值如下：a）驻点，y 趋近于0；b）$x=0$ 时，y 为抽水井两侧流线与抽水井距离；c）$x\rightarrow\infty$ 时，y 的渐近值。

如果以上3组数据确定了，那么抽水井捕获带的大致形状可以勾画出来。驻点与抽水井的距离为 $Q/(2\pi Bu)$，它代表了抽水对下游影响的最大距离；在 $x=0$ 处，抽水井与流线的距离为 $4/(2Bu)$；y 的渐近值（$x\rightarrow\infty$ 处）等于

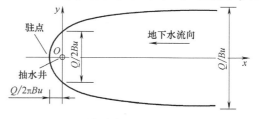

图11-9 单井抽水地下水的捕获带

$Q/(2Bu)$。为了绘制捕获带，界限流线方程可以改写为

$y>0$ 时，

$$x = \frac{y}{\tan\left[\left(+1-\frac{2Bu}{Q}y\right)\pi\right]} \tag{11-43}$$

$y<0$ 时，

$$x = \frac{y}{\tan\left[\left(-1-\frac{2Bu}{Q}y\right)\pi\right]} \tag{11-44}$$

首先给定 y 值，可以计算出 x 值，得到一系列（x，y）数据，注意 y 值的区间不能超出 $\pm Q/2Bu$（为捕获带曲线的渐近值，$x\rightarrow\infty$），可以根据这些数据绘制捕获带界限，捕获带关于 x 轴对称。也可以通过确定捕获带的几个特征距离点来绘制抽水井的捕获带。假设污染含水层是均质、各向同性，其渗透系数为 40.7m/d，水力梯度为 0.015，含水层厚度为 24.4m，设计抽水量为 272.5m^3/d。通过计算捕获带的3组 x、y 特征值可以进行捕获带的绘制。

① 驻点，$y=0$，则

$$x = \frac{-Q}{2\pi Bu} = \frac{-272.5}{2\times3.14\times24.4\times40.7\times0.015}m = -2.9m \tag{11-45}$$

② $x = 0$ 时

$$y = \pm \frac{Q}{4Bu} = \pm \frac{272.5}{4 \times 24.4 \times 40.7 \times 0.015} \text{m} = \pm 4.6 \text{m} \qquad (11\text{-}46)$$

③ $x \to \infty$ 时

$$y = \pm \frac{Q}{2Bu} = \pm \frac{272.5}{2 \times 24.4 \times 40.7 \times 0.015} \text{m} = \pm 9.1 \text{m} \qquad (11\text{-}47)$$

使用 $x = 0$ 时，y 值的 10 倍代表 $x = \infty$，则 $x = 46$m。可以根据这三组数据共 5 个点来确定捕获带曲线（图 11-10）。

（2）群井抽水 表 11-2 为垂直于地下水流向布置抽水井排时捕获带的特征距离。远离抽水井上游的流线之间的距离等于 n (Q/Bu)，n 为抽水井的数量。这一距离是井排直线上流线之间距离的 2 倍。下游驻点与井排的距离与单井抽水类似，其值 $Q/ (2\pi Bu)$，但实际上，多井对下游的影响距离应当略大于 $Q/(2\pi Bu)$。同样可以根据 3 组特征距离数据（5 个点）来确定群井抽水捕获带曲线。

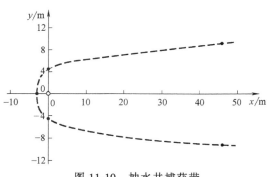

图 11-10 抽水井捕获带

表 11-2 垂直于地下水流向布置抽水井排时捕获带的特征距离

抽水井数量	最优井距/(Q/Bu)	井排直线上流线间距/(Q/Bu)	远离抽水井上游流线间距/(Q/Bu)
1	—	0.5	1.0
2	0.32	1.0	2
3	0.40	1.5	3
4	0.38	2	4

3. 井距和井的数量

如果地下水污染场地的污染羽范围、地下水的流速和方向已经确定，可以利用以下步骤确定抽水井的数量和位置：

1）利用现场抽水试验或根据含水层性质计算来确定地下水抽水量。

2）绘制单井抽水捕获带。

3）将捕获带曲线与污染羽图件叠加，注意捕获带曲线地下水流方向与污染羽图中的地下水流方向一致。

4）如果捕获带能够完全覆盖污染羽范围，则设置一口抽水井即可，并将捕获带曲线中抽水井的位置复制到污染羽图件中。

5）如果单井抽水捕获带不能够完全覆盖污染羽范围，则需要两个或多个抽水井，直到捕获带能够完整覆盖地下水污染羽。同理，复制捕获带曲线中抽水井位置到污染羽图件中（抽水井影响范围可能重叠，存在干扰问题）。

4. 抽取井的布置

井群的布置方式如图 11-11 所示，主要包括在污染场地污染羽内下游设置抽水井或井群，抽出污染物的同时控制污染羽的扩散，其优点在于可处理污染范围大、埋藏深的污染场地，适用范围广，能有效控制与减少溶解性污染物的污染范围，防止污染物随地下水的扩散。抽取井布置的不同，可以体现不同的目的。图 11-11a 关注的是污染羽的控制，如下游有敏感的受体（饮用水源等），可以采取这种布井方式，井群设置在污染羽的边缘，通过抽水，可以有效地控制污染的扩散，如果井群布置在污染羽的上游或中部，要达到污染羽的控制效果，必须加大地下水的抽取量，而大流量的抽取，在含水层污染物的去除效率方面要差一些。图 11-11b 的布局可以使污染羽切断，下游的污染地下水可以利用自然衰减方法修复，上游较高污染浓度的地下水可以采用其他的修复方法。图 11-11c 的抽取井群布置在距离污染源很近的位置，用于污染源带的污染去除，目的是主要抽取污染源附近的高浓度污染地下水进行处理。图 11-11d 在整个污染羽均匀布置井，以去除地下水中污染物为主要目的。

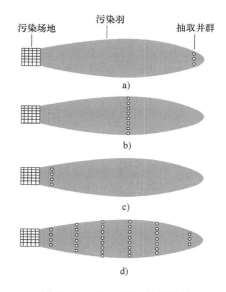

图 11-11　P&T 抽取井的几种
主要布置方式

　　抽取井的数量、抽取速率等参数对于污染地下水的抽取非常重要，抽取的目的是尽可能地将地下水中的污染物去除，太大的抽取速率和抽取量，容易加大未污染地下水的比例，给后续的水处理系统增加压力，使处理系统的效率下降；太小的抽取量，则不足以控制污染羽的扩展，同时修复的时间也较长。所以，修复井群的布置和抽取速率的确定要通过含水层水文地质参数研究分析确定，如能进行现场抽水试验，则抽取井的有关参数确定更为直接、有效。

　　在布置地下水污染场地 P&T 方法抽取井时，需要进行地下水数值模型的模拟分析。首先建立污染场地的水文地质概念模型，利用计算机进行数值模拟。可以设计多个抽取方案，包括抽取井布局、抽取速率、抽取方式和时间等，通过计算机模拟分析不同的抽取方案，最后确定最佳的设计方案。图 11-12 为某场地地下水在不同的抽取方案下地下水流场模拟结果，从图中可以很直观地分析不同方案下地下水的流场情况。所以，利用计算机模拟技术进行 P&T 方法抽取方案的分析对比，是非常有效的。

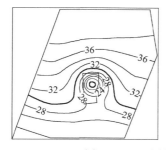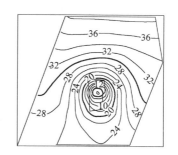

图 11-12　不同抽取方案下所形成的
地下水流场模拟结果

5. 水泵选择

常用的水泵有离心泵和潜水泵。离心泵抽吸提升高程一般 6m，适用于地下水水位比较高的地方，广泛采用的是变流量离心泵。经常使用的潜水泵也有两种：一种是泵头安装在井内而电动机安装在井口，另一种是电动机和泵头都安装在井内。后一种潜水泵安装方便，但是更换和维修不方便。一般情况下，电动机和潜水泵头在一起时，不必是防爆型泵。倘若电动机不在水下，则要求电动机是防爆型的。选择水泵需要的数据信息包括：

1）水泵容量（流量），即水井流量，可以从水力实验中获得。

2）总压头，指从抽水点到最终排放点之间的总水头。

3）净吸水压头，指水泵吸水口中心线处的静水压头，关系到是否能够将水吸进水泵，以保持水泵有效地运转，可以根据下式计算：

$$吸水压头 = H_{abs} + H_s - H_f - H_{vp} \tag{11-48}$$

式中，H_{abs} 代表吸水井水面的绝对压头；H_s 代表水泵吸水口中心线以上水深度；H_f 代表吸水管摩擦损失和进口压头损失；H_{vp} 代表在水泵工作温度下流体蒸气压头。

4）系统总压头包括了静压头（即从水井动态水位至水排放点的垂直距离）、管道摩擦水头损失和管件局部水头损失等。

5）泵功率可以根据下式进行估算：

$$功率 = \frac{流量 \times 总水头}{3960 E_{pm}} \tag{11-49}$$

式中，E_{pm} 代表泵头和电动机的效率，由水泵的效率系数与电动机的效率系数相乘得到，两者的范围分别是 50%~85% 和 80%~95%。

6. 地面处理工艺

按照污染地下水的地面处理工艺，抽出处理技术可分为物理处理法、化学处理法和生物处理法三种类型。

11.4.6 抽取处理工程主要设备

P&T 修复地下水一般可分为两大部分：地下水动力控制过程和地面污染物处理过程，系统构成包括地下水控制系统、污水地面处理系统和地下水监测系统。

1. 抽水井及抽水泵

抽水井一般选用水井钻机进行成井施工，采用全孔回转清水冲洗钻进，钻孔应圆整垂直；井管应由坚固、耐腐蚀、对地下水水质无污染的材料制成，并采用胶结剂封闭牢固，防止渗水漏砂；滤料石回填到位，潜水含水层上部严格止水，防止地表水进入含水层；成井后及时采用冲水头及潜水泵抽水联合洗井，达到水清砂尽的要求；井（孔）口应高出地面0.5m 以上，井（孔）口安装盖（保护帽）；选择抽水泵时，要充分考虑 P&T 系统操作过程中的抽水流量和总压头，同时应安装流量和压力计量器等。抽水井构造如图 11-13 所示。

2. 地下水监测设备

监测设备是 P&T 系统必不可少的组成部分，用于监测修复系统运行期间的状态，包括地下水水位监测、水质监测和含水层恢复监测。其中，水位监测用于确定 P&T 系统是否形成了向内的水力梯度，能够阻止地下水流和溶解性污染物越过隔离带的边界；水质监测主要是监测污染物是否越过隔离边界及边界处污染物浓度的变化；含水层恢复监测主要监测抽水井和监测井中的污染物浓度变化，以确定合理的抽水量和污染物清除结果，一般的监测设备包括地下水位仪、地下水水质在线监测设备等。

3. 污水地面处理设施

污染地下水的地面处理工艺，可参见废水处理相关文献。

11.4.7　抽取处理存在的问题及优化

1. 抽取处理存在的问题

在污染地下水的抽取处理过程中，随着系统运行时间的推移，污染物抽取处理的效率会逐渐下降，污染地下水的抽取过程存在所谓拖尾效应和反弹效应。根据工程经验，抽出-处理的修复时间较长，一般为 5~10 年，有的甚至持续几十年。修复时间的长短主要取决于污染含水层的水文地质条件、污染物的特性，如在均质含水层中，易流动可溶解的污染物，其处理效果好；非均质含水层中，污染物易被吸附，或存在自由相的 NAPLs 时，处理的时间需要很长。

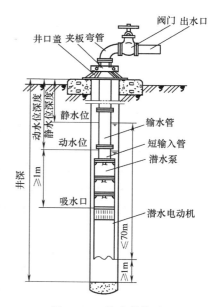

图 11-13　抽水井构造

P&T 需要较长时间的主要原因可归结为地下水污染物浓度的"拖尾"和"反弹"效应。拖尾，就是指抽取处理系统运行到一定阶段后，污染物浓度下降速度逐步减缓的现象；所谓反弹，就是指在抽取过程中断后所出现的污染物浓度快速上升的现象。拖尾和反弹现象的出现主要是由于含水层介质中污染物的吸附/解吸反应、沉淀/溶解反应、地下水流速的改变及含水介质的复杂性等。抽取处理过程中污染物浓度的变化情况如图 11-14 所示。

如图 11-14 所示，如果没有拖尾效应，随着抽水的进行，地下水中的污染物浓度会逐渐降低，最后水中的污染物得以去除。这是基于没有考虑含水层介质中的污染物作用的一种理想状态，实际上这种假设是不存在的。污染场地中，污染物不但存在于地下水中，同时也存在于含水层介质中。当抽取进行时，存在于含水层介质大孔隙通道中的污染地下水首先被抽取出来，表现为抽出的地下水中污染物

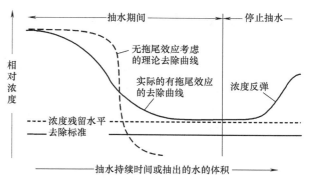

图 11-14　抽取处理过程中污染物浓度的变化

浓度较大，且随时间不断下降；随着抽取的进行，在含水层介质"骨架"中存在的地下水进入孔隙通道，此时抽取去除的效率受含水层介质骨架中地下水/污染物的渗流和迁移所控制，在地下水和介质之间存在着污染物迁移分配的动态平衡关系，地下水中污染物浓度的变化受这一平衡关系的控制。当地下水的抽取与污染物在液-固体系中的释放达到某种平衡时，表现为抽出地下水中污染物的浓度在某一水平波动，污染物浓度不再快速下降，这就是拖尾效应发生的机理。

地下水污染浓度的"反弹"现象相对容易理解，当 P&T 系统停止运行后，存在于含水

层介质骨架中的污染物仍要释放进入地下水中，随着接触时间的增加，其释放量也增加，故地下水中污染物的浓度会发生升高的现象。

含水层介质的渗透性能越差，其发生拖尾和反弹的效应就越强，因为较细的地层介质可以"截留"更多的污染物，并更不容易释放进入地下水中；而分选好的卵砾石等渗透性非常好的含水层，其拖尾和反弹效应不强，因而有较好的修复效果。

2. 抽取处理系统优化

由于污染物的缓慢迁移和相间传输，抽取处理系统需要运行很长时间控制和清除污染地下水。在系统运行过程中，应对获得的相关数据进行阶段性总结分析，不断修正概念模型，优化抽取处理方案，提高系统性能。必要时可以在系统运行的不同阶段，根据实际情况组合其他修复技术。抽取处理系统的性能评估主要通过监测水位和水力梯度，地下水流向、流速，抽取速率，抽出水和处理系统的水质，污染物在地下水和介质中的分布情况等来实现。

3. 表面活性剂强化抽取

表面活性剂强化含水层修复技术（Surfactant Enhanced Aquifer Remediation，SEAR）是对抽取处理技术的改善，该方法要求含水层渗透系数 $K>10^{-4}$ cm/s。表面活性剂能够提高难溶有机污染物在水中的溶解度，并且由于注入冲洗溶液的水力强度而发生运移，然后通过设在含水层中的抽取井造成的水力梯度，将污染物混合液抽取到地表进行分离、处理。

表面活性剂种类繁多，在利用表面活性剂进行修复时，由于表面活性剂的选择直接关系到修复的效率与成本，所以选择合适的表面活性剂至关重要。常见的表面活性剂包括Tween80［聚氧乙烯（20）失水山梨醇单油酸酯］、TritonX-100（聚乙二醇辛基苯基醚）、SDS（十二烷基硫酸钠），前两个是非离子表面活性剂，SDS是阴离子表面活性剂，是阴离子表面活性剂中容易生物降解的。Tween80的生物毒性在非离子表面活性剂中是最低的，而且价格低廉。

11.4.8　抽取处理技术的适用条件

抽取处理技术适合于短时期的应急控制，不宜作为场地污染治理的长期手段。具体特点如下：①使污染物从地下环境中去除，可用于多种污染物的去除（有机和无机），是污染刚发生时可以采用的应急方法；②在污染初期，地下水中污染物浓度较高时，有较好的去除效率；③抽出的污染地下水可以考虑送入污水处理厂进行处理；④随着抽取处理的进行，地下水中污染物的浓度变小，抽取处理的效率降低，出现"拖尾效应"，污染的处理时间较长，⑤当停止抽水时，会出现地下水中污染物浓度的升高，出现反弹现象效应；⑥对含水层介质的要求一般渗透系数 $K>5\times10^{-4}$ cm/s，可以是粉砂至卵砾石的不同介质类型。

总之，抽取处理方法可以用于有机或重金属污染地下水的处理，应用较为广泛，其修复效果受诸多因素影响，如场地岩性、污染物形式、含水层厚度、抽水量、抽水方式、井布局、井间距、井数量等；其缺点是达到修复目标所需的修复时间长。

11.5　污染地下水气体抽提修复

11.5.1　气体抽提原理

气体抽提技术利用真空泵和井，在受污染区域诱导产生气流，将呈蒸气、吸附态、溶解态或者自由相的污染物转变为气相，抽提到地面，然后将抽提的蒸气采用热解氧化法、催化氧化法、活性炭吸附法、浓缩法、生物过滤法及膜分离法等方法进行收集和处理。气体抽提系统包括抽提井、真空泵、湿度分离装置、气体收集管道、气体净化处理设备和附属设备等（图 11-15）。

气体抽提技术的基础是污染物质的挥发特性。在孔隙空气流动时，含水层中的污染物质不断挥发，形成蒸气，并随着气流迁移至抽提井，集中收集抽提出来，再进行地面净化处理。因此，气提技术取决于污染物质的挥发特性、土壤和地层结构对气流的渗透特性。气流可以由负压诱导产生，也可以由正压形成。气体在土壤和岩层空隙中的流动呈三维形式。气体流动受许多因素的限制，如包气带岩性、空隙率、空气渗透率、土壤和地层渗透性的各向异性、地下水的埋深、污染泄漏情况和对流导管布置等。

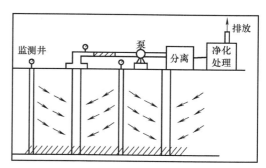

图 11-15　典型的气体抽提系统

气体抽提技术的主要优点包括：①能够原位操作，比较简单，对周围干扰小；②有效去除挥发性有机物；③在可接受的成本范围内，能够处理较多的受污染地下水；④系统容易安装和转移；⑤容易与其他技术组合使用。在美国，气体抽提技术几乎已经成为修复受加油站污染的地下水和土层的"标准"技术。气体抽提技术适用于渗透性较好的均质地层。

11.5.2　气体抽提修复参数设计

空气在土壤孔隙中的流速 v 可以用达西定律（Darcy）表示：

$$v = \frac{K_a}{\mu_a} \Delta p \tag{11-50}$$

式中，K_a 为空气渗透率系数；μ_a 为空气黏度；Δp 为压力降。

土壤的空气渗透率可以通过空气水置换法、空气注射实验等获得。有机污染物在土壤中以不同的状态存在（图 11-16），包括：①吸附在土壤颗粒表面，呈现膜状；②在土壤空隙中呈现乳化状态；③在土壤空隙气相中呈蒸气状态；④溶解于水或者地下水中；⑤作为独立的相漂浮于地下水层上面或者沉积于下层。

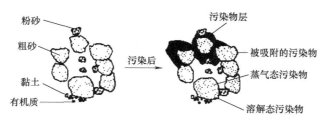

图 11-16　有机物污染物在土壤中的存在形态

土壤中的有机污染物可以用以下参数描述。

（1）蒸气压　蒸气压代表了一个化合物挥发转变为气相的趋势，用 mm 汞柱表示。一

般蒸气压大于 $0.5 \sim 1.0 \mathrm{mmHg}$ 的化合物 ［如苯和三氯乙烯 （TCE）］ 可以采用抽提技术有效去除。对于混合性的污染物，其蒸气压与各个组分摩尔比例有关：

$$p_i = X_i A_i p_i^0 \tag{11-51}$$

式中，p_i 为组分 i 的分压；X_i 为组分 i 的摩尔比例；A_i 为组分 i 的活性系数；p_i^0 为组分 i 纯物质的饱和蒸气压。

（2）溶解度　溶解度代表化合物在水中溶解的程度。溶解度小的化合物容易挥发，而溶解度大的化合物可能随水渗流，而迁移至更远的范围。对于混合性的污染物，某一组分溶解度，其表达式与蒸气分压类似。

（3）亨利常数　亨利常数代表了一个化合物在水相和气相分配的程度。亨利定律如下：

$$K_H = \frac{c_v}{c_l} \tag{11-52}$$

式中，K_H 为亨利常数；c_v 为化合物在气相中的平衡浓度；c_l 为化合物在水相中浓度。

（4）吸附　污染物吸附与土壤颗粒特性及所含有的有机物成分有关，有机成分可以用总有机碳表示，或者用 f_{oc} 表示。吸附程度用污染物在土壤表面的吸附分配系数 K_d 表示，其与有机成分之间的关系可以表示为

$$K_d = f_{oc} K_{oc} \tag{11-53}$$

式中，f_{oc} 为土壤含有机物的比例，一般为 $1\% \sim 8\%$，对于砂，则小于 1%；K_{oc} 为该污染物在土壤有机物中分配系数，可以从污染物的辛醇-水分配系数关联式中获得：

$$\lg K_{oc} = 0.999 \lg K_{ow} - 0.202 \tag{11-54}$$

式中，K_{ow} 为化合物的辛醇-水分配系数。土壤方面的影响因素包括：孔隙率，因为空隙率减少将降低扩散速率；含水率，含水率高会影响扩散速率，而含水率低会增强吸附特性；土壤层结构的多向异性。

11.5.3　气体抽提过程

气体抽提过程一般分为几个阶段。初期，介质孔隙中空气含有的挥发性有机物处于平衡甚至饱和状态。当开始抽提时，呈饱和平衡状态的气相首先移走，液相状态的有机物传质至气相，并被带出来，气流中有机物浓度相对稳定。当大部分自由相状态的有机物被移走，平衡被破坏，气相移动的速度大于污染物质从液相或者固相挥发传质的速度。此时，液相呈乳化状态或者黏附在土颗粒表面物质逐渐挥发，然后是水相中呈溶解状态物质的挥发，被吸附在土颗粒表面上的有机物脱附。为了有效地增加空气流量，一般把抽提井周围的地面用塑料覆盖，使空气在更大范围内扩散，使有限的空气通过更多的土层 （图 11-17）。周边覆盖还可以减少雨淋，减少水渗流所产生的不利影响。为了提高抽提效果，也可以特别设置空气注入井，直接插入到空气难以通过的污染区域。在使用真空泵抽吸时，为减少地下水上升所造成的影响，需要将抽提井的底部封住。

在应用气体抽提技术时，需要考虑污染物特征，如成分、类型、时间、浓度、阶段及分布等，同时考虑环境条件，如水文地质条件、土壤湿度、地表特征、污染水平和

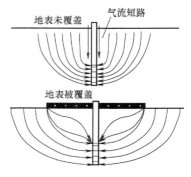

图 11-17　抽提气流通道示意图

垂直范围等。抽提技术应用联合图如图 11-18 所示。

11.5.4 气体抽提现场中试实验

在进行设计之前，最好进行中试规模的实验，以便获得工程现场第一手的设计资料和参数，因此也称为现场设计实验。中试实验主要内容包括测定土壤空气渗透率、蒸气抽提半径范围、抽提出来的空气的浓度和成分，所需要的空气流量、真空水平、真空泵功率，估计修复需要的时间和成本造价等。因此，中试实验应该包括蒸气抽提实验井、真空抽提泵、至少三个观察点、蒸气后净化处理系统、流量计、皮托管、真空表、取样点、取样装置、分析仪器等（图 11-19）。

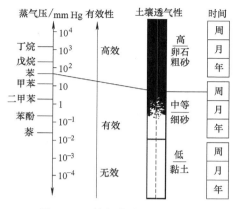

图 11-18 抽提技术应用联合图

11.5.5 气体抽提设计原理

设计的目的包括选择系统各个部分的规格（如真空泵或者鼓风机）、抽提井个数和位置、井的构造（包括深度和网格间隙）、抽提物后处理单元、空气/水分离器、管道管件，以及检测和控制仪表等；选择合适的操作条件（如抽提所需要的真空水平、空气流量、抽提半径范围、污染物蒸气浓度等）；估算修复程度和效率、所需要的时间、残余污染物浓度等；估计工程投资或者成本等。

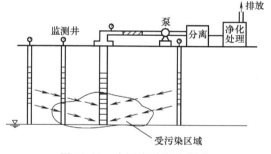

图 11-19 中试实验系统组成

1. 抽提半径方法

根据在现场中试过程中取得的结果，可以确定一定的空气流量或者真空水平所产生的有效抽提半径，进而确定修复整个受污染区域所需要的抽提井个数。因此，在实验中需要测量抽提井周围的真空水平，并按距离画图（图 11-20）。依据所需要的真空水平，如开始水平的 1% 或者 10% 等，可以确定有效半径范围。采用所确定的半径，在需要修复的区域范围内，画出重叠的圆圈。根据圆圈的个数，就可以确定抽提井的个数和位置（图 11-21）。

抽提井个数也可以根据公式估算：

$$N = \frac{1.2A}{R_1^2} \tag{11-55}$$

式中，N 为需要的抽提井的个数；A 为需要修复的污染区域面积；R_1 为单个抽提井的作用半径；1.2 为考虑抽提井之间相互部分重叠因素后的校正系数。

另一种方法是根据单个抽提井的能力和总修复要求进行估算：

$$R_a = M/T$$
$$N = R_a/R \tag{11-56}$$

式中，R_a 为在希望或者规定的修复时间 T 内所应该达到的抽提速率；M 为应去除的污染物的量；R 为单个抽提井实际去除污染物的速率；N 为需要的抽提井的数目。

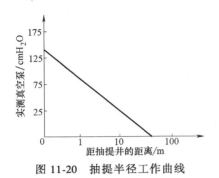

图 11-20　抽提半径工作曲线

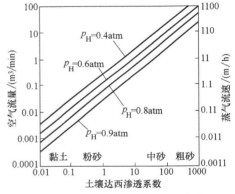

图 11-21　抽提井布置

1—抽提井　2—井作用半径　3—污染区域

实际的抽提井数目应该取以上两种方法得到的数目较大的一个，并且考虑工程投资和成本。确定了抽提井的个数和位置，根据所需要的真空水平和待修复土壤的渗透系数，就可以根据图 11-22 确定所需要的空气流量。根据空气流量，就可以选择真空泵设备和仪表。

污染物的抽提速率可以根据空气流量和污染物浓度估算：

$$R = GQ \qquad (11-57)$$

式中，R 为污染物抽提速率；G 为污染物浓度；Q 为空气流量。

在实际工作过程中，污染物浓度逐渐降低，直至达到环境标准，完成修复工作。采用抽提技术完成修复所需要的时间估算：

$$T = M/R$$

$$M = (X_{in} - X_{cl}) M_t = (X_{in} - X_{cl}) V_t \rho \qquad (11-58)$$

式中，T 为修复需要的时间；M 为需要修复去除的污染物的量；X_{in} 为污染物的初始浓度；X_{cl} 为修复完成污染物残留浓度，M_t 为需要进行修复的土壤质量；V_t 为需要进行修复的土壤总体积。

图 11-22　估算空气流量工作曲线

在修复过程中，污染物抽提去除速率随着时间的推移而逐渐下降。在这种情况下，可以将抽提过程划分为几个时间段。在每一个时间段，传染物的抽提去除速率可以视为常数，逐段进行计算，再加和得到完成修复所需要的总的时间。

2. 模型设计方法

模型分为空气流体模型和多相传质模型两种。采用空气流体模型计算抽提井作用半径的公式如下：

$$p_r^2 - p_W^2 = (p_I^2 - p_W^2) \frac{\ln \dfrac{r}{R_W}}{\ln \dfrac{R_I}{R_W}} \qquad (11-59)$$

式中，p_r 为抽提井周围 r 半径处（检测点）的孔隙气压；p_W 为抽提井中心的气体压力；p_I

为抽提井影响半径边缘处的气体压力；r 为距离抽提井的检测点距离；R_I 为抽提井影响半径；R_W 为抽提井本身半径。

根据以上模型，如果检测到距离抽提井 r 处的气体压力，就可以算出该抽提井的影响半径。根据统计，一般抽提井的影响半径为 9~300m，抽提井内压力一般为 0.90~0.95atm 范围。

11.5.6 抽提蒸气后处理技术

抽提蒸气后处理技术主要有热解氧化技术（又称为焚烧技术）、催化氧化技术、吸附技术、浓缩、生物过滤、膜分离技术等，可参考相关文献。

11.6 污染地下水空气吹脱修复

11.6.1 空气吹脱原理

空气吹脱是在一定的压力条件下，将压缩空气注入受污染区域，将溶解在地下水中的挥发性化合物，吸附在土壤颗粒表面的化合物，以及阻塞在土壤孔隙中的化合物驱赶出来。空气吹脱技术包括现场空气吹脱、有机物的挥发和有机物的好氧生物降解三个主要过程。相比较而言，吹脱和挥发作用进行得比较快，而生物降解过程进行得比较缓慢，在比较长的时间内才能显现出来。空气吹脱技术对地下水中一些常见的污染物具有较好的去除效果，如苯、甲苯、苯乙烯、二甲苯、总石油量、氯代烃溶剂、一般溶剂等。在实际应用中，空气吹脱技术可以与抽提技术相组合，得到比单独一种技术更好的效果（图 11-23）。

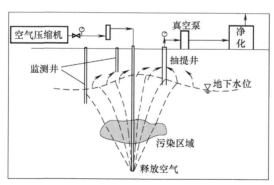

图 11-23　吹脱与抽提技术组合

11.6.2 空气吹脱影响因素

1）亨利系数。原则上，选择吹脱技术时应该考虑亨利系数，亨利系数大于 $1×10^{-5}$ atm·m³/mol，化合物的蒸气压大于 0.5mmHg，比较容易挥发或者吹脱。

2）地质条件。地层土壤均一性对吹脱技术影响最大。比较密实的土层会阻断空气通道，导致空气积累；高度松散的土壤也会导致空气短流，吹脱不能均匀进行。在实际工作过程中，空气注入土壤地下水中后，根据不同的地层结构，或者以气泡或者以气流的形式扩散。相应地，地下水从垂直方向和水平方向向周围迁移。在垂直方向上，地下水水位开始上升，上升的程度从忽略不计到数米，取决于压力和位置、结构等各种因素。在空气注入的开始阶段，空气进入地下水的流量大于其扩散流出的量，地下水位上升并达到其最高位置。随着注入的空气不断流向包气带，地下水水位开始下降，此时空气从地下水区域向包气带流动的气流通道开始形成。地下水水位持续下降直至空气注入的流速等于其流出的速度。达到平衡时，注入井附近的地下水水位几乎回复原位（图 11-24）。

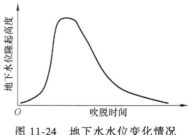

图 11-24　地下水水位变化情况

3）空气通道在地下水中的分布，大体上呈现伞状形态。气流通过的密度和空气与土壤接触的表面积都与空气流量有关。空气流量大，气流通道的密度增加，相应地接触表面积增加，增加的幅度与流量的关系为（$Q_{始}$/$Q_{终}$）$^{0.5}$。

11.6.3　空气吹脱现场中试实验

空气吹脱技术还没有走出"经验"性的阶段，因此，需要进行现场中试实验，以验证技术的有效性，并获得相应的设计参数。考虑吹脱技术与抽提技术经常组合使用，所以如果可能的话，最好将两者同时进行实验。中试实验主要的检测内容包括：注入空气的流量；溶解氧水平；井水水位的变化；空气注入压力和土壤中气体的压力的变化，井壁附近压力的变化；土壤气体中污染物的浓度和吹脱效率，尤其应该注意避免可能达到爆炸或者燃烧水平的高浓度；实验流量和压力对吹脱气体影响半径的影响，也可以检测示踪气体的变化。这些参数能够揭示吹脱技术的可行性和效果。同时，需要详细地调查现场条件，表 11-3 列出了空气吹脱技术的理想条件和影响因素。

表 11-3　现场参数调查表

内　　容	理　想　条　件	影　响　因　素
饱和区土壤的渗透性	10^3cm/s	压力、流量、去除效率、传质速率等
地质结构	砂、卵石底层	空气分布
蓄水层类型	非承压	注入空气的回收
污染区深度	小于 12～15m	注入深度和压力
污染物类型	高挥发性，高吹脱性，易生物降解	挥发性、吹脱性和生物可降解性
污染物状态	没有分相	修复效率和程度
地下水位以上土壤结构	渗透性好，1.5m 以上的包气带	抽屉效率和气流通道的分布等

11.6.4　空气吹脱设计

在运用空气吹脱技术时，需要考虑以下参数：

（1）井　空气注入井的位置应该包围整个污染区域，注入井的影响半径范围需要通过现场实验确定。每一个注入井的半径范围需要通过现场实验确定（图 11-25）。

设立实验井，在其周围辐射方向设立观察井，测量参数包括：①地下水位变化。②溶解氧和氧化还原电位变化。③地层中空气压力。④地下顶空压力，即在地下观测位置形成顶空，其平衡压力代表周围静态压力，这是一种最简单和可靠的参数方法。⑤有时可以采用示踪气体，如氦气或者六氟化硫。其中六氟化硫与氧气的溶解度类似，能够更好地揭示氧气的迁移扩散情况。⑥地层电阻的变化，可以产生三维变化图像。电流可以是直流电（Electrical Resistivity Tomography，ERT），也可以是 500Hz 的交流电（Vertical Induction Profiling，VIP）。ERT 法比较可靠，但是，安装数目比较多的电极，钻取工作量比较大，成本升高，限制了该方法的使用；VIP 法可以利用现有的观察井，容易实施。还有一种方

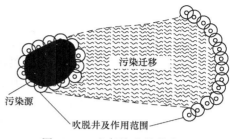

图 11-25 空气注入井的布置

法称为地球物理衍射层析成像（Geophysial Diffraction Tomography，GDT）技术，可以得到更加精确的和定量的结果，但是也比较复杂。⑦监测实验区域污染物浓度变化情况。

（2）注入井的深度　原则上应该是比污染物所处最深处再深 30~60m，但是实际深度受土层结构等影响。实际深度一般不超过地下水水位以下 9~16m 的深度。注入井的深度影响空气注入所需要的压力和流量。

（3）空气注入所需要的压力和流量　注入空气的压力必须克服注入点地下水的静态压力和土层毛细管的压力，才能够形成气流通道。毛细管压力与表面张力和毛细管直径相关，如下式所示：

$$p_c = \frac{2s}{r} \tag{11-60}$$

式中，p_c 为毛细管压力；s 为空气和水的表面张力；r 为平均水力半径。

在实践中，并不是压力越高，空气流量越广泛，吹脱效果越好。所以，为了增加空气流量或者扩展吹脱半径范围而增高压力时需要倍加小心。尤其是在开始阶段，空气通道还没有形成，过高的压力容易导致短路。此时，需要逐渐提高压力，循序渐进。注入空气的流量一般为 $28 \sim 425 m^3 / min$。

（4）注入方式　连续注入方式下，运行比较稳定；间歇注入方式下，地下水位升降比较明显，从而提高空气吹脱效果。但间歇注入式也可能导致井周围的土粒筛选分层现象产生，使比较细的土颗粒沉积在下层，导致阻塞现象。

（5）注入井的构造　井的构造与深度有关，与浅层吹脱井相比，深层吹脱井的构造更加复杂一些。空气注入井可以采用聚氯乙烯管材。注入井的直径一般为 0.3~1.2m。实际上，吹脱效果与井的直径关系不大，因此井的直径以 0.3~0.6m 比较经济。但在深度比较大时，小口径的井所需要的压力可能比较高。

（6）污染物　吹脱过程中，污染物分布受污染物挥发特性、溶解度和生物可降解性等因素的影响，同时受地下水流动、空气流强化等因素的强烈影响，需要视具体情况和工程要求进行优化。但有机物吹脱与生物降解对过程的操作参数要求是不同的，要同时优化两个不同类型的过程几乎是不可能的。

（7）吹脱技术设备　吹脱技术设备包括鼓风机或空气压缩机、真空抽气机、管道及连接件、空气过滤器、压力测量和控制仪表、流量计和空气干燥设备等。其中，空气压缩机或者鼓风机，应根据中试时对压力的需要进行选择。一般当压力小于 12 ~ 15psi（1psi = 6.895kPa）时，可以选择鼓风机，而压力比较高时应该选择空气压缩机。

空气吹脱比抽取地下水进行地上处理的效率更高，与生物处理过程结合，能够进一步提高效率（图11-26）。统计表明，一般运行时间在1~3年，而且多数工程在1年之内就能够达到预期的设计要求。空气吹脱技术也受许多因素的制约和影响，当渗透率低于10^{-3} m/s时，空气扩散比较困难；对于非挥发性的有机物，空气吹脱技术不但不能将其去除，反而可能将污染物驱赶向其他未受污染的区域，导致污染区域进一步扩大。

空气吹脱技术也在不断地得到改进，如利用地下水平方向的施工技术提高空气吹脱和蒸气回收的效率，单井同时进行吹脱和抽吸，生物吹脱（生物曝气）。生物曝气技术是通过鼓气方法，提高地下水中的溶解氧水平，可以提高微生物的活性。因此，该技术在去除挥发性的污染物质时，还能够借助生物过程降解去除非挥发性的有机物，如石油化工产品苯、甲苯、乙苯、二甲苯，以及醇类、酮类和酚类等能够比较容易地得到生物降解，而氯代烃类属难降解化合物。为了维持生物的降解活性，在操作中需要提供充足的氧气，需要维持一定湿度，需要供应合适的营养等。这些都需要在设计和操作中给予足够的考虑。空气也可以循环使用，以最大限度利用氧气和最大限度地降解挥发性的污染物质。如图11-27所示，利用吹脱方法可以很快地去除土壤中挥发性比较强的有机污染物，而生物降解过程比较缓慢，但是其去除的主要是挥发性比较差的有机污染物。

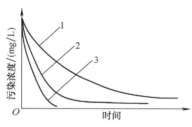

图11-26　空气吹脱技术效率比较
1—传统技术　2—空气吹脱
3—吹脱+生物降解

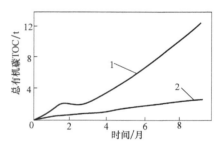

图11-27　生物曝气与吹脱技术比较
1—吹脱挥发　2—生物降解

11.7　污染地下水循环井修复

11.7.1　循环井概述

地下水循环井（Groundwater Circulation Well，GCW）技术是为地下水创造三维环流模式而进行的一种原位修复技术。GCW技术是在AS修复技术上的改进，传统的AS技术是由注气井、恢复井或观测井组成的。由注气井在地下污染含水层中注入空气（氧气），气体在注气井周围含水层中呈向外辐射状运动，进入包气带或通过恢复井排出。GCW技术通过井管的特殊设计，分上、下两个过滤器，通过气体提升或机械抽水使地下水在上、下两个过滤器形成循环，即地下水由井的下部（或上部）进入，由上部（或下部）流出再进入含水层，这样会在井的周围一定范围形成地下水的三维流循环，井内两过滤器间的压力梯度差是这个循环流的驱动力。通过不断的水流冲刷扰动作用，带动有机物进入内井，并通过曝气吹脱去除。此外，在井周围的水流循环影响范围内，提高了药剂弥散程度，改善了地下水的好氧环境，有利于有机污染物的好氧降解，从而提高修复污染地下水的处理效率。

11.7.2 循环井系统类型及原理

1. UVB 系统

地下水循环井技术的早期称为"井中曝气""井中处理"技术。最早是 1974 年 Raymond 在污染场地原位微生物修复实验中使用了"井中曝气"的方法。大量使用的本技术是由德国的 IEG 技术公司研发的 UVB（德语缩写，意为真空气化井）技术。UVB 系统循环井有两个过滤器，中间被隔离开来，通过水泵从下部过滤器抽提地下水，水流向上；而地表进行注气，气流向下，水-气可以在曝气反应器中充分混合作用。VOC 气体排出地表收集，井中水流通过上部过滤器进入含水层中（图 11-28）。IEG 研发了很多类型的 UVB 技术，如增加井中处理单元、研发特殊的过滤器减缓堵塞等。

通过地下水在井内与井外的循环，形成了两个主要有机物去除单元：井中气体抽提和强化原位生物降解。循环井内井曝气过程中，发生相间传质作用，地下水中的挥发性和半挥发性有机物由水相进入气相，通过吹脱去除，空气中的氧气则由气相进入水相，提高地下水中的溶解氧含量，并随着地下水的流动，在浓度梯度作用下，扩散到循环井的影响区域内，进而强化原位好氧生物降解作用。

2. No-VOCs™ 系统

井中处理技术于 1980 年在欧洲进行了首次商业污染场地修复的应用。20 世纪 90 年代初期，斯坦福大学 Gorelick 等研发了气流提升井中处理系统（No-VOCs™）。

No-VOCs™ 属于气体提升系统，将洁净的空气注入内井底端，与地下水混合形成气水混合物，密度减小向上迁移，井内外形成的密度差异，促使循环井下部花管处的地下水不断流向井内；同时内井管上升的气水混合物，到达气水分离器后发生分离，携带有机物的气体由尾气口排出，在地表进行处理；地下水则由上部花管进入含水层。通过持续曝气，在循环井周围形成地下水三维循环（图 11-29）。

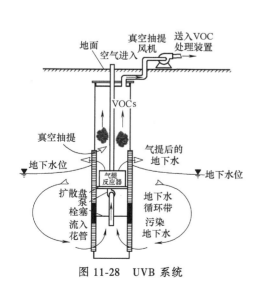

图 11-28　UVB 系统

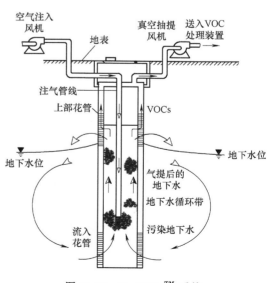

图 11-29　No-VOCs™ 系统

3. DDC 系统

同时期，Wasatch Environmental Inc. 开发了简化的气流提升井中处理系统，也称密度驱动对流系统（DDC）。两者原理相同，都是通过在井中注入空气，通过空气上升，使地下水向上运动而形成地下水的循环。不同之处是前者将曝气后的污染气体收集，在地表进行处理；而后者直接将气体引入包气带，利用微生物作用进行降解，省去了地表处理设施（图11-30）。

11.7.3　循环井技术应用

1. GCW 技术的应用

虽然 GCW 技术已经在场地有许多成功应用的实例，但这种修复技术的使用还是需要对场地条件和污染物特性等进行详细的分析研究。有可能影响这一技术的应用及效果的因素如下：

1）通过井中循环挥发性有机污染物从地下水中进入空气中得以去除，在周围含水层中是否会发生有机污染物的进一步降解取决于目标污染物的好氧生物降解性能、降解微生物的存在，以及其他地球化学和微生物学环境条件。

2）井中的气体抽提对于亨利常数大、污染浓度高的有机污染物具有很好的去除效

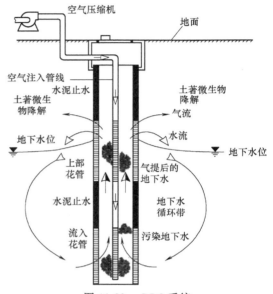

图 11-30　　DDC 系统

果，而对于亨利常数小或污染物浓度很低的情形，则处理效果不好。

3）在应用该技术进行修复时，需要清楚地层地球化学条件、微生物环境条件变化带来的系统变化，如金属氧化物的沉淀、地层的生物堵塞。这些情形的发生会限制修复系统的运行。

4）含水层厚度小的情形可能需要更多的循环井，因为每口井的影响范围是井花管长度和两个花管间距的函数。一般污染含水层的厚度不应小于 1.5m，但也不能厚度太大（>35m），厚度太大难以形成水的循环。

5）循环井可能使自由相 NAPLs 发生迁移扩散，因此，在使用本修复方法前，应先进行自由相污染物的抽提去除。

6）当含水层的水平渗透系数大于 10^{-5} cm/s 时，本修复技术效果较好。如果存在低渗透性的透镜体，则修复效果会变差。

7）如果地下水的流速太大，将会导致污染地下水的“绕流”，本修复技术的效果变差。一般如果污染地下水的流速大于 0.3m/d，就需要引起注意。

2. GCW 技术的优点

1）费用小。只用一口井就可以实现抽提污染气体和地下水污染的修复；不需要抽取地下水和地表处理，可以实现地下水中 VOCs 的连续去除；污染气体的处理要比污染地下水的处理容易和便宜；系统运行和维护费用低。

2）容易和其他技术联合使用。能够在地下含水层中传输和循环有利于污染修复的各种化学药剂，如表面活性剂、催化剂和营养物质等；通过空气的输送和循环增强了地下水有机污染的微生物降解；可与 SVE 等系统联合使用。

3）技术简单。不需要在地下更换部件；可以连续运行，维护简单；系统没有复杂的部件组成。

4）效果好。集井中气体挥发和含水层中地下水循环为一体，有机污染物的去除包括挥发和微生物降解；GCW 周围三维水流的形成，有助于低渗透地层中污染物的去除。

3. GCW 技术的缺点

在运行中，由于化学沉淀，有可能导致井的过滤器堵塞，影响地下水的循环；含水层埋深太小时，因地下水循环的空间限制，使用效果不佳；如果井设计不合理，存在使污染羽扩展的可能。

11.8 污染地下水多相抽提修复

多相抽提（Multi-Phase Extraction，MPE）技术是当前国内外修复被挥发性有机物污染的土壤和地下水的主要技术之一。它通过同时抽取地下污染区域的土壤气体、地下水和非水相液体（NAPLs）污染物至地面进行分离及处理，达到迅速控制并同步修复土壤与地下水污染的效果。

作为土壤 SVE 技术的升级，MPE 技术是一种对环境友好的土壤和地下水修复技术，综合了土壤 SVE 技术和地下水 P&T，它能够同时修复地下水及包气带中的有机污染物。MPE 技术适用于中等渗透性场地的修复，对挥发性较强及 NAPLs 类污染物具有较好的效果，同时可以激发土壤包气带污染物的好氧降解，具有非常广阔的应用前景。

11.8.1 多相抽提原理

传统意义上的 MPE 技术也被称为两相抽提（Dual-Phase Extraction，DPE）技术。DPE 技术是指同时对土壤气相和地下水这两种类型污染场所进行处理的一种技术，相当于土壤 SVE 技术和地下水 P&T 的结合。一般在饱和区和不饱和区都有修复井井屏的情况下使用。由于系统中逐渐增加的压力梯度增加了液体的流动速率，抽提的真空度不仅抽出了土壤气相，净化了土壤气相，也促进了地下水的修复。一方面，DPE 技术可用于处理饱和区和渗流区的污染物；另一方面，DPE 技术与传统的 P&T 相比，提高了地下水修复速率，增加了修复单井影响半径。

严格意义上的 MPE 技术是通过使用真空提取手段，同时抽取地下水污染区域的土壤气体、地下水和浮油层到地面进行相分离、处理，达到控制和修复土壤与地下水中有机物污染的目的。多相抽提（MPE）系统工艺流程如图 11-31 所示。

DPE 技术可以分为两类：一类是利用一个抽提泵混合抽取地下的流体和污染气体；另一类是利用两个（或多个）抽提泵，分别抽取地下的流体和污染气体。

单一抽提泵系统主要依靠高速气流提升地下水到地表，可以应用于污染地下水和"分离相"污染物的抽提。抽出的液气混合物需要在地表进行分离处理，包括自由相轻质非水相液体（LNAPLs），水和气体的分离；然后气体和水进行处理排放，自由相污染物进行

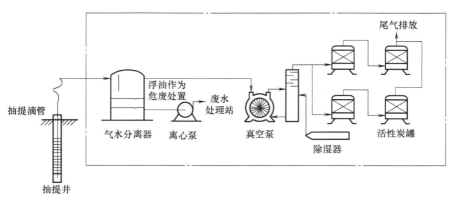

图 11-31　多相抽提（MPE）系统工艺流程

回收。

多个抽提泵 DPE 系统是传统 SVE 和污染地下水（和漂浮的自由相）抽提系统的组合。DPE 系统更为灵活方便，可用于不同的场地条件，如地下水水位波动、不同的渗透性地层等。图 11-32 为自由相 LNAPLs 和污染地下水的两相抽提技术原理。当污染场地存在自由相 LNAPLs 污染物时，可以采用两相抽提技术。两相抽提技术（DPE）抽取地下水形成地下水位降落漏斗，使自由相 NAPLs 向漏斗中心汇集，然后利用泵直接抽取自由相 LNAPLs。

也可以在含水层设置井抽取污染地下水/自由相 NAPLs，在包气带设置井同时抽取挥发性有机污染气体。由于污染地下水的抽取，形成水位下降，使包气带厚度增大，有利于污染气体的抽提，可以提高污染场地的修复效果和效率。多相抽提可以导致地面空气进入地下环境，有利于有机污染物的好氧生物降解。

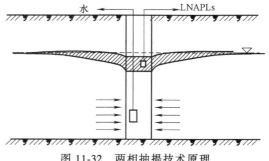

图 11-32　两相抽提技术原理

在实际应用中，需要设计好地下水的抽取量，可根据自由相 LNAPLs 的分布和体积，适当形成地下水的降落漏斗。如地下水位下降太大，容易使污染物在地层介质中的范围扩大，不利于后续的处理；如水位降太小，则不利于 LNAPLs 的抽提。

11.8.2　多相抽提应用

1. 优点

1）处理污染物范围宽，可以同时处理以气相、吸附相和自由相存在的污染物。

2）对地面环境扰动较小，不破坏土壤结构，对回收利用废物有潜在价值。

3）可以应用于中等渗透性的土壤和含水层，能有效去除毛细管带的 NAPLs。

4）影响半径显著增大。通过降低地下水位，使更多的含水层暴露于气相中，为低挥发性污染物创造了好氧降解的条件。

5）可以与其他修复方法联合使用，如 AS 和微生物修复等。

6）降低了 NAPLs 在漏斗面上的污染，有利于回收。自由相回收速率提高 3~4 倍，显著缩短了修复时间。

7）适用于不同的场地条件，设备简单；处理时间较短（一般为6个月至2年）。

2. 缺点

1）抽提设备（水处理及气相处理设备）、处理工艺（分离工艺和处理工艺）和工艺优化调试（水量、水位和真空度）较为复杂。

2）对于地下水有机复合污染场地，单独使用MPE技术很难在有限时间达到修复目标，或者不具有经济可行性，某些MPE系统的应用深度受限。

3）在渗透性非常低的地层存在效果的不确定性。

4）抽出的污染地下水或气体需要进行处理。

5）在运行过程中需要进行复杂的监测和控制。

3. 适用条件

MPE技术适用于加油站和化工企业等多种类型的污染场地，尤其适用于易挥发、易流动的非水相液体（如汽油、柴油、有机溶剂等）污染土壤与地下水的修复。MPE技术适用的介质是污染的土壤和地下水，现场应用受污染物特性及土壤特性的制约，不宜用于渗透性差或地下水位变动较大的场地。

11.8.3 多相抽提运行机理

MPE技术的运行机理是通过真空提取手段，抽取地下污染区域的土壤气体、地下水和浮油层到地面进行分离及处理，以控制和修复土壤与地下水中的有机污染物，实施场地修复。

1. 修复包气带污染物

包气带中的挥发性和半挥发性有机污染物（VOCs/SVOCs）在MPE系统所施加的真空作用下可以加速挥发释放，进入土壤气相，再随气流被抽离土壤。同时，由于气体流动增强，向土壤内提供更多的氧气，为可好氧生物降解的污染物提供电子受体，从而加速好氧生物降解。如果在设计修复技术方案时，考虑采用好氧生物降解作为去除污染物的重要途径，则在进行多相抽提时，必须对土壤微生物环境进行必要的改变和维持，如控制适宜的温度、pH值和氧化还原电位等。在利用真空泵或潜水泵对地下水进行抽提的过程中，潜水位的高度逐渐降低，抽提井附近原来位于饱和带的部分土壤成为非饱和土壤，使气相抽提处理的空间范围得到扩大。这一优势使MPE技术非常适合于处理位于潜水水位线附近的挥发性有机污染土壤。

2. 处理LNAPLs

由于土壤是含有大量孔隙结构的多孔性介质，在地下水水位附近，地下水在土壤孔隙毛细力的作用影响下上升，形成高于地下水静水位的饱和带，称为毛细管带。在孔隙尺度较小土壤中，毛细力的作用较为显著，通常会形成较厚的毛细管带。LNAPLs类污染物易于在毛细管带的气-水界面聚集。在采用多相抽提时，随着土壤气体压力的降低，在毛细力作用下，存在于土壤孔隙中的污染物可以释放到土壤气体中，并在真空抽吸的作用下被移除。超过土壤持留能力的LNAPLs通常漂浮在潜水面以上，形成浮油层。浮油层中的LNAPLs污染物会不断溶解于水中，且其污染范围随着地下水水位的波动而扩大，因此在进行土壤与地下水修复时，对浮油层的去除通常是需要优先考虑的步骤。MPE产生的较高的水力梯度可以使更多的 LNAPLs 汇流至抽提井中。此外，通过控制 MPE 系统抽提速率，可以使抽提水造成的水面下降与真空形成的水面上升保持平衡，潜水面保持相对稳定状态，减少自由相污染物沿着漏斗面下降时在含水层的残留。

3. 处理重质非水相液体（DNAPLs）

DNAPLs 一般指密度大于 $1.01 \mathrm{g/cm^3}$，并且在水中溶解度小于 $20 \mathrm{g/L}$ 的液体。存在于地下的 DNAPLs 从理论上说一般会位于隔水层顶部（含水层底层）或其他阻挡其下沉的实体（间断的隔水层）上。然而，由于 DNAPLs 黏度一般较大，极易在迁移路径上残留。因此，如果 DNAPLs 的量不是很大，一般很难迁移到隔水层表面，DNAPLs 在含水层内的迁移十分缓慢，其残留量也会逐渐增加。在 MPE 系统的高真空下，通过提高 DNAPLs 的相对渗透性，水分子可以克服毛细置换压力将残留于包气带中的 DNAPLs 从毛细管带中置换出来。此外，由于 MPE 技术对原有含水层具有脱水作用，使更多的原来被水浸没的土壤暴露出来，从而使含水层土壤中的 DNAPLs 得以去除。尽管 MPE 技术与 SVE 技术对 DNAPLs 的去除原理相同，但是 MPE 技术的修复范围比 SVE 技术大大增加。

11.8.4　多相抽提影响因素

MPE 技术应用的影响因素包括土壤特性、污染物种类及形式、抽提量、真空度、介质类别等，其局限性为主要针对 LNAPLs 污染物。

（1）土壤的渗透性　MPE 技术对土壤气体和地下水抽提的最大流量主要由场地包气带和饱水带土壤介质的渗透性决定。土壤的渗透性一是影响土壤中空气流速及气相运动，二是影响地下水在土壤中的渗流性质（导水率或水力传导系数）。通常情况下，当场地土壤为细砂土或砂质粉土时，场地渗透系数条件最适合采用 MPE 技术处理。当渗透系数过低时，土壤气体与地下水的抽提流量偏小，会影响修复效率；当渗透系数过高时，抽提水、气流量可能偏大，对后续的多相分离、地下水处理和尾气处理等工艺环节产生较大的负荷。

（2）土壤的含水率　包气带土壤的气体渗透性能与土壤含水率直接相关。在干燥的土壤中，土壤孔隙完全充满气体，大部分孔隙可以为气体的流动提供有效通道，有利于进行 MPE 技术修复。当土壤含水率升高时，会对土壤的吸附行为产生影响。一般认为，土壤湿度越低，其对污染物的吸附能力越强，干土的吸附能力最强。但是，当污染物与土壤间的表面吸附作用较强时，土壤湿度增加会提高气相抽提的效率。因此，土壤含水率对 MPE 技术适用性的影响主要在于气体的流通性。

（3）土壤的异质性　土壤的异质性很大程度上影响着土壤气体在 MPE 技术修复过程中的流量。土壤异质性指土壤结构、分层、质地及颗粒组成。土壤中的裂隙或孔隙结构都会导致土壤总体渗透性的升高，并造成局部优势流的形成。在场地的垂直方向上，由于土壤的分层，土壤渗透性也可能发生较大的变化。在 MPE 技术的负压作用下，大量的土壤气体通过气体渗透性较高的土层流入抽提井中，而气体渗透性较差的土层中流量较小。因此，当采用 MPE 技术在均质性较差的场地中进行抽提时，位于渗透性能较差土层中的污染物取出难度较大。

（4）污染物的性质　MPE 技术最适于处理易挥发、易流动的污染物，其具体物化特征为高蒸气压和高流动性（低黏度）。MPE 技术受有机污染物蒸气压影响较大。一般情况下，当温度为 $20^\circ\mathrm{C}$ 时，蒸气压大于 133.2Pa，亨利常数大于 0.01 的有机物，如己烷、苯等可用

MPE 技术有效地去除，石油产品中的大部分组分都能满足 MPE 技术对蒸气压的要求。但有些有机物，如柴油等，其蒸气压很低，MPE 技术的应用则受到限制。真空抽提可以去除蒸气压高的 VOCs。因此，可以在真空抽提井周围的渗流区中输入热量，增大污染物的蒸气压，提高污染物去除率。还可采用电加热或热空气挥发等技术来提高土壤温度。研究证明，使用各种方法使土壤温度上升后，其修复速率和污染物的去除范围都将大大增加。

LNAPLs 黏度过大将导致 LNAPLs 层相在抽提井中的流速较慢。当 LNAPLs 黏度小于 10cP（1cP=1mPa·s）时，MPE 技术较为适用，超出此范围时需对 MPE 技术的部分工艺进行改进或选择其他修复方法。

污染物的吸收特性也关系着 MPE 技术的修复效率。一般来说，较强的吸附作用会导致较低的修复率；另外，强吸附作用也降低了污染物对土壤生物及地下水的环境风险，因而修复的必要性不强。

（5）抽提流量和流速　通过土壤的空气流量对污染物的去除有直接影响。为提高 MPE 技术的去污效果，一般来说提高抽提流量是必要的。当不考虑污染物在土壤中迁移过程的限值时，抽提流量将正比于去污率。

11.8.5　多相抽提工程设计

1. 工程设计基本参数

MPE 系统的设计主要基于污染物性质和场地情况。由于 MPE 系统的独特性，需要配套设备，且对场地水文地质条件有特殊要求，一般来说，MPE 系统设计前，应开展可行性测试，以对其适用性和效果进行评价和提供设计参数。评估 MPE 技术适用性的关键参数适宜范围见表 11-4。

表 11-4　MPE 适用性评估关键参数

类别	关键参数	单位	适宜范围
场地参数	渗透系数(K)	cm/s	$10^{-3} \sim 10^{-6}$
	渗透率	cm^3	$10^{-8} \sim 10^{-10}$
	导水系数	cm^2/s	0.72
	空气渗透性	cm^2	$<10^{-8}$
	地质环境	—	粗砂到粉细砂
	土壤异质性	—	均质
	污染区域	—	包气带,饱和带
	包气带含水率	—	较低
	地下水埋深	ft	>3
	土壤含水率(生物通风)	—	40%~60%饱和持水量
	氧气含量(好氧降解)	—	$>2\%$
污染物性质	饱和蒸气压	mmHg	$>0.5\sim1$
	沸点	℃	$<250\sim300$
	亨利常数	无量纲	$>0.01(20℃)$
	土-水分配系数	—	适中
	LNAPLs 厚度	cm	>15
	NAPLs 黏度	cP	<10

MPE 系统的设计主要是以同一程序将地下水、自由移动性 NAPLs 及土壤气体同时抽取。其主要组成包括抽提井的方位和多种形式的管道、可抽出液体及蒸气的真空泵、液体/气体及油/水分离单元，必要时需设置水及气体处理单元，需要时可设置表面密封和注入井。系统设计师应合理选取以下关键参数：

（1）抽提井数量和间距　抽提井的数量和间距计算方法可以分为如下两种：

1）影响半径（Radius Of Influence，ROI）。尽管水平抽提井可用于空气曝气或需要时添加营养物质，但 MPE 系统一般采用垂直抽提井。对于复杂的 MPE 系统，需要采用数值模拟的方法计算地下空气流量和地下水流量。对于地下水位较浅的场地，可用需要修复场地面积除以单井影响面积，因此，抽提井的 ROI 是一种判断抽提井数量和间距的简单方法，也是 MPE 系统设计最重要的参数。设计 ROI 是在流动的空气能维持修复效率时，气相抽提井的最大距离。一般来说，与设计 SVE 系统的抽提井一样，MPE 系统的单井 ROI 从 1.5（细粒土）~30.5m（粗粒土）；对于地质分层的场地，应由各自主要土壤类型决定。

2）土壤空隙体积法。土壤空隙体积及抽提流量用来计算单位体积的交换率，设计的抽提流量除以单位体积的土壤空隙体积即为单位体积的交换率，交换出土壤中单位空隙体积所需时间采用下式计算：

$$t = \frac{\varepsilon V}{Q} \tag{11-61}$$

式中，t 为空隙体积交换时间（h）；ε 为土壤孔隙率（m³ 气体/m³ 土壤）；V 为需处理的土壤体积（m³）；Q 为总气相抽提流量（m³ 气体/h）。因此，所需抽提井数：

$$N = \frac{\varepsilon V}{tq} \tag{11-62}$$

式中，q 为单井气体交换量（m³ 气体/h）。该方法同样可用于计算地下水抽提系统。必须指出的是，建立地下水抽提井，井与井间距应在水力影响半径（ROI）范围内。对于有重质非水相液体（DNAPLs）存在的场地，抽提井的深度应达到隔水层顶部。

（2）抽提井真空压力　真空抽提井的井口真空压力一般为 0.006~6.5m 水柱，渗透性差的土壤需要较高的真空压力。真空泵的类型和大小应根据要求实现的进口设计压力和起作用的抽提井或注入井的总流速选择。离心式真空泵适用于较高流量、低真空的条件，因此离心式真空泵只适用于双泵 MPE 系统，真空度较高则采用单泵 MPE 系统。再生涡轮真空泵适用于真空度要求中等的场合，转子真空泵和其他容积式真空泵适用于真空度要求高的情况。

（3）抽提速率。典型的气体抽提速率是每眼井 0.06~1.5m³/min，地下水抽提速率以污染物浓度达到地下水标准或达到对人类健康和环境无害为准。对于高渗透性的土壤，地表密封的设计可以防止地表水渗透，降低空气流速，减少无组织排放，并增加空气的横向流动程度，但同时会形成压力梯度，需要高真空度抽提或注入井的设置。空气注入井是通过向抽提井提供空气以提高空气流速的，可用来帮助减少地下空气短路和消除空气流动死区。

另外，设计 MPE 系统时还应考虑地下水水位的波动（如水位随季节变化），因为水位的上升会浸没一些污染土或井屏的一部分而使得空气流动失效。这种情况对于水平井尤其重要，因其井屏与水位线是平行的。

2. 工程主要设备组成

MPE 系统地下部分的设计主要包括建立井网、屏蔽间隔、运行参数和监测井位置。地上部分的设计以地下系统的流速为基础，选择合适的工艺流程和仪器设备。MPE系统通常由多相抽提、多相分离、污染物处理三个主要部分构成。系统主要设备包括抽提井、真空泵（引风机或水泵）、输送管道、气液分离器、NAPLs/水分离器、传动泵、控制设备、气/水处理设备及附属设备等。

（1）抽提井　抽提井是MPE系统的核心部分，它的作用是同时抽取污染区域的气体和液体。一般情况下，抽提井为PVC材质，包括筛管和抽提滴管通过管路连接至抽提总管，并与真空泵连通。抽提井结构和地面管路连接。

（2）真空泵（引风机或水泵）　MPE系统可以分为单泵系统和双泵系统。其中单泵系统仅由真空设备提供抽提动力，双泵系统则由真空设备和水泵共同提供抽提动力。单泵系统与双泵系统的工艺流程和示意图如图11-33和图11-34所示。

图 11-33　MPE系统工艺流程

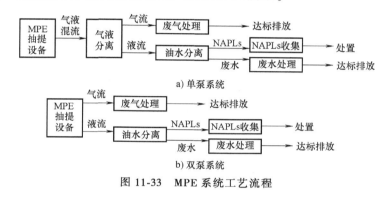

图 11-34　MPE系统示意图

1）单泵系统。单泵系统主要由真空泵、抽提管路和井口密封装置组成，如图11-35a所示。通过真空设备在抽提管路中形成负压，管口附近的地下水及NAPLs在高速气流的裹挟推动下进入抽提滴管内，再进入地表的收集处理单元中。单泵系统的抽提滴管内输送的物质为"气-水-油"三相的混合物，因此必须配置相应的多相分离装置。单泵系统结构一般较为简单，不需要井下泵，处理深度一般在10m以内，适合渗透性较低的场地。但地下水位波动较大的场地难以应用，处理中、高渗透性场地的费用较高。

2）双泵系统。双泵系统通过真空设备抽提包气带的土壤气体，通过水泵抽提液态流体（地下水及NAPLs），如图11-35b所示。抽提井内分别设有气体管路与液体管路。气体和液体被抽离地下环境以后，分别进入相应的收集处理单元。双泵系统运行较为灵活，修复深度可大于 10m，对一定范围内的含水层具有较好的适应性，可灵活应用于地下水位波动较大或渗透性范围较宽的场地。

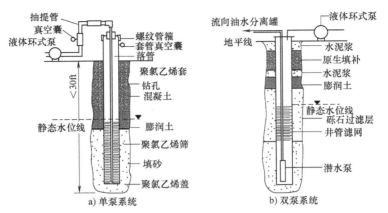

图 11-35　单泵系统和双泵系统的轴体部分结构

（3）多相分离装置　多相分离是指为保证抽出物的处理效率而进行的气-液及液-液分离过程。分离后的气体进入气体处理单元，液体通过其他方法进行处理。利用重力沉降原理将浮油层刮去，分离出含油量低的水。常见的油水分离设备如图 11-36 所示。

（4）气/水净化与处理设施　经过多相分离后，含有污染物的流体被分为气相、水相和浮油等形态。气相中污染物的处理方法可参照 SVE 系统尾气处理方法。

（5）MPE 系统监测设备　MPE 系统运行必须配备必要的监测设备进行监测，以保证有效运行及确定关闭系统的合适时间。监测参数主要包括抽提井及注射井的气相流动

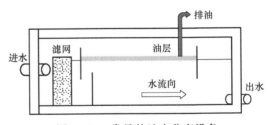

图 11-36　常见的油水分离设备

速率，抽提井及注射井的压力，抽提井的气相浓度及组成，土壤及环境空气的温度，水位提升监测，气象数据，气体和净化与处理设施污染物排放浓度。

11.9　污染地下水微生物修复

最早的原位微生物修复研究是 Raymond 在 1975 年对汽油泄漏的处理，通过注入空气和营养成分使地下水的含油量降低，并由此取得了专利。随后在 20 世纪 80 年代原位微生物处理技术的研究被推广至不饱和土壤，形成了较为完整的土壤-地下水微生物修复技术。

11.9.1　微生物修复原理

微生物修复技术（Microorganism remediation technology）是利用微生物降解地下水中的污染物，将其最终转化为无机物质。微生物修复技术以其具有的投资低、效益好、应用简便等特点，被逐渐应用于地下水有机污染的治理中，现已成为一项清洁环境并有很大发展潜力的新兴技术。

按照场地，微生物修复技术分为异位微生物处理和原位微生物修复两类。地下水的异位微生物修复技术主要应用生物反应器法，将地下水抽提到地上部分用生物反应器加以处理。原位微生物修复是在基本不破坏土层和地下水自然环境的条件下，将受污染土层和地下水原位进行微生物修复，图 11-37 是地下水原位微生物修复技术示意图。

按照微生物的来源，原位微生物修复又分为原位自然微生物修复和原位工程微生物修复。原位自然微生物修复是利用土壤和地下水原有的微生物，在自然条件下对污染区域进行自然修复。原位工程微生物修复分为生物强化修复和生物接种修复两种类型。生物强化修复是提供微生物生长所需要的营养，改善微生物生长的环境条件，从而大幅度提高野生微生物的数量和活性，提高其降解污染物的能力；生物接种修复是投加实验室培养的对污染物具

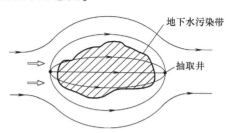

图 11-37　地下水原位微生物修复技术示意图

有特殊亲和性的微生物，使其能够降解土层和地下水中的污染物。按照营养特征，这些土著微生物、外来微生物和基因工程菌可分为好氧、厌氧、兼氧和自养微生物，微生物的不同代谢方式见表 11-5。

表 11-5　主要微生物降解类型

类型	电子供体	电子受体	最终产物
好氧呼吸	有机物	O_2	CO_2、H_2O
	NH_4^-	O_2	NO_2^-、NO_3^-、H_2O
	Fe^{2+}	O_2	Fe^{3+}
	S^{2-}	O_2	SO_4^{2-}
厌氧呼吸	有机物	NO_3^-	N_2、CO_2、H_2O、Cl^-
	有机物	SO_4^{2-}	S^{2-}、H_2O、CO_2、Cl^-
	H_2	SO_4^{2-}	S^{2-}、H_2O
	H_2	CO_2	CH_4、H_2O
发酵	有机物	有机物	简单有机物、CO_2、CH_4

不同类型的电子受体参与生物降解反应需要相应的氧化还原电位。好氧反应需要在比较高的氧化还原电位条件下进行，而厌氧反应需要在比较低的氧化还原电位条件下进行（图11-38）。其中，以分子氧作为电子受体的生物降解反应速度最快。因此，向土壤和地下水供应氧气和氮磷营养，可以加速生物降解修复过程。

污染物在土壤和地下水中以不同形态存在，其对微生物的影响也各不相同。对于微生物来说，能够直接吸收的是溶解性污染物，因此污染物总浓度并不重要，重要的是溶解性浓度，或者有效浓度。当存在两种或者两种以上显著不同类型的微生物群落时，由于其降解动力学不同，彼此相互消长，使得宏观或者总的降解速率不断地波动。对于包气带土层，湿度对于微生物活性的影响非常大，影响有机物可利用性、气体传输、污染物毒性效应、微生物等。微生物修复在很大程度上还取决于地下水的环境因素，主要包括温度、pH 值、盐度等。一般认为微生物所处环境的 pH 值应保持在 6.5～8.5 的范围内，保证微生物的活性。温度对微生物活性影响显著，20～35℃是普通微生物最适宜的温度，随着温度的下降，微生物的活

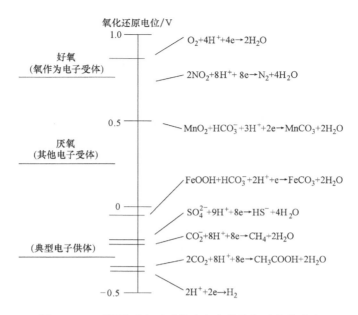

图 11-38 不同类型电子受体参与生物降解过程的次序

性也下降，在 0℃ 时微生物活动基本停止。但温度一般是不可控的因素，应将季节性温度的变化考虑进去。

11.9.2 微生物修复工艺

不同类型的污染土壤和地下水，应该采用不同类型的微生物修复技术形式。这些修复技术可以是一种技术形式，也可以是几种技术形式的组合。一个典型原位微生物修复系统包括地下水回收井、地面处理、营养添加和电子受体添加等部分（图 11-39）。

在传统的微生物修复系统内，地下水形成循环，加快水在介质中的流动速率，因此氧气和营养能够以比自然流动更快的速度输送，微生物数量和降解速率能够提高几个数量级。对于许多生物修复系统来说，电子受体常常用过氧化氢替代氧气，以提高好氧生物降解过程效率，其优点是过氧化氢在水中的溶解度高，可以更高浓度注入地下水并迁移更远的距离。该系统的一个主要缺点就是过氧化氢不能得到有

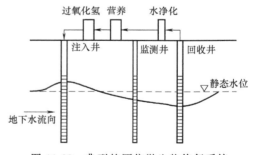

图 11-39 典型的原位微生物修复系统

效利用，只有 10%~20% 的过氧化氢被微生物真正利用，其他部分以氧气形式释放逸出。另外，循环抽提-微生物修复技术和曝气-抽提组合微生物修复技术是两种常见的技术组合形式。循环抽提-微生物修复技术，利用曝气井和抽提井组合，在注入空气的同时，在另一侧抽提蒸气和空气，加快循环（图 11-40）。对于饱和带，生物曝气类似于空气吹脱，但是压力应保持得尽量低，以避免污染物从地下水中挥发，迁移至包气带，导致污染转移。采用曝气与气体抽提相结合的工艺，是一种有效形式（图 11-41）。

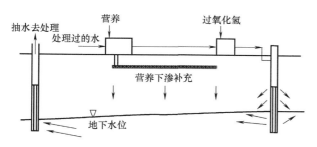

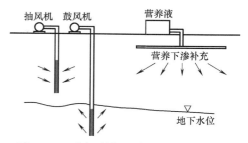

图 11-40 循环抽提-微生物修复技术　　　　图 11-41 曝气-抽提组合微生物修复技术

微生物修复技术也可以只在特定的活性区域实施，作为阻截手段，如图 11-42 所示，活性带一般垂直于地下水流向，在污染带的下游，空气和微生物营养交接注入活性带。这是一种被动的方法，但是非常有效。

在实际操作中，可以根据情况采取不同措施，提高微生物修复效率。常用措施包括：

1）采用纯氧代替空气或者过氧化氢，提高溶解氧浓度。纯氧以微小气泡的形式随水注入地下。在 20℃ 时，空气氧的饱和质量浓度是 9mg/L，纯氧的饱和质量浓度可以达到 45mg/L，可以大幅度提高地下水溶解氧浓度。

2）采用硝酸盐代替氧和过氧化氢作为电子受体。在这种情况下，脱氮微生物活性得到提高，在将 NO_3^- 转化为 N_2 的过程中，有机物得到有效降解。

3）注入甲烷，提高甲烷细菌的活性，诱导产生甲烷单氧酶，提高一些难降解物质（如三氯乙烯）的降解速率。

采用厌氧、好氧和共代谢组合的方法，可以取得比单独一种方法效果更好的生物修复。采用实验室培养或者现场分离的微生物，经过强化驯养，投加进入地下水中，对地下水中特定的污染物进行生物降解。

11.9.3 微生物修复与污水生物处理的差异

土壤和地下水原位微生物修复与传统的污水微生物处理相比较，其最主要的共同点就是"生物降解"，即利用微生物分解转化有机污染物。但原位修复和污水生物处理具有很大的差异。

图 11-42 微生物活性带阻截技术

1. 环境介质

传统的污水处理流程中，污水收集进入处理设施，以悬浮式或附着式的微生物生长方式，在好氧、无氧或厌氧的条件下，将污染物分解去除。生物分解进行时，污染物所处的环境介质是液态的水溶液，或是吸附于水溶液中悬浮状物质上。若有挥发性物质，则会根据其挥发性的大小，逸散而出。因此，传统污水的微生物处理主要针对溶解态的有机污染物。而在土壤和地下水污染的原位微生物修复中，污染物会以气、液、固三相同时存在。

液相中污染物溶解部分的去除与污水处理类似，但浓度分布不均匀，且存在 NAPLs 自由相的问题。在污水生物处理系统中，一般都避免排入自由相的 NAPLs，即使在污水处理系统中有少量原液，也可以在调节池中被稀释。因而，传统的污水处理不易看到非水相液体的存在。而污染场地的原位修复过程中则有可能出现自由相的 NAPLs。如果存在 NAPLs 自由相，则利用原位微生物降解几乎无法将其有效去除。此时，需要采用抽提的方法先收集自由相的污染物。

传统污水生物处理中的挥发性有机污染物，逸散后可以忽略其对生物处理的效应；但在土壤和地下水微生物修复过程中，由于气相物质扩散速率较慢（尤其在水分含量高时），大部分的气相物质存在于体系中，从而有可能由气相再进入液相。因此，气相污染物需要在修复系统中统一考虑。

传统污水生物处理中大多数情形下不需要考虑吸附相污染物（活性炭生物再生等少数例外），只需要考虑溶解相污染物；但原位微生物修复中，固相介质吸附的污染物是系统中污染物的主要组成之一，液相中污染物被分解去除浓度降低可导致固液相之间平衡的改变，吸附于固相上的污染物解吸附进入水溶液中，使污染物水中的浓度增加。因此，原位微生物修复设计中不能只考虑液相中的污染物，同时要考虑吸附于固相上的污染物。总之，在传统的污水生物处理系统中，一般只考虑液相污染物的问题即可，但在土壤和地下水原位微生物修复中，却需要同时考虑气、固、液三相及 NAPLs 自由相等因素。

2. 生物可利用性

如前所述，传统污水生物处理中大部分只考虑液相即可，可以通过搅拌等方式促进污染物与微生物的接触，因而反应速率较大。但土壤和地下水污染修复中，却存在传质方面的问题。一方面需要考虑污染物的生物可降解性，另一方面需要考虑污染物的生物可利用性。当地层中的有机质含量高，污染物被吸附的能力强，或地层介质的渗透性小时，污染物与微生物的接触受影响，从而影响其降解速率。也就是说，即使污染物的生物可降解性很高，但却有可能因为吸附等因素使其不易被微生物利用，影响修复的效果。因此，原位微生物修复效果的主要限制因子有时可能是污染物的脱附速率或是其在介质中的扩散迁移速率，而不是污染物的可生物降解性。

3. 反应空间

传统污水生物处理是在反应池中进行，系统均匀，易于操作控制，反应动力学等参数可以定量描述，反应过程可以较为准确地控制。而土壤和地下水的污染是一个非常复杂的体系，是非均质、多相体系，在空间上分布不连续、不均匀，孔隙空间大小不一致等。因此，土壤和地下水污染的原位修复存在许多不确定性和困难，如反应过程难以定量描述、微生物生长存在地层介质的堵塞问题等。

4. 反应过程

污水生物处理与土壤和地下水污染原位修复在污染物的生物降解反应过程上有很大的差异，如反应速率、污染物浓度、微生物量、营养物利用等方面。土壤和地下水污染的原位修复中，不宜以较高的反应速率为目标。因为高的反应速率，意味着微生物量的大量增加，有可能导致地层介质的堵塞；同时营养物的需求增大，而孔隙的堵塞使营养物的传输受到限制。所以，应该以可持续进行的微生物降解为目标，即以较低的反应速率，在少量但持续的供氧及营养物的条件下，让微生物降解在地层介质中持续进行。

有时地下水中的有机污染物浓度可能很小，无法维持微生物的生长，必要时需外加碳源，促进微生物的生长。外加碳源需要注意：法规的规定；添加量不能导致残留；外加碳源所增殖的微生物需能降解目标污染物；不应形成生物阻塞；需有相对应的营养物质或电子受体的添加。

5. 其他

在系统的后续管理、处理（修复）效益确认（评估）、可持续性，以及出现问题的解决措施和难易程度等方面，污水生物处理与土壤和地下水污染原位修复都有很大不同。

11.9.4　微生物修复的优缺点

1. 原位微生物修复技术的优点

1）对溶解于地下水中的污染物进行修复，同时对吸附或封闭在含水层介质中的污染物也能进行降解。

2）所需设备简单易得，操作方便，对场地的扰动较小。

3）修复时间有可能比其他修复技术短（如抽取-处理）。修复的费用相对较小。

4）可以与其他修复技术联合使用，如 AS、SVE 等，增强场地修复的效率。

5）投加营养物质的数量合适时，一般不产生二次废物，无须进行二次污染物的处理。

2. 原位微生物修复技术的不足

1）注入井或入渗廊道有可能由于微生物的生长或矿物的沉淀发生堵塞。

2）很高的污染物浓度（如石油类的 TPH>50000mg/kg），较低的溶解度，可能对微生物的降解具有毒性或可生化降解性差。

3）在低渗透地层（$K<10^{-4}$cm/s）中难以应用，易引起堵塞。

4）投加营养物质的数量过量时，可能会造成二次污染。

5）微生物对环境温度和 pH 值变化非常敏感，对处理的地下水环境要求较高。

6）需要监测评估修复效果，进行分析调整。

3. 适用条件

1）提供微生物代谢所需的无机营养物，如 N、P 及微量痕量元素。

2）适宜的温度，一般为 5~30℃。

3）适宜的 pH 值，一般为 6~8。微生物降解作用所产生的有机酸会导致 pH 值降低，其产生的影响因所处理的有机物组成和环境缓冲能力不同而有差异。

11.9.5　微生物修复设计

1. 地下水污染原位微生物修复设计要素及其所需的基础资料信息

1）拟修复含水层的体积和面积。在场地调查规划中依据相关法规或风险评价结果来确定。

2）关注组分的初始浓度。在场地调查或修复可行性调查中测试获得，用来预测污染物对土著微生物的毒害效果、电子受体和营养物的需求、处理程度。

3）关注污染物的最终修复浓度。根据相关法规、地下水污染运移模型计算或污染风险评价结果确定。

4）电子受体和营养物需求评估。根据经验，每克碳氢化合物需要 3g 氧气作为电子受体；对于营养物质，往往采用 C：N：P 为 100：10：1（假设 1g 的碳氢化合物等于 1g 碳），但当注入井（廊道）系统堵塞等容易发生时，也可以考虑减小氮、磷的投加量，C：N：P

为 100 : 1 : 0.5。

5）注入井和抽取井布局。布局最关键的因素是保证污染羽是水动力可控的，防止污染物的扩展，有利于污染物的微生物降解。对于大型复杂的污染场地，需要借助于地下水模拟模型进行井的设计。注入井（或入渗廊道）设置于污染源带的上游部位；抽取井可设置于下游部位。也可以采用注入点设置于污染羽的轴向中心线，抽取井设置在污染羽的边缘的方式，这一设置方案所需的修复时间缩短，但费用较大。

6）设计影响面积（AOI）。设计影响面积基于污染含水层体积/面积的估计，用于确定合适的电子受体和营养物的添加量。AOI 的确定与许多因素有关，如渗透系数、介质化学组分、修复时间等，应该根据现场中试结果来确定，但有时也可以利用数值模型或经验方法进行确定。如果污染含水层具有分层性，则要分层确定其 AOI。AOI 对于确定合适的注入（抽取）井数和井间距非常重要。

7）地下水抽取、注入速率。不同场地变化很大，主要取决于含水层的渗透系数。可以利用计算机模型来确定注入、抽取速率，但现场中试是最佳的确定方法。

8）场地建筑限制。在设计过程中，建筑物、附属设施、地下掩埋物等必须明确，并予以考虑。

9）电子受体系统。对于好氧修复系统，空气、氧气、过氧化氢等作为电子受体；对于厌氧修复系统，硝酸盐、硫酸盐等可以作为电子受体。电子受体可以通过注入井直接注入含水层中。

10）营养物配方和输送系统。场地调查和可行性实验中可以确定是否需要营养物质，营养物质需要与含水层水化学条件"兼容"，避免沉淀的形成。

11）抽出污染地下水的处理。抽出的污染地下水有时需要进行必要的处理，再注入含水层中。处理方法根据污染地下水的特性可以不同。

12）修复时间。修复时间的确定是修复设计的影响因素，此外与微生物活性、有机污染物的可生物降解性、电子受体和营养物的传输等有关。

13）地下水的注入抽取比率。地下水的注入抽取比率要有利于水动力的控制，由于在污染羽边缘注入会使污染物发生扩展迁移，所以注入量往往小于抽取量。

2. 系统设计

（1）原位微生物修复系统　根据场地的具体条件和设计原则进行地下水污染原位微生物修复系统的设计。图 11-43 为典型的原位地下水微生物修复系统。

修复系统设计包括如下部分：①抽水井位置布局和构筑详细要求；②注入井（或入渗廊道）位置布局和构筑详细要求；③过滤系统可以去除水中生物量和颗粒物，避免注入井的堵塞；④抽出污染地下水的处理系统和处理后水的利用与处置；⑤营养溶液的配制与储存；⑥微生物添加系统（如果需要，可选）；⑦电子受体添加系统；⑧观测井位置布局和构筑详细要求；⑨系统控制和管理系统。

抽取和注入井需要认真设计，避免污染羽的进一步扩展。如果地下水中营养物质的含量适中，也可以不需要营养物的注入系统。

（2）井的布局　抽取井、注入井和观测井的布局主要取决于场地的具体条件。不同的场地，井的布局差异很大，但有一些基本规律需要遵循：

1）抽取井的设置要考虑能够影响到污染羽的边缘，即抽水形成的降落漏斗能够相交，

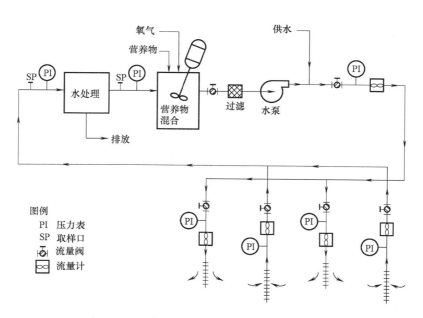

图 11-43 典型的原位地下水微生物修复系统

使整个污染羽范围内的地下水流向抽水井。

2）注入井（或入渗廊道）的设置能够在整个修复区提供电子受体和营养物质。注入井位置的地下水位抬升、注入量对地下水流场的影响需要认真考虑。地下水位的过度抬升会导致污染物向外的迁移扩展。

3）监测井的布置分外侧和内部两个方面，以监测地下水的水动力控制效果。污染羽外侧的每个方向都应有监测井；污染羽内部的监测井布置应能够跟踪修复的进程。

图 11-44 为理想的原位地下水微生物修复系统水井的布局。抽取、注入、观测井的数量由设计影响面积所决定。

（3）电子受体和营养物添加系统　对于给定的地下水污染场地，合适电子受体的选择是通过修复可行性研究确定的。对于石油碳氢化合物污染而言，应用最广的电子受体是氧气，可以强化好氧生物降解。可以通过在注入地下含水层的水中充氧，或通过直接注入空气或氧气达到传输的目的。空气（20%氧气）饱和水中溶解氧的质量浓度为 8~10mg/L；充氧饱和的水中溶解氧可达到约 40mg/L。也可以利用过氧化氢得到高的

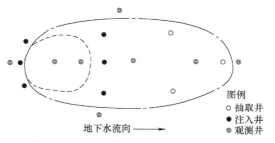

图 11-44　理想的原位地下水微生物修复
系统水井的布局

溶解氧浓度，但过氧化氢浓度太大（500~1000mg/L）会产生类似杀菌剂的效果，因此使用时要注意。典型的营养物质添加系统包括营养药剂储存装置、溶液混合水箱、流量表及压力表等。微生物修复的环境要素见表 11-6。

表 11-6　微生物修复的环境要素

环境因子	最 佳 条 件
可利用的土壤水分	25%~85%
氧气	好氧代谢:溶解氧的质量浓度大于 0.2mg/L;空气饱和度>10% 厌氧代谢:氧气的体积分数<1%
氧化还原电位	好氧和兼性厌氧:>50mV 厌氧:<50mV
营养物	足够的 N、P 及其他营养物(建议 C:N:P 的物质的量比为 120:10:1)
pH 值	5.5~8.5(对于大多数细菌)
温度	15~45℃(对于中温菌)

（4）氧气供给　微生物活动所需的氧气通常由空气中的氧气提供，大气中氧气的体积分数约为 21%。天然地下水中的氧气浓度很低，即使在溶解饱和状态，20℃ 时地下水中溶解氧的质量浓度也仅为 9mg/L 左右。利用纯氧进行饱和的溶解氧的质量浓度大概高出 5 倍，约为 45mg/L。在大多数情况下，通过注入空气或氧气饱和的地下水中的氧浓度不能满足微生物降解有机污染物对氧的需求。这也是在原位地下水微生物修复中常常使用过氧化氢的原因。添加过氧化氢可以提供高达 500mg/L 的氧，过氧化氢的浓度还可以继续提高，但过氧化氢浓度太大对微生物具有毒性。地下水中 1mol 过氧化氢会分解形成 0.5mol 氧气和 1mol 水。

$$2H_2O_2 \rightarrow 2H_2O + O_2 \tag{11-63}$$

可以用以下简化方程来说明氧气的需求量：

$$C + O_2 \rightarrow CO_2 \tag{11-64}$$

1mol 的碳需要 1mol 的氧气，或 128g 碳需要 328g 氧气，氧碳质量比值为 2.67。污染物中的其他元素，如氢、氮和硫，在微生物修复过程中也要消耗氧气。例如苯在好氧生物降解时的理论需氧量为

$$C_6H_6 + 7.5O_2 \rightarrow 6CO_2 + 3H_2O \tag{11-65}$$

1mol 苯需要 7.5mol 氧气，或 78g 苯需要 240g 氧气，质量比值为 3.08，大于纯碳的比值。以苯为基准，意味着 1g 碳氢化合物的好氧降解需要大约 3g 氧气。

11.9.6　微生物修复应用

在给定的地下水污染场地，原位微生物修复技术是否适用需要进行评估。评估可分为两个阶段进行：初步筛选和详细评估。在初步筛选阶段要了解原位微生物修复技术对特定污染场地是否有效；详细评估进一步对修复效果进行分析和确认，通过污染场地的具体情形，如污染物、地层介质特性等的对比研究，明确场地是否适用原位微生物修复技术。

1. 初步筛选评估

对地下水污染原位微生物修复技术是否适用于特定的污染场地做出快速判断。主要从两个大的方面来进行分析（图 11-45）：污染含水层介质的渗透性能越大越有利于技术的应用；目标污染物的可生物降解性大有利于微生物修复技术的使用。

确定原位微生物修复技术是否有效的主要参数包括：

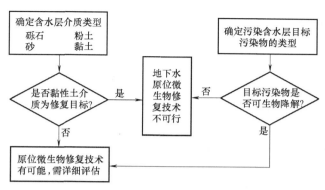

图 11-45   地下水原位微生物修复技术的初步筛选

1）含水层的渗透系数，它决定了电子受体和营养物的传输过程，是这些物质能否在污染羽范围内均匀分布的关键。含水层介质的类型决定了其渗透系数的大小，粗粒径的介质（砾石、砂）具有较大的渗透系数；细颗粒（粉土、黏土）地层渗透系数小。一般来说，渗透系数大的地层原位微生物修复技术有效；在较细的粉土或黏性土地层中，有时微生物修复技术也能具有一定的效果，取决于污染程度。渗透性小的污染含水层，其修复时间相对较长。

2）目标污染物的可生物降解性，它决定了微生物对其的降解速率和程度。有机污染物的特性决定了其可生物降解性，如污染物的化学结构、理化特性（水溶性、辛醇-水分配系数等）。水溶性大、相对分子质量小的有机污染物具有较强的可生物降解性；水溶性差、复杂大分子有机物的可生化降解性差。

3）目标污染物在地下环境中的位置分布。原位微生物修复技术对于污染物溶于地下水中或吸附在渗透性大的含水层介质中（砂砾石）的情形具有很好的效果。如果有下述情形时，修复效果受到影响或导致修复技术无效：①主要污染在包气带；②主要污染物封闭在低渗透地层；③污染位于电子受体与营养物传输不到的区域。

2. 适用性的详细评估

给定污染场地通过初步筛选，确定有可能适用于微生物原位修复，还需要进行适用性的详细评估，最终确定微生物原位修复技术是否有效。详细评估需要对污染场地的特征和污染物特性进行更为广泛的深入研究，具体包括：①场地特征：渗透性能、介质结构和分层、地下水化学组分、地下水 pH 值和温度、存在的微生物、电子受体和营养物；②污染物特性：化学结构、浓度和毒性、溶解度。图 11-46 为地下水污染原位微生物修复技术的详细评估，从图中可以看出，原位微生物修复技术的适用条件取决于场地具体的特征和污染物的特性。

（1）影响微生物原位修复效果的场地特征

1）渗透系数。渗透系数可以表征水通过含水层介质的能力，是评价原位微生物修复效果的重要参数之一，它控制了细菌所需的电子受体和营养物的传输速率和分布。含水层的渗透系数可以通过野外抽水试验获得，在污染场地进行抽水试验需要考虑避免使污染羽进一步扩散的问题，同时不能抽取太多的污染地下水，因为需要进行地面处理以后才能排放。当污染含水层的渗透系数大于 10^{-4} cm/s 时，原位微生物修复技术效果良好；渗透系数在 $10^{-4} \sim 10^{-6}$ cm/s 时，有可能具有一定的修复效果，但需要做认

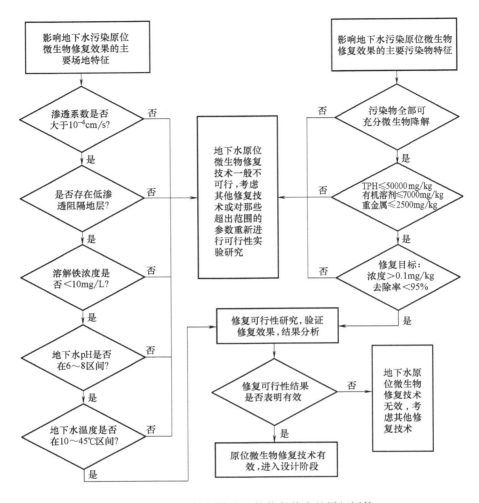

图 11-46　地下水原位微生物修复技术的详细评估

真的评估、设计和控制。

2）介质结构和分层。含水层介质结构和分层可以影响抽水和注入时地下水的流速和流态。介质结构如微裂隙可以使黏土的渗透性增强，水流会在裂隙中流动，但不能进入非裂隙区域。地层介质的分层（如不同渗透性的地层交互）可以使地下水更容易在高渗透性地层中运移而难以进入低渗透性的地层，使低渗透地层的修复效果变差，修复时间延长。

污染含水层的介质结构和分层情况可以利用场地调查阶段的钻孔取样记录来确定，也可以通过地球物理测井资料来进行分析。如果场地地层有分层现象，则在修复方案设计时需要特殊考虑，如注入井需要考虑能够使电子受体和营养物进入低渗透性地层，确保修复效果。地下水水位的波动在修复方案设计时也需要考虑。

3）地下水化学组分。地下水中过量的钙、镁或铁可以与一些阴离子反应在介质通道中生成沉淀，如注入的微生物营养物质磷酸根及碳酸根等。沉积物可降低含水层的渗透系数，从而影响微生物修复的效果。这些沉积物也会对修复设备和管道等产生影响。此外，磷酸盐的沉淀使微生物降解所需的磷不能有效被利用。实际应用中往往注入过量的三聚磷酸盐以提供营养。

当污染含水层中有氧进入时，可与地下水中溶解的 Fe^{2+} 发生氧化还原反应，生成铁的氧化物沉淀。这种沉淀很容易在注入井的周围形成，造成注入井的堵塞。表 11-7 为地下水中溶解铁浓度对原位微生物修复效果的潜在影响。

地下水中的硬度、碱度和 pH 值也是评价沉淀是否发生的指标，如硬度大的地下水容易形成沉淀。地下水中的化学组分有可能给原位微生物修复带来不利的影响，因此，在场地调查阶段需要认真关注。

表 11-7　地下水中溶解铁浓度与原位微生物修复效果

地下水中铁的质量浓度（mg/L）	修复效果
$Fe^{2+} < 10$	可能有效
$10 \leqslant Fe^{2+} \leqslant 20$	注入井需要定期检查。一定时间需要清洗或更换
$Fe^{2+} > 20$	不建议应用原位微生物修复技术

4）地下水的 pH 值和温度。地下水中极端的 pH 值（小于 5 或大于 10），一般来说不利于微生物活动，微生物活动的最佳 pH 值为中性（6~8）。但随不同的场地而不同，如有的污染场地在 pH 值很小（4.5）时，仍发现有微生物的活动。由于土著微生物适应了其存在的环境，所以人为调整 pH 值（即使是调整到中性），可能会限制微生物的活动。

如果由于污染导致了地下水中 pH 值超出了正常范围，不利于微生物的活动，可以人为调节。地下水中 pH 值太小，可以加入石灰或氢氧化钠进行调节；如果 pH 值太大，可以选择合适的酸（如盐酸等）进行调节。在进行 pH 值调节时，要注意进行地下水的监测，调节不能太剧烈，如 pH 值快速变化 1~2 单位时，容易抑制微生物活动，而重新启动微生物系统需要较长的时间。

细菌的生长与温度直接相关，当地下水温度低于 10℃ 时，细菌的活动性极大地下降，温度低于 5℃ 时，一般微生物活动停止。温度的增高会使微生物的活性增大，对有机污染物的降解效果增强，但当温度大于 45℃ 时，对有机物的降解作用消失。在 10~45℃ 范围内，温度每升高 10℃，微生物活动速率增加一倍。

5）微生物。土壤中一般存在大量的微生物，包括细菌、藻类、真菌、放线菌和原生动物，其中细菌是数量最大、化学活性最强的（特别是在低氧含量的条件下），所以在地下水中对有机污染物的降解起主要作用。

在污染场地中，自然微生物种群经历了一个选择的过程：首先是适应驯化期，微生物要适应新的环境和"食物"；其次，那些能够快速适应的微生物趋向于快速生长，可以优先利用营养物；最后，当环境条件改变，提供食物的特征发生改变，微生物种群也发生改变。能够经得起环境变化影响的微生物一般能够对污染物的降解起作用。

为了确定微生物的存在和种群密度，需要进行场地土壤取样，实验室分析。以有机物为能量的异养菌普遍存在于土壤中，当平板计数每克土中小于 1000 菌落形成单位（CFU）时，可以表明氧气的耗尽、缺少营养物或具有毒害性的组分存在。一般认为当环境中异养菌群数大于 1000CFU/g（干燥土）时，原位微生物降解会具有效果；菌群数在 100~1000CFU/g

时，微生物降解有可能有效，但需要研究是否存在毒害微生物生长的条件（高重金属浓度等），以及微生物过刺激的反应（如增加电子受体、营养）；当小于100CFU/g时，微生物修复一般无效，但有时也可以通过微生物刺激达到原位修复的效果。

6）电子受体和营养物。微生物的代谢（生长、繁殖）需要碳作为能量源，需要电子受体（氧气等）去酶催化氧化碳源，即微生物在氧存在的条件下与有机物作用最终生成二氧化碳、水和能量。微生物可以通过其代谢过程中的碳源和电子受体进行分类，使用有机物作为碳源的称为异养菌；使用无机碳源（二氧化碳）的称为自养菌。利用氧气作为电子受体的细菌称为好氧菌；利用化合物（如硝酸盐、硫酸盐等）作为电子受体的称为厌氧菌；既能利用氧气又能利用化合物作为电子受体的细菌称为兼性菌。在地下水污染微生物修复过程中，好氧菌、兼性菌和异养菌非常重要。

微生物需要无机营养（氮、磷等）帮助细胞的生长，含水层有可能提供足够的营养，但大多数情况需要注入营养物以满足微生物修复的需求。最大营养物质的需求量可以根据微生物降解过程通过化学计量进行估算。有许多有关细胞物质的经验分子式，其中 $C_5H_7NO_2$ 和 $C_{60}H_{87}O_{32}N_{12}P$ 被广泛接受。利用细胞的分子式和其他假设，可以推断出强化微生物修复的 C∶N∶P 比例区间为 100∶10∶1 至 100∶1∶0.5。

在污染场地调查中，需要对含水层介质和地下水中的 N、P 等营养物质进行分析评价。

（2）影响微生物原位修复效果的污染物特性

1）化学结构。有机污染物的化学结构决定了其微生物降解的速率，结构越复杂其降解性越差，修复所需的时间越长。许多相对分子质量低的脂肪族化合物（九个碳以下）、单环芳烃具有较好的可生物降解性；而相对分子质量高的脂肪族化合物、多环芳烃相对差一些。直链化合物比其支链化合物更容易降解。

2）浓度和毒性。含水层中高浓度的有机污染物、重金属会抑制降解菌的生长和繁殖。但如果地下水中的有机污染物浓度很低，也会限制微生物的活动。一般而言，石油类污染物在地下水或含水层中的含量大于 50000mg/kg、有机溶剂大于 7000mg/kg、重金属大于 2500mg/kg 时，对好氧降解菌具有毒害性和抑制作用。

除了考虑污染物的最大浓度以外，还要考虑其在地下水中的最小浓度。如果污染场地的修复标准中污染物的浓度很低，超过某种"阈值"时，污染物降解菌将得不到充足的碳源维持降解污染物的活性。可以通过实验室研究来确定这一阈值，但实验室的结果往往要比现场实际应用中低很多，需要在应用中注意。虽然这一阈值根据污染物的不同、微生物的不同而变化很大，但一般认为污染组分在含水层中的含量（包括介质和水中）小于 0.1mg/kg 时微生物难以维持降解作用，虽然此时污染组分在地下水中的浓度有可能很低，甚至低于检出限。对于石油类污染物而言，由于存在难生物降解的组分，很难达到超过 95% 的去除率。如果污染地下水中污染物的修复浓度标准小于 0.1mg/kg，污染去除率要求大于 95%，则需要进行原位微生物修复技术可行性的研究，验证是否可以达到目标，或与其他修复技术联合使用。

3）溶解度。有机污染组分的溶解度决定了其在地下水中的迁移分布，溶解度大的有机物，其被微生物利用和降解的可能性也大。溶解度小的有机物趋向于被吸附在含水层介质中，微生物降解的速率较慢。

11.10　污染地下水化学氧化修复

11.10.1　化学氧化概述

地下水污染的原位化学氧化（In-Situ Chemical Oxidation，ISCO）修复技术已有很长的应用历史，它的研究和开发目前仍在继续。ISCO 是地下水污染修复相对成熟的技术，可用于污染源带或污染羽带的修复，最早用于处理氯代有机溶剂和石油类污染地下水。

ISCO 修复技术适用于多种有机污染物的处理，包括挥发性有机物，如二氯乙烯（DCE）、三氯乙烯（TCE）、四氯乙烯（PCE）等有机氯化溶剂和多氯联苯（PCBs）等。对于含非饱和碳烃的化合物（如石蜡、氯代芳烃族化合物）处理效果高效且有助于生物修复作用。该技术具有二次污染小、修复污染物速度快等优势，能节约修复过程中的物料、监测和维护成本。同时，化学氧化修复具有药剂投放方式多样、治理方案灵活性高等特点，可根据场地实际情况调整优化，因此被广泛应用。

11.10.2　化学氧化原理

ISCO 修复主要是向地下环境中注入化学氧化药剂，与污染物作用，使土壤和地下水中的污染物转化为无毒或较低危害性的物质。目前已有许多可供注入的氧化药剂，使用较广的氧化剂包括过氧化氢（H_2O_2）和铁、高锰酸盐（MnO_4^-）、过硫酸盐（$S_2O_8^{2-}$）和臭氧（O_3），见表 11-8。此外，臭氧、过碳酸盐和过氧化钙等也可以用作氧化药剂。表中药剂的持久性为一般情形下观测到的时间（区间），实际上药剂的持续时间是变化的，取决于场地具体的条件。高锰酸盐具有较长的存在时间，有利于药剂在多孔介质中的传输和与污染物的作用；过氧化氢则只有数分钟至数小时的存在时间，其传输距离有限；而中间产物自由基的存在时间更短（<1s），因而其与污染物的反应非常快速。将氧化剂释放到受污染界面的方法很多，如氧化剂可与催化剂混合后用注射井或喷射器直接注入地下，或结合一个抽提井将注入的催化剂进行回收循环使用。ISCO 技术如图 11-47 所示。

表 11-8　常用的氧化剂

氧化药剂	反应组分	形态	持久性
高锰酸盐	MnO_4^-	粉末/液体	>3 个月
芬顿	$\cdot OH, \cdot O_2^-, \cdot OH_2, HO_2^-$	液体	数分钟~数小时
臭氧	$O_3, \cdot OH$	气体	数分钟~数小时
过硫酸盐	$S_2O_8^{2-}$	粉末/液体	数小时~数周

基于高锰酸盐的 ISCO 修复技术相对成熟一些，可用于多种污染物和地质条件，已有许多实验室、现场规模的研究和示范。基于芬顿的修复也在一些场地进行了使用和研究，其体系反应比较复杂。臭氧是很强的氧化剂，但在地下水污染原位修复中使用不广泛。基于过硫酸盐的修复技术出现较晚，但发展较快。在使用 ISCO 修复技术时，需要确定技术的有效性和可

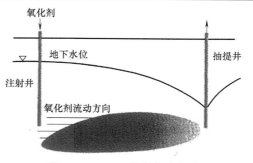

图 11-47　ISCO 修复技术概念

行性，需要认真研究具体的场地条件、各种参数的要求、氧化剂的特性，以及最合适的注入氧化剂的确定等。实际上，许多污染物都与上述氧化剂有一定程度的高反应速率，因此ISCO修复技术的有机污染物范围较广。

11.10.3　常见氧化剂作用机理

在地下原位化学氧化处理系统中，有可能发生许多反应，包括氧化/还原、酸碱反应、吸附/解吸、溶解/沉淀、水解、离子交换等。地下环境十分复杂，而且不同场地的条件不同，存在着许多影响反应途径、速率的因素和条件。

1. 高锰酸盐氧化

（1）化学反应　在地下水环境中注入高锰酸盐对污染物进行氧化，在不同的环境条件下所发生的反应可以不同。

$$MnO_4^- + 2H_2O + 3e \rightarrow MnO_2(s) + 4OH^- \qquad (pH = 3.5 \sim 12) \qquad (11\text{-}66)$$

$$MnO_4^- + 8H^+ + 5e \rightarrow Mn^{2+} + 4H_2O \qquad (pH < 3.5) \qquad (11\text{-}67)$$

$$MnO_4^- + e \rightarrow MnO_4^{2-} \qquad (pH > 12) \qquad (11\text{-}68)$$

式（11-66）反应形成的 MnO_2 为固体沉淀；在酸性条件下，Mn 可能以不同的价态（$Mn^{2+,4+,7+}$）以溶解或胶体形式存在；在强碱性环境下，Mn 可能以 +6 价形式存在。总体而言，高锰酸盐氧化存在着不同的电子转移反应，pH 值由小到大，反应过程中电子的转移数不同，分别为 5,3,1 [反应方程式（11-66）~ 式（11-68）]，但当 pH 值为 4~8 时，电子转移不受 pH 值变化的影响。

式（11-69）~ 式（11-72）为高锰酸盐氧化四氯乙烯（PCE）、三氯乙烯（TCE）、二氯乙烯（DCE）和氯乙烯（VC）的反应方程。分析这些化学反应方程式，可以发现氧化剂的需求量与污染物中氯的数量成反比。例如，对于污染物 PCE、TCE、DCE 和 VC，其化学计量需求分别为 1.33mol $KMnO_4$/mol 污染物，2.0mol $KMnO_4$/mol 污染物，2.67mol $KMnO_4$/mol 污染物和 3.33mol $KMnO_4$/mol 污染物。

$$4KMnO_4 + 3C_2Cl_4 + 4H_2O \rightarrow 6CO_2 + 4MnO_2 + 4K^+ + 8H^+ + 12Cl^- \qquad (11\text{-}69)$$

$$2KMnO_4 + C_2HCl_3 \rightarrow 2CO_2 + 2MnO_2 + 2K^+ + H^+ + 3Cl^- \qquad (11\text{-}70)$$

$$8KMnO_4 + 3C_2H_2Cl_2 \rightarrow 6CO_2 + 8MnO_2 + 8K^+ + 2OH^- + 6Cl^- + 2H_2O \qquad (11\text{-}71)$$

$$10KMnO_4 + 3C_2H_3Cl \rightarrow 6CO_2 + 10MnO_2 + 10K^+ + 7OH^- + 3Cl^- + H_2O \qquad (11\text{-}72)$$

虽然高锰酸盐可以氧化的污染物种类范围很广，但也有少数污染物是难以被高锰酸盐氧化或氧化速率较低，如 1,1,1-三氯乙烷、1,1-二氯乙烷、四氯化碳、氯仿、二氯甲烷、氯苯、苯、PCBs、部分杀虫剂等。高锰酸盐对 MTBE（甲基叔丁基醚）的氧化速率比其他氧化过程低 2~3 个数量级，表明在污染物的快速去除中，高锰酸盐氧化法具有不足。表 11-9 为不同有机污染物高锰酸盐 ISCO 修复的可行性评估。

表 11-9　不同有机污染物高锰酸盐 ISCO 修复的可行性评估

污染物(类)		污染物的可处理性（高锰酸盐）	说明
氯代脂肪族化合物	氯乙烯类	高	氯乙烯类很容易被高锰酸盐氧化,如 PCE 和 TGE
	氯乙烷类	可忽略	由于饱和特性,不与高锰酸盐反应,如 TCA、DCA 等
	氯甲烷类	可忽略	由于饱和特性,不与高锰酸盐反应,如 CT

（续）

污染物（类）		污染物的可处理性 （高锰酸盐）	说明
氯代芳 香化合物	氯酚类	高	氯酚的异构体易与高锰酸盐作用，反应速率快
	PCBs/二噁英/呋喃类	无	由于化合物分子结构，不与高锰酸盐反应
碳氢 化合 物	BTEX	有条件下	苯的反应性很差，其他化合物可反应，但速率小
	饱和脂肪碳氢化合物	可忽略	由于饱和特性，且水溶性差，不与高锰酸盐反应
	MTBE	可忽略	反应速率非常小
	酚类化合物	高	酚类化合物易与高锰酸盐作用，反应速率快
	PAHs	有条件下	取决于化合物的结构和环境条件
其他 有机 化合 物	炸药和硝基 芳香化合物	有条件下	取决于化合物的结构和环境条件，硝基芳香化合物反 应快
	杀虫剂	不确定	有一些化合物可以反应，需进一步研究

表 11-10 为高锰酸盐氧化氯乙烯类和其他几种有机化合物的化学计量学需求量，从表中也可以看出，氧化剂的需求量与污染物中氯的数量成反比。实验研究中还发现，化合物中含氯的数量越多，越容易产生酸性（H^+）；含氯的数量越少，越容易产生碱性（OH^-）。

表 11-10　氯乙烯类和其他几种有机化合物的高锰酸盐需求量

目标污染物	相对分子质量	氧化剂需求量/ （g MnO_4^-/g 污染物）	MnO_2 生成/（g MnO_2/g 氧化污染物）
PCE	165.6	0.96	0.70
TCE	131.2	1.81	1.32
DCE	96.8	3.28	2.39
VC	62.4	6.35	4.64
酚	94.1	11.8	8.62
萘	128.2	14.8	10.8
菲	178.2	14.7	10.7
芘	202.3	14.5	10.6

（2）反应速率　污染物被 MnO_4^- 氧化发生电子的转移，而不是通过快速自由基"攻击"污染物（如芬顿氧化）。因此，在地下环境中 MnO_4^- 氧化反应速率相对较慢，能够使注入药剂在地下环境介质中有更大的传输距离，这也是高锰酸盐原位化学氧化修复技术的优点之一。MnO_4^- 在地下环境中存在的持久性与其注入浓度成正比，与含水层和目标污染物对氧化药剂的需求量成反比。MnO_4^- 在地下环境中一般存在的持续时间可达数月，主要取决于注入量、场地介质及污染物特性等。注入药剂在地下环境中存在的时间越长，越有利于氧化药剂的传输，可以使药剂扩散进入较低渗透性的地层，对于低渗透性地层中污染物的去除有利。

（3）自然氧化剂需求量　地下环境中自然存在的许多介质与目标污染物一样都有可能

与 MnO_4^- 作用，从而消耗氧化药剂，这种作用构成了背景氧化剂需求量（自然氧化剂需求量）。自然氧化剂需求降低了对目标污染物氧化的效率，且通常要大于目标污染物对氧化剂的需求。非目标反应物质一般包括有机质、还原性化学物质（二价铁、低价锰、硫化物质等）。含水层介质中含量较低的有机碳和还原性物质，其自然氧化剂需求量可以很低；但是在强还原环境下或高有机质含量含水层，其自然氧化剂需求量很高，从而使 MnO_4^- 的需求量增加，修复费用增大。

（4）高锰酸盐类型　有两种高锰酸盐：$KMnO_4$ 和 $NaMnO_4$。$KMnO_4$ 为固体，其溶解度为 $63.8g/L$（约 6%）（20℃）。一般 $KMnO_4$ 的注入浓度为 0.5%～2.0%，最高可达 4%（$40g/L$）。在注入过程中，$KMnO_4$ 可能由于温度的降低发生沉淀。在水样中同时存在 VOCs 和 $KMnO_4$ 的情形不常见，但在低温时有可能出现。$NaMnO_4$ 的溶解度为 $400g/L$（40%），远比 $KMnO_4$ 要大，一般以溶液购买，避免了注入前的溶液配制等过程。

高锰酸盐溶液的密度一般大于水的密度（$1g/cm^3$），如 2%～4% 的 $KMnO_4$ 溶液的密度为 $1.02\sim1.04g/cm^3$。密度可以驱动氧化药剂在地下环境中的垂向迁移，有助于氧化剂的传输及其与目标污染物的接触。高浓度的 $NaMnO_4$ 具有更高的密度，有利于氧化剂的密度驱动传输。不同形式的氧化剂（$KMnO_4$ 或 $NaMnO_4$）对于氧化剂消耗、固体沉淀的形成等影响不大。

（5）二氧化锰沉淀的影响

1）传质影响。MnO_2 在 NAPLs 界面上的聚集和沉淀可能会阻止传质，过量的聚集会导致多孔介质渗透性的降低。有实验室研究表明，在高 DNAPLs 含量带周围形成了 MnO_2 沉淀带，导致氧化药剂的传输能力和污染物（TCE）的氧化效果降低。MnO_2 的沉淀，会使多孔介质的颗粒发生黏合，形成类似于岩石的结构，使渗透性极大地降低，相应的氧化药剂的对流传输能力降低。在这种情况下，扩散是氧化剂和污染物接触进行了化学氧化的主要传质机理。ISCO 修复技术用于污染源带污染物的去除性能受水合 MnO_2 的形成和沉淀控制。也有研究表明，MnO_2 氧化去除氯代 VOCs 和 TCE，没有出现 MnO_2 的过量聚集沉淀。

2）渗透性降低。在不同的多孔介质含水层条件下进行理论计算，包括不同的孔隙度（0.2～0.4）、介质密度（$1.6\sim2.13g/cm^3$）及氧化剂需求量（1～60g/kg），结果表明只有 8% 或以下的孔隙被 MnO_2 所填充，这说明了用 MnO_2 在含水层介质孔隙中沉淀来解释地下水流的堵塞似乎不太合理。对含水层介质样品中的 MnO_2 沉积进行分析，也得到同样的结论。

含水层介质渗透性的降低很有可能与 MnO_2 的不均匀聚集有关，这种不均匀聚集是由机械粗滤、静电相互作用、特性吸附等导致。在注入点附近的含水层介质中可以形成这种不均匀的 MnO_2 沉积，导致局部高含量的 MnO_2。此外，在野外条件下注入的 MnO_2 分布不均匀，也可以导致 MnO_2 的不均匀聚集。

渗透性的降低也有可能与注入液中的微粒或气体的产生有关。ISCO 系统中包含了高锰酸盐的注入、抽取，高锰酸盐的补充再注入不可避免地存在悬浮的 MnO_2，此外注入液中有可能有一定的硅酸盐含量，在注入或循环注入氧化药剂的过程中，在注入井滤料中或井壁附近导致二氧化锰和硅酸盐的沉淀。结果使注入井需要加大注入压力，注入的速率也相应降低。

KMnO₄溶于水后进行地下注入，其溶解度对温度比较敏感。一般的 ISCO 高锰酸盐注入浓度为 $2\sim3g/L$，低于其在 20℃时的溶解度。但温度的降低有可能出现 KMnO₄ 的沉淀，此外在 KMnO₄ 溶解时需要搅拌，搅拌不足也有可能存在溶解不彻底，有 KMnO₄ 颗粒沉淀。注入液中的颗粒物会在井中、滤料中和井附近含水层中聚集，导致渗透性能的降低。随着时间的推移，携带的固体 KMnO₄ 可以发生溶解，渗透性能得到一定程度的恢复。由于 NaMnO₄ 具有较高的溶解度，其沉淀作用不太可能发生。

二氧化碳是有机物氧化的副产物 ［如式 (11-69)~式 (11-72)］，在地下污染含水层中，高锰酸盐与有机污染物的作用会产生大量的 CO_2，CO_2 气体可以在含水层多孔介质中形成局部"封闭"，从而导致含水层渗透性降低。CO_2 可溶于水，如果有足够的时间，可以发生溶解作用，含水层的渗透性有所恢复。如果在氧化药剂的注入过程中存在气体，也会导致渗透性的降低。

通过改变环境条件使 CO_2（气体）和 KMnO₄（固体）溶解，可以增大含水层的渗透系数，通过对循环注入液的过滤、选择硅酸盐含量低的高锰酸盐，以及保证注入前 KMnO₄ 的溶解（混合时间、搅拌）等措施，可以避免渗透性能的降低；还在高 MnO_2 地层部位注入化学试剂（有机和无机酸，EDTA）使 MnO_2 发生溶解，可以降低沉淀聚集的负效应。在有些情况下，注入井的堵塞不可恢复，则需要新增注入井。

（6）金属的活化/固定　在 ISCO 修复过程中，地下水中金属的浓度有可能增加，其原因包括：购买的 KMnO₄ 或 NaMnO₄ 具有较高的重金属含量（常见的是铬和砷）；注入氧化剂后，使含水层中存在的对氧化还原或 pH 值敏感的重金属活化。

高锰酸盐的注入也可以使地层中已经存在的重金属活化，特别是那些对于氧化还原或酸碱反应敏感的重金属。KMnO₄ 可以将三价 Cr 氧化为四价 Cr，而四价 Cr 在地下环境中具有很好的迁移能力。场地条件等决定了是否会出现重金属的活化，包括氧化剂注入量、pH 值、缓冲容量、氧化还原电位、渗透系数、阳离子交换容量、地层介质中的金属含量、氧化剂杂质含量等。在正式修复工作之前，应进行中试，评价氧化药剂的注入对重金属的活化及自然衰减作用。在 ISCO 修复过程中，需要对地下水中的重金属浓度进行监测，评价重金属的活化作用是否存在，以及含水层介质对重金属的自然衰减能力。

MnO_2 可以作为许多重金属的吸附剂，如 Cd、Co、Cr、Cu、Ni、Pb 和 Zn 等，还可以氧化五氯酚和芳胺类化合物。MnO_2 作为电子受体，可以将三价 As 氧化成较难溶的五价 As。

2. 芬顿氧化

（1）化学反应　1984 年，法国科学家芬顿在研究中发现在酸性条件下，Fe^{2+}/H_2O_2 可以有效地将酒石酸氧化。后人为纪念其贡献，把 Fe^{2+}/H_2O_2 混合体系命名为标准芬顿试剂。

芬顿氧化反应及其修复系统远比高锰酸盐氧化处理系统要复杂，这主要是由于芬顿氧化处理有很多中间反应产物，存在副反应和竞争性反应，具有多种相态（气、液、固和 NAPLs），有许多参数可以直接或间接影响芬顿氧化处理。

典型的芬顿反应包括 H_2O_2 与 Fe^{2+} 反应生成羟基自由基、Fe^{3+} 和氢氧根离子（pH =

$3 \sim 5$）；Fe^{3+} 与 H_2O_2 或 $\cdot O_2^-$ 反应生成 Fe^{2+} ［反应式（11-73）~式（11-75）］。这一系列反应将持续进行，直到 H_2O_2 彻底消耗完毕。注入地下的 H_2O_2 不仅与 Fe^{2+} 反应，而且可以和很多其他化学物质作用，所以这一技术也称为催化过氧化氢法（Catalyzed Hydrogen Peroxide，CHP）。$\cdot OH$ 在地下环境中非常活跃，是非选择性的氧化剂，其反应速率很快，$\cdot OH$ 的迁移距离非常小。因此，在芬顿氧化系统中，污染物、Fe^{2+} 和 H_2O_2 必须在空间上和时间上同时存在。

$$H_2O_2 + Fe^{2+} \rightarrow Fe^{3+} + \cdot OH + OH^- \tag{11-73}$$

$$H_2O_2 + Fe^{3+} \rightarrow Fe^{2+} + \cdot O_2^- + 2H^+ \tag{11-74}$$

$$\cdot O_2^- + Fe^{3+} \rightarrow Fe^{2+} + O_2 \tag{11-75}$$

在污染场地修复实践中，CHP 对于有机污染物的降解和毒性去除具有很好的效果。表 11-11 为催化过氧化氢法常用的两种可溶性铁的化合物的化学性质。

表 11-11 CHP 所用化合物的化学性质

化合物	分子式	相对分子质量	密度/(g/cm^3)	状态	水溶解度限制
过氧化氢	H_2O_2	34	1.11(30%溶液)	液体	可混溶
七水硫酸亚铁	$FeSO_4 \cdot 7H_2O$	278	1.895	固体	30%(质量分数)
氯化铁	$FeCl_3$	162.2	2.90	固体	91%(质量分数)

（2）污染物转化 羟基自由基（Hydroxyl radical）被认为是 CHP 修复过程中的主要作用者，它是一种没有选择性的很强的氧化剂，可与有机和无机化合物反应。环境中许多重要的污染物与 $\cdot OH$ 都能发生反应，其反应速度很快，具有二级反应速率常数。能够被氧化的污染物包括卤代和非卤代挥发性有机化合物（酮、呋喃）、卤代半挥发性有机化合物［（PCBs、杀虫剂、氯苯和氯酚）和非卤代半挥发性有机化合物（PAHs、非氯代酚）］。因此，芬顿氧化技术可以应用于大多数的污染场地。具有双键的有机化合物很容易被 $\cdot OH$ 氧化，如 TCE、PCE 等。

羟基自由基与有机污染物的作用机理一般认为有三种：夺氢反应、加入多键、直接电子转移。$\cdot OH$ 的反应性极强，即使在氧化性非常强的反应体系中，由于其很快被消耗，故在水中的浓度很低。不同的有机污染物与 $\cdot OH$ 反应的速率不同，取决于其被氧化的容易程度。一般来说，没有双键的氧化（卤代）有机化合物与 $\cdot OH$ 的反应较差，如四氯化碳、氯仿、二氯甲烷、三氯乙烷等。在实验室理想条件下，芬顿氧化往往能够使有机污染物彻底矿化；但在地下环境中，由于条件复杂，氧化过程不彻底，经常存在目标污染物的残余和中间产物的增加。地下环境中存在的天然有机质和无机矿物也有可能与 $\cdot OH$ 发生反应，与目标污染物存在竞争。

表 11-12 为根据已发表的有关 CHP 氧化处理有机污染物文献的统计资料，其中大多数为实验室研究。一些研究针对多个污染物，故研究数量与每种污染物的统计数不符。其中水处理系统代表了传统的芬顿试剂系统，具有低氧化剂浓度、低 pH 和二价铁催化的特点；土水处理系统包括了水和介质，更接近于 ISCO 修复系统，具有高氧化剂浓度、矿物表面作用螯合作用或溶解性催化剂作用等特点。

表 11-12　CHP 氧化处理有机污染物研究的统计及其可行性

污染物(类)	水处理系统研究数量	土水处理系统研究数量	污染物的可处理性
氯代脂肪族化合物	15	19	
氯乙烯类	3	5	可处理
氯乙烷类	6	0	有条件可处理
氯甲烷类	2	1	有条件可处理
其他	14	7	有条件可处理
氯代芳香化合物	24	14	
氯酚类	14	7	可处理
氯苯类	2	1	可处理
PCBs/二噁英/呋喃类	7	6	有条件可处理
其他	1	0	有条件可处理
碳氢化合物	25	22	
BTEX	1	3	可处理
TPH 和饱和脂肪碳氢化合物	0	9	可处理
MTBE	4	1	有条件可处理
酚类化合物	10	1	可处理
PAHs	8	8	有条件可处理
其他	2	0	有条件可处理
其他有机化合物	37	22	
炸药和硝基芳香化合物	8	5	可处理
杀虫剂	8	4	有条件可处理
其他	21	13	有条件可处理

　　CHP 系统处理最常见的污染物是氯乙烯类，这类污染物的处理研究成果很多。研究表明氯乙烯类容易被 CHP 系统处理，其条件范围也较广，如氧化剂和催化剂浓度、pH 值等。在地下环境中，由于 pH 值趋向于中性，所以利用二价铁的螯合物来作为催化剂，以保持溶解性铁的可利用性。

　　(3) 影响氧化效果和效率的因素　有很多因素影响 CHP 系统对污染物的氧化效果和效率，包括地下环境中的竞争性无效反应、污染物的矿化或副产物的生成、天然有机物、温度和氧气等。

　　1) 竞争性无效反应。无效反应是指氧化剂在地下环境中与非目标污染物的作用。在有些情况下，由于竞争性无效反应的存在，目标污染物的氧化反应速率很小甚至停止。无效反应也被称为"清除"反应。·OH 可能与含水层介质中的天然或人为非目标物质发生反应，如反应式 (11-76)。H_2O_2 不是目标污染物，所以，其对·OH 的消耗被称为"清除"作用。清除作用的存在不利于对目标污染物的氧化。地下水中的常规阴离子 (NO_3^-、SO_4^{2-}、Cl^-、HPO_4^{2-}、CO_3^{2-}) 与·OH 的作用可能会导致氧化效率的降低。

$$\cdot OH + H_2O_2 \longrightarrow \cdot HO_2 + H_2O \tag{11-76}$$

过去主要关注和研究氧化剂与无机物的无效作用，近年来的研究表明，CHP 系统不但存在其他自由基（如超氧自由基），而且以前认为的无效反应可能有助于目标污染物的有效降解。例如，在碱性环境（如 pH =11）和高碳酸盐浓度时，应用 ISCO 系统可形成过碳酸盐，过碳酸盐是一种新的氧化剂。因此，类似于碳酸盐等无机物对 CHP 处理效果和效率的影响十分复杂，不仅仅是参与无效反应那么简单。

2）污染物矿化和副产物生成。CHP 修复过程中，可以产生不同的"中间反应物"，对污染物进行"攻击"和降解。理想情况下，这些反应应该使有机污染物最终矿化，形成水、二氧化碳和盐（如氯化物、硝酸盐等），但实际上并不是所有的修复系统都能达到矿化。许多有机污染物需要经过多阶段氧化、多次自由基的"攻击"才能够完全矿化，特别是大分子或结构复杂的有机物。如果 CHP 系统反应活跃，污染物及其中间产物可以与各种自由基作用，那就有可能达到完全矿化。如果氧化剂或自由基不足，或产生的中间污染物的被氧化能力不强，则有可能矿化不完全，中间污染物仍会存在。如利用 CHP 处理大分子具有多个芳香环或脂肪族长链有机污染物时，容易氧化不彻底，形成副产物。常见的反应副产物很多，包括相对分子质量低的羧酸，如甲酸、草酸、乙酸等。一般这些酸没有毒性或易生物降解。在污染物中的杂原子（如 Cl、NO_2 官能团）常常释放转变为水溶性盐。CHP 修复过程中，系统的 pH 值会发生变化，随着二氧化碳、有机酸副产物的形成，体系趋向于酸化。但在多孔介质中，矿物的存在使系统具有一定的缓冲性，pH 值的变化不会太大。

3）天然有机物。天然有机物（NOM）也称为土壤有机物（SOM），其在 CHP 系统中的作用根据场地条件的不同而不同，具体包括可以吸附有机污染物、与铁或其他无机物结合、可作为电子受体或供体、电子传输、自由基清除。NOM 的许多作用可以同时进行，使系统分析变得复杂。通过上述作用，在 CHP 处理系统中，NOM 可以强化或限制质量迁移、传质和反应动力学。NOM 的存在对于化学氧化既有负面的影响，也有正面的影响，因此，需要针对具体的污染场地，开展 CHP 修复可行性的研究。

4）氧气形成和放热反应。芬顿氧化需要在地下注入高浓度的 H_2O_2，包含 94.1% 的氧。H_2O_2 在含水层中发生反应，产生的氧气会对地下水发生扰动，形成类似于 AS 修复技术的效果。同样气体可以进入包气带。

原位芬顿氧化系统（ISFO）中氧气的产生会给系统的运行带来问题。气体的封闭作用使含水层的渗透系数降低，使处理系统的传质效率下降；注入井附近的含水层渗透系数的大幅度降低，使地下水绕过低渗透的区域，绕流现象不利于污染地下水的处理和污染羽的控制；氧气扰动可以使水层中的有机污染物挥发进入包气带，氧气压力的累积可使处理区域的地下水或 NAPLs 向外迁移。

芬顿氧化及其相关反应属于放热反应，会导致处理系统中温度升高，特别是在注入井的附近，温度升高很普遍。在 ISFO 修复中，可以观测到注入井或观测井的 PVC 发生熔化。由于 PVC 的熔点为 200℃，表明系统中的局部升温很高。升温与 H_2O_2 的注入量、注入速度和 H_2O_2 反应物相关。在 ISFO 系统中，往往采用不锈钢作为注入井或观测井管材。

（4）注入试剂　在 ISFO 处理过程中，需要注入不同的试剂，辅助或增强污染物的氧化。具体包括 H_2O_2、Fe^{2+}、酸和稳定剂。H_2O_2 的注入量应充足，能够在目标注入带中分布，其浓度需要考虑使清除作用最小化并提供足够的氧化需求。由于 H_2O_2 的反应非常快，所以需要高的注入速率、小的注入井间距和低的 pH 值。

1）H_2O_2。H_2O_2液体可以与水以不同的比例混合。尽管H_2O_2浓度高可能导致·OH的清除作用，在许多早期ISFO修复项目中，H_2O_2浓度为35%或50%（质量比）。注入低浓度的H_2O_2（1%~10%）可以减少清除作用，增加注入氧化剂溶液的体积，从而增加与含水层的接触体积，降低注入井附近的升温作用。

有许多反应物可以与H_2O_2作用，包括重金属、过渡金属（Ca、Cr、Mn、Fe、Co、Ni、Cu、Zn、As、Se、Mo、Rh、Pd、Ag、Cd、W、Os、Ir、Pt、An、Hg、Pb、Bi、Po）、卤素（Cl、Br、I）、微生物酶（催化酶、过氧化酶）和有机质。在地下环境中，有许多反应物，其中铁是主要的。H_2O_2反应速度很快，所以在地下环境中的停留时间较短（1~12h）。

H_2O_2反应在实验室和场地条件下存在着很多差异，所以不能以实验室中H_2O_2反应动力学结果来设计现场修复注入井的距离。需要进行现场中试来确定。

2）Fe。$FeSO_4$或其他二价铁盐与H_2O_2一起注入，共同形成芬顿反应。注入地下的Fe^{2+}浓度（20~100mg/L）一般要高于背景浓度但要低于H_2O_2的浓度。在这一条件下，相对丰富的Fe^{2+}可以有助于·OH的形成和目标污染物的氧化。Fe^{2+}的还原反应相对于芬顿反应（Fe^{2+}的氧化）要缓慢，在初始Fe^{2+}与H_2O_2反应后，系统中·OH的形成速率变小，效率变差。Fe^{2+}在地下含水层中容易发生多种反应（络合、氧化、沉淀），从而使其活动性变差，减小其在含水层中的分布。

在天然含水层中，往往存在丰富的铁，特别是在还原条件下，铁以二价的形式存在，可以作为芬顿反应的催化剂。在许多场地，甚至可以利用天然存在的铁而不需要注入。Fe^{2+}可以形成胶体铁颗粒，在多孔介质的孔道中沉积，使渗透系数变小。如在注入井中同时注入H_2O_2和Fe^{2+}（一般不建议同时注入）很容易在注入井壁或滤料层形成铁的沉淀。H_2O_2的单独注入不太容易发生堵塞，黏土胶体颗粒的迁移有可能导致渗透系数的下降。

3）酸化。在酸性条件下（pH值为3~4），H_2O_2的稳定性、污染物的氧化效率、铁的溶解和可利用性都比在中性或偏碱性环境中要好。因此，预先注入酸进行处理或酸化H_2O_2注入液非常普遍。许多含水层和土壤介质在中性条件下对酸化具有一定的缓冲能力。酸的注入也会降低含水层的渗透性，但一般认为酸化的时间较短，一般为1~3d。在具有很好缓冲能力的含水层，很快恢复到正常pH值。酸化也会使有的重金属活化，使其发生迁移。所以需要进行实验室的模拟实验，评估酸的注入是否会带来重金属的迁移问题及其迁移的距离等。

4）稳定剂。ISFO系统需要注入其他试剂强化其作用，主要是通过稳定剂的注入强化H_2O_2和Fe^{2+}在含水层中的迁移能力。常用的稳定剂包括不同形式的磷酸盐，它可以通过络合或沉淀反应减缓无机反应物的可利用性（Fe、Mn等），同时稳定剂也沉积下来。有学者在研究中发现在有稳定剂的系统中H_2O_2的衰减降低，但也有在现场使用磷酸盐稳定剂不成功的报道，其原因是多孔介质中存在的微生物酶和铁催化剂。这些自然存在的酶非常容易与H_2O_2作用而不受磷酸盐稳定剂的影响。

3. 臭氧氧化

臭氧（O_3）是一种高活性气体，略溶于水。O_3的标准还原电位为2.07V，在水中的溶解度与气体分压、温度及pH值等相关。

O_3 与有机污染物的作用有两种主要反应途径：直接与有机污染物反应，或催化分解形成自由基，然后氧化有机污染物。直接氧化可以发生在气相和水相（臭氧溶解于水中）。自由基氧化主要发生在水相，但也有研究认为自由基氧化可以发生在气相。由于臭氧是气体，所以在包气带中传输很容易，可以用来氧化包气带中的有机污染物，这也是它与液体氧化剂相比的优点。

臭氧是强气体氧化剂，其水中溶解度较小，发生反应后没有残余。臭氧在水中的溶解度受温度和气相中 O_3 的分压控制。当 O_3 在空气中浓度为 1.5%（质量分数），其溶解度（pH＝7）在 5℃、10℃、15℃ 和 20℃ 时分别为 11.1mg/L、9.8mg/L、8.4mg/L 和 6.4mg/L。O_3 在水中的分解反应远比在空气中快速，例如，在 pH＝7，20℃ 时，气体 O_3 和水相 O_3 的半衰期分别为 3d 和 20min。上述结果只考虑了热力学分解，没有考虑湿度、有机质含量和其他催化作用。O_3 的分解随温度的升高而增大，还可以被固态碱、金属、金属氧化物、碳和水分催化。O_3 极度不稳定，需要使用臭氧发生器在现场制备，然后注入。使用空气和氧气可制备出浓度为 1% 和 4%~10% 的臭氧。O_3 需要有压注入地下，注入设备要能够承受氧化，如使用 Teflon、Viton 和不锈钢材料等。

（1）臭氧氧化应用 原位臭氧氧化包括在包气带或含水层中注入空气和 O_3 的混合气体，空气扰动（AS）修复技术已广泛地被应用，有很多研究成果。臭氧的注入过程，有许多机理与 AS 相似，包括传质和转化机理，可以借鉴。原位臭氧氧化修复系统如图 11-48 所示。

在地下水位以下注入气体，有助于污染物的挥发，氧气的提供有助于好氧降解。O_3 的注入除了上述作用外，还有污染物的氧化作用。SVE 用来与 AS 技术配套，在包气带中捕集挥发性污染气体。在原位臭氧氧化修复工程设计时，同样也要考虑 SVE 系统。

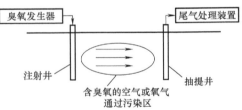

图 11-48 原位臭氧氧化修复系统

AS 技术研究表明，在粗砂、砾石含水层中，气流以气泡的形式传输，而在中细砂中，气流以通道的形式传输。实际应用中，往往面临的是较细的地层，所以，臭氧的传质受气流通道的形成（密度和大小）所控制。大的通道密度有利于污染物的氧化。

AS 的影响半径由于通道的不确定性很难准确表达，甚至不是以注入井为中心呈辐射对称。因此，可以推断臭氧氧化的影响范围也是非均匀的。

由于 O_3 在地下水中的低溶解性和气体传输能力较差的特点，为了有很好的 O_3 传质，需要有长期的注入。

（2）污染物转化 环境中污染物可以被 O_3 直接氧化，也可以被 O_3 反应形成的 ·OH 氧化，反应方程如下：

$$O_3 + C_2HCl_3 + H_2O \rightarrow 2CO_2 + 3H^+ + 3Cl^- \tag{11-77}$$

$$O_3 + H_2O \rightarrow O_2 + 2 \cdot OH \text{（缓慢）} \tag{11-78}$$

$$2O_3 + 3H_2O_2 \rightarrow 4O_2 + 2 \cdot OH + 2H_2O \text{（快速）} \tag{11-79}$$

O_3 与富含电子的烯烃和芳香类化合物具有很快的反应速度，有机物氯代数量的增加会减小 O_3 的反应速率常数，如 TCE 和 PCE 被 O_3 直接氧化的速率很低，而 DCE 和 VC 由于其 C＝C 双键，与 O_3 的反应速率较快。

O_3 与苯的反应速率较低，即使在高 O_3 浓度下，苯的氧化也需要数小时。O_3 的氧化速率随着有机物中能够提升电子密度的替代官能团的增加而增大（如酚类、氯酚等）。

脂肪醇、醛类和有机酸类一般与 O_3 的反应非常缓慢。在臭氧氧化处理中，只有那些能与亲电子反应物（如 O_3）作用的污染物官能团（非卤代烯烃化合物、酚类、PAHs、非质子化的氨基、硫基化合物）可以很容易地被 O_3 直接氧化。只有氧化性更强的 $\cdot OH$ 可以氧化那些含有反应性差的官能团的化合物，如脂肪烃、羧酸、苯、氯苯、硝基苯、PCE、TCE 等。

在 O_3 氧化体系中，加入 H_2O_2 可以产生 $\cdot OH$，可以增强系统的氧化能力［方程式（11-79）］，可以对 MTBE、TCE 和 PCE 进行氧化处理。

表 11-13 为臭氧 ISCO 修复有机污染物的可行性。臭氧 ISCO 修复最初应用于石油污染场地，用来处理使用 AS 和 SVE 方法难以去除的有机污染物。

表 11-13　不同有机污染物臭氧 ISCO 修复的可行性

污染物（类）	污染物可处理性（臭氧）	说明
氯代脂肪族（PCE、TCE、1,1,1-TCA 等）	可以	反应机理、反应速率和产物比较清楚
1,4-二噁英	可以	有可能存在有机酸、乙醇中间产物，取决于自由基反应
氯代芳香族化合物（氯苯类、氯酚类等）	可以	反应机理、反应速率和产物比较清楚
燃料碳氢化合物（BTEX、TPH 等）	可以	反应机理、反应速率和产物比较清楚
甲基叔丁基醚（MTBE）	可以	产生中间产物叔丁醇（TBA），其进一步氧化的速率要小于 MTBE
PAHs	可以	反应机理、反应速率和产物比较清楚
硝胺和硝基芳香化合物	可以	反应机理、反应速率和产物比较清楚
杀虫剂	有可能	研究结果较少

（3）其他影响　原位臭氧氧化修复技术的应用需要进行可行性研究，通过实验，评价具体场地条件下，目标污染物是否可以被注入 O_3 氧化，且不会引起环境的负效应，如金属活化或产生其他不可接受的副产物。处理系统的设计需要进行现场中试试验，根据中试的参数进行系统的设计。在修复工程运转过程中，O_3 气体的逸出存在对人体和环境的风险。有时需要 SVE 系统来收集尾气，镍催化剂可以用来分解 O_3。在修复过程中需要进行气体的监测和管理。

4. 过硫酸盐氧化

过硫酸盐包括过一硫酸盐和过二硫酸盐，通常指后者。过硫酸盐（$M_2S_2O_8$，$M = Na$、K、NH_4）是一类常见的氧化剂。常用的过硫酸盐主要有过硫酸钠、过硫酸铵和过硫酸钾三种。

（1）化学反应　过硫酸盐是 ISCO 使用的新氧化剂，其在水溶液中离解为过硫酸根离子（$S_2O_8^{2-}$）。$S_2O_8^{2-}$ 是强氧化剂，可以氧化环境中的许多污染物，也可以被许多反应物催化形成氧化性更强的硫酸自由基（$\cdot SO_4^-$），如温度升高（35~40℃）、加入 Fe^{2+}、紫外线照射［反应方程式（11-80）~式（11-82）］、加碱或加入 H_2O_2。除了铁催化以外，其他活化反应物包括一些金属离子，如铜、银、锰、铈和钴。

$$S_2O_8^{2-} \rightarrow 2 \cdot SO_4^- \tag{11-80}$$

$$S_2O_8^{2-} + Fe^{2+} \rightarrow Fe^{3+} + \cdot SO_4^- + SO_4^{2-} \tag{11-81}$$

$$S_2O_8^{2-} \rightarrow 2 \cdot SO_4^- \tag{11-82}$$

$$\cdot SO_4^- + H_2O \rightarrow \cdot OH + HSO_4^- \tag{11-83}$$

$$2 \cdot SO_4^- + Fe^{2+} \rightarrow Fe^{3+} + \cdot SO_4^- + SO_4^{2-} \tag{11-84}$$

$\cdot SO_4^-$ 的氧化电位（2.6V）要比 $S_2O_8^{2-}$（2.1V）的大，也能与更多的污染物发生反应，且反应速率更快。$\cdot SO_4^-$ 的形成可以导致 $\cdot OH$ 的形成［反应式（11-83）］和系列的自由基链反应，对有机污染物进行氧化。

过硫酸钾的溶解度太低难以在地下水污染原位氧化中应用；过硫酸铵氧化反应会形成副产物氨；因此，过硫酸钠（$Na_2S_2O_8$）在 ISCO 中的应用最为常见。$Na_2S_2O_8$ 的溶解度较高（73g/100g 水中，25℃），在浓度为 20g/L 溶液时，密度大于水（$1.01g/cm^3$），当高浓度注入地下后，会发生密度-驱动的传输。

$Na_2S_2O_8$ 与 H_2O_2 和 O_3 相比，在地下含水层中具有更好的稳定性，在含水层中可以停留几周的时间，表明其自然氧化需求量较低；过硫酸根离子（$S_2O_8^{2-}$）被含水层介质吸附的能力弱；这些特点使过硫酸盐作为原位氧化剂具有优势，即在地下环境中停留时间长，能以较高的浓度注入地下，在多孔介质中能够传输，能够以重力-驱动或扩散形式进入低渗透地层。

同时向地下注入过硫酸盐和 Fe^{2+}，可以使 $S_2O_8^{2-}$ 发生催化反应生成 $\cdot SO_4^-$。Fe^{2+} 在地下环境中的迁移受多种因素的影响，$S_2O_8^{2-}$ 或 $\cdot SO_4^-$ 氧化 Fe^{2+} 为 Fe^{3+}，限制了注入催化剂或氧化剂的处理效果。当含水层为弱还原环境时，自然存在的 Fe^{2+} 可以催化过硫酸盐。

$\cdot SO_4^-$ 和 Fe^{2+} 的消耗反应［反应式（11-84）］以及与其他非目标还原性物质反应，构成了消耗硫酸自由基潜在的"汇"。在 ISCO 运转过程中，需要控制注入地下 Fe^{2+} 的量，使之能够催化产生足够的 $\cdot SO_4^-$，但不能有过量的 Fe^{2+} 导致 $\cdot SO_4^-$ 的消耗。

如上所述，过硫酸盐可以通过多种方法进行活化，包括加热、过渡金属或其螯合物、过氧化氢或强碱环境等。表 11-14 为常见过硫酸盐活化方法的主要特征汇总。

表 11-14　常见过硫酸盐活化方法的主要特征

活化方法	主要特征
热活化	温度升高加速活化速率 可以形成非常强的氧化条件 反应机理有可能随温度增加而改变 反应效率随温度增加而改变（升温不总是能够提升效率） 副反应（如水解反应）随温度增加而重要 温度也具有非化学反应影响，如挥发和溶解
金属离子活化	目前为止最为常用的活化方法 常用二价铁；其他过渡金属也可以，包括三价铁 除了活化作用，铁还可以直接参与氧化还原反应 不同 pH 值可导致不同的产物（中间产物），低 pH 值趋向于效率更高

（续）

活化方法	主要特征
螯合金属活化	在 pH 值中性时也可以进行金属催化 目前常用二价铁与乙二胺四乙酸（EDTA）或柠檬酸络合 过硫酸盐-金属-螯合剂的最优配比非常重要，根据场地条件而变化 在多孔介质中只加入螯合剂，可增大介质中金属的溶解度 过硫酸盐有可能与螯合剂反应，影响其浓度
过氧化氢活化	作用机理不清楚；氧化剂单独或综合作用，相互反应和产热的影响 可形成非常强的非选择性氧化条件 过氧化氢和过硫酸盐的最优比随场地条件不同而不同 由于分解速率快于过硫酸盐，过氧化氢的分批次注入效果好
碱活化	常用氢氧化钠和氢氧化钾 需要 pH ≥ 11 能够形成多种自由基，反应机理不明 污染物的加碱水解副反应需要关注

（2）污染物转化 在实验室有许多污染物可以被过硫酸盐和催化剂氧化，如使用过硫酸钠和 Fe^{2+} 氧化 TCE（60mg/L），当过硫酸盐：铁：TCE 为 20：5：1（物质的量比）时，TCE 的去除率达 47%；在含水砂层中富含铁（Fe^{2+}，3～15mg/L）条件下注入过硫酸盐，在自然存在的 Fe^{2+} 催化下，有 30%～50% 的 TCE 被氧化。此外，过硫酸盐还可以氧化 MTBE、PAHs 等多种有机污染物。

表 11-15 为不同有机污染物过硫酸盐 ISCO 修复的可行性。如上所述，过硫酸盐可以发生多种反应，可以氧化多种有机污染物，处理的效率、效果和反应产物可由于污染物的不同、活化方法的不同而不同。

表 11-15　不同有机污染物过硫酸盐 ISCO 修复的可行性

污染物（类）	过硫酸盐氧化可行性	说明
卤代脂肪族化合物	可行，取决于污染物类型	氯乙烯类易于被氧化；氯乙烷类被氧化性差一些；氯甲烷类只有在非常强活化方法下可氧化
氯代芳香族化合物	可行，缺少文献但很有可能	文献资料较少，现有研究成果表明多数氯代芳烃具有较好的被氧化性；复杂结构的氯代芳烃氧化取决于活化方法
燃料碳氢化合物	可行，取决于过硫酸盐活化方法	复杂结构的碳氢化合物氧化取决于活化方法
PAHs	可行，取决于过硫酸盐活化方法	复杂结构的碳氢化合物氧化取决于活化方法
硝基化合物	可行，但程度不同	三硝基甲苯（TNT）比二硝基甲苯（DNT）易于氧化；缺少文献
杀虫剂	有可能	缺少研究文献；有可能依赖于结构复杂性和活化方法

（3）影响因素 自由基既可以与污染物反应，也可以和地下环境中的其他物质作用（无效反应）。表 11-16 为地下水中常见的可能与自由基作用的物质及其作用和影响。

表 11-16　地下水中常见的自由基清除物质

清除物质	作用和影响
碳酸盐和重碳酸盐	与自由基反应（清除作用），作为金属络合剂（金属活化时） 可减缓或阻止污染物的降解 消耗硫酸自由基，但可形成碳酸根和重碳酸根自由基，有可能与污染物作用
氯化物	与自由基反应（清除作用），作为金属络合剂（金属活化时） 氯代有机溶剂氧化的副产物形成，特别是 DNAPLs 污染物 可减缓或阻止污染物的降解 消耗硫酸自由基，形成氯自由基 有可能形成氯消毒副产物
多孔介质	天然有机物可以直接消耗过硫酸盐自由基，作为自由基的"汇" 活化的过硫酸盐有可能能够与介质中的矿物发生反应，机理不明

11.10.4　化学氧化应用

1. ISCO 修复技术的优点

1）化学氧化技术的最大特点是能够对多种污染物进行修复，适用性较广，这与其他修复技术相比是一大优势。

2）污染物在原位被"破坏"，避免了抽取等附加工程。

3）与其他修复技术比较，原位修复可以降低修复费用。

4）修复过程中，污染物在水相、吸附相，以及自由相可以进行转化，ISCO 修复技术强化了污染物相间的转移，有利于地下环境中污染物的去除。如 H_2O_2 反应产生的热可以加强污染物相转化速率和微生物活性。

5）ISCO 修复技术应用后，有利于后续的微生物降解和自然衰减修复。

6）ISCO 修复与其他修复技术相比，具有快速的特点。

2. ISCO 修复技术的缺点

1）ISCO 修复技术存在的最大问题是氧化药剂的传输，由于药剂与环境介质的反应和含水层的非均质性，导致了注入药剂传输、分布的不确定性。修复技术的效果高度依赖于场地的准确刻画和药剂传输系统的设计。典型的修复系统往往需要 2~3 次的药剂传输。

2）在有的地下环境中，氧化药剂与介质作用的"自然氧化剂需求量"较大，或由于氧化剂与污染物反应速度快而导致药剂在地下环境中的停留时间短，这些都会影响 ISCO 修复污染物的效果。

3）强氧化药剂的使用存在着健康和安全的问题，并且不适合在污染特别严重的场地使用。

4）该技术的应用有可能使污染物的活动性增加，使地层的渗透性降低。在实际修复过程中难以准确控制。

5）可能需要与其他后续的修复技术串联使用。

11.10.5　化学氧化工程设计

1. 工程设计参数

影响 ISCO 系统修复效果的关键参数包括土壤均质性、土壤渗透性、地下水位、污染物类型、药剂投加量、pH 值和缓冲容量、注入井的布设等。

（1）土壤均质性 非均质土壤中易形成快速通道，使注入的药剂难以接触到全部处理区域，因此均质土壤更有利于药剂的均匀分布。

（2）土壤渗透性 高渗透性土壤有利于药剂的均匀分布，更适合使用 ISCO 修复技术。由于药剂难以穿透低渗透性土壤，在处理完成后可能会释放污染物，导致污染物浓度反弹，因此可采用长效药剂（如高锰酸盐、过硫酸盐）来减轻这种反弹。

（3）地下水位 ISCO 修复技术通常需要一定的压力以进行药剂注入，如地下水位过低，则系统很难达到所需压力。但当地面有封盖时，即使地下水位较低也可以进行药剂投加。

（4）污染物类型 不同药剂适用的污染物类型不同。如果存在非水相液体（NAPLs），由于溶液中的氧化剂只能和溶解相中的污染物反应，因此反应会限制在氧化剂溶液/非水相液体（NAPLs）界面处。如果轻质非水相液体（NAPLs）层过厚，则 ISCO 修复技术就不再适用，建议利用其他技术进行清除。

（5）药剂投加量 药剂的用量由污染物药剂消耗量、土壤药剂消耗量、还原性金属的药剂消耗量等因素决定。由于 ISCO 修复技术可能会在地下产生热量，导致土壤和地下水中的污染物挥发到地表，因此需要控制药剂注入的速度，以免发生过热现象。

（6）pH 值和缓冲容量 pH 值和缓冲容量会影响药剂的活性，药剂在适宜的 pH 值条件下才能发挥最佳的化学反应效果。有时需投加酸以改变 pH 值条件，但可能会导致土壤中原有的重金属溶出。

（7）注入井的布设 注入井的布设主要包括确定井与井之间的水平距离及井的数量。应根据修复区域和注入井的有效影响半径进行计算。有效影响半径主要取决于土壤结构和注入深度，一般可取 4.6m。使用 O_3/H_2O_2 时，有效影响半径更大，介于 10~20m。

2. 工程主要设备组成

氧化剂注入的方式可分为两种，一种是通过建设注入井注入，另一种是由 Geoprobe 直推式土壤取样钻机直接注入。通常当需要大量的注入点时，采用注入井注入，数量较少时可以选择 Geoprobe 设备直接注入。Geoprobe 设备可以根据需要灵活移动注入，且对于正在运营的场地不会影响其正常运作。注入井注入可以弥补 Geoprobe 单井注入效率不高的缺陷，联合多井同时注入修复。在实际工程中，可两种方式并用互补。Geoprobe 直推式注入系统相对简单，主要由直推式土壤取样钻机、压力启动式注入探头和药剂供给系统组成。具体操作过程如图 11-49 所示。

 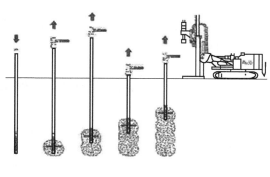

a) b)

图 11-49 Geoprobe 设备及注入操作过程

注入井式 ISCO 修复系统由药剂制备/储存系统、药剂注入系统（注入和搅拌）、药剂注入井、抽提井、监测井、污染地下水抽出处理系统等组成。典型的注入井式 ISCO 修复系统如图 11-50 所示。

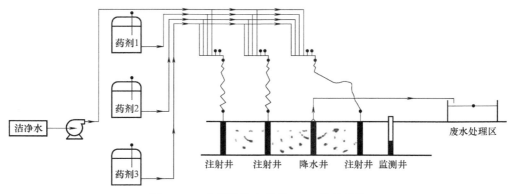

图 11-50　典型的注入井式 ISCO 修复系统

（1）药剂注入系统　药物注入系统包括药剂储存罐、药剂注入泵、药剂混合设备、药剂流量计、压力表等。

（2）药剂注入井　药剂通过注入井注入污染区，注入井的数量和深度根据污染区的大小和污染程度进行设计。

（3）抽提井　可以通过设置抽提井，抽取下梯度方向的地下水，加速地下水流动，增大氧化剂的扩散速率，有助于快速处理污染范围较大的区域。同时通过抽提井将注入的催化剂进行抽提回收并循环利用。

（4）监测井　在注入井的周边及污染区的外围还应设置监测井，以进行修复过程监测和效果监测。修复过程监测通常在药剂注射前、注射中和注射后很短时间内进行，监测参数包括药剂浓度、温度和压力等。若修复过程中产生大量气体或场地正在使用，则可能还需要对挥发性有机污染物、O_3、爆炸极限（LEL）等参数进行监控。效果监测的主要目的是依据修复前的背景条件，确认污染物的去除、释放和迁移情况，监测参数为污染物浓度、副产物浓度、金属浓度、pH 值、氧化还原电位和溶解氧。若监测结果显示污染物浓度上升，则说明场地中存在未处理的污染物，需要进行补充注入。

（5）污染地下抽出处理系统　通过抽提井抽排到地面的受污染地下水，应采用合适的废水处理技术和催化剂回收工艺进行处理。污水处理系统应根据所选的废水处理工艺和处理后的排水去向进行相应的配置。

11.11　污染地下水可渗透反应屏障修复

地下可渗透反应屏障（Permeable Reactive Barrier，PRB）是一种原位修复土壤及地下水污染的技术，包括两种类型：一种是可渗透反应墙，通过开挖沟槽，填充反应介质进行修复；另一种是原位反应带，通过井排，把反应试剂注入含水层形成反应带进行修复。广义而言，PRB 是可渗透的"处理带"，用来阻截和修复地下水污染羽。"屏障"的含义是污染物的迁移被"阻止"，实际上 PRB 的填充介质应比含水层的渗透性更大一些，以利于污染地下水的流入，并不会明显地改变地下水的流场。PRB 的"处理带"可以由直接填充反应介质构成，如零价铁（ZVI）；也可以注入碳源、营养物质以增强地下微生物的活性，降解有机污染物。因此，污染物的处理包括了物理、化学或生物作用过程。

PRB 修复技术可用于多种目的，如在污染源处使用，可以减少污染物迁移的通量，用于污染源带的控制与修复；在污染羽下游使用，可用来保护下游地下水受体，用于污染物的去除。

11.11.1　地下水可渗透反应墙修复

1. 可渗透反应墙概述

地下水可渗透反应墙是在地下设置与污染地下水反应的介质，通常在自然水力梯度下，地下水污染羽渗流通过反应介质，污染物与介质发生物理、化学或生物作用而得到阻截或去除。处理后的地下水从 PRB 的另一侧流出。这一技术可用于处理溶解相的污染物。图 11-51 为 PRB 技术修复污染地下水。

PRB 处理区可填充用于降解挥发性有机物的还原剂、固定金属的络（螯）合剂、微生物生长繁殖的营养物或用以强化处理效果的其他反应介质。常见的 PRB 填充反应介质为零价铁（ZVI 或 Fe^0），可以使地下水中污染物转化为非毒性或不可迁移的相态，ZVI 是中等还原剂，可对许多卤代有机污染物进行脱卤反应，可以去除六价铬、砷和铀等。反应填充介质还包括磷灰石、沸石、熔渣（火山岩

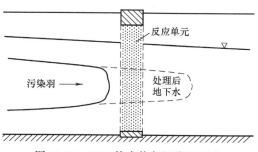

图 11-51　PRB 技术修复污染地下水

渣）、铁碳混合物、有机质黏土、微生物载体等。根据填充介质类型，可渗透反应墙可分为吸附反应墙、化学沉淀反应墙、氧化还原反应墙和生物反应墙。

2. 可渗透反应墙原理

PRB 技术对地下水中污染物的处理原理与填充的反应介质密切相关。如填充反应介质为 ZVI，则其对污染物（有机和无机）的作用主要是其还原能力。其他介质包括了吸附、中和，及微生物降解等。零价铁的反应性能受比表面积、预处理及修复运转操作过程、合金和杂质等因素影响。

（1）零价铁与氯代有机物的反应　当填充反应介质为 ZVI，对有机污染物的作用主要是零价铁作为电子供体提供电子，有机物接受电子，发生还原脱氯作用。

$$Fe^0 \rightarrow Fe^{2+} + 2e \tag{11-85}$$

$$RCl + 2e + H^+ \rightarrow RH + Cl^- \tag{11-86}$$

$$Fe^0 + RCl + H^+ \rightarrow Fe^{2+} + RH + Cl^- \tag{11-87}$$

以氯代有机污染物 TCE（三氯乙烯）为例，与 ZVI 作用，形成乙烯和氯离子。

$$3Fe^0 \rightarrow 3Fe^{2+} + 6e \tag{11-88}$$

$$C_2HCl_3 + 3H^+ + 6e \rightarrow C_2H_4 + 3Cl^- \tag{11-89}$$

$$3Fe^0+C_2HCl_3+3H^+\rightarrow C_2H_4+3Fe^{2+}+3Cl^- \tag{11-90}$$

不同的氯代烯烃与 ZVI 的反应性能有可能不同，PCE、TCE 和 trans-DCE 与零价铁的反应速度要比 cis-DCE、1,1-DCE 和氯乙烯快得多。

氯代烷烃与 ZVI 的反应受多相反应的控制，以四氯化碳为例：

$$Fe^0_{(s)}+CCl_{4(aq)}+H^+_{(aq)}\rightarrow Fe^{2+}_{(aq)}+CHCl_{3(aq)}+Cl^- \tag{11-91}$$

反应也有可能是单相反应（液相），但有研究认为反应速率非常缓慢：

$$Fe^{2+}+CCl_4+H^+\rightarrow 2Fe^{3+}+CHCl_3+Cl^- \tag{11-92}$$

利用 ZVI 处理四氯化碳能够形成三氯甲烷（氯仿），需要考虑后续的处理和评估。

（2）零价铁与硝基苯的反应　ZVI 与硝基苯作用，可以使硝基苯转化为苯胺。

$$Fe^0\rightarrow Fe^{2+}+2e \tag{11-93}$$

$$ArNO_2+6H^++6e\rightarrow ArNH_2+2H_2O \tag{11-94}$$

$$2H_2O+2e\rightarrow 2OH^-+H_2 \tag{11-95}$$

当体系中存在碳时，零价铁与碳或其他不如铁活泼的金属之间形成无数个微小的原电池，电极反应如下：

$$阳极反应：Fe-2e\rightarrow Fe^{2+} \tag{11-96}$$

$$阴极反应：2H^++2e\rightarrow 2\ [H]\rightarrow H_2 \tag{11-97}$$

（3）零价铁与重金属铬的反应　ZVI 与重金属作用，可以改变重金属的价态，从而改变重金属的特性。如可以使六价铬转化为三价铬，使铬以氢氧化物或氧化物的形式沉淀稳定下来，如 Cr（OH）$_3$、Cr$_2$O$_3$。铬也可以与铁共沉淀的形式被去除。

$$CrO^{2-}_{4(aq)}+Fe^0+8H^+_{(aq)}\rightarrow Fe^{3+}+Cr^{3+}_{(aq)}+4H_2O \tag{11-98}$$

$$xCr^{3+}_{(aq)}+(1-x)Fe^{3+}_{(aq)}+2H_2O\rightarrow Cr_xFe_{(1-x)}OOH_{(s)}+3H^+_{(aq)} \tag{11-99}$$

在六价铬被去除的过程中，会在铁的表面发生铬化合物的沉淀，逐渐会减少 ZVI 与污染物的接触，导致停止作用。所以，PRB 的设计需要考虑 ZVI 与污染物的接触问题、堵塞问题，要考虑 PRB 的寿命。

（4）零价铁与砷的反应　砷属于类金属，在地下水中常以两种氧化态形式出现：砷酸盐（As^{5+}）和亚砷酸盐（As^{3+}）。在强还原条件下，元素砷、气态的砷、As^{3+}也有可能出现。砷在地下水中的溶解性能受其含氧阴离子与铁锰矿物的作用所影响，特别是铁矿物的共沉淀和吸附作用。含水层的 pH 值或氧化还原电位的降低有利于砷从被铁锰矿物结合态释放进入地下水中。当地下水中氧化还原电位很低和 pH 值小时，由于形成砷的硫化物（AsS 和 As$_2$S$_3$）和含砷黄铁矿导致砷在水中的溶解性降低。但砷的硫化物不稳定，很容易在氧化还原电位或 pH 值增大时发生氧化反应。

ZVI 反应墙处理砷污染地下水时会涉及大规模的零价铁表面腐蚀，许多铁矿物沉淀的形成有可能携带或包裹了砷。研究认为，砷的沉淀是零价铁反应墙去除地下水中砷的主要作用机理。但反应墙内部 pH 值和氧化还原电位的变化也可以导致吸附过程是砷去除的主要作用过程。此外，污染场地含水层的水化学条件也会影响和控制零价铁对砷的去除反应，所以要进行场地的中试来评估可行性。

（5）零价铁与硝酸盐的反应　ZVI 与硝酸盐的作用容易形成亚硝酸盐，最后为铵离子，见式（11-100）。在使用 ZVI 去除地下水中的硝酸盐时，通过与微生物的作用相结合，可以做到尽量避免铵离子的形成。

$$4Fe^0 + NO_3^- + 10H^+ \rightarrow 4Fe^{2+} + NH_4^+ + 3H_2O \qquad (11\text{-}100)$$

微生物过程可以影响氮、硫、铁和锰等元素的循环，可以采用生物作用的方式直接或间接去除硝酸盐、硫酸盐等地下水中的污染物。使用有机碳作为填充介质，利用可渗透反应墙处理硝酸盐污染的地下水。在地下厌氧环境、有机碳存在的条件下，硝酸盐可以被还原为氮气，反应如下：

$$5CH_2O_{(s)} + 4NO_3^- \rightarrow 2N_2 + 5HCO_3^- + 2H_2O + H^+ \qquad (11\text{-}101)$$

其中，CH_2O 代表最简单形式的有机碳。研究表明，锯削、木材废物可以作为 PRB 的填充介质处理硝酸盐污染地下水。研究利用 ZVI 和脱硝酸盐菌去除地下水中的硝酸盐，利用铁腐蚀产生的氢作为电子供体，参与硝酸盐的去除反应，最后使硝酸盐转化为氮气。

（6）零价铁与硫酸盐的反应　微生物参与的过程可以使硫酸盐转化为硫化氢，同时产生金属硫化物。

$$2CH_2O_{(aq)} + SO_4^{2-} + 2H^+ \rightarrow H_2S_{(aq)} + 2CO_{2(aq)} + 2H_2O \qquad (11\text{-}102)$$

$$Me^{2+} + H_2S_{(aq)} \rightarrow MeS_{(s)} + 2H^+ \qquad (11\text{-}103)$$

式中，Me^{2+} 代表二价金属阳离子。这一过程可以用来处理矿坑酸性废水中的金属阳离子。去除金属的同时，也去除了地下水中的硫酸盐。

（7）零价铁反应的效率　零价铁处理地下水中污染物时，会面临含水层中其他物质的竞争性反应。非目标污染物对零价铁的消耗给修复系统的持久性和效率带来了影响。如下述反应：

$$2Fe^0_{(s)} + O_{2(g)} + 2H_2O \rightarrow 2Fe^{2+}_{(aq)} + 4OH^-_{(aq)} \qquad (11\text{-}104)$$

$$Fe^0_{(s)} + 2H_2O \rightarrow Fe^{2+}_{(aq)} + H_{2(g)} + 2OH^-_{(aq)} \qquad (11\text{-}105)$$

零价铁与氧气的反应有可能发生在 PRB 的上游界面，随着地下水在 PRB 中的流动，有可能发生缺氧反应（零价铁与水反应）。竞争性反应也可以发生在含氧的阴离子，如硝酸根、硫酸根离子等。

零价铁反应的持久性取决于两方面的因素：零价铁的消耗速率和表面钝化作用。前者包括零价铁与目标污染物的反应，以及与非目标污染物的反应；后者为随着反应进行，在零价铁表面存在矿物沉积（如磁铁矿、针铁矿等），限制了零价铁与目标污染物的进一步反应。

3. 可渗透反应墙应用

PRB 技术可以用于地下水多种污染物的原位去除，在欧美已有许多成功的工程实例，其中既有有机污染场地，也有重金属污染场地。

PRB 技术优点：①就地修复，工程设施较简单，不需要任何外加动力装置、地面处理设施，不占地面空间，对地表生态环境扰动小；②能够达到对多数污染物的去除作用，且活性反应介质消耗很慢，可长期有效地发挥修复效能；③经济成本低，PRB 技术除初期安装和长期监测以便观察修复效果外，几乎不需要任何费用；④可以根据含水层的类型、水力学参数、污染物种类、污染物浓度高低等选择合适的反应装置。

PRB 技术缺点：①设施全部安装在地下，更换修复方案很麻烦；②反应材料需要定期清理、检查更换；③更换过程中可能会产生二次污染；④地下反应墙介质容量有限，不可能无限制地对污染物进行去除，对于高浓度的污染物，需要考虑污染物去除的能力和容量，有时会缩短 PRB 的使用寿命；⑤反应介质中的作用有可能导致物质的沉淀，使地下水在反应墙和其附近的流场发生变化，反应介质的堵塞可以导致 PRB 的失效。

表 11-17 为根据国外 PRB 技术应用经验总结得出的地下水中不同污染物及 PRB 修复填充介质类型。不同的污染物可以采用不同的 PRB 填充介质。

表 11-17　关注污染物及 PBR 修复填充介质

污染物	ZVI	生物屏障	磷灰石	沸石	熔渣(火山岩渣)	ZVI与碳混合物	亲有机质黏土
氯代乙烯、乙烷类	F	F	—	—	L	F	—
氯代甲烷、丙烷类	—	—	—	—	—	F	—
氯代农药	—	—	—	—	—	P	—
氟利昂	—	—	—	—	—	L	—
硝基苯	P	—	—	—	—	—	—
BTEX	—	F	—	—	—	—	—
多环芳烃	—	—	—	—	—	—	L
能量有关化合物(TNT等)	P	F	—	—	—	P	—
过氯酸盐	—	F	F	L	—	L	—
杂酚油	—	—	—	—	—	—	F
阳离子金属(Cu、Ni、Zn等)	L	F	F	—	L	F	—
砷	F	—	—	L	F	F	—
六价铬	F	—	—	L	L	F	—
铀	F	P	F	—	—	F	—
锶-90	—	—	F	F	—	—	—
硒	L	—	—	—	—	L	—
磷酸盐	—	—	—	—	F	—	—
硝酸盐	—	F	F	—	—	F	—
铵	—	—	—	—	L	—	—
硫酸盐	—	F	—	—	—	L	—
MTBE	—	F	—	—	—	—	—

注：F＝实际应用；L＝实验室应用；P＝中试应用。

PRB 技术的应用要求很高的场地调查程度，特别是水文地质条件和地下水流场的资料。含水层的非均质性具有很大影响，必须掌握场地具体参数。靠经验或平均值等进行具体场地的设计，存在很大的风险。表 11-18 为场地条件和 PRB 的适用性分析。在 PRB 的应用中，需要针对具体的场地条件和污染物特性，以及拟采用的反应介质等综合分析判断其适用性。

表 11-18　污染场地条件和 PRB 的适用性分析

场地条件	有利于 PBR 应用	适用性不明,需进一步评估
污染物最高质量浓度(氯代脂肪族碳氢化合物为例,CAHs)	CAHs 质量浓度<10000μg/L,取决于反应介质(ZVI 要强于碳)	CAHs 质量浓度>10000μg/L 时要注意。如果有多种污染物,需要考虑是否在一个反应墙内,在相同的作用过程中降解,或需要多个反应墙
岩性	凝聚性的粉砂和砂层	固结好的松散沉积物或基岩
地层	墙体能够伸延至低渗透地层深度小于 14m	下部没有低渗透底层,墙体要延伸至整个污染的深度,深度大于 14m
渗透系数	<1.0ft/d(<3.5×10^{-4}cm/s)	3.5×10^{-4}～3.5×10^{-3}cm/s

（续）

场地条件	有利于 PBR 应用	适用性不明,需进一步评估
地下水流速	<1.0ft/d(<0.3m/d,一般情况,但不是所有情况)	0.3~3m/d,>3m/d
pH 值	6.5~7.5	<6.0,>8.0
溶解氧质量浓度	<4.0mg/L	>4.0mg/L,且地下水流速较大(>0.3m/d)
硫酸盐质量浓度	<1000mg/L	>1000mg/L,需要注意,有可能对于非生物过程适用

4. 可渗透反应墙修复设计

（1）PRB 类型及场地水文地质条件　PRB 的类型一般有两种：连续墙型和漏斗-通道型，如图 11-52 所示。图 11-52a 为连续墙型 PRB，在垂直地下水流向上，设置反应墙；图 11-52b 为漏斗-通道型 PRB，除了在垂直地下水流向上设置反应墙外，还需要在墙的两侧设计防止地下水渗流的阻隔墙，阻隔墙为不透水屏障，如泥浆墙、帷幕灌浆或板桩。漏斗-通道型 PRB 的反应墙长度可以比连续型的反应墙小一些。

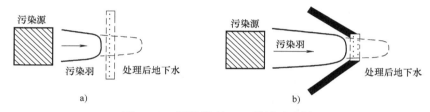

图 11-52　两种类型 PRB 设计示意图

1）反应墙尺寸规模。PRB 必须要能够截获地下水污染羽，避免污染地下水的"绕流"，所以 PRB 要有一定的长度和深度。长度的设计以能够捕获污染羽为原则；漏斗-通道型 PRB 应大于污染羽的宽度，以保证污染地下水都能够进入反应"通道"。PRB 反应墙的宽度（厚度）设置最为重要，是污染地下水在反应介质中运移通过的距离，要保证污染物有足够的"停留时间"，与反应介质进行作用，以达到 PRB 设置去除或降低污染物浓度的目标。PRB 的宽度 Z 取决于去除污染物所需要的污染地下水的停留时间 t 和地下水的流速 v：

$$Z = vt \tag{11-106}$$

地下水的流速可以通过场地调查获得，关键是停留时间的确定。停留时间的确定需要进行污染地下水与填充介质的作用实验，受污染物的最大浓度、降解速率等的影响。

PRB 的深度最好能够延伸到污染含水层的底板，以避免污染地下水的绕流。如果含水层没有稳定、明确的隔水层，PRB 的深度要大于地下水的污染深度，并需要设置监测点，确保污染物没有从 PRB 的下部绕流。

2）安全因子。PRB 安全的影响因素包括地下水污染物浓度的变化，地下水的流速、流向和水力梯度，含水层的渗透系数等。地下水水化学成分的变化，也会对 PRB 产生影响。因此，在 PRB 设计时，往往需要考虑安全因子，如在设计 PRB 宽度时，根据实际情况，可以采用 2~3 倍的计算宽度。

3）水文地质条件。地层的非均质性对于 PRB 技术的使用非常关键，可能导致 PRB 技术应用的失败。因此，在场地的调查过程中，必须明确含水层的岩性特征和空间分布。PRB 技术应用的不利条件包括地下水流速太大，使污染物与介质作用的停留时间缩短；优先流的存在，减少污染物与反应介质的作用；极高或低的渗透系数；地下地层岩石太坚硬或松散，前者造成开挖的困难，后者容易使墙体反应介质流失。

地下水流速是 PRB 技术应用需要考虑的非常重要的参数，因为流速决定了停留时间，也就决定了 PRB 的墙体厚度。根据欧美的经验，一般地下水流速小于 1ft/d（0.3m/d）时，比较适合应用 PRB 技术。如果地下水的流速较大，有时可以采用多个 PRB 系统，以增加污染物与反应介质作用的停留时间。

4）污染物分布。PRB 的有效设计需要有准确的污染物浓度和污染羽空间分布，以及随时间的可能变化。了解污染羽的变化方向和趋势也很重要，在不同的季节，地下水水位有所波动，污染羽也发生变化。在 PRB 设计时，要考虑地下水的最高、最低水位，以及最大和最小的浓度变化。

（2）地球化学和微生物降解

1）ZVI 的地球化学因素。零价铁 PRB 被认为是比较有效的修复技术，可应用于不同的地球化学环境。地下环境中的无机物有可能与 ZVI PRB 作用，在零价铁的表面形成各种矿物沉淀，使 ZVI 的作用效果降低。铁的腐蚀会使 pH 值升高，导致碳酸盐、氢氧化物或硫化物沉淀。地下水中的一些化学组分可以与 ZVI 作用，从而对 PRB 产生影响。

① 硫酸盐。在高 Eh 环境，SO_4^{2-} 是稳定的形式；在低 Eh 时，H_2S 或 HS^- 为主，pH 值大于 7 时，以 HS^- 形式为主。

$$HS^- + 4H_2O \rightarrow SO_4^{2-} + 9H^+ + 8e \tag{11-107}$$

在 ZVI PRB 中，一般呈现高 pH 值和低 Eh 环境，容易形成硫化铁沉淀：

$$Fe^{2+} + HS^- \rightarrow FeS_{(s)} + H^+ \tag{11-108}$$

硫酸盐的还原需要微生物的参与，在许多实验室模拟实验中，由于时间较短，较少发现硫酸盐的还原反应，但是在许多污染场地工程中，发现了污染地下水流经 ZVI PRB 后，硫酸根离子的降低。

② 硝酸盐。硝酸盐与 ZVI 作用，形成氨/铵：

$$NO_3^- + 9H^+ + 4Fe^0 \rightarrow NH_3 + 3H_2O + 4Fe^{2+} \tag{11-109}$$

硝酸盐与铁反应，容易形成磁赤铁矿和针铁矿，使 ZVI 钝化，反应效率下降，从而影响 PRB 的寿命。

③ 氧气。地下水中溶解氧的增加会导致堵塞，使 PRB 的渗透性降低。在许多研究都有发现，但在实际工程中，却很少发现由于溶解氧导致 PRB 的堵塞问题。通过 ZVI 与砂混合的形式，可以减缓渗透系数降低的现象。研究表明，铁的比例为 5% ~ 20% 时，可以有效地避免渗透系数的显著降低。

④ 碳酸盐。碳酸盐与铁反应，容易形成碳酸盐沉淀，使 ZVI 钝化。因此，在 PRB 设计中，要考虑碳酸盐浓度的因素。

⑤ 微生物。现场实验表明，多数 ZVI PRB 场地发现了微生物的活动，但没有发生生物堵塞现象。多数情况下，铁反应介质带中的生物量与上游地下水中的生物量差别不大；铁反应带中的微生物种群主要为厌氧微生物，如硫酸盐还原菌或金属还原菌等。

2）生物 PRB 的地球化学因素。生物 PRB 的作用主要是厌氧微生物降解，当地下水中存在过量的电子受体时，如溶解氧、硝酸盐、铁和硫酸盐等，不利于厌氧环境的形成，因而不利于厌氧微生物的降解。对于生物反应器而言，有大量物质具有还原能力，自然情况下的电子受体需求很容易满足。

（3）反应动力学和停留时间　PRB 技术的关键是填充介质与污染物的反应，在设计 PRB 时，需要研究介质与污染物的反应动力学。主要的参数包括污染物降解的速率和停留时间。实际应用中，PRB 开挖的宽度一般为 0.6m，可以根据反应速率确定停留时间，结合场地地下水的流速，最后确定使用单个 PRB 或是多个 PRB 来实现修复的目标。可以利用已有场地的经验或实验室模拟实验来进行相关参数的获取 PRB 的设计。

① 土柱实验。土柱实验的装置一般长 10~100cm，直径为 2~4cm；在上、下及侧面设有观测取样口（图 11-53）。柱中填充拟使用的 PRB 反应介质，场地污染地下水利用蠕动泵从柱的下部注入，从上部流出，其流速为污染场地地下水的流速。实验期间，测试分析地下水的流入量、流出量、污染物浓度，以及各侧部观测孔的污染物浓度变化。一般每 5~10PV（1PV 等于土柱空隙中水的体积）分析测试一次污染物的浓度，直到污染物的浓度变化基本达到稳定。

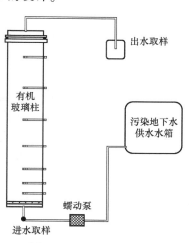

图 11-53　土柱实验装置

根据实验的结果，可以进行数据的分析判断，以确定反应介质的适用性能等。可以绘制污染物浓度与运移距离曲线图，利用流速可以计算每一个取样点的停留时间（相对于进水口）。对于 VOCs、铬等污染物，可以利用一级反应动力学来描述。

$$\lg\left(\frac{c}{c_0}\right)=\frac{-kt}{2.303} \tag{11-110}$$

式中，c 为在时间 t 时的浓度；c_0 为污染物的初始浓度；k 为反应速率常数，可以通过实验数据利用上式进行无量纲浓度和时间的半对数拟合求得。水中污染物的浓度为初始浓度的一半所需的时间，称为半衰期，其计算公式为：

$$t_{1/2}=0.693/k \tag{11-111}$$

可利用下式计算 PRB 所需要的停留时间 t_R：

$$t_R=\left[2.303\times\lg\left(\frac{c_s}{c_0}\right)\right]/k \tag{11-112}$$

式中，c_s 为利用 PRB 技术进行地下水中污染物修复的目标浓度；其他字母含义同上。有机污染物的去除主要是微生物的降解，对于许多无机污染物，其主要去除机理为沉淀和吸附，实验室批实验和柱实验的结果要与场地地下水水文地球化学模型分析相结合。

② PRB 流量和流速的确定。污染地下水通过 PRB 反应介质的流量 Q 可以利用达西定律进行计算：

$$Q=-KA(\mathrm{d}h/\mathrm{d}l) \tag{11-113}$$

式中，K 为填充介质的渗透系数；A 为 PRB 横截面积；$\mathrm{d}h/\mathrm{d}l$ 为 PRB 反应装置的水力梯度。污染地下水通过 PRB 的流速 v_{PRB} 可用下式计算：

$$v_{PRB}=-K(\mathrm{d}h/\mathrm{d}l)/n_{PRB} \tag{11-114}$$

式中，n_{PRB} 为填充介质的有效孔隙度。污染地下水在 PRB 中的流速与其在含水层中的流速

v 具有如下关系：

$$v_{PBR} = v \frac{n_e}{n_{PBR}} \tag{11-115}$$

式中，n_e 为含水层介质的有效孔隙度。对于松散含水层，其有效孔隙度区间为 $0.2 \sim 0.4$，而零价铁的有效孔隙度一般为 $0.45 \sim 0.5$，因此在大多数情况下，在 PRB 中的流速要小于地下水的流速。

（4）模型模拟　可以利用数值模型进行污染场地地下水及 PRB 系统运行的模拟分析（计算机模拟软件，如 GMS 等）。首先建立污染场地的水文地质概念模型，获取包气带和含水层的相关参数，如孔隙度、渗透系数、给水度、弥散系数等。利用场地调查资料，应用数值模拟软件，进行污染场地地下水的模拟分析；同时，将不同的 PRB 设计方案在模型中进行模拟分析对比，确定 PRB 修复的效果。数值模型是 PRB 设计强有力的工具。

（5）监测设计　修复效果的监测是 PRB 技术应用中很重要的部分，监测设计包括过程监测和修复性能监测。过程监测用来优化系统的运行和效果，分析需要的改进，监测主要关注 PRB 处理带；修复性能监测主要用来分析 PRB 针对污染场地修复目标的性能，是否可以达到设计要求等。监测点位包括地下水上游、PRB 反应带、地下水下游、PRB 反应带两侧等，监测的项目和频率可根据具体场地的不同、污染物的不同、监测目的的不同而不同。

11.11.2　地下水原位反应带修复

1. 原位反应带概述

地下水原位反应带（Underground in-situ reaction zone）修复是基于在地下环境中人为产生一个"地带"，在其中迁移的污染物被拦截、固定或降解为无害的物质。通过对地下环境中自然过程的人为控制来改变地下水中污染物的迁移性能、形态，常用来修复可化学还原的金属和有机污染物（如氯代溶剂等）。通过注入化学反应剂或微生物营养物质，在地下形成一个或多个可渗透的污染物处理带，在反应带中，地下环境中的污染物一是被拦截并且被永久固定在反应带中，二是与注入的化学试剂发生化学反应，或者在注入的微生物试剂的生物作用下，最终降解成为无害的产物。

图 11-54 为原位反应带（ISRZ）的平面示意图。通过在地下注入反应试剂可以构筑"原位反应带"，可以利用注入井排注入。每一口注入井都可以形成一个反应地带，由注入井排可以形成一个反应"帷幕"。图 11-55 为原位反应带修复技术的剖面示意图，反应试剂通过注入井（井排）注入地下水污染羽下游地段，形成原位反应带，在反应带中反应试剂与污染物发生作用，将污染物降解、转化、去除。

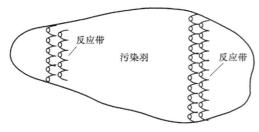

图 11-54　原位反应带（ISRZ）的平面示意图

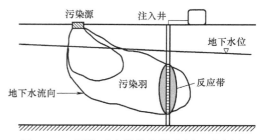

图 11-55　原位反应带修复技术剖面示意图

地下原位反应带的构筑需要考虑注入试剂和迁移污染物的反应、注入试剂和环境介质的反应两种类型的作用。通过人为调控地层的微生物-地球化学环境来优化所需要的反应，可以提高修复效率。不同的污染场地这些作用差异很大，所以需要根据具体的场地特点来进行原位反应带修复工程的设计。

地下原位反应带的修复效果取决于地下水中污染物进入"反应带"的速率与污染物去除反应动力学之间的关系。在含水层中构筑一个空间上相对固定的反应带需要选择合适的注入试剂，同时使反应试剂在反应带中均匀地分布。此外，注入试剂及其反应后的产物应无毒，在地下应尽可能少地产生与目标污染物修复无关的副反应。

2. 技术应用及优缺点

原位反应带技术（ISRZ）与可渗透反应墙技术相似，通过注入井在地表注入反应试剂，在地下形成类似可渗透反应墙的污染物处理带。

ISRZ 技术污染物去除的原理与可渗透反应墙相似，不同的是反应墙的介质是通过开挖后填充而成的；而 ISRZ 是通过井注入的，要求反应介质是流体，能够注入地下，并形成反应带。如通过制备纳米零价铁（ZVI），注入地下污染含水层，起到与 ZVI 可渗透反应墙相同的处理作用，原位反应带技术需要考虑反应试剂注入后在含水层中的迁移和分布规律。

原位反应带修复技术具有如下优点：

1）原位反应带修复技术与可渗透反应墙、抽取-处理等修复技术相比，不需要地面抽取、处理设施，以及昂贵的施工设备，节约了这方面的费用，只需要在污染场地打井。

2）运行的费用较小。注入试剂浓度一般较低，所以消耗小；需要进行地下水的监测取样分析。

3）可以修复含水层埋藏深的污染地下水。

4）处理设施简单，对其他作业干扰较小。

5）通过设计适当的反应，能够原位使有机污染物和一些无机污染物如 NH_4^+、NO_3^- 和 ClO_4^- 降解。

6）通过吸附、沉淀反应使地下水中溶解的重金属固定化。

通过人为调节污染含水层的氧化-还原（REDOX）电位，可以对 REDOX 敏感的污染物进行修复。此外，在地下环境中可以利用许多微生物作用或化学反应来进行修复。第一个用来修复六价铬污染的原位反应带构建于 1993 年，到目前为止发展非常迅速，能够修复的污染物种类众多。如厌氧修复系统包括强化还原脱氯系统、原位反硝化系统、原位重金属沉淀系统等；好氧系统包括直接氧化、化学氧化等。

原位反应带修复技术成功地应用于氯代有机污染物的去除，包括氯代烯烃、氯代烷烃、氯酚、氯代农药、过氯酸盐等，以及许多重金属地下水的污染场地，如 Cr^{6+}、Pb^{2+}、Cd^{2+}、Ni^{2+}、Zn^{2+} 和 Hg^{2+} 等的去除。

3. 原位反应带修复的设计

原位反应带修复技术的实际应用需要确定以下参数和过程：①创建和维护原位反应带所需要的氧化还原环境或者生物地球化学环境，如 pH 值、溶解氧、温度、氧化还原电位等；②选择合适的原位反应过程和反应试剂，而且注入的试剂能长效维持原位反应；③注入试剂的传质和分布在整个反应带的横向和垂向上均匀。

（1）原位反应带修复系统设计考虑的因素　原位反应带设计的目标是在地下构筑一个

优化的水文地质-生物地球化学环境，有利于发生化学反应或生物化学反应，以加速目标污染物的修复。在原位反应带系统设计时，需要考虑主要的因素包括水文地质条件、地下水水化学、微生物学、ISRZ 的布局、注入试剂的选择。

原位反应带修复技术设计还需要考虑费用的因素，如钻孔的费用、药剂和运行的费用等。本修复技术最主要的费用包括两大方面：注入井的构建和药剂的传输。具体污染场地条件决定了修复技术的费用大小，在修复技术设计时需要认真考虑，包括：①污染羽的大小，这是决定修复费用大小的基本因素，污染羽越大，需要的注入井越多，注入的药剂量越大，从而费用越大；②修复带的深度，如果污染含水层的埋深大，意味着每个钻孔的深度大，较深的钻孔可能对钻进设备有一定的要求，所以会导致费用增大；③流入处理带的地下水通量，如果地下水流入处理带的通量较大，则需要注入的药剂量增大，注入的频率增加，导致费用增大。

（2）水文地质条件　在目标污染带修复技术中，相关的水文地质资料对于注入药剂传输系统的设计非常重要，这些参数对注入井的设置和注入药剂的施加都有直接的影响（表 11-19）。

表 11-19　场地水文地质参数及对修复系统设计的影响

水文地质参数	设计影响
与地下水位的距离	注入井的深度和过滤器（花管）的位置
污染羽的宽度	注入井的数量
污染羽的深度	注入井中注入点（带）的数量；压力注入或重力注入
地下水流速	药剂注入体积、频率，药剂停留时间；稀释作用
渗透系数（水平和垂向）	药剂混合带；反应带范围
含水层的非均质性	注入井位置；花管位置
介质的孔隙度和粒度大小	药剂传输、反应效率；沉淀作用

在原位反应带修复系统设计时，可以先进行含水层的抽水试验，通过抽水试验确定含水层的参数、污染场地地下水的流场；可以评价药剂传输系统特性、优化注入井和观测井位的设计等。

1）渗透系数。了解和掌握污染含水层的渗透系数对于 ISRZ 系统的设计至关重要，如利用渗透系数、地下水水力梯度和孔隙度可以计算地下水的流速、通量和确定注入药剂数量；可以确定注入井间距。渗透系数越大，注入药剂的传输越快，到达的距离越远。当其他条件不变，渗透水流的横向上，药剂的传输分布减小。含水层渗透系数小，地下水流速较小，药剂的传输系数增大时，地下水流速增大，会导致地下水水流方向上药剂的传输距离增大，但垂直距离小（图11-56）。

2）地下水水流特征。地下水水流特征包括地下水流速、流向、水力梯度（水平方向和垂直方向），这些因素影响着药剂注入的效果、药剂与污染地

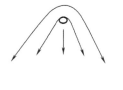

地下水流速小情形　　　　地下水流速大情形

图 11-56　不同地下水流速含水层
中注入的影响范围

水的迁移扩散与混合。地下水流动速度小的系统一般需要低注入药剂速率。当含水层非均质时低渗透的区域（透镜体）药剂较难进入，污染物得不到去除，影响整个修复工程，此时需要有针对性的强化修复方案。在含水层中，对流是注入药剂纵向传输（向下游）的主要

作用，弥散作用可以导致药剂的横向（垂直于水流方向）传输。

3）包气带和含水层厚度。包气带和含水层厚度决定了钻井的深度；污染含水层的厚度对注入段（花管）有影响，实践经验表明，药剂注入井花管存在着"最大有效区间"，受含水层的非均质性、渗透系数和地下水流特征影响，但一般认为最大有效区间为 25ft（7.6m）。如果污染含水层的厚度较大，在注入点需要设置多个井或井丛来分段注入。有时，如果地层条件或地下水流特征在目标注入段发生变化，即使注入段小于 25ft，也需要采用多井或井丛分段注入。

如果地下水的流速很大，单个注入井在横向上（垂直于地下水流方向）形成的反应带有限，如果钻井费用很高（地下水埋深大），可以采用井中循环的方式进行药剂的传输，以节约钻井的费用。在含水层厚度大的污染场地，可以在注入井中设置潜水泵，形成水流的循环，达到注入药剂的传输（图 11-57）。

4）水文地球化学条件。在 ISRZ 系统设计时，需要了解和掌握污染含水层地下水的水化学条件（包括地下水中天然存在的阴阳离子）、目标污染物及其反应产物、pH-Eh 环境等。

含水层中介质的有机碳比例和缓冲能力也是修复设计时的重要考虑因素。有机碳含量会影响系统的还原平衡以及介质对污染物的吸附能力。有机碳含量高，则对污染物的吸附容量大，意味着这样的污染场地存在着较大量的以吸附态（固相）形式存在的污染物。因此，在注入井和修复时间设计时需要考虑在介质中被吸附的污染物的释放和去除。

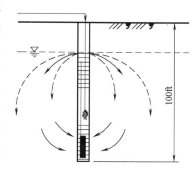

图 11-57　井中潜水泵形成井内循环

其他需要考虑的地球化学条件包括含水层中的铁、锰含量，初始 pH-EA 条件，以及重碳酸、碳酸和氢氧化物等。为了保持原位反应带的反应速率，需要尽量减小 ISRZ 运行中出现的低 pH 带的形成。含水层系统的 pH 值取决于与含水层介质有关的含水层的缓冲能力。缓冲能力小的含水层，更容易发生 pH 值的降低。地下水的碱度是含水层缓冲能力的一部分，但含水层介质的缓冲能力有时起决定作用。如含水层中的碳酸盐的存在（碳酸岩、白云岩）可导致高的碱度，具有高的 pH 值缓冲能力。对于缓冲能力低的含水层，在注入设计中，需要考虑与注入药剂一同注入缓冲试剂。

（3）原位反应带的类型　原位反应带修复技术分为原位化学反应带和原位微生物反应带。表 11-20 为不同反应带类型及其适宜处理的污染物。

表 11-20　不同反应带类型及其适宜处理的污染物

反应带类型	注入试剂	适宜处理的污染物
原位化学氧化带	高锰酸钾、次氯酸盐、芬顿试剂、类芬顿试剂、过硫酸盐等	BTEX、三氯乙烯、四氯乙烯等有机溶剂、烯烃，酚类，硫化物，MTBE 等
原位化学还原带	Fe^{2+}、零价铁、硫化物、硫代硫酸钠、硼氢化钠等	三氯乙烯、硝基芳香化合物、硝氮、重金属、多环芳烃等
原位微生物氧化带	氧气、亚硝酸盐、铁锰催化剂等	石油烃、酚、醇、羧酸、氨基化合物、酯、醛、氯苯、二氯甲烷、氯乙烯等
原位微生物还原带	淀粉、蔗糖、甲醇等	脂肪类和芳香类有机化合物，硝基、硝基芳香化合物、醚、含氮磷化合物等
原位固定反应带	碱性物质、磷酸盐、铁锰氧化物物料、层状硅酸盐矿物和有机质等	土壤中铬（Cr）、镉（Cd）、汞（Hg）、砷（As）、铅（Pb）、铜（Cu）、镍（Ni）及其混合重金属

原位化学反应带可以分为原位化学氧化反应带和原位化学还原反应带。原位微生物反应带可分为原位微生物氧化带和原位微生物还原带。原位微生物氧化带是以目标污染物作为电子供体，原位微生物还原带是以目标污染物作为电子的接受者，使目标污染物在微生物作用下发生氧化或还原过程，从而将污染物降解去除。

原位微生物反应带修复利用土著微生物对污染物的自然衰减作用，或者强化土著微生物对污染物的衰减作用。另外，将驯化后的微生物直接注入地下水环境中，可以形成原位反应带而将污染物去除。

（4）反应带的设置

1）反应带布局。原位反应带修复技术在实际污染场地应用的过程中，通常设计一个屏障或多个屏障的形式，在地下环境中拦截污染羽的迁移，以达到控制污染扩散和修复的目的。反应带的设置有三种形式（图11-58）：①在污染羽下游的边缘设置，形成拦截屏障，避免地下水中污染物的进一步扩展（图中b）；②设置在污染源带或接近污染源带（下游），用来防止污染物从源进入下游，主要是控制污染物的通量，可使污染羽的面积快速减小（图中a）；③如果修复时间要求短，可以在上述两个屏障间再设置一个反应带，以加速污染修复的进程（图中c）。

2）注入井的设计。注入井的设计对于原位反应带修复技术非常关键。在注入井的布井设计时，要综合考察施工场地的水文地质条件、需要处理的目标污染物性质和注入的化学试剂的性质等因素。其中水文地质条件对原位反应带注入井设计影响较大。

原位反应带的注入井往往利用井排的方式，在一排井中同时注入反应试剂，在地下含水层中形成反应带。较浅的污染可利用注入井确定注入位置和注入段（花管位置），较深的污染羽或污染物垂向分布较大时，可以采用多注入段的（井丛）形式，即在一口注入井中设置多个注入管道，并在不同的位置进行注入，如图11-59所示。

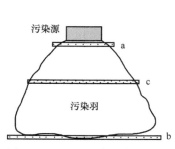

图11-58　地下原位反应带设置

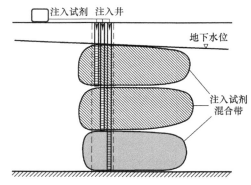

图11-59　注入井中多注入段结构

注入井注入量、注入速率是技术运行的重要参数，需要通过实验室和现场中试研究来确定，受污染物特性、浓度，地层介质特性，修复目标和时间要求等因素的影响。在低渗透地层中，试剂的注入难度增大，容易发生药剂通过注入井滤料上返地表，需要考虑分段注入，有足够的压力保证注入的效果。

（5）反应药剂　在微生物 ISRZ 修复系统中，注入试剂本身的费用不是主要的，费用主要用在注入井的构建和试剂的传输；在化学 ISRZ 修复系统中，注入药剂的费用所占的比重较大。

1）微生物 ISRZ 修复系统。很多试剂都可以用于厌氧微生物反应系统，如糖浆类、乳酸钠、乳清、食用油、淀粉、纤维素、壳多糖、HRC（Hydrogen Release Compound，释氢化合物）等。其中糖浆类、乳酸类、高果糖玉米糖浆（HFCS）、乳清，以及非溶解性的物质（如植物油、HRC、甲醇等）被成功地应用于地下水的污染修复，这些物质都为可溶的碳水化合物或易降解的有机物。

2）化学 ISRZ 修复系统。一些化学氧化试剂已被实际工作中成功地使用，如高锰酸盐、芬顿试剂、臭氧、过硫酸盐等。臭氧是气体，所以在使用中与液体试剂不同；过硫酸盐的价格相对较贵，且需要加热活化；芬顿试剂的氧化机理包括自由基的形成和直接氧化；高锰酸盐氧化容易形成 MnO_2 沉淀。

（6）传输系统设计

1）反应试剂的传输可以通过注入井、井中循环系统及入渗廊道进行。当污染地下水埋深很小时，可以采用沟槽/入渗廊道的方式，利用重力进行试剂的传输；当污染含水层深度较大时，可采用如前所述的井中循环系统。在建筑物下面的污染含水层可以利用水平井技术注入。

2）在松散地层中注入井直径一般为 2~4in，采用不锈钢或 PVC 管材，金属线缠绕过滤器。注入井要布置在地下水污染羽中，试剂垂向上的注入段应是地下水污染的位置。当污染含水层厚度较大时，应考虑采用多井或井丛分段注入。

3）注入井的数量和井间距取决于污染羽的分布、含水层的水文地质条件及所使用的试剂类型。注入井的设计要使注入试剂能够在污染羽中形成有效的反应带。含水层条件和地下水流速决定了注入井的影响范围，如渗透性小的含水层，其地下水的流速较小，单个注入井形成的反应带范围较小，因此需要更多的注入井。

4）注入试剂的类型也能影响注入井的影响范围。如果采用水溶性的试剂（如糖浆），则能够随地下水而流动，其影响范围与地下水对流的范围非常接近。如果注入试剂的黏滞度增大，其随水流的迁移能力较小，形成的反应带较小。

5）常用的注入系统为批注入，设备简便，包括混合容器、离心泵、搅拌装置，以及相关的管道、压力表、流量计等。

思　考　题

1. 简述水文循环与地下水的概念及其特点。
2. 简述地下水形态。
3. 简述地下水环境污染的来源、分布、污染物的种类及其危害。
4. 简述地下水污染物迁移动力学。
5. 污染地下水环境修复的工程设计包括哪些内容？
6. 简述地下水污染控制技术。
7. 污染地下水环境修复有哪些主要技术？
8. 阐述污染地下水环境修复的技术原理和设计工艺。

参考文献

［1］　赵景联. 环境修复原理与技术［M］. 北京：化学工业出版社，2006.

[2]　张锡辉. 水环境修复工程学原理与应用 [M]. 北京：化学工业出版社，2002.

[3]　赵勇胜. 地下水污染场地的控制与修复 [M]. 北京：科学出版社，2015.

[4]　周怀东. 水污染与水环境修复 [M]. 北京：化学工业出版社，2005.

[5]　罗育池，等. 地下水污染防控技术：防渗、修复与监控 [M]. 北京：科学出版社，2017.

[6]　陈玉成. 污染环境生物修复工程 [M]. 北京：化学工业出版社，2003.

[7]　高俊发. 水环境工程学 [M]. 北京：化学工业出版社，2003.

[8]　黄铭洪，等. 环境污染与生态恢复 [M]. 北京：科学出版社，2003.

[9]　金相灿. 湖泊富营养化控制和管理技术 [M]. 北京：化学工业出版社，2001.

[10]　李昌静，等. 地下水水质及其污染 [M]. 北京：中国建筑工业出版社，1983.

[11]　秦伯强，等. 太湖水环境演化过程与机理 [M]. 北京：科学出版社，2004.

[12]　屠清英，等. 巢湖富营养化研究 [M]. 合肥：中国科学技术大学出版社，1990.

[13]　徐祖信. 河流污染治理技术与实践 [M]. 北京：中国水利水电出版社，2003.

[14]　许世远，等. 苏州河底泥污染与整治 [M]. 北京：科学出版社，2003.

[15]　张永波. 地下水环境保护与污染控制 [M]. 北京：中国环境科学出版社，2003.

[16]　朱亦仁. 环境污染治理技术 [M]. 北京：中国环境科学出版社，1996.

[17]　左玉辉. 环境学 [M]. 北京：高等教育出版社，2002.

第 12 章

污染大气环境修复工程

12.1 污染大气的环境修复

1. 大气污染

大气污染（Atmospheric pollution）是指由于人类活动和自然过程引起某种物质进入大气中，呈现出足够的浓度，达到足够的时间并因此而危害了人体的舒适、健康和福利或危害环境的现象，也可以定义为大气中污染物浓度达到有害程度，超过了环境质量标准的现象。

根据大气污染影响所及的范围，可将大气污染分为局部性污染、地区性污染、广域性污染和全球性污染；根据能源性质和大气污染物的组成和反应，可将大气污染划分为煤炭型、石油型、混合型和特殊型污染；根据污染物的化学性质及其存在的大气环境状况，可将大气污染划分为还原型和氧化型污染。

2. 大气污染物

人类活动排出的污染物扩散到室外空气中称为大气污染物（Atmospheric pollutants）。这些物质是那些能在大气中传播的天然的或人造的元素或化合物，在化学性质上可以是有毒的也可以是无毒的，关键是能够引起可以测量的有害影响。

目前较为常用的大气污染物的分类是按其存在状态来进行划分，将污染物分为固态污染物和气态污染物。固态污染物（Solid pollutants）就是我们常见的大气颗粒物，包括粉尘（Dust）、烟（Smoke）、飞灰（Fly ash）、黑烟（Black smoke）、雾（Fog）、煤烟尘（Coal dust）等。颗粒物按其空气动力学直径可以分为：①总悬浮颗粒物（TSP），指能悬浮在空气中，空气动力学直径 $\leqslant 100 \mu m$ 的颗粒；②可吸入颗粒物（PM_{10}），指悬浮在空气中，空气动力学直径 $\leqslant 10 \mu m$ 的颗粒物；③细粒污染物 $PM_{2.5}$ 和 PM_1，指悬浮在空气中，空气动力学直径 $\leqslant 10 \mu m$ 和 $\leqslant 1 \mu m$ 的颗粒物。气态污染物（Gaseous pollutants）包括硫氧化物（SO_2、SO_3）、碳的氧化物（CO、CO_2）、氮氧化物（NO、NO_2、N_2O_3、N_2O 等）、硫化氢（H_2S）、臭氧（O_3）、挥发性有机化合物（Volatile Organic Compounds，VOCs）、氯气（Cl_2）、氨气（NH_3）和温室气体（如：二氧化碳 CO_2、甲烷 CH_4、氯氟烃 HFCs）等。

3. 大气污染的环境影响

（1）大气污染对人体的影响 大气污染物侵入人体的主要途径有呼吸道吸入、随食物和饮水摄入、与体表接触侵入等，如图 12-1 所示。

大气污染物对人体的影响分为急性和慢性两方面。急性影响（Acute effects）是以急性中毒形式表现出来，有时是使那些患有呼吸系统疾病和心脏病的患者的病情恶化，进而加速

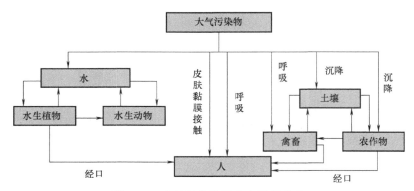

图 12-1　大气污染物侵入人体的途径

这些患者死亡的间接影响。慢性影响（Chronic effects）主要指以二氧化硫和飘尘为指标的大气污染，它们与慢性呼吸道疾病有密切关系，患病率随大气污染程度增加而增加。由于空气污染引起的急性死亡显而易见，但低水平污染对健康的持续慢性影响则很难得到精确的结论。对于这种情况一般采用流行病学（Epidemiological methods）和毒理学（Toxicology methods）的方法进行分析研究。

（2）大气污染对植物的影响　在高浓度污染物影响下产生急性危害，使植物叶表面产生伤斑（或称坏死斑），或者直接使植物叶片枯萎脱落；在低浓度污染物长期影响下产生慢性危害，使植物叶片退绿，或产生所谓不可见危害，即植物外表不出现受害症状，但生理机能受到影响，造成植物生长减弱，降低对病虫害的抵抗能力。有时候大气污染对植物的危害往往是两种以上气体污染物造成的，两种或多种污染物所造成的危害称为复合危害。某些污染物共同作用时，有所谓增效或协同作用（Synergistic action）。

（3）大气污染对器物的损害　大气污染物对器物的损害包括玷污性损害和化学性损害两个方面。玷污性损害是尘、烟等粒子落在器物表面造成的，有的可以通过清扫冲洗除去，有的很难除去。化学性损害是由于污染物的化学作用，使器物腐蚀变质，如二氧化硫及其生成的酸雾、酸滴等，能使金属表面产生严重的腐蚀，使纸品、纺织品、皮革制品等腐蚀破碎，使金属涂料变质，降低其保护效果等。

4. 污染大气的环境修复

污染大气的环境修复是指采取一定的措施（包括物理、化学和生物的方法）来减少大气环境中有毒有害化合物。目前对于污染大气的环境修复技术主要是植物修复和微生物修复，此外使用天然矿物材料对大气污染进行修复的工作也开展起来。

12.2　污染大气的植物修复

污染大气的植物修复（Phytoremediation）是一种以太阳能为动力，利用绿色植物及其相关的生物区对环境污染物质进行分解、去除、屏障或脱毒的技术。污染大气的植物修复过程可以是直接的，也可以是间接的，或者两者同时存在。植物对污染大气的直接修复是植物通过其地上部分的叶片气孔及茎叶表面对大气污染物的滞留、吸收与同化的过程，而间接修复则是指通过植物根系或其与根际微生物的协同作用清除干湿沉降进入土壤或水体中大气污染物的过程。目前对于大气污染植物修复的研究主要集中在直接修复方面。与传统的源头治理手段相比，植物修复以太阳能为动力，利用植物的同化或超同化功能净化污染大气，是一种经济、有效、非破坏型的大气污染修复方式，并具有成本低、操作简便等特点，是易被社会公众和政府管理机构接受的有潜力的修复工程技术。

12.2.1　植物吸附与吸收修复

1. 植物吸附与吸收修复的机理

城市的绿化植物可以通过吸滞粉尘，减少空气含菌量来净化空气，因而绿化植物的滞尘能力一直是城市森林设计的重要依据。植物对于污染物的吸附（Adsorption）与吸收（Absorption）主要发生在地上部分的表面及叶片的气孔，将污染物滞留在叶片的表面。在很大程度上，吸附是一种物理性过程，与植物表面的结构如叶片形态、粗糙程度、叶片生长角度和表面的分泌物有关。植物可以有效地吸附空气中的浮尘、雾滴等悬浮物及其上附着的污染物。绿色植物都有滞尘作用，叶总面积大、叶面粗糙多绒毛、能分泌黏性油脂或浆汁的物种，如核桃、板栗、臭椿等可都是较好的滞尘树种。据研究，阔叶林的滞尘能力为 $10.11t/hm^2$，针叶林因生长周期长，滞尘能力为 $33.2t/hm^2$。根据我国南京植物所在水泥粉尘源附近的调查与测定，各种树木叶片单位面积上的滞尘量见表 12-1。

表 12-1　各种树木叶片的滞尘量　　（单位：g/m^2）

树种	滞尘量	树种	滞尘量	树种	滞尘量
刺楸	14.53	楝子	5.89	泡桐	3.53
榆树	12.27	臭椿	5.88	五角枫	3.45
朴树	9.37	枸树	5.87	乌桕	3.39
木槿	8.13	三角枫	5.52	樱花	2.75
广玉兰	7.1	夹竹桃	5.39	蜡梅	2.42
重阳木	6.81	桑树	5.28	加拿大白杨	2.06
女贞	6.63	丝绵木	4.77	黄金树	2.05
大叶黄杨	6.63	紫薇	4.42	桂花	2.02
刺槐	6.37	悬铃木	3.73	栀子	1.47

病原体能经空气传播，由于空气中的病原体一般都附着在尘埃或飞沫上随气流移动，绿色植物的滞尘作用可以减小其传播范围，且植物的分泌物具有杀菌作用，如桉树、松树、柏树、樟树等能分泌柠檬油，其他常见的植物分泌物如松脂、肉桂油、丁香粉等（称为杀菌素）均能够直接杀死细菌、真菌等微生物。研究显示，面积为 $1.0\times10^4 m^2$ 的圆柏林，一昼夜能分泌 $30\sim60kg$ 的"杀菌素"，它们可杀死肺结核、伤寒、痢疾等病菌。据调查，林内空气中含菌量仅为 $300\sim400$ 个$/m^3$，是林附近空气的 1.0%，而后者约为城区百货商店附近空气的十万分之一。杀菌能力强的树种和杀死原生动物所需时间见表 12-2。

表 12-2 杀菌能力强的树种和杀死原生动物所需时间 （单位：min）

树种	时间	树种	时间	树种	时间
黑胡桃	0.08～0.25	柠檬	5	柳杉	8
柠檬桉	1.5	茉莉	5	稠李	10
悬铃木	3	薜荔	5	枳壳	10
紫薇	5	夏叶槭	6	雪松	10
圆柏属	5	柏木	7		
橙	5	白皮松	8		

植物的挥发性分泌物也具有一定的杀菌能力。全世界森林每年大约散发 $1.77×10^8$ t 的挥发性物质，可有效杀灭空气中分布广泛、种类繁多的微生物。如 $1hm^2$ 的松柏树或松林，一昼夜可分泌 30～60kg 的杀菌素，足以清除一个中等城市空气中的各种细菌。在相同的客流条件下，绿化好的街道细菌含量为绿化差或没有绿化的街道细菌含量的 1/3～1/2，可见植物可以有效地减轻大气生物污染。

绿化树种对颗粒物中的重金属也有较好的吸收和吸附作用，因污染金属的种类和树种的不同具有明显差异。对铅吸收量高的树种有桑树、黄金树、榆树、旱柳、梓树；吸镉量高的树种有美青杨、桑树、旱柳、榆树、梓树、刺槐。国槐是北方树种，对环境污染有较强的抗性和适应性，在城市绿化中长势旺，枝条多，树冠大，遮阴效果好，作为行道树、公园绿化等，能够成大面积的植被群体，吸收污染物，净化和美化环境。另外，根据国槐体内铅的含量，还可以监测环境污染。表 12-3 是太原市街道绿化树种国槐中铅的含量，发现其值明显高于清洁对照区国槐中铅的含量。

表 12-3 太原市各采样区国槐枝条含铅量

采样点	车流量/(辆/h)	枝含铅量/(μg/g)1994	枝含铅量/(μg/g)1996
火车站街	4609	6.8	9
汽车站街	3861	6.2	8.25
五一广场	3561	6.15	7.49
新建路口	3367	4.7	6.25
大南门	3166	4.6	6.03
青年路口	222	4.55	5.92
桥东路	2145	4.5	5.4
清洁区	—	<0.5	<0.5

国槐枝条含铅量与车流量有明显的正相关。车流量大，排除的汽车尾气就多，空气中的含铅量就多，则国槐吸收铅在体内的累积浓度就大。与 1994 年对比，1996 年太原市的铅污染加剧，说明汽车尾气导致的空气污染程度加剧。

植物叶、茎累积吸 Cr 量高的植物有红花檵木、小叶黄杨；吸 Cd 量高的植物有红叶石楠、小叶黄杨、法国冬青、女贞、八角金盘；吸 Ni 量高的植物有小叶黄杨；吸 Pb 量高的植物有：红花檵木、大叶黄杨、小叶黄杨、女贞；吸 Zn 量高的植物有女贞。

除了对颗粒物进行吸收和吸附外，植物还可以吸收空气中的气态污染物，包括 SO_2、

Cl_2、HF 等。植物吸收大气中污染物主要是通过气孔，并经由植物维管系统进行运输和分布。对于可溶性的污染物包括 SO_2、Cl_2 和 HF 等，随着污染物在水中溶解性增加，植物对其吸收的速率也会相应增加，湿润的植物表面可以显著增加对水溶性污染物的吸收，光照条件由于可以显著地影响植物生理活动，尤其是控制叶片气孔的开闭，因而对植物吸收污染物有较大的影响。

工业城市沈阳绿色植物对 SO_2 的吸收修复能力实验表明，将吸收液中各种形式的硫氧化成硫酸根的形式后，用 EDTA 络合滴定法进行全硫量的测定。所得数据见表 12-4。

表 12-4　主要绿化树种吸收净化 SO_2 能力比较

种类	SO_2 含量/(mg/m² 叶面积)	种类	SO_2 含量/(mg/m² 叶面积)
加杨	106.63	皂角	63.41
旱柳	93.57	刺槐	62.89
花曲柳	90.31	桑树	53.65
榆树	78.76	美青杨	42.36
京桃	66.05	丁香	18.68

根据各树种间吸硫量的差异，按 45mg/m² 叶面积的距离截取，可将绿化树种划分为 3 类：Ⅰ类吸硫量高（吸硫量>90mg/m² 叶面积，修复能力强）；Ⅱ类吸硫量中等（吸硫量在 45~90mg/m² 叶面积，修复能力中等）；Ⅲ类吸硫量低（吸硫量<45mg/m² 叶面积，修复能力弱）。由表 12-4 可看出：绿化树种对大气 SO_2 污染具有很强的吸收修复能力，并依树种的不同而具有明显差异。对大气 SO_2 污染修复能力强的树种有加拿大杨、旱柳、花曲柳；对 SO_2 污染修复能力中等的树种有榆树、京桃、皂角、刺槐、桑树；对 SO_2 污染修复能力弱的有美青杨和丁香。树木的吸污量即对污染的修复能力大小并不是固定不变的，它可能与生长地区、立地条件、生态因子等有一定关系，也就是说取决于地形、气候和植物间的交互作用。在不同区域、不同程度的污染区进行环境污染治理时，树种的修复能力等级，可作为当地合理选择和配置绿化树种的依据。

大多数植物都能吸收臭氧，其中银杏、柳杉、樟树、青冈栎、夹竹桃、刺槐等 10 余种树木净化臭氧的作用较大。吸滞大气氯污染能力强的树种有榆树、京桃、枫杨、皂角、卫矛、美青杨、桂香柳；吸滞大气氟污染能力强的有：榆树、花曲柳、刺槐、旱柳等。

对于挥发或半挥发性的有机污染物，污染物本身的物理化学性质包括分子量、溶解性、蒸气压和辛醇-水分配系数等都直接地影响到植物的吸收，气候条件也是影响植物吸收污染物的关键因素。有报道认为，大气中约44%的 PAHs 被植物吸收从大气中去除。气候条件也是影响植物吸收污染物的关键因素，其可以直接影响到植物的生理条件，植物在春季和秋季吸收能力较强，主要吸收相对分子质量较高的 PAHs，虽然植物不能完全降解被吸收的 PAHs，但植物的吸收有效地降低了空气中的 PAHs 浓度，加速了从环境中清除 PAHs 的过程。植物还可以有效地吸收空气中的苯、三氯乙烯和甲苯。不同植物对不同污染物的吸收能力有较大的差异，这一结果也说明选择合适的植物种类是取得植物修复成功的一个关键环节。

2. 植物吸附和吸收修复存在的问题

目前对植物从空气中吸收重金属机理的了解多来自于植物从土壤或水中吸收重金属的研

究结果，而对于植物如何从空气中吸收重金属的机理性认识还很有限。对于已进入植物体的污染物，有些可以通过植物的代谢途径被代谢或转化，有些可以被植物固定或隔离在液泡中。虽然会有一部分被植物吸收的污染物或被转化了的产物重新回到大气中，但这一过程是次要的，不至于构成新的大气污染源。但如何防止植物体内的重金属和其他有毒有害污染物进入食物链是一个需要关注的问题。

12.2.2　植物降解修复

1. 植物降解修复的机理

植物降解（Plant degradation）是指植物通过代谢过程来降解污染物或通过植物自生的物质（如酶类）来分解外来污染物的过程。植物降解修复主要针对大气中有机物污染，利用植物含有一系列代谢异生素的专性同工酶及相应的基因来完成对有机污染物的分解。其代谢的主要途径与在动物中的相似，但往往更复杂，还有一个显著的不同点是植物将代谢的产物以被束缚的状态保存。参与植物代谢异生素的酶主要包括细胞色素 P450、过氧化物酶、加氧酶、谷胱甘肽 S-转移酶、羧酸酯酶、O-糖苷转移酶、N-糖苷转移酶、O-丙二酸单酰转移酶和 N-丙二酸单酰转移酶等。能直接降解有机物的酶类主要有脱卤酶、硝基还原酶、过氧化物酶、漆酶和腈水解酶等。研究显示，在生长季植物树冠的吸收作用可使大气中的 H^+、NO_3^- 和 NH_4^+ 减少 50%~70%，NH_3 几乎被全部吸收。同位素标记实验表明，植物中的酶可以直接降解三氯烯（TCE），先生成三氯乙醇，再生成氯代乙酸，最后生成 CO_2 和 Cl_2，这主要是细胞色素 P450 使植物体内多氯联苯（PCBs）的氧化降解。而将人的细胞色素 P450 2E1 基因转入烟草后，提高了转基因植株氧化代谢三氯乙烯（TCE）和二溴乙烯（EDB）的能力约 640 倍。植物体内的脂肪族脱卤酶也可以直接降解三氯乙烯。对于一些在植物体内较难降解的污染物如多氯联苯，将动物或微生物体内能降解这些污染物的基因转入植物体内可能是一种好办法。这种基因工程的手段不仅能提高植物降解有机污染物的能力，还可以使植物修复具有一定的选择性和专一性。这也是基因工程技术的一个重要应用领域。

植物从外界吸收各种物质的同时，也不断地分泌各种物质。这些分泌物成分非常复杂，其中包括一些能够降解有机污染物的酶类。植物分泌的酶类对有机污染物有一定的降解活性，从而对有机污染物的环境污染起修复作用，如玉米根的分泌物能够促进芘的矿化作用。不同诱导条件下植物分泌产物的组成不同，采用强启动子可以使分泌物的含量增加，也可以使植物分泌物中特定组分增加。这些技术已经部分用于增强植物修复能力的研究中。将 35S 启动子驱动的棉花 GaLAC1（GaLAC1 基因编码一种分泌型漆酶）转入拟南芥中，转基因植株的根部漆酶活性比野生型高约 15 倍，分泌到培养基中漆酶的活性高约 35 倍。用根特异性表达启动子和分泌性信号肽使植物分别大量分泌多个异源基因表达的蛋白。这些方法都可以用来增强植物修复环境的能力。

2. 植物降解修复存在的问题

在植物转基因工程方面还需要做很多基础性研究工作，如选择合适的外源基因和宿主，如何使转基因植物持续高效地表达外源基因，生物安全问题等。如在利用转基因植物修复被污染的环境时，污染物可能会通过食用被污染的植物的动物进入食物链。为了能使植物吸收的污染物不在果实和种子中富集，如何用植物组织或器官特异性表达启动子能够使外源基因只在特定组织或器官表达等技术问题还需解决。

12.2.3　植物转化修复

1. 植物转化修复的机理

植物转化（Plant transformation）修复是利用植物的生理过程将污染物由一种形态转化为另一种形态的过程。最为典型也是最为重要的转化修复是植物通过光合作用吸收大气中的二氧化碳，释放出氧气。利用基因工程技术使植物将空气中的 NO_x 大量地转化为 N_2，或生物体内的氮素，原理是 NO_3^-（或 NO_2^-）在反硝化细菌的作用下可以转化成 N_2，在真菌的作用下就会转化为 N_2O，这就是反硝化作用。反硝化作用在全球的氮循环中有很重要的地位。可以试图利用基因工程技术将这种"功能"移入植物体内，借助这种气-气转化植物把 NO_2 转化为 N_2O 或者 N_2。臭氧是近地表大气中主要的二次污染物，可通过产生活性氧对动植物造成伤害，可以利用专性植物有效地吸收空气中的臭氧和其他的光氧化物，并利用植物体内的一系列的酶（如超氧化物歧化酶 SOD、过氧化物酶、过氧化氢酶等）和一些非酶抗氧化剂（如维生素 C、维生素 E、谷胱甘肽等）进行转化清除。

通常植物不能将有机污染物彻底降解为 CO_2 和 H_2O，而是经过一定的转化后隔离在植物细胞的液泡中或与不溶性细胞结构（如木质素）相结合。植物转化是植物保护自身不受污染物影响的重要生理反应过程。植物转化需要有植物体内多种酶类的参与，包括乙酰化酶、巯基转移酶、甲基化酶、葡糖醛酸转移酶和磷酸化酶等。具有极性的外来化合物可以与葡糖醛酸发生结合反应。

2. 植物转化修复存在的问题

植物转化过程转化后产物比转化前物质具有更高或更低的生物毒性。如何防止植物增毒和如何强化植物解毒是利用植物转化修复大气污染物的关键。

12.2.4　植物同化和超同化修复

1. 植物同化和超同化修复的机理

植物同化（Plant assimilation）是指植物对含有植物营养元素的污染物的吸收，并同化到自身物质组成中，促进植物体自身生长的现象。如大气有害物质中的硫、碳、氮等都是植物生命活动所需的营养元素，植物通过气孔将二氧化碳、二氧化硫等吸入体内，参与代谢，最终以有机物的形式储存在氨基酸和蛋白质中。植物也可以有效地吸收空气中的 SO_2，并迅速将其转化为亚硫酸盐至硫酸盐，再加以同化利用。超同化植物是指具有超吸收和代谢大气污染物能力的天然或转基因的植物。超同化植物可将含有植物所需营养元素的大气污染物（如氮氧化合物、硫氧化合物等）作为营养物质源高效吸收与同化，同时促进自身的生长。这种现象也可称为超同化作用（Hyper assimilation）。从天然植物中筛选或通过基因工程手段培育"超同化植物"及其理论和技术的发展是今后一个重要而有应用前景的研究工作。

2. 转基因植物（超同化植物）对 NO_2 的同化

NO_2 是一种重要的大气污染物，可以利用筛选"嗜 NO_2 植物"吸收 NO_2，将其中的氮转化为植物本身的有机组分。人们试图从自然界中寻找一种以 NO_2 作为唯一氮源的"嗜 NO_2 植物"，选取了 217 种天然植物，包括从行道边采集的 50 种野生草本植物、60 种人工草本植物、107 种人工木本植物进行同化 NO_2 实验。采用的方法是人工模拟熏气实验，

用 ^{15}N 标记熏气用的 NO_2 气体。结果发现不同植物同化 NO_2 的能力差异达 600 倍。在 217 种天然植物中，有 9 种植物同化 NO_2 中氮的指数超过了 10%，其中 *Solanaceae* 和 *Salicaceae* 两个科中的植物具有较高的同化 NO_2 能力，因为 NO_2 中的氮源在这些植物的新陈代谢过程中起着很重要的作用，可用来筛选"嗜 NO_2 植物"。

植物吸收利用 NO_2 中的氮素大部分需要经过一个亚硝酸盐的转化过程，故参与亚硝酸盐代谢的各种酶类就起了很重要的作用。所涉及的酶类最重要的是硝酸盐还原酶（NR），其次是亚硝酸盐还原酶（NIR）和谷氨酰胺合成酶（GS）。这几种酶的基因都已经被成功地转入了受体植株中，并随着转入基因的表达和相应酶活性的提高，转基因植株同化 NO_2 的能力都有了不同程度的提高。这些研究成果不仅为培育高效修复大气污染的植物提供了快捷的途径，为研制转基因"嗜 NO_2 植物"提供了基因基础，也为修复植物的生理基础研究提供了新的实验工具。

3. 植物同化作用对大气中二氧化硫和氟化氢污染的修复

佛山市陶瓷工业区（东村、五星和植物园三个样点）绿色植物对 SO_2 和氟化物的吸收净化能力实验表明，由于东村的大气环境质量极为恶劣，参试的 32 种植物中仅有菩提榕等 14 种植物能存活，五星也只有红花木莲等 29 种植物能存活。同种植物生长在东村的叶片含硫量比五星的更高，说明植物对 SO_2 的吸收量与大气 SO_2 浓度成正比。吸收量上，生长在东村的菩提榕的吸收量最大，1 kg 干叶可吸硫 16985mg（下同），其次是仪花（15898mg）、竹节树（15873mg）、傅园榕（15063mg）、小叶榕（14581mg）和铁冬青（14526mg）等，其硫含量是清洁区的 1.5~6 倍。这些植物在恶劣的环境中长势良好，不但表现出很强的抗性，而且对大气 SO_2 有很强的吸收净化能力。

从试验结果还可以看出，尽管一些植物种类在 SO_2 污染浓度较高的地方难以成活，但在 SO_2 污染不很严重的地区却长势良好，而且对 SO_2 有很强的吸收净化能力。如生长在五星的红花木莲（1kg 干叶吸收硫达 21093mg，下同），刺果番荔枝（16128mg），石笔木（10531mg），黄花夹竹桃（9149mg）等，其叶片含硫量是清洁区的 2~4 倍。在五星试验地附近生长的树种中还发现了一些非常有潜力的种类，如鸭脚木、光叶山矾、尾叶桉和山黄麻等，1kg 干叶吸收硫分别为 14507mg、12453mg 和 10432mg，其叶片硫含量是清洁区的 2~4 倍。尽管这些树种比参试植物接触污染物时间更长，但其对 SO_2 的吸收能力仍然非常强，更重要的是它们在污染的环境中能长期正常生长，这无疑为大气污染植物去污种类提供了更广阔的空间。

该试验的参试植物在污染地区生长 128 天，存活的植物都具有较强的抗性。从试验结果可以看出，表现最为理想的种类有竹节树，在 SO_2 污染严重的东村，不但长势良好，而且 1 kg 干叶可吸收 15873mg 硫，净化功能极其显著；类似种类还有小叶榕、傅园榕、菩提榕、环榕、大头茶、红花油茶、仪花、密花树、光叶山矾等，这些植物对大气 SO_2 污染不但有很强的抗性，而且有很高的吸收净化能力，是大气 SO_2 污染严重地区空气净化植物的首选。除上述种类外，表现较为理想的种类还有茶花、刺果番荔枝、黄花夹竹桃、幌伞枫、鸭脚木、山黄麻等，这些植物对 SO_2 污染抗性中等，也有一定的吸收能力，是 SO_2 污染较轻的大气环境净化的理想种类。

植物叶片氟含量与硫含量一样，与大气污染物浓度密切相关。清洁对照点的叶片含氟量平均为 155.43mg/kg（30~1477mg/kg），五星为 1849.54mg/kg（653~4515mg/kg），东村则是 3725.86mg/kg（1954~5331mg/kg），与各自生长环境大气中氟化物浓度成正比。东村和五星两地大气氟化物的浓度差别不大（54.368mg/kg 和 44.131mg/kg），但两地植物叶片氟含量差异大，可能是五星的降尘量远大于东村，大量的降尘影响了叶片气孔的开放和导度，降低了污染物进入叶片的通量。

不同植物对大气氟化物的吸收能力差异很大。污染区（东村）与相对清洁对照区相差最大达 100 多倍，最小的也有 2 倍多。从相对吸收量来看，在东村试验点，竹节树具有最大的吸收量，1kg 干叶吸氟达 5289.28mg，其次是傅园榕（4917.42mg）、小叶榕（4630.25mg）、密花树（4603.10mg）等，最小的红花油茶，吸收量也有（1560.84mg）。表明这些植物对大气氟化物不但有较强的抗性，而且有很高的吸收能力，对氟化物污染有很好的净化功能。在污染相对较轻的五星试验点，也有一批对大气氟化物污染具有一定抗性和吸收净化能力的植物种类，如刺果番荔枝、黄花夹竹桃、小叶胭脂等，还有一些当地生长的种类，如银柴、山黄麻、光叶山矾、鸭脚木等。

现实中的工业区往往有多家工厂并存，各厂排放的大气污染物各异，在这种情况下如何选择树种呢？此时应首先找出主要的大气污染物，然后针对主要污染物选择树种。如钢铁、化肥、火力发电厂、建材、陶瓷等并存的工业区，SO_2 和 HF 污染都很严重，此时应选择抗 SO_2 和 HF 都较强的植物树种。

4. 植物同化和超同化修复存在的问题

首先，在超同化植物的培养中，发生基因漂移，出现杂草化。在试验室，通过对试验条件的严格限制，可以避免转基因生物对其他生物造成影响。但一旦进入自然界，限制被解降，转基因将通过各种途径进行转移、扩散。大面积种植转基因作物，会发生该种作物与其邻近地域的同种属近缘野生植物杂交，将部分基因转移给它们，改变其部分生存特性。如通过传粉，转基因植物可能将一些抗病虫、抗除草剂或对环境胁迫具有耐性的基因转移给野生近缘种或杂草，使杂草获得转基因生物体的抗逆性状，而变成超级杂草，进而严重威胁其他作物的正常生长与生存，即出现杂草化。

其次，转基因植物对生物多样性和生态环境有影响。由于转基因技术已经突破了传统的界、门的局限，可以使动植物、微生物甚至人类的基因进行相互转移，使转基因生物具有普通物种不具备的优势特征。若释放到环境，会改变物种间的竞争关系，破坏原有自然生态平衡，导致生物多样性的丧失。

再次，转基因生物通过基因漂移，会破坏野生和野生近缘种的遗传多样性。

生物技术育种领域，由于园林植物大多供观赏而非食用，故从转基因植物颇受争议的安全性而言，将会比其他农作物更易被批准进行大田释放试验和推广，因此其研发速度会进一步加快，并随着全球对园林植物需求量增加而攀升。

总之，植物不但能改变城市的景观状况，而且选择合适的树种对于修复城市大气污染有着非常重要的作用。表 12-5 总结了不同绿化植物对大气污染的修复能力。

表 12-5 不同绿化植物对大气污染的修复能力

主要污染物	修复能力	灌木	灌木、草本等
物理性颗粒	较强	毛白杨、臭椿、悬铃木、雪松、广玉兰、女贞、泡桐、紫薇、核桃、板栗	丁香、大叶黄杨、榆叶梅、侧柏
	中等	国槐、旱柳、白蜡、紫荆	紫丁香、大叶黄杨、月季

（续）

主要污染物	修复能力	灌木	灌木、草本等
SO₂	强	女贞、构树、棕榈、沙枣、苦楝、石榴、樟树、小叶榕、垂柳、臭椿、加拿大杨、花曲柳、刺槐、旱柳、枣树、水曲柳、新疆杨、水榆	小叶黄杨、竹节草、绊根草、松叶牡丹、凤尾兰、夹竹桃、丁香、玫瑰、冬青卫矛
	较强	桑树、合欢、榆树、朴树、紫藤、紫穗槐、梧桐、国槐、泡桐、白蜡、玉兰、广玉兰、栾树	竹子、榆叶梅、竹节草
	敏感	复叶槭、梨、苹果、桃树、核桃、油松、黑松、沙松、雪松、白皮松、樟子松、落叶松、水杉、银杏、棕榈、槟榔、悬铃木、马尾松、赤杨、白杨、枫杨、梅花	向日葵、紫花苜蓿、月季、暴马丁香、连翘
Cl₂	强	棕榈、木槿、构树、女贞、罗汉松、加拿大杨、紫荆、紫薇、山杏、家榆、紫椴、水榆、白桦	小叶黄杨、夹竹桃、冬青卫矛、凤尾兰、紫藤、竹节草、绊根草、松叶牡丹、暴马丁香、樱桃
	较强	臭椿、朴树、小叶女贞、桑树、梧桐、玉兰、枫树、龙柏、花曲柳、桂香柳、皂角、枣树、枫杨	大叶黄杨、文冠果、连翘、石榴
	敏感	垂柳、银杏、水杉、银白杨、复叶槭、油松、悬铃木、雪松、柳杉、黑松、广玉兰、桧柏、茶条槭、沙松、旱柳、云杉、辽东栎、麻栎、赤杨	万寿菊、木棉、假连翘、向日葵、黄菠萝、丁香
HF	强	女贞、棕榈、小叶女贞、朴树、桑树、构树、梧桐、泡桐、白皮松、桧柏、侧柏、臭椿、银杏、枣树、山杏、大叶杨、白榆	小叶黄杨、冬青卫矛、凤尾兰、美人蕉、竹节草、绊根草、松叶牡丹、无花果
	较强	木槿、辛树、苦楝、合欢、白蜡、旱柳、广玉兰、玉兰、刺槐、国槐、杜仲、臭椿、旱柳、茶条槭、复叶槭、加拿大杨、皂角、紫椴、雪松、水杉、云杉、白皮松、沙松、落叶松、华山松、青杨、垂柳、旱柳、香椿、胡桃、银白杨、银杏、桃树、核桃、悬铃木	小叶黄杨、石榴、丁香、紫丁香、卫矛、毛樱桃、接骨木
	敏感	葡萄、杏树、黄杉、稠李、樟子松、油松、山桃、梨树、钻天杨、泡桐	唐菖蒲、小苍兰、郁金香、苔藓、烟草、杞果、四季海棠、榆叶梅
O₃	较强	洋白蜡树、颤杨、美国五针松、五角枫、臭椿、侧柏、银杏、圆柏、刺槐、国槐、钻天杨、红叶李	苜蓿、烟草、葡萄、紫穗槐
	敏感	美国白蜡	敏感牵牛花、牡丹
气态汞	较强	瓜子黄杨、广玉兰、海桐、蚊母、墨西哥落叶杉、棕榈	
菌类	较强	龙柏、芭蕉、圆柏、银杏、侧柏、松类、榆树、水杉、夹竹桃	

12.2.5 大气污染植物修复的优缺点

与其他治理大气污染的方法比较，大气污染的植物修复具备以下优点：

1）绿色净化，清洁并储存可利用的太阳能。

2）经济有效，具有潜在的环境价值。目前的大气污染治理方法集中在对燃料的脱硫脱氮以减少污染物的排放，改进燃烧装置和燃烧技术以提高燃烧效率和降低 NO_x 的排放量和对汽车尾气、工业废气的净化吸收方面。这些措施是很重要的大气污染控制方法，但是仍有一部分废气会扩散到大气中，这部分废气只能以植物修复的方式去除，而且利用植物修复可做到一举两得。一株 50 年龄的树木，一年产生的氧价值 3.2 万美元，吸收有毒气体，防止大气污染价值 3.25 万美元。

3）美化环境，普遍接受。大众对该项技术也有较好的心理承受能力，易为社会所接受。污染地附近的居民总是期望有一种治理方案既能保护他们的身心健康，美化其生活环境，又能消除环境中的污染物，植物修复技术恰恰能满足这一点。

4）适用植物修复的污染物范围较广，如重金属（Pb、Cd 蒸气，Hg 蒸气）、有毒化学气体（HF、Cl_2、O_3、SO_2、NO_2 等）、放射性物质、有机物（苯、甲苯、三氯乙烯、PCBs、PAHs）等。

大气污染植物修复技术的缺点：①植物修复的本身耗时长；②污染物可通过食用含污染物植物的昆虫和动物进入食物链；③有毒污染物可能在植物体内转化为毒性更强的物质；④植物修复能力受水力控制。在生长季节，植物向大气中蒸发大量的水分，植物的蒸腾作用能够阻止污染物质从渗流区向饱和区的向下沉降流动。人们正在利用植物的蒸腾作用来阻止或减慢在渗流区或渗流区与饱和区边界中污染物质的迁移。当然，这种抽提作用只是在植物能进行光合作用时才会发生。例如，在冬天，落叶树不能起到这种蒸发抽提作用。

虽然这些限制因素对大气污染的植物修复提出了挑战，但是与此同时也给这种技术的研究与发展带来了机遇。这种污染大气生物修复的思想及其技术对城市园林绿化、环境规划和生态环境建设具有直接的指导意义和应用价值。

12.3 污染大气的微生物修复

微生物修复（Microbial remediation）是利用土著微生物、引入的微生物和人工驯化的具有特定功能的微生物及其代谢过程，或其产物进行的消除或富集有毒物的生物学过程。大气污染的微生物修复技术是利用微生物将大气环境中的污染物降解或转化为其他无害物质的过程。

特定的气态污染物都有其特定的适宜处理微生物群落，根据营养来源来分，能进行气态污染物降解的微生物可分为自养菌和异养菌两类。自养菌主要适于进行无机物的转化，如硝化、反硝化和硫酸菌可在无无机碳和氮的条件下靠氨、硝酸盐和硫化氢、硫及铁离子的氧化获得能量，进行生长繁殖。但是由于自养菌的新陈代谢活动较慢，它们只适于较低浓度无机废气的处理。异养菌是通过对有机物的氧化代谢来获得能量和营养物质的，在适宜的温度、pH 值和氧条件下，它们能较快地完成污染物的降解。因此，这类微生物多用于有机废气的净化处理。

12.3.1 无机废气的微生物修复

1. 微生物法脱除烟气 SO_2

微生物法也是烟气脱硫方法之一。SO_2 是元素硫的中间态物质，即可以被氧化或者被还原。目前处理有两种方式：一种是同化型硫酸盐还原作用，即利用微生物把硫酸盐还原成还原态的硫化物，再固定到蛋白质中；另一种是异化型硫酸盐还原作用，即是在厌氧条件下将硫酸盐还原成硫化氢的过程。目前，去除 SO_2 的典型脱硫细菌有：脱硫弧菌，紫色硫细菌，绿色硫细菌，排硫硫杆菌，氧化亚铁硫杆菌，脱氮硫杆菌及贝氏硫菌属、辫硫菌属、发硫菌属的一些菌种等。例如，在微生物的还原作用下 SO_2 可以生成单质硫或还原态 S，然后与金属离子（如 Fe^{2+}、Zn^{2+}）发生作用形成沉淀物而去除。另一方面，在微生物的氧化作用下气态 SO_2 还可以吸收、转化。

研究表明：氧化亚铁硫杆菌氧化 SO_2 存在直接氧化作用和间接催化氧化机制。间接氧化作用主要是在酸性条件下通过氧化 Fe^{2+} 为 Fe^{3+} 来实现的，且在质量浓度 $0\sim1.2g/L$ 之间，Fe^{2+} 和 Fe^{3+} 浓度越高，脱硫效果越好。Fe^{3+} 催化氧化 SO_2 的同时，自己被还原为 Fe^{2+}，进而在氧化亚铁硫杆菌的氧化作用下又回到 Fe^{3+}，弥补溶液中 Fe^{3+} 还原为 Fe^{2+} 后形成的不足，从而构成氧化亚铁硫杆菌和 Fe^{3+}/Fe^{2+} 体系对 SO_2 的循环催化氧化，其反应方程为

$$2FeSO_4+H_2SO_4+1/2O_2 \xrightarrow{细菌} Fe_2(SO_4)_3+H_2O \tag{12-1}$$

$$SO_2+Fe_2(SO_4)_3+2H_2O \rightarrow 2FeSO_4+2H_2SO_4 \tag{12-2}$$

此外，细菌对 SO_2 还有直接的氧化作用，但这种作用基本忽略不计。

$$2SO_2+O_2+2H_2O \xrightarrow{细菌} 2H_2SO_4 \tag{12-3}$$

微生物法烟气脱硫优点：不需要高温、高压、催化剂，均为常温常压下操作，操作费用低，设备要求简单，营养要求低，（利用自养微生物）无二次污染；缺点：没有比较成熟的工艺，菌种的驯化时间长。微生物烟气脱硫技术因其具有环境效益和经济效益的统一的优势而备受关注。

2. 微生物法脱氮

（1）微生物净化 NO_x 原理　采用微生物净化 NO_x 废气的思路是建立在用微生物净化有机废气、恶臭及用微生物进行废水反硝化脱氮获得成功的基础上。由于 NO_x 是无机气体，其构成不含有碳元素，因此微生物净化 NO_x 的原理是：适宜的脱氮菌在有外加碳源的情况下，利用 NO_x 作为氮源，将 NO_x 还原为最基本无害的 N_2，而脱氮菌本身获得生长繁殖。其中 NO_2 先溶于水中形成 NO_3^- 及 NO_2^-，再被生物还原为 N_2，NO 则被吸附在微生物表面后直接被生物还原为 N_2。

NO_x 中 NO_2 和 NO 溶解于水的能力不同，其净化机理也不同。NO 不与水反应，溶解度很小，亨利常数为 $17.1\sim31.4Pa$（$0\sim300℃$），它有两种净化途径：NO 溶解于水或者被反硝化细菌吸附，然后在其氧化氮还原酶的作用下被还原为 N_2。而 NO_2 先溶于水形成 NO_3^-、NO_2^- 及 NO，化学反应式为

$$2NO_2+H_2O \rightarrow HNO_3+HNO_2 \tag{12-4}$$

$$3HNO_2 \rightarrow HNO_3+2NO+H_2O \tag{12-5}$$

NO^- 在微生物硝酸盐还原酶的作用下还原为 NO_2，NO_2^- 在亚硝酸盐还原酶的作用下再还原为 NO，最后 NO 被吸附在微生物表面后，在氧化氮还原酶的作用下被还原为 N_2。NO 在有氧的条件下也会被硝化菌氧化成 NO^- 和 NO_3^-。

（2）脱氮菌及菌种培养　无色杆菌属、产碱杆菌属、杆菌属、色杆菌属、棒杆菌属等是异养脱氮菌，有些是专性好氧菌，有的是兼性厌氧菌，它们在好氧、厌氧或缺氧条件下，利用有机基质进行脱氮。另有少数专性和兼性自养菌也能还原氮氧化物，如硫杆菌属中的脱氮硫杆菌利用无机基质作为氢供体，能在厌氧条件下，利用 NO 作为氢受体使处于还原价位的含硫化合物氧化。各种脱氮菌的最初培养一般都是用含硝酸盐、有机碳基质的培养基在厌氧或缺氧并保证合适的温度和酸碱条件下培养 3 周至 1 个月，然后用于下一步的挂膜或用 NO_x 进行驯化。

微生物的存在形式可分为悬浮生长系统和附着生长系统两种。悬浮生长系统即微生物及其营养物配料存于液相中，气体中的污染物通过与悬浮液接触后转移到液相中而被微生物所净化，其形式有喷淋塔、鼓泡塔等生物洗涤器。附着生长系统废气在增湿后进入生物滤床，通过滤层时，污染物从气相转移到生物膜表面并被微生物净化。

采用生物法脱氮系统是针对 NO 不容易溶于水的特性进行的，适宜的脱氮菌在有碳源且合适的环境条件下，可以将 NO 作为最终的电子受体被还原为 N_2。

悬浮生长和附着生长两套系统在脱氮方面各有优缺点，前者相对来说微生物的环境条件及操作条件容易控制，但 NO_x 中 NO 占据较大的比例，不易溶于水，因此净化效率相对较低。目前，生物废气净化技术尚未有工业化报道，多限于实验室研究阶段。

综上所述，NO_x 控制技术一般都存在投资大、原料消耗高、操作费用高等问题，所以有必要对现有技术进行改造或开发新的、效率高且综合效益好的氮氧化物控制技术。根据我国的情况，对于固定源燃烧排放的 NO_x 治理技术有两个可能的发展趋势：一是改进燃烧过程以控制 NO_x 的排放；二是发展脱硫脱氮一体化技术。对工业生产过程排放源而言，应该从全过程控制的要求出发，推行清洁生产，尽量减少尾气中 NO_x 的含量，同时搞好末端治理，选用高性能的吸附剂和催化剂，不断提高吸收效率，降低设备投资和运行费用。

12.3.2 有机废气的微生物修复

有机废气（Organic waste gas）微生物修复是利用微生物以废气中的有机组分作为其生命活动的能源或其他养分，经代谢降解，转化为简单的无机物（CO_2、水等）及细胞组成物质，过程如图 12-2 所示。与传统的物理化学废气处理技术比较，生物法净化技术具有操作简单、易维护、投资运行费用低、安全性好、处理效率高、无二次污染等特点，特别在净化低浓度、生物可降解性好的废气中更为突出。典型生物过滤系统的费用仅约为焚烧法的 6%，为臭氧氧化法的 13%，为活性炭吸附法的 40%。该法利用微生物降解有机废气中溶解到水中的有机物质，使气体得到净化。这种方法能耗低、运转费用低。对食品加工厂、动物饲养场、粘胶纤维生产厂、化工厂等排放的低浓度恶臭气体的处理十分有效，并已有研究报告表明对苯、甲苯等 VOCs 废气的处理也是有一定的效果。

微生物处理法中的生物反应器的处理能力较小，往往需要很大的占地面积，在土地资源紧张的地方，应用受到限制。另外，受微生物品种的限制，并不是所有的有机物都能用生物处理法。事实上，该法对于大多数难以降解的有机物而言，根本无法应用。适合于微生物处理的废气污染组分主要有乙醇、硫醇、甲酚、酚、吲哚、脂肪酸、乙醛、酮、噻吩衍生物、二硫化碳和胺等。

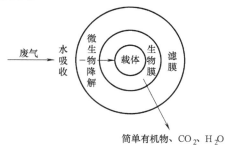

图 12-2 微生物降解有机废气过程

用生物反应器处理有机废气，一般认为主要经历如下步骤：①废气中的有机物同水接触并溶于水中，即使气相中的分子转移到水中；②溶于水中的有机物被微生物吸收，吸收剂被再生复原，继而再用以溶解新的有机物；③被微生物细胞所吸收的有机物，在微生物的代谢过程中被降解、转换成为微生物生长所需的养分或 CO_2 和 H_2O。

废气生物处理所要求的基本条件，主要为水分、养分、温度、氧气（有氧或无氧）及酸碱度等。因此，在确认是否可以应用生物法来处理有机废气时，首先应了解废气的基本条件。例如：废气的温度太低不行，太高也不行；如果气体过于干燥，必须在微生物上加水，以保持一定的水分；废气中富含氧的话，则应采用好氧微生物法处理，反之，则应采取厌氧微生物法处理。

根据微生物在工业废气处理过程中存在的形式，可将其处理方法分为生物洗涤法（悬浮态）和生物过滤法（固着态）两类，其中生物过滤法中包括生物滴滤池法。

1. 生物洗涤法

生物洗涤法（Bioscrubber）是利用微生物、营养物和水组成的微生物吸收液处理废气，适合于吸收可溶性气态物。吸收了废气的微生物混合液再进行好氧处理，去除液体中吸收的污染物，经处理后的吸收液再重复使用。其典型的形式有喷淋塔、鼓泡塔和穿孔板塔等生物洗涤器。

生物洗涤法的反应装置由一个吸收室和一个再生池构成，如图 12-3 所示。生物悬浮液（循环液）自吸收室顶部喷淋而下，使废气中的污染物和氧转入液相，实现质量传递，吸收了废气中组分的生物悬浮液流入再生反应器（活性污泥池）中，通入空气充氧再生。被吸收的有机物通过微生物作用，最终被再生池中的活性污泥悬浮液从液相中除去。生物洗涤法处理工业废气，其去除率除了与污泥的浓度、pH 值、溶解氧等因素有关外，还与污泥的驯化与否、营养盐的投加量及投加时间有关。当活性污泥浓度控制在 $5000 \sim 10000$ mg/L、气速小于 20m^3/h 时，装置的负荷及去除效率均较理想。

生物洗涤法中气、液两相的接触方法除采用液相喷淋外，还可以采用气相鼓泡。一般气相阻力较大时可用喷淋法，反之液相阻力较大时采用鼓泡法。鼓泡与污水生物处理技术中的曝气相仿，废气从池底通入，与新鲜的生物悬浮液接触而被吸收。由此，生物洗涤法又分为洗涤式和曝气式两种。与鼓泡法处理相比，喷淋法的设备处理能力大，可达到 60m^3/(m$^2 \cdot$ min)，从而大大减少了处理设备的体积。喷淋净化气态污染物的影响因素与鼓泡法基本相同。

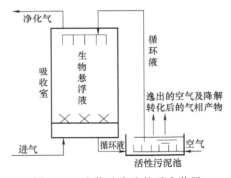

图 12-3　生物洗涤法的反应装置

生物洗涤方法可以通过增大气液接触面积，如鼓泡法中加填料，以提高处理气量；或在吸收液中加某些不影响生物生命代谢活动的溶剂，以利于气体吸收，达到去除某些不溶于水的有机物的目的。生物洗涤器的特点是：水相和生物相均循环流动，生物为悬浮状态，洗涤器中有一定生物量和生物降解作用的存在。与生物滤池相比，其优点是反应条件易控制，压降低，填料不易堵塞；但设备多，需外加营养物，成本较高，填料比表面积小，限制了微溶化合物的应用范围。

2. 生物过滤法

生物过滤法（Biofilter）是用含有微生物的固体颗粒吸收废气中的污染物，然后微生物再将其转换为无害物质。在生物过滤法中，微生物附着生长于介质上，废气通过由介质构成的固体床层时被吸附、吸收，最终被微生物所降解，其典型的形式有土壤、堆肥等材料构成的生物滤床。生物滤池的优点是无水相，设备少，操作简单，不需外加营养物，VOCs 去除效率高，二次污染小，生物膜固定比表面积大，投资运行费用低。但反应条件较难控制，滤池面积大，基质浓度高时，因生物量增长快而易堵塞滤料，影响传质效果。生物滤池能较好地处理单环芳烃、醇、羧酸、醛、酮、酯类等 VOCs 废气，适用于质量浓度低于 1000mg/m^3 的 VOCs 废气处理。

微生物过滤法修复废气装置如图 12-4 所示。

废气首先经过预处理，包括去除颗粒物和调温调湿，然后经过气体分布器进入生物过滤器。生物过滤器中填充了有生物活性的介质，一般为天然有机材料，如堆肥、泥煤、谷壳、木片、树皮和泥土等，有时候也混用活性炭和聚苯乙烯颗粒。填料均含有一定水分，填料表面生长着各种微生物。当废气进入滤床时，废气中的污染物从气相主体扩散到介质外层的水膜而被介质吸收，同时氧气也由气相进入水膜，最终介质表面所附的微生物消耗氧气而把污染物分解转化为 CO_2、水和无机盐类。微生物所需的营养物质则由介质自身供给或外加。生物滤池具体由滤料床层（生物活性填充物）、砂

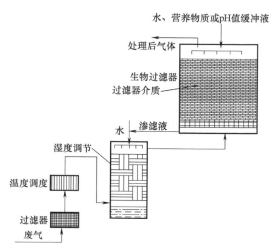

图 12-4 微生物过滤法修复废气装置

砾层和多孔布气管等组成。多孔布气管安装在砂砾层中，在池底有排水管排除多余的积水。按照所用固体滤料的不同，生物滤池分为土壤滤池和堆肥滤池以及微生物过滤箱。

（1）土壤滤池 土壤滤池（Soil filter，土壤床）的构造为：气体分配层下层由粗石子、细石子或轻质陶粒骨料组成，上部由砂或细粒骨料组成，总厚度为 400~500mm。土壤滤层可按黏土 12%、含有机质沃土 15.3%、细砂土 53.9%和粗砂 29.6%的比例混配。厚度一般为 0.5~1.0 m。有资料报道，在土壤中添加 3%的鸡粪、2%的膨胀珍珠岩，滤层透气性不变，对二甲基二硫的去除率提高 70%。土壤使用 1 年后，就逐渐酸化，需及时用石灰调整 pH 值。

影响土壤床去除率的主要因素有温度、湿度、pH 值及土壤中的营养成分。土壤中微生物的活性温度范围为 0~65℃，以 37℃时的活性最大。湿度对土壤床的影响为：一方面湿度增加，有利于微生物的氧化分解作用；另一方面湿度增加，水分子与废气中的污染物在土壤表面吸附点产生竞争吸附，这对污染物的处理不利，因此湿度一般保持在 50%~70%。对于开放式生物滤池，通过喷淋水来调节湿度。此外，向土壤中加入一些改良剂可提高土壤床的效率。

土壤法处理废气具有的优点包括：①投资小，仅为活性炭吸附法投资的 1/5~1/10；②无二次污染，微生物对污染物的氧化作用完全，土壤中无污染物的积累或向其他介质如水和渣中转移；③土壤床有较强的抗冲击能力，土壤床中氧，营养和微生物种类、数量很充分，当遇到冲击负荷时，微生物的种类与数量能随废气中有机物迅速变化。

土壤床处理废气的主要缺点是占地面积大。目前正在研究多层土壤床，这将是解决该问题的重要研究方向。

土壤生物滤池目前主要用于化工、制药和食品加工行业中废气处理及卫生填埋厂、动物

饲养场和堆肥场等产生的废气处理。土壤床处理低浓度含氨、硫化氢、甲硫醇、二甲基硫、乙醛、三甲胺等的废气，这类废气的主要特点是带有强烈的臭味，臭味是由一种或多种有机成分引起的，但这些有机成分在废气中的浓度不高，脱臭率均大于99%。此外，土壤床还能脱除废气中的烟尘。

（2）堆肥滤池　堆肥滤池（Composting filter，堆肥床）处理废气是将堆肥如畜粪、城市垃圾、污水处理厂的污泥等有机废物经好氧发酵、热处理后，盖在废气发生源上，使污染物分解而达到净化的目的。堆肥具有50%~80%的部分腐殖化的有机物质。堆肥的生物活性与土壤一样，由大量各种微生物组成并具有不同的降解性能。堆肥床的构造是在地面挖浅坑或筑池，池底设排水管。在池的一侧或中央设输气总管，总管上再接出直径约125mm的多孔配气支管，并覆盖砂石等材料，形成厚50~100mm的气体分配层，在分配层上再铺放厚500~600mm的堆肥过滤层。过滤气速通常在0.01~0.1m/s。

堆肥床工作原理与土壤床基本相同，但在应用上有以下不同点：

1）土壤床的孔隙较小，渗透性较差，所以在处理相同量的废气时，土壤床占地的面积较大。

2）土壤床对处理无机气体如SO_2、NO_x、NH_3和H_2S所形成的酸性有一定的中和能力，如果经石灰预处理，其中和能力更强。堆肥床不能用石灰处理，否则会变成致密床层，降低处理效果。

3）堆肥床中的微生物较土壤中多，对废气去除率较高，且接触时间只有土壤床的1/4~1/2，约20s，所以适用于处理含易生物降解污染物、废气量大的场合。对于生物降解较慢的气体，需要较长的反应时间。如果在废气量不大的情况下，用土壤层较合适。

4）堆肥床使用一定时间后，有结块的趋势，因此需周期性地进行搅动，防止结块。堆肥为疏水性，需防止干燥，否则再湿润比较困难。土壤为亲水性，一般不会发生上述现象。

5）在服务年限方面，土壤床比堆肥床长，土壤床处理挥发性有机废气，其使用时间几乎趋于无限长；而对有机废气的使用年限则取决于土壤的中和能力。

（3）微生物过滤箱　微生物过滤箱（Microbial filter box）为封闭式装置，主要由箱体、生物活性床层、喷水器等组成。床层由多种有机物混合制成的颗粒状载体构成，有较强的生物活性和耐用性。微生物一部分附着于载体表面，一部分悬浮于床层水体中。废气通过床层，污染物部分被载体吸附，部分被水吸收，然后由微生物对污染物进行降解。床层厚度按需要确定，一般在0.5~1.0m。床层对易降解碳氢化合物的降解能力约为200g/（$m^3 \cdot h$），过滤负荷高于600m^3/（$m^2 \cdot h$），气体通过床层的压降较小，使用1年后在负荷为110m^3/（$m^2 \cdot h$）时，床层压降约为200Pa。

微生物过滤箱的净化过程可按需要控制，因而能选择适当的条件，充分发挥微生物的作用。微生物过滤箱已成功地用于化工厂、食品厂、污水泵站等方面的废气净化和脱臭。处理含硫化氢50mg/m^3、二氧化硫150mg/m^3的聚合反应废气，在高负荷下硫化氢的去除率可达99%。处理食品厂高浓度（6000~10000Nod/m^3，Nod/m^3为臭气单位）恶臭废气，脱臭率可达95%。此外，还用于去除废气中的四氢呋喃、环己酮、甲基乙基甲酮等有机溶剂蒸气。

（4）微生物滴滤箱　微生物滴滤箱（Microbial trickling filter）的结构如图12-5所示，

一层或多层填料的填充塔作为主体部分，其内的填料表面附有驯化培养的生物膜。可溶性无机盐营养液于塔上自上而下均匀地喷洒在填料层之上，后由池底排出循环利用。在我国虽也称为生物滤池，但两者实际上是有区别的。

在处理有机废气上，生物滴滤池和生物滤池主要不同之处如下：

1）使用的填料不同。滴滤池使用的填料如粗碎石、塑料蜂窝状填料、塑料波纹板填料等，不具吸附性，填料之间的空隙很大。

2）回流水由生物滴滤池上部喷淋到填料床层上，并沿填料上的生物膜滴流而下。通过水回流可以控制滴滤池水相的 pH 值，也可以在回流水中加入 K_2HPO_4 和 NH_4NO_3 等物质，为微生物提供 N、P 等营养元素。

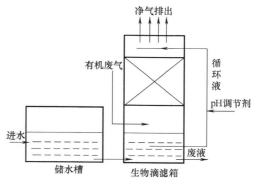

图 12-5　微生物滴滤箱的结构

3）由于生物滴滤池中存在一个连续流动的水相，因此整个传质过程涉及气、液、固三相。但从整体上讲，仍然是一个传质与生化反应的串联过程。

4）如果设计合理，生物膜反应器具有微生物浓度高、净化反应速度快、停留时间短等优点，可以使反应装置小型化，从而降低设备投资。

生物滴滤池易处理碳氢化合物、卤代烃、醇、酮类等 VOCs 废气，具有操作简单，反应条件易控制，能耗低，生物相与液相均循环式流动，压降小，净化效率高等优点，但需要定期更换填料，生物量堵塞难以控制，设备易腐蚀。生物滴滤池是一种介于生物滤池和生物洗涤器之间的处理工艺。

3. 生物滴滤和生物过滤组合工艺处理 VOCs 工程案例

大风量低浓度 VOCs 治理技术采用预处理+除味+除湿组合工艺。预处理单元：采用降温喷淋洗剂工艺，直接气液传热传质喷淋以降低气体温度、洗涤气体中的部分 VOCs、降低气体中含尘量；VOCs 处理单元：采用生物滴滤和生物过滤组合工艺将降温后气体中的 VOCs 降解，消除或极大程度上减轻气体的异味；VOCs 深度处理及除湿单元：采用低温等离子体技术处理尾气中 VOCs、湿蒸气，达到 VOCs 深度净化及烟气消白一体化。

工程运行结果表明：该工艺可达到 VOC 去除率 80% 以上，烟气无明显气味；除湿率80% 以上，无明显烟带；除尘率 95% 以上的治理效果，实现了该类废气的污染减排和深度治理。其工艺流程和效果分别如图 12-6 和图 12-7 所示。

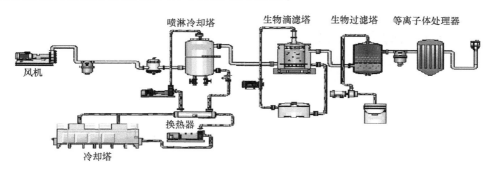

图 12-6　大风量低浓度 VOCs 治理系统工艺流程

设备关机状态 ——————————→ 设备运行状态

图 12-7 大风量低浓度 VOCs 治理效果

表 12-6 为三种有机废气微生物修复方法的比较，在修复有机废气时要根据其特点选用。

表 12-6 有机废气微生物修复方法的比较

装置类型	工作介质	冲洗系统	基本净化阶段	供养源	适用范围
生物滤池	固定于天然载体或混合肥料，及土壤的微生物	无循环	过滤层吸收，微生物降解	生物过滤层	气量大，浓度低的污染气体
生物滴滤塔	固定在惰性材料上的微生物、水	循环	通过水表层扩散，在生物膜内降解	外加营养	负荷较高以及降解后会产生酸性物质的污染气体
生物洗涤器	水、活性污泥	循环	吸附器内水吸附，通过微生物或活性污泥在曝气池内降解	投加的无机盐	气量较小，浓度较大且生物代谢速率较低，易溶的污染气体

12.3.3 微生物治理室内污染空气

室内空气污染物来源广泛，主要可分为以下三类：人类活动（如聚会等）、建筑及装饰材料的化学物质外放、室外空气污染。苯、甲醛被认定为对人类健康影响最大的室内污染物之一，它们主要是由于建筑和装修材料中化学物质外放造成的。

目前我国在室内空气污染上并没有较为有效的处理方法，主要以预防为主，其次通过室内通风，稀释室内污染物，减少对人们的危害。但是经过调查，有机污染物存在的时间比较长，如甲醛的释放时间就可长达 3~15 年。可通过物理、化学吸附的方法来对室内空气污染物进行去除，其中活性炭是最常用的吸附剂。与传统的室内空气污染治理技术相比，微生物法有对废气极高的处理效率、较低的投资及运行费用、易于管理等优点。

将微生物处理废气应用至室内需要突破的几个技术性问题：设备研发、微生物的选择、微生物的控制、微生物产物的处理。

12.4 污染大气的天然无机矿物材料修复

利用天然矿物治理污染物的方法是建立在充分利用自然规律的基础之上的，体现了天然自净化作用的特色。更为有利的是，要采用的部分天然矿物往往来源于矿山废物，以废治废、污染控制与废物资源化并行，具有"零排放"兼有"零废料"的环保意义。显然，矿物处理方法具有处理设备简单、成本低、效果好且不出现二次污染等优势，目前已成为发展中国家为寻求成本低廉的环保技术，实现环保与生产的协调发展，确保社会与经济的持续发展而要优先开展的重点研究方向之一。

环境矿物材料是指由矿物及其改性产物组成的与生态环境具有良好协调性或直接具有防治污染和修复环境功能的一类矿物材料。环境矿物材料的诞生，在很大程度上得益于天然矿物所具有的良好基本性能。环境矿物材料的基本性能是多种天然矿物对污染物净化机理与净化功能的体现，也是污染物的矿物处理方法的关键所在。基本性能主要是指矿物天然自净功能，包括矿物表面吸附作用、孔道过滤作用、结构调整作用、离子交换作用、化学活性作用、物理效应作用、纳米效应作用及与生物交互作用等。天然矿物对污染物的净化功能主要体现在矿物表面吸附性作用与矿物吸附剂、矿物孔道过滤性作用与矿物过滤剂和分子筛、矿物层间离子交换作用与矿物交换剂、矿物热效脱硫除尘作用与矿物添加剂等方面。近年来在二氧化硫烟气净化方面，开发出了离子交换树脂吸附型净化材料及利用稀土氧化物材料作为催化剂的干法脱硫材料。近几年的研究结果还表明，某些天然金属矿物具有在水介质中的微溶性化学活性作用与矿物反应剂，也能在污染治理领域发挥独特的作用。

1. 环境矿物材料固硫剂

通常使用的固硫剂是一些含钙、镁、铝、铁、硅和钠等的物相。通过在粉煤成型过程中加入这些固硫剂，使煤在燃烧时所生成的二氧化硫被固硫剂吸收，形成硫酸盐固定在炉渣中，以减少二氧化硫向大气排放。固硫剂的比表面是影响二氧化硫吸收的主要因素，吸附比表面越大，吸附反应速度越快。在煤燃烧过程中，固硫作用是在高温下进行的，而在高温条件下业已形成的硫酸盐极易分解，从而降低了固硫率（往往只有50%左右），大大影响了固硫效果。研究发现，造成高温下硫酸盐分解的主要原因是燃烧的型煤内部存在局部的还原气氛，即碳和一氧化碳浓度较高。为防止硫酸盐的分解，提高固硫率，必须有效降低燃烧过程中这些局部的碳和一氧化碳的浓度。显然，降低碳和一氧化碳的浓度也就意味着提高碳和一氧化碳向二氧化碳的转化率，是煤炭充分燃烧的体现，更是减少碳质粉尘的体现。

某些天然矿物具有膨胀性、离子交换性、吸附性与耐高温等独特性能，尤其是矿物受热后因水的挥发而留下大量孔道，且孔道内含有大量的钙离子与镁离子。故在型煤中添加这些矿物，在其燃烧过程中便可能产生一定的膨胀空间，一方面有利于二氧化硫与其中的钙离子或镁离子结合形成硫酸盐而达到固硫的目的，另一方面又有利于碳和一氧化碳充分燃烧而达到降低局部的碳和一氧化碳浓度的目的，从而最终达到提高固硫率、燃烧率与减少碳质粉尘的目标。根据煤炭中硫的具体含量，测算出最佳钙硫比和镁硫比，可在固硫剂中再添加一定量的含钙、镁等天然矿物。

2. 环境矿物材料除尘过滤器

工业电厂和锅炉燃煤过程中所产生的粉尘大概有两条去除途径，即干法除尘和湿法除尘。具体工艺是在烟道末端安装有关除尘装置和设备，现行的工业除尘技术与方法很不适合于民用炉灶燃煤过程中所产生的粉尘污染的治理。在不改变传统民用炉灶结构的前提下，可研制开发民用炉灶炉膛内除尘的方法和技术。具体途径一是体现在上述固硫剂的研制中，即提高煤炭燃烧率，以达到直接减少碳质粉尘的目的，二是研制环境矿物材料除尘过滤器。对除尘过滤器的材质要求是，具有良好的热辐射与耐高温性能和所制作成的器具具有多孔结构与高效吸附性能，以及价格低廉与经久耐用等特性。天然矿物材料便是较为理想的选择对象。利用所选取的天然矿物材料作为原料制作成多孔状陶瓷板，其中的孔径大小、密度与高度对碳质粉尘的过滤效果及炉内煤炭的燃烧效果均有很大影响。将制得的多孔状陶瓷板切割成民用炉灶炉膛的外径大小，直接覆盖在型煤的顶部，起到通气拦尘的过滤作用。当然，这一方法能首先保证室内的安全性，因为从过滤器中排放出来的烟气直接进入了烟道，并没有改变传统民用炉灶的排烟状况。

3. 环境矿物材料脱硫除尘喷洒剂

为了进一步提高固硫率，尤其是为了除去从过滤器中排出的更为细小的粉尘，以达到对民用炉灶燃煤所产生的二氧化硫和碳质粉尘的较彻底治理即二级处理，还可开展天然矿物材料脱硫除尘喷洒剂的研制。选取合适的天然矿物粉体材料，配成水溶液，其液滴应具有较好的吸收二氧化硫和捕集碳质粉尘的性能。当然，矿物粉体材料水溶液的介质条件，如 pH 值和浓度等是影响吸收与捕集效果的重要因素。然后，在炉膛上方或烟道入口处组装常压喷洒小型装置，要求有连续、均匀喷洒矿物粉体水溶液的功能。

4. 天然矿物热效应作用

天然矿物的热效应——脱硫除尘作用，可具体表现为高温条件下天然矿物仍具有孔道特性作用和化学活性作用等。高温条件下具有孔道特性的矿物应具有良好的热稳定性，利用其固有的孔道结构、热膨胀空隙或能被制作成多孔材料。高温条件下具有化学活性的矿物却要求有热不稳定性，利用其热分解后的产物能与二氧化硫等气体产生化学反应，以形成高温条件下稳定的新物相。这是运用环境矿物材料研制开发燃煤烟尘型大气污染防治方法与技术的基础。显然，这类技术方法的优势在于开发利用来源广、价格低且易加工的天然环境矿物材料，充分利用环境矿物材料热效应的基本性能，并具有成本低廉、设备简易、操作简便、易被用户接受的特点。

思　考　题

1. 简述主要大气污染物及其环境危害。
2. 简述大气颗粒物的植物修复过程。
3. 简述无机废气的植物修复类型和过程。
4. 简述有机废气的生物修复原理、类型和应用。
5. 简述无机废气的生物修复原理、类型和应用。
6. 简述天然无机矿物材料对大气污染的修复原理、类型和过程。

参 考 文 献

［1］　赵景联，史小妹. 环境科学导论［M］. 2 版. 北京：机械工业出版社，2017.

［2］　赵景联. 环境修复原理与技术［M］. 北京：化学工业出版社，2006.

［3］　沈德中. 污染环境的生物修复［M］. 北京：化学工业出版社，2002.

［4］　中国科学院植物研究所二室. 环境污染与植物［M］. 北京：科学出版社，1978.

［5］　张景来，等. 环境生物技术及应用［M］. 北京：化学工业出版社，2002.

［6］　马放. 环境生物技术［M］. 北京：化学工业出版社，2003.

［7］　陈欢林. 环境生物技术与工程［M］. 北京：化学工业出版社，2003.

［8］　里特曼，夏卡蒂. 环境生物技术原理与应用［M］. 文湘华，等译. 北京：清华大学出版社，2004.

［9］　鲁敏，李英杰，鲁金鹏. 绿化树种对大气污染物吸收净化能力的研究［J］. 城市环境与城市生态，2002，15（2）：7-9.

［10］　徐铭烙. 南京市主要路域植物的环境效应研究［D］. 南京：南京林业大学，2014.

［11］　王恩怡. 大叶黄杨对大气 SO_2-Pb 复合污染的抗性响应机制研究［D］. 济南：山东建筑大学，2017.

［12］　张德强，褚国伟，余清发，等. 园林绿化植物对大气二氧化硫和氟化物污染的净化能力及修复功能

[J]. 热带亚热带植物学报，2003，11（4）：336-340.

[13] 薛皎亮，谢映平，李景平，等. 太原市空气的 SO_2 污染及树木的吸收净化 [J]. 应用与环境生物学报，2003，9（2）：150-157.

[14] 马跃良，贾桂梅，王云鹏，等. 广州市区植物叶片重金属元素含量及其大气污染评价 [J]. 城市环境与城市生态，2001，14（6）：28-30.

[15] 孙淑萍. 3 种垂直绿化植物对污染物的富集及生理响应 [D]. 南京：南京林业大学，2011.

[16] 谢丽宏，黄芳芳，甘先华，等. 城市森林净化大气颗粒物污染作用研究进展 [J]. 林业与环境科学，2017，33（3）：96-103.

[17] 彭锦玉. 厌氧氨氧化塔式生物滤池脱除 NO 研究 [D]. 大连：大连理工大学，2015.

[18] 骆永明，查宏光，宋静，等. 大气污染的植物修复 [J]. 土壤，2002（3）：113-119.

[19] 李建军. 含 H_2S 和 VOCs 废气的生物过滤过程研究 [D]. 广州：华南理工大学，2012.

[20] 孙倩. 生物滴滤池处理甲醛废气的效果研究 [D]. 南京：南京林业大学，2016.

[21] 鄢一新. 反硝化法降解污泥干化废气挥发性有机物研究 [D]. 扬州：扬州大学，2017.

[22] 刘南. 改性吸附材料对恶臭气体的吸附效应与机理研究 [D]. 长春：吉林大学，2011.

[23] CORNEJO J J，MUNOZ F G，MA C Y，et al . Studies on the decontemination of air by plant [J]. Ecotoxicology，1999，8（4）：312-320.

[24] KURCZYNSKA E U，et al. The influence of air pollutants on needles and stems of Scots pine（Pinus sylvestris L.）trees [J]. Environmental Pollution，1997，98（3）：325-334.

[25] TAKAHASHI M，et al. Nitrite reductase gene enrichment improves assimilation of nitrogen dioxide in Arabidopsis [J]. Plant Phsiol.，2001.

第 13 章

固体废物污染环境修复工程

13.1　固体废物概述

固体废物（Solid waste）是指在生产、生活和其他活动中产生，在一定时间和地点无法利用而被丢弃的污染环境的固态、半固态废弃物质。在具体生产环节中，由于原材料的混杂程度、产品的选择性及燃料、工艺设备的不同而被丢弃的这部分物质，从一个生产环节看，它们是废物，而从另一生产环节看，它们往往又可以作为另外产品的原料，而是不废之物。因此，固体废物又有"放错地点的原料"之称。

1.　固体废物来源

固体废物的来源大体上可分为两类：一是生产过程中产生的废物，称生产废物；另一类是在产品进入市场后在流动过程中或使用消费后产生的固体废物，称生活废物。固体废物的产生有其必然性，这一方面是由于人们在索取和利用自然资源从事生产和生活活动时，限于实际需要和技术条件，总要将其中一部分作为废物丢弃；另一方面是由于各种产品本身有其使用寿命，超过了一定期限，就会成为废物。

2.　固体废物分类

固体废物分类方法很多，按其形状可分为固体废物和泥状废物；按其组成可分为有机废物和无机废物；按其来源可分为工业固体废物、矿业固体废物、农业固体废物、有害固体废物和城市垃圾（Urban garbage）等；按其危害性可分为一般固体废物和危险性固体废物（Hazardous waste），如图 13-1 所示。对于有放射性的固体废物，在国际上单列一类，另行管理。

3.　固体废物特点

（1）资源性（Resource）　固体废物品种繁多，成分复杂，特别是工业废渣，不仅量大，具备某些天然原料、能源所具有的物理、化学特性，而且比废水、废气易于收集、运输、加工和再利用；城市垃圾也含有多种可再利用的物质和一定热值的可燃物质。因此，许多国家已把固体废物视为"二次资源"或"再生资源"，把利用废物替代天然资源作为可持续发展战略中的一个重要组成部分。

（2）污染"特殊性（Particularity）"　固体废物除直接占用土地和空间外，其对环境的影响通常是通过水、气和土壤进行的，是水、气和土壤环境污染的"源头"，其污染途径如图 13-2 所示。

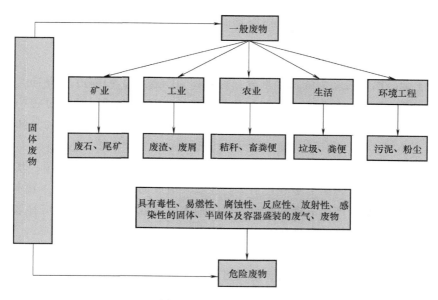

图 13-1　固体废物分类

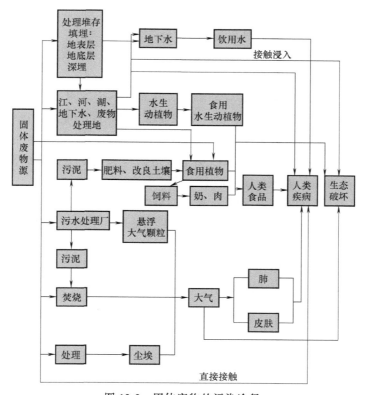

图 13-2　固体废物的污染途径

被固体废物污染的水、气、土经治理后，生成含有污染物的污泥、粉尘、脏土等"新固体废物"。这些"新固体废物"如不进行彻底治理，则会又成为水、气、土壤环境的"新污染源"。如此循环，形成固体废物污染的"特殊性"。

（3）危害性（Harmfulness）　固体废物的危害性表现在对环境的危害、对人体健康的危害和严重危害性三方面。

1）固体废物对环境的危害。

① 侵占土地。固体废物需要占地堆放，每堆积 10^4 t 废物，约需占地 $667m^2$。

② 污染大气。尾矿、粉煤灰、污泥和垃圾中的尘粒随风飞扬；运输过程中产生的有害气体和粉尘、固体废物本身或在处理（如焚烧）过程中散发的有害毒气和臭味等严重污染大气。

③ 污染土壤和地下水。废物堆置或没有采取防渗措施的垃圾简易填埋，其中的有害成分很容易随渗沥液浸出而污染土壤和地下水。任意堆放或简易填埋的垃圾，其本身所含水和淋入堆放垃圾中的雨水所产生的渗沥液流入周围地表水体或渗入土壤，造成地表水或地下水的严重污染，致使污染环境的事件屡有发生。

2）对人体健康的危害。危险废物会对人体产生危害。危险废物的特殊性质表现在它们的短期和长期危险性上。就短期而言，是通过摄入、吸入、皮肤吸收、眼睛接触而引起毒害或发生燃烧、爆炸等危险性事件；长期危害包括重复接触导致的长期中毒、致癌、致畸、致突变等。

3）严重危害性。工业、矿业固体废物堆积，占用了大片土地造成环境污染，严重影响着生态环境；生活垃圾、粪便是细菌和蠕虫等的滋生地和繁殖场，能传播多种疾病、危害人畜健康；危险废物对环境污染和人体健康的危害更加严重。这与危险废物的特性密切相关，主要表现在以下方面：

① 易燃性。由于易燃性危险废物容易燃烧，并且能放出大量的热和烟气，不仅造成热污染和大气污染，还可能因间接地提供了一定的能量，引起另一些危险废物对环境和人体造成危害，或者使其他在常温条件下无害的废物变为危险废物。

② 腐蚀性。具有腐蚀性危险废物不仅会直接对人体和其他生物造成损伤；而且会使盛装容器受到腐蚀发生渗漏，破坏金属、混凝土等的构筑物。

③ 反应性。具有反应性危险废物发生聚合与分解反应，或与空气、水等发生强力反应，以及因受热、冲击而发生爆炸所释放出的有毒烟雾和能量，会对环境和人体健康造成极严重的破坏和损伤。

④ 毒性。具有毒性的废物能使人、动植物中毒，严重时甚至造成死亡。

⑤ 感染性。具有感染性的危险废物会因含有致病的微生物（病源菌）、病毒，使人和动植物出现病态，严重时死亡。

13.2　固体废物污染的环境修复

13.2.1　固体废物环境修复概述

固体废物环境污染主要对象是土壤和水体。固体废物污染的修复就是利用物理、化学或生物的方法对污染环境的固体废物进行处理，以达到减少污染，无害化处理的过程。

固体废物污染的物理修复（Physical remediation）是借助物理手段修复环境的过程。物理修复主要包括物理分离修复、蒸气浸提修复、固定/稳定化修复、玻璃化修复、低温冰冻修复、热力学修复及电动力学修复等技术。

　　固体废物污染的化学修复（Chemical remediation）是通过投加化学试剂与被修复对象发生氧化、还原等化学反应，达到修复环境的目的。化学修复主要包括原位化学淋洗技术、溶剂浸提技术、化学氧化修复技术、化学还原与还原脱氮修复技术等。

　　固体废物污染的生物修复（Bioremediation）是利用天然存在的或特别培养的微生物在可调控环境条件下将有毒污染物转化为无毒物质的处理过程。生物修复可以消除或减弱环境污染物的毒性，可以减少污染物对人类健康和生态系统的风险。这项技术的创新之处在于它精心选择、合理设计操作的环境条件，促进或强化在天然条件下本来发生很慢或不能发生的降解或转化过程。

　　物理修复、化学修复和生物修复技术可参考第2~7章相关内容。

13.2.2　垃圾场的生态修复

　　目前主要的垃圾填埋场生态修复技术包括堆体污染控制技术、好氧快速稳定技术、垃圾开采利用技术和景观植被绿化技术等。对于已经封场多年的垃圾填埋场的修复，考虑旧垃圾填埋场的污染程度及旧垃圾填埋场的修复定位问题，根据不同的问题采取不同的修复措施。对于重度污染的填埋场直接开采进行修复，而对于大量轻度或中度污染地，则宜采用原位生态修复。

　　无论是垃圾堆放场，还是垃圾填埋场，限制生态修复的仍是基质的不和谐性，表现为"垃圾土"的水、肥、气、热、毒等，难于适宜大多数植物的生长。在植被营建过程中，必须考虑垃圾热对植物根系生长的影响。

1. 垃圾渗滤液污染场地的生态修复

　　垃圾渗滤液（Refuse leachate）是垃圾在堆放和填埋过程中，由于发酵和雨水的淋溶、冲刷，以及地表水和地下水的浸泡而排放出来的高浓度有机污水，其COD可达100g/L，铵态氮可达1700mg/L。除此之外，渗滤液中还含有多种重金属。对于由于垃圾堆放引起的土壤重金属污染，可采用植物对重金属的忍耐和超量积累能力并结合共生的微生物体系来实现对重金属污染环境的修复。

　　（1）植物修复　根据其作用过程和机理，重金属污染土壤的植物修复技术可分为植物稳定、植物挥发和植物提取三种类型。

　　1）植物稳定。植物稳定（Phytostabilization）是利用耐重金属植物降低土壤中有毒金属的移动性，从而减少金属被淋滤到地下水或通过空气扩散进一步污染环境的可能性。植物在植物稳定中主要有两种功能：

　　① 保护污染土壤不受侵蚀，减少土壤渗漏来防止金属污染物的淋移。重金属污染土壤由于其毒害作用常缺乏植被，荒芜的土壤更易遭受侵蚀和淋漓作用，使污染物向周围环境扩散，稳定污染物最简单的办法是种植耐金属胁迫植物复垦污染土壤。

　　② 通过金属在根部积累和沉淀或根表吸收来加强土壤中污染物的固定。此外，植物还可以通过改变根际环境（如pH值和Eh）来改变污染物的化学形态，在这个过程中根际微生

物（细菌和真菌）也可能发挥作用。

2）植物挥发。植物挥发（Phytovolatilization）是利用植物的吸收、积累和挥发而减少土壤中一些挥发性污染物，即植物将污染物吸收到体内后将其转化为气态物质，通过叶面释放到大气中，达到减轻土壤污染的目的。已有的研究主要针对挥发性重金属元素 Hg 和易于形成生物毒性低的挥发性有机物的元素 Se 进行的。研究表明，很多植物能吸收污染土壤中的 Se，并将其转化为可挥发的气态 Se 化合物（CH_3SeCH_3，$CH_3SeSeCH_3$），湿地上的某些植物可清除土壤的 Se，其中单质 Se 为 75%，挥发态 Se 为 20%~25%。Hg 在环境中以多种状态存在，包括元素 Hg、无机 Hg 离子（HgCl、HgO、$HgCl_2$ 等）和有机汞化合物（Hg $(CH_3)_2$、Hg $(C_2H_5)_2$ 等）。其中以 Hg $(CH_3)_2$ 对环境危害最大，且易被植物吸收。一些耐 Hg 毒的细菌体内含有一种 Hg 还原酶，催化 Hg $(CH_3)_2$ 和离子态 Hg 转化为毒性小得多、可挥发的单质 Hg，因而可运用分子生物学技术将细菌的 Hg 还原酶基因转导到植物中，再利用转基因植物修复 Hg 污染土壤。挥发进入大气的污染物有可能产生二次污染问题，对人类和生物具有一定的风险，因而此方式尚存不少疑虑。

3）植物提取。植物提取（Phytoextraction）是指利用重金属积累植物或超积累植物从土壤中吸取一种或几种重金属，并将其转移、储存到植物根部可收割部分和植物地上枝条部分，通过收获或移去已积累和富集了重金属的植物的枝条并集中处理，连续种植这种植物，即可使土壤中重金属含量降低到可接受水平。研究镉对黄杨、海桐、冬青、杉木和香樟五种常绿树木的影响发现，树木叶片用 $CdCl_2$ 溶液培养 2d 后，含量增强，分别为原来的 602.94%、907.81%、2272.00%、1256.83% 和 979.72%。

在高汞区种植红树等木本植物吸收较大量的汞，储存于不易被动物啃食的茎、根部位，分解后的有机碎屑生成的腐殖质有较强的吸附汞的能力，避免汞的再次污染。木本植物具有高大的基干、茂密的树叶及发达的根系，不与食物链相连，同时对土壤中镉、汞有较强的吸收积累作用，吸入重金属的植物可作为工业及建筑用材，达到消减稀释重金属的目的，又由于其处理量大，净化效果好，受气候影响小而广为利用。

总之，植物修复技术在清除因垃圾堆放污染的土壤中重金属污染物具有技术和经济上的双重优势，实用范围广，污染物在原地去除，通过传统农业措施种植植物，使成本大大降低，且植物本身对环境的净化和美化作用，更易被社会所接受。此外，植物修复过程也是土壤有机质含量和土壤肥力增加的过程，被修复过的土壤适合多种农作物的生长。表 13-1 列出了美国各州污染场地污染物的种类和利用植物修复的状况和效果。

表 13-1 美国污染场地植物修复的应用

地点	应用	污染物	结果
艾奥瓦州	面源污染控制，1.6km 河段种植杨树	硝酸盐、莠去津、甲草胺以及土壤侵蚀	去除硝酸盐和 0.1%~20% 莠去津
艾奥瓦州	生活固体废物堆置后施用在杨树、玉米和羊茅草上	BEHP、B[a]P、PCBs、氯丹	有机物固定
俄勒冈州	生活垃圾填埋厂覆土上种植杂交杨	有机物、重金属和 BOD	成功
艾奥瓦州艾奥瓦市	杨树处理垃圾填埋渗滤液	有机氯溶剂、金属、BOD、NH_3	杨树在污染物浓度 1200mg/L 下生长
马里兰州乔治王子县	杨树种植在施用污水污泥的土地	污泥中的氯	每公顷 420t 污泥，种植 6 年

（续）

地点	应用	污染物	结果
俄勒冈州 Corvallis	水培系统的有机物,栽培杨树、沙枣、大豆、绿芩处理	硝基苯及其他	基本完全吸收
新墨西哥州	污染土壤种植曼陀罗属(Datura)和番茄属(Lycopersicon)	TNT	基本完全吸收
田纳西州橡树岭	有机物污染土壤种植松树、一枝黄花属、巴伊亚雀稗	三氯乙烯及其他	加强生物矿化
犹他州盐湖城	污染土壤种植冰草	五氯酚和菲	促进矿化
伊利诺伊州新泽西	浅层地下水和杨树	硝酸盐和氨氮	降低污染羽流的大小
俄勒冈州 cminnville	用填埋渗滤液灌溉 6ha 杨树	氨和盐分	零排放、替代送入污水处理厂
亚拉巴马州 hildersherg	土壤用狐尾藻处理	TNT	促进降解

（2）微生物修复 垃圾堆放和填埋场地重金属污染的共生微生物修复包含两方面的技术：微生物吸附和微生物氧化还原。前者是重金属被活的或死的生物体所吸附的过程；后者则是利用微生物改变重金属离子的氧化还原状态，从而降低环境和水体中的重金属水平。微生物吸附的实际应用取决于两个方面：筛选具有专一吸附能力的生物和降低培育生物的成本。最近在改进生物吸附方面的研究包括提高微生物吸附特定金属离子能力的方法，收集生物体及被吸附金属的新方法等。

对于某些重金属污染的场地土壤，可以利用微生物来降低重金属的毒性。研究表明，细菌产生的特殊菌能还原重金属，且对 Cd、Co、Ni、Mn、Zn、Pb 和 Cu 等有亲和力。如 *Citrobactersp* 产生的酶能使 Cd 形成难溶性磷酸盐。选用从含 Cr^{6+}、Zn、Pb 等 10mmol/L 土壤中分离出来的菌种能够将硒酸盐和亚硒酸盐还原为胶态的 Se、能将 Pb^{2+} 转化为胶态的 Pb，而胶态 Se 与胶态 Pb 不具毒性，结构稳定。

在有毒金属离子中，以铬污染的微生物修复研究较多。在好氧或厌氧条件下，有许多异养微生物能催化 $Cr^{6+} \rightarrow Cr^{3+}$ 的还原反应。许多研究还显示，有机污染物如芳香族化合物可以作为 Cr^{6+} 还原的电子供体，这一结果表明微生物可以同时修复有机物和铬的污染。同样，U^{6+} 还原微生物在还原 U^{6+} 的同时，把有机污染物氧化成 CO_2。微生物还可以通过产生还原性产物如 Fe^{2+} 和硫化物，间接促进 Cr^{6+} 的还原，Fe^{2+} 和硫化物可还原 Cr^{6+}。微生物 *Thauera selenatis* 可以除去污水中 98% 以上的硒，同时经反硝化作用除去 NO_3^-。

一些 Fe^{3+} 还原细菌可以把 Co^{3+}-EDTA 中的 Co^{3+} 还原成 Co^{2+}，这有较大的实用价值，因为放射性 Co^{3+}-EDTA 的水活性很高，而 Co^{2+} 与 EDTA 结合较弱，可使钴的移动性降低。除了通过还原金属离子形成沉淀外，微生物还可把一些金属还原成可溶性的或挥发性的形态。如一些微生物可把难溶性的 Pu^{4+} 还原成可溶性的 Pu^{3+}。一些微生物可把 Hg^{2+} 还原成挥发性的 Hg。铁锰氧化物的还原也可把吸附在难溶性 Fe^{3+}、Mn^{4+} 氧化物上的重金属释放出来。

在微生物修复中，也常利用微生物的氧化反应。例如，在含高浓度重金属的污泥中，加入适量的硫，微生物即把硫氧化成硫酸盐，降低污泥的 pH 值，提高重金属的移动性。

2. 垃圾渗滤液污染垃圾填埋场地下水的修复

垃圾渗滤液（Landfill leachate）是一种高浓度氨氮废液，垃圾成分的复杂性和 C/N 失调导致填埋场氨氮的积累，高浓度氨氮对微生物活性有强烈的抑制作用，成为制约垃圾填埋场和垃圾渗滤液处理的瓶颈。针对渗滤液污染地下水的修复，采用较多的处理方法有隔离措施、水力梯度法、地下曝气法、泵-抽处理技术、原位生物修复技术及可渗透反应屏障（PRB）技术。其中，传统的抽取-处理法处理污染的地下水应用比较广泛，但实践证明这种方法运行周期长，耗能大，同时效率相对较低。经工程实践证明，PRB 技术去除污染物效果明显，基建和操作以及后期维护费用也极具经济效益。

3. 已关闭垃圾场的植被修复

垃圾填埋场（Waste Landfill）在封场以后由于有一定的覆盖土层存在，可以隔绝垃圾发酵产生的气体和高温，因此自然条件下也会存在一个自然植被的恢复过程。对于服役期满而即将关闭的垃圾填埋场，采用乔木、灌木和草本相结合的措施进行生态修复。

在重庆某垃圾场，利用已完成作业的地段，以粉煤灰和建筑弃土为覆盖物，推平开畦，每畦面积为 1.2m×5.0m，共计 12 畦。在畦内种植珊瑚树、毛叶丁香、菊花、小叶榕、复羽叶栾树、石竹、莆葵、结缕草、南天竹、麦冬、大叶黄杨。在边坡种植龙牙花（刺桐）、夹竹桃、构树、洋槐、小蜡、一串红等 18 种植物，试验总面积近 300m²。通过对比试验，筛选出来垃圾场修复的主要先锋植物类型，即乔木、灌木、草本植物分别为刺桐、小叶榕、毛叶丁香、结缕草。在另一垃圾场，在原复垦地和新复垦地上种植了刺桐、小叶榕、毛叶丁香、高羊茅、紫羊茅、剪股颖、结缕草，还从日本引种了草本植物萨卜三叶草，发现萨卜三叶草、紫羊茅、剪股颖等不太适宜于垃圾场。在复垦场边坡，宜种构树、蓖麻、刺藤、葛藤，它们既能护坎，又能耐肥、耐毒，生长良好。在对镇江市城东垃圾填埋场的填埋土、渗滤液和生态环境现状进行调查的基础上，选择苦楝、女贞、紫荆和枸杞作为耐性树种，对该地区垃圾填埋场进行了改造，取得了初步的人工修复成效。通过研究北京市最主要的 3 个卫生填埋场的人工植被，构建了对于北京地区垃圾卫生填埋场填埋区阳坡、阴坡和半阴半阳坡及生活区和场界的绿化植物配置模式。采用生态修复与景观绿化的设计理念对湖南省武冈市垃圾填埋场进行生态修复，力求将其改造为现代城市绿色开放空间。厦门东孚垃圾填埋场通过生态恢复景观设计，将垃圾填埋场改造成一个具有环卫教育基地功能的主体公园。

垃圾填埋场植被修复的影响因素：

（1）封场覆盖材料 填埋场是一种次生裸地，有机质含量较高，封场时要对土壤表层的垃圾进行覆土处理，覆土厚度十分重要。如果该类土壤含有较高浓度的重金属，会影响植物的生长。在支持土层固定的基础上，研究不同营养植被层厚度对垃圾填埋场植物生长的影响结果表明：封场覆盖的营养植被层厚度对植物的成活率和长势具有较大影响，厚度过薄会影响植物的生长，过厚对植物长势无明显的促进作用，因此较理想的营养层厚度为 30~45cm。实际上，不同植被类型需要不同的覆土层厚度。

（2）土壤基本性质 与常规土壤相比，一般有机质和氮、磷、钾等营养元素含量较高，同时存在数量庞大、种类繁多的微生物，但较高的重金属（如 Cu、Cd、Pb、Zn 等）含量会抑制微生物活性，破坏土壤性质，从而抑制植物生长。另外，温度也是很重要的因素。已关闭填埋场表面以下 20cm 和 30cm 深处基质的温度比正常土壤温度分别高出 20℃和 15℃。研究表明，过高的土温会导致植物根系呼吸消耗增多，抑制植物根系生长，甚至烧伤根系，导致植物死亡。

（3）填埋气体 垃圾填埋场的填埋物会产生大量填埋气体，如二氧化碳、甲烷、硫化氢、氨气等，并形成恶臭，这些气体会对环境和植物生长造成不同程度的负面影响。7 种树种进行垃圾填埋场修复种植试验结果表明：垃圾填埋场的填埋气是影响树木生长的主要因素，对大多数植物存在不利影响。

（4）植被的选择 通常垃圾填埋场的生态环境比较恶劣，且不同地区不同类型垃圾填埋场的环境条件也有所差异，因此，选择合适的植物品种是决定垃圾填埋场植被重建成功与否的关键。受环境条件的限制，在进行垃圾填埋场植被重建时，一般选择抗逆性强、易于管护、景观效果好的本土植物品种作为修复植物。沈阳市赵家沟生活垃圾卫生填埋场封场 2 年后生长的野生植物调查结果显示，野生草本植物共有 16 种，覆盖度由高至低顺序依次为马氏蓼、小藜、大红蓼、益母、加蓬、茵陈蒿、黄蒿、大蓟、小蓟、水蒿、洋铁酸模、胡枝子、委陵菜、萹蓄、接骨木、野艾蒿。由直接观察及测量生长量情况可见，植物成活率和长势均较好。北京市六里屯卫生填埋场在经过 2 年的自然植被恢复后结果显示，共有 32 种植被种类，分属 18 科，其中禾本科 6 种，菊科 7 种，藜科、莎草科、桑科各 2 种，其余皆 1 种，以禾本科和菊科为主，整个卫生填埋场区基本已被植被覆盖。以上这些调查研究结果显示在垃圾填埋场中草本植物占明显优势，其繁殖方式为种子。总体来看垃圾填埋场的自然植被恢复符合一般植被恢复的过程：次生裸地—草本植物—乔本植物—木本植物。

为了尽快使垃圾填埋场内的生态恢复，国内许多地方也进行了人工种植植被的生态修复方法。杭州市天子岭废物处理总场植被重建中采用的模式核心是"分期种植"。在调查现有植物的基础上，利用当地植物不同的生长习性与条件进行分期建设，保证"前期改良、中期成长、后期稳定"的建设思路，促进垃圾填埋场的生态覆绿与美化。曲靖市太和山垃圾卫生填埋场 1 号库区于 2010 年 8 月进入封场阶段，将其改造为人工湿地，通过种植芦苇、香蒲、菖蒲、灯芯草等常见植物来修复湿地生态系统，然后利用人工湿地处理垃圾填埋场的渗滤液等污水。这种处理方法有着传统处理工艺不可比拟的优势：投资少，运营成本低廉，处理污水具有高效性，还兼具独特的绿化环境功能。对于土地资源十分紧张的香港，政府通过栽植乔木、灌木和草本等植被，把已关闭的堆填区恢复成供市民休闲的场所，如公园，高尔夫球场等。

根据国内外垃圾填埋场生态修复的实践，对封场后的垃圾填埋场进行生态修复时首先要考虑的就是对垃圾填埋场的修复定位问题。到底是修复成公园等休闲娱乐用地，还是仅仅对其进行绿化，定位不同所采用的改造方法也不一样。如果是修复成休闲娱乐用地，除了必要的生态修复和植被种植外，还要对整个填埋场内的环境进行综合整治，要考虑到环境问题和安全问题，对垃圾渗滤液和发酵产生的废气都要进行收集处理，对垃圾山体也要进行整固，防止地质灾害的发生。如果只是对其进行绿化，只需要选择好一定的耐性植物，做好沼气导排、渗滤液处理等工作就可以了。

4. 固体废物堆放不当造成的农田场地污染的生物修复

对于固体废物堆放不当造成的农田场地污染，如市政污泥、化工厂残留物、食品厂加工产生的污泥、石油化工有害废物、纺织厂污泥、炼油厂污泥、木材防腐废物、造纸厂污泥等堆放在农田造成的污染，可以通过土地耕作（Land farming）对上层土壤进行生物修复。土地耕作使用的设备是农用机械，通过耕翻，促进微生物对有害化合物的降解。一般土地耕作只适用于上层30cm的土壤，再深的土壤污染修复需要用特殊的设备。

土地耕作是好氧生物过程，使用土壤作为接种物和供生物生长的基质。为加速生物降解应使土壤通气，在耕翻的同时加入营养盐。整地的一般规程包括：去除大块石块和碎片，使土壤比较均匀一致；施用添加剂，使90%以上的土壤有添加剂；烃类、氮和磷的一般比例为100:10:1，还需要根据土壤状况补充微量元素如钾等；一次施用量应限制在45kg/m³土壤之内，以防止流失；如需要大量的营养盐可以用缓释剂或多次施用；尽量增加土壤孔隙度，勤翻土壤或加入膨松剂，防止压实土壤；黏土较重的土壤一般要掺砂子、锯末或木片，也有用石膏减少黏土中的水分，加10%~30%的体积；调整土壤的pH值，可用石灰、明矾或醋酸。对于0.3m以下的污染土壤，应用整备床处理技术（图13-3）。

处理的费用与物料处置和防止污染物迁移紧密相关。整备床需有防止污染物迁移的措施。整备床表层需有黏土层或塑料层保护，塑料层通常用2mm的高密度聚乙烯（HDPE），需要渗滤液收集系统和泄漏监测系统。控制污染物释放设施的大小与污染物的环境健康风险、所处的地区及预计消除污染的时间有关。

土壤耕作床通常用砂子或土壤作为底层，底层可以保护黏土层或塑料层防止机械损伤（图13-4）。砂子或土壤的厚度为0.6~1.2m，最薄的也应该有0.3~0.6m，因为有些表层砂子会被铲车铲出。还需要建立排水系统收集渗滤液，渗滤液可以送回土壤处理或送到处理厂处理。

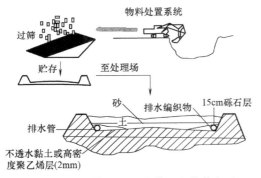

图13-3　典型固体废物污染耕地生物修复过程　　图13-4　固体废物污染土壤耕地生物修复的整备床

苫盖与否取决于当地的条件和排放气体的控制。苫盖可以减少降水负荷，减少渗透液的处理量，也比较经济。过多的土壤水分（质量分数>70%）会阻碍空气迁移，引起不必要的厌氧代谢。当然土壤系统也不可能100%好氧，总会有厌氧代谢存在于土壤或污泥颗粒内部。

污染土壤挖出后，必要时过筛，放在砂床上。土壤撒0.3~0.5m厚，这个厚度决定于耕作设备的能力。必要时调整pH值和加入营养盐使土壤降解速度加快。通常加石灰升高土壤的pH值，最初加入的量应根据石灰曲线的变化确定。石灰曲线是通过蒸馏水中的土壤浆与逐渐添加的石灰混合产生的pH值绘制的。因为转移速率较低，土壤浆的pH值会发生缓慢漂移。为了使pH值稳定，在两次加入石灰之间要有足够的时间。石灰的加入量必须严格按现场监测的pH值变化来调节，需要防止加石灰过量。pH值下降程度与原来有机负荷及系统的缓冲能力有关。

加入的营养盐一般用的是化肥，直接施用粉剂或配成水溶液后施用。最初的营养要求是根据化学计算、可处理性研究及控制特定微生物（如黄孢原毛平革菌）的反应等诸项要求而确定的。在处理过程中，以一定的间隔分析土壤样品，维持最佳过程参数，并在运行中进行调整。

为了降解难降解的化合物，使用微生物接种可以缩短驯化期，提高反应速率。如降解含氯化合物，经常加入下水污泥和牛粪来提高微生物的数量以及补充能源。

施用所有的添加剂以后，耕、耙污染土壤。这些操作增加施用的肥料和微生物种子的均匀性，并促进氧气的转移。好氧系统的氧化还原电位应当保持在800mV以上。有些操作要求为每天耕翻。

处理过程进行中应监测土壤中的污染物随时间消失的过程，也应监测渗透液样品以记录随水的损失量。

应用该方法对木材防腐剂五氯酚（PCP）污染的土壤进行修复，经土地耕作法处理使总量约为4000m³，PCP平均浓度为100mg/kg的砂土在4个月内下降到平均浓度5mg/kg，半衰期约为25d。处理过程包括挖出污染土壤，摊开至0.4m厚，加入8cm厚的牛粪或下水道污泥。整备床底有2mm HDPE膜，在渗透液收集系统上有15cm厚的砂粒层。土壤置于砾层的上面，整个设施有顶棚遮盖。

13.2.3　垃圾堆肥污染的修复

垃圾堆肥（Waste composting）是指居民生活垃圾中的有机物通过分解发酵而得到的一种性能稳定的产品，它的主要成分是类似腐殖质的物质，它不是肥料，而是一种土壤改良剂（Soil conditioner）。过去人们处理垃圾的方法主要是焚烧和掩埋。焚烧过程中产生大量的有毒气体和CO_2，污染环境，危害人类身体健康；而掩埋垃圾需要大量的土地，耗费大而且有时可能爆炸（由于垃圾成分复杂所致），并潜在再污染的可能性。相反，垃圾堆肥过程可以使垃圾中的有机物质在一定条件下转化为土壤改良剂，从而减少垃圾对地下水资源和环境的污染，有利于能源回收和再利用，所以很多国家越来越重视垃圾堆肥的生产和利用。

堆肥化系统中不管是工艺过程还是设备的运转过程均会产生二次污染源，污染自然环境，影响人们的正常生活。产生的二次污染源有臭气、污水、灰尘、噪声、振动、重金属等。在堆肥化系统的设计过程中，必须采取应有的措施防治二次污染的产生。

1. 除臭技术与设备

堆肥化系统产生的臭气，主要有氨、硫化氢、甲基硫醇、胺等，因此需采取措施来防治臭气的产生。通常，臭气直接影响人体的健康，因此，可根据人们的嗅觉为标准而相应地采取除臭措施。常用的除臭技术有清洁气体法、臭氧氧化法、堆肥氧化吸附法。清洁气体法是将排出的臭气变成液态。使用液体如水、海水、酸（各种酸、臭氧水、高锰酸钾等）、碱（氢氧化钠、次氯酸钠）将臭气液体化，或利用这些液体减少臭气。这种方法通常在清洁塔中进行，可采用喷射塔系统；密封塔系统等。臭氧氧化法是利用臭氧的强氧化能力及臭氧的屏蔽作用，这种方法需要设置臭氧发生器、臭氧反应塔。堆肥氧化吸附法（土壤除臭法）一般是采用熟堆肥除臭或施用熟堆肥的土壤除臭，这种方法及设施都比较简单，熟堆肥原料来源于堆肥产品。为防治从处理设备产生的灰尘，应安装除尘装置。

2. 振动与噪声的防治

在堆肥化设备中，振动可以通过破碎机中的物料撞击或旋转滚筒转动不平衡产生。振动控制标准值：白天为 65~0dB，夜间为 60~65dB。减小振动的方法是在设备和基地之间安装隔振板，并使地基尽量大。特别是在地面较软的地方，先对地质概况做了解后再安装机器；一般来讲，如果振动是在设备安装好后运行时才发生的，就很难采取措施来解决振动问题，堆肥化系统中的噪声源，主要来自空气压缩机和鼓风机，通常功率超过 7.5kW 的，常产生超标噪声，可采用减噪声措施防治。

3. 污水处理

污水处理设备是处理来自贮料发酵仓、处理设备运转过程中及附属建筑的生活污水等。堆肥系统产生的污水必须处理。与其他垃圾处理设备相比，堆肥化系统中产生的污水量比较少。

4. 重金属污染的修复

重金属污染是垃圾堆肥施用过程中的一个重要问题。污水污泥和土壤中的重金属以不同的化学形态存在，主要有以下五种形式：①简单的或在溶液中络合的水溶态离子，易被植物吸收利用，可用水提取；②可以交换的代换态离子，能被植物吸收利用，可用中性盐（pH=7 的醋酸铵）提取；③与有机物键合的可给态离子，能被植物吸收利用，可用酸性弱酸盐（pH=4.8 的醋酸铵）提取；④酸溶态的氧化物、碳酸盐、硫酸盐、磷酸盐或其他"二级矿物"等，不能被植物直接吸收利用，可用一定浓度的强酸（1mol/L HCl）提取；⑤"一级矿物"晶格中的难溶态离子，不能被植物吸收利用，只有用各种混合酸（HNO_3-HCl-$HClO_4$-HF）进行加热消解，才能从土壤中溶出。重金属究竟以哪一种形式存在，与其自身的特性和所存在的环境有关，在垃圾堆肥过程中还与垃圾的性质有关，并且不是所有形式均被植物吸收利用。研究表明，垃圾堆肥中的重金属主要以残渣态形式存在，经过堆肥化处理后，水浸提态重金属的含量减少，而交换态和有机结合态增加，被生物吸收利用的可能性增强。采用蚯蚓和蠕虫处理城市下水道污泥中的重金属，经过 3 个月的堆肥处理后的结果表明：①与对照相比，积累在蚯蚓体内的重金属含量非常高：Cu 12 倍、Pb 10 倍、Cr 8 倍、Zn 715 倍、Ni 6 倍、Cd 415 倍、Mn 315 倍和 Co 116 倍；②在蠕虫堆肥中只有 Fe 的浓度增加 115 倍，而其他元素都有所降低：Mn 92 %、Zn 89%、Cu 90%、Cr 88%、Pb 87%、Cd 86%、Ni 51%和 Co 42%。

在田间定位试验条件下，研究垃圾堆肥对土壤和农产品中重金属含量的影响结果表明，当垃圾肥施用量超过 150t/hm² 时，土壤中重金属含量随垃圾堆肥用量的增加而增加。在施用垃圾的过程中，不同的土壤对垃圾的最大承纳量有所不同：黄棕壤的承纳量为 225~900t/hm²，潮土的承纳量为 450t/hm²，红壤的承纳量为 900t/hm²，当垃圾堆肥施用量大于以上标准时，由于重金属危害等原因将导致作物和蔬菜产量的增幅减少。对农产品品质而言，连续多年使用垃圾堆肥 150t/hm² 后，白菜和小麦籽粒中重金属含量与对照相差不大。研究指出，当农田施用 3715t/hm² 污泥或污泥堆肥 120t/hm² 时，植物可食部分和茎秆中的铅、镉、汞、砷等重金属元素的含量均未超过国家食品卫生标准；进一步分析影响污泥与污泥堆肥中的重金属向植物转移、积累的因素得出，当土壤中有机质及 pH 越高，污泥和土壤中的可给态重金属元素越低，重金属元素越不易向植物体内转移与积累。这是因为在堆肥过程中，类似腐殖质物质的含量不断增加，相对分子质量也不断增大，与金属离子络合的能力增强，络合物的稳定常数增大。

单施垃圾堆肥会增加蔬菜中重金属的累积量，可能是因为堆肥带入大量水溶性盐。盐基离子对黏土矿物表面吸附位的竞争作用，会导致重金属离子的解吸，土壤中可交换态的增加，易于被蔬菜吸收利用。若施加垃圾堆肥时拌施 $0.15\% \sim 1\%$ 的 $CaCO_3$，可以显著降低堆肥中重金属的累积水平，与单施垃圾肥相比，蔬菜中 Pb 的含量下降 $29\% \sim 41\%$，Cr 下降 $5\% \sim 46\%$，Cd 下降 $9\% \sim 42\%$，Cu 下降 $2\% \sim 24\%$，As 下降 $4\% \sim 60\%$。这是因为堆肥时拌施 $CaCO_3$，使得土壤的 pH 值升高，金属离子的溶解度降低，金属有机络合物的稳定性增强，土壤中可交换态下降，蔬菜吸收利用重金属离子的能力被削弱。

可见，垃圾填埋场的规划修复与再生需要更多的关注与实践。表 13-2 是近年来欧美较为成功的三个案例，表 13-3 是垃圾填埋场规划修复与再生的主要阶段环节与方法技术。

表 13-2 案例规划修复与再生情况对照

项目名称		女王伊丽莎白二世奥林匹克公园	弗莱士基尔斯公园	圣米歇尔环保中心
垃圾填埋场简况	地点	英国伦敦	美国纽约	加拿大蒙特利尔
	占地面积/km²	2.50	8.90	1.92
	原始用地性质	垃圾填埋场、废弃工业用地	垃圾填埋场	先采石场，后垃圾填埋场
	改造后用地性质	体育用地、公园绿地、生态社区	公园绿地、运动休闲、文化教育用地	环保、艺术文化、科教、运动休闲
	投入使用时间	1940 年二战后	1948 年	1970 年
	持续使用时间	约 60 年	53 年	30 年
修复技术	封场处理	洗土、微生物技术	多层覆盖、植被	多层覆盖、植被
	土壤环境修复	洗土清污	农耕改良	堆肥改良
	水环境修复	"黑水"植被处理技术	建立水净化站	渗透液送污水处理厂净化
规划修复与再生策略	近中期	零消耗园区；与周边社区可持续整合发展	生命景观；分层次修复；因地制宜；自然过程、农业实践、植物	生命周期艺术与环境结合；废物处置、管理、再循环和再利用；社区参与为基础的场地规划
	远期	低碳生活社区开发	公众参与开发建设	环境跟踪监测

表 13-3 垃圾填埋场规划修复与再生的主要阶段环节与方法技术

阶段	环节	方法	技术要点、特点
填埋场地处理	封场处理	多层覆盖	有吸纳层防止垃圾降解释放的污染气体和垃圾渗透液的泄漏；有稳定层来防止因为垃圾填埋不均引发的地面沉降
污染环境修复	土壤修复技术	洗土	见效快，但是成本极高
		堆肥	利用城市的落叶资源；但是收集落叶和铺平的工程量较大；不适用于被严重污染的土壤
		耕作改良	利用改良性植物的种植，吸收土壤的毒性，提高土壤的肥性。但是周期较长，通常要轮耕若干种植物
	水体修复技术	人工净化	短期
		植物、微生物净化	成本较低；对水体本身的净化以及水体周围湿地生态的恢复均十分有利；但是周期长

（续）

阶段	环节	方法	技术要点、特点
生态系统恢复	生态系统恢复	移除入侵生物	
		培养地域适应性和生态改善性植物	
		建设生态群落，丰富物种数目	
地区功能更新	基础设施重建	市政设施（电、水、冷却和供热等）	
		交通设施（道路、地铁等）结合地区目标定位	
	功能项目引进	结合地区目标定位	不适合做高强度的开发

13.2.4 矿山废石场的生物修复

矿山开采，尤其是在露天矿开采的过程中，要排放大量的废石，废石的堆放和处理要占用大量土地，因此就必然有废石场的修复问题。废石堆场复垦工作一直秉持"边开采、边治理""统一规划、分步实施"的治理理念。

废石场修复的类型取决于废石堆放的地点和具体条件。如果在采矿过程中，将废石堆放于废弃的露天矿坑，尤其是深凹露天采矿坑，则可在废石填满矿坑时，予以平整并覆土、种植，从而把露天开采破坏了的土地，恢复成农业用地或造林用地。

如果是水平矿床的浅露天矿，可采用边开采、边堆放废石，逐年平整、逐年修复的方法进行修复。如果废石堆放在采矿场以外，已形成废石堆，不仅占用了大量土地，而且废石堆本身已成为环境的污染源。在这种情况下，应根据不同要求，采用不同的方法予以修复。美国、英国、波兰等国家要求必须将废石推倒整平，恢复成原有的地形，然后覆土造田，部分或全部地恢复土壤肥力，使土壤满足植物生长的要求。有些国家则不要求将废石推倒整平，进行植物修复，只要求整治堆放即可。

我国大多数矿山由于开采年限比较短，在对矿山废石场修复的要求方面，尚无统一规定，就当前来看，主要是按设计要求进行整治堆放，但也有一些地区要求及时修复造田，并采用补偿征地的形式严格控制。

废石场的修复可归纳为异位修复和原位修复两种形式，前者是指将废石搬运到陷坑、采空区或谷地进行修复，后者是指在原来的废石地上进行修复。由于废石场的修复形式和修复目的不同，其修复程序也不相同。对植物修复来说，修复程序一般可分为整治废石堆、覆土及植被。植被恢复是废石场环境治理的关键，可以促进土壤熟化、涵养水源、防风固沙、控制污染、美化景观等。

1. 整治废石堆

整治废石堆的工作，主要是按照当地修复条例的要求，合理地安排废石堆的结构。美国在整治废石堆时，一般把酸性废石铺在下面，中性废石放在上面；对植物生长不利的粗粒老石及有害物质堆在下面，细粒岩石或易风化的岩石放在上面。经过这样整治以后，修复造田有利于植物生长。在整治废石堆的过程中，为了防止地表径流的冲刷作用，废石堆地面的坡度大小也很重要，美国的矿山废石堆坡面的坡度按 10%～15% 考虑。

我国不少矿山在整治废石堆时，也吸取了国外的经验。如我国的小关铝土矿，是按照废石的成分、种类以及种植坡度的要求，进行分层压实堆置的。分层堆置的顺序是：酸性、碱性岩石在下层，中性岩石在上层；大块岩石在下层，小块岩石在上层；不易风化的岩石在下层，易风化的岩石在上层；不肥沃的土质在下层，肥沃的土质在上层。实践证明，这样进行堆置以后，有利于土地使用和植物生长。在整治废石堆的过程中，其坡面的大小，是按照植物的种类及种植的方便来考虑的。如种植农作物时，其坡度一般保持在 2%～5%；若种草放牧，考虑牲畜的安全，其坡度一般应保持在 10% 以下；种植树木时，其坡面坡度可以大一些，但不得超过 25%。

2. 覆土

在废石堆被整治以后，根据废石和废土再种植的可能性，要在废石堆表面覆盖表土。表土的来源，一般是露天开采时预先储存在临时堆放场的耕植土，也可以是采矿场刚剥离下来的表土，或者是从邻近的土地上挖掘出来的表土。不论从何处取来的表土，均应满足植物生长的要求。覆盖表土的厚度，在美国一些州制定的修复条例中规定为 46～66cm。为了保证土质肥沃促进植物生长，有时在覆盖表土上再覆盖一层厚度为 10～20cm 的耕植土，以利植物生长。

3. 植被的种植

在整治好的废石堆上进行再种植时，植物的选择是很重要的。通常应根据废石和覆土的种类、性质，选择适宜生长的农作物，如草本、灌木或其他树木，然后进行人工或机械栽种。废石场植被恢复选用的植物概况见表 13-4。

表 13-4　废石场植被恢复选用的植物概况

植物名称	拉丁名	生长特征
胡枝子	Lespedeza bicolor	落叶灌木，耐干旱、耐寒冷、耐瘠薄，萌芽力强，固氮能力强，适应性极广
马棘	Indigofera pseudotinctoria	落叶半灌木，耐干旱、耐瘠薄，可用于护坡绿化和水土保持
紫穗槐	Amorpha fruiticosa	落叶灌木，抗逆性很强，耐盐、耐旱、耐涝、耐寒、耐阴、抗沙压，对土壤的选择不严
盐肤木	Rhus chinensis	落叶小乔木，喜光，喜温暖湿润气候。对土壤适应性强，在酸性、中性、石灰性及瘠薄干燥的砂砾地上都能生长，能耐寒和干旱。深根性，萌蘖性强，生长快
臭椿	Ailanthus altissima	喜光；喜温暖，怕严寒；怕干瘠；对土壤要求不苛，中性、微酸性的沙壤土、轻壤土及含钙质较多的黏土地均宜生长；根系深，有萌蘖能力；抗烟尘及自然灾害的能力强
刺槐	Robinia pseudoacacia	刺槐是固氮力强的豆科树种，对土壤适应性很强
乌桕	Sapium sebiferum	喜光，耐寒性不强，对土壤适应性较强，能适应多种类型土壤。对二氧化硫、氟化氢抗性和吸收能力强，对氯气、氯化氢抗性较强。能耐短期积水，也耐旱
紫花苜蓿	Medicago saliva	紫花苜蓿主根发达，侧根多，适应性广，但较喜温暖、多晴少雨的干燥气候。耐寒性强，有较强的抗旱能力，最忌渍水
高羊茅	Festuc a elata	原产美国南方，育成于北方，既耐干旱又抗潮湿，是冷季草种较耐高温的草种
百喜草	Paspalum notatum	匍匐性草种，耐高温、干旱、根系发达，扎根深，常绿期 280～300d
狗尾草	Setaria viridis	全国各个产区均有分布，繁殖力强
湿地松	pinus elliottii	常绿乔木，对气温适应性较强。在干旱贫瘠以及中性以至强酸性红壤丘陵地均生长良好

（续）

植物名称	拉丁名	生长特征
银合欢	Leucaena leucocephala (Lam.) de Wit	灌木或小乔木,萌生力强,阳性树种,根系发达,耐旱能力强,对土壤要求不严
弯叶画眉草	Eragrostis curvula	多年生草本,耐瘠薄土壤,旱生植物,根系非常发达
金鸡菊	Coreopsis drummondii Torr. et Gray	多年生草本,适应性强,耐寒、耐旱,对土壤要求不严
波斯菊	Cosmos bipinnata Cav.	多年生草本,喜光,适应性强,对土壤要求不严

采用适宜的种植方式也是废弃采石场植被恢复的技术保障，针对不同的植物种类采用不同的种植方式（表 13-5），利于植物生长和植物群落的建立。

表 13-5 植被恢复种植方案

草本(种子) + 灌木(种子)	液压喷播,将种子、木纤维、保水剂、黏合剂、肥料、染色剂等与水的混合物通过专用喷播机喷射到预定区域	机械化程度高;技术含量高;施工效率高,成本低;成坪速度快、覆盖度大;均匀度大,质量高
木本	育苗器育苗或者直接采购的苗木移栽到边坡上	利于植物自然演替,与周边的自然系统协调统一

客土喷播植生绿化技术能达到恢复植被、改善景观、保护环境的目的。喷射厚度是后期植物生长的关键，不同废石场因其成因、坡度、立地条件等不同，其喷播厚度也不一样。利用该技术，人工模拟废石场，将草种、黏合材料、保水剂、黏土按一定比例充分混合后覆盖在废石上，观察种子的萌发、生长状况，试验结果显示，三种植物（黑麦草、紫花苜蓿和野菊）在不同的覆盖厚度上均能萌发、生长，且随着覆盖厚度的增加，植物的发芽率、株高、生物量均显著提高。因此，采用客土喷播植生绿化技术进行采矿废石场植被恢复是可行的，且喷射厚度至少为 50mm。

为了保证废石场修复的顺利进行，在进行废石场设计时就应当考虑修复的要求，包括废石场址的合理选择、废石的堆置方法、防排水系统的布置及废石场所在地的表土采掘与贮备等内容。其次，在整治废石堆的过程中，不但会产生大量的粉尘，也会给安全带来威胁，所以修复时应采用湿式作业，并采取相应的安全技术措施。

有些废石堆，如含硫铁矿、黄铁矿及易燃性的废石堆，常因其内部自热、自燃而有很高的温度，有时高达上千度，废石堆表面上的温度也常常在 150℃ 左右。在这种情况下进行修复作业，不仅给操作人员带来威胁，而且产生的二氧化硫等有毒气体，对附近农业生产也会带来危害。因此，在整治废石堆时，首先应挖出自热、自燃火源，使之冷却、妥善处理。如湖南某锰矿的废石堆，由于自燃产生了大量的有毒气体，特别是梅雨季节，二氧化硫气体产生量更大，同时流出酸性水，对附近农业造成危害，严重地影响农业生产。所以，该矿在整治过程中，首先采取措施挖出自热、自燃火源，使废石堆冷却之后，再分层混入黄土并进行压实处理，取得了较好的效果。

由于"废石"是一个相对的概念，今天看来是无用的"废石"，但随着科学技术的进步，若干年后又可能成为提取某种有用物质的原料。因此，废石场修复时，应当考虑这个因素，以利日后"废石"的复用。

13.2.5 露天采矿场的生物修复

当兴建一座矿山，尤其是兴建露天矿时，不仅破坏了大量的土地及植被，而且大量有价值的表土和底土将会被毁弃，甚至截断地下水流，暴露出含有毒离子的矿层，从而造成严重污染。因此，露天采矿场的修复比废石场修复更为迫切，也更为困难。根据露天采矿场的深度及采掘时所采用的充填料的来源和性质，一般将露天采矿场的修复分为四种类型。

1. 无覆盖层的浅采矿场修复

无覆盖层的浅采矿场（Shallow strip mining without overburden）是指覆盖层很薄，开采深度小于30m的采矿场。如开采石灰石、花岗岩等的露天采矿场。这类采矿场可分为两种类型，即水淹型采矿场和干涸型采矿场。对于水淹型的浅露天采矿场，如果其中的水体与其他水系（地表水或地下水）没有连通，则可用一般充填料充填进行修复。如果其中的水体与其他水系相连通，为了保护其他水系不受污染，则应对充填料进行严格的选择。禁止采用未处理过的固体废物进行充填，一般应当选用惰性充填料，最好是采用硬岩、碎砖石、炉渣及从建筑场地收集的材料进行充填。充填之后，可作为基建用地，也可在其上覆盖一定厚度的腐殖土，进行人工栽植。如果淹没采矿场的水体中不含有毒金属离子，可改造成水库，发展养殖业或将水体作为其他工业用水的水源，也可开辟成水上公园或水上运动场，以美化环境，供人游览。对于干涸的露天采矿场，可采用交替循环修复法进行修复，即在采矿场中堆积一层垃圾，再堆积一层泥土和碎石，交替进行充填。一般垃圾层的厚度可取2m左右；泥土、碎石层的厚度可取30cm左右。交错法修复后可作为居民区或工业生产用地，也可用作人工造林场地。

2. 有覆盖层的浅采矿场修复

有覆盖层的浅采矿场（Shallow strip mining with overburden）是指覆盖层比较厚，开采深度在30m以下的露天采矿场。在开采这类采矿场的过程中，通常剥采比都比较大。一般为10:1或15:1，甚至个别的剥采比高达25:1。由于采矿场覆盖层比较厚，修复物料充足，因此，用覆盖层来补偿被采出矿石后的采矿场，进行全面修复是完全可能的。在这种条件下，修复通常可与采矿同时进行。在回采中同时设置上、下两个采区，实行上采矿下剥离，或下采矿上剥离的平行作业的采剥方式，使采矿和剥离互不干扰。在采场布置上，沿矿体走向每隔400m划分为一个采场，在采场内再以长和宽划分成若干个采矿段，在各采矿段内又划分成若干个采矿带，以便实现上矿段、矿带剥离采矿，下矿段、矿带回填修复。这种采矿场的布置形式，有利于按矿段循序进行采矿和修复，便于实现平行作业，达到既采矿又修复的目的。为了满足采矿和修复同时作业的要求，在进行开采设计时，应当考虑修复程序，同时剥离出来的废石，尽量减少中间堆放。条件许可时，应全部倒运到采空区，并及时进行植物修复。

3. 无覆盖层的深采矿场修复

无覆盖层的深采矿场（Deep strip mining without overburden）是指没有覆盖层或覆盖层极薄，而开采深度却大于30m的露天采矿场。这类采矿场在开采过程中，由于剥离下来的废石很少，故不可能用剥离下来的覆盖层大量回填修复。在这种情况下，对水淹型采矿场，可以整修成水库，发展养殖业或作生产和生活水源。对无法回填的干涸采矿场，可整修成其他用途的场地，如可用作军用射击场或其他试验场，也可作为自然保留地或保持有趣的地质露头，以适应在岩石环境下为生长罕见的植物创造有利条件，并使其充分繁殖，供游览之用。

4. 有覆盖层的深采矿场修复

有覆盖层的深采矿场（Deep strip mining with overburden），是指覆盖厚度比较大、开采深度超过 30m 的有色金属矿或煤矿的露天采矿场。这类采矿场在开采过程中，由于覆盖层厚、剥采比大，故可以提供大量的废石、煤矸石和表土，对采矿场进行全面修复。除了露天矿的采矿场进行修复工作以外，对地下开采的采空区，也应进行修复并重复利用。如采用废石尾矿对不稳定的采空区进行充填，不但可以减少地表固体废物的堆存量、节省更多的土地面积，还可以防止地表沉陷与土地破坏。稳固的地下采空区或井巷，可以修理用作军火库、火药库、民防工程、蘑菇养殖场或作其他地下工程之用。

13.2.6 矿山尾矿库的生物修复

矿区地表的尾矿库（Tailing Pond），不仅占用大量的土地和农田，而且尾矿库表面常年暴露于大气中，在干旱季节或炎热的夏天，由于气温高，水分蒸发快，使尾矿表面常常处于干涸状态。尤其地处山沟风流之中的尾矿库，遇到一定风速的山沟风流，会导致产生"沙尘暴"，严重污染矿区环境。当风速超过 5m/s 时，还能引起吹沙磨蚀现象，使尾矿库附近的植物遭到破坏，同时尾矿库流出来的废水，也会使周围地区受到污染。因此，修复尾矿库是矿山环境管理和保护的重要内容之一。

1. 限制尾矿库植物修复的因素

矿山固体废物不具备天然表土的特性，还具有不利于植物生长的因素。

（1）重金属和其他污染物含量高 通常情况下，矿山固体废物中含有大量的铜、铅、锌、镉等重金属元素。这些元素的存在与植物生长的关系很大。当这些金属元素微量存在时，可作为土壤中的营养物质促进植物生长。但当这些元素超量存在时，就成为植物的毒性物质，对植物生长不利，尤其是这些过量的金属元素共同存在时，由于毒性的协同作用，对植物生长危害更大。在一般情况下，可溶性的铝、铜、铅、锌、镍等对植物显示出毒性的浓度为 $1\sim10mg/kg$，锰和铁为 $20\sim50mg/kg$。土壤中可溶性碱金属盐的含量，也是修复中应当注意的问题。当固体废物中的比导电性超过 $7m\Omega$ 时，将会呈现毒性，对植物生长极为不利。其次，含黄铁矿的固体废物，可能自然产生二氧化硫和硫化氢等有毒气体，危害植物生长。

（2）酸碱性强且变化大 多数植物适宜生长在中性土壤中。当固体废物中的 pH 值超过 $7\sim8.5$ 时，则呈强碱性，可使多数植物枯萎。当 pH 值小于 4 时，固体废物则呈强酸性，对植物生长有强烈的抑制作用。这不仅是因为酸性本身的危害，在酸性环境中，重金属离子更易变化而发生毒害作用。新采掘出来的煤矸石，呈现碱性。当堆放时间在 5 年以上，由于其中的黄铁矿、黄铜矿类型的矿物，氧化产生游离的硫酸，pH 值甚至可能降低到 2，呈现强酸性。如果硫酸从煤矸石中浸出，煤矸石堆放几十年以后，煤矸石中的 pH 值可能又上升到 7，变成中性。因此，煤矸石堆放时间越长，对植物生长越有利。

（3）植物营养物质含量低 植物正常生长需要多种元素，其中氮、磷、钾等元素不能低于正常含量，否则植物就不能正常生长。矿山固体废物中一般都缺少土壤构造和有机物，不能保存这些养分。但堆放时间越长，固体废物表面层中有机物的含量就越高，对植物生长也就越有利。

（4）固体废物表面不稳定　由于矿山固体废物固结性能不好，很容易受到风、水和空气的侵蚀，尤其尾矿受侵蚀以后，其表面出现蚀沟、裂缝，导致覆盖在尾矿和废石上的表土层破裂，出于重力作用，可能使表土层出现蠕动，使表土层稳定性降低和移动，从而严重地破坏植物的正常生长。

鉴于上述情况，在植物修复以前，必须通过试验对矿山固体废物的结构和特性做出全面分析，然后选择种植一些适应性较强的植物，以利于生态发展。

2. 尾矿库植物修复程序

尾矿库植物修复程序，一般可分为整治、中和、覆盖和种植等工序。

（1）整治尾矿库　为了便于修复，对长期积水、类似沼泽地形的尾矿库，应先采用专门的机械设备排除积水，待干涸后再进行疏松、整平。对于干涸的尾矿库，由于表面易形成一层不透气的硬壳，则应予以疏松。在整治尾矿库的过程中，不强求统一整平，可根据植物修复的要求，进行局部整平或缓和地形即可。

（2）酸碱中和处理　在整治尾矿库的基础上，应对尾矿进行酸碱中和处理。一般对碱性尾矿可采用硫化矿碎片进行中和处理，对酸性尾矿可采用石灰石矿碎片进行中和处理。为了充分地进行中和反应，参与中和反应的碎石粒径，应越小越好，通常应大于 6mm。这些碎石不仅能起中和反应，改变尾矿的性质，而且能改善尾矿表层的"土壤"结构，有利于植物生长。

（3）覆盖、种植　为了恢复生态，促进植物生长，在整治尾矿库、中和尾矿的基础上，用粗、细物料覆盖尾矿库表面，也是不可缺少的工序。对覆盖物料的选择，国外矿山尾矿库采用废石进行覆盖，以作植物生长的介质的实践证明，碎石能抑制水分蒸发，有利于植物生长，还能稳定尾矿，抵抗风、水和空气的侵蚀，阻止尾矿流动，减少尾矿粉和水蚀所引起的环境污染。我国不少矿山在废石堆或尾矿库上主要是覆盖泥土，再进行种植，均取得了比较好的效果。

3. 尾矿库植物修复的注意事项

在尾矿库表面上进行植物修复，是防止废水和尾矿粉污染环境最理想的方法。但在修复过程中也存在不少问题，如尾矿粉的固结问题；尾矿粉中缺少植物生长所需要的营养成分问题；尾矿粉中含有过量的重金属元素，在种植农作物时是否会造成二次污染问题；不同成分与性质的尾矿粉对植物生长的影响等。因此在植物修复之前，必须根据实际情况，通过试验加以解决，然后才能针对性地进行植物修复。

在尾矿库植物修复时，可能受到自然灾害如风害、洪水等自然因素的影响。因此，在植物修复中必须加强管理，预留排洪管或排洪沟，以保证人工栽植工作的顺利进行。

思 考 题

1. 简述固体废物污染的特点。
2. 试述垃圾渗滤液重金属污染土壤的植物修复技术。
3. 试述已关闭垃圾场的植被修复。
4. 试述废石场的生物修复。
5. 试述露天采矿场的生物修复。
6. 试述矿山尾矿的植物修复。

参考文献

[1] 赵景联，史小妹. 环境科学导论 [M]. 2版. 北京：机械工业出版社，2017.

[2] 赵景联. 环境修复原理与技术 [M]. 北京：化学工业出版社，2006.

[3] 周启星，等. 污染土壤修复原理与方法 [M]. 北京：科学出版社，2004.

[4] 陈玉成. 污染环境生物修复工程 [M]. 北京：化学工业出版社，2003.

[5] 崔龙哲，李社峰. 污染土壤修复技术与应用 [M]. 北京：化学工业出版社，2016.

[6] 胡光珍，等. 转基因植物对有机污染物的吸收、转化和降解 [J]. 植物生理与分子生物学学报，2005，31（4）：340-346.

[7] 吴茜. 活性渗滤墙技术修复某垃圾填埋场地下水污染的研究 [D]. 成都：成都理工大学，2016.

[8] 周良，等. 垃圾填埋场生态修复研究与实践：以镇江市城东垃圾填埋场为例 [J]. 宁夏农林科技，2013，54（2）：111-113.

[9] 韩祖光，等. 北京垃圾填埋场绿化配置适宜模式选择 [J]. 城市环境与城市生态，2013，26（3）：12-15.

[10] 肖琨，等. 湖南武冈市垃圾填埋场生态修复及景观绿化 [J]. 价值工程，2012（4）：53-54.

[11] 池长加. 浅析填埋场生态修复景观设计：以厦门东孚垃圾填埋场生态修复为例 [J]. 福建建设科技，2014（2）：39-41.

[12] 张煜，等. 梅州市龙丰垃圾填埋场封场后适种性研究 [J]. 嘉应学院学报（自然科学版），2012，30（11）：43-46.

[13] WONG M H，CHEUNG K C，LAN C Y. Factors related to the diversity and distribution of soil fauna on Gin Drinkers Bay landfill [J]. Waste management & research，1992，10（5）：423-434.

[14] 李胜，等. 天子岭垃圾填埋场生态恢复中的植被重建研究 [J]. 西北林学院学报，2009，24（3）：17-19.

[15] 张奉才. 曲靖垃圾卫生填埋场污染控制与生态恢复 [J]. 环境科学导刊，2011，30（5）：74-76.

[16] 彭禧柱，等. 采矿废石场重金属污染评价与模拟植物恢复 [J]. 吉首大学学报（自然科学版），2015，36（6）：79-83.

[17] 王琼，等. 德兴铜矿水龙山酸性废石堆场边坡生态恢复工程模式研究 [J]. 中国矿业，2011，20（1）：64-66.

[18] 余远翠，等. 烂泥沟金矿废石堆场复垦区治理实践 [J]. 安全与环保，2017，38（8）：69-71.

[19] 朱佳文，等. 钝化剂对铅锌尾矿砂中重金属的固化作用 [J]. 农业环境科学学报，2012，31（5）：920-925.

[20] 侯晓龙，等. Pb 超富集植物金丝草（*Pogonatherum crinitum*）、柳叶箬（*Lsache globosa*）[J]. 环境工程学报，2012，6（3）：989-994.

[21] 刘维涛，等. 重金属富集植物生物质的处置技术研究进展 [J]. 农业环境科学学报，2014，33（1）：15-27.

[22] 安钢，等. 修复植物生物解吸脱除重金属实验研究 [J]. 生态环境学报，2012，21（7）：1345-1350.

[23] 邓自祥. 超富集植物收获物"水热液化"脱除重金属及生物油转化研究 [D]. 长沙：中南大学，2014.

[24] 杨晓艳，等. 我国矿山废弃地的生态恢复与重建 [J]. 矿业快报，2008（10）：22-24.

[25] 陈振金，等. 煤矸石山无土植被恢复技术 [J]. 福建环境，2001，2（1）：25-29.

[26] 李晋川，等. 安太堡露天煤矿新垦土地植被恢复的探讨 [J]. 河南科学，1999，6（17）.

[27] 田胜尼，等. 铜陵铜尾矿废弃地定居植物及基质理化性质的变化 [J]. 长江流域资源与环境，2005，14（1）：88-93.

［28］ 安俊珍. 风化型土质金矿尾矿植被恢复研究［D］. 武汉：华中农业大学, 2010.

［29］ 赵方莹. 矿山废弃地拟自然植被恢复技术研究［D］. 北京：北京林业大学, 2011.

［30］ 魏远, 等. 矿山废弃地土地复垦与生态恢复研究进展［J］. 中国水土保持科学, 2012, 10（2）：107-114.

［31］ 刘晓娜, 等. 螯合剂、菌根联合植物修复重金属污染土壤研究进展［J］. 环境科学与技术, 2011, 34（S2）：127-133.